수자원설계실무

제4판

정종호·윤용남 공저

도서출판
구미서관

머리말

수자원설계 분야에 근무하고 있는 엔지니어들은 통상 업무에 바쁜 관계로 여기 저기 산재되어 있는 많은 문헌에서 필요한 자료를 정리하여 두고 활용하는 것에 시간을 할애하기가 어려운 경우가 대부분입니다. 이에 따라 어떤 프로젝트를 수행함에 있어서 필요한 문헌을 다시 일일이 뒤져야 하거나, 매우 바쁜 경우에는 이전에 한번 적용하였던 내용도 제대로 찾지 못하여 불필요한 시간이 많이 소요되는 경우도 종종 발생하게 됩니다.

이러한 환경의 일원으로 지내다가 잠시 업계를 떠나 삼십대 후반에 고려대학교 박사과정에 있는 기간동안 수공설계라는 실무적인 과목의 강의를 맡게 되면서 수자원개발기술사를 취득하면서 묶어 두었던 자료와 설계업무를 수행하면서 찾아 두었던 유용한 자료를 토대로 수자원설계 분야의 기본적인 내용을 실무적인 관점으로 정리한 내용을 박사과정 수료후 20003년도에 하나의 책으로 출간하게 되었습니다.

그 이후 부족한 부분에 대한 보완과 오류 등에 대한 수정을 거쳐서 계속 개정판과 수정판으로 갱신하여 오다가 최근 들어 다시 한번 갱신을 통하여 개정판을 내게 되었습니다.

이와 같이 수자원설계의 실무를 위하여 출간한 이 책은 제1장~제4장 강우 분석 및 설계홍수량 산정, 제5장~제7장 용수수요량 및 물수지 분석, 제8장~제10장 하천 계획 및 설계, 제11장~제13장 댐 계획 및 설계, 제14장 침사지 및 저류지 설계, 제15장 경제성 분석 등으로 구성되어 있습니다.

제1장~제4장 강우 분석 및 설계홍수량 산정 브분은 가장 정성을 기울인 부분으로 수자원설계 분야의 기본이 되는 설계홍수량 산정을 완벽하게 소화할 수 있도록 기술하였으며, 대학 4학년 정도의 전공 선택 과목 또는 대학원 석사과정의 교재로도 충분히 활용될 수 있을 것으로 판단됩니다.

제5장~제7장 용수수요량 및 물수지 분석 부분은 지금까지는 주로 설계보고서에만 기술되어 있을 뿐이지 체계적으로 정리된 자료가 없어서 실무에서 처음 접근하는데 많은 어려움을 겪게 되는 점을 감안하여 전반적인 내용을 체계적으로 파악할 수 있도록 하였습니다.

제8장~제10장 하천 계획 및 설계 및 제11장~제13장 댐 계획 및 설계 부분은 기존 설계기준 등과 같은 참고문헌에서 기본설계에 반드시 필요한 내용을 정리한 다음 실무적인 내용을 추가하여 설계에 유용하게 활용되도록 하였습니다.

제14장 침사지 및 저류지 설계는 방재분야 설계 특히, 재해영향평가의 주요 내용을 해결할 수 있도록 기술하였으며, 마지막으로 제15장 경제성 분석은 엔지니어에게 처음에는 상당히 이질적인 부분이므로 쉽게 접근하여 실무에 바로 적용할 수 있도록 기술하였습니다.

전반적으로 요약의 정도가 높아서 다소 이해하기 힘든 부분이 있을 것으로 판단되나 실무 경력이 어느 정도 되는 엔지니어라면 이전에 실무에서 부딪쳤던 어려운 문제들을 해결하여 주는 부분을 많이 발견할 수 있을 것입니다.

또한, 수자원개발기술사 시험을 대비하는 자료로도 활용될 수 있을 것이며, 단지 기술사시험만을 치르고 나면 필요 없게 되는 자료가 아니라 계속 실무에서 활용되는 자료가 될 수 있도록 고려하였습니다.

다소 부족한 점이 많더라도 수자원설계 실무의 기본적인 자료의 공유 차원과 실무적으로 공감되는 부분의 인용문헌 근거 제공 등을 목적으로 하고 있는 점을 충분히 이해하여 주시기 바랍니다.

이젠 직접 실무를 하지 않는 관계로 추가 갱신은 없을 것으로 판단되므로 현재의 내용으로 수자원설계 실무에 조금이나마 도움이 되기를 바라며, 수자원 및 방재 분야 엔지니어들의 건승을 기원합니다.

마지막으로 엔지니어 겸 사업가를 내조하느라고 고생한 아내 은정에게 사랑과 감사의 마음을 전합니다.

2023년

대표저자 정 종 호

목 차

제1장 설계홍수량 개요

제2장 강우 분석

제5장 용수수요량 현황

제6장 용수수요량 추정

제12장 댐 기본계획

제13장 댐구조물 설계

제14장 침사지 및 저류지 설계

제 1 장

설계홍수량 개요

1.1 설계홍수량 정의

- 설계홍수량(design flood)은 홍수특성, 홍수빈도 및 홍수피해 가능성을 사회·경제적 요인 등을 함께 고려한 후, 최종 수공구조물의 설계 기준으로 채택하는 첨두홍수량(peak flood) 또는 홍수수문곡선(flood hydrograph)으로 정의된다.
- 일반적으로 재현기간별 확률홍수량을 산정한 다음 기본계획 단계까지는 계획빈도의 계획홍수량, 기본설계 또는 실시설계 단계에서는 설계빈도의 설계홍수량으로 결정하는 방식을 적용한다.
- 하천기본계획 등에서는 댐 및 유역변경 등의 고려 유무에 따라 기본홍수량과 계획홍수량이라는 용어로 구분하여 사용하고 있다.
- 기본홍수량은 댐 및 유역변경 등과 같은 인위적인 개발이 없는 자연상태에서 흘러 내려오는 홍수량 중 홍수조절이나 유역개발의 기본이 되는 홍수량으로 정의된다. 따라서 기본홍수량은 댐 및 유역변경 등을 무시하고 산정된 확률홍수량의 특정 재현기간 또는 PMF 중에서 계획기준점이나 계획시설물에 따라 채택한다.
- 계획홍수량은 댐 및 유역변경 등과 같은 인위적인 개발을 고려한 후 하도가 부담해야 하는 홍수량으로 정의된다. 따라서 계획홍수량은 기 산정된 기본홍수량을 유역개발계획, 홍수방어계획, 내수배제계획 및 하천환경관리계획 등과 같은 각종 계획에 맞추어 종합적으로 분석한 후 기본홍수량을 합리적으로 배분하거나 조절할 수 있드록 채택하여야 하며, 댐 및 유역변경 등을 고려하여 산정된 확률홍수량의 특정 재현기간 또는 PMF를 기준으로 계획기준점이나 계획시설물에 따라 채택한다.

1.2 설계홍수량 산정 개념

1) 최대치 개념

- 최대치 개념은 설계될 구조물의 안전도를 최대로 고려하는 것으로 구조물의 파괴나 홍수범람 등에 따른 사회·경제적 영향을 무한한 상태로 가정함으로써 자연상태에서 발생할 수 있는 최대홍수량을 산정하여 이를 설계홍수량으로 결정하는 것이다.
- 실제 적용시는 가능최대강수량(PMP)을 추정한 후 설계강우-유출 방법을 이용하여 산정된 가능최대홍수량(PMF)을 최대치 개념의 설계홍수량으로 채택하고 있다.

2) 최적치 개념

- 최적치 개념은 홍수량의 상대빈도, 홍수특성 등과 구조물의 사회·경제적 측면을 복합적으로 고려하여 설계홍수량을 결정하는 것이다.
- 실제 적용시는 특정 재현기간의 확률홍수량을 최적치 개념의 설계홍수량으로 채택하고 있다.

1.3 설계홍수량 산정 방법

1) 홍수량자료 빈도해석 방법

- 홍수량자료를 직접 빈도해석하여 설계홍수량을 산정하는 방법으로, 강우-유출 관계가 선형관계가 아닌 점을 고려하면 이론적으로는 가장 직접적이고 최상의 방법이다.
- 우리나라는 실측 홍수량자료가 거의 전무하므로 관측 홍수위를 수위-유량관계곡선(rating curve)에 의해 환산하여 홍수량자료를 작성하고 있으나, 수위-유량관계곡선의 신뢰도가 낮아서 홍수량자료 자체부터 신뢰도가 낮은 문제점을 지니고 있다.
- 또한, 유역내 홍수조절능력을 가진 댐이 설치되어 있는 경우의 계획홍수량 산정시에는 댐 건설 이전의 홍수량자료를 댐 건설 이후의 홍수량자료로 환산하여야 한다. 하지만 간단한 경험공식(Myers-Garris 공식) 이외에는 환산 방법이 없으므로 계획홍수량으로 환산이 적절하지 못한 문제점이 있다.

- 이와 같은 문제점 등으로 인하여 홍수량자료 직접 빈도해석에 의한 설계홍수량은 통상 다른 방법에 비해 상당히 높게 산정되어서 채택하기 어려운 경우가 많다.
- 또한, 홍수량자료 빈도해석 방법은 수문곡선(hydrograph) 산정이 불가능한 문제점을 지니고 있으므로, 첨두홍수량만 필요한 경우나 설계강우-유출 방법과의 검토 등에 국한되어 사용되고 있다.

2) 설계강우-유출 방법

- 설계강우-유출 방법은 상대적으로 풍부한 강우자료의 빈도해석으로 결정된 설계강우량을 유출모형에 적용하여 설계홍수량을 산정하는 방법이다.
- 강우-유출 관계의 선형성을 전제로 하는 방법이지만 홍수량자료가 미비한 경우 가장 널리 사용되고 있는 방법이며, 첨두홍수량은 물론 수문곡선의 산정이 가능한 방법이다.
- 한편, 이와 별도로 연최대강우량으로 연도별 홍수량을 산정하고 이를 빈도분석하여 재현기간별 첨두홍수량을 산정하는 방법을 추가로 검토한다.

1.4 수공구조물 규모 분류

- 수공구조물은 규모나 안전도 등을 고려하여 구분할 수 있으며, 규모별 분류는 일반적으로 파괴에 따른 잠재적 피해를 근거로 소규모, 중규모, 대규모로 분류한다.
- 소규모 구조물은 대대적으로 파괴되었을 경우에도 거의 인명 손실이 없으며 피해액은 구조물을 대체하거나 수리비용 정도인 경우로서, 소규모 댐의 본체와 여수로, 소하천 제방, 도시 우수관거, 도로 암거 등이 해당된다.
- 중규모 구조물은 대대적으로 파괴되었을 경우 약간의 인명 손실이 있을 수 있으며 피해액은 관리자나 소유자의 재정 능력내에 있는 경우로서, 중규모 댐의 본체와 여수로, 중규모 하천 제방, 수력발전 시설, 도시 홍수조절 시설, 철도 암거 등이 해당된다.
- 대규모 구조물은 대대적으로 파괴되었을 경우 막대한 인명 손실과 광범위한 피해가 초래되는 경우로서, 대규모 댐의 본체와 여수로 및 재조정지, 대하천 제방, 하구언, 원자력발전 시설 등이 해당된다.

1.5 수공구조물 설계빈도

- 수공구조물의 설계빈도는 공사에 소요되는 비용과 안전이 균형을 이루도록 하고 수공구조물의 파괴로 인한 피해를 함께 고려하며, 일반적으로 구조물의 중요도, 구조물의 수명년한, 경제성 등에 따라 결정함이 원칙이다.
- 주요 수공구조물인 하천과 댐의 설계빈도는 <표 1.1>~<표 1.2>에 제시되어 있다.

<표 1.1> 하천 설계빈도

구 분	설 계 빈 도	관 리 자	비 고
국가하천	100~200년	국토부장관	
지방하천	50~200년	광역단체장	
소 하 천	30~100년	기초단체장	도시(50~100년), 농경지(30~80년), 산지(30~50년)

주) 소하천은 하천법의 적용 대상이 아니므로 행정안전부 소하천정비법을 적용

<표 1.2> 댐 설계빈도

구 분	댐 및 저수지 규모		댐 파괴로 인한 인명 피해	설 계 빈 도
	저수량(10^3m^3)	댐 높이(m)		
소규모댐	61.5~1,230	8~12	적 음	50~100년
			상 당	50 % PMF
			막 대	50~100 % PMF
중규모댐	1,230~61,500	12~30	적 음	100년 이상
			상 당	50~100 % PMF
			막 대	100 % PMF
대규모댐	61,500 이상	30 이상	적 음	50~100 % PMF
			상 당	100 % PMF
			막 대	100 % PMF

주) 자료: 미국 National Academy of Sciences

- 하지만 설계빈도는 수공구조물의 위치 및 여건, 경제적 상황 등에 따라 변하므로 상기 기준 등에 따라 일률적으로 적용하기 곤란한 경우가 많다.
- 또한, 경제성 분석 결과 등에 따라서 상류 구간의 설계빈도가 하류 구간보다 높게 설정되는 역전 현상이 발생하는 것도 충분히 가능한 점에 유의하여야 한다.
- 최근 수공구조물이나 하천개수의 계획규모는 유역별로 상위계획에 따라 결정하도록 기준이 변경되고 있는 부분도 추가로 검토하여야 한다.
- 한편, 임시구조물의 경우에는 일반적으로 위험도 해석(risk analysis) 등을 통하여 영구구조물보다 낮은 설계빈도를 적용한다.

1.6 유출특성에 따른 유역규모 분류

- 홍수 유출을 계산할 경우 유역의 규모 및 유출특성에 따라 소규모, 중규모, 대규모 유역으로 분류하여 각각의 유출특성에 맞는 방법을 적용하여야 하므로 적절한 분류 기준이 필요하게 된다.
- 하지만 실무에서는 매우 작은 소규모 유역에서도 저수지추적 등의 필요에 의하여 대규모 유역에서 적용하는 방법이 적용되는 등의 사례에서 보듯이 이와 같은 유출특성에 맞는 방법을 적용하는 원칙이 잘 지켜질 수 없는 실정이다.
- 한편, 도시유역은 대부분 불투수면적의 비중이 높은 소규모 유역이며, 우수관거 추적방법을 적용함에 따라 분석시 소유역으로 세분되므로 이러한 구분이 크게 의미가 없다.

1) 소규모 유역(small watershed)

- 소규모 유역은 설계강우 지속기간동안 강우강도가 일정하고 강우의 공간분포도 균일한 유역, 유출은 표면류흐름(overland flow)이 지배적인 유역, 하도의 저류효과를 무시할 수 있는 유역 등의 기준을 만족시키는 유역으로 정의할 수 있다.
- 통상 면적기준으로 유역면적이 2.5 km^2 또는 25 km^2 이하인 경우이거나 홍수 도달시간이 1 시간 이내인 경우를 소규모 유역으로 정의할 수 있다.

2) 중규모 유역(midsize watershed)

- 중규모 유역은 설계강우 지속기간동안 강우강도가 시간에 따라 변화되나 강우의 공간분포는 균일한 유역, 유출은 표면류흐름(overland flow)과 하도흐름(channel flow)으로 구성되는 유역, 하도의 저류효과를 무시할 수 있는 유역 등의 기준을 만족시키는 유역으로 정의할 수 있다.
- 중규모 유역의 유출계산에는 단위도(unit hydrograph) 방법이 주로 사용되고 있으며, 단위도 방법을 적용할 경우 정확도 보장을 위해서는 2,500 km^2 이하 면적에 적용하여야 하며, 보다 정확도를 높이기 위해서는 250 km^2 이하 면적에 적용하는 것이 합리적인 것으로 알려져 있다.(1989, Ponce) 한편, 우리나라의 경우 단위도를 적용할 수 있는 상한계는 약 1,000 km^2 정도로 제한하는 것이 실무적으로 적절하다.
- 통상 면적기준으로 유역면적이 2.5~250 km^2 또는 25~250 km^2인 경우를 중규모 유역으로 정의할 수 있다.

3) 대규모 유역(large watershed)

- 대규모 유역은 설계강우 지속기간동안 강우강도가 시간에 따라 변화되며 강우의 공간적 변화도 심한 유역, 하도의 저류효과가 커서 유출계산에서 이를 무시할 수 없는 유역 등의 기준을 만족시키는 유역으로 정의할 수 있다.
- 통상 면적기준으로 유역면적이 250 km^2 이상 또는 1,000 km^2 이상인 경우를 대규모 유역으로 정의할 수 있다.
- 대규모 유역은 중규모 유역의 집합이므로 중규모 유역에 대한 유출계산과 하도추적 및 합성 등으로 설계홍수량을 산정하게 된다.

메 모 란

메 모 란

제2장

강우 분석

2.1 강우량자료 수집 및 검정

2.1.1 강우량자료 수집

가. 강우량자료 계열 구분 및 수집대상 계열 결정

- 수문자료 계열은 <그림 2.1>과 같이 전기간치 계열, 부분기간치 계열, 극치 계열로 대별되며, 설계홍수량 산정의 강우 분석에는 극치 계열의 연최대치 계열이 주로 사용된다.

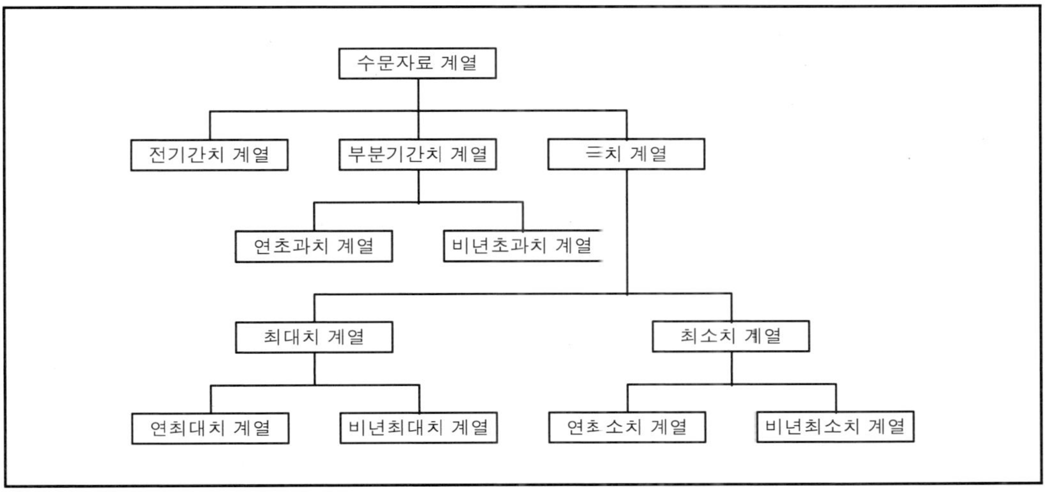

<그림 2.1> 수문자료 계열의 분류

- 전기간치 계열(complete duration series)은 어떤 기간동안의 자료를 총망라한 자료 계열이며, 전기간치 계열은 규모가 크고 실제 수문분석에 필요한 자료는 수문학적으로 위험을 유발시키는 극단적인 값이므로 빈도해석에는 거의 사용되지 않으며 장기유출량 산정 및 유황분석 등에 사용된다.

- 부분기간치 계열(partial duration series)은 어떤 기준치보다도 큰 값 혹은 작은 값을 가진 모든 자료로 구성되는 계열이며, 부분기간치 계열에 속하는 자료의 숫자가 기록년수와 같도록 기준치가 설정되었을 경우 연초과치 계열(annual exceedance series), 그렇지 않은 경우 비년초과치 계열(non-annual exceedance series)로 구분된다.
- 극치 계열은 해당 자료가 존재하는 기록기간을 일정기간 단위로 나누어 그 기간내에 발생한 최대치(혹은 최소치)만으로 구성된 계열이다. 매년 최대치만으로 구성된 계열은 연최대치 계열(annual maximum series), 매년 최소치만으로 구성된 계열은 연최소치 계열(annual minimum series)로 구분된다. 한편, 기간 단위가 연이 아닌 경우 비년최대치 계열(non-annual maximum series), 비년최소치 계열(non-annual minimum series)로 구분된다.
- 수공구조물의 설계빈도가 10년 이하인 경우에는 부분기간치 계열의 연초과치 계열에 의한 확률강우량을 사용하는 것이 안전하고 합리적이며 만약, 연초과치 계열을 추출하기 곤란하여 연최대치 계열을 이용할 경우에는 다음과 같은 방법을 적용한다.
  - Langbein 공식을 적용하면 연초과치 계열의 2년, 5년, 10년에 대한 빈도해석 결과는 연최대치 계열의 2.54년, 5.52년, 10.50년 결과와 동일

$$T_{AM} = \frac{1}{1 - \exp(-1/T_{PD})}$$

여기서 T_{AM}과 T_{PD}는 연최대치, 연초과치 계열의 재현기간(년)이다.

  - 이러한 식을 이용하여 연초과치 계열의 재현기간에 해당하는 연최대치 계열의 재현기간을 채택하는 방법으로 상향 조정
  - 한편, 평년빈도를 2년 또는 2.33년으로 적용시 연최대치 계열을 이용하는 경우에는 약간 높은 2.5년 정도로 채택하는 것이 합리적인 방안
- 연초과치 계열은 연최고치 계열에 비해 평균은 크나 편차가 적어서, 10년 빈도 이상에서는 두 가지 계열에 의한 빈도해석 결과가 거의 일치하므로 별도의 고려는 불필요하다.
- 일반적으로 수공구조물의 설계빈도는 대부분 10년 이상이므로 극치계열의 연최대치 계열이 주로 사용된다.

나. 우량관측소 선정 기준

1) 중·소규모 유역 선정 기준

가) 일반 선정 기준

- 해당 유역 내외에 위치한 기상청 관할 우량관측소를 우선 대상으로 선정하며, 불가피한 경우 국토부 및 기타 기관 관할 우량관측소를 대상으로 선정할 수 있으며 이 경우 자료의 적정성에 대한 추가 검토를 실시하여야 한다.
- 대상 우량관측소 중에서 해당 유역중심과의 거리, 충분한 시우량자료 보유 여부, 표고의 유사성 여부, 동일 수계 여부, 내륙성 또는 해양성 구분에 따른 동일 기후 여부 등을 종합적으로 검토하여 선정하는 것이 일반적인 기준이다.
- 우량관측소 선정은 해당 시·군 전체에 걸쳐 하나의 동일한 기준이 적용될 수 있도록 하는 것을 원칙으로 하여야 한다. 또한, 기존 소하천정비종합계획에서 전체 시·군에 대하여 동일하게 적용하고 있는 우량관측소 선정 기준이 있는 경우 이를 참고할 수 있다.
- 해당 유역내 위치하고 있는 기상청 관할 우량관측소가 충분한 시우량 자료(최소 30년 이상)를 보유하고 있는 경우에는 이를 선정하면 된다.
- 다음으로 해당 유역내에는 위치하고 있지는 않지만 해당 유역이 포함되어 있는 시·군 관내에 위치하고 있는 기상청 관할 우량관측소가 충분한 시우량 자료를 보유하고 있는 경우에는 이를 우선적으로 고려한다.
- 해당 시·군 인근에 위치하고 있는 우량관측소 중에서 선정하여야 하는 경우 가장 우선적으로 고려하는 항목은 거리이며, 추가적인 항목들을 종합적으로 고려하여야 한다. 추가적인 항목인 시우량자료 보유년수, 표고, 동일 수계, 동일 기후 여부 등의 측면에서 부적합한 우량관측소를 단일 우량관측소로 선정하는 것은 지양하여야 한다.
- 한편, 거리는 단순 거리로 판단하여야 하며 Thiessen방법으로 거리를 판단하는 것은 지양하여야 한다. Thiessen방법은 유역내 다수의 우량관측소가 존재하는 대유역에서 해당 우량관측소의 지배면적을 산정하는 것이 주목적이며 부수적으로 소유역에서 유역외의 우량관측소들의 가중평균값을 산정하는데 사용될 수 있는 방법이다. 이에 따라 실무에서 우량관측소 선정에 Thiessen방법을 무조건적으로 우선 적용하는 것은 지양되어야 한다.

나) 추가 선정 기준

- 우량관측소 일반 선정 기준으로 해당 유역 인근에 위치하고 있는 우량관측소 중에서 적절한 우량관측소를 선정할 수 없는 경우에는 다음과 같은 추가 선정 기준을 적용하여 선정한다.
  - 시우량 자료를 충분히 보유한 인근 우량관측소를 대상으로 확률강우량을 계산하여 차이 등을 검토
  - 동일 수계이며 인근 다른 우량관측소에 비해 상대적으로 거리상으로 근접한 우량관측소가 충분한 시우량 자료를 보유하고 있으며, 표고의 유사성이 확보되는 경우, 다른 우량관측소와의 확률강우량을 비교하여 차이가 크지 않을 경우 이를 채택
  - 거리상으로 비슷하게 위치하며 확률강우량의 산정치도 비슷한 경우에는 확률강우량이 큰 우량관측소를 채택
  - 인근에 위치하는 우량관측소들의 확률강우량이 다소 차이를 보이며, 해당 시·군내의 관측년수가 짧은 우량관측소가 있는 경우에는 해당 시·군내의 관측기간과 동일한 기간으로 별도로 산정된 확률강우량을 비교하여 가장 유사한 특성을 나타내는 우량관측소를 우선적으로 고려
  - 인근에 위치하는 우량관측소들의 확률강우량의 차이가 크며 뚜렷한 선정 방안이 없는 경우 Thiessen 가중평균 등의 방법을 적용하여 산정되는 지점평균확률강우량을 채택
- 해당 시·군내의 지역적인 특성이 매우 상이한 경우에는 다음과 같이 지역을 구분한 후, 우량관측소 선정이나 확률강우량 산정 등을 지역별로 다르게 적용할 수도 있다. 이와 같은 방법의 실제 적용은 매우 특수한 경우 이외에는 지양하여야 한다.
  - 지형 등에 따른 지역구분을 먼저 실시하고 구분된 지역별로 적정 우량관측소 선정하는 것이 적절한 접근 방법
  - Thiessen 방법을 이용하여 지역구분을 실시하고 우량관측소를 다르게 선정하는 방법의 경우 지형 등이 고려되지 않는 일자형 임의 지역구분이 되며 이를 경계로 불연속이 발생되므로 적용을 지양

- 구분된 지역별로 확률강우량을 달리 산정하는 경우 지역별로 하나의 우량관측소를 적용하는 것은 확률강우량의 불연속이 너무 커질 수 있으므로 이를 방지하는 방안을 적용
- 우량관측소가 2개인 경우를 예를 들면 2개의 우량관측소로 개략적인 등우선도를 내삽하여 그린 다음, 지형으로 구분된 지역별로 등우선도를 이용하여 가중평균한 확률강우량을 적용하는 방법 등을 적용하여 지역구분으로 인한 확률강우량의 차이를 다소 완화시키는 것이 필요

• 제주도 등과 같이 확률강우량 산정시 고도보정이 필요한 경우에는 일반적으로 기존 고도보정계수를 사용하면 확률강우량이 지나치게 커져서 적용하기 곤란한 경우가 발생하고 있다. 이의 대안으로 관측소별로 확률강우량을 산정하여 등우선의 형태로 나타낸 지점평균확률강우량을 산정하는 방법을 적용하는 것이 합리적이므로 가용한 관측소를 모두 선정하는 방안을 고려하여야 한다. 한편, 여기서 산정되는 지점평균확률강우량을 면적확률강우량이라고 기술하는 경우가 종종 있는데 이는 오류이므로 개선되어야 한다.

2) 대규모 유역 선정 기준

• 해당 유역 내외에 위치한 기상청 관할 우량관측소를 우선적으로 대상으로 선정하며, 국토해양부 관할 우량관측소까지는 대상으로 선정하여야 한다.

• 대규모 유역의 경우 유역내에 관측소가 많이 분포되어 있으므로 관측소별 지배면적을 구분하는 것이 필요하며, 일반적으로 Thiessen망도를 이용하고 있다.

• Thiessen망도의 다각형별 지배관측소 결정을 염두에 두고, 우량관측소별로 충분한 시우량자료 보유 여부, 표고의 대표성 여부, 동일 수계 여부 등과 아울러 우량관측소의 밀도와 분포 등도 추가로 고려하여 다수의 우량관측소를 선정하여야 한다.

• 한편, 확률강우량 산정시 선정된 우량관측소별로 지점확률강우량을 산정한 다음 지점평균확률강우량 및 면적확률강우량을 산정하는 절차로 진행되기 때문에 우량관측소별로 시우량 관측년수의 차이가 많이 나지 않게 하는 사전에 처리하는 방안을 고려하여야 한다.

다. 지속기간별 고정시간 강우량자료 수집

- 수문분석에 필요한 강우량자료는 1시간, 1일 등 고정시간 강우량이 아닌 60분, 1440분 등 임의시간 강우량자료이다.
- 임의시간 강우량자료는 자기기록지에서 판독하여야 하지만 관측년수가 짧고 그나마 장·단기간 결측 등으로 자료가 부족하며, 직접 판독하여 임의시간 강우량 자료를 수집하는 것도 현실적으로 곤란한 경우가 대부분이다.
- 이에 따라 대안으로 고정시간 시우량(clock-hour rainfalls) 자료를 수집하고 이를 이용하여 임의시간 강우량으로 환산하는 방법이 주로 사용되고 있다.
- 과거에는 설계강우의 지속기간을 소규모 구조물의 경우 도달시간, 서울시 유수지는 일률적으로 2시간 등으로 적용하고, 중규모 이상의 유수지는 24시간 등으로 적용하는 방법 등과 같이 대표 지속기간을 하나로 결정하였으므로 수집 대상 강우량자료도 간단하였다.
- 현재는 첨두홍수량이 최대 또는 저류용량(첨두홍수위, 첨두방류량)이 최대인 강우지속기간인 임계지속기간(critical duration)의 홍수량을 채택하고 있으므로 최대한 많은 지속기간의 강우량자료를 수집하여야 한다.
- 기본적으로 10분, 60분, 1시간~24시간까지는 1시간 간격으로 시우량자료를 수집하여야 하며, 임계지속기간이 24시간을 초과할 것으로 예상되는 경우에는 48시간 또는 72시간까지도 1시간 간격으로 수집하여야 한다.
- 한편, 소유역의 경우 임의시간 20분, 30분과 같은 짧은 지속기간 강우량자료의 추가가 요구되는 경우가 있다. 하지만 장기간의 정확한 자료 구득이 곤란한 점, 이를 추가한 강우강도식이 회귀 결과나 불연속 측면에서 유리하지 못한 경우가 많은 점 등과 같은 강우 분석 측면과 홍수량 산정시 초기손실 때문에 임계지속기간이 대부분 1시간 이상으로 결정되므로 홍수량 산정 측면에서 크게 중요한 강우지속기간이 아니게 되는 경우가 많은 점 등을 감안하여 이와 같은 요구는 지양되어야 한다.

라. 결측치 보완

- 수집된 강우량자료에서 단기간의 결측치는 빈도해석시 자료계열에서 제외하는 것보다 보완하는 것이 합리적이다.
- 결측치 보완 방법으로는 관측소간의 거리를 가중치로 사용하는 RDS 방법(reciprocal distance squared method, 역거리제곱법) 등을 적용한다.

$$P_X = \frac{\sum_{i=1}^{n}\left(\frac{P_i}{D_i^2}\right)}{\sum_{i=1}^{n}\frac{1}{D_i^2}}$$

여기서 P_X는 결측치를 가진 관측소의 강수량, P_i는 인근 관측소의 강우량, D_i는 결측치를 가진 관측소와 인근 관측소의 거리이다.

마. 임의시간 강우량자료로 변환

- 수문학적 지속기간은 고정시간이 아닌 임의시간을 의미하므로 수집된 시우량(clock-hour rainfalls) 자료를 임의시간 강우량자료로 변환하여야 한다.
- 고정시간 시우량을 임의시간 시우량 자료로 변환시에는 「한국 확률강우량도 작성(2011, 국토해양부)」의 내용을 토대로 「설계홍수량 산정요령(2012, 국토해양부)」에서 수정 제시한 <표 2.1>과 같은 환산계수를 적용하여 하여야 하며, 이와 같은 환산계수의 회귀곡선식은 다음과 같다.

$$Y = 0.1346 \cdot X^{-1.4170} + 1.0014$$

여기서 Y는 환산계수, X는 강우지속기간(hr)이다.

<표 2.1> 고정시간 시우량을 임의시간 강우량으로 변환시 환산계수

고정지속기간	임의지속기간	환산계수			비 고
		미국기상국 (1958)	국토해양부		
			2000년	2011년	
1시간	60분	1.13	1.129	1.136	
3시간	180분	-	1.033	1.031	
6시간	360분	1.02	1.013	1.012	
24시간	1440분	1.01	1.005	1.003	
1일	1440분	1.13	1.161	-	

- 환산계수 적용시 증가 비율이 1시간은 13.6%로 크지만 2시간은 5.2%, 3시간은 3.1%로 대폭 줄어들다가 6시간 이후는 미미하므로 환산계수는 3시간 이내에만 의미가 있음을 알 수 있다.
- 한편, 과거 환산계수를 확률강우량에 적용하는 것으로 제시된 바 있으나 실무에서는 제대로 된 방식인 강우량자료에 환산계수를 적용하여 왔으며, 향후에도 환산계수는 강우량자료에 적용하면 된다.

바. 동시간 강우량자료

- 유역면적이 큰 경우에는 면적확률강우량을 산정하여 적용하여야 하며, 면적확률강우량은 유역 내외에 위치하고 있는 관측소들의 자료를 활용하여 산정하게 된다.
- 과거에는 관측소별 비동시간 고정시간 연최대치 지점강우량자료를 각각 빈도해석한 후 이를 Thiessen 가중평균한 지점평균확률강우량을 면적확률강우량으로 사용하였으며, 이와 같은 방법에 의해 산정되는 면적확률강우량은 지나치게 높게 된다.
- 이러한 문제의 실례를 살펴보면, 과거 대홍수시 첨두홍수량이 200년빈도를 상회하는 것으로 분석되는 경우의 실제 동시간 면적강우량은 지점평균확률강우량의 50년빈도 미만인 경우가 많다.
- 또한, 이와 같이 실제 작은 동시간 면적강우량과 이로 인하여 발생된 큰 홍수량의 조건에서 단위도의 매개변수(도달시간, 저류상수 등) 등을 검정을 통하여 산정한 후 유출모형을 구축하고, 여기에 다시 지점평균확률강우량을 입력하여 설계홍수량을 산정하는 방법을 채택하는 경우가 많았으며 이와 같은 방법은 설계홍수량을 매우 크게 산정하는 결과를 초래하였다.
- 원칙적으로 면적확률강우량은 해당 유역내·외에 관측소가 다수 존재할 경우 Thiessen 가중평균을 이용한 동시간 임의시간 연최대치 면적강우량자료 계열을 작성하고 이를 직접 빈도해석하여 산정하여야 한다.
- 이와 같은 방법으로 면적확률강우량을 산정할 경우에는 동시간 강우량자료를 수집하여야 하지만, 동시간 강우량자료의 수집이 곤란한 경우가 대부분이다.
- 이에 따라 일반적으로 관측소별 비동시간 임의시간 연최대치 강우량자료 계열을 빈도해석하여 지점확률강우량을 산정하고 이를 Thiessen 가중평균하여 지점평균확률강우량을 산정한 후, 후술되는 면적우량환산계수를 적용하여 면적확률강우량을 산정하는 방법을 주로 채택하고 있다.
- 결론적으로 면적우량환산계수를 적용하지 않고 직접 면적확률강우량을 산정하는 경우를 제외하고는 동시간 강우량자료는 수집하지 않아도 된다.

2.1.2 강우량자료 검정

- 강우량자료의 검정에는 고이상치(high outlier)나 저이상치(low outlier)에 대한 이상치 검정과 강우량자료 계열내 자료들이 서로 상관성이 없는 무작위성을 가져야 한다는 무작위성 검정, 경년별로 감소 또는 증가하는 등의 경향성을 가지지 않아야 한다는 경향성 검정 등이 필요하다.
- 이와 같은 검정들은 확률분포형에 관계없이 적용할 수 있는 비매개변수적 방법(non-parametric method)을 주로 적용한다.

가. 이상치 검정

- 이상치(outlier)는 전체 관측자료의 경향에서 현저하게 벗어난 자료이며, 이러한 이상치를 수정하거나 기각하는 등의 처리에 따라 최적 확률분포형이 변화될 수 있으며 이러한 경우 빈도해석 결과가 상당히 변화하게 된다.
- 왜곡도(skewness)가 0.4보다 크면 고이상치(high outlier)에 대한 검정, 왜곡도가 -0.4보다 작으면 저이상치(low outlier)에 대한 검정을 실시하고, 왜곡도가 -0.4~0.4의 범위에 있으면 고이상치와 저이상치 모두에 대한 검정을 실시하여야 한다.
- 이상치 검정은 Grubbs & Beck 검정이 널리 사용되며, 이 방법은 정규분포로 가정하고 최고치 또는 최저치가 유의수준 10%내에 있는지 여부를 검정하는 방법이다.

$$y_H = \bar{y} + K_n \sigma_y \quad , \quad y_L = \bar{y} - K_n \sigma_y$$

$$K_n = -3.62201 + 6.28446 \cdot n^{1/4} - 2.49835 \cdot n^{1/2} + 0.491436 \cdot n^{3/4} - 0.037911 \cdot n$$

여기서 y는 $\ln x$, $\bar{y}$는 평균, σ_y는 표준편차, y_H는 고이상치 기준, y_L은 저이상치 기준, K_n은 표본수에 따른 이상치 검정 빈도계수(10% 유의수준), n은 자료수이다.

- 이와 같은 고이상치와 저이상치에 대한 검정을 실시한 후 이상치가 자료의 오차나 유역상태의 변화에 의한 것이 확연한 경우에는 제외하는 것이 원칙이다. 하지만 통상 인근 관측소의 자료들과 비교 검토 등을 실시한 후 확연하지 않은 경우에는 가급적 제외하지 않는 것이 실무적으로 타당하다.

나. 무작위성 검정

- 일반적으로 강우량 연최대치 자료계열은 어떤 연도의 강우량이 크기 때문에 그 다음 해에도 클 것이라든지 반대로 작을 것이라든지 등과 같은 상관성이 전혀 없는 자료이어서 무작위성(randomness) 조건이 만족되므로 무작위성 검정을 실시하지 않아도 되는 경우가 대부분이다.
- 과거 일부 규정에서는 무작위성에 대한 검정 방법을 3가지 이상 적용한 후, 2가지 이상에서 위배되는 경우에는 자료를 변환하고 무작위성 검정을 다시 실시하도록 제안한 바 있다. 하지만 무작위성에 위배되는 경우에 대한 적절한 대안이 없고, 해당 자료계열을 기각할 수 있을 정도로 다른 자료계열이 충분하지 못한 현실적인 문제점을 지니고 있다.

1) Run 검정

- Run 검정은 무작위성 검정의 가장 일반적인 방법이며, Run은 다른 부호 사이에 나타나는 동일한 부호들의 연속으로 정의된다.
- Run의 개수는 특별한 종류 변수의 연속으로 시작과 끝에 다른 종류의 변수가 존재하거나 시작이나 끝에 아예 변수가 없는 처음이나 마지막에 위치한 경우의 개수로 계산하며 변수가 1개인 경우도 Run의 개수에 포함한다.
- 자료의 수가 n인 주어진 자료계열 X에서 다음과 같은 조건에 의해 0과 1로 정의되는 새로운 자료계열 Y를 작성한 후, 연속되는 0 또는 1의 집합인 Run의 총 개수를 통계량 R로 정의한다.

$$y_i = 0 \quad , \quad x_i \le \overline{x}$$

$$y_i = 1 \quad , \quad x_i > \overline{x}$$

여기서 $\overline{x}$는 자료계열 X의 평균, $i = 1, \cdots, n$이다.

- 이와 같이 정의된 통계량 R은 근사적으로 평균 μ와 분산 σ^2이 다음과 같이 표시되는 정규분포를 따른다.

$$\mu = \frac{2\,n_1\,n_2}{n_1 + n_2} + 1$$

$$\sigma^2 = \frac{2n_1 n_2 (2n_1 n_2 - n_1 - n_2)}{(n_1 + n_2)^2 (n_1 + n_2 - 1)}$$

여기서 n_1, n_2는 각각 자료계열 Y에서 0의 개수와 1의 개수이다.

- 통계량 R이 정규분포를 따르므로 다음과 같이 표준정규변량 z를 계산한다.

$$z = \frac{(R + h) - \mu}{\sigma}$$

여기서 h는 연속확률분포를 이용하여 이산확률분포를 근사시킬 때 정도를 높이는데 필요한 연속보정계수(continuity correction coefficient)이며 ±0.5의 값을 가지며 $R \leq \mu$인 경우 0.5, $R > \mu$인 경우 -0.5를 적용한다.

- 이와 같이 계산된 표준정규변량 z가 표준정규분포 양측검정의 95 % 신뢰도의 한계값인 $z = \pm 1.96$ 사이에 들면 주어진 자료계열은 무작위성을 가지는 것으로 판정한다.

2) Turning Point 검정

- 자료의 수가 n인 주어진 자료계열 X에서 Peak와 Trough는 다음과 같이 정의되며, Peak와 Trough의 총 개수를 통계량 T로 정의한다.

Peak의 경우 : $x_{i-1} < x_i > x_{i+1}$

Trough의 경우 : $x_{i-1} > x_i < x_{i+1}$

- Clarke에 의하면 이와 같이 정의된 통계량 T는 근사적으로 평균 μ와 분산 σ^2이 다음과 같이 표시되는 정규분포를 따른다.

$$\mu = \frac{2(n-2)}{3}$$

$$\sigma^2 = \frac{16n - 29}{90}$$

- 통계량 T가 정규분포를 따르므로 다음과 같이 표준정규변량 z를 계산한다.

$$z = \frac{(T + h) - \mu}{\sigma}$$

여기서 h는 연속보정계수로 $T \leq \mu$인 경우 0.5, $T > \mu$인 경우 -0.5를 적용한다.

- 이와 같이 계산된 표준정규변량 z가 표준정규분포 양측검정의 95 % 신뢰도의 한계값인 $z = \pm 1.96$ 사이에 들면 주어진 자료계열은 무작위성을 가지는 것으로 판정한다.

3) Anderson Exact 검정

- 자료의 수가 n인 주어진 자료계열 X에서 다음과 같은 1차 계열상관계수(lag-one serial correlation coefficient) R_1을 통계량으로 정의한다.

$$R_1 = \frac{C_1}{C_0}$$

$$C_0 = \frac{1}{n}\sum_{i=1}^{n}(x_i - \overline{x})^2 \quad , \quad C_1 = \frac{1}{n}\sum_{i=1}^{n-1}(x_i - \overline{x})(x_{i+1} - \overline{x})$$

여기서 C_0, C_1은 각각 0차, 1차 계열공분산(serial covariance), $\overline{x}$는 평균이다.

- Anderson에 의하면 이와 같이 정의된 통계량 R_1은 근사적으로 평균 μ와 분산 σ^2이 다음과 같이 표시되는 정규분포를 따른다.

$$\mu = -\frac{1}{n-1} \quad , \quad \sigma^2 = \frac{(n-2)^2}{(n-1)^3}$$

- 통계량 R_1이 정규분포를 따르므로 다음과 같이 표준정규변량 z를 계산한다.

$$z = \frac{R_1 - \mu}{\sigma}$$

- 이와 같이 계산된 표준정규변량 z가 표준정규분포 양측검정의 95 % 신뢰도의 한계값인 z = ±1.96 사이에 들면 주어진 자료계열은 무작위성을 가지는 것으로 판정한다.

다. 경향성 검정

- 일반적으로 강우량 연최대치 자료계열은 경년별로 감소 또는 증가하는 등의 경향성(trend)을 가지지 않는 조건을 만족시키므로 경향성 검정을 실시하지 않아도 되는 경우가 대부분이다.
- 과거 일부 규정에서는 경향성에 대한 검정 방법을 3가지 이상 적용한 후, 2가지 이상에서 위배되는 경우에는 설계빈도를 조정하도록 제안한 바 있다. 하지만 경향성에 위배되는 경우 설계빈도에 대한 적절한 조정 기준이 없고, 해당 자료계열을 기각할 수 있을 정도로 다른 자료계열이 충분하지 못한 현실적인 문제점을 지니고 있다.

- 한편, 과거 실무에서 잘못된 사례를 살펴보면 연최대치 자료계열을 점진평균후 선형회귀한 증가율을 경향성으로 판단하고 확률강우량을 증가시키는 잘못된 방법을 적용한 경우도 있었지만, 이 방법은 통계학적으로 전혀 근거가 없으며 또한, 강우지속기간별로 증가 또는 감소의 일관성조차도 없는 결과를 초래하여 현재 완전히 배제된 상태임에 유의하여야 한다.

1) Kendall 검정

- 자료의 수가 n인 주어진 자료계열 X에서 다음과 같은 K를 통계량으로 정의한다.

$$K = \sum_{i=1}^{n-1} \sum_{j=i+1}^{n} sgn(x_j - x_i)$$

여기서 $sgn(\theta)$는 $\theta>0$인 경우 1, $\theta=0$인 경우 0, $\theta<0$인 경우 -1을 적용한다.

- 이와 같이 정의된 통계량 K는 근사적으로 평균 μ와 분산 σ^2이 다음과 같이 표시되는 정규분포를 따른다.

$$\mu = 0$$

$$\sigma^2 = \frac{1}{18}\left[n(n-1)(2n+5) - \sum_{i}^{g} t_i(t_i-1)(2t_i+5)\right]$$

여기서 g는 동점처리에 필요한 동점그룹의 수이며 t_i는 i번째 동점그룹의 자료수이다.

- 통계량 K가 정규분포를 따르므로 다음과 같이 표준정규변량 z를 계산한다.

$$z = \frac{(K+h) - \mu}{\sigma} = \frac{K+h}{\sigma}$$

여기서 h는 근사 보정계수로 $K>0$인 경우 $h=-1$, $K=0$인 경우 $h=0$, $K<0$인 경우 $h=1$을 적용한다.

- 이와 같이 계산된 표준정규변량 z가 표준정규분포 양측검정의 95% 신뢰도의 한계값인 $z = \pm 1.96$ 사이에 들면 주어진 자료계열은 경향성을 가지지 않는 것으로 판정한다.

2) Hotelling-Pabst 검정

- 자료의 수가 n인 주어진 자료계열 X에서 오름차순으로 정렬한 새로운 자료계열 Y를 작성한 한 후, 다음과 같은 H를 통계량으로 정의한다.

$$H = \sum_{i=1}^{n} [R(x_i) - i]^2$$

여기서 $R(x_i)$는 자료계열 X의 순위(rank)이다.

- 이와 같이 정의된 통계량 H는 근사적으로 평균 μ와 분산 σ^2이 다음과 같이 표시되는 정규분포를 따른다.

$$\mu = \frac{n(n^2-1)}{6} \quad , \quad \sigma^2 = \left[\frac{n(n^2-1)}{6\sqrt{(n-1)}}\right]^2$$

- 통계량 H가 정규분포를 따르므로 다음과 같이 표준정규변량 z를 계산한다.

$$z = \frac{H-\mu}{\sigma}$$

- 이와 같이 계산된 표준정규변량 z가 표준정규분포 양측검정의 95 % 신뢰도의 한계값인 z = ±1.96 사이에 들면 주어진 자료계열은 경향성을 가지지 않는 것으로 판정한다.

3) Wald-Wolfowitz 검정

- 자료의 수가 n인 주어진 자료계열 X에서 다음과 같은 W를 통계량으로 정의한다.

$$W = \sum_{i}^{n-1} x_i x_{i+1} + x_1 x_n$$

- 이와 같이 정의된 통계량 W는 근사적으로 평균 μ와 분산 σ^2이 다음과 같이 표시되는 정규분포를 따른다.

$$\mu = \frac{s_1^2 - s_2}{n-1}$$

$$\sigma^2 = \frac{s_2^2 - s_4}{n-1} - \mu^2 + \frac{s_1^4 - 4s_1^2 s_2 + 4s_1 s_3 + s_2^2 - 2s_4}{(n-1)(n-2)}$$

여기서 $s_r = n \cdot m_r'$이며 m_r'은 r차 모멘트이다.

- 통계량 W가 정규분포를 따르므로 다음과 같이 표준정규변량 z를 계산한다.

$$z = \frac{W-\mu}{\sigma}$$

- 이와 같이 계산된 표준정규변량 z가 표준정규분포 양측검정의 95 % 신뢰도의 한계값인 z = ±1.96 사이에 들면 주어진 자료계열은 경향성을 가지지 않는 것으로 판정한다.

2.2 강우량자료 빈도해석을 통한 지점확률강우량 산정

2.2.1 확률 기본 개념

- 확률개념은 반복되는 관측값의 통계학적 특성분석의 근거가 되며, 확률분포는 확률밀도함수(probability density function: PDF) 또는 누가확률분포함수(cumulative probability distribution function: CDF) 등으로 표현되며 다음과 같은 관계를 지닌다.

$$f(x) = \frac{dF(x)}{dx} \quad , \quad F(x) = \int_{-\infty}^{x} f(x)dx$$

여기서 f(x)는 확률밀도함수(PDF), F(x)는 누가확률분포함수(CDF), x는 변수이다.

- 누가확률분포함수(CDF) F(x)는 어떤 변량 X가 특정변수 x보다 크지 않을 확률인 비초과확률(non-exceedance probability)이며, 변량 X가 특정변수 x보다 클 확률은 초과확률(exceedance probability)이다.

$$F = F(x) = P(X \leq x)$$

$$P = 1 - F(x) = P(X > x)$$

여기서 F(x)는 비초과확률, 1-F(x)는 초과확률, X는 변량, x는 변수이다.

- 비초과확률 및 초과확률과 재현기간 T과의 관계는 다음과 같이 표현되며, 초과확률은 재현기간의 역수인 관계임을 알 수 있다.

$$F = F(x) = P(X \leq x) = 1 - 1/T$$

$$P = 1 - F(x) = P(X > x) = 1/T$$

- 한편, 이와 같은 관계를 이용하는 위험도 해석(risk analysis) 절차는 다음과 같고, 위험도 해석은 임시 수공구조물의 설계빈도 결정 등에 사용된다.
  - 어떤 해에 T년빈도 홍수(flood)가 발생할 확률

    $$P(f) = 1/T$$

  - 어떤 해에 T년빈도 홍수가 발생하지 않을 확률

    $$P(\overline{f}) = 1 - P(f) = 1 - 1/T$$

  - 연속되는 n년동안 T년빈도 홍수가 발생하지 않을 확률

    $$[P(\bar{f})]^n = (1 - 1/T)^n$$

- 연속되는 n년동안 최소한 한번 T년빈도 홍수가 발생할 확률인 조우확률(encounter probability)에 해당하는 위험도(risk)는 다음과 같이 표시

$$R = 1 - [P(\bar{f})]^n = 1 - (1 - 1/T)^n$$

- 일반적으로 많이 사용되는 확률의 기대값 및 분산에 대한 기본 법칙은 다음과 같다.

$$E[X] = \mu_x \quad , \quad E[a] = a$$

$$E[a \cdot X + b \cdot Y] = a \cdot E[X] + b \cdot E[Y]$$

$$Var[X] = \sigma_x^2 \quad , \quad Var[a] = 0$$

$$Var[a \cdot X + b \cdot Y] = a^2 \cdot Var[X] + b^2 \cdot Var[Y]$$

여기서 X, Y는 확률변량, E[ ]는 기대값, Var[ ]는 분산이다.

- 확률강우량 산정을 위한 빈도해석 방법은 확률도시법과 확률분포함수에 의한 빈도해석으로 대별된다.

2.2.2 확률도시법에 의한 빈도해석

- 재현기간 또는 확률수문량을 간단히 추정하는 경우에는 확률지(probability paper)와 도시위치공식(plotting position formula)을 이용하는 확률도시법(probability plotting technique)을 사용한다.
- 확률지는 어떤 수문자료 계열에 대하여 하나의 확률분포를 도시위치공식에 의해 도시했을 때 도시된 점들이 직선에 가깝도록 특별히 고안된 축척을 갖는 방안지이다.
- 확률지에는 정규확률지(정규분포), 대수정규확률지(대수정규분포 또는 Log-Pearson Type-Ⅲ분포), 극치확률지(Type-Ⅰ 극치분포), 대수극치확률지(Weibull 확률지, Type-Ⅲ 극치분포) 등이 있다.
- 도시위치공식은 적정 확률지상에 수문자료를 도시하기 위하여 각 자료값의 누가발생확률을 결정하는데 사용되는 경험공식이다. 각종 경험공식은 자료의 총수를 n이라고 하고 제일 큰 자료부터 작은 자료 순으로 내림차순으로 나열했을 때의 순위를 m이라고 할 때 다음과 같이 표현된다.

- Weibull 공식: 연최대치 자료계열에 적합하고 가장 널리 사용

$$P(X > x) = \frac{m}{n+1} = \frac{1}{T}$$

$$\therefore \quad T = \frac{n+1}{m}$$

- California 공식: 연초과치 자료계열에 적합

$$P(X > x) = \frac{m}{n} = \frac{1}{T}$$

$$\therefore \quad T = \frac{n}{m}$$

- Gringorten 공식: 가장 일반적인 형태의 공식

$$P(X > x) = \frac{m-a}{n+1-2a} = \frac{1}{T}$$

$$\therefore \quad T = \frac{n+1-2a}{m-a}$$

- 도시위치공식 중 가장 많이 사용되는 Weibull 공식은 편의(bias)가 크며, 가장 큰 자료에 대한 재현기간이 너무 작게 산정하는 단점을 지닌다. 예를 들면 Weibull 공식에서 m= 1이고 n= 25라면 재현기간 T는 26년으로 산정되나 Gringorten 공식에 a= 0.4를 적용하면 재현기간 T는 42년으로 산정되므로 많은 차이가 발생함을 알 수 있다.
- Gringorten 공식의 a값은 확률분포형에 따라 다르며 정규 또는 대수정규분포에서는 a= 0.375 Gumbel 분포에서는 a= 0.44이므로 확률분포형이 정확하게 결정되지 않은 경우에는 a= 0.4를 적정치로 사용하면 무난하다.
- 확률도시 결과로부터 자료계열의 확률븐포형이 가정한 확률분포형이나 확률지와의 적합 여부는 도시위치공식에 의한 결과를 기준으로 직선을 그어서 적합성 여부를 직접 판단(eye fitting) 하거나, K-S 검정과 같은 적합성 검정을 실시하여 판단한다.
- 확률도시법은 간단한 점과 내삽과 외삽이 가능한 점 및 주어진 수문자료에 대하여 어떤 확률분포가 가장 적합한지를 쉽게 비교하여 채택 가능한 점과 같은 장점을 지닌다. 하지만 정확도의 확보가 곤란하므로 빈도해석에 직접 사용하는 것은 지양하여야 한다.

2.2.3 확률분포함수에 의한 빈도해석

- 수집된 수문자료 계열은 표본자료이나 적절한 통계분석을 실시하기 위해서는 모집단의 특성을 파악하는 것이 필요하다. 이에 따라 모집단의 특성은 특정 확률분포형이 대변할 수 있다고 가정하고 확률분포의 확률밀도함수(PDF) 또는 누가확률분포함수(CDF) 등을 이용하여 모집단의 특성을 파악하는 방법을 주로 채택하고 있다.
- 이와 같이 확률분포형을 이용하여 통계분석을 실시하는 것이 빈도해석의 주된 내용이며, 모집단의 특성을 간단한 확률분포형으로 완벽하게 나타내기는 곤란하나 현재로서는 최선의 대안으로 평가되고 있다.

가. 매개변수 추정 방법

확률분포의 특성을 나타내는 매개변수를 추정하는 방법에는 모멘트법(MOM), 최우도법(MLM), 확률가중모멘트법(PWM) 등이 있다.

1) 모멘트법

- 모멘트법(method of moments, MOM)은 가장 간단하여 지금까지 널리 사용되어 온 매개변수 추정 방법으로, 모집단의 모멘트인 확률밀도함수의 모멘트와 표본자료의 모멘트가 같다고 가정하여 확률분포의 매개변수를 추정한다.
- 이와 같이 확률분포의 매개변수는 모멘트를 취함으로써 추정할 수 있으며 원점에 대한 r차 모멘트는 다음과 같이 정의된다. 여기서 모집단의 원점에 대한 1차 모멘트 μ는 평균(mean)이며 이는 원점에서 확률밀도함수 아래 면적 중심까지의 거리이다.

$$\mu_r' = \int_{-\infty}^{\infty} x^r f(x)\, dx \qquad , \quad \mu_1' = \mu = \text{population mean}$$

$$m_r' = \sum_{i=1}^{n} x_i^r f(x_i) = \frac{1}{n}\sum_{i=1}^{n} x_i^r \qquad , \quad m_1' = \bar{x} = \text{sample mean}$$

여기서 μ_r', m_r'는 각각 모집단과 표본의 원점에 대한 r차 모멘트, n은 표본자료수, x_i는 표본자료값, $f(x_i)$는 표본자료의 발생빈도로 1/n이다.

- 통상 2차 이상 모멘트의 경우에는 원점보다 평균값의 축인 중앙에 대하여 모멘트를 취하며, 중앙에 대한 r차 모멘트(central moments)는 다음과 같이 재정의된다.

$$\mu_r = \int_{-\infty}^{\infty} (x-\mu)^r f(x)\,dx$$

$$m_r = \frac{1}{n}\sum_{i=1}^{n} (x_i - \bar{x})^r$$

여기서 μ_r, m_r은 각각 모집단과 표본의 중앙에 대한 r차 모멘트, n은 표본자료수, x_i는 표본자료값, $f(x_i)$는 표본자료의 발생빈도로 1/n, μ, $\bar{x}$는 각각 모집단과 표본의 평균이다.

- 확률분포의 특성은 매개변수인 차수별 모멘트로 표현되며, 1차 모멘트는 평균(mean), 2차 모멘트는 분산(variance), 3차 모멘트는 왜곡도(skewness), 4차 모멘트는 첨예도(kurtosis)를 나타내는 매개변수이다.

가) 평 균

원점에 대한 1차 모멘트는 확률변량 X의 기대치로 평균(mean)이며, 표본자료가 확률분포 중앙부분에 집중하는 정도를 판별하는 매개변수이다.

$$\mu_1' = \mu = E[X] = \int_{-\infty}^{\infty} x\,f(x)\,dx$$

$$m_1' = \bar{x} = \frac{1}{n}\sum_{i=1}^{n} x_i$$

여기서 μ와 μ_1'은 모집단의 평균, $\bar{x}$와 m_1'은 표본의 평균이다.

나) 분산, 표준편차, 변동계수

- 중앙에 대한 2차 모멘트는 분산(variance)이며, 표본자료가 평균값 주위에 분산하는 정도를 판별하는 매개변수이다.

$$\mu_2 = \sigma^2 = E[(x-\mu)^2] = \int_{-\infty}^{\infty} (x-\mu)^2 f(x)\,dx$$

$$m_2 = s^2 = \frac{1}{n-1}\sum_{i=1}^{n} (x_i - \bar{x})^2 = \frac{1}{n-1}\left[\left\{\sum_{i=1}^{n} x_i^2\right\} - n\bar{x}^2\right]$$

여기서 σ^2과 μ_2는 모집단의 분산, s^2과 m_2는 표본의 분산이다.

- 이 식에서 n 대신 (n-1)로 나누는 것은 모집단의 평균 μ를 정확하게 알 수 있는 방법이 없으므로, μ 대신 표본의 평균 $\bar{x}$를 사용함으로써 생기는 자유도(degree of freedom)의 손실을 고려하는 것으로 불편의(unbiased) 추정치를 얻기 위함이다. 여기서, 자유도란 자유롭게 선택될 수 있는 요소로 변할 수 있는 변수인 독립변수의 개수를 말하며 예를 들면, 세 개의 변수 x_1, x_2, x_3의 합이 6일 때 세 개의 변수 중 2개 값만 결정되면 나머지 하나의 값은 자동적으로 결정되므로 자유도는 2로 결정된다.
- 표준편차(standard deviation)는 분산의 제곱근으로 모집단은 σ, 표본은 s로 표기하며, 평균과 동일한 단위이므로 이들 관계 해석에 편리하게 사용된다.
- 변동계수(coefficient of variation)는 표준편차를 평균으로 나눈 값으로 정의되며, 변동성의 무차원 척도로서 상대적인 분산도를 파악하는데 필요한 매개변수이다.

$$C_v = \frac{\mu_2^{1/2}}{\mu_1{}'} = \frac{\sigma}{\mu} \fallingdotseq \hat{C_v} = \frac{m_2^{1/2}}{m_1{}'} = \frac{s}{\bar{x}}$$

여기서 C_v는 모집단의 변동계수, $\hat{C_v}$는 표본의 변동계수이다.

다) 왜곡도 및 왜곡도계수

- 중앙에 대한 3차 모멘트는 왜곡도(skewness)이며, 확률분포 형상의 비대칭성 정도를 판별하는 매개변수이다.

$$\mu_3 = E[(x-\mu)^3] = \int_{-\infty}^{\infty}(x-\mu)^3 f(x)\,dx$$

$$m_3 = \frac{n}{(n-1)(n-2)}\sum_{i=1}^{n}(x_i-\bar{x})^3$$

여기서 μ_3는 모집단의 왜곡도, m_3는 표본의 왜곡도이다.

- 왜곡도계수(coefficient of skewness)는 왜곡도를 표준편차의 세제곱으로 나눈 것으로 정의되며 가장 일반적으로 사용되는 비대칭성의 척도이다.

$$C_s = \frac{\mu_3}{\mu_2^{3/2}} = \frac{\mu_3}{\sigma^3} \fallingdotseq \hat{C_s} = \frac{m_3}{m_2^{3/2}} = \frac{m_3}{s^3}$$

여기서 C_s는 모집단의 왜곡도계수, $\hat{C_s}$는 표본의 왜곡도계수이다.

- 확률분포가 대칭인 경우 $C_s = 0$이고, 으른쪽으로 왜곡된 분포(positively skewed distribution)의 경우 $C_s > 0$이고, 왼쪽으로 왜곡된 분포(negatively skewed distribution)의 경우 $C_s < 0$이다.
- 한편, 확률분포의 왜곡현상의 오른쪽, 왼쪽 구분은 확률분포의 첨두에서 꼬리가 오른쪽으로 길면 오른쪽으로 왜곡된 분포, 왼쪽으로 길면 왼쪽으로 왜곡된 분포로 분류한다.

라) 첨예도 및 첨예도계수

- 중앙에 대한 4차 모멘트는 첨예도(kurtosis)이며, 확률분포 중심의 뾰족한 정도를 판별하는 매개변수이다.

$$\mu_4 = E[(x-\mu)^4] = \int_{-\infty}^{\infty} (x-\mu)^4 f(x)\, dx$$

$$m_4 = \frac{n^2}{(n-1)(n-2)(n-3)} \sum_{i=1}^{n} (x_i - \bar{x})^4$$

여기서 μ_4는 모집단의 첨예도, m_4는 표본의 첨예도이다.

- 첨예도계수(coefficient of kurtosis)는 첨예도를 표준편차의 네제곱으로 나눈 것으로 정의되며 가장 일반적으로 사용되는 첨예도의 척도이다.

$$C_k = \frac{\mu_4}{\sigma^4} \fallingdotseq \hat{C}_k = \frac{m_4}{s^4},$$

여기서 C_k는 모집단의 첨예도계수, $\hat{C}_k$는 표본의 첨예도계수이다.

2) 최우도법

- 최우도법(method of maximum likelihood, MLM)은 표본자료들의 발생 결합확률(joint probability) 또는 확률분포 매개변수의 함수로 정의되는 우도함수(likelihood function)를 최대화하는 매개변수를 최적치로 결정하는 방법이다.
- 먼저 결합확률을 정의하기 위하여 표븐공간이 동일한 크기 dx 구간으로 구분되고 표본자료들은 독립적이며 또한, 동일한 확률분포를 갖는 $x_1, x_2, \cdots, x_n$으로 구성되는 표본을 대상으로 채택한다.

- 이와 같은 표본에서 x_i에 대한 확률밀도함수 값은 $f(x_i)$이고 x_i를 포함하는 구간내에서 확률변수가 발생할 확률은 $f(x_i)dx$이며 표본자료들은 서로 독립적이므로 표본자료들이 발생할 결합확률은 다음과 같이 표현된다.

$$f(x_1)dx \cdot f(x_2)dx \cdots f(x_n)dx = \left[\prod_{i=1}^{n} f(x_i)\right] dx^n$$

- 우도함수는 어떤 확률분포의 확률밀도함수(PDF)가 f(x)로 주어지고 확률분포의 매개변수가 $\alpha_1, \alpha_2, \cdots, \alpha_k$ 조건하에서 표본자료의 결합확률밀도함수(joint PDF)로 정의되며 다음과 같이 표현된다.

$$L(\alpha_1, \alpha_2, \cdots, \alpha_k) = \prod_{i=1}^{n} f(x_i : \alpha_1, \alpha_2, \cdots, \alpha_k)$$

- 결합확률을 나타내는 식에서 구간의 크기 dx가 상수로 고정되므로 좌변과 같은 표본자료의 결합확률을 최대화하는 것은 우변의 $\prod_{i=1}^{n} f(x_i)$를 최대화하는 것이다. 또한, 우도함수를 나타내는 식에서 매개변수 $\alpha_1, \alpha_2, \cdots, \alpha_k$ 조건하의 표본자료의 결합확률밀도함수인 우도함수를 최대화하는 것은 우변의 $\prod_{i=1}^{n} f(x_i : \alpha_1, \alpha_2, \cdots, \alpha_k)$를 최대화하는 것이다. 따라서 결합확률을 최대화하는 것과 우도함수를 최대화하는 것은 동일한 개념임을 알 수 있다.
- 일반적으로 이와 같은 우도함수보다 편리성 때문에 다음과 같은 대수우도함수(log-likelihood function)를 많이 사용하고 있다.

$$\ln L(\alpha_1, \alpha_2, \cdots, \alpha_k) = \prod_{i=1}^{n} \ln f(x_i : \alpha_1, \alpha_2, \cdots, \alpha_k)$$

- 최우도법의 매개변수 추정은 대수우도함수를 매개변수별(α_i)로 미분한 뒤 0으로 놓고 모든 조건을 동시에 만족시키는 방법을 적용한다. 여기서, 모든 조건을 동시에 만족시켜야 하므로 매개변수를 각각 별도로 추정하는 것이 아니라 동시에 추정하여야 한다.

$$\frac{\partial \ln L(\alpha_i)}{\partial \alpha_i} = 0\ , \qquad i = 1, 2, \cdots, k$$

여기서 $\ln L(\alpha_i)$는 대수우도함수, α_i는 선정된 확률분포형의 i번째 매개변수, k는 선정된 확률분포형의 매개변수 개수이다.

3) 확률가중모멘트법

가) 확률가중모멘트

- 확률가중모멘트법(method of probability weighted moments, PWM)은 모멘트법이나 최우도법 등의 대안으로 최근에 널리 사용되는 매개변수 추정 방법으로, 모멘트법과 마찬가지로 모집단의 확률가중모멘트는 표본자료의 확률가중모멘트와 같다고 가정하여 확률분포의 대개변수를 추정하는 방법이다.
- 모멘트법이나 최우도법에서는 자료의 크기에 상관없이 일정한 가중치를 주는데 반하여, 확률가중모멘트법에서는 자료를 오름차순(ascending order)으로 재배열하고 크기가 가장 큰 자료에 최대 가중치를 주고 가장 작은 자료에 최소 가중치를 주는 등 자료 크기에 따라 가중치를 달리 주어 매개변수를 추정하는 방법이다.
- 또한, 모멘트법이 변수값과 평균값 차이의 차수승인 $(x_i - \overline{x})^r$을 이용하여 모멘트를 산정하는데 반하여, 확률가중고멘트법은 변수값을 오름차순으로 정렬하고 각 자료에서의 발생확률의 차수승인 $x \cdot F^r(x)$ 등을 이용하여 확률가중모멘트를 산정한다.
- 누가확률분포함수(CDF) F(x)를 갖는 확률변량 X에 대한 모집단의 확률가중모멘트(PWM) 일반식은 다음과 같이 표현된다.

$$M_{p,r,s} = E\left[X^p F^r(x) \{1 - F(x)\}^s\right]$$

여기서 E[ ]는 기대값, p, r, s는 각각 확률변량 X, 누가확률분포함수인 비초과확률 F(x), 초과확률 1-F(x)의 모멘트 차수로 정수이며 $M_{p,0,0}$이면 원점에 대한 일반 모멘트법의 p차 모멘트(μ_p')와 동일하다.

- 확률가중모멘트법의 매개변수 추정에 있어서 관심 대상은 확률변량 X의 차수 p는 1일 경우 중, 비초과확률 F(x)의 차수 r이 0 이상의 정수이고 초과확률 1-F(x)의 차수 s가 0인 경우 또는 r이 0이고 s가 0 이상의 정수인 경우로 국한된다. 따라서 모집단의 확률가중모멘트(PWM)는 다음과 같이 간단하게 표현할 수 있다.

$$M_{1,0,s} = \alpha_s = E[X\{1-F(x)\}^s] = \int_0^1 x(u)(1-u)^s du$$

$$M_{1,r,0} = \beta_r = E[X F^r(x)] = \int_0^1 x(u)u^r du$$

$$E[X] = \int_{-\infty}^{\infty} xf(x)dx = \int_{-\infty}^{\infty} xdF(x) = \int_0^1 x(u)du$$

여기서 α_s, β_r은 확률가중모멘트, E[ ]는 기대값, X는 확률변량, F(x)는 비초과확률, 1-F(x)는 초과확률, s와 r은 모멘트 차수로 정수, u는 비초과확률 F(x)의 치환값(u=F(x))으로 0<u<1의 범위, x(u)는 확률변량 X의 분위함수(quantile function)로 비초과확률 F(x)의 역함수(x(u)=x)이다.

- 이와 같은 두 가지 방법 중 α_s 방법을 사용할 것인지 β_r 방법을 사용할 것인지는 확률분포형에 따라 편리한 것으로 채택하게 된다. 일반적으로 Weibull, Wakeby 분포를 제외한 모든 분포는 β_r 방법이 편리하고 또한, α_s 방법을 사용한 추정치와 β_r 방법을 사용한 추정치간의 변환이 가능하므로 주로 β_r 방법을 사용한다.
- 표본의 확률가중모멘트는 이와 같은 모집단의 확률가중모멘트의 정의에 따라 다음과 같은 식으로 표현된다.(1986, Hosking)

$$b_r = \hat{\beta}_r = \hat{M}_{1,r,0} = \frac{1}{n}\sum_{i=1}^{n} \frac{\begin{bmatrix} i-1 \\ r \end{bmatrix}}{\begin{bmatrix} n-1 \\ r \end{bmatrix}} x_i$$

$$= \frac{1}{n}\sum_{i=1}^{n} \frac{(i-1)!(n-1-r)!}{(i-1-r)!(n-1)!} x_i$$

$$b_0 = \hat{\beta}_0 = \bar{x} = \frac{1}{n}\sum_{i=1}^{n} x_i$$

$$b_1 = \hat{\beta}_1 = \frac{1}{n}\sum_{i=1}^{n} \frac{(i-1)}{(n-1)} x_i$$

$$b_2 = \hat{\beta}_2 = \frac{1}{n}\sum_{i=1}^{n} \frac{(i-1)(i-2)}{(n-1)(n-2)} x_i$$

$$b_3 = \hat{\beta}_3 = \frac{1}{n}\sum_{i=1}^{n} \frac{(i-1)(i-2)(i-3)}{(n-1)(n-2)(n-3)} x_i$$

여기서 β_r는 모집단의 확률가중모멘트, b_r는 표본의 확률가중모멘트, n은 표본자료수, x_i는 오름차순으로 정렬된 i번째 자료이다.

- 한편, 이와 같은 β_r 방법에 의한 추정치를 α_s 방법에 의한 추정치로의 변환은 다음과 같은 식을 이용한다.

$$
\begin{aligned}
a_0 &= b_0 &,\ b_0 &= a_0 \\
a_1 &= b_0 - b_1 &,\ b_1 &= a_0 - a_1 \\
a_2 &= b_0 - 2b_1 + b_2 &,\ b_2 &= a_0 - 2a_1 + a_2 \\
a_3 &= b_0 - 3b_1 + 3b_2 - b_3 &,\ b_3 &= a_0 - 3a_1 + 3a_2 - a_3
\end{aligned}
$$

나) L-모멘트

- 현재 확률가중모멘트법은 Hosking이 제안한 확률가중모멘트의 선형조합인 L-모멘트 방법의 형태로 주로 사용되고 있다.
- L-모멘트에 의한 매개변수 추정치는 확률가중모멘트에 의한 매개변수 추정치와 동일하며 또한, L-모멘트는 PWM과는 달리 확률가중모멘트의 차수가 일반 모멘트법과 동일한 장점을 지닌다.
- 표본의 L-모멘트 추정치는 다음과 같이 정의된다.

- 1차 L-모멘트 추정치는 일반 모멘트법에서의 평균과 동일

$$\ell_1 = \hat{\lambda}_1 = E[X]$$

- 2차 L-모멘트 추정치는 오름차순으로 재정렬된 표본에서 임의로 선정된 두 개의 관측치 차에 대한 기대값을 2로 나눈 값

$$\ell_2 = \hat{\lambda}_2 = 1/2\,E[X_{(1:2)} - X_{(2:2)}]$$

- 3차와 4차 모멘트 추정치는 오름차순으로 재정렬된 표본에서 다음과 같이 산정

$$\ell_3 = \hat{\lambda}_3 = 1/3\,E[X_{(1:3)} - 2X_{(2:3)} + X_{(3:3)}]$$

$$\ell_4 = \hat{\lambda}_4 = 1/4\,E[X_{(1:4)} - 3X_{(2:4)} + 3X_{(3:4)} + X_{(4:4)}]$$

여기서 X는 변량, E[ ]는 기대값, X(i : n)은 자료수가 n인 경우 i번째 큰 자료이다.

- 표본의 L-모멘트는 표본의 PWM의 선형 조합으로 다음과 같은 식으로 표현된다. 한편, 여기서도 α_s 방법과 β_r 방법에 의한 추정치간의 변환이 가능함을 알 수 있다.

$$\ell_{r+1} = \hat{\lambda}_{r+1} = \sum_{k=0}^{r} b_k (-1)^{r-k} \begin{bmatrix} r \\ k \end{bmatrix} \begin{bmatrix} r+k \\ k \end{bmatrix}$$

$$\ell_1 = \hat{\lambda}_1 = a_0 = b_0$$

$$\ell_2 = \hat{\lambda}_2 = a_0 - 2a_1 = 2b_1 - b_0$$

$$\ell_3 = \hat{\lambda}_3 = a_0 - 6a_1 + 6a_2 = 6b_2 - 6b_1 + b_0$$

$$\ell_4 = \hat{\lambda}_4 = a_0 - 12a_1 + 30a_2 - 20a_3 = 20b_3 - 30b_2 + 12b_1 - b_0$$

여기서 ℓ_k는 k차 L-모멘트 추정치, b_k는 β_r을 사용한 경우의 확률가중모멘트 추정치, a_k는 α_s을 사용한 경우의 확률가중모멘트 추정치이다.

- 이와 같이 추정된 표본의 L-모멘트를 이용하여 모멘트법과 동일하게 변동계수, 왜곡도계수, 첨예도계수를 나타내면 다음과 같이 표현된다.

- L-변동계수(L-coefficient of variation)

$$L\text{-}C_v = t = \hat{\tau} = \frac{\ell_2}{\ell_1} \quad , \quad 0 < t < 1$$

- L-왜곡도계수(L-coefficient of skewness)

$$L\text{-}C_s = t_3 = \hat{\tau}_3 = \frac{\ell_3}{\ell_2} \quad , -1 < t_3 < 1 \quad , \quad r \geq 3$$

- L-첨예도계수(L-coefficient of kurtosis)

$$L\text{-}C_k = t_4 = \hat{\tau}_4 = \frac{\ell_4}{\ell_2} \quad , \quad \frac{1}{4}(5t_3^2 - 1) \leq t_4 \leq 1 \quad , \quad r \geq 3$$

여기서 t, t_3, t_4는 표본의 L-변동계수, L-왜곡도계수, L-첨예도계수, r은 확률가중모멘트의 차수이다.

4) 매개변수 추정 방법의 채택

가) 방법 특성

a) 모멘트법

- 가장 간편하여 많이 사용되는 방법이지만, 이상치가 있는 경우 이에 의한 모멘트가 모멘트 합의 대부분을 차지하게 되고, 대수값을 사용하게 되면 작은 값들이 큰 값의 정보를 가리게 되는 단점을 지니고 있다.

- 이와 같이 이상치가 있는 경우 적용성이 떨어지고, 자료수가 충분하지 못한 경우 변동계수와 왜곡도계수가 매우 크게 편의되고 또한, 변동성이 큰 단점을 지니고 있다.

b) 최우도법

- 자료수가 충분한 경우 가장 효율적인 방법이지만, 해를 구하는 과정이 복잡하고 수렴이 되지 않아서 해를 구하지 못하는 경우가 발생할 수 있으며 또한, 자료수가 충분하지 못한 경우 비효율적인 방법이다.
- 또한, 확률분포형의 종류에 전적으로 의존하기 때문에 만일 다른 확률분포에서 표본이 추출되었다면 이러한 최적 특성을 보장받을 수 없는 단점을 지니고 있다.

c) 확률가중모멘트법

- 가장 최근에 도입된 방법으로 무차원화된 변동계수와 왜곡도계수의 L-모멘트 추정치는 거의 편의되어 있지 않고 정규분포에 가까우므로 최우도법만큼 효율적인 방법이다.
- 또한, 이상치가 있는 경우에도 왜곡특성을 크게 나타내지 않고, 자료수가 충분하지 못한 경우에도 영향을 덜 받으며, 상대적으로 안정적인 장점 등을 지니고 있다.

나) 방법 채택

- 우리나라의 경우 모멘트법은 관측년수가 짧아 자료수가 충분하지 못하므로 이상치에 지나치게 민감한 문제점을 지니고 있으며, 최우도법은 수렴 문제와 자료수가 충분하지 못한 경우 효율성이 낮은 문제점을 지니고 있다. 따라서 자료수나 이상치에 따른 왜곡특성이 크게 나타나지 않는 확률가중모멘트법을 주로 채택하고 있다.
- 하지만 확률가중모멘트법의 경우 크기 순으로 나열하여 가장 큰 자료에 큰 가중치를 주기 때문에 재현기간이 큰 경우에서 모멘트법이나 최우도법보다 확률강우량이 지나치게 높게 산정되는 경우도 있다. 따라서 반드시 매개변수 추정 방법별, 확률분포형별 빈도해석 결과를 면밀히 비교 검토한 후 최종 채택하는 것이 필요하다.

나. 확률분포함수에 의한 확률강우량 산정

- 확률강우량 산정을 위한 강우자료 빈도해석에는 여러 가지 확률분포형 중에서 Log-Normal 분포(LN2P, LN3P), Gamma 분포(GAM2P, GAM3P), Log-Pearson Type-III 분포(LP3P), Gumbel 분포(GUM), Generalized Extreme Value 분포(GEV) 등을 주로 사용한다.
- 확률강우량을 산정하는 방법에는 확률분포형에 대한 누가확률분포함수의 역함수를 이용하여 구하는 역함수법(method of inverse function)과 빈도계수법(method of frequency factor)으로 대별된다.
- 역함수법은 누가확률분포함수 $F(x_T)$와 재현기간 T의 관계에서 다음과 같이 확률수문량을 산정하는 방법이다. 한편, Log-Normal 분포, Gamma 분포 및 Log-Pearson Type-III 분포 등은 양해적 해석이 불가능하기 때문에 수치해석의 근사해법을 적용한다.

$$F(x_T) = P(X \le x_T) = 1 - \frac{1}{T}$$

$$\therefore \quad x_T = F^{-1}\left(1 - \frac{1}{T}\right)$$

여기서 T는 재현기간(년), x_T는 재현기간에 해당하는 수문량, $F^{-1}(\cdot)$는 누가확률분포함수의 역함수이다.

- 빈도계수법은 Chow에 의해 제안되었으며, 다음과 같이 특정 재현기간에 해당하는 빈도계수를 $K_T \sim T$ 관계로부터 구하여 확률수문량을 산정하는 방법이다.

$$x_T = \bar{x} + K_T \cdot s$$

여기서 T는 재현기간(년), x_T는 재현기간에 해당하는 수문량, $\bar{x}$는 평균, s는 표준편차, K_T는 재현기간에 해당하는 빈도계수이다.

- 역함수법과 빈도계수법의 결과가 거의 일치하므로 두 가지 방법 중 아무 것을 적용하여도 대체적으로 무방하다.
- 과거에는 상대적으로 프로그램 작성 등에서 다소 편리한 빈도계수법을 주로 사용하였으나, 최근에는 보다 정확도가 높은 역함수법을 주로 채택하는 추세이다.

1) 정규분포(NOR)

가) 분포의 특성

- 정규분포(normal distribution)는 종(bell) 모양의 대칭인 연속분포형으로서 어떤 사상의 모집단(population) 혹은 표본(sample)의 평균값으로부터의 오차가 통상 이 분포형을 따르므로 Gaussian 분포라고도 불린다.
- 수문자료는 통상 현저하게 오른쪽으로 왜곡된 분포를 가지므로 정규분포처럼 평균값을 중심으로 대칭이 되지 않는다. 따라서 정규분포는 빈도해석에 직접 사용되지는 않고 주로 대수정규분포(lognormal distribution) 형태로 사용된다.
- 정규분포(normal distribution)의 확률밀도함수 및 누가확률분포함수는 다음과 같이 표현되는 2개의 매개변수를 가지는 분포이다.

$$f(x) = \frac{1}{\sigma\sqrt{2\pi}}\exp\left[-\frac{1}{2}\left(\frac{x-u}{\sigma}\right)^2\right] \quad , \quad -\infty < x < \infty$$

$$F(x) = \frac{1}{\sigma\sqrt{2\pi}}\int_{-\infty}^{x}\exp\left[-\frac{1}{2}\left(\frac{x-\mu}{\sigma}\right)^2\right]dx$$

여기서 x는 변수, μ는 모집단의 평균으로 분포의 위치(location) 매개변수, σ는 모집단의 표준편차로 형상(shape) 매개변수이다.

- 정규분포의 누가확률분포함수(CDF)는 해석적분이 곤란하므로 근사적분을 이용하여야 한다. 이러한 근사적분을 이용하기 위하여 평균이 μ이고 표준편차가 σ인 정규분포 $N(\mu, \sigma)$을 평균이 0이고 표준편차가 1인 표준정규분포(standard normal distribution) N(0, 1)으로 변환하는 변수 정규화(standardization)를 실시하여야 한다.

$$z = \frac{x-\mu}{\sigma} = \frac{x-\bar{x}}{s}$$

여기서 z는 표준정규분포의 정규변수, x는 변수, μ와 σ는 각각 모집단의 평균 및 표준편차, $\bar{x}$와 s는 각각 표본의 평균 및 표준편차이다.

- 이와 같은 관계와 $dx = \sigma dz$ 관계를 이용하면 표준정규분포의 확률밀도함수(PDF)와 누가확률분포함수(CDF)는 다음과 같이 표현된다.

$$f(z) = \frac{1}{\sqrt{2\pi}} \exp\left(-\frac{1}{2}z^2\right) \quad , \quad -\infty < z < \infty$$

$$F(z) = \frac{1}{\sqrt{2\pi}} \int_{-\infty}^{z} \exp\left(-\frac{1}{2}z^2\right) dz$$

- 이와 같은 표준정규분포의 확률밀도함수는 다음과 같은 근사해로 표현할 수도 있다.

$$f(z) = (b_0 + b_2 \cdot z^2 + b_4 \cdot z^4 + b_8 \cdot z^8 + b_{10} \cdot z^{10})^{-1} \ , \ 0 \le z < \infty$$

$$b_0 = 2.5052367, \quad b_2 = 1.2831204, \quad b_4 = 0.2264718$$

$$b_6 = 0.1306469, \quad b_8 = -0.0202490 \ , \quad b_{10} = 0.0039132$$

여기서 표준정규분포는 대칭분포이므로 $f(z) = f(-z)$이다.

- 표준정규분포의 누가확률분포함수 $F(z)$ 값을 해석적으로 쉽게 구할 수 있는 방법이 없으므로 표준정규분포의 누가확률표를 이용하거나 다음과 같은 근사해를 이용하여 산정하여야 한다. 한편, 이와 같은 근사해를 이용하면 불필요한 보간을 피할 수 있게 되어 프로그램의 작성이 용이하게 된다.

$$F(z) = 1 - f(z) \cdot (b_1 \cdot q + b_2 \cdot q^2 + b_3 \cdot q^3 + b_4 \cdot q^4 + b_5 \cdot q^5) \ , \ 0 \le z < \infty$$

$$q = \frac{1}{1 + p \cdot z} \quad , \quad p = 0.2316419$$

$$b_1 = 0.319381530 \quad , \quad b_2 = -0.356563782 \ , \quad b_3 = 1.781477937$$

$$b_4 = -1.821255978 \ , \quad b_5 = 1.330274429$$

여기서 표준정규분포는 대칭분포이므로 $F(-z) = 1 - F(z)$이다.

나) 매개변수 추정

a) 모멘트법

모멘트법에 의한 매개변수는 다음과 같이 추정한다.

$$\bar{x} = \hat{\mu} = m_1'$$

$$s = \hat{\sigma} = m_2^{1/2}$$

여기서 $\bar{x}$와 m_1'은 표본의 평균, s와 $m_2^{1/2}$는 표본의 표준편차이다.

b) 최우도법

최우도법에 의한 매개변수 추정 방법은 모멘트법과 동일하다.

c) 확률가중모멘트법

확률가중모멘트법에 의한 매개변수는 다음과 같이 추정한다.

$$\bar{x} = \hat{\mu} = \ell_1 = m_1'$$

$$s = \hat{\sigma} = \sqrt{\pi}\cdot\ell_2 = \sqrt{\pi}\cdot\ell_1\cdot t$$

여기서 $\bar{x}$, s는 각각 표본의 평균 및 표준편차, m_1'은 모멘트법에 의한 표본의 평균, ℓ_1, ℓ_2는 각각 표본의 1차, 2차 L-모멘트, t는 표본의 L-변동계수이다.

다) 빈도계수법에 의한 확률수문량 산정

- 정규분포의 경우 빈도계수법을 빈도계수 K_T에 대하여 나타내면 다음과 같이 정리되므로 표준정규분포의 정규변수 z와 동일하게 된다.

$$K_T = \frac{x_T - \bar{x}}{s} = z$$

- 정규분포의 빈도계수인 정규변수 z는 다음과 같은 근사식을 사용하여 산정한다.

$$z = w - \frac{c_0 + c_1 w + c_2 w^2}{1 + d_1 w + d_2 w^2 + d_3 w^3}$$

$$w = \sqrt{-2\ln(P)} = \sqrt{-2\ln(1/T)} \qquad , \qquad P \le 0.5$$

$$w = \sqrt{-2\ln(1-P)} = \sqrt{-2\ln(1-1/T)} \qquad , \qquad P > 0.5$$

$$c_0 = 2.515517, \quad c_1 = 0.802853, \quad c_2 = 0.010328$$

$$d_1 = 1.432788, \quad d_2 = 0.189269, \quad d_3 = 0.001308$$

여기서 z는 정규분포의 빈도계수(K_T), T는 재현기간(년), P는 초과확률(1/T)이다.

- 빈도계수법에 의한 정규분포의 확률수문량은 다음과 같이 산정한다.

$$x_T = \bar{x} + K_T\cdot s = \bar{x} + z\cdot s$$

2) 2변수 대수정규분포(LN2P)

가) 분포의 특성

2변수 대수정규분포(two-parameter lognormal distribution)의 확률밀도 함수는 다음과 같이 표현되며 하한값 x=0을 가지며 오른쪽으로 왜곡된 모양이다.

$$f(x) = \frac{1}{\sigma_y \sqrt{2\pi}} \frac{1}{x} \exp\left[-\frac{1}{2}\left(\frac{\ln x - \mu_y}{\sigma_y}\right)^2\right] \quad , \quad 0 \le x < \infty$$

여기서 $y=\ln x$, μ_y와 σ_y는 각각 자료계열 y의 평균 및 표준편차로 분포의 축척 매개변수와 형상 매개변수이며 $y=\ln x$로 표현된 변수 y는 정규분포이다.

나) 매개변수 추정

a) 모멘트법

모멘트법에 의한 매개변수는 다음과 같이 추정한다.

$$s_y = \widehat{\sigma_y} = \sqrt{\ln\left(\frac{s_x^2}{\overline{x}^2} + 1\right)} = \sqrt{\ln(C_v^2 + 1)}$$

$$\overline{y} = \widehat{\mu_y} = \ln\overline{x} - \frac{s_y^2}{2}$$

여기서 $\overline{y}$, s_y는 각각 자료계열 $y=\ln x$의 평균 및 표준편차, $\overline{x}$, s_x는 각각 자료계열 x의 평균 및 표준편차, C_v는 자료계열 x의 변동계수이다.

b) 최우도법

최우도법에 의한 매개변수 다음과 같이 추정되며, 통상 사용하는 이 방법은 모멘트법이 아닌 최우도법에 의하여 도출된 결과임에 특별히 유의하여야 한다.

$$\overline{y} = \widehat{\mu_y} = \frac{1}{n}\sum_{i=1}^{n} \ln x_i$$

$$s_y = \widehat{\sigma_y} = \sqrt{\frac{1}{n-1}\sum_{i=1}^{n}(\ln x_i - \overline{y})^2}$$

여기서 $\overline{y}$, s_y는 각각 자료계열 $y=\ln x$의 평균 및 표준편차이다.

c) 확률가중모멘트법

확률가중모멘트법에 의한 매개변수는 다음과 같이 추정한다.

$$s_y = \hat{\sigma}_y = 2 \cdot \frac{z}{\sqrt{2}}$$

$$\bar{y} = \hat{\mu}_y = \ln \ell_1 - \frac{s_y^2}{2}$$

여기서 $\bar{y}$, s_y는 각각 자료계열 $y = \ln x$의 평균 및 표준편차, z는 비초과확률 $F = (t+1)/2$, 초과확률 $P = 1 - F$ 등의 과정을 통하여 산정된 표준정규분포의 정규변수, t, ℓ_1은 각각 자료계열 x의 L-변동계수 및 1차 L-모멘트이다.

다) 빈도계수법에 의한 확률수문량 산정

- 2변수 대수정규분포의 경우 자료계열 $y = \ln x$가 정규분포를 따르므로, 정규분포를 적용하여 자료계열 y의 확률수문량을 계산한 후 대수 역변환을 실시하는 방법을 적용한다.
- 빈도계수법에 의한 2변수 대수정규분포의 확률수문량은 다음과 같이 산정한다.

$$y_T = \bar{y} + K_{Ty} \cdot s_y = \bar{y} + z_y \cdot s_y$$

$$x_T = \exp(y_T)$$

여기서 K_{Ty} 및 z_y는 재현기간 T년에 해당하는 자료계열 $y = \ln x$의 빈도계수로 정규분포와 동일한 방법으로 산정하며, $\bar{y}$와 s_y는 각각 자료계열 $y = \ln x$의 평균 및 표준편차이다.

3) 3변수 대수정규분포(LN3P)

가) 분포의 특성

3변수 대수정규분포(three-parameter lognormal distribution)의 확률밀도함수는 다음과 같이 표현되며 0이 아닌 하한값 x_0를 가지며 $(x - x_0)$가 2변수 대수정규분포를 가지는 경우이며 오른쪽으로 왜곡된 모양이다.

$$f(x) = \frac{1}{\sigma_y \sqrt{2\pi}} \frac{1}{(x - x_0)} \exp\left[-\frac{1}{2} \left(\frac{\ln(x - x_0) - \mu_y}{\sigma_y} \right)^2 \right], \quad x_0 \le x < \infty$$

여기서 $y=\ln(x-x_0)$, μ_y와 σ_y는 각각 y의 평균 및 표준편차로 분포의 축척 매개변수와 형상 매개변수, x_0는 하한값으로 C이 아닌 값을 가지는 분포의 위치 매개변수이며 자료계열 $y=\ln(x-x_0)$로 표현된 변수 y는 정규분포이다.

나) 매개변수 추정

a) 모멘트법

모멘트법에 의한 매개변수는 다음과 같이 추정한다.

$$s_y = \hat{\sigma_y} = [\ln(C_{vz}^2 + 1)]^{1/2}$$

$$\bar{y} = \hat{\mu_y} = \ln(s_x / C_{vz}) - \frac{1}{2}\ln(C_{vz}^2 + 1)$$

$$x_0 = \bar{x} - \frac{s_x}{C_{vz}}$$

$$C_{vz} = \frac{1 - w^{2/3}}{w^{1/3}}$$

$$w = \frac{-C_{vx} + (C_{vx}^2 + 4)^{1/2}}{2}$$

여기서 $\bar{y}$, s_y는 각각 자료계열 $y=\ln(x-x_0)$의 평균 및 표준편차, $\bar{x}$, s_x는 각각 자료계열 x의 평균, 표준편차, C_{vz}는 자료계열 $z=x-x_0$의 변동계수, C_{vx}은 자료계열 x의 왜곡도계수이다.

b) 최우도법

최우도법에 의한 매개변수는 다음과 같이 세 번째 식에 첫 번째와 두 번째 식을 대입하고 Newton 방법 등과 같은 수치해석으로 x_0값을 구한 후, $\bar{y}$과 s_y를 산정한다.

$$\bar{y} = \hat{\mu_y} = \frac{1}{n}\sum_{i=1}^{n}\ln(x_i - x_0)$$

$$s_y = \hat{\sigma_y} = \sqrt{\frac{1}{n-1}\sum_{i=1}^{n}(\ln(x_i - x_0) - \bar{y})^2}$$

$$\sum_{i=1}^{n}(x_i - x_0)^{-1}(\bar{y} - s_y^2) - \sum_{i=1}^{n}\frac{\ln(x_i - x_0)}{(x_i - x_0)} = 0$$

여기서 $\bar{y}$, s_y는 각각 자료계열 $y=\ln(x-x_0)$의 평균 및 표준편차이다.

c) 확률가중모멘트법

확률가중모멘트법에 의한 매개변수는 다음과 같이 추정한다.

$$s_y = \widehat{\sigma_y} = 0.999281 \cdot a - 0.006118 \cdot a^3 + 0.000127 \cdot a^5$$

$$\bar{y} = \widehat{\mu_y} = \ln\left[\frac{\ell_2}{2\Phi\left(\frac{s_y}{2}\cdot\sqrt{2}\right) - 1}\right] - \frac{s_y^2}{2}$$

$$x_0 = \ell_1 - \exp[\bar{y} + s_y^2/2]$$

$$a = \sqrt{\frac{8}{3}}\Phi^{-1}\left(\frac{1+t_3}{2}\right)$$

여기서 $\bar{y}$, s_y는 각각 자료계열 $y=\ln(x-x_0)$의 평균 및 표준편차, ℓ_1, ℓ_2, t_3는 각각 자료계열 x의 1차, 2차 L-moment 및 L-왜곡도계수, $\Phi(\cdot)$는 표준정규분포 누가확률분포함수이며 $\Phi(\cdot)$의 역함수인 $\Phi^{-1}(\cdot)$의 값은 표준정규분포의 정규변수인 관계를 이용한다.

다) 빈도계수법에 의한 확률수문량 산정

- 3변수 대수정규분포의 경우 자료계열 $y=\ln(x-x_0)$가 정규분포를 따르므로, 정규분포를 적용하여 자료계열 y의 확률수문량을 계산한 후 대수 역변환을 실시하는 방법을 적용한다.
- 빈도계수법에 의한 3변수 대수정규분포의 확률수문량은 다음과 같이 산정한다.

$$y_T = \bar{y} + K_{Ty} \cdot s_y = \bar{y} + z_y \cdot s_y$$

$$x_T = x_0 + \exp(y_T)$$

여기서 K_{Ty} 및 z_y는 재현기간 T년에 해당하는 $y=\ln(x-x_0)$의 빈도계수로 정규분포와 동일한 방법으로 산정, $\bar{y}$와 s_y는 각각 자료계열 $y=\ln(x-x_0)$의 평균 및 표준편차이다.

4) 2변수 Gamma분포(GAM2P)

가) 분포의 특성

- 2변수 Gamma분포(two-parameter Gamma distribution)의 확률밀도함수 및 누가확률분포함수는 다음과 같이 표현된다.

$$f(x) = \frac{1}{\alpha\,\Gamma(\beta)}\left(\frac{x}{\alpha}\right)^{\beta-1}\exp\left(-\frac{x}{\alpha}\right)$$

$$F(x) = \int_0^x \frac{1}{\alpha\Gamma(\beta)}\left(\frac{x}{\alpha}\right)^{\beta-1}\exp\left(-\frac{x}{\alpha}\right)dx \quad , \quad \alpha > 0$$

여기서 α는 축척 매개변수, β는 형상 매개변수, $\Gamma(\cdot)$는 Gamma 함수, $\alpha > 0$이면 $0 \le x < \infty$이며 $\alpha < 0$이면 $-\infty < x \le 0$, 항상 $\beta > 0$이며, 확률누가분포함수의 해석적 적분이 불가능하므로 수치적분을 사용한다.

- 이와 같은 식에 포함된 Gamma 함수 $\Gamma(\cdot)$의 정의와 이의 특성은 다음과 같다.

$$\Gamma(\beta+1) = \int_0^\infty x^\beta e^{-x}dx \ , \quad \beta+1 > 0$$

$\Gamma(\beta+1) = \beta\Gamma(\beta)$, $\beta > 0$인 실수(real)인 경우

$\Gamma(\beta) = \Gamma(\beta+1)/\beta$, $\beta < 1$인 실수(real)인 경우

$\Gamma(n) = (n-1)!$, n이 양의 정수(integer)인 경우

- 이러한 특성과 Gamma 함수 $\Gamma(\beta)$의 β 범위가 $0 \le \beta \le 1$인 경우의 근사해는 다음과 같이 표현되는 것을 이용하여 Gamma 함수 값을 계산한다.

$$\Gamma(\beta+1) = 1 + b_1\cdot\beta + b_2\cdot\beta^2 + \cdots + b_8\cdot\beta^8 \quad , \quad 0 \le \beta \le 1$$

$b_1 = -0.577191652$, $b_2 = 0.988205891$, $b_3 = -0.897056937$

$b_4 = 0.918206857$, $b_5 = -0.756704078$, $b_6 = 0.482199394$

$b_7 = -0.193527818$, $b_8 = 0.035868343$

- Gamma 함수 $\Gamma(\beta)$의 계산 방법 적용을 예를 들면 다음과 같다.

$$\Gamma(3.15) = 2.15\cdot\Gamma(2.15) = 2.15 \times 1.15\cdot\Gamma(1.15) \quad , \ \beta = 0.15$$

$$\Gamma(-0.75) = \frac{\Gamma(0.25)}{-0.75} = \frac{\Gamma(1.25)}{-0.75 \times 0.25} \quad , \ \beta = 0.25$$

나) 매개변수 추정

2변수 Gamma분포의 자료계열 x의 평균($\bar{x}$)과 표준편차(s_x)는 매개변수(α, β)와 다음과 같은 관계를 지닌다.

$$\bar{x} = \alpha\beta$$

$$s_x = \sqrt{\alpha^2\beta}$$

a) 모멘트법

모멘트법에 의한 매개변수는 다음과 같이 추정한다.

$$\beta = \left(\frac{\bar{x}}{s}\right)^2$$

$$\alpha = \frac{s^2}{\bar{x}}$$

여기서 $\bar{x}$, s_x는 각각 자료계열 x의 평균, 표준편차이다.

b) 최우도법

최우도법에 의한 매개변수는 다음과 같이 추정한다.

$$\beta = \frac{1}{U}[0.5000876 + 0.1648852 \cdot U - 0.054427 \cdot U^2] \ , \quad 0 \le U < 0.5772$$

$$\beta = \frac{8.898919 + 9.059950 \cdot U + 0.9775373 \cdot U^2}{U(17.7928 + 11.968477 \cdot U - U^2)} \ , \quad 0.5772 \le U \le 17.0$$

$$\alpha = \frac{\bar{x}}{\beta}$$

여기서 $\bar{x}$는 자료계열 x의 산술평균, $U = \ln(\bar{x}) - \ln(G)$이며 여기에 포함된 $G = (x_1 \cdot x_2 \cdots x_n)^{1/n}$로 표현되는 자료계열 x의 기하평균(geometric mean)이다.

c) 확률가중모멘트법

확률가중모멘트법에 의한 매개변수는 다음과 같이 추정한다.

$$\beta = \frac{1 - 0.3080 \cdot z}{z - 0.05812 \cdot z^2 + 0.01765 \cdot z^3} \ , \quad 0 < t < 0.5 \ , \quad z = \pi t^2$$

$$\beta = \frac{0.7213 \cdot z - 0.5947 \cdot z^2}{1 - 2.1817 \cdot z + 1.2113 \cdot z^3} \ , \quad 0.5 \le t < 1 \ , \quad z = 1 - t$$

$$\alpha = \frac{\ell_1}{\beta} = \frac{\bar{x}}{\beta}$$

여기서 ℓ_1, ℓ_2, t는 각각 자료계열 x의 1차, 2차 L-moment 및 L-변동계수, $\bar{x}$는 자료계열 x의 평균으로 ℓ_1과 동일하다.

다) 빈도계수법에 의한 확률수문량 산정

- 2변수 Gamma분포의 빈도계수(K_T)는 Wilson-Hilferty 방법, Kite 방법 등에 의한 근사해를 사용하게 되며 왜곡도계수의 범위에 따라 적절한 방법을 채택한다.
- Wilson-Hilferty 근사해는 왜곡도계수가 $0<C_s<1.0$ 범위인 경우에 매우 정확하고 왜곡도계수가 2까지는 상당히 정확한 것으로 알려져 있으며, Wilson-Hilferty 방법에 의한 빈도계수는 다음과 같이 산정한다.

$$K_T = \frac{2}{C_s}\left[\left\{\frac{C_s}{6}\left(z - \frac{C_s}{6}\right) + 1\right\}^3 - 1\right] \quad , \quad C_s > 0$$

$$C_s = \frac{\alpha}{|\alpha|}\frac{2}{\sqrt{\beta}}$$

여기서 C_s는 자료계열 x의 왜곡도계수, z는 표준정규분포의 정규변수이며 표준정규분포 누가확률분포함수의 근사해 등을 사용하면 재현기간별로 산정 가능하다.

- Kite 근사해는 왜곡도계수가 $-3.0 \leq C_s \leq 3.0$인 경우에 적합한 방법으로 미국 수자원평의회(USWRC)에서 채택하고 있는 방법이며, Kite 방법에 의한 빈도계수는 다음과 같이 산정한다.

$$K_T = z + (z^2-1)\frac{C_s}{6} + \frac{1}{3}(z^3-6z)\left(\frac{C_s}{6}\right)^2 \quad , -3 < C_s < 3$$
$$- (z^2-1)\left(\frac{C_s}{6}\right)^3 + z\left(\frac{C_s}{6}\right)^4 + \frac{1}{3}\left(\frac{C_s}{6}\right)^5$$

$$C_s = \frac{\alpha}{|\alpha|}\frac{2}{\sqrt{\beta}}$$

여기서 C_s는 자료계열 x의 왜곡도계수이며 Bobée & Robitaille이 제안한 다른 방법 적용도 가능하며, z는 표준정규분포의 정규변수이며 표준정규분포 누가확률분포함수의 근사해 등을 사용하면 재현기간별로 산정 가능하다.

- 현재 실무 적용에 있어서는 통상 왜곡도계수의 범위가 $0 < C_s < 1$인 경우에는 Wilson-Hilferty 방법을 채택하고 나머지 경우에는 Kite 방법을 채택하고 있다.
- 빈도계수법에 의한 2변수 Gamma분포의 확률수문량은 다음과 같이 산정한다.

$$x_T = \bar{x} + K_T \cdot s = \alpha \beta + K_T \cdot \sqrt{\alpha^2 \cdot \beta}$$

5) 3변수 Gamma분포(GAM3P)

가) 분포의 특성

- 3변수 Gamma분포(three-parameter Gamma distribution)의 확률밀도함수는 다음과 같이 표현되며 Pearson Type-Ⅲ분포라는 이름으로도 사용된다.

$$f(x) = \frac{1}{\alpha \Gamma(\beta)} \left(\frac{x - x_0}{\alpha} \right)^{\beta - 1} \exp\left(- \frac{x - x_0}{\alpha} \right)$$

$$F(x) = \int_{x_0}^{x} \frac{1}{\alpha \Gamma(\beta)} \left(\frac{x - x_0}{\alpha} \right)^{\beta - 1} \exp\left(- \frac{x - x_0}{\alpha} \right) dx \quad , \quad \alpha > 0$$

여기서 α는 축척 매개변수, β는 형상 매개변수, x_0는 영이 아닌 값을 가지는 위치 매개변수, $\Gamma(\cdot)$는 Gamma 함수, $\alpha > 0$이면 $x_0 \leq x < \infty$, $\alpha < 0$이면 $-\infty \leq x < x_0$, β는 항상 $\beta > 0$이며, 확률누가분포함수의 해석적 적분이 불가능하므로 수치적분을 사용한다.

나) 매개변수 추정

a) 모멘트법

모멘트법에 의한 매개변수는 다음과 같이 추정한다.

$$\beta = \left(\frac{2}{C_s} \right)^2$$

$$\alpha = \sqrt{s_x^2 / \beta} = \frac{s_x C_s}{2}$$

$$x_0 = \bar{x} - \sqrt{s_x^2 \beta} = \bar{x} - \alpha \beta$$

여기서 $\bar{x}$, s_x, C_s는 각각 자료계열 x의 평균, 표준편차 및 왜곡도계수이다.

b) 최우도법

최우도법에 의한 매개변수는 다음과 같은 식을 모두 0으로 하는 조건에서 추정한다.

$$\frac{n \cdot \beta}{\alpha} - \frac{1}{\alpha^2}\sum_{i=1}^{n}(x_i - x_0) = 0$$

$$-n \cdot \Psi(\beta) + \sum_{i=1}^{n}\ln\left(\frac{x_i - x_0}{\alpha}\right) = 0$$

$$\frac{n}{\alpha} - (\beta - 1)\sum_{i=1}^{n}\left(\frac{1}{x_i - x_0}\right) = 0$$

여기서 $\Psi(\beta) = \ln(\beta) - \frac{1}{2\beta} - \frac{1}{12\beta^2} + \frac{1}{120\beta^4} - \frac{1}{252\beta^6} + \frac{1}{240\beta^8} - \frac{1}{132\beta^{10}}$

이며 n은 자료수이다.

c) 확률가중모멘트법

확률가중모멘트법에 의한 매개변수는 다음과 같이 추정한다.

$$\beta = \frac{0.36067 \cdot t_m - 0.5967 \cdot t_m^2 + 0.25361 \cdot t_m^3}{1 - 2.27861 \cdot t_m + 2.56096 \cdot t_m^2 - 0.77045 \cdot t_m^3}, \quad t_3 \geq 1/3, \quad t_m = 1 - t_3$$

$$\beta = \frac{1 + 0.2906 t_m^2}{t_m + 0.1882 t_m^2 - 0.0442 t_m^3}, \quad t_3 < 1/3, \quad t_m = 3\pi t_3^2$$

$$\alpha = \sqrt{\pi}\,\ell_2 \frac{\Gamma(\beta)}{\Gamma(\beta + 1/2)}$$

$$x_0 = \ell_1 - \alpha\beta = \bar{x} - \alpha\beta$$

여기서 ℓ_1, ℓ_2, t_3는 각각 자료계열 x의 1차, 2차 L-moment 및 L-왜곡도계수, $\Gamma(\cdot)$는 Gamma 함수, $\bar{x}$는 자료계열 x의 평균이다.

다) 빈도계수법에 의한 확률수문량 산정

- 3변수 Gamma분포의 빈도계수(K_T)는 2변수 Gamma분포와 같이 Wilson-Hilferty 방법, Kite 방법 등에 의한 근사해를 사용하여 산정한다.
- 빈도계수법에 의한 3변수 Gamma분포의 확률수문량은 다음과 같이 산정한다.

$$x_T = \bar{x} + K_T \cdot s = x_0 + \alpha \cdot \beta + K_T\sqrt{\alpha^2 \beta}$$

6) Log-Pearson Type-III분포(LP3P)

가) 분포의 특성

- Log-Pearson Type-Ⅲ분포의 확률밀도함수는 다음과 같이 표현되며 미국에서 홍수자료 해석에 특히 많이 적용되고 있으며, 미국 수자원평의회(USWRC) 보고서(1982, IACWD)에서 추천하고 있는 분포이다.

$$f(x) = \frac{1}{\alpha\Gamma(\beta)}\frac{1}{x}\left(\frac{\ln x - y_0}{\alpha}\right)^{\beta-1}\exp\left(-\frac{\ln x - y_0}{\alpha}\right)$$

$$F(x) = \int_{\ell}^{x}\frac{1}{\alpha\Gamma(\beta)}\left(\frac{\ln x - y_0}{\alpha}\right)^{\beta-1}\exp\left(-\frac{\ln x - y_0}{\alpha}\right)dx$$

여기서 α는 축척 매개변수, β는 형상 매개변수, $y_0 = \ln x_0$는 위치 매개변수, $\Gamma(\cdot)$는 Gamma 함수, $\alpha > 0$이면 $e^{y_0} \le x < \infty$, $\alpha < 0$이면 $-\infty \le x < e^{y_0}$, β는 항상 $\beta > 0$, ℓ는 하한값으로 $\alpha > 0$이면 e^{y_0}이며 $\alpha < 0$이면 $-\infty$ 이다.

- Log-Pearson Type-III분포는 자료계열 $y = \ln x$라고 하면 자료계열 y는 3개의 매개변수 α, β, y_0를 갖는 3변수 Gamma분포이며, 자료계열 $y = \ln x$의 왜곡도계수가 0 이면 자료계열 x는 대수정규분포, 자료계열 y는 정규분포와 동일한 관계이다.

나) 매개변수 추정

- Log-Pearson Type-Ⅲ분포의 매개변수를 추정하는 방법은 간접법과 직접법이 있으나, PWM 방법의 경우 아직 직접법이 아직 제시되지 않고 있는 실정이다.
- 따라서 자료계열 $y = \ln x$가 3변수 Gamma분포(Pearson Type-Ⅲ분포)와 동일하므로, 통상 자료계열 $y = \ln x$의 매개변수를 3변수 Gamma분포를 이용하여 추정하는 간접법을 적용한다.

다) 빈도계수법에 의한 확률수문량 산정

- Log-Pearson Type-Ⅲ분포의 경우 자료계열 $y = \ln x$가 3변수 Gamma분포를 따르므로, 3변수 Gamma분포를 적용하여 자료계열 y의 확률수문량을 계산한 후 대수 역변환을 실시하는 방법을 적용한다.

- 빈도계수법에 의한 Log-Pearson Type-Ⅲ분포의 확률수문량은 다음과 같이 산정한다.

$$y_T = \bar{y} + K_{Ty} \cdot s_y = y_0 + \alpha\beta + K_{Ty}\sqrt{\alpha^2\beta}$$

$$x_T = \exp(y_T)$$

여기서 K_{Ty}는 재현기간 T년에 해당하는 자료계열 y= ln x의 빈도계수, $\bar{y}$와 s_y는 각각 자료계열 y= ln x의 평균 및 표준편차이며 α, β, y_0는 각각 자료계열 y= lnx의 매개변수이다.

7) Gumbel분포(GUM)

가) 분포의 특성

Gumbel분포는 왜곡도계수 C_s를 1.1396으로 가정하는 GEV(generalized extreme value) 분포의 특수 형태로 확률밀도함수는 다음과 같이 표현되며 연최대치 계열의 빈도해석에 많이 사용되는 분포이다.

$$f(x) = \frac{1}{\alpha}\exp\left[-\frac{x-x_0}{\alpha} - \exp\left(-\frac{x-x_0}{\alpha}\right)\right] \quad , \quad -\infty < x < \infty$$

$$F(x) = \exp\left[-\exp\left(-\frac{x-x_0}{\alpha}\right)\right]$$

여기서 α는 축척(scale) 매개변수이며 $\alpha > 0$, x_0는 최대확률의 발생위치(mode)를 표현하는 위치(location) 매개변수이다.

나) 매개변수 추정

a) 모멘트법

모멘트법에 의한 매개변수는 다음과 같이 추정한다.

$$\bar{x} = \hat{\mu} = m_1' = x_0 + 0.5772\alpha$$

$$s = \hat{\sigma} = m_2^{1/2} = \frac{\pi}{\sqrt{6}}\alpha$$

$$\alpha = \frac{\sqrt{6}}{\pi}m_2^{1/2} = 0.7797\,s$$

$$x_0 = m_1' - 0.5772\alpha = \bar{x} - 0.5772\alpha = \bar{x} - 0.45005\,s$$

여기서 $\bar{x}$, s는 각각 자료계열 x의 평균, 표준편차, 0.5772는 Euler 상수(ϵ)이다.

b) 최우도법

최우도법에 의한 매개변수는 다음과 같이 추정한다.

$$\sum_{i=1}^{n} x_i \exp(-x_i/\alpha) - \left(\frac{1}{n}\sum_{i=1}^{n} x_i - \alpha\right)\sum_{i=1}^{n}\exp(-x_i/\alpha) = 0$$

$$x_0 = \alpha \ln\left(\frac{n}{\sum_{i=1}^{n}\exp(-x_i/\alpha)}\right)$$

c) 확률가중모멘트법

확률가중모멘트법에 의한 매개변수는 다음과 같이 추정한다.

$$\alpha = \frac{2b_1 - b_0}{\ln 2} = \frac{\ell_2}{\ln 2}$$

$$x_0 = b_0 - 0.5772 \cdot \alpha = \ell_1 - 0.5772 \cdot \alpha$$

여기서 ℓ_1, ℓ_2는 각각 자료계열 x의 1차, 2차 L-모멘트, 0.5772는 Euler 상수(ϵ)이다.

다) 빈도계수법에 의한 확률수문량 산정

a) Gumbel-Kendall 방법

- Gumbel 분포의 누가확률분포함수 F(x)를 환원변수 $y = (x - x_0)/\alpha$를 이용하고 재현기간 T와의 관계인 F(x)= 1-1/T로 나타내면 다음과 같이 표현된다.

$$F(x) = \exp[-\exp(-y)] = 1 - 1/T$$

$$y_T = -\ln[-\ln(1 - 1/T)]$$

- 자료계열 Y를 내림차순으로 정렬한 후 Weibull 도시위치공식 $T = (n+1)/m$을 이용하여 정리하면 상기 식은 다음과 같이 표현되며 새로운 자료계열 W가 생성된다. 따라서 y_T 와 w_m은 동일함을 알 수 있다.

$$w_m = -\ln[-\ln[(n+1-m)/(n+1)]]$$

- 자료계열 W의 평균과 분산은 다음과 같이 산정한다.

$$\overline{w} = \frac{1}{n}\sum_{m=1}^{n} w_m$$

$$s_w^2 = \frac{1}{n-1}\sum_{m=1}^{n}(w_m - \overline{w})^2$$

- 자료계열 X의 평균과 분산이 $\bar{x}$, s_x^2 이라면 매개변수 α와 x_0는 다음과 같이 정의된다.(Kendall, 1959) 한편, 이러한 정의가 모멘트법에 의한 것이기 때문에 Gumbel-Kendall 방법은 매개변수 추정방법이 모멘트법인 경우에만 적용 가능하다.

$$\alpha = \frac{s_x}{s_w}$$

$$x_0 = \bar{x} - \alpha \bar{w}$$

- 이와 같은 관계와 환원변수 형태로 y_T에 상응하는 w_m을 수식으로 나타내어 정리하면 다음과 같이 표현된다.

$$w_m = \frac{x_T - x_0}{\alpha} = y_T \quad , \quad x_T = \bar{x} + (w_m - \bar{w})\frac{s_x}{s_w}$$

- 따라서 Gumbel-Kendall 방법에 의한 빈도계수는 다음과 같이 표현 가능하다.

$$K_T = \frac{w_m - \bar{w}}{s_w} = \frac{y_T - \bar{w}}{s_w} = \frac{-\ln[-\ln(1 - 1/T)] - \bar{w}}{s_w}$$

b) Gumbel-Chow 방법

- Chow는 Gumbel 분포가 Gumbel-Kendall 방법에서 사용한 Weibull 도시위치공식을 따르지 않음을 주장하고 이를 개선하기 위하여 Gumbel-Chow 방법을 제안하였다.
- Gumbel 분포의 누가확률분포함수 F(x)를 재현기간 T와의 관계인 F(x)= 1-1/T와 관계를 이용하여 정리하면 다음과 같이 표현된다.

$$x_T = x_0 - \alpha \ln[-\ln(1 - 1/T)]$$

- 여기에 모멘트법에 의해 산정된 매개변수를 대입하면 다음과 같이 표현된다.

$$x_T = \bar{x} - [0.45 + 0.7797\ln(-\ln(1-1/T))]\, s$$

$$K_T = -[0.45 + 0.7797\ln(-\ln(1-1/T))]$$

- 이와 같은 빈도계수는 단지 모멘트법에 의한 결과이며, 최우도법이나 확률가중모멘트법은 이러한 하나의 형태로 빈도계수 산정 공식을 나타내는 것이 곤란하므로 산정되는 매개변수를 사용하여 확률수문량 x_T를 직접 산정하여야 한다.

- 한편, 상기 빈도계수 산정 공식에서 빈도계수 $K_T = 0$이면 확률수문량은 평년빈도 개념($x_T = \bar{x}$)이며 이의 재현기간 T는 2.33년으로 산정된다. 따라서 통상 실무에서 평년빈도를 2.33년으로 사용하고 있는 것은 Gumbel분포에서 유도된 것임을 알 수 있다.
- 이와 같은 평년빈도 2.33년은 단지 모멘트법에 의한 Gumbel분포에서 유도된 것이므로 일반적 통념상의 평년빈도는 2년 또는 2.5년 등을 적용하는 것이 보다 현실적 방안이다.
- 추가적으로 평년빈도는 10년빈도 이하이므로 연최대치 보다 연초과치 계열을 이용하는 것이 안전하고 합리적인 점을 감안하여, 일반적으로 적용하는 연최대치 계열 이용시에는 Langbein 공식 등으로 빈도를 상향조정(2년빈도는 2.54년)하는 것이 필요하다.
- 이와 같은 내용을 전반적으로 고려하면 평년빈도는 2년, 2.33년, 2.5년 중에서 2.5년을 채택하는 것이 무난한 것으로 판단된다.

c) Gumbel 분포의 빈도계수 산정 방법의 채택

- 우리나라는 자료년수가 짧아서 Gumbel-Kendall 방법이 Gumbel-Chow 방법보다 확률수문량을 10~15% 정도 높게 산정하며 이와 같이 두 가지 방법에 의한 차이가 크므로 적절한 방법의 채택이 필요하게 된다.
- Gumbel-Kendall 방법은 자료수에 따라 빈도계수를 달리 산정하는 방법으로 일견 합리적일 것으로 판단되나 이는 다른 확률분포형에는 이러한 방법을 적용하지 않으므로 형평성에 맞지 않는다.
- 빈도계수법이 아닌 역함수법으로 산정된 확률수문량은 Gumbel-Chow 방법과 유사한 결과를 나타내므로, Gumbel-Kendall 방법 사용을 지양하고 Gumbel-Chow 방법을 채택함이 타당하다.
- 지금까지 Gumbel-Kendall분포, Gumbel-Chow분포 등으로 구분하여 마치 분포형도 다른 것처럼 사용하는 경우도 있는데, 분포형은 Gumbel분포 하나이며 단지 빈도계수를 산정하는 방법의 차이임에 유의하여야 한다.
- 이와 같이 분포형은 동일하고 빈도계수 산정 방법만 나누어지는 것이기 때문에 후술되는 적합도 검정에서 Robustness 검정을 제외한 모든 검정에서 두 가지 방법에 의한 결과는 동일하게 된다.

8) GEV분포(GEV)

가) 분포의 특성

- GEV분포(generalized extreme value distribution)의 확률밀도함수의 일반형은 다음과 같이 표현된다.

$$f(x) = \frac{1}{\alpha}\exp(-(1-\beta)y - e^{-y})$$

$$y = \frac{(x-x_0)}{\alpha} \qquad , \quad \beta = 0$$

$$y = -\frac{1}{\beta}\ln\left[1-\beta\frac{(x-x_0)}{\alpha}\right] \qquad , \quad \beta \neq 0$$

여기서 α는 축척 매개변수, β는 형상 매개변수, x_0는 위치 매개변수이다.

- GEV분포는 형상 매개변수 β에 따라 Type-Ⅰ, Ⅱ, Ⅲ 등의 3가지 형태로 구분된다.
  - $\beta = 0(C_s = 1.1396)$이면 Type-Ⅰ인 Gumbel 분포$(-\infty < x < \infty)$
  - $\beta < 0(C_s > 1.1396)$이면 Type-Ⅱ인 Log-Gumbel 분포$(x_0 + \frac{\alpha}{\beta} \leq x < \infty)$
  - $\beta > 0(C_s < 1.1396)$이면 Type-Ⅲ인 Weibull 분포$(-\infty < x \leq x_0 + \frac{\alpha}{\beta})$
- 일반적으로 확률강우량 산정시의 GEV분포는 통상 β가 0보다 작게 산정되므로 대부분 Type-Ⅱ 극치분포인 Log-Gumbel 분포로 결정된다.
- 참고로 Gumbel분포는 GEV분포 중 GEV-Ⅰ 또는 Type-Ⅰ 형태이며 산정된 β가 0이 아니라 β를 0으로 가정하는 것이며, GEV분포에서 산정된 β가 0인 경우는 Gumbel분포와 동일하게 된다.

나) 매개변수 추정

a) 모멘트법

모멘트법에 의한 매개변수는 다음과 같이 추정한다.

$$\beta = 0.2858221 - 0.357983C_s + 0.116659C_s^2 - 0.022725C_s^3 + 0.002604C_s^4 - 0.000161C_s^5 + 0.000004C_s^6$$

$$1.1396 < C_s < 10,\ \beta < 0 \text{인 경우}$$

$$\beta = 0.277648 - 0.322016C_s + 0.060278C_s^2 - 0.016759C_s^3 + 0.005873C_s^4 - 0.00244C_s^5 + 0.000050C_s^6$$

$-2 < C_s < 1.1396$이고 $\beta > 0$인 경우

$$\beta = 0.50405 - 0.00861C_s + 0.015497C_s^2 - 0.005613C_s^3 + 0.00087C_s^4 - 0.000065C_s^5$$

$-10 < C_s < 0$이고 $\beta < 0$인 경우

$$\alpha = \left[\frac{s^2\beta^2}{\{\Gamma(1+2\beta) - \Gamma^2(1+\beta)\}}\right]^{1/2}$$

$$x_0 = \bar{x} + \frac{\alpha}{\beta}[\Gamma(1+\beta) - 1]$$

여기서 s는 표본의 표준편차, C_s는 표본의 왜곡도계수, $\Gamma(\cdot)$는 Gamma 함수이다.

b) 최우도법

- GEV분포의 확률밀도함수를 이용한 대수우도함수는 다음과 같이 표현된다.

$$\ln L = -n\ln(\alpha) - (1-\beta)\sum_{i=1}^{n} y_i - \sum_{i=1}^{n} e^{-y_i}$$

$$y_i = -\frac{1}{\beta}\ln\left[1 - \beta\frac{(x_i - x_0)}{\alpha}\right], \quad \beta \neq 0$$

- 최우도법에 의한 매개변수는 다음과 같은 식을 모두 0으로 하는 조건에서 추정한다.

$$-\frac{\partial \ln L}{\partial x_0} = \frac{Q}{\alpha} = 0$$

$$-\frac{\partial \ln L}{\partial \alpha} = \frac{P + Q}{\alpha}\beta = 0$$

$$-\frac{\partial \ln L}{\partial \beta} = \frac{1}{\beta}\left[R - \frac{1}{\beta}(P + Q)\right] = 0$$

$$P = n - \sum_{i=1}^{n} e^{-y_i}$$

$$Q = \sum_{i=1}^{n} e^{\beta y_i - y_i} - (1-\beta)\sum_{i=1}^{n} e^{\beta y_i}$$

$$R = n - \sum_{i=1}^{n} y_i + \sum_{i=1}^{n} y_i e^{-y_i}$$

c) 확률가중모멘트법

- 확률가중모멘트법에 의한 매개변수는 다음과 같이 추정한다.

$$\beta = \frac{-1+t_m\left[1.599214+t_m(-0.488322+0.015731t_m)\right]}{1+t_m(-0.643639+0.0898524t_m)}$$

$$, \ t_m = 1-t_3, \quad t_3 \geq 0$$

$$\beta = \frac{0.283775+t_3\left[-1.210963+t_3\{-2.507282+t_3(-1.134555 \pm 0.071380t_3)\}\right]}{1+t_3\{2.061896+t_3(1.319122+0.250771t_3)\}}$$

$$, \ t_3 < 0$$

$$\alpha = \frac{\ell_2\beta}{\Gamma(1+\beta)\ (1-2^{-\beta})}$$

$$x_0 = \ell_1 + \frac{\alpha}{\beta}\left[\Gamma(1+\beta)-1\right]$$

여기서 ℓ_1, ℓ_2, t_3는 각각 자료계열 x의 1차, 2차 L-moment 및 L-왜곡도계수, $\Gamma(\cdot)$는 Gamma 함수이다.

다) 빈도계수법에 의한 확률수문량 산정

빈도계수법에 의한 GEV 분포의 확률수문량은 다음과 같이 산정한다.

$$K_T = \frac{\beta\Gamma(1+\beta)-\left[-\log(1-1/T)\right]^{\beta}}{|\beta|\left[\Gamma(1+2\beta)-\Gamma^2(1+\beta)\right]^{1/2}}$$

$$x_T = \bar{x} + \frac{\alpha}{\beta}\left[1-\Gamma(1+\beta)\right] + K_T\sqrt{\frac{\alpha}{\beta^2}\left[\Gamma(1+2\beta)-\Gamma^2(1+\beta)\right.}$$

9) Wakeby분포(WKB)

- Wakeby분포는 주로 확률가중모멘트법에만 사용되는 분포형이며, 여러 가지 형태로 존재하나 주로 5개의 매개변수를 갖는 다음과 같은 역함수 형태로 정의된다. 이와 같은 식은 5개의 매개변수를 갖는 Wakeby분포이나 위치 매개변수 m이 0이면 4개의 매개변수를 갖는 Wakeby분포가 된다.

$$x = m + a\left[1-(1-F)^b\right] - c\left[1-(1-F)^{-d}\right]$$

여기서 F는 누가확률분포함수(CDF)인 F(x), m, a, b, c 및 d는 분포의 매개변수이다.

- 한편, 수문자료의 빈도해석에는 크게 유용하지도 않은 Wakeby분포까지 고려하지 않아도 무방할 것으로 판단된다.

2.2.4 매개변수 추정치 적합성 검토

- 각종 확률분포형에 대하여 모멘트법, 최우도법, 확률가중모멘트법과 같은 매개변수 추정 방법을 사용하여 추정된 매개변수 값은 해당 확률분포형의 매개변수 범위를 만족시키는 것이 반드시 필요하며, 이러한 과정이 매개변수 추정치의 적합성 조건(validity condition)의 검토이다.
- 추정된 매개변수 값이 해당 확률분포형의 매개변수의 범위인 적합성 조건을 만족시키지 못하는 경우가 가끔 발생하며, 이러한 경우에는 확률수문량을 산정하는 프로그램이 계산을 수행하는 도중에 중단되거나, 산정된 확률수문량이 적절하지 못한 결과를 나타내는 등의 문제가 야기된다.
- 따라서 확률수문량을 산정하는 프로그램 내부에서 매개변수 추정치의 적합성 조건을 검토하는 것이 반드시 필요하며, 만족시키지 못하는 경우에는 해당 확률분포형을 대상 자료에 대해서는 적용하지 않는 것이 바람직하다.
- 각종 확률분포형별 확률변수의 범위 및 매개변수의 적합성 조건은 <표 2.2>에 정리되어 있다.

<표 2.2> 확률분포형의 확률변수 범위 및 매개변수 적합성 조건

확률분포형	확률변수 범위 및 매개변수 적합성 조건	비 고
Log-Normal (2P, 3P)	$x_0 < x < \infty$	2변수는 $x_0 = 0$
Gamma (2P, 3P)	$\alpha > 0$일 때 $x_0 \le x < \infty$ $\alpha < 0$일 때 $-\infty < x \le x_0$ $\beta > 0$	2변수는 $x_0 = 0$
Log-Pearson Type-III	$\alpha > 0$일 때 $\exp(y_0) \le x < \infty$ $\alpha < 0$일 때 $0 < x \le \exp(y_0)$	
Gumbel	$-\infty < x < \infty$	
Generalized Extreme Value	$\beta = 0$일 때 GEV-Ⅰ : $-\infty < x < \infty$ $\beta < 0$일 때 GEV-Ⅱ : $x_0 + \alpha/\beta \le x < \infty$ $\beta > 0$일 때 GEV-Ⅲ : $-\infty < x \le x_0 + \alpha/\beta$	
Wakeby	$b + d > 0$ 또는 $b = cd = d = 0$ $ab = 0$이면 $b = 0$, $cd = 0$이면 $d = 0$, $cd \ge 0$, $ab + cd \ge 0$, $b > -1$이고 $d < 1$	

2.2.5 적합도 검정을 통한 최적 확률분포형 선정

- 관측 수문자료가 가정한 이론 확률분포형과 적합하다는 가설을 검정하기 위하여 확률분포형의 적합도 검정(goodness of fit test)을 실시하고, 이를 토대로 최적 확률분포형을 선정하게 된다.
- 적합도 검정에는 기존 Chi-Square(χ^2) 검정, Kolmogorov-Smirnov(K-S) 검정과 아울러 Probability Plot Correlation Coefficient(PPCC) 검정, Robustness 검정 등을 추가로 적용하여 최적 확률분포형 선정의 신뢰도를 제고하는 것이 필요하다.

가. Chi-Square(χ^2) 검정

- χ^2 검정은 관측 수문자료 계열의 확률변량분포가 이론확률분포에 적합한지 여부를 판단하는 검정 방법이다.
- 관측 수문자료 계열 $x_1, x_2, \ldots, x_n$의 n개 자료를 오름차순으로 정렬한 후, 다음과 같은 기준 및 Bowker(1972)가 제시한 <표 2.3>과 같은 기준 등에 따라 k개의 계급구간 $A_1, A_2, \ldots, A_k$로 분할한다.
  - 계급구간을 분할하는 명확한 이론적 근거가 제시되지 못하고 있으며, 계급구간 분할에 따른 검정결과의 차이가 크므로 신중을 기하는 것이 필요
  - 계급구간수 k는 가급적 5개 이상으로 설정하고, 각 계급구간의 자료수는 1개보다는 커야 하며 5개보다 작은 경우는 20% 이하로 제한
  - 일반적으로 계급구간은 등간격으로 설정하지만 처음 구간과 다지막 구간은 등구간이 아니어도 가능

<표 2.3> χ^2 검정의 계급구간 결정 기준

자료수	계급 구간수	확률을 백분율로 나타냈을 때 계급구간 한계										
20~29	5	0	12.5	37.5	62.5	87.5	100					
30~39	7	0	14	28	43	58	72	86	100			
40~49	9	0	11	22	34	45	56	67	78	89	100	
50~59	10	0	10	20	30	40	50	60	70	80	90	100

- 분할된 계급구간 A_i에 포함되는 자료수인 관측도수를 O_i라 하면 계급구간 A_i에 대한 관측확률은 다음과 같이 산정된다.

$$P(A_i) = \frac{O_i}{n}$$

- 계급구간 A_i의 확률분포형에 의한 이론확률을 P_i라 하면 구간 A_i에 포함되는 이론도수는 다음과 같이 산정된다.

$$E_i = n P_i$$

- 최종 χ^2 검정의 검정통계량 χ^2는 다음과 같이 산정된다.

$$\chi^2 = \sum_{i=1}^{k} \frac{(O_i - E_i)^2}{E_i} = \sum_{i=1}^{k} \frac{(O_i - nP_i)^2}{nP_i}$$

여기서 k는 계급구간수, n은 자료수, O_i는 i 구간의 관측도수이며, $E_i = nP_i$는 이론확률분포에 의해 기대되는 i 구간의 이론도수이다.

- 검정통계량인 χ^2는 n이 ∞일 경우 자유도의 수를 ν=k-1로 하는 χ^2분포에 접근하게 되나 이론확률분포의 매개변수가 미지수여서 자료로부터 추정되는 매개변수의 수 p만큼 자유도를 감소시켜야 하므로 자유도의 수는 ν=k-1-p로 결정한다.
- 수문자료 계열에 어떤 확률분포를 적용할 수 있다는 귀무가설하에서 귀무가설이 기각될 확률인 제1종 오차(α)를 유발할 수 있는 모든 확률을 검정의 유의수준(significance level)이라 한다. 일반적인 수문자료의 빈도해석 시에는 유의수준(α)으로 5%와 10% 등을 사용하고 있으며 통상 5%를 채택하고 있다.
- 계산된 검정통계량 χ^2가 다음 관계를 만족하면 가정된 분포는 유의수준 α로 적합성이 인정되며 그렇지 못하면 기각된다.

$$\chi^2 < \chi^2_{1-\alpha,\nu}$$

여기서 $\chi^2_{1-\alpha,\nu}$는 자유도가 ν일 때 유의수준 α로 가정한 확률분포의 적합성을 인정하는 χ^2의 한계값으로 <표 2.4>에서 제시된 값을 사용한다.

<표 2.4> χ^2 검정을 위한 한계값

자유도의 수(v)		1	2	3	4	5	6	7	8	9	10
유의수준 1 %	$\chi^2_{0.99}$	6.63	9.21	11.3	13.3	15.1	16.8	18.5	20.1	21.7	23.2
유의수준 5 %	$\chi^2_{0.95}$	3.84	5.99	7.81	9.49	11.1	12.6	14.1	15.5	16.9	18.3
유의수준 10 %	$\chi^2_{0.90}$	2.71	4.61	6.25	7.78	9.24	10.6	12.0	13.4	14.7	16.0

- 유의수준 5 %는 신뢰도 95 %, 유의수준 10 %는 신뢰도 90 %라고 표현하는데, 이는 확률분포형과의 적합도를 평가하는 신뢰도가 아니라 선택된 구간을 얼마만큼 신뢰할 수 있는가를 나타내는 신뢰도의 의미이다. 따라서 χ^2의 한계값은 유의수준 10 %가 유의수준 5 %인 경우 보다 작으며, 유의수준이 커질수록 적합도 검정에서 기각될 가능성이 높아짐에 유의하여야 한다.
- 한편, χ^2 검정은 자료수가 20개 이하에는 적용 곤란하므로 가급적 자료수가 30개 이상에 적용하여야 하며 또한, 계급구간을 나눌 때 신중을 기하여야 한다.

나. Kolmogorov-Smirnov(K-S) 검정

- K-S 검정은 관측 수문자료의 누가확률분포와 가정된 이론확률분포의 누가확률분포의 최대편차를 수문자료의 크기와 유의수준에 따라 결정되는 한계편차와 비교하여 적합성을 검토하는 방법이다.
- 관측 수문자료의 누가확률분포는 수문자료를 오름차순으로 재정렬한 후, 다음 식에 의해 누가확률을 계산하는 방법으로 결정한다.

$$F_o(x) = \frac{k}{n}, \qquad x_k \le x < x_{k+1}$$

여기서 $F_o(x)$는 수문자료를 오름차순으로 재정렬했을 때 k번째 자료값의 누가발생확률, n은 수문자료의 수이다.

- K-S 검정의 검정통계량 D_{max}는 관측 수문자료의 누가확률분포 $F_o(x)$와 가정된 이론확률분포의 누가확률분포함수 F(x)의 최대편차로 다음과 같이 표현된다.

$$D_{max} = Max|F(x) - F_o(x)|$$

- 계산된 검정통계량 D_{max}가 다음 관계를 만족하면 가정된 확률분포는 유의수준 α로 적합성이 인정되며 그렇지 못하면 기각된다.

$$D_{max} < D_n^{\alpha}$$

여기서 D_n^{α}는 유의수준 α일 경우의 한계값으로 <표 2.5>의 값을 사용한다.

<표 2.5> K-S 검정을 위한 한계값

수문자료의 수(n)		15	20	25	30	35	40	50	60	70	80	∞
유의수준 1%	$D_n^{0.01}$	0.404	0.352	0.320	0.290	0.270	0.250	0.230	0.210	0.190	0.180	$\frac{1.63}{\sqrt{n}}$
유의수준 5%	$D_n^{0.05}$	0.338	0.294	0.264	0.242	0.230	0.210	0.190	0.170	0.160	0.150	$\frac{1.36}{\sqrt{n}}$
유의수준 10%	$D_n^{0.10}$	0.304	0.264	0.240	0.220	0.210						$\frac{1.22}{\sqrt{n}}$

- K-S 검정은 χ^2 검정과는 달리 관측 수문자료를 이론확률분포에 맞출 필요가 없으므로, 자료를 계급구간으로 나누어 이론분포를 표시하기 위한 매개변수를 계산할 필요가 없는 비매개변수 방법이다. 하지만 이는 이론확률분포의 매개변수가 필요 없다는 의미는 아니며 이론확률분포의 매개변수는 기지의 값을 사용하거나 별도로 산정하여야 한다.
- 또한, K-S 검정은 자료수가 적은 경우에도 적용이 가능하므로 χ^2 검정에 비해 효율적이다.

다. Probability Plot Correlation Coefficient(PPCC) 검정

- PPCC 검정은 주어진 자료계열 X를 오름차순으로 정렬하여 자료계열 Y를 작성하고, 누가확률분포함수(CDF) 역함수의 입력인자를 확률분포형별로 적합한 도시위치공식을 이용하여 산정된 자료계열 Y의 누가확률(p_i)로 입력하여 자료계열 Z를 작성한 후, 자료계열 Y와 자료계열 Z간의 상관관계를 이용하여 확률분포형의 적합도를 검정하는 방법이다.

- 확률분포형별로 적합한 도시위치공식에 의한 누가확률(p_i)은 다음과 같은 Blom, Gringorten, Cunnane 공식 등으로 산정한다.

$$p_i = \frac{i - 0.37}{n + 0.25} \quad : \text{LN2P, LN3P, GAM2P, GAM3P, LP3P}$$

$$p_i = \frac{i - 0.44}{n + 0.12} \quad : \text{Gumbel}$$

$$p_i = \frac{i - 0.40}{n + 0.20} \quad : \text{GEV}$$

- PPCC 검정에서 자료계열 Y와 자료계열 Z의 상관관계는 다음과 같은 적모멘트상관계수(product moment correlation coefficient)인 γ를 통계량으로 사용한다.

$$\gamma = \frac{\sum_{i=1}^{n}(y_i - \bar{y})(z_i - \bar{z})}{\sqrt{\sum_{i=1}^{n}(y_i - \bar{y})^2 \sum_{i=1}^{n}(z_i - \bar{z})^2}}$$

여기서 n은 자료의 수, y_i는 오름차순으로 정렬된 자료, z_i는 도시위치공식에 의한 자료 y_i의 누가확률(p_i)과 누가확률분포함수의 역함수를 이용하여 작성된 자료로서 $z_i = \Phi^{-1}(p_i)$, $\bar{y}$와 $\bar{z}$는 각각 자료계열 Y와 Z의 평균이다.

- 이와 같은 통계량 γ 값의 유의수준 $\alpha(\%)$일 경우의 한계값 γ_α는 다음과 같이 산정하며, 기존의 표 또는 회귀곡선식 등을 이용하는 것도 가능하다.
  - 해당 확률분포형으로 표본크기가 n인 자료계열 100,000개를 모의 발생
  - 모의 발생된 자료계열에 대해서 100,000개의 적모멘트상관계수 γ를 산정
  - 산정된 적모멘트상관계수 γ를 오름차순으로 정렬한 후 $100{,}000 \times \alpha(\%)$ 번째의 큰 값을 γ_α로 채택

- PPCC 검정의 검정통계량 γ가 다음 관계를 만족하면, 유의수준 α로 확률분포형의 적합성이 인정되며 그렇지 못하면 기각된다.

$$\gamma > \gamma_\alpha$$

- 한편, PPCC 검정은 도시위치공식의 문제점을 그대로 내포하는 단점을 지니고 있다.

라. Robustness 검정

- 최근에는 최적 확률분포형의 선정이나 매개변수 추정 방법의 선택 기준이 단순히 적합도 검정의 결과가 아니라, 비록 확률분포형을 잘못 가정하였거나 수문자료에 오류가 있음에도 불구하고 원래의 통계특성을 얼마나 잘 유지하는가 하는 것으로 결정함이 타당하다는 Robustness 검정(1989, WMO)에 관한 이론이 제기되었다.
- Hosking은 가정한 확률분포형 및 매개변수 추정 방법의 적정성을 평가하기 위한 방법으로 무작위 모의발생기법을 이용한 Robustness 검정을 제안하였다. 최적 확률분포형의 선정을 위한 Robustness 검정은 다음과 같은 절차로 수행한다.

① 각종 매개변수 추정 방법별 및 확률분포형별로 매개변수를 추정한다.

② 해당 매개변수 추정 방법 및 해당 확률분포형으로 추정된 매개변수를 이용하여 M개의 표본집단을 모의발생시킨다.

③ 모의발생된 M개 표본집단에서 재현기간 T년의 확률수문량 Q_{T_i}를 산정한 후, M개의 Q_{T_i}를 사용하여 다음과 같이 평균, 표준편차, 편의도 및 제곱근평균제곱오차(RMSE) 등을 산정한다.

$$\overline{Q_T} = \frac{\sum_{i=1}^{M} Q_{T_i}}{M}$$

$$S_{Q_T} = \left[\frac{\sum_{i=1}^{M} (Q_{T_i} - \overline{Q_T})^2}{M} \right]^{1/2}$$

$$b_T = \overline{Q_T} - Q_{T_O}$$

$$r_T = \left[\frac{\sum_{i=1}^{M} (Q_{T_i} - Q_{T_O})^2}{M} \right]^{1/2}$$

여기서 M은 모의발생된 표본집단의 수, T는 재현기간, Q_{T_O}는 원자료의 재현기간 T년의 확률수문량, Q_{T_i}는 모의발생된 표본집단의 재현기간 T년의 확률수문량, $\overline{Q_T}$는 Q_{T_i}의 평균, S_{Q_T}는 Q_{T_i}의 표준편차, b_T는 편의도, r_T는 제곱근평균제곱오차(RMSE)이다.

④ 확률수문량 Q_{T_i}는 근사적으로 표준정규분포를 따르므로 양측검정의 유의수준 10%, 신뢰도 90%의 표준정규변량의 한계값인 $z = \pm 1.645$를 적용하여 다음과 같이 하한계치와 상한계치를 산정한다. 또한, 상한계치에서 하한계치를 뺀 값을 신뢰구간(confidence band)으로 정의한다.

$$LCL = \overline{Q_T} - 1.645 \cdot S_{Q_T}$$

$$UCL = \overline{Q_T} + 1.645 \cdot S_{Q_T}$$

⑤ 편의도, 신뢰구간 등이 가장 작은 매개변수 추정방법 및 확률분포형을 모집단의 성질을 가장 잘 구현하는 것으로 판단하여 채택하되, 이와 같은 두 가지 기준에 따른 결과가 상이한 경향을 나타낼 경우에는 빈도해석 결과를 면밀히 검토하여 기준의 우선순위를 결정하는 것이 필요하다. 한편, 대체적으로 매개변수가 많은 확률분포형일수록 편의도가 작고, 적은 확률분포형일수록 신뢰구간이 작은 경향을 나타내고 있다.

- Robustness 검정은 재현기간별로 검정을 별도로 실시하며 또한, 확률분포의 전구간에 걸쳐 적합성 여부를 검정하는 기존 χ^2 검정과 K-S 검정 방법에 비해 재현기간별로 오른쪽 꼬리 부분에 대한 집중적인 검정을 실시하게 되므로 계획빈도년에 대한 확률수문량의 계산 결과의 타당성을 보다 확보할 수 있는 것이 최대의 장점이다.

마. 최적 확률분포형의 채택

- 현재 확률강우량 산정에 있어서 가장 어려운 문제 중의 하나가 최적 확률분포형을 채택하는 것이며, 확률분포형에 따른 확률강우량의 차이가 비교적 크기 때문에 최적 확률분포형의 채택이 매우 중요하다.
- 기존 χ^2 검정, K-S 검정의 경우 통상 대부분의 확률분포형이 이들 검정을 통과하므로 채택 대상으로 남는 확률분포형이 많은 문제점을 지니고 있다. 또한, 이들 검정은 확률분포의 전구간에 걸쳐 적합성을 검토하여 단지 기각 여부만을 판단하는 방법이므로 검정통계량이 작다고 보다 나은 확률분포형을 의미하는 것은 아니므로 검정을 통과한 확률분포형 중에서 최적 확률분포형을 채택하는 것이 곤란하다. 또한, 관측소별, 강우지속기간별로 이들 검정 결과가 서로 상이하게 나타나는 경우가 대부분이므로 일정한 기준으로 최적 확률분포형을 채택할 수 없는 문제점을 지니고 있다.

- 이를 보완하기 위하여 도입된 PPCC 검정은 도시위치공식의 부정확성 문제를 그대로 내포하고 있으며, Robustness 검정은 재현기간별로 오른쪽 꼬리부분에 대한 집중적인 검정을 실시하는 등의 많은 장점을 지닌 반면 종종 가장 작은 확률강우량을 나타내는 확률분포형을 최적 확률분포형으로 제시하고 있어서 현실적으로 채택이 곤란한 경우가 종종 발생하고 있다.
- 또한, 실제 많은 관측소별 또는 강우지속기간별 빈도해석의 검정 결과에서 최적 확률분포형이 다르게 나타날 경우 최적 확률분포형을 각각 달리 채택하는 것 보다는 가급적 일치시키는 것이 합리적이다. 하지만 이러한 경우 대부분 관측소별 또는 강우지속기간별 검정 결과의 일관성이 없으므로 하나의 최적 확률분포형을 채택하기가 곤란하다.
- 이와 같이 여러 가지 적합도 검정 방법을 모두 적용하여도 최적 확률분포형을 채택하기 어려운 경우가 많으므로, 주관에 의하여 가장 큰 값 또는 평균값을 주는 확률분포형을 임의로 채택하거나 기존 성과에서 제시하고 있는 최적 확률분포형을 채택하는 등 기준이 없는 상태라고 할 수 있었다.
- 기존 성과인 「한국 확률강우량도 작성(2000, 건교부)」에서는 관측소별 최적 확률분포형은 Gumbel분포(55개 관측소), GEV분포(13개 관측소) 등 두 종류로 나타났으나 다른 확률분포형 채택에 따른 인접 지역간의 불연속 방지 등을 고려하여 모든 관측소를 Gumbel분포로 채택한 바 있으며 또한, 후속 성과인 「확률강우량도 개선 및 보완 연구(2011, 국토부)」에서도 마찬가지로 Gumbel분포로 통일하여 채택하고 있다.
- 한편, 현재와 같이 비교적 짧은 자료년수의 자료를 활용하는 경우에는 동종 계열이지만 매개변수가 2개인 Gumbel 분포가 매개변수가 3개인 GEV 분포보다 지속기간별로 더 매끄러운 결과를 도출하게 된다. 따라서 직접 강우 분석한 결과의 적정성을 검토하는 과정에서 산정된 확률강우량이 기존 결과보다 작은 경우를 회피하기 위한 수단으로 GEV 분포를 채택하는 사례는 지양되어야 한다.
- 현재 최적 확률분포형 채택의 경우 이론적인 적합도 이외에도 분석자의 경험이나 사회적인 동의까지 필요한 실정이다. 이에 따라 현재 우리나라 모든 관측소의 최적 확률분포형은 Gumbel분포를 채택하는 것이 가장 현실적인 방안이 된다.

2.2.6 확률강우량 산정 결과 검토 및 채택

- 매개변수 추정 방법은 확률가중모멘트법, 최적 확률분포형은 Gumbel분포를 적용하여 금회 확률강우량을 산정한 다음, 기존 분석의 확률강우량과 비교·검토한 후 최종 채택한다.
- 기존 분석과 비교하면 일반적으로 비슷한 결과를 나타내지만, 금회 확률강우량이 다소 낮게 산정되면 채택을 주저하는 경우가 많이 발생되고 있다.
- 금회 산정 확률강우량이 기존 분석보다 낮게 산정되는 경우 기후변화 등을 고려한다면 확률강우량이 작아지는 것은 상식적으로 타당하지 않을 것 같다는 잘못된 개념을 극복할 수 없어서 Gumbel분포보다 확률강우량이 약 15 % 정도 크게 산정되는 GEV분포를 채택하는 등의 잘못된 적용이 종종 발생하고 있는데 이와 같은 일종의 피해가는 방식은 지양되어야 한다.
- 최근 자료까지 이용한 금회 확률강우량이 기존 확률강우량보다 낮게 산정될 수 있는 현상은 확률강우량 산정 방법인 빈도계수법($x_T = \bar{x} + K_T \cdot s$)을 토대로 구성 항목 검토를 실시하면 충분히 설명 가능하다.
- 먼저 평균($\bar{x}$)을 살펴보면 최근 기후변화로 강우강도가 증가될 것으로 예단하고 점진평균후 선형회귀 분석한 결과중에서 증가되는 그림을 제시하는 경우가 많다. 하지만 우량관측소별 강우지속기간별로 증가와 감소가 각각 달리 발생하므로 경향성 없으며, 분산(s)도 경향성이 없기는 마찬가지이며, 재현기간에 따른 빈도계수(K_T)는 자료년수가 증가되면서 일반적으로 약간 낮아지는 특성을 가진다.
- 따라서 자료년수 증가에 따른 확률강우량의 증감은 전혀 경향성이 없으므로 확률강우량이 낮게 산정되는 것이 오류가 아니라 정상적으로 가능한 결과인 것이다. 이는 통계학적으로 타당한 경향성 검정 방법을 적용하면 경향성이 없는 것으로 나타나는 것과 동일한 맥락이다.
- 기후변화로 확률강우량이 증가하는 것이 상식적으로 타당할 것이라고 예단하는 것은 통계학적으로 명백한 오류이며, 현재 기후변화에 의한 확률강우량의 증가를 계량화하는 것이 불가능한 실정이다. 따라서 확률강우량을 채택하는 설계에서 기후변화를 고려하겠다고 서론에서 많이 강조는 하였지만 정작 실제 고려는 없는 형태의 기술은 지양되어야 한다.

- 한편, 최근 방재분야에 도입되고 있는 방재성능목표강우량은 30년빈도를 토대로 지속기간 1, 2, 3시간에만 국한하여 확률강우량을 제시하고 있어서 다른 재현기간 및 다른 강우지속기간에 사용할 수 없는 등의 문제점을 지니고 있으므로 근본 목적에 부합한 경우에만 제한적으로 적용하여야 한다.
- 결론적으로 금회 확률강우량 산정 결과를 기존 확률강우량과 비교·검토를 실시한 후 크게 차이가 발생하지 않는다면 금회 산정된 확률강우량에서 설계빈도에 해당하는 확률강우량을 설계강우량으로 채택하면 된다.

2.2.7 지역빈도해석 적용에 대한 검토

- 현재 지역빈도해석 방법을 제안한 연구 결과를 일부 적용하도록 요구되고 있으므로 실무 적용 측면의 검토가 필요하다.
- 지역빈도해석은 지점빈도해석의 자료년수가 짧은 경우에 발생할 수 있는 문제점을 보완할 수 있는 방법의 일환이지만 현재 우리나라의 경우 자료년수가 매우 충분한 수준은 아니지만 과거 지역빈도해석 적용을 시도한 바 있는 90년대 초반에 비해서는 많이 보충된 상태이다.
- 자료년수가 10년도 안되는 관측소를 선정하고 분석한 다음 아무리 통계학적으로 보정하더라도 한계를 가질 수 밖에 없는 점과 통상 거의 발산하지 않는 Gumbel 분포가 표준화 과정 등으로 인하여 발산이 많이 발생하여 GEV 분포로 변경한 것으로 판단되는 부분에서도 자료년수가 짧은 관측소 사용은 재고가 필요하다.
- 향후 강우 분석은 분석자와 판단기준 적용 등에 따라서 분석 결과가 상이하게 되는 부분을 최소화함은 물론 불필요한 시간과 노력을 최소화하는 방향으로 나아가야 한다.
- 이를 위해서는 전국 확률강우량의 등우선도에 의한 지점평균확률강우량을 주기적으로 갱신하여 제공하는 웹기반 시스템을 구축하고, 여기에서 분석대상유역을 설정하면 해당 유역 및 해당 지자체 지점평균확률강우량 등을 동시에 제시하여 간편하게 채택할 수 있도록 하는 등의 개선 방안이 강구되어야 한다.
- 개선 방안을 적용하여 지점확률강우량의 불연속 등의 단점이 보완된 지점평균확률강우량을 비전문가도 간편하면서도 일관성 있게 산정할 수 있도록 하는 것이 기술적 타당성, 실무 적용성 측면 등에서 타당한 추진 방향이다.

2.3 확률강우량도를 이용한 지점확률강우량 산정

- 기존 「확률강우량도 개선 및 보완 연구(2011, 국토해양부)」에서는 지속기간 5분, 10분, 30분, 1, 2, 3, 6, 12, 24시간 및 재현기간 2, 5, 10, 20, 30, 50, 100, 200년에 대한 확률강우량도(rainfall frequency map) 72매의 확률강우량도를 작성하였다.
- 확률강우량도는 임의시간 강우량자료인 지점강우량을 확률가중모멘트법 및 Gumbel 분포에 의해 빈도해석한 지점별 확률강우량을 기초로 도상에 동일한 강우량 값을 연속적으로 연결한 선을 나타낸 것으로서 지속기간과 재현기간을 고정시켰을 경우의 등우선도이다.

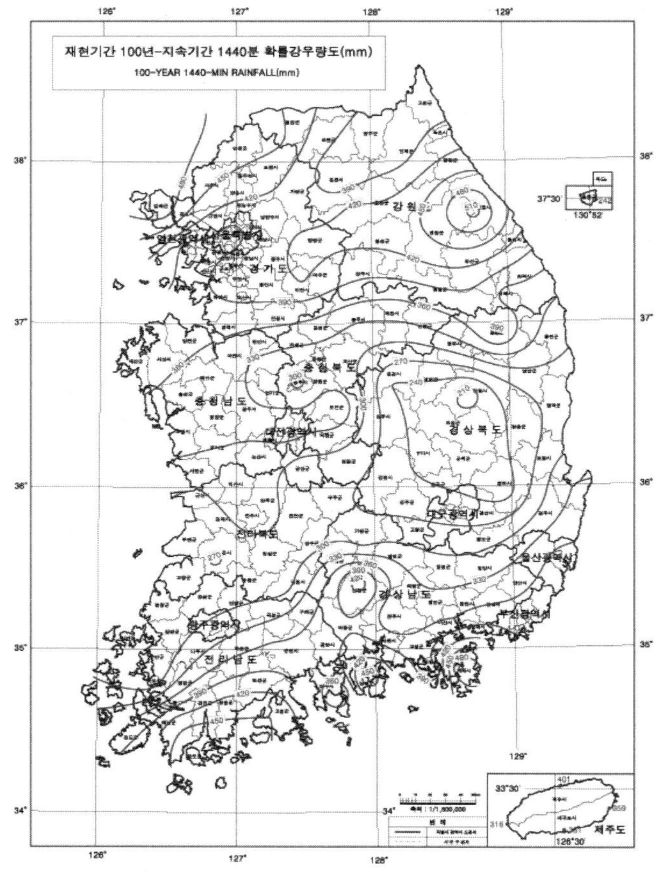

<그림 2.2> 확률강우량도(재현기간 100년, 지속기간 24시간)

- 확률강우량도 이용하여 지점확률강우량을 산정하는 방법은 다음과 같다.
  - 필요한 지속기간 및 재현기간에 해당하는 확률강우량도상에서 대상 유역의 위치를 확인하여 대상 유역을 지나가는 등우선을 찾은 다음, 대상 유역을 지나가는 등우선이 하나이고 유역중심을 지나는 경우에는 해당 등우선값을 유역의 대표값으로 채택하고, 대상 유역을 지나가는 등우선이 여러 개이거나 유역의 한 부분만을 걸쳐서 지나갈 경우에는 각 등우선의 지배면적을 고려하여 산정
  - 원하는 지속기간이나 재현기간이 없는 경우에는 원하는 조건을 포함할 수 있는 확률강우량도에서 확률강우량을 구한 후, 이를 보간할 수 있도록 제시되어 있는 그래프를 이용하여 보간하여 산정

2.4 면적확률강우량 산정

2.4.1 면적확률강우량 필요성

- 강우가 유역 전반에 걸쳐 균일한 경우는 거의 없으므로 일정한 강우지속기간 동안 강우량은 호우중심으로부터 멀어질수록 감소하며, 면적강우량은 유역에 내린 총강우량을 유역면적으로 나눈 등가 우량깊이를 의미하므로 호우중심으로부터 면적이 증가함에 따라 면적강우량은 점점 작아지게 된다. 이와 같이 공간분포 및 이동 등에 의하여 강우가 유역 전반에 걸쳐 동일한 형태로 발생하지 않으므로 유역의 면적강우량(areal rainfall)은 관측소의 지점강우량(point rainfall)보다 당연히 낮아지게 된다.
- 이에 따라 확률강우량은 지점확률강우량과 면적확률강우량으로 구분되며, 유역면적이 25.9 km^2(10 mi^2) 이상인 경우에는 면적확률강우량을 적용하여야 한다.
- 과거 면적확률강우량 산정 기준과 관련하여 「하천시설기준(1993, 건설부)」과 「하천설계기준·해설(2000, 한국수자원학회)」에서 "해당 유역이 면적감소계수에서 제시된 유역면적(1,000 km^2) 보다 크고 확률강우량도에서 충분할 정도의 등우선이 지나거나 다수의 지점확률강우량을 얻을 수 있을 경우에는 Thiessen 가중법 또는 등우선법을 이용하여 면적확률강우량을 얻을 수 있다" 라고 기술된 부분과 같은 해석은 오류이므로 유의하여야 한다.

- 또한, 과거 실무에서 관측소별로 비동시간 확률강우량을 산정한 후 이를 Thiessen 방법 등으로 가중평균한 확률강우량을 면적확률강우량으로 사용하는 경우가 많았으나 이는 홍수량을 과다 산정하게 하는 요인이므로 지양하여야 한다.
- 이와 같은 확률강우량도나 지점 빈도해석에 의한 확률강우량의 평균은 단지 지점평균확률강우량일 뿐이며 이는 동시간 강우에 의한 감소가 전혀 고려되지 못하므로 면적확률강우량에 비하여 과다 산정되며 또한, 면적이 증가할수록 이러한 차이가 커지므로 반드시 적절한 방법으로 면적확률강우량을 산정하여 사용하여야 한다.
- 면적확률강우량은 유역내에 여러 관측소가 존재할 경우 Thiessen 방법 등으로 가중평균한 동시간 임의시간 면적강우량의 연최대치 계열을 작성하고 이를 빈도해석하는 절차로 산정하는 것이 원론적인 방법이다.
- 하지만 우리나라는 충분한 동시간 임의시간 강우량자료의 수집이 곤란하므로 지점강우량의 빈도해석에 의한 지점평균 확률강우량 또는 확률강우량도에 의한 확률강우량에 면적우량환산계수(areal reduction factor, ARF)를 곱하여 면적확률강우량을 산정하는 방안 등을 대안으로 강구하게 된다.

2.4.2 면적우량환산계수를 이용한 면적확률강우량 산정

- 면적우량환산계수는 면적고정형 면적우량환산계수와 호우중심형 면적우량환산계수 등이 있으며, 확률강우량의 경우 면적고정형 관계를 이용하고, 가능최대강수량(PMP)의 경우 호우중심형 관계를 주로 이용하고 있다.
- 면적우량환산계수는 다음과 같은 형태의 회귀식을 적용하는 방법을 주로 사용하고 있다.

$$ARF(A) = 1 - M \cdot \exp\left[-(aA^{b})^{-1}\right]$$

여기서 ARF(A)는 유역면적 A(km²)에 따른 면적우량환산계수(%)이며 M, a, b는 면적우량환산계수 회귀식의 매개변수이다.

- 면적우량환산계수 회귀식의 매개변수는 「확률강우량도 개선 및 보완 연구(2011, 국토해양부)」에서 제시된 결과의 일부 오류를 수정한 「설계홍수량 산정요령(2012, 국토해양부)」의 내용을 적용하면 된다.

- 「설계홍수량 산정요령(2012, 국토해양부)」에서 제시하고 있는 면적우량환산계수 회귀식의 매개변수는 먼저 한강, 낙동강, 금강, 영산강 등 4개 권역으로 구분한 후, 재현기간 2, 5, 10, 20 30, 50, 80, 100, 200, 500년 등과 강우지속기간 1, 2, 3, 4, 5, 6, 9, 12, 15, 18, 24, 48, 72 등에 대하여 제시되고 있다.
- 면적우량환산계수를 실제 유역에 적용하는 방법은 하나의 재현기간에 대하여 유역면적을 감안한 주요 면적별로 면적우량환산계수 회귀식이 표로 주어지는 강우지속기간에 대하여 면적우량환산계수를 산정한 후 이의 회귀식을 유도한다. 이와 같이 주요 면적별로 강우지속기간-면적우량환산계수가 회귀식으로 유도되면 홍수량 산정 지점별 유역면적에 해당하는 면적우량환산계수를 주요 면적별 곡선에서 내삽하여 산정한다. 이와 같은 과정을 필요한 재현기간별로 적용하여 재현기간별 유역면적별 강우지속기간별 면적우량환계수를 산정하게 된다.

2.5 가능최대강수량 추정

- 가능최대강수량(probable maximum precipitation, PMP)이란 어떤 지역에서 생성될 수 있는 가장 극심한 기상조건하에서 발생 가능한 호우로 인한 최대강수량으로 정확한 정의는 Hansen(1982)에 의하면 '주어진 지속기간에 있어서 어느 특정위치에 주어진 호우면적에 대하여 연중 어느 지정된 기간에 물리적으로 발생할 수 있는 이론적 최대강수량의 깊이'이다.
- 이와 같은 정의는 유역의 형상과 관계없이 호우의 우량분포를 중심으로 잠재강수량의 상한계를 나타낸 것이기 때문에 이런 정의하에서 유도된 PMP는 호우중심 PMP이다. 따라서 호우중심 PMP는 유역에 직접 적용할 수 없으므로 약간 수정하여 적용하게 된다
- 한편, PMP를 결정하는 방법들에서 요구되는 가정 및 자료의 불확실성이 많기 때문에 PMP에서는 그 결과를 추정(estimate)이란 용어를 사용한다.
- PMP는 한 유역에 내릴 가능성이 있는 어떤 지속기간을 가지는 최대강수량이므로 대규모 수공구조물을 설계하고자 할 때 기준으로 삼는 우량이며, 통계학적으로는 약 10,000년빈도에 해당되며 이와 같은 PMP로 인한 홍수량이 최대가능홍수량(probable maximum flood, PMF)이다.

- PMP를 추정하는 방법은 포락곡선 방법, 통계학적 방법, 수문기상학적 방법 등이 있으며, 수문기상학적 방법은 실제 호우 전이에 의한 방법과 가능최대강수량도(PMP도)에 의한 방법으로 구분된다.

2.5.1 포락곡선 방법

기상자료뿐만 아니라 강수량자료도 부족하여 PMP 추정이 곤란한 경우, 강우량 기록의 포락곡선(enveloping curve)으로 지점 PMP를 추정하는 방법이다.

$$PMP = 422\,D^{0.475} \quad \text{(Paulhus 방법)}$$

$$PMP = 394\,D^{0.500} \quad \text{(Bleasdale 방법)}$$

$$PMP = 118.6\,D^{0.449} \quad \text{(우리나라, } D \le 24hr\text{일 경우)}$$

$$PMP = 186.8\,D^{0.306} \quad \text{(우리나라, } D > 24hr\text{일 경우)}$$

여기서 PMP는 가능최대강수량(mm), D는 지속기간(hr)이다.

2.5.2 통계학적 방법

Hershfield가 제안한 통계학적 방법은 기상자료는 거의 없으나 충분한 기간동안의 강수량자료가 있는 경우, 빈도계수법을 이용하여 지점 PMP를 추정하는 방법이다.

$$PMP = \overline{P} + K \cdot S$$

여기서 PMP는 가능최대강수량(mm), $\overline{P}$는 동일 지속기간의 연최대강수량의 평균(mm), S는 동일 지속기간의 연최대강수량의 표준편차, K는 자료가 충분한 경우에는 12 그렇지 못한 경우 15를 적용(미국 기상국 기준)한다.

2.5.3 수문기상학적 방법

가. 실제 호우 전이에 의한 방법

- 호우 전이는 호우가 발생한 지역에서 호우가 발생할 수 있는 지역으로 옮기는 것으로 실제 호우 전이에 의한 PMP 추정은 다음 절차로 수행한다.

① 전이 대상호우의 선정, 호우의 전이 및 유역평균강우량 산정

② 수분최대화비, 수평전이비, 수직전이비, 지형영향비 산정

③ PMP 추정

$$PMP = OP \cdot R_{IP} \cdot R_{HT} \cdot R_{VT} \cdot R_{GE}$$

여기서 OP는 호우전이에 의한 유역평균강우량, R_{IP}는 수분최대화비, R_{HT}는 수평전이비, R_{VT}는 수직전이비, R_{GE}는 지형영향비(산악영향비)이다.

- 전이 대상호우는 호우발생 지역과 설계대상 지역의 지상학적, 지형학적 동질성을 고려한 전이한계를 감안하여 과거의 주요 태풍 및 집중호우 중에서 채택하여야 한다. 하지만 우리나라는 태풍의 이동시 전국을 하나의 호우권역으로 간주할 수 있으므로 전이한계는 고려하지 않아도 된다.
- 호우 전이는 먼저 채택된 대상호우의 등우선도를 전이지역으로 옮겨서 유역평균강우량을 가장 높게 산정할 수 있는 형태로 배치하여 유역평균강우량을 산정한다.
- 수분최대화는 실제 호우지역의 관측강수량을 호우지역의 최대수분에 부합하게 증가시키는 것으로 수분최대화비(R_{IP})는 다음과 같이 산정한다. 한편, 수분최대화비의 합리적인 상한계는 1.7 정도이므로 이를 초과하는지 여부를 검토하여야 한다.

$$R_{IP} = \frac{W_{pm,sl,se}}{W_{ps,sl,se}}$$

여기서 $W_{pm,sl,se}$는 호우지역 위치(sl), 호우지역 고도(se)에서의 최대가강수량, $W_{ps,sl,se}$는 호우지역 위치(sl), 호우지역 고도(se)에서의 실제 가강수량이다.

- 여기서, 최대 가강수량(W_{pm})은 최대 12시간 지속 1,000 hPa 이슬점에 의한 가강수량이고, 실제 가강수량(W_{ps})은 대표 12시간 지속 1,000 hPa 이슬점에 의한 가강수량(100년빈도에서 추정)이다.
- 수평전이비와 수직전이비는 호우지역의 조건과 전이지역의 조건 차이를 조정하기 위한 계수이다.
- 수평전이비(R_{HT})는 호우지역과 동일 고도 전이지역의 최대 가강수량의 비로 산정한다.

$$R_{HT} = \frac{W_{pm,tl,se}}{W_{pm,sl,se}}$$

여기서 $W_{pm,tl,se}$는 전이지역 위치(tl), 호우지역 고도(se)에서의 최대 가강수량, $W_{pm,sl,se}$는 호우지역 위치(sl), 호우지역 고도(se)에서의 최대 가강수량이다.

- 수직전이비(R_{VT})는 호우지역과 전이지역의 고도차에 따른 조정으로 호우지역과 전이지역의 표고차가 200 m 이상일 경우에만 고려하며 다음과 같이 산정한다.

$$R_{VT} = 0.5 + 0.5\left(\frac{W_{pm,t1,te}}{W_{pm,t1,(se\pm200)}}\right)$$

여기서 $W_{pm,tl,te}$는 전이지역 위치(tl), 전이지역 고도(te)에서의 최대 가강수량, $W_{pm,t1,(se\pm200)}$는 전이지역의 위치(tl), 호우지역와 전이지역의 표고차가 200 m 이상(se±200)일 때 호우지역의 표고에서의 최대 가강수량이다.

- 이와 같은 수분최대화비와 수평 및 수직전이비는 지형이 평탄한 곳에서 사용하는 계수이며 이러한 PMP를 비산악 PMP(non-orographic PMP)라 한다.
- 지형영향비(R_{GE})는 강우현상의 지형영향 또는 산악의 영향을 고려하는 계수이며, 산악의 존재 여부, 산의 규모, 불규칙성에 따른 강우량의 증감의 영향은 다음과 같이 산정한다.

$$R_{GE} = \frac{(100yr - 24hr)_{t1}}{(100yr - 24hr)_{s1}}$$

여기서 $(100yr - 24hr)_{t1}$ 및 $(100yr - 24hr)_{s1}$은 전이지대 (t1), 호우지대 (s1)에서의 평균 100년빈도 24시간 확률강우량이다.

- 수분최대화비를 제외한 비 즉, 호우전이비($R_{HT} \cdot R_{VT} \cdot R_{GE}$)를 상한계 없이 사용하는 것은 호우구조상 불합리하므로 일반적으로 상한계를 120 %로 설정하고 있으므로 이를 초과하지 않도록 하여야 한다.
- 한편, 이와 같은 실제 호우 전이에 의한 방법에 의해 산정되는 PMP는 면적 PMP이므로 별도의 변환없이 그대로 적용할 수 있다.

나. 가능최대강수량도(PMP도)에 의한 방법

- 「한국 가능최대강수량 추정(2000, 건교부)」에서는 주요 호우사상의 DAD 분석과 수분최대화, 호우전이, 포락 등의 과정을 거치는 수문기상학적 방법을 적용하여 지속기간 1시간, 2시간, 6시간, 12시간, 24시간, 48시간, 72시간, 호우면적 25, 100, 200, 1,000, 2,000, 7,000, 10,000 km²에 대한 가능최대강수량도(PMP도) 49매를 작성한 바 있다.

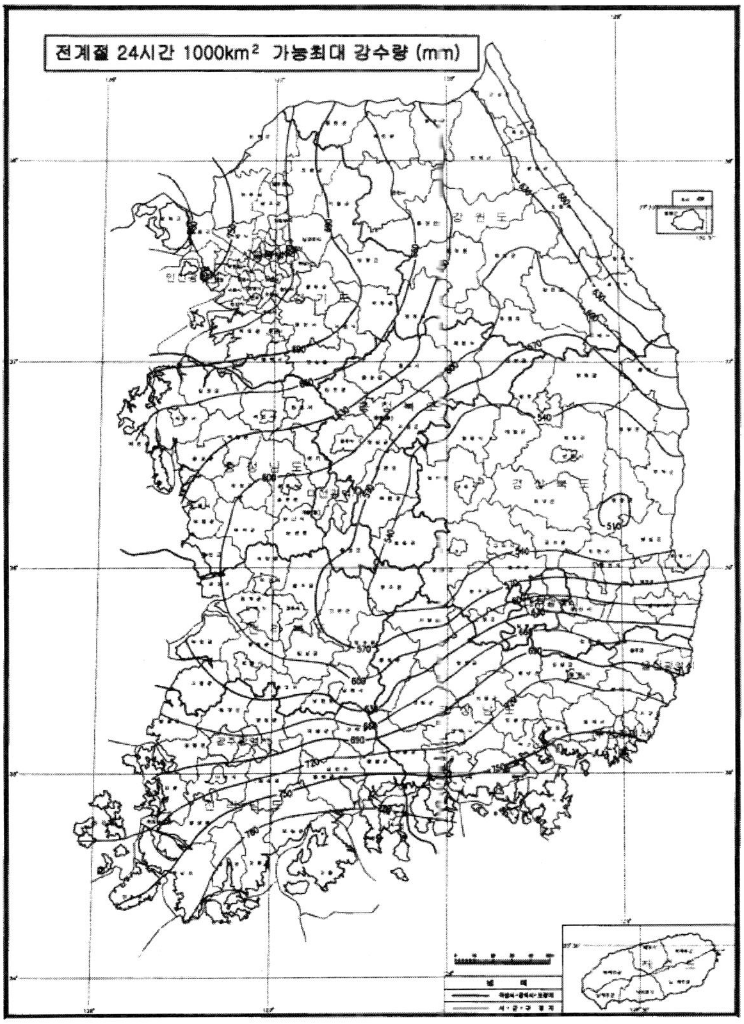

<그림 2.3> 가능최대강수량도(지속기간 24시간, 1000 km²)

- 이와 같은 PMP도를 이용한 일반화 추정은 실제 호우 전이에 의해 PMP를 추정하는 것에 비해 대상지역 전체의 모든 자료를 최대한 사용할 수 있는 점, 지역별, 지속기간별 그리고 면적별로 일관성 유지가 가능한 점, 유역의 최적 PMP를 쉽게 추정 가능한 점 등의 장점을 지니며, 우리나라의 공인된 PMP 결정 기준이다.
- PMP도 작성 이후 면적규모별, 지속기간별로 극치호우에 가까운 호우들이 여러 차례 발생하였으며 특히, 강릉지방에 24시간동안 약 870 mm의 집중호우(2002년 8월 30일~31일)가 내린 상황을 감안하여 일부 수정이 필요하게 되었다.
- 이에 따라 「전국 PMP도 재작성 보고서(2004, 건교부)」를 통하여 태풍 매미의 상황인 지속기간이 짧고 유역면적이 큰 경우와 태풍 루사의 상황인 지속기간이 24시간이고 유역면적이 2,000 km² 이하인 경우에 대하여 PMP도를 갱신하였다.
- PMP도를 이용하여 산정한 PMP는 면적 PMP이며 다음과 같은 절차로 추정한다.

① 대상 유역의 위치와 유역면적 및 유역중심을 지형도상에서 결정한 후, 유역중심의 좌표를 PMP도로 옮겨 위치를 결정한다.

② 대상 유역중심을 기준으로 지속기간별 호우면적별 PMP를 PMP도로부터 결정한다.

③ 지속기간과 유역면적의 연속성과 일관성을 유지하기 위하여 <그림 2.4>와 같은 강우깊이-지속기간-면적에 대한 포락 및 균일화를 실시한 후, 이를 이용하여 <그림 2.5>와 같은 강우깊이-면적-지속기간에 대한 포락 및 균일화를 실시한다.

④ 강우깊이-면적-지속기간 곡선으로부터 유역면적에 해당하는 지속기간별 PMP를 읽어서 결정한다.

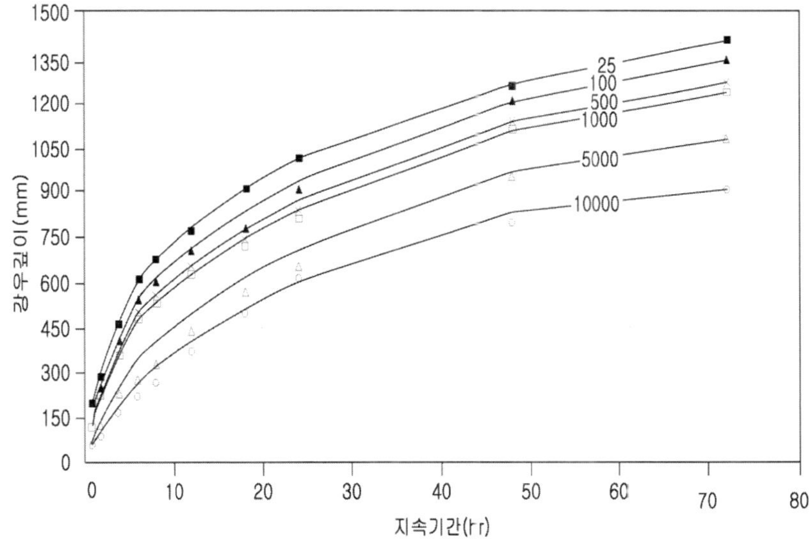

<그림 2.4> 강우깊이-지속기간-면적에 대한 포락

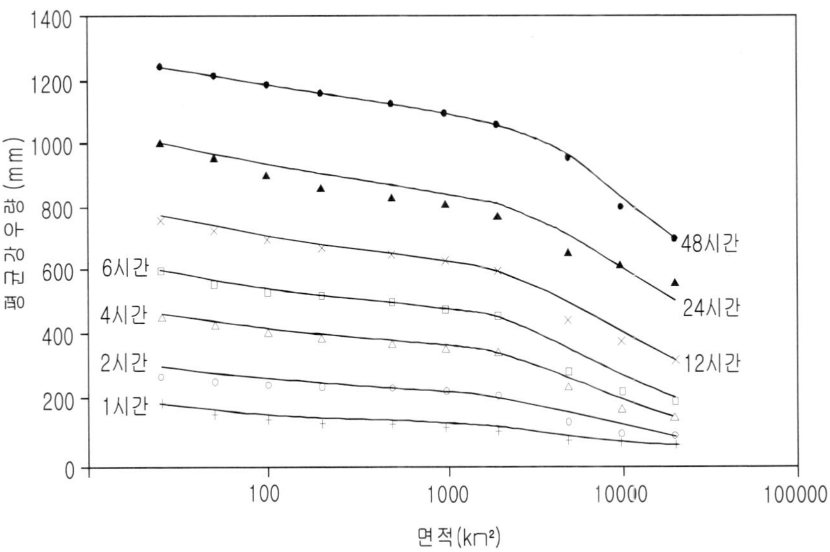

<그림 2.5> 강우깊이-면적-지속기간에 대한 포락

2.6 강우강도식 유도

2.6.1 강우강도식 목적

- 강우강도식을 유도하는 목적은 확률강우량으로 산정되지 않은 임의지속기간의 확률강우량을 내삽하여 사용하기 위함이 주된 목적이며, 강우강도 원자료를 그대로 연결할 경우 발생하는 요철 및 곡률의 개수를 최소화하여 전대수지상에 직선에 가까운 곡선으로 평활화된 회귀식을 유도하기 위한 부가적인 목적도 가지고 있다.
- 산정된 확률강우량과 이를 이용하여 유도된 강우강도식에 의한 확률강우량은 약간의 차이가 발생하게 되며, 두 가지 확률중우량 중에서 실무에서 채택은 유역 규모에 따라 달리 적용되고 있다.
- 대규모 유역의 경우 주요 구조물 설계시 임계지속기간을 일반적으로 1시간 단위로 계산하므로 대부분 산정된 확률강우량을 그대로 사용하고 있다.
- 소규모 유역의 경우 임계지속기간이 짧고, 임계지속기간을 10분 간격 정도로 계산하므로 해당 지속기간에 대한 확률강우량이 산정되어 있지 않은 경우가 발생하게 되므로 강우강도식에 의한 확률강우량을 사용하게 된다.

2.6.2 강우강도식 형태

가. 통합형 강우강도식

- 통합형 강우강도식은 강우강도-지속기간-재현기간을 모두 하나의 공식으로 나타내는 형태이며, 재현기간별로 산정하는 강우강도식보다 정확도가 낮으므로 실무에서 잘 사용되지 않고 있다.
- 「한국 확률강우량도 작성(2000, 건교부)」에서 제시하고 있는 통합형 강우강도식을 예를 들면 다음과 같다.

$$I(T, t) = \frac{a + b \ln \dfrac{T}{t^n}}{c + d \ln \dfrac{\sqrt{T}}{t} + \sqrt{t}}$$

여기서 T는 재현기간(년), t는 강우지속기간(min)이고 a, b, c, d, n은 지점별로 결정되는 지역상수이다.

나. 재현기간별 강우강도식

- 재현기간별로 강우강도식을 각각 유도하여 사용하는 방법은 통합형 강우강도식보다 편리성 측면에서는 불리하지만 정확도 측면에서 유리하므로 대부분 이를 채택하고 있다.
- 재현기간별 강우강도식의 형태는 Talbot형, Sherman형, Japanese형 등과 같은 2변수 강우강도식과 이들 공식의 모체이며 3변수 강우강도식인 General형이 있으며, 최근 6차 다항식 형태인 전대수다항식형이 추가로 제시되었다.

- Talbot형 $I(t) = \dfrac{a}{t + b}$

- Sherman형 $I(t) = \dfrac{a}{t^n}$

- Japanese형 $I(t) = \dfrac{a}{\sqrt{t} + b}$

- General형 $I(t) = \dfrac{a}{t^n + b}$

- 전대수다항식형

$$\ln(I) = a + b\ln(t_h) + c(\ln(t_h))^2 + d(\ln(t_h))^3 + e(\ln(t_h))^4 + f(\ln(t_h))^5 + g(\ln(t_h))^6$$

여기서 $I(t)$는 강우지속기간에 따른 강우강도(mm/hr), t는 강우지속기간(min), t_h는 강우지속기간(hr), a, b, c, d, e, f, g, n 등은 회귀상수이다.

다. 적용 강우강도식 선정

- Talbot형, Sherman형, Japanese형과 같은 2변수 강우강도식은 3변수 강우강도식인 General형의 간략한 형태이며, General형에서 n=1인 경우는 Talbot형, b=0인 경우는 Sherman형, n=0.5인 경우는 Japanese형이 된다.
- 과거에는 회귀상수가 3개인 General형은 회귀식의 유도가 어려운 관계로 회귀상수가 2개여서 최소자승법으로 회귀식을 유도하기가 용이한 Talbot형, Sherman형, Japanese형이 주로 사용되었다.

- 이후 회귀상수가 3개인 General형의 경우에도 회귀식을 쉽게 유도할 수 있게 되었으며, 회귀상수가 2개인 형태보다는 회귀상수가 3개인 General형의 회귀정도가 당연히 양호하게 나타나게 된다.
- General형을 적용할 경우 회귀정도가 양호할 뿐만 아니라 추가적으로 2변수 강우강도식을 적용할 경우 발생하는 문제점인 서로 엇비슷하게 나타나는 결과에서 강우강도식을 채택하기 애매한 점과 단·장기간에 다른 형태의 강우강도식이 채택하게 되는 점 등이 동시에 해결되게 된다.
- 한편, 실무에서 일부 적용된 바 있는 2변수 강우강도식에 상수(C)를 추가로 고려하는 형태의 경우, 전대수지의 특성상 상수가 양으로 고려되면 그림상에서 강우지속기간이 길어지면서 많이 들려지는 형태로 조정되고 상수가 음으로 고려되면 반대로 조정되므로 가시적인 측면에서는 회귀형태를 개선할 수 있지만 결정계수는 개선되지 않는 방법이다.
- 이에 따라 기존 방법 중에서 비교 자체가 무의미한 2변수 강우강도식은 적용 대상에서 제외하고 3변수인 General형만 적용하면 된다. 또한, 향후 기존 2변수 강우강도식을 요구하는 것은 불필요한 번거로움만 주는 것이므로 지양되어야 한다.
- 최근 제시되고 있는 전대수다항식형의 경우 6차 다항식이므로 3변수인 General형보다 결정계수가 당연히 높게 나타나게 된다. 또한, 전대수다항식형은 전기간 회귀 측면에서 우수하므로 단·장기간으로 구분할 필요가 없는 장점을 지니고 있다.
- 하지만 전대수다항식형은 강우강도식 산정 목적 중 부가적 목적인 회귀에서 발생하는 곡률의 개수를 최소화하여 전대수지상에 직선에 가까운 곡선으로 평활화된 회귀식을 유도하기 위한 목적에 부합하지 않는 문제점이 발생할 수 있는 점에 유의하여야 한다.
- 특히, 전대수다항식형 적용시 10분~60분 사이의 자료가 없는 구간에서 움푹 패이는 형태를 나타내는 경우가 발생하는 문제점을 지니고 있다. 이를 보완하기 위하여 실제 자료를 추가하는 방법은 가능하지만 다른 강우강도식을 이용하여 중간에 자료를 만들어 넣는 편법은 지양되어야 한다.
- 실제 실무에서 강우강도식은 General형과 전대수다항식형 등 2가지만 적용하면 충분하다.

2.6.3 강우강도식 채택 방법

가. 설계빈도의 전기간 강우강도식 유도 및 조정 여부 검토

- 기존 강우강도식 유도 및 채택 방법은 강우강도식 형태별로 여러 재현기간에 대하여 전기간 강우강도식을 유도하여 한꺼번에 도시한 후 필요시 단·장기간으로 구분하고, 강우강도식의 형태는 결정계수에 의해 채택하는 방법을 적용하여 왔다.
- 기존 방법의 경우 강우강도식 형태별로 따로 도시하기 때문에 강우강도식이 직접 비교가 되지 못하고 또한, 여러 재현기간 회귀곡선을 한꺼번에 도시하기 때문에 회귀경향 및 회귀정도 판단, 단·장기간 불연속 정도 및 이의 해결 방안 검토와 같은 조정 방안 결정 등에서 상당히 둔감하게 된다.
- 강우강도식 형태 채택시 결정계수 수치에만 의존하고 있는데 일반적으로 General형과 전대수다항식형 모두 결정계수가 충분히 충족되므로 변별력이 낮고 또한, 집중적으로 검토되어야 하는 단기간 지속기간인 3시간 이내에서 어떤 강우강도식 형태가 더 적합한지 여부를 도상검토와 같이 직접적인 비교는 하지 못하고 결정하게 되는 등의 문제점이 있다.
- 이의 개선 방법으로 설계빈도에 국한하여 General형과 전대수다항식형으로 강우지속기간 전기간에 대하여 회귀식을 유도하여 원자료와 두 가지 회귀식을 <그림 2.6>과 같이 도시한 후, 전반적인 회귀정도를 검토하여 General형의 경우 단·장기간의 구분이 필요한지 여부와 전대수다항식형은 10분~60분 구간이 움푹 패이는 현상의 유무 등을 검토한다.
- 예시된 그림을 살펴보면 General형은 변수의 개수가 적으므로 상대적으로 직선에 가까운 곡선을 나타내며 또한, 자료가 조밀하지 못한 10분~60분(또는 180분) 구간의 영향으로 자료가 조밀한 60분(또는 180분) 이후의 회귀경향이 좋지 않은 부분을 개선하는 것이 필요하고, 전대수다항식형은 10분~60분 구간이 움푹 패이는 현상을 개선하는 것이 필요하다. 이에 따라 전기간 강우강도식은 두 가지 강우강도식 모두 그대로 채택할 수가 없고 추가적인 조정을 실시하여야 한다.

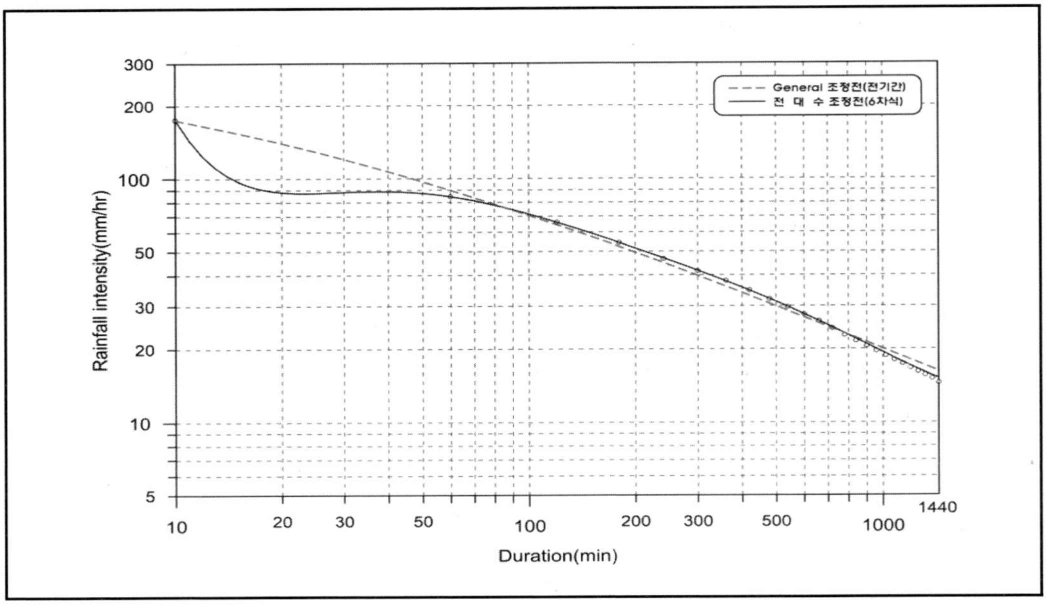

<그림 2.6> 설계빈도의 전기간 강우강도식 유도 및 비교

나. 강우강도식 1차 조정

1) General형 1차 조정

- 예시된 설계빈도의 전기간 강우강도식인 <그림 2.6>에서 General형의 경우 120분 부근에서 단·장기간을 구분하여야 하는 것으로 판단되므로 120분을 경계로 단기간 및 장기간의 회귀식을 별도로 산정하여야 한다.
- 단·장기간으로 구분한 강우강도식을 살펴보면 단·장기간 구분선 120분에서 불연속이 발생하고 있으며, 이와 같은 불연속 해결 방안으로 단·장기간 구분선에서 아래에 위치한 장기간 강우강도식을 연장하여 만나는 점을 찾은 결과는 106분이다.
- 단·장기간 구분선을 약간 조정하여 단기간 강우강도식은 0~106분 구간에 적용하고 장기간 강우강도식은 106분에서 1440분 구간에 적용하는 것으로 General형을 조정하는 것이 General형의 1차 조정이며, 조정된 결과는 <그림 2.7>과 같다.
- 한편, General형의 1차 조정을 적용함에 있어서 단·장기간 구분선의 설정이나 이에 따른 불연속을 해결하는 방안은 강우지속기간 3시간 이내 단기간의 회귀경향과 회귀정도가 충분히 만족되는 것에 주안점을 두어야 한다.

2) 전대수다항식형 1차 조정

- 예시된 설계빈도의 전기간 강우강도식인 <그림 2.6>에서 전대수다항식형의 경우 10분~60분 구간이 움푹 패이는 현상을 개선하여야 한다.
- 첫 번째 방안으로는 전대수다항식형은 6차 다항식의 형태로 제시되고 있는데 차수를 5차로 낮추어 회귀시켜 조정하는 것이 전대수다항식형의 1차 조정이며, 조정된 결과는 <그림 2.7>과 같다.

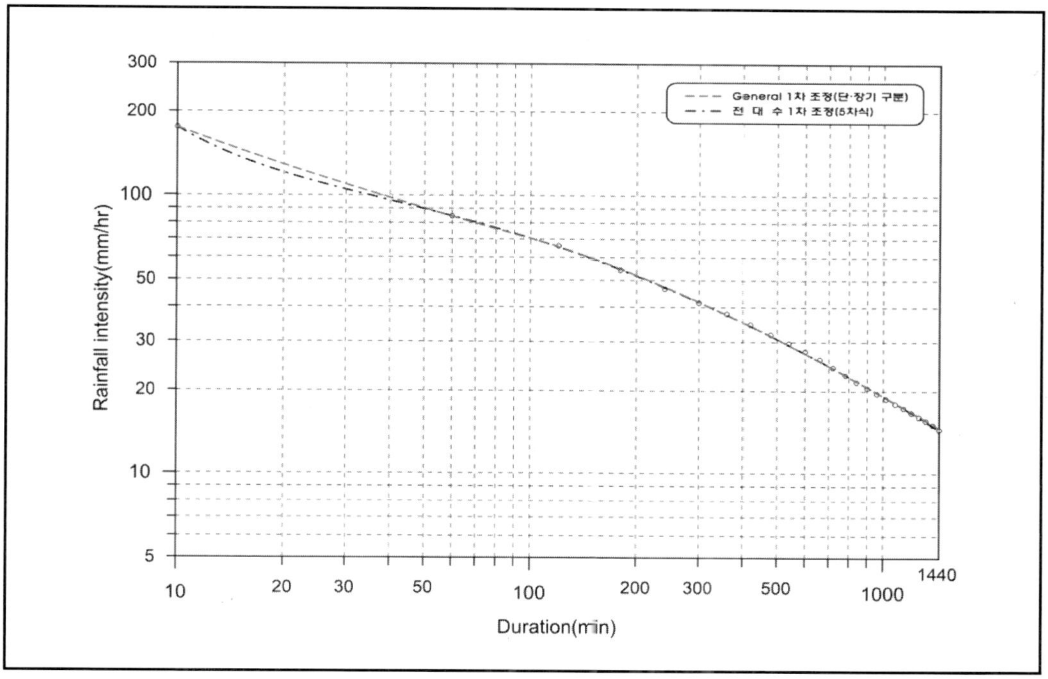

<그림 2.7> 강우강도식의 1차 조정

다. 강우강도식 2차 조정 및 채택

- 강우강도식의 1차 조정 결과인 <그림 2.7>을 살펴보면 60분 이후는 거의 동일하게 나타나고 있으나 10분~60분은 General형이 높게 나타나고 있으나 어떤 것이 적정한지 바로 판단하기 곤란하다.
- 이에 따라 1차 조정된 강우강도식에 기상청의 2000년부터 측정된 1분단위 강우량자료를 이용하여 수집된 20분 및 30분 강우량과 동일기간의 60분 강우량과의 평균비율로 산정된 20분 및 30분 강우강도를 작성·삽입하여 회귀식을 재산정하는 2차 조정을 실시한다.

- 강우강도식 2차 조정 결과의 전기간 비교는 <그림 2.8>과 같고 동 그림을 살펴보면 단기간에서 차이가 많이 발생하고 있으므로 이 구간을 중점 검토하기 위한 단기간 비교는 <그림 2.9>와 같다.

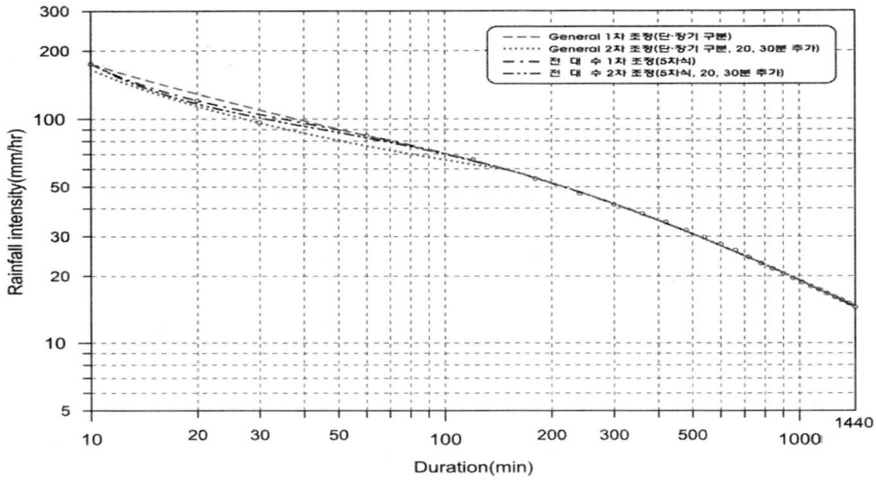

<그림 2.8> 강우강도식의 2차 조정 및 비교(전기간)

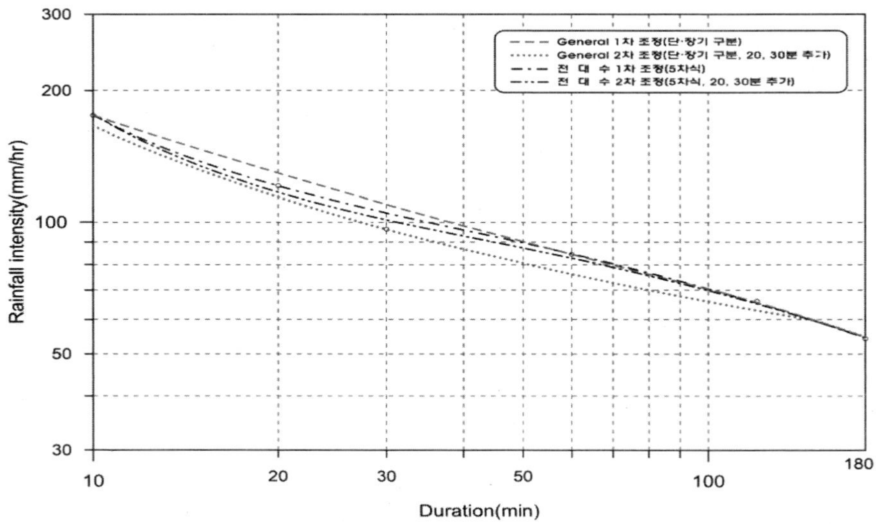

<그림 2.9> 강우강도식의 2차 조정 및 비교(단기간)

- 한편, 이와 같이 단기간에서 차이가 많이 발생하는 현상은 회귀식의 매개변수가 General형은 3개, 5변수 전대수다항식은 6개로 회귀의 유연성 측면에서 차이가 큰 것에 기인한다.
- General형 조정 1안(단·장기간 구분)의 단기간 회귀식은 회귀의 유연성이 낮고, 회귀에 사용되는 자료의 개수가 2~3개로 적은 등의 원인으로 거의 직선에 가깝게 나타날 수 밖에 없는 구조이어서 회귀에 포함되지 않은 20분 및 30분 원자료보다 상당히 높게 나타나며, 회귀식중에서 가장 높은 위치에 있는 형태이다.
- General형 조정 2안(단·장기간 구분, 20분 및 30분 추가)의 단기간 회귀식은 20분, 30분을 추가하여 자료의 가수로 4~5개를 적용한 결과, 회귀식의 유연성이 낮아서 원자료와 편차가 크게 발생되어 30분, 120분 정도만 비슷하고 나머지 10분, 20분, 60분 등은 낮게 나타나며 전반적인 회귀경향마저 적절하지 않으며, 회귀식중에서 가장 낮은 위치에 있는 형태이다.
- 전대수다항식형의 조정 1안(5차식), 조정 2안(5차식, 20분 및 30분 추가) 등의 회귀식은 크기 측면에서 가운데에 위치하고 있으며 회귀의 경향도 상대적으로 적절하다. 또한, 강우강도가 지속기간 증가에 비해 작아지는 경향이 짧은 지속기간에서 더욱 큰 점을 그려할 필요가 있는 측면에서 두 가지 모두 만족하고 있다.
- 이와 같은 경우의 최종 채택은 전대수다항식형 중에서 10분~120분 구간에서 전반적으로 양호한 회귀를 나타내며, 부가적인 측면에서 상대적으로 강우강도가 크게 산정되는 전대수다항식형 조정 1안(5차식)을 채택하는 것이 적절하다.
- 강우강도식 형태를 채택함에 있어서 반드시 상기와 같은 절차로 수행하여야 하는 것은 아니며 이와 같은 개념으로 최적의 강우강도식 형태를 찾아내는 방안을 적용하여야 한다.
- 향후 강우강도식은 지금까지 사용되던 2변수를 더 이상 사용하지 않게 되는 것과 동일한 이유로 3변수인 General형도 변수가 보다 많은 형태로 대체되는 것으로 진행될 것으로 예상된다.
- 현재 최선의 대안은 전대수다항식형과 같은 다변수 형태에서 원래 6차에서 추가로 5차정도까지 검토하여 회귀정도 뿐만 아니라 회귀형태까지 고려하여 최적의 차수로 강우강도식을 결정하는 것이다.

2.6.4 I-D-F 곡선 작성

- 채택된 강우강도식 형태를 이용하여 필요한 재현기간별 강우강도식을 모두 유도한다.
- 강우강도-지속기간-재현기간(I-D-F) 곡선을 도시할 경우 원자료를 표시하고, 곡선은 X축에 가득차게 나타내고 Y축은 재현기간별로 적당한 간격을 유지하도록 그려서 I-D-F 곡선의 회귀정도를 육안으로 판단할 수 있도록 작성하여야 하며 회귀식은 별도로 표의 형태로 제시하여야 한다.
- 한편, 소유역의 경우 최종으로 적용되는 확률강우량은 강우강도식에 의한 확률강우량이므로 계산된 확률강우량과 강우강도식에 의한 확률강우량을 비교하여 제시하고 최종 적용 확률강우량은 강우강도식에 의한 확률강우량임을 명기하여야 한다.

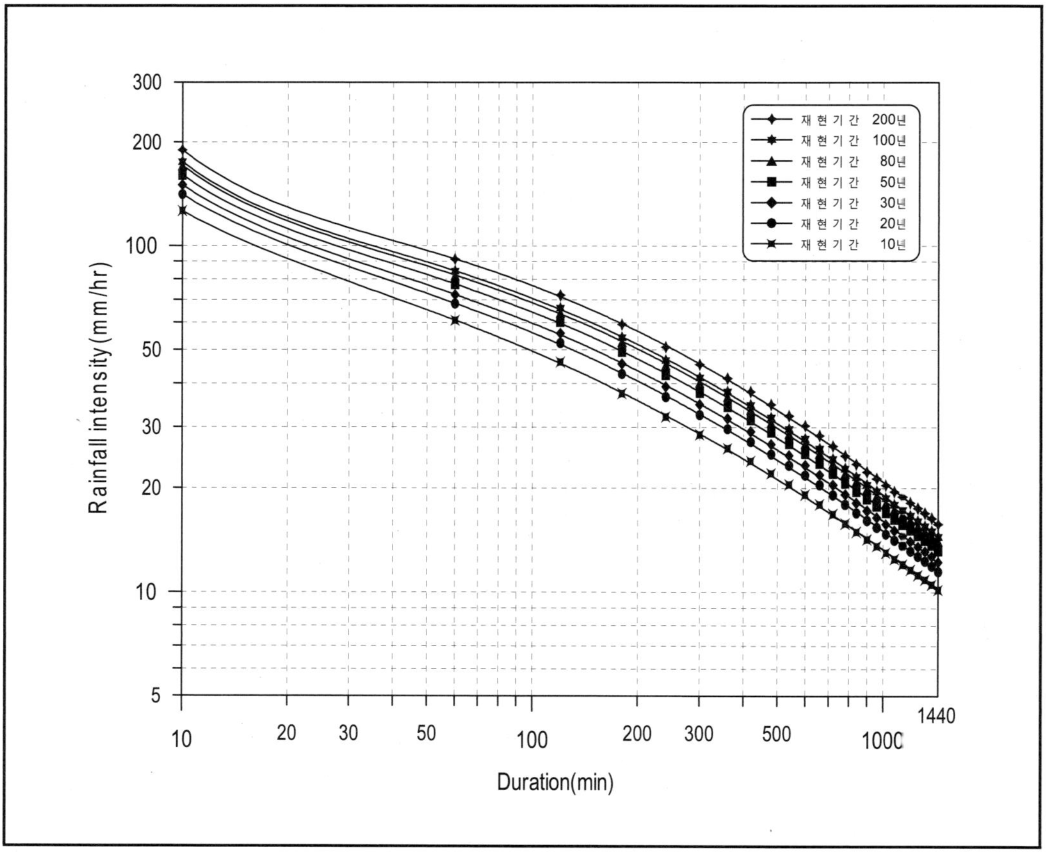

<그림 2.10> 강우강도-지속기간-재현기간(I-D-F) 곡선

2.7 설계강우 시간분포

2.7.1 확률강우량 시간분포

- 확률강우량 등과 같은 설계강우의 경우에는 시간분포를 알 수 없으므로 인위적으로 분포시키는 방법을 적용하며, 시간분포는 설계홍수량 수문곡선의 모양과 첨두홍수량에 많은 영향을 미치그로 신중하게 적용하여야 한다.
- 원칙적으로는 해당 지역의 과거 강우자료로부터 강우지속기간 동안에 총강우량이 시간이 경과함에 따라 어떻게 분포되었는지를 통계학적으로 분석하여 그 지역에 적합한 시간분포 모형을 작성하여 사용하여야 한다.
- 하지만 우리나라는 자료부족 등으로 직접 시간분포 모형을 작성하여 사용하지는 않고, 기존 강우분포 방법인 Mononobe, Huff, 교호블록, Keifer & Chu, Pilgrim & Cordery, Yen & Chow 방법 등을 사용하고 있다.
- 현재 기존 방법들 중에서 Huff 방법이 주로 사용되고 있으며 Mononobe 방법과 교호블록 방법도 간혹 사용되고 있다. 하지만 모든 방법이 많은 문제점을 지니고 있고 또한, 방법별로 설계홍수량의 차이도 매우 크게 나타나지만 아직까지 적절한 대안이 없는 실정이다.
- 최적 강우분포 방법의 채택은 설계 재현기간에 대하여 각종 방법으로 분포시킨 설계우량주상도에서 도달시간(필요시 소유역 매개변수 보정량 고려)과 동일한 지속기간의 최대강우량과 확률강우량의 빈도해석 결과에서 도달시간과 동일한 지속기간의 확률강우량을 비교하여 차이가 가장 작은 분포를 채택하거나 이렇게 되도록 조정하는 방안의 강구가 필요하다.

가. Mononobe 방법

- Mononobe 방법은 다음 식으로 누가강우량을 산정하여 강우를 분포시키는 방법이다.

$$R_t = \frac{R_T}{T}\left(\frac{T}{t}\right)^n \times t$$

여기서 R_t는 강우시작부터 t(hr)까지의 누가강우량(mm), T는 강우지속기간(hr)으로 통상 24hr(1일)을 사용, R_T는 강우지속기간의 총강우량(mm), n은 상수로 통상 0.667(2/3)을 사용한다.

- 일반적으로 Mononobe 방법의 n값을 0.667(2/3)로 고정하여 사용하고 있으나, 이는 지역별 강우특성의 차이를 고려하지 못하는 문제점을 지니며 또한 우리나라의 경우 과대하다고 평가되고 있으므로 다음과 같은 방법으로 조정하여 지역별로 다르게 적용하여야 한다.
  - 해당 관측소의 특정 재현기간의 1시간 확률강우량과 24시간 확률강우량과의 다음과 같은 관계에서 n값을 산정

$$n = \frac{\ln(24R_1/R_{24})}{\ln 24}$$

  - 「한국하천의 수계별 유황에 관한 수문학적 연구(1974, 농업진흥공사)」에서 제시된 <표 2.6> 또는 「도시하천 및 하수도계획상의 계획강우량의 추계학적 해석(1980, 대한토목학회지)」에서 제시된 <그림 2.11>을 사용

<표 2.6> 지역별 Mononobe 방법의 n 값

지 역	n값	지 역	n값	지 역	n값	지 역	n값
강 릉	0.5008	수 원	0.5977	이 리	0.4804	여 수	0.5304
춘 천	0.5764	대 전	0.5486	대 구	0.5570	진 주	0.5788
속 초	0.4922	서 산	0.5722	추풍령	0.5272	제 주	0.5407
서 울	0.5917	전 주	0.6002	광 주	0.5563	서귀포	0.4953
인 천	0.5863	군 산	0.5541	목 포	0.5186		

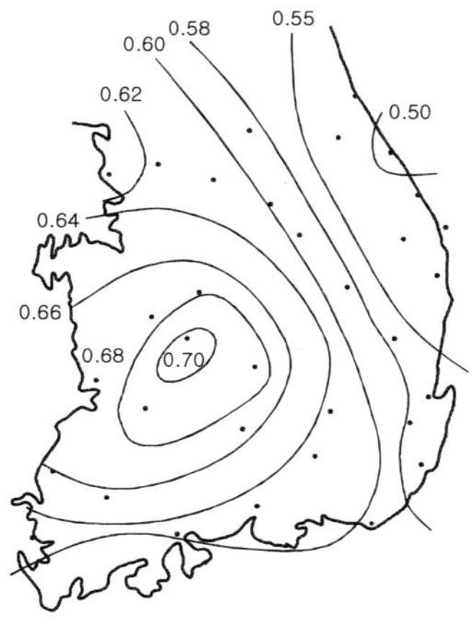

<그림 2.11> Mononobe 방법의 n값 등치선도

- 누가강우량의 분포가 결정되면 계산 시간간격 크기로 구간별 강우량을 산정하고, 이를 전진형(advanced type), 중앙집중형(centered type), 지연형(delayed type) 등의 형태로 재배치한다. 일반적으로 가장 큰 구간별 강우량을 중심에 배치하고 우측과 좌측에 다음으로 큰 구간별 강우량을 순서대로 배열하는 중앙집중형 배치를 주로 채택한다. 한편, 강우지속기간 48시간의 경우에는 먼저 24시간 강우량을 분포시킨 다음 24시간 이후에는 48시간과 24시간의 강우량 차이를 균등 분포시키는 방법을 채택하고 있다.
- 한편, 이와 같은 n값의 조정을 통하여 Mononobe 방법이 가지는 문제점을 많이 해결할 수 있지만, 강우지속기간을 24시간 등으로 고정함에 따라 임계지속기간을 고려하기 어려운 문제점 등은 여전히 존재하게 된다.

나. Huff 방법

1) Huff 방법의 일반

- Huff 방법은 강우기록의 통계학적 분석을 통하여 제시된 무차원 누가곡선으로 강우를 분포시키는 방법이다.
- 이와 같은 무차원 누가곡선은 실제 강우기록의 누가강우량 곡선에서 강우량의 최대부위가 처음 1/4 구간에 있으면 1분위 호우(first-quartile storm), 2/4 구간에 있으면 2분위 호우(second-quartile storm), 3/4 구간에 있으면 3분위 호우(third-quartile storm), 마지막 4/4 구간에 있으면 4분위 호우(fourth-quartile storm)로 구분하여 작성하게 된다. 이에 따라 Huff 방법의 사용시에는 분위를 먼저 채택하는 것이 필요하게 된다.
- 우리나라는 「확률강우량도 개선 및 보완 연구(2011, 국토해양부)」에 제시되어 있는 1~4 분위별로 확률 10~90%인 9가지 형태의 무차원 누가곡선을 이용하여 누가강우량의 분포를 결정한다.
- 분위별 확률 10~90%인 9가지 형태의 무차원 누가곡선 중에서는 일반적으로 첨두 강우강도가 해당분위의 가운데에서 발생하는 50%를 주로 채택하고 있다.
- 이와 같은 기준으로 무차원 누가곡선이 <표 2.7>과 같이 채택되면 이를 이용하여 계산 시간간격 크기로 구간별 강우량을 산정하게 된다.

<표 2.7> Huff 방법의 무차원 누가곡선

구 분		지속기간(%)										
		0	10	20	30	40	50	60	70	80	90	100
누가 강우량 (%)	1분위	0.0	20.5	44.5	62.1	70.8	76.7	82.4	87.3	92.2	96.7	100.0
	2분위	0.0	4.6	12.9	27.6	49.1	68.8	81.7	89.8	94.4	97.8	100.0
	3분위	0.0	3.4	7.8	13.4	20.9	34.3	54.3	76.5	90.6	97.0	100.0
	4분위	0.0	5.6	11.6	17.3	22.5	28.2	33.8	41.3	58.3	83.3	100.0

- 일반적으로 무차원 누가곡선은 10% 간격으로 작성되어 있으므로 임의 지속기간에 대한 내삽 적용을 위하여 회귀곡선식으로 유도하여야 한다.
- Huff 방법의 회귀곡선식을 나타내는 그림에서 자료를 연결하는 선으로 나타내는 경우가 종종 있는데 반드시 원자료와 회귀곡선식으로 나타내어서 회귀의 정도 및 회귀곡선의 적정성 등을 육안으로 판별할 수 있도록 하여야 한다.
- Huff 방법의 회귀곡선식은 5차, 6차, 7차 등으로 회귀한 다음 무조건 6차식을 채택하거나 결정계수가 높은 식으로 채택하지 말고 결정계수의 차이는 별로 없는 만큼 전체적인 회귀경향과 시작부분과 끝부분 등에서 말리는 등과 같은 현상이 없는 차수를 채택하여야 한다.
- 이와 같은 예를 <그림 2.12>를 통하여 살펴보면 6차식 회귀곡선식으로 제시된 3분위의 경우 끝부분에서 말리는 현상이 나타나고 있다. 이와 같은 경우에는 5차식이나 7차식으로 변경하여 회귀의 경향이 적정한 차수를 채택하는 것이 필요하다.
- Huff 방법을 회귀식으로 회귀하면 X축 100%에서 Y축 값이 정확하게 100%가 아닌 경우가 대부분이며, 이와 같이 적용할 경우 강우총량이 다소 변화하는 현상이 발생하게 되므로 이를 보완하기 위해서는 X축 100%에서의 차이를 나누어 배분하는 방법 등을 적용하는 것이 필요하다. 한편, 최종 100%에 맞추기 위하여 끝부분에서 증가시키는 경우 강우의 시간분포에서 최대강우강도가 여기서 발생하는 문제가 발생할 수 있기 때문에 지양하여야 한다.
- 상기와 같은 회귀에 따른 문제점은 구간별로 Cubic spline 회귀 방법을 사용하면 근본적으로 해결할 수 있으므로 회귀 방법을 전환하여야 한다.

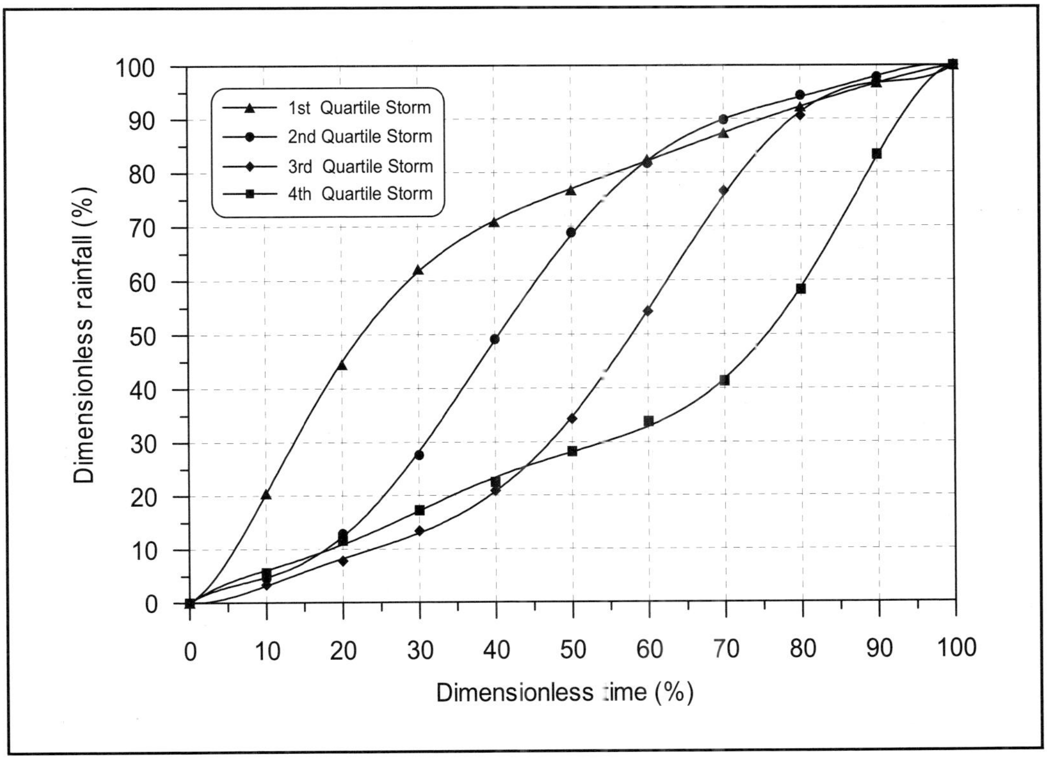

<그림 2.12> Huff 방법의 무차원 누가곡선

2) Huff 방법의 분위 채택

- Huff 방법의 경우 채택 분위에 따라 홍수량의 차이가 10~40 % 이상 발생하므로 분위 채택이 매우 중요하게 된다
- 과거 「지역적 설계강우의 시간적 분포(2000, 건교부)」에서는 최빈분위를 채택하도록 제시한 바 있다.
- 이와 같은 최빈분위는 홍수량 산정 결과 등을 염두에 두지 않고 강우측면만 고려한 결과이며, 채택되는 계획빈도의 빈도개념이 고려되지 않고 단지 강우 단순 발생회수 차원의 최빈분위이므로 계획빈도가 높은 경우에는 이러한 개념의 최빈분위는 의미가 없다.
- 또한, 홍수량 산정시 유효우량 산정 방법으로 SCS의 CN 방법을 주로 채택하고 있는 우리나라의 경우 1, 2분위는 초기손실의 영향으로 설계우량주상도의 첨두부분이 상당히 손실로 처리되기 때문에 홍수량이 많이 작아지는 현상이 발생하므로 홍수량 산정 측면에서는 1, 2분위는 채택하기 곤란하다.

- 「확률강우량도 개선 및 보완 연구(2011, 국토부)」에서는 단지 강우분석만이 아니라 홍수량 산정 결과 등을 종합적으로 검토하여 3분위를 실무 안전측으로 제시하였다.
- 이와 같은 최근 연구의 제안이 합리적이라고 판단하여 「설계홍수량 산정 요령(2012, 국토부)」에서 Huff 방법의 분위는 3분위를 채택하는 것을 원칙으로 제시하고 있으므로, Huff 방법의 분위는 소유역이나 중·대유역의 구분없이 모두 3분위를 채택하는 것으로 통일하여 적용한다.

3) Huff 방법의 문제점 및 한계

- 분위가 동일하다면 전체 강우지속기간에 대하여 하나의 무차원 누가곡선을 적용하게 되므로 지속기간의 길이에 따른 특성이 전혀 고려되지 못하는 기본적인 문제점을 내포하고 있다.
- 평활화된 무차원 누가곡선은 단기간의 첨두강우량을 실제 확률강우량처럼 높게 표현할 수 없으므로 소규모 유역의 첨두홍수량이 낮게 산정되며, 이러한 문제는 임계지속기간의 적용으로 채택되는 강우지속기간이 증가되면서 다소 보완되지만 근본적으로 해결되지는 않고 있다.

다. 교호블록 방법(alternating block method)

- 교호블록 방법은 강우강도-지속기간-재현기간(IDF) 곡선을 이용하여 강우를 분포시키는 방법으로 Blocking 방법으로도 불리며 적용 절차는 다음과 같다.

  ① 확률강우량을 특정 재현기간에 대한 지속기간-누가강우량 관계곡선을 작성한다.

  ② 계산 시간간격 크기로 누가강우량에서 구간별 강우량을 산정한다.

  ③ 구간별 강우량을 중앙집중형 배치 방법 등을 이용하여 재배치한다.

- 교호블록 방법은 전체 지속기간이 정해지면 누가지속기간별로 모두 동일한 재현기간이 되는 구조이기 때문에 실제 호우사상에 비해 첨두부의 비율이 커지는 문제점을 지니고 있으므로 특별한 경우를 제외하고는 사용되고 있지 않는 실정이다.
- 교호블록 방법은 확률강우량보다는 PMP에 적용성이 높은 것으로 알려져 있다.

2.7.2 PMP 시간분포

- 확률강우량의 시간분포를 결정하는 방법은 강우의 시간분포에 대한 개념으로 평균적, 통계적 의미를 내포하고 있다. 하지만 PMP는 가능최대홍수량(PMF)을 추정하기 위한 것이므로 이러한 개념을 PMP의 시간분포에 적용하는 것은 타당하지 않은 것으로 알려져 있다.
- 현재는 Mononobe 방법과 Huff 방법 등을 확률강우량에 적용하는 방법을 그대로 사용하고 있으며 건설부(1988)에서는 교호블록 방법을 대안으로 제시한 바 있다.
- 한편, HEC-1 Package Manual(1990, USACE)에서 적용하고 있는 미국 기상국(U.S. National Weather Service, NWS) 방법은 다음과 같다.

- 48시간 PMP의 24시간구간별 비율

$$R24HR(1) = 1 - \frac{PMP24}{PMP48}$$

$$R24HR(2) = \frac{PMP24}{PMP48}$$

- 24시간구간에서 6시간구간별 비율

$$R6HR(1) = 0.4\frac{(PMP24 - PMP12)}{PMP24}$$

$$R6HR(2) = \frac{(PMP12 - PMP6)}{PMP24}$$

$$R6HR(3) = \frac{PMP6}{PMP24}$$

$$R6HR(4) = 0.6\frac{(PMP24 - PMP12)}{PMP24}$$

- 6시간구간의 시간별 강우량

6시간구간 비율이 최대구간인 경우에는 최대 6시간구간의 강우량을 10, 12, 15, 38, 14, 11%로 분포시키고 다른 구간의 다음과 같이 분포

$$PRCP(mm) = \frac{R24HR(\%) \times R6HR(\%) \times PMP48(mm)}{60,000}$$

여기서, PMP6, PMP12, PMP24, PMP48은 지속기간별 PMP이다.

- PMP의 시간분포는 Mononobe 방법, Huff 방법, 교호블록 방법, NWS 방법 중에서 가장 큰 홍수량을 발생시키는 방법을 채택하는 것이 안전측이므로 홍수량 산정 결과를 비교, 검토하여 채택하는 것이 타당하다.

메 모 란

제 3 장
자연유역 설계홍수량 산정

3.1 유역특성인자 산정 및 홍수량 산정지점 선정

3.1.1 유역특성인자 산정

- 홍수량 산정에 필요한 직접적인 유역특성인자에는 유역면적, 유로연장, 유로경사, 유역 평균폭, 형상계수 등이 있다.
- 먼저 홍수량을 산정하고자 하는 최하류단 지점을 기준으로 전체에 대한 유역(watershed, basin)을 설정한다.
- 유로연장은 유역출구로부터 본류하천을 따라 지도상에 표시된 하천시작점까지의 거리이며, 법적으로 고시된 하천연장과는 약간 다른 개념으로 유로연장이 하천연장보다 일반적으로 길며 수문분석에는 유로연장을 사용한다.
- 유역 평균폭은 유역면적을 본류의 유로연장으로 나눈 값(B=A/L)이며, 형상계수는 유역 평균폭을 본류의 유로연장으로 나눈 값($SF=A/L^2$)이며 형상계수가 크면 길이에 비해 폭이 넓은 유역이 되므로 형상계수가 클수록 홍수유출이 신속하고 첨두홍수량도 크게 나타난다.
- 수계망 및 주요 구조물 등의 위치를 파악하여 후술되는 홍수량 산정지점 선정시 활용한다.
- 한편, 구체적인 유역특성인자는 후술되는 홍수량 산정지점이 결정된 이후에 홍수량 산정지점별로 산정하여 제시한다.

3.1.2 홍수량 산정지점 선정

- 홍수량을 산정하기 위해서는 먼저 홍수량 산정지점이 선정되어야 하고, 이는 수면곡선 계산에 주로 사용되고 있는 부등류계산 모형과 관련하여 선정하는 것이 필요하다.

- 부등류계산 모형에서는 일정구간에 대하여 계획홍수량을 동일하게 적용한다. 즉, 일정구간의 하류부의 홍수량을 일정구간 전체에 적용함으로써 일정구간에 대하여 평균적인 의미와 아울러 홍수량 산정의 불확실성 등을 감안한다. 따라서 이러한 기준을 만족스럽게 적용하기 위해서는 홍수량 산정지점을 적절하게 선정하는 것이 필요하다.
- 홍수량 산정지점 선정시 구간별 홍수량에 평균적인 의미를 부여할 수 있을 정도로 분할되도록 함을 원칙으로 하고, 유역면적이 가급적 등면적으로 분할되도록 고려하며, 지류가 합류되는 지점 전후 및 주요 구조물(댐, 교량, 방수로, 강변저류지, 수위표 지점 등)이 있는 지점 등은 우선적으로 채택하여야 한다. 추가적으로 과거 홍수량 산정지점의 경우 검토후 가급적 선정하는 것을 원칙으로 하되 반드시 재선정하여야 하는 것은 아니다.
- 지류 합류점에 대하여 일반적인 홍수량만을 산정할 경우에는 지류 합류후에 대하여 홍수량을 산정하게 되나, 부등류계산 모형의 수면곡선 계산에 사용되는 홍수량은 구간 하류부의 홍수량을 구간 상류부까지 적용하는 관계로 지류 합류전 홍수량이 직접 사용되는 점을 고려하여 지류 합류 전후를 모두 선정하여야 한다.
- 홍수량 산정지점간의 구간 거리를 지나치게 크게 결정할 경우에는 구간 상류부에 상대적으로 훨씬 큰 구간 하류부의 홍수량을 적용하게 되어 상류부의 홍수위가 과다 산정됨으로써 과대한 계획단면을 설계하는 문제점을 초래하게 되며, 반대로 구간 거리를 너무 작게 결정하는 경우 하도계획에서 단면변화가 많이 발생되게 되는 점에 유의하여야 한다.
- 이에 따라 홍수량 산정지점을 1개 지점만 채택하는 경우는 유역면적이 아주 작은 경우를 제외하고는 가급적 지양하여야 하며, 이와 반대로 홍수량 산정지점을 매우 조밀하게 선정하는 것도 지양하여야 한다.
- 홍수량 산정지점이 결정되면 홍수량 산정지점별로 유역특성인자인 유역면적, 유로연장, 유로경사, 유역 평균폭, 형상계수 등을 표로 제시한다.
- 한편, 지금까지는 유역면적, 유로연장, 유로경사 등은 홍수량 산정에 직접적으로 사용되었으나 유역 평균폭, 형상계수 등을 많이 고려되지 못한 부분은 개선되어야 한다.

3.2 도달시간 산정

3.2.1 도달시간 정의 및 중요성

- 강우에 의한 유역의 유출반응을 유역반응이라 하고, 유역반응을 나타내는 시간매개변수는 도달시간, 집중시간 및 지체시간 등으로 사용되고 있다.
- 원론적으로는 도달시간은 하도시점에서 유역출구점까지 유수가 흘러가는 유하시간, 집중시간은 유역최원점에서 유역출구점까지 유수가 흘러가는 유하시간 등으로 달리 정의되어 왔다. 하지만 우리나라의 경우 대부분 도달시간을 집중시간 개념으로 사용하고 기존 「수공학용어집(1991, 한국수문학회)」에서도 "도달시간(time of concentration)"으로 정의하고 있다.
- 이와 같이 현실적으로 도달시간이 집중시간과 동일한 개념으로 통용되고 있으므로 적용상의 혼선을 피하고 일관성있는 용어 사용을 위하여 가급적 집중시간은 사용하지 않는 것으로 하고, 원론상의 집중시간 개념은 도달시간(time of concentration)으로 통일하고 원론상의 도달시간 개념은 유하시간(travel time)으로 통일하는 것으로 정의하였다.
- 유역최원점에서 유역출구점인 하도종점까지 유수가 흘러가는 전체 시간인 도달시간(time of concentration)은 유격최원점에서 하도시점까지 표면류흐름의 유하시간(overland flow travel time)과 하도시점에서 하도종점까지 하도흐름의 유하시간(channel flow travel time)의 합으로 구성되므로 다음과 같이 표현된다.

$$T_c = T_{ov} + T_{ch}$$

여기서 T_c는 도달시간, T_{ov}는 표면루흐름의 유하시간, T_{ch}는 하도흐름의 유하시간이다.

- 도달시간 이외의 유역반응시간으로는 지체시간이 있으며, 지체시간은 일반적으로 유효우량 중심에서 직접유출수문곡선의 중심까지의 시간 또는 유효우량 중심에서 직접유출수문곡선의 첨두부분까지 시간으로 정의된다.
- 도달시간, 지체시간 등과 같은 시간매개변수의 결정은 수문모형을 구축할 때나 설계시 매우 중요한 선행작업이며 수문분석에 한 개 이상의 시간매개변수가 반드시 필요하게 된다.

- 합리식의 강우강도의 지속기간 결정 및 Clark 방법에 의한 유역추적의 매개변수인 저류상수 결정 등에는 도달시간(time of concentration)이 필요하고, SCS 방법 등에 의한 합성단위도의 매개변수 결정에는 지체시간(lag time)이 필요하며, Muskingum 방법 등에 의한 하도추적의 매개변수인 저류상수 결정에는 홍수파의 유하시간(travel time)이 필요하다.
- 일반적으로 실무에서는 도달시간 이외의 유역반응 시간들도 관측자료의 부족으로 인하여 통상 도달시간의 함수로 산정하고 있는 실정이므로 정확한 도달시간을 산정하는 것이 유역반응 시간매개변수 결정의 선결 과제이다.

3.2.2 경사 산정 및 도달시간 산정시 구간 분할 방법

가. 경사 산정 방법

- 경사는 도달시간 산정에 미치는 영향이 매우 큰 인자이므로 적절한 방법의 채택이 필수적이며, 경사 산정에는 전체유역을 하나로 산정하는 단순경사, 구간별 경사를 고려하는 등가경사(equivalent slope) 방법 등이 있다.
  - 단순경사

$$S = \frac{\Delta H}{L}$$

  - 등가경사

$$S = \left(\frac{\Sigma L_i}{\Sigma (L_i / S_i^{1/2})} \right)^2$$

여기서 S는 무차원 하천평균경사, ΔH는 하천 상·하류단 표고차, L은 상·하류단의 거리, L_i는 구간별 거리, S_i는 구간별 무차원 하천경사이다.

- 단순경사는 통상 유역 최상류단 산지부 짧은 구간의 큰 표고차로 인하여 전체 경사가 급해지면서 도달시간이 짧아지게 되며, 산지부 짧은 구간을 제외하면 도달시간이 오히려 커지는 역전현상이나 하류의 도달시간이 짧아지는 역전현상 등이 발생하기도 하므로 사용을 지양하여야 한다.
- 이와 같이 전체구간을 하나의 구간으로 간주하는 단순경사는 평균경사가 아니므로, 경사가 유사한 소구간으로 분할하여 적용하는 등가경사를 사용하여 도달시간을 산정하여야 한다.

- 상기 등가경사는 Laurenson(1962)이 제안한 방법으로 하천을 경사가 유사한 소구간으로 분할한 후, Manning 공식에 따라 소구간의 유하시간은 소구간 경사의 제곱근에 반비례하고 전체 구간의 유하시간은 등가경사에 반비례하는 것으로 가정하여 유도한 방법이다.

나. 도달시간 산정시 구간 분할 방법

- 도달시간 산정을 위한 구간을 분할시에는 유역최원점에서 유역출구점까지 종단도를 그린 후, 유역의 경사 변화를 반영할 수 있도록 고려하면서 경사가 유사한 구간을 하나의 구간으로 구분하는 것으로 적절한 개소수로 분할하여야 한다.
- 또한, 상대적으로 상류부인 산지에서는 짧은 구간으로 하류부인 평지에서는 긴 구간으로 분할하여야 하며, 홍수량 산정에서 고려하는 지류 합류점 및 주요 구조물 지점 등을 추가적으로 고려하여야 한다.
- 이와 같이 구간을 분할한 후 구간별 도달시간의 합으로 전체 도달시간을 산정하는 방법과 전체 등가경사를 계산한 후 전체 구간에 대한 도달시간을 한꺼번에 산정하는 방법이 있다.
- 두 가지 방법 중에서 구간별 도달시간을 합하여 산정하는 방법이 물리적으로 보다 타당성을 가지는 방법이며, 이 방법의 경우 구간을 적절하게 분할하는 것이 필요하다.
- 실무에서는 구간 분할에 따라 도달시간이 바뀌지 않는 측면에서 상대적으로 유리한 전체 등가경사를 사용하는 방법이 주로 채택되고 있다. 한편, 구간별 등가경사를 사용하여 산정한 도달시간의 합과 비교하여 차이가 큰 경우에는 구간 재분할 등을 통하여 차이를 줄이는 방안을 강구하여야 한다.
- 한편, 기존 도달시간 산정 공식중에서 Kirpich, Rziha, Kraven(Ⅰ) 공식 등과 같이 유속을 토대로 하지 않는 공식의 경우에 구간 분할 개소수의 영향이 매우 크게 나타나는 반면, Kraven(Ⅱ) 공식, 연속형 Kraven 공식 등과 같이 유속을 토대로 산정하는 공식의 경우에는 구간 분할 개소수의 영향이 거의 없게 나타난다.
- 일례로 유속을 토대로 하지 않는 공식으로 전체 구간을 등가경사로 적용하여 전체 도달시간을 산정한 결과와 측량간격 100~200 m 등의 간격으로 구간별 도달시간을 산정하여 전체 도달시간을 산정한 결과 차이는 매우 크다.

- 이와 같은 경우 구간을 짧게 분할하면 정확한 도달시간이 산정되는 것으로 잘못 이해하여 적용을 요구하는 사례가 종종 발생하고 있으나 이와 같은 적용은 오히려 도달시간 산정 결과가 적절하지 못한 것이 대부분이므로 지양되어야 한다.

3.2.3 기존 외국 도달시간 공식 검토

- 과거 자연유역의 도달시간 산정에는 다음과 같이 외국에서 개발된 Kirpich 공식, Rziha 공식, Kraven 공식(Ⅰ), Kraven 공식(Ⅱ) 등의 경험공식을 주로 사용되어 왔다.

- Kirpich 공식: 농경지 소유역을 대상으로 유도된 공식

$$T_c = 0.0663 \frac{L^{0.77}}{S^{0.385}}$$

- Rziha 공식: 자연하천의 상류부(S≥1/200)에 적용되는 공식

$$T_c = 0.0139 \frac{L}{S^{0.6}}$$

- Kraven 공식(Ⅰ): 자연하천의 하류부(S<1/200)에 적용되는 공식

$$T_c = 0.0074 \frac{L}{S^{0.515}}$$

- Kraven 공식(Ⅱ): 자연하천의 경사별 유속을 적용하는 공식

$$T_c = \frac{L}{3.6V}$$

(S<1/200 : V= 2.1 m/s, 1/200≦S≦1/100 : V= 3.0 m/s, S>1/100 : V= 3.5 m/s)

여기서 T_c는 도달시간(hr), L은 유로연장(km), S는 Kirpich 공식은 단순경사, 나머지 공식은 평균경사(무차원), V는 평균유속(m/s)이다.

- 상기 공식의 도달시간 산정 방법을 살펴보면 Kraven 공식(Ⅱ)는 유로연장을 유속으로 나누어 산정하며, Kraven 공식(Ⅰ)와 Rziha 공식은 유로연장을 경사의 함수인 유속으로 나누어 산정하는 형태이므로 종국적으로는 유속의 함수이다. 반면, Kirpich 공식은 유로연장에 지수승을 포함($L^{0.77}$)하고 있으므로 도달시간은 유속만의 함수가 아니라 유로연장이 길어질수록 유속이 증가하는 것과 같은 결과를 나타내게 되는 형태이다.

- 상기 공식은 모두 하도에서의 유하시간만을 산정하는 공식(Kirpich 공식 제외)이지만 유역최원점에서 하도시점까지의 표면류흐름의 유하시간 산정에도 사용할 수 있다. 또한, 동일한 공식으로 산정하더라도 표면류흐름 구간은 하도흐름 구간과 경사조건 등이 상이하므로 구간은 반드시 구분하여 산정하여야 한다.
- 기존 도달시간 경험공식을 대상유역에 적용하여 보면 대부분 산정 결과의 차이가 매우 크게 나타나지만 적절한 채택 기준은 아직까지 제시되지 않고 있다. 이에 따라 기존 경험공식의 도달시간 산정 결과를 유속 등의 검토도 없이 임의적으로 채택하는 경우가 많았었다.
- 도달시간 산정 공식으로 산정된 도달시간에서 유속을 계산하여 홍수시 발생 가능한 유속의 범위인 1.5~4.5 m/s 정도에 포함되는지 여부를 검토하여 적절한 도달시간 공식을 채택하는 것이 합리적인 방안이다.
- 이와 같이 유속을 계산하여 도달시간 공식 채택의 적정성을 검토하는 것이 가장 직접적이고 현실적인 방안이므로 이와 관련된 기존 도달시간 공식의 특성을 사전에 파악하는 것이 필요하다.
- 기존 도달시간 공식들에 의한 경사별 유속을 산정한 결과는 <표 3.1>과 같다. 한편, 동 표에서 Kirpich 공식은 다른 공식들과는 달리 유로연장에 지수승을 포함($L^{0.77}$)하고 있어서 동일 경사이어도 유로연장이 길어지면 유속이 증가하는 형태이기 때문에 유로연장별로 구분하여 제시하였다.

<표 3.1> 기존 도달시간 공식의 경사별 유속 비교

방 법	유로연장 (km)	경사별 유속(m/s)							
		$\frac{1}{1,000}$	$\frac{1}{500}$	$\frac{1}{200}$	$\frac{1}{150}$	$\frac{1}{100}$	$\frac{1}{50}$	$\frac{1}{20}$	$\frac{1}{10}$
Kirpich	1	0.29	0.38	0.55	0.61	0.71	0.93	1.32	1.73
	10	0.50	0.65	0.93	1.03	1.21	1.58	2.25	2.93
	100	0.85	1.10	1.57	1.76	2.05	2.68	3.82	4.98
Rziha	전 체	0.32	0.48	0.83	0.99	1.26	1.91	3.32	5.03
Kraven(I)	전 체	1.07	1.53	2.45	2.84	3.50	5.01	8.02	11.47
Kraven(II)	전 체	2.10	2.10	2.10	3.00	3.50	3.50	3.50	3.50

- 상기 기존 도달시간 공식의 경사별 유속 비교를 통하여 파악되는 문제점은 다음과 같다.

① Kirpich 공식

- 경사가 1/30 이상인 급경사이고 유역면적이 0.5 km² 이하인 산지 소유역에 적절하다고 제안된 공식으로, 상기 표에서 이러한 기준에 비교적 부합되는 조건인 경사 1/20, 유로연장 1 km인 경우의 유속은 1.32 m/s이므로 경사에 비해 유속이 지나치게 낮게 산정
- Kirpich 형태의 공식은 동일 경사이라도 유로연장이 증가되면 유속이 많이 증가되는 형태를 나타내는 중대한 문제점을 가지고 있으며 한편, 이와 같은 문제점은 후술되는 「홍수량 산정 표준지침(2019.7, 환경부)」에서 제시하는 공식의 경우에도 동일하게 발생

② Rziha 공식

- 경사가 1/200 이상인 급경사 유역에 적절하다고 제안된 공식이며, 상기 표에서 이러한 기준에 부합되는 조건의 유속은 경사 1/200은 0.83 m/s, 1/100은 1.26 m/s이므로 경사에 비해 유속이 낮게 산정
- 과거 Rziha 공식은 별도의 유입시간을 전혀 고려하지 않는 경우의 도달시간 산정 방법으로 많이 채택된 바 있으나 이와 같은 경우에는 홍수시 적정 유속의 범위보다 매우 낮은 근본적인 문제점을 야기

③ Kraven 공식(Ⅰ)

- 경사가 1/200 이하인 완경사 유역에 적절한 공식이며, 상기 표에서 이러한 기준에 부합되는 조건의 유속은 경사 1/200은 2.45 m/s이므로 비교적 적절하나 1/500은 1.53 m/s이므로 경사가 매우 완만한 경우의 유속이 낮게 산정
- 반면, 공식의 적용 범위를 벗어나지만 상기 표에서 경사 1/200 이상에 대해 적용성을 검토하여 보면 유속이 지나치게 높게 산정

④ Kraven 공식(Ⅱ)

- 모든 경사에 대하여 적용이 가능하며 경사별 유속을 사용하여 도달시간을 산정하므로, 단순히 유속의 적정성 측면과 적용성 측면만을 고려하면 양호한 방법
- 유속이 단지 3가지로만 구분되어 있어서 적용시 불연속이 발생

⑤ 혼합 적용

- 상류와 하류의 지형 특성이 다를 경우에는 구간별로 적절한 공식을 다르게 채택하는 것을 원칙으로 하고 있으나, 이 경우 불연속의 정도를 면밀히 검토하는 것이 필요
- 불연속의 사례로 경사가 1/200 이상인 상류부는 Rziha 공식을 적용하고 1/200 이하인 하류부는 Kraven 공식(Ⅰ)을 적용하는 경우를 살펴보면, 상기 표에서 동일한 경사 1/200인 경우의 유속이 Rziha 공식은 0.83 m/s, Kraven 공식(Ⅰ)은 2.45 m/s로 큰 차이를 나타내며 또한, 경사가 급한 상류부의 유속이 경사가 완만한 하류부의 유속보다 낮은 결과를 나타내므로 불연속이 발생

- 이와 같은 많은 문제점을 지니고 있는 외국에서 개발된 기존 도달시간 공식에 의해 산정된 도달시간을 이용할 경우 홍수량 산정의 신뢰도를 확보하는 것이 곤란하므로 사용을 지양하여야 한다.

3.2.4 기존 국내 도달시간 공식 검토

가. 연속형 Kraven 공식

1) 공식의 주요 내용

- 연속형 Kraven 공식은 「설계홍수량 산정요령(2012, 국토부)」에서 제시하고 있는 방법으로, 「도달시간 산정 방법의 개발(정종호 등, 한국수자원학회 논문집 제35권 제6호, 2002.12)」의 방법을 대폭 간략화한 형태이다.
- 급경사부의 유속은 기존 소하천정비종합계획 내용을 참조하고 완경사부의 유속은 「금강유역종합치수계획 보고서(2008, 국토부)」에서 제시되고 있는 수정 Kraven(II) 공식의 결과 등을 참조하여 급경사부와 완경사부 유속을 보완하여 연속형 Kraven 공식으로 제안하였다.
- 연속형 Kraven 공식은 경사구간별 유속을 급경사부와 완경사부로 나누어서 회귀한 결과인 <그림 3.1>에서 경사(S)에 따라 유속(V)을 산정할 수 있도록 제시되는 다음과 같은 형태이다.

- 급경사부(S>3/400):

$$V = 4.592 - \frac{0.01194}{S} \quad , \ V_{max} = 4.5\ m/s$$

- 완경사부(S≤3/400):

$$V = 35{,}151.515S^2 - 79.393939S + 1.6181818 \quad , \ V_{min} = 1.6\ m/s$$

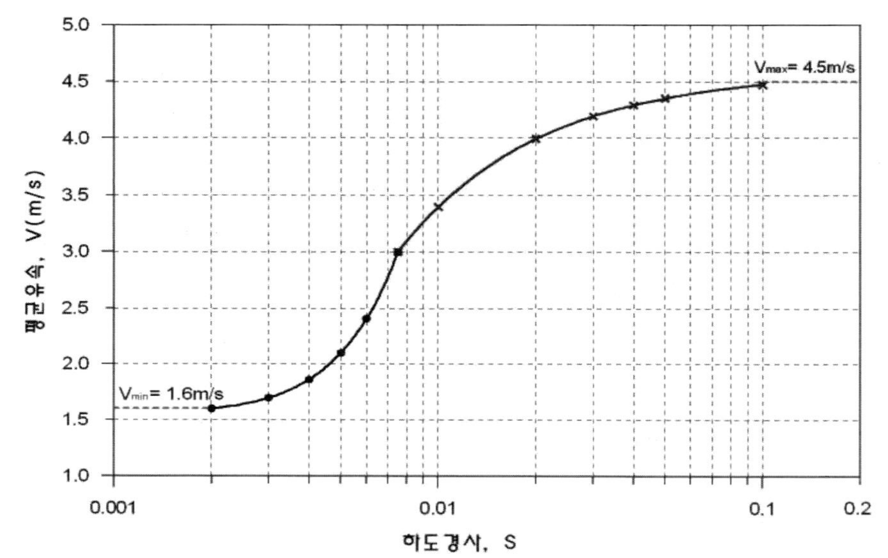

<그림 3.1> 연속형 Kraven 공식 유도에 필요한 경사구간별 유속분포

2) 공식의 장점 및 단점

- 공식의 장점은 우리나라 자료를 토대로 만들어진 공식이라는 점과 유속을 기반으로 만들어진 공식이기 때문에 구간 분할에 따라 도달시간이 달라지지 않는 점, 유속이 적정 범위안에 들어오며 경사별로 유속 불연속이 발생하지 않는 점 등이다.
- 공식의 단점은 많은 자료를 이용하지 못하고 유도된 점과, 「도달시간 산정방법의 개발(정종호 등, 한국수자원학회 논문집 제35권 제6호, 2002.12)」의 방법을 대폭 간략화한 형태이므로 유역의 규모나 강우량의 크기 등과 같은 유역특성을 고려하지 못하는 점 등이다.

나. 홍수량 산정 표준지침 공식

- 「홍수량 산정 표준지침(2019.7, 환경부)」에서 제시하는 공식의 형태는 다음과 같고, 기존 경험공식 중에서 Kirpich 공식과 형태가 동일하다.

$$T_c = 0.214\,L\,H^{-0.144} \quad , \quad T_c = 0.0792\,\frac{L^{0.856}}{S^{0.144}}$$

여기서 T_c는 도달시간(hr), L은 유로연장(km), H는 표고차(m), S는 단순경사(무차원)이다.

- 경사를 단순경사를 적용하게 되어 있으므로 산지부 짧은 구간을 제외하면 도달시간이 오히려 커지는 역전현상이나 하류의 도달시간이 짧아지는 역전현상 등이 발생하기도 하는 문제점를 내포하고 있다.
- 홍수량 산정 표준지침 도달시간 공식의 경사별 유속 비교는 <표 3.2>와 같다.

<표 3.2> 홍수량 산정 표준지침 도달시간 공식의 경사별 유속 비교

유로연장 (km)	경사별 유속(m/s)							
	$\frac{1}{1,000}$	$\frac{1}{500}$	$\frac{1}{200}$	$\frac{1}{150}$	$\frac{1}{100}$	$\frac{1}{50}$	$\frac{1}{20}$	$\frac{1}{10}$
1	1.30	1.43	1.64	1.71	1.81	2.00	2.28	2.52
10	1.81	2.00	2.28	2.38	2.52	2.78	3.18	3.51
100	2.52	2.78	3.18	3.31	3.51	3.88	4.43	4.89
500	3.18	3.51	4.00	4.17	4.43	4.89	5.58	6.17

- 기존 경험공식인 Kirpich 공식과 형태가 동일한 관계로 동일 경사이라도 유로연장이 증가되면 유속이 크게 증가되는 중대한 문제점을 가지고 있으므로 사용을 지양하여야 한다. 이와 같은 문제점은 기존 Kirpich 공식과 마찬가지로 유도된 유역면적을 벗어나는 유역면적에 적용할 경우 신뢰성이 확보되지 않는 공식의 구조적인 형태에 기인한다.
- 일반적으로 기존 홍수량 산정 결과에 비해 상류 유역은 작게 산정되고 하류 유역은 크게 산정되는 경향이 발생하고 있다. 이는 동일 경사라고 하더라도 홍수량 산정 지점이 하류로 내려갈수록 유속이 증가되고 이에 따라 도달시간이 짧아지게 되는 것에 기인하는 오류임을 알 수 있게 된다.

3.2.5 기존 도달시간 산정 방법의 문제점 종합 및 개선 방향

- 기존 외국 도달시간 공식(Kirpich, Rziha, Kravn(Ⅰ), Kraven(Ⅱ))을 아무런 검증없이 적용하는 것은 지양하고 국내 자료를 토대로 도달시간 공식을 개발하여야 한다.
- 기존 국내 도달시간 공식중 연속형 Kraven 공식은 「도달시간 산정 방법의 개발(정종호 등, 한국수자원학회 논문집 제35권 제6호, 2002.12)」의 Jeong 공식을 「설계홍수량 산정요령(2012, 국토부)」에서 간략화하여 제시한 공식이며, 경사에 따라 결정되는 유속에만 의해 결정되는 형태이어서 상대적으로 안정적인 결과를 주므로 실무에서 가장 적합한 도달시간 공식으로 사용되어 왔다.
- 연속형 Kraven 공식이 Jeong 공식을 그대로 채택하지 않고 간략화한 주된 이유는 복잡한 보정계수 산정 과정을 생략하여 실무 적용성 향상이기 때문이지만 지역별 및 재현기간별 강우량의 차이, 유역 규모 등과 같은 유역특성 등이 전혀 고려되지 않아서 전국적으로 동일하게 적용되는 점 등은 도달시간이 홍수량 산정에서 차지하는 비중이 중대한 점을 감안한다면 보완하는 것이 필요하다.
- 기존 국내 도달시간 공식중 「홍수량 산정 표준지침(2019.7, 환경부)」 공식의 경우 동일 경사이라도 유로연장이 증가되면 유속이 계속 증가되는 기존 Kirpich 공식 형태이므로 유도된 규모 범위에서만 한정적으로 사용 가능한 근본적인 문제점을 지니고 있다.
- 하지만 이와 같은 근본적인 문제점을 지닌 「홍수량 산정 표준지침(2019.7, 환경부)」의 도달시간을 사용하는 것이 종용됨에 따라 대안의 제시가 보다 필요하게 되었다.
- 신규 도달시간 공식의 개선 방안은 구간의 개소수, 구간의 길이 등과 관계없이 동일한 결과를 얻기 위해서는 유속 자료를 기반으로 도달시간 공식을 유도하여야 하며, 유속 기반의 도달시간 산정 공식에 전국 평균 개념이 아닌 유역별 특성 차이를 제대로 고려할 수 있는 방안이 고려된 도달시간 공식이어야 한다.

3.2.6 신규 도달시간 공식

가. 공식 형태

- 신규 도달시간 산정 공식으로 제안되는 수정 Jeong 공식은 「도달시간 산정 방법의 개발(정종호 등, 한국수자원학회 논문집 제35권 제6호, 2002.12)」을 토대로 실무 적용성을 고려하여 일부 수정한 것이다.
- 도달시간 공식의 형태는 다음과 같이 기존 Jeong 공식과 동일하지만 보정계수 산정 방법을 간략화한 것이다.

$$T_c = \frac{L}{3.6V_M} = \frac{L}{3.6\left[\left(-\dfrac{0.0057}{S+0.0030}+3.45\right)C_R\,C_A \pm \alpha\right]}$$

여기서 T_c는 도달시간(hr), L은 유로연장(km), S는 평균하천경사(무차원), V_M은 평균유속(m/s), C_R은 지역별 및 재현기간별 확률강우량의 차이를 고려한 유속보정계수, C_A는 유역면적의 차이를 고려한 유속보정계수, α는 일반화된 평균유속 회귀식의 상한계와 하한계의 폭(band width, <그림 3.2> 참조)으로 유역특성을 추가로 고려하는 보정계수이므로 특별한 경우외에는 미적용을 원칙으로 하고 적용시 범위는 0.5 m/s 이하 정도이다.

나. 유도 과정 및 적용 방법

- 하천기본계획이 수립된 하천의 수면곡선계산 자료에서 구간별 하도의 평균경사와 평균유속 자료를 수집하였다.
- 평균경사와 평균유속과의 관계를 회귀분석을 통하여 검토한 결과 동일한 평균경사에서도 평균유속이 많이 산포되는 것으로 나타났다. 이와 같은 산포의 주요 원인은 ① 지역별 및 재현기간별 확률강우량의 차이 ② 하천별 유역면적의 차이 등으로 분석되었다.
- 이와 같은 두 가지 영향을 제거하는 방법을 적용하여 일반화된 평균경사-평균유속 관계를 <그림 3.2>와 같이 도출하였다.
- 적용 개요는 일반화된 평균경사-평균유속 관계에 해당 유역의 평균경사를 입력하여 일반화된 평균유속을 산정한 다음, 일반화 과정에서 제외시킨 영향 인자인 지역별 및 재현기간별 확률강우량의 차이와 유역면적의 차이 등에 대한 보정을 일반화 과정의 역으로 실시하여 실제 평균유속을 산정한 다음, 유로연장을 평균유속으로 나누어 도달시간을 산정한다.

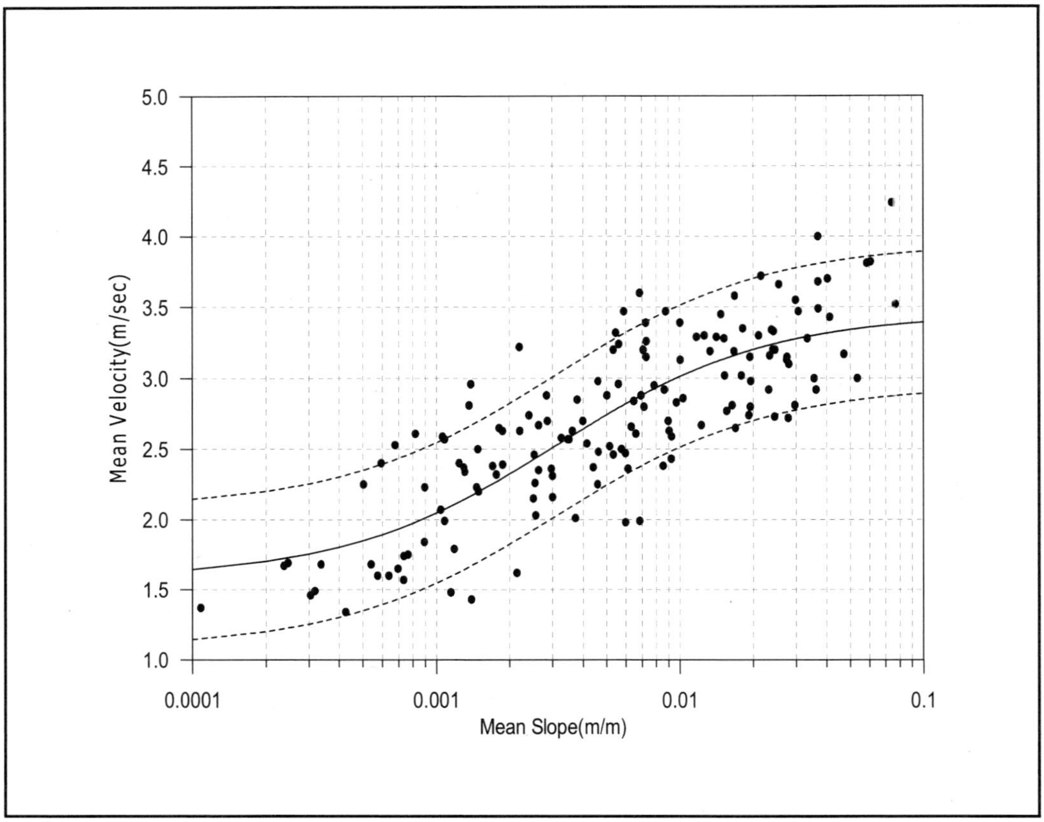

<그림 3.2> 일반화된 평균경사-평균유속 관계곡선

다. 도달시간 산정 방법의 적용 절차

1) 평균경사 및 일반화된 평균유속 산정

- 측량자료 또는 지형도를 이용하여 구간별 평균경사를 등가경사 방법으로 산정한다.
- 구간별 평균경사와 <그림 3.2>를 토대로 유도된 다음과 같은 일반화된 평균경사-평균유속 관계곡선 회귀식을 이용하여 일반화된 평균유속(V_G)을 산정한다.

$$V_G = -\frac{0.0057}{S + 0.0030} + 3.45$$

여기서 V_G는 지역별 및 재현기간별 확률강우량의 차이와 하천별 유역면적의 차이 등에 대한 영향을 제거한 일반화된 평균유속(m/s), S는 평균하천경사(무차원)이다.

2) 개략적인 도달시간 산정

- 개략적인 도달시간 산정에서는 산정된 일반화된 평균유속(V_G)을 평균유속(V_M)으로 간주하여 유로연장을 평균유속으로 나누어 개략적인 도달시간을 산정할 수 있다.
- 이와 같은 개략적인 도달시간 산정 방법은 「설계홍수량 산정요령(2012, 국토부)」에서 제시하고 있는 연속형 Kraven 공식의 모태가 된 방법으로, 이 방법은 경사를 제외한 유역특성을 전혀 고려하지 못하는 전국평균 개념의 도달시간 산정 방법이 된다.

3) 정밀한 도달시간 산정

- 정밀한 도달시간 산정에서는 회귀식으로 산정된 일반화된 평균유속(V_G)에 지역별 및 재현기간별 확률강우량의 차이를 고려한 유속보정계수(C_R)과 하천별 유역면적의 차이를 고려한 유속보정계수(C_A)를 고려하여 일반화 과정에서 제외시킨 특성을 해당 유역에 맞게 고려하여 해당 유역의 평균유속(V_M)을 산정한 후 이를 이용하여 도달시간을 산정한다.
- 한편, 기존 공식에서 지역별 및 재현기간별 확률강우량의 차이를 고려한 유속보정계수의 산정 과정이 너무 복잡하여 전체적으로 사용하기 곤란한 부분을 대폭 간략화시켜 실무 적용이 용이하도록 수정하였다.

가) 지역별 및 재현기간별 확률강우량의 차이를 고려한 유속보정계수 산정

① 지역별 확률강우량의 전국평균 대비 비율

- 지역별 확률강우량의 전국평균과의 비율 산정을 주요 관측소별로 강우지속기간을 단·중·장기간으로 구분하여 산정한 결과는 <표 3.3>과 같다. 한편, 참고하기 위하여 동 표 하단에 지속기간별 전국평균 확률강우량을 제시하였다.
- 동 표에서는 관측소 중에서 가장 인근에 위치한 관측소를 채택하고, 설계홍수량 산정시 채택되는 임계지속기간의 범위를 고려하여 강우지속기간의 기간을 단기간, 중기간, 장기간 중에서 선택하여 해당 지역의 확률강우량의 전국평균 대비 비율을 개략적으로 산정한다.

<표 3.3> 주요 관측소 확률강우량과 전국평균과의 비율(50년빈도 기준)

(단위: %)

관측소	강우지속기간 단기간 (3시간 이하)	강우지속기간 중기간 (3시간 초과~12시간)	강우지속기간 장기간 (12시간 초과)
속 초	82	95	108
춘 천	91	95	102
강 릉	86	100	113
서 울	135	118	108
인 천	124	116	108
원 주	115	118	119
수 원	115	125	124
서 산	95	104	113
청 주	96	89	89
대 전	117	113	106
추풍령	74	69	70
포 항	84	91	97
군 산	95	95	86
대 구	91	81	74
전 주	119	104	94
울 산	110	117	124
광 주	98	92	88
부 산	128	125	123
통 영	105	119	121
목 포	85	86	87
여 수	108	108	100
완 도	132	151	149

전국평균 확률강우량 (mm)	1시간	2시간	3시간	4시간	6시간	12시간	18시간	24시간	48시간
	74.1	103.9	125.3	142.2	171.1	233.7	280.5	318.9	434.4

주) 자료: 한국 확률강우량도 작성(2000, 건교부)

② **재현기간별 확률강우량의 비율**

- 재현기간별 확률강우량의 비율은 50년빈도를 기준 재현기간으로 설정하고 산정한 결과는 <표 3.4>와 같다.
- 동 표에서 50년에서 100년은 약 12 %, 100년에서 200년은 약 10 % 정도가 증가되는 점을 설계빈도 결정시 감안하면 유용하다.

<표 3.4> 재현기간별 확률강우량 비율 및 유속 비율(50년빈도 기준)

구 분	재 현 기 간								비 고
	10년	20년	30년	50년	80년	100년	150년	200년	
확률강우량 비율	0.73	0.85	0.92	1.00	1.08	1.12	1.18	1.23	
유속 비율	0.90	0.95	0.97	1.00	1.03	1.04	1.06	1.08	

③ **지역별 재현기간별 확률강우량의 비율**

- 지역별 재현기간별 확률강우량의 비율은 <표 3.3>의 지역별 확률강우량 비율과 <표 3.4>의 재현기간별 확률강우량 비율을 곱하여 지역별 및 재현기간별 확률강우량의 비율(R_R)을 산정한다.
- 한편, 이러한 방법으로 재현기간별로 도달시간을 다르게 산정하는 방법을 적용하는 경우 후술되는 단위도의 가정중 비례가정에 의한 강우-유출관계의 선형성의 문제를 다소 보완할 수 있다.

④ **지역별 및 재현기간별 확률강우량의 차이에 대한 유속보정계수 산정**

- 이와 같이 산정된 확률강우량의 비율(R_F)을 다음 식에 대입하여 확률강우량의 차이에 대한 유속보정계수(C_R)를 산정한다.

$$C_R = 0.36 \times R_R + 0.64$$

여기서 C_R은 확률강우량의 비율에 더한 평균유속의 비로 지역별 및 재현기간별 확률강우량의 차이에 대한 유속보정계수, R_R은 확률강우량의 비율(무차원)이다.

- 상기 식에서 확률강우량의 비율은 유속보정계수에 36 % 영향을 미치므로 확률강우량이 30 % 차이 나면 유속은 약 10 % 정도 차이가 발생하게 되며, 상기 <표 3.4>의 재현기간별 유속 비교에서 50년에서 100년은 약 4 %, 50년에서 200년은 약 8 % 정도 증가되는 것으로 나타나고 있다.

나) 유역면적의 차이를 고려한 유속보정계수 산정

- 해당 유역의 실제 유역면적(A_{Act})과 평균경사(S)를 산정한 다음, 다음과 같은 전국평균 개념의 평균경사-유역면적 관계 회귀식에서 기준 유역면적(A_{Rep})을 산정한다.

$$A_{Rep} = 0.0760\,S^{-1.1003}$$

여기서 A_{Rep}는 해당 유역의 평균경사에 대한 기준 유역면적(km²), S는 해당 유역의 하천평균경사(무차원)이다.

- 실제 유역의 평균경사(S)에 대하여 실제 유역면적(A_{Act})과 회귀식에 의한 기준 유역면적(A_{Rep})을 구한 다음, 다음과 같은 전국평균 개념의 유역면적-평균유속 관계 회귀식에서 두 가지 유역면적에 대한 유속을 산정한다.

$$V_{Reg} = \frac{212.43}{A + 171.86} + 1.65$$

여기서 V_{Reg}는 회귀곡선상의 유속(m/s), A는 유역면적(km²)이다.

- 실제 유역면적의 회귀식 유속($V_{Reg,Act}$)와 기준 유역면적의 회귀식 유속($V_{Reg,Rep}$)의 비로 유역면적 차이를 고려한 유속보정계수(C_A)를 산정한다.

$$C_A = \frac{V_{Reg,Act}}{V_{Reg,Rep}}$$

여기서 C_A는 유역면적 차이를 고려한 유속보정계수, $V_{Reg,Act}$는 실제 유역면적의 회귀식에 의한 유속(m/s), $V_{Reg,Rep}$는 기준 유역면적의 회귀식에 의한 유속(m/s)이다.

다) 보정계수를 적용한 정밀한 도달시간 산정

- 수정 Jeong 공식은 일반화된 평균경사-평균유속 관계곡선의 회귀식에서 산정된 평균유속(V_G)에 지역별 및 재현기간별 확률강우량의 차이를 고려한 보정계수(C_R), 하천별 유역면적의 차이를 고려한 보정계수(C_A) 등을 적용하여 해당 유역의 평균유속(V_M)을 산정하고, 해당 유역의 유로연장(L)을 평균유속(V_M)으로 나누어 도달시간(T_c)을 산정한다.
- 한편, 유역특성을 추가로 고려하는 보정계수(α)는 일반화된 평균유속 회귀식의 상한계와 하한계의 폭을 고려하여 특별한 경우에 한하여 조정(0.5 m/s 정도)할 수 있는 인자이다.

3.3 유효우량 산정

3.3.1 유효우량 정의

- 유효우량(effective rainfall)은 해당 강우로 인하여 하천으로 단기간에 유출되는 유출량인 직접유출(direct runoff)에 기여하는 강우량으로 정의되며, 실무적으로는 해당 강우의 총강우량에서 침투량(홍수량 산정시 다른 미소 손실량은 미고려)을 제외한 강우량을 의미한다.
- 강우-유출 관계를 이용하는 홍수량 산정 방법으로 주로 채택되고 있는 단위도법의 경우 해당 강우의 유효우량에 의한 직접유출(direct runoff)을 단위도를 이용하여 계산한 후, 이전 강우로 인한 기저유출(base flow)을 적절하게 추정하여 더하여 총유출량을 산정하는 방법을 적용하므로 유효우량 산정 과정이 필요하게 된다.
- 단위도법을 이용한 홍수량 산정에 필요한 유효우량은 총우량주상도로부터 침투량을 제외하여 유효우량주상도를 작성하는 방식을 적용하게 된다.

3.3.2 유효우량 산정 방법

- 총우량주상도로부터 시간구간별 손실우량을 제외시켜 유효우량주상도를 작성하는 방법에는 일정비법, 일정손실률법, 초기손실-일정손실률법, 침투곡선법 및 SCS 방법 등이 있다.

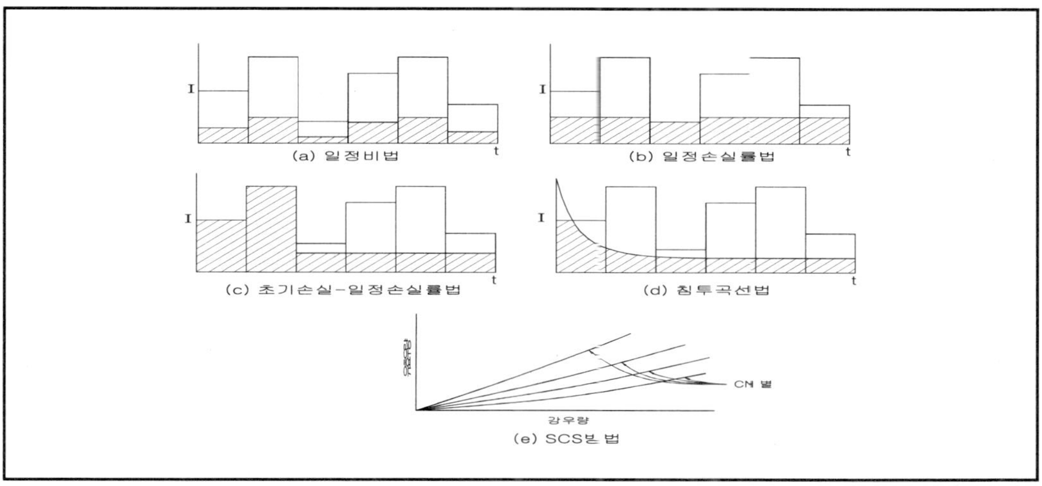

<그림 3.3> 유효우량 산정 방법

가. 일정비법(constant fraction method)

- 시간구간별 강우량의 일정비율이 손실되고 나머지가 유효우량이 된다고 가정하는 방법으로 유출계수와 같은 개념으로 유효우량을 산정한다.
- 과다한 선행강우로 인하여 유역의 지표면이 거의 포화되어 있을 경우에는 비교적 정확한 결과를 주는 방법이나, 손실이 강우에 정비례하지는 않으므로 실제 홍수량 산정시 적용은 곤란하다.

나. 일정손실률법(constant loss rate method)

- 강우기간 동안의 손실률 또는 침투능이 일정하다고 가정하는 방법으로 유역의 평균침투능을 결정하는 Φ-지수법과 동일한 개념이다.
- 유역의 선행 토양함수량이 많고 큰 호우를 대상으로 하는 설계에 적절한 방법이나, 초기손실을 고려하지 못하므로 실제 홍수량 산정시 적용은 곤란하다.

다. 초기손실-일정손실률법(initial loss-constant loss rate method)

- 유역의 토양수분 미흡량이 초기침투량으로 충족될 때까지는 유출이 발생하지 않으며 초기손실이 완료된 이후에는 일정률로 손실된다고 가정하는 방법이다.
- 강우-유출 실측자료에서 초기손실과 일정손실률을 산정할 수 있는 경우가 대부분이므로 적용성이 높지 않다.
- 제주도의 투수성이 매우 높은 지역과 같은 경우에는 적용성이 상대적으로 유리할 수 있는 방법이다.

라. 침투곡선법(infiltration curve method)

- 강우가 계속됨에 따라 토양 침투율이 감소하는 특성을 표현하는 Horton, Holtan, Phillips 등의 침투능 곡선으로 시간구간별 손실량을 계산한다.
- 이론적으로 가장 합리적인 방법이나 미계측의 경우 유역 상태에 맞는 침투능 곡선 계산이 어려워서 실제 홍수량 산정시 적용은 곤란함에도 불구하고 실무에서 충분한 검토없이 사용하고 있는 것은 지양되어야 한다.

마. SCS 방법(Soil Conservation Service method)

- SCS 방법은 미국 토양보존청(Soil Conservation Service)에서 강우량-유출량 자료가 없는 미계측유역인 경우에도 유역특성 자료만으로 유효우량을 산정할 수 있도록 개발한 방법이다.
- SCS 방법은 토양특성과 식생피복상태 등에 대한 자료를 이용하여 유출곡선지수(CN)를 산정한 후, 총강우량-유효우량 관계 모형을 이용하여 유효우량을 산정하게 된다.
- 우리나라의 경우 SCS 방법이 가장 많이 사용되고 있으며, 그 이유는 SCS 방법이 뛰어나기 때문이 아니라 강우량-유출량 자료가 없는 미계측 유역이 대부분이기 때문에 다른 방법을 제대로 적용할 수 없기 때문이다.

3.3.3 SCS 방법에 의한 유효우량 산정

가. 미국 SCS 유출곡선지수 결정 기준 및 적용 방법

1) 유출곡선지수 결정 기준

- 토지이용상태, 피복처리상태, 수문학적 조건, 토양형 등을 결정한 후, 농경지역은 <표 3.5>, 도시지역은 <표 3.6>과 같은 기준을 적용하여 유출곡선지수(CN)을 결정한다.
- 동 표들에 제시된 유출곡선지수(CN)는 선행토양함수조건이 평균수준인 AMC-Ⅱ조건이고 후술되는 초기손실우량(initial abstraction, I_a)이 토양의 최대잠재보유수량(maximum potential retention, S)의 20%인 $I_a = 0.2S$일 경우의 CN 값이다.
- 이와 같은 유출곡선지수는 선행함수조건인 AMC-Ⅱ 조건이므로 실제 분석에 적용할 경우에는 AMC-Ⅲ 조건 등으로 변환하여 사용하여야 한다.
- 한편, 농경지역 유출곡선지구에서 토지이용상태가 수림, 수문학적 조건 양호, 토양형 A의 CN은 SCS에서 제시한 값은 25이지만 적절한 유출해석을 위해서 30으로 상향 조정한 값(「Engineering Hydrology(1989, Ponce)」)이다.

<표 3.5> 농경지역 유출곡선지수(AMC-II, $I_a = 0.2S$인 경우)

토지이용상태	피복처리상태	수문학적 조건	토양형별 유출곡선지수			
			A	B	C	D
휴경지(fallow)	직선열 경작(straight row)	-	77	86	91	94
이랑경작지 (row crops)	직선열 경작 (straight row)	불량	72	81	88	91
		양호	67	78	85	89
	등고선 경작 (contoured)	불량	70	79	84	88
		양호	65	75	82	86
	혼합식 경작 (contoured & terraced)	불량	66	74	80	82
		양호	62	71	78	81
조밀경작지 (small grains)	직선열 경작 (straight row)	불량	65	76	84	88
		양호	63	75	83	87
	등고선 경작 (contoured)	불량	63	74	82	85
		양호	61	73	81	84
	혼합식 경작 (contoured & terraced)	불량	61	72	79	82
		양호	59	70	78	81
조밀식재 콩과식물 경작지(close-seeded legumes) 또는 윤번초지(rotation meadow)	직선열 경작 (straight row)	불량	66	77	85	89
		양호	58	72	81	85
	등고선 경작 (contoured)	불량	64	75	83	85
		양호	55	69	78	83
	혼합식 경작 (contoured & terraced)	불량	63	73	80	83
		양호	51	67	76	80
자연목초지(pasture) 또는 목장(range)	가축 방목을 위한 초지	불량	68	79	86	89
		보통	49	69	79	84
		양호	39	61	74	80
초지(meadow)	등고선 경작(contoured), 건초 생산을 위한 영구초지	양호	30	58	71	78
수림(woods)	마을에 가까운 조성림 등이 해당	불량	45	66	77	83
		보통	36	60	73	79
		양호	30	55	70	77
농가(farmsteads)	불투수면적 약 30% 정도	-	59	74	82	86

자료: U.S. Soil Conservation Service, Hydrology, Section 4, National Engineering Handbook, 1972

<표 3.6> 도시지역 유출곡선지수(AMC-II, $I_a = 0.2S$인 경우)

토지이용상태	피복처리상태	수문학적 조건	토양형별 유출곡선지수			
			A	B	C	D
개활지 (open space)	잔디, 공원, 골프장, 묘지 등	불 량	68	79	86	89
		보 통	49	69	79	84
		양 호	39	61	74	80
도시지구 (urban districts)	상업 및 사무실지역 (불투수면적 85%)	-	89	92	94	95
	공업지역 (불투수면적 72%)	-	81	88	91	93
주거지구 (residential districts)	소구획 500m^2 이하 (불투수면적 65%)	-	77	85	90	92
	소구획 500m^2~1,000m^2 (불투수면적 38%)	-	61	75	83	87
	소구획 1,000m^2~1,320m^3 (불투수면적 30%)	-	57	72	81	86
	소구획 1,320m^2~2,000m^3 (불투수면적 25%)	-	54	70	80	85
	소구획 2,000m^2~4,000m^3 (불투수면적 20%)	-	51	68	79	84
	소구획 4,000m^2~8,000m^3 (불투수면적 12%)	-	46	65	77	82
도로 (streets & roads)	포장도로(도로용지 제외)	-	98	98	98	98
	포장도로(도로용지 포함)	-	83	89	92	93
	자갈도로(도로용지 포함)	-	76	85	89	91
	흙 길(도로용지 포함)	-	72	82	87	89
불투수지역 (impervious area)	포장된 주차장, 지붕, 접근도로	-	98	98	98	98
개발중인 지역 (developing area)	택지개발, 단지개발 등	-	77	86	91	94

자료: U.S. Natural Resources Conservation Service, Urban Hydrology for small watershed, Technical Release 55, USDA, 1986

2) 토양형별 분류

- 수문학적 토양형은 A, B, C, D 4개 형태로 분류되며, 토양형별 침투능의 크기는 A, B, C, D 순이다.

3) 토지이용별 분류

토지이용별 면적 구분에는 수치지형도를 사용하며, SCS 방법에서는 토지이용상태(land use patten), 식생피복처리상태(treatment condition), 수문학적 조건(hydrologic condition) 등으로 분류하게 된다.

가) 토지이용상태 구분

a) 재배 농경지

- 휴경지(fallow)는 작물을 수확한 후 다른 작물을 파종하기 위하여 일시적으로 내버려 둔 나지 상태의 경작지로서 유출잠재력이 가장 큰 경작지이다.
- 이랑경작지(row crops)는 옥수수, 수수, 콩, 사탕무, 토마토 등의 작물을 줄간 간격이 넓게 경작하여 강우시 경작지의 토양면이 충분히 노출되는 경작지로서 휴경지와 비슷하게 유출잠재력이 큰 경작지이다.
- 조밀경작지(small grains)는 밀, 보리, 아마, 귀리 등의 작물을 줄에 따라 식재하지만 줄간 간격이 거의 없어서 파종시나 수확후를 제외하고는 토양면이 노출되지 않아 유출잠재력이 상대적으로 작은 경작지이다.
- 조밀식재 콩과식물 경작지(close-seeded legumes) 또는 윤번초지(rotation meadow)는 알팔파(alfalfa), 클로버 등이 빽빽하게 줄어지어 식재되거나 혹은 무작위 파종되어 식재되는 경작지로서 1년 이상 토양을 덮고 있어서 토양수분이 보존되어 유출잠재력이 조밀경작지와 비슷한 경작지이다. 윤번경작(rotation planting)은 작물과 알팔파 등의 풀을 교대로 경작함으로써 토양의 비옥도를 높이고 침식을 감소시키는 경작법이다.

b) 기타 농경지

- 자연목초지(pasture) 또는 목장(range)은 자연상태의 목초지로 가축을 방목하는 초지이며 방목의 정도가 커지면 토양의 침투율은 작아지고 유출잠재력은 커진다.
- 초지(meadow)는 가축 사료로 사용할 건초의 생산을 위한 영구초지로 방목은 금지되는 경작지로서 일반적으로 침투율이 높아 유출잠재력은 낮은 편이다.

- 수림(woods)은 농가나 목장지역에서 목초와 함께 자생하는 숲과 같이 마을 인근에 위치하는 숲이며 유출잠재력은 자연목초지보다는 작으나 초지보다는 크다.
- 농가(farmsteads)는 농촌지역의 가옥, 차도 주위의 부대시설 등이 여기에 속한다.

c) 도시지역

- 도시지역은 개활지, 도시지구, 주거지구, 도로, 불투수지역, 개발중인 지역 등으로 구분한다.

나) 식생피복처리상태 구분

a) 재배 농경지

- 직선열 경작(straight row)은 경사지의 아래와 위를 연결하거나 혹은 경사를 가로질러 직선열로 작물을 식재하는 경작지이다.
- 등고선 경작(contoured)은 가급적 등고선을 따라 작물을 식재하는 경작지로서 등고선 사이에 만들어지는 도랑에 배수된 물이 지체되어 침투율이 상대적으로 커지므로 유출률이 작아지는 효과를 나타낸다.
- 테라스식 경작(terraced)은 경사지에 테라스를 조성하고 테라스와 테라스 사이에는 식생수로가 연결되는 경작지로서 식생수로와 작물간 도랑의 저류효과 때문에 침투율이 상대적으로 커지므로 등고선 경작보다 유출률이 작아지게 된다.

b) 기타 농경지

- 농가의 경우 불투수면적이 약 30 %인 경우이므로 이와 상이하다고 판단되는 경우에는 불투수면적의 비율이 비슷한 도시지역의 주거지구 기준을 적용하여야 한다.

c) 도시지역

- 도시지구 및 주거지구의 경우 식생피복처리상태 구분이 애매한 경우가 대부분이므로 불투수면적의 비율을 추가 기준으로 설정하여 구분하는 것이 필요하다.

다) 수문학적 조건 구분

- 수문학적 조건(hydrologic condition)은 수직으로의 배수조건을 나타내며, 이에 따라 수문학적 조건이 나쁜 경우가 유출률이 높다.
- 수문학적 조건은 일반적으로 수직배수가 불량하여 유출률이 높은 불량(poor), 수직배수가 보통이어서 유출률이 중간인 보통(fair), 수직배수가 양호하여 유출률이 낮은 양호(good) 등으로 구분한다.
- 수문학적 조건은 ① 식생의 밀도와 지표면 차폐 정도, ② 연중 식생 존재 정도, ③ 초지 또는 조밀식재 콩과식물 존재 정도 ④ 지표면상의 식생 잔여물 존재 정도, ⑤ 지표면 거칠기 정도 등의 조합에 의해 결정한다.
- 현재 실무에서는 일반적으로 설계안전 차원에서 유출률이 높은 불량(poor) 조건을 주로 채택하고 있다.

a) 작물경작지(cultivated land)

- 작물경작지(이랑경작지, 조밀경작지, 조밀식재 콩과식물 또는 윤번초지, 초지) 등의 경우 토양의 배수정도에 따라 불량(poor), 보통(fair), 양호(good) 조건을 육안으로 판단한다.
- 자연초지 또는 목장의 경우 불량(poor)은 방목정도가 심하고 자연초지가 차지하는 면적이 전체 면적의 50 % 미만인 조건, 보통(fair)은 자연초지가 전체면적의 50～75 %인 조건, 양호(good)는 방목이 미미하고 자연초지가 전체 면적의 75 % 이상인 조건을 기준으로 육안으로 판단한다.

b) 수림(woods)

- 수림의 경우 불량(poor)은 벌목 정도가 아주 심하고 낙엽이나 잡목 등을 가끔씩 태워서 없애는 조건, 보통(fair)은 벌목 정도가 보통이고 낙엽이나 잡목 등의 제거 정도가 보통인 조건, 양호(good)는 벌목을 하지 않으며, 낙엽이나 잡목이 토양을 덮고 있는 조건을 기준으로 육안으로 판단한다.

c) 개활지(open space)

- 잔디, 공원, 골프장, 묘지 등 개활지의 경우 초지피복률이 50 % 이하 조건이면 불량(poor), 50～75 % 조건이면 보통(fair), 75 % 이상이면 양호(good)로 구분한다.

나. 우리나라 적용을 위한 유출곡선지수 결정 기준 보완

1) 우리나라 토지이용형태를 고려한 유출곡선지수 기준 추가

가) 논의 유출곡선지수

- 미국 SCS 유출곡선지수 기준에는 미국은 직파재배가 아닌 담수재배를 하는 논이 없으므로 논에 대한 유출곡선지수를 제시하지 않고 있다.
- 우리나라 논의 경우 홍수기에 담수상태이므로 「논의 유출곡선번호 추정(임상준 등, 한국수자원학회 논문집, 제30권 제4호, 1997.8)」에서 제시한 바와 같이 토양군에 관계없이 CNⅡ(AMC-Ⅱ 조건)를 79로 적용한다.
- 기존 「하천정비기본계획수립 및 하천대장작성 업무처리요령(건설교통부, 2001)」에서 AMC-Ⅱ의 78을 제시한 결과 실무에 혼선을 초래하였으나, 향후 79로 통일하여 적용하는 것이 필요하다.

나) 산림의 유출곡선지수

- 미국 SCS 유출곡선지수 기준에는 인근 숲인 수림(woods)은 제시되어 있는 반면 우리나라 자연유역의 많은 면적을 차지하고 있는 산림(forest)의 경우 제시되지 않고 있다.
- 기존 국내 문헌에는 수림(woods)의 매우 불량조건(very poor) 조건에 해당하는 유출곡선지수만 제시되고 있으므로 실제 적용에서 적절한 유출곡선지수 제시가 필요하다.
- 산림(forest)의 유출곡선지수는 미국 산림청(U.S. Forest Service)에서 제시한 방법에 따라 부식토의 깊이(humus depth, H) 및 압밀정도(compactness factor, C)에 따라 <그림 3.4>에서 산림의 수문학적 조건의 등급(hydrologic condition class, HC)을 결정하고, <그림 3.5>에서 산림의 수문학적 조건의 등급별, 토양군별 유출곡선지수를 산출한다.
- 하지만 실제 유역에서 부식토의 깊이나 압밀정도를 파악하기가 어려우므로 이 자료들을 토대로 수문학적 조건을 결정하는 것 또한 곤란한 실정이다.
- 이에 따라 일반적인 기존 구분과 유사하게 양호(good), 보통(fair), 불량(poor) 등으로 구분하여 적용하는 방안을 강구하게 되었다.

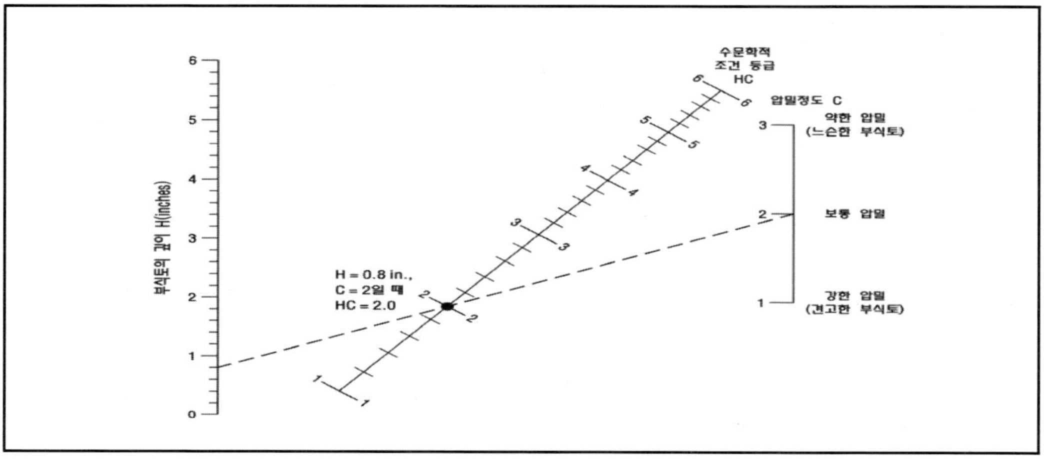

<그림 3.4>　　산림의 수문학적 조건의 등급 결정

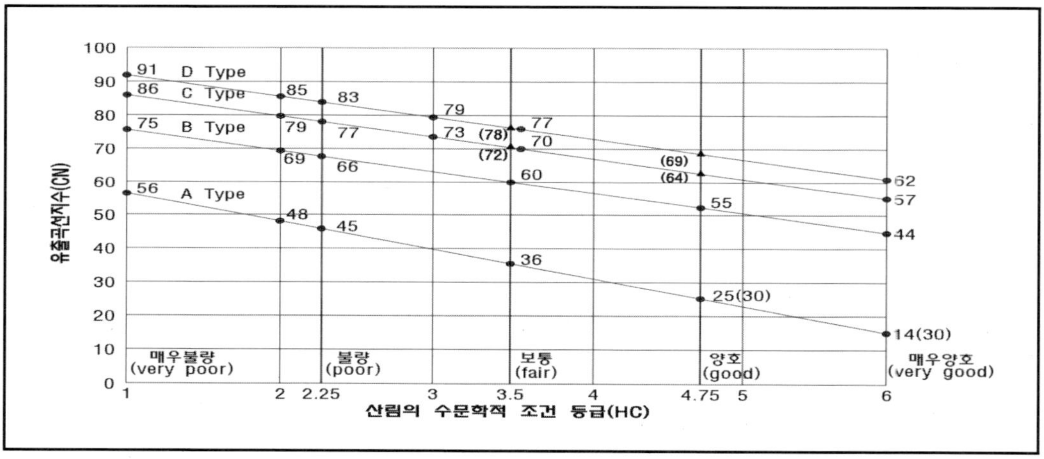

<그림 3.5>　　산림의 수문학적 조건 등급에 따른 CN 결정

- 산림의 수문학적 조건(hydrologic condition, HC)은 1~6 등급으로 제시되고 있으므로 최하등급인 HC 1과 최상등급인 HC 6의 평균인 HC 3.5를 보통(fair)으로 가정하였다. 또한, 최하등급인 HC 1과 보통(fair)인 HC 3.5의 평균인 HC 2.25를 불량(poor)으로 가정하고, 보통(fair)인 HC 3.5와 최상등급인 HC 6의 평균인 4.75를 양호(good)로 가정하였다. 추가적으로 최하등급에 해당하는 HC 1를 매우 불량(very poor), 최상등급에 해당하는 HC 6을 매우 양호(very good)로 가정하였다.
- 이와 같은 수문학적 조건 등급 구분을 <그림 3.5>에 적용한 결과를 요약하여 나타내면 다음과 같다.

- 수문학적 조건이 매우 불량(very poor)인 HC 1의 경우 유출곡선지수는 A 56, B 75, C 86, D 91로 산정되며 이는 국내 기존 문헌에서 제시된 바 있는 관목숲의 유출곡선지수는 이 조건에 해당
- 수문학적 조건이 불량(poor)인 HC 2.25의 경우 유출곡선지수는 A 45, B 66, C 77, D 83으로 나타나며 이는 수림의 불량 조건과 일치
- 수문학적 조건이 보통(fair)인 HC 3.5의 경우 유출곡선지수는 A 36, B 60, C 70, D 77로 나타나며 이는 수림의 보통 조건 A 36, B 60, C 73, D 79와 비교하면 A, B군은 동일하고 C, D만 약간 차이

• 현재 우리나라 산림의 부식토 깊이나 답밀정도 등을 감안할 때 수문학적 조건이 매우 불량(very poor)인 HC 1을 적용하는 것은 부합하지 않으며 또한, 이와 같은 조건을 채택할 경우 유출곡선지수 및 이에 따른 유출률이 지나치게 높게 나타나는 문제가 유발되므로 적용을 지양하여야 한다.

• 수문학적인 조건은 실무 차원에서는 안전성 확보를 위하여 대부분 불량(poor)을 채택하고 있으므로 산림과 유사한 수림의 불량 조건에 해당하는 산림의 수문학적 조건 등급은 HC 2.25로 나타나고 있다.

• 「설계홍수량 산정요령(2012, 국토부)」에서는 이와 같은 내용을 토대로 산림의 유출률이 수림보다 상대적으로 높은 점 등을 감안하여 산림의 수문학적 조건 등급은 HC 2를 적용하는 것을 원칙으로 제시하고 있다. 이 경우 산림의 유출곡선지수는 A군 48, B군 69 C군 79, D군 85이다.

2) 우리나라에 적합한 토지이용형태 등의 구분

• 미국 SCS 유출곡선지수 기준의 토지이용형태 구분인 이랑경작지, 조밀경작지 등과 같은 구분은 우리나라의 토지이용형태에 적용하기 곤란하며, 피복처리상태 직선열 경작, 등고선 경작, 혼합식 경작 등의 구분도 마찬가지이며, 수문학적 조건도 구분하기 어려운 실정이다.

• 우리나라 유출곡선지수 산정에 활용 가능한 토지이용현황 자료로는 국토교통부(국토지리정보원)의 수치토지이용도와 환경부(정보화담당관실)의 수치토지피복도 등이 있으며, 수치토지이용도는 갱신되지 않고 있으므로 수치토지피복도를 사용하여야 한다.

• 「설계홍수량 산정요령(2012, 국토부)」에서 제시한 토지이용현황에 대한 환경부 수치피복도 분류기준과 미국 SCS 분류기준의 연계는 <표 3.7>과 같다.

<표 3.7> 수치토지피복도 분류기준과 SCS 분류기준의 연계

수치토지피복도 분류기준						SCS 분류기준
대 분 류	코드번호	중 분 류	코드번호	세분류	코드번호	
시 가 화 건조지역	100	주거지역	110	단독주거지역	111	주거지구, 소구획 500m^2 이하(불투수면적 65%)
				공동주거지역	112	
		공업지역	120	공업지역	121	도시지구, 공업지역(불투수면적 72%)
		상업지역	130	상업업무지역	131	도시지구, 상업지역(불투수면적 85%)
				혼합지역	132	
		위락시설지역	140	위락시설지역	141	개활지/보통
		교통지역	150	공항	151	도로, 포장도로(도로용지 포함)
				항만	152	
				철도	153	
				도로	154	
				기타교통, 통신시설	155	
		공공시설지역	160	환경기초시설	161	주거지구, 소구획 500~1000 m^2(불투수면적 38%)
				교육·행정시설	162	
				기타 공공시설	163	
농업지역	200	논	210	경지정리된 논	211	논(별도 기준)
				경지정리안된 논	212	
		밭	220	경지정리된 밭	221	조밀경작지/등고선경작/불량
				경지정리안된 밭	222	
		하우스재배지	230	하우스재배지	231	도로, 자갈도로
		과수원	240	과수원	241	이랑경작지/등고선경작/불량
		기타재배지	250	목장	251	자연목초지 또는 목장/보통
				목장외 기타재배지	252	
산림지역	300	활엽수림	310	활엽수림	311	산림(별도 기준)
		침엽수림	320	침엽수림	321	
		혼효림	330	혼효림	331	
초 지	400	자연초지	410	자연초지	411	초지/등고선경작/양호
		인공초지	420	골프장	421	개활지/보통
				묘지	422	
				기타초지	423	
습 지	500	내륙습지	510	내륙습지	511	수면(별도 기준)
		연안습지	520	갯벌	521	
				염전	522	
나 지	600	자연나지	610	해변	611	휴경지
				강기슭	612	
				암벽, 바위	613	
		인공나지	620	채광지역	621	개발중인 지역
				운동장	622	
				기타 나지	623	
수 역	700	내륙수	710	하천	711	수면(별도 기준)
				호소	712	
		해양수	720	해양수	721	

- 이후 개정된 「수치토지피복도 작성지침(2016, 환경부)」에서는 대분류 7개 항목, 중분류 22개 항목, 세분류 41개 항목으로 구분으로 조정되었다. 조정 내용을 살펴보면 대분류 초지의 중분류가 자연초지, 골프장, 기타초지 등 3개 항목에서 자연초지, 인공초지 등 2개 항목으로 조정되었으며, 대분류 나지의 중분류가 채광지역, 기타나지 등 2개 항목에서 자연나지와 인공나지 등 2개 항목으로 조정되었다.
- 한편, 중분류에 새로 추가된 자연나지의 경우 SCS 기준의 농업지역의 휴경지를 적용하였다.
- 「설계홍수량 산정요령(2012, 국토부)」에서 제시하고 있는 이와 같은 기준은 중분류에 대하여 CN을 제시하고 있는데 세분류에서 토지이용 특성이 상당히 다른 경우가 있으므로 향후 세분류에 대한 CN 제시가 필요하다.

3) 기타 유출곡선지수 보완 방안

가) 시가화지역이 대부분인 지역의 유출곡선지수

- 시가화지역의 토지이용형태를 주거지역, 상업지역, 공업지역 등과 같이 구분하고 주거지역의 경우 유출곡선지수가 가장 높은 한가지로만 제시되고 있으므로 개별 도시유역의 특성을 반영하기 어렵다.
- 이에 따라 시가화지역이 대부분인 경우에는 불투수면적의 비율을 산정하여 불투수면적 비율에 따른 유출곡선지수를 선형보간하는 방법이 보다 합리적인 적용이 될 수 있다.

나) 제주도와 같이 지질특성상 투수성이 높은 지역의 유출곡선지수

- 제주도의 투수성이 높은 특수한 지형(숨골, 곶자왈 등)에는 지역적 특성을 감안하여 침투량을 많이 고려하여야 한다.
- 일반적으로 초기손실(I_a)을 최대잠재보유수량(S)의 20%인 0.2S로 사용하고 있으나 특수한 지형에는 대폭 상향하는 것이 필요하다.
- 강우량은 있으나 유출량이 없는 경우를 조사하여 초기손실을 검정하는 방식을 적용하여 초기손실을 상향조정(0.4S 이상도 가능) 하여야 한다.
- 한편, 이와 같이 초기손실을 상향하여야 할 정도이므로 후술되는 선행토양함수조건은 유출량이 많은 CNⅢ가 아닌 일반적인 조건인 CNⅡ를 채택하는 것이 전제되어야 한다.

다) 논을 개발하여 개발전과 개발후를 비교하는 경우의 유출곡선지수

- 논의 유출곡선지수는 담수재배이므로 토양군에 관계없이 CNⅡ 79(CNⅢ 89)로 높게 제시되고 있으므로 하류하천의 홍수량 산정 측면에서는 안전측이다.
- 하지만 논을 택지 등으로 개발하는 경우 오히려 유출곡선지수가 낮아져서 개발후 홍수량이 감소되는 것으로 되는 경우도 발생되며, 이는 실제 존재하는 논의 저류기능을 전혀 고려하지 못함과 아울러 저류지와 같은 홍수저감시설이 필요없게 되는 경우가 발생하기도 하므로 방재 측면에서 문제를 야기하게 된다.
- 논의 유출곡선지수 설정 근거인 「논의 유출곡선번호 추정(임상준 등, 수자원학회 논문집, 제30권 제4호, 1997.8)」을 살펴보면 선행토양함수조건(AMC) Ⅰ, Ⅱ, Ⅲ 등의 구분을 이론적인 근거인 5일 선행강우량(P5)을 적용한 것이 아니라 담수심의 확률분포를 정규분포로 가정하고 10%, 50%, 90%를 CN Ⅰ, Ⅱ, Ⅲ의 구분 기준으로 설정하고 있다.
- 외부 하천의 홍수유출량을 산정하는 측면에서는 유출이 가장 많이 발생하는 담수심 90% 조건을 채택하는 것이 합리적인 반면 개발후와 개발전의 비교를 통하여 개발에 따른 영향을 평가하는 재해영향평가 등에서는 논의 저류효과를 보다 많이 고려하는 담수심 50% 조건을 채택하여 개발후 홍수량이 감소되는 문제점을 방지할 필요가 있다.
- 이에 따라 논을 개발하는 경우 개발전·중·후 모두 유출곡선지수는 담수심 90% 조건인 CNⅢ=89로 변환하여 적용하지 않고 담수심 50% 조건인 CNⅡ=79를 그대로 적용하는 방안을 임시 대안으로 채택하여야 한다.

라) 경사에 따른 유출곡선지수 조정

- 유출곡선지수는 경사가 5%(1/20)인 경우에 대하여 유도되었기 때문에 다른 경사에 대해서는 다음과 같은 조정 방안(SWRRB모형에서 제시)의 도입을 검토할 필요가 있다.

$$CN\text{II}_s = \frac{1}{3}(CN\text{III} - CN\text{II})[1 - 2\exp(-13.86S)] + CN\text{II}$$

여기서 CNⅡ와 CNⅢ는 각각 AMC-2와 AMC-3의 CN, $CN\text{II}_s$는 경사에 대하여 조정된 CNⅡ, S는 유역경사(무차원)이다.

다. 우리나라의 유출곡선지수(CN) 결정

1) 토지이용형태 구분

- 환경부 수치토지피복도를 이용하여 중분류 22개 항목의 코드 형태로 선정하여 토지이용형태를 구분한다.
- 이와 같은 중분류를 적용할 경우 토지이용형태가 몇 가지에 불과한 경우가 대부분이므로 향후에는 세분류로 구분할 수 있도록 개선되어야 한다.

2) 토양군 구분

- 수문학적 토양군은 <표 3.8>과 같이 A, B, C, D 4개 형태로 분류되며 토양군별 침투능의 크기는 A-D 순이므로 유출률은 반대로 D-A 순이다.
- 우리나라는 토양군별 면적 구분에는 일반적으로 농림부 산하 농업과학기술원에서 제작한 축척 1:25,000 이상인 수치화된 정밀토양도를 사용한다.
- 농업과학기술원의 분류 방법은 우리나라 전역에 산재하고 있는 1,200여개의 토양통에 토양부호를 붙이고 토양의 침투율을 고려하여 개별 토양부호별로 SCS의 4가지 토양군인 A, B, C, D 중의 하나로 분류하고 있다.

<표 3.8> 수문학적 토양군의 분류

토 양 군	토양의 성질	침투율 (mm/hr)
Type A	침투율이 매우 크며, 자갈이 있는 토양	7.62~11.43
Type B	침투율이 대체로 크고, 자갈이 섞인 사질토	3.81~ 7.62
Type C	침투율이 대체로 작고, 세사질 토양층	1.27~ 3.81
Type D	침투율이 대단히 작고, 점토질 토양층	0.00~ 1.27

3) 우리나라의 유출곡선지수 결정 기준

- 「설계홍수량 산정요령(2012, 국토부)」에서 제시하고 있는 우리나라 유출곡선지수 결정 기준을 토대로 실제 적용성을 고려하여 일부 수정하였다.
- 한편, 산림의 경우 「설계홍수량 산정요령(2012, 국토교통부)」에서는 토양군별로 48, 69, 79, 85로 제시한 바 있으나, 이후 「한국형 수문량분석 선진화 기술 개발(2017, 국토교통부)」에서 제시한 55, 72, 82, 85로 수정하였다.
- 우리나라의 유출곡선지수 결정 기준을 환경부 수치토지피복도 중분류 22개 항목으로 제시하면 <표 3.9>와 같다.

<표 3.9> 우리나라 토지이용형태에 따른 유출곡선지수(AMC-II, $I_a = 0.2S$인 경우)

토지이용형태(수치토지피복도 분류기준)				토 양 군			
대 분 류	중 분 류	코드번호	세 분 류	A	B	C	D
시 가 화 건조지역	주거지역	110	단독주거지역	77	85	90	92
			공동주거지역				
	공업지역	120	공업지역	81	88	91	93
	상업지역	130	상업업무지역	89	92	94	95
			혼합지역				
	위락시설지역	140	위락시설지역	49	69	79	84
	교통지역	150	공항	83	89	92	93
			항만				
			철도				
			도로				
			기타 교통, 통신시설				
	공공시설지역	160	환경기초시설	61	75	83	87
			교육·행정시설				
			기타 공공시설				
농업지역	논	210	경지정리된 논	79	79	79	79
			경지정리안된 논				
	밭	220	경지정리된 밭	63	74	82	85
			경지정리안된 밭				
	하우스재배지	230	하우스재배지	76	85	89	91
	과수원	240	과수원	70	79	84	88
	기타재배지	250	목장	68	79	86	89
			목장외 기타재배지				
산림지역	활엽수림	310	활엽수림	55	72	82	85
	침엽수림	320	침엽수림				
	혼효림	330	혼효림				
초 지	자연초지	410	자연초지	30	58	71	78
	인공초지	420	골프장	49	69	79	84
			묘지				
			기타초지				
습 지	내륙습지	510	내륙습지	100	100	100	100
	연안습지	520	갯벌				
			염전				
나 지	자연나지	610	해변	77	86	91	94
			강기슭				
			암벽, 바위				
	인공나지	620	채광지역	68	79	86	89
			운동장				
			기타 나지				
수 역	내륙수	710	하천	100	100	100	100
			호소				
	해양수	720	해양수				

• 동 표에서 산림의 경우 「설계홍수량 산정요령(2012, 국토교통부)」에서 우리나라 실정에 맞도록 토양군별로 48, 69, 79, 85로 결정한 바 있으나 이후 연구인 「한국형 수문량 분석 선진화 기술 개발(2017, 국토교통부)」에서 일부 수정한 55, 72, 82, 85로 대체하였다.

• 또한, 동 표는 환경부의 수치토지이용도의 수정 내용(2010년)인 23개 중분류 항목중 코드번호 430 기타초지를 코드번호 420 인공초지에 포함시켜서 22개로 축소 변경한 내용과 나지 구분을 코드번호 610 채광지역과 코드번호 620 기타나지에서 코드번호 610 자연나지와 코드번호 620 인공나지로 변경한 내용을 반영한 후, 추가된 항목인 자연나지에 대하여는 적절한 유출곡선지수를 부여한 결과이다.

• 이에 따라 재해영향평가에서 주로 적용되는 "개발중인 지역"의 CN은 과거 별도로 기타나지로 구분된 77, 86, 91, 94를 적용하는 것이 아니라 현재 인공나지의 일종으로 포함된 기타나지인 68, 79, 86, 89를 적용하여야 함에 유의하여야 한다.

• 한편, 이와 같이 변경하여 적용하여야만 과거 개발중 "개발중인 지역"의 CN으로 적용한 기타나지(77, 86, 91, 94)가 개발후 주거지역(77, 85, 90, 92)이나 공공시설지역(61, 75, 83, 87)의 CN값보다 커서 개발중 홍수량이 개발후 홍수량보다 크게 산정되었던 부분이 개선되게 된다. 또한, 하천설계기준해설(2019) 등에서 이와 같은 변경 내용이 반영되지 못하여 다른 점에 유의하여야 한다.

라. 평균 유출곡선지수 산정 및 선행토양함수조건에 따른 조정

1) 평균 유출곡선지수 산정

• 토양도상의 토양형별 면적 구분과 지형도상의 피복형별 면적 구분을 중첩시켜서 동일 토양형-피복형별 면적으로 구분한다.

• 동일 토양형-피복형별 면적에 대하여 다음과 같은 기준에 따라 CN값을 부여한 다음, 면적 가중평균하여 유역의 평균 유출곡선지수(CN)를 산정한다.

• 한편, 이와 같이 산정된 평균 유출곡선지수(CN)는 후술되는 AMC-Ⅱ 조건의 CNⅡ이며 필요시에는 조정하여 사용하게 된다.

2) 선행토양함수조건에 따른 유출곡선지수의 조정

- 총강우량과 유효우량간의 관계 분석에 있어서 5일 혹은 30일 선행강수량은 유역의 초기 토양수분량을 대변하는 지표로 사용된다.
- SCS에서는 이러한 지표로 선행토양함수조건(Antecedent soil Moisture Condition, AMC)을 채택하였으며, <표 3.10>과 같이 1년을 성수기(growing season)와 비성수기(dormant season)로 나누어 AMC-Ⅰ~AMC-Ⅲ 등의 3가지 조건을 부여하였다. 여기서 AMC-Ⅰ은 유출률이 대단히 낮은 상태, AMC-Ⅱ는 유출률이 보통인 상태, AMC-Ⅲ는 유출률이 대단히 높은 상태이다.

<표 3.10> AMC 조건별 선행강수량의 크기

AMC 조 건	5일 선행강수량, P5(mm)		비 고 (토양수분, %)
	비성수기(dormant season)	성수기(growing season)	
Ⅰ	P5 < 12.70	P5 < 35.56	10
Ⅱ	12.70 ≤ P5 ≤ 27.94	35.56 ≤ P5 ≤ 53.34	50
Ⅲ	P5 > 27.94	P5 > 53.34	90

- AMC-Ⅱ 조건으로 산정된 CNⅡ 값은 AMC 조건에 따라 조정이 필요하며 AMC-Ⅰ 조건의 CNⅠ이나 AMC-Ⅲ 조건의 CNⅢ로의 변환은 다음 공식을 사용한다.

$$CN\,\text{I} = \frac{4.2\,CN\,\text{II}}{10 - 0.058\,CN\,\text{II}}$$

$$CN\,\text{III} = \frac{23\,CN\,\text{II}}{10 + 0.13\,CN\,\text{II}}$$

- 일반적으로 이와 같은 식으로 유출곡선지수를 조정하지만 <표 3.11>과 같은 형태를 이용할 수도 있으며, 이와 같은 내용을 토대로 CNⅡ와 CNⅢ를 개략적으로 비교하는 것도 가능하다.

<표 3.11> 선행토양함수조건(AMC)에 따른 유출곡선지수의 조정

AMC별 CN			최대잠재보유수량 S(mm) (AMC-Ⅱ조건)	초기손실 I_a (mm)	비 고
Ⅱ	Ⅲ	Ⅰ			
45	65	26	310.4	62.1	
50	70	31	254.0	50.8	
55	74	35	207.8	41.6	
60	78	40	169.3	33.9	
65	82	45	136.8	27.4	
70	85	51	108.9	21.8	
75	88	57	84.7	16.9	
80	91	63	63.5	12.7	
85	94	70	44.8	9.0	
90	96	78	28.2	5.6	
95	98	87	13.4	2.7	
100	100	100	0.0	0.0	

- 실제 설계홍수량 산정시에는 실측강우량이 아닌 확률강우량에 SCS 방법을 적용하게 되므로 적절한 AMC 조건의 채택 기준이 없는 실정이다.
- 이에 따라 과거 실측강우량 자료를 토대로 AMC 조건을 채택하는 방안과 다음과 같은 방법으로 CNⅡ와 CNⅢ를 절충하여 가중평균한 형태인 CN37을 적용하는 방안 및 설계홍수량이 가장 크게 산정되는 CNⅢ를 채택하는 방안 등이 있다.

$$CN37 = 0.3\,CN\text{Ⅱ} + 0.7\,CN\text{Ⅲ}$$

- 실무에서는 일반적으로 설계안적측인 CNⅢ를 채택하고 있으며, 제주도 지역과 같이 토양 조건이 특수한 경우에는 CNⅡ를 사용하는 것이 보다 적절하다.

마. 유출곡선지수 및 총강우량-유효우량 관계 모형 의한 유효우량 산정

- 총강우량 P는 직접유출량(유효우량) Q, 초기손실(initial abstraction) I_a, 유출이 시작된 후에도 유출로 나타나지 않는 강우 부분인 실제보유수량(actual retention) F 등 3가지 성분으로 분리할 수 있으며 실제보유수량은 주로 침투로 구성되는 총손실이다.

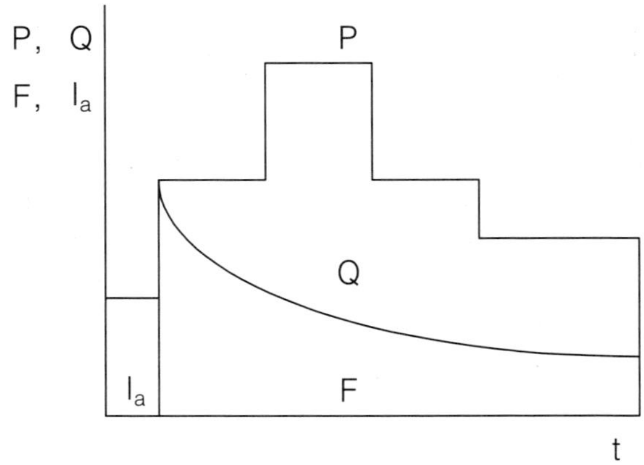

<그림 3.6> 강우량의 성분 분리

- 유출이 시작된 후 총강우량 P가 증가함에 따라 Q와 F는 증가하며 F는 최대잠재보유수량(maximum potential retention) S에 도달하며, 유출이 시작된 후 총강우량 P와 실제보유수량 F는 다음과 같이 표현된다.

$$P = (P - I_a)$$

$$F = (P - I_a) - Q$$

- 실제보유수량 F와 최대잠재보유수량 S의 비는 직접유출량 Q와 총강우량 P의 비와 같다는 비례가정을 도입(P → ∞일 경우 양변이 모두 1에 수렴)하고 실제 적용에 있어서는 초기손실을 제외한 상기 식들을 이용하여 변형하면 다음과 같이 표현된다.

$$\frac{Q}{P} = \frac{F}{S}$$

$$\frac{Q}{(P - I_a)} = \frac{(P - I_a) - Q}{S}$$

- 마지막 식을 직접유출량 Q에 관하여 정리하면 다음과 같이 표현된다.

$$Q = \frac{(P - I_a)^2}{(P - I_a) + S} \quad , \quad P \geq I_a$$

$$Q = 0 \quad , \quad P < I_a$$

여기서 P는 총강우량(mm), I_a는 초기손실(mm), S는 최대잠재보유수량(mm), Q는 직접유출량에 해당하는 유효우량(mm)이다.

- 유출이 시작되기 전에 생기는 차단, 지면저류, 침투 등에 의한 초기손실 I_a가 0.2S의 관계를 가진다고 가정하면 상기 식은 다음과 같이 표현되며 이것이 최종 SCS 방법의 총강우량-유효우량 관계 모형이다.

$$Q = \frac{(P - 0.2S)^2}{P + 0.8S} \quad , \quad P \geq 0.2S$$

$$Q = 0 \quad , \quad P < 0.2S$$

- 최대잠재보유수량 S는 AMC 조건에 따라 달라지며 AMC-Ⅲ로 갈수록 기존 토양함수량이 많으므로 최대잠재보유수량은 작아지며 유출량은 증대된다.
- 수문학적 토양형-피복형의 성질을 대변하는 유출곡선지수 CN은 다음과 같이 최대잠재보유수량 S(mm)를 산정하는 함수의 변수로 정의된다.

$$S = \frac{25,400}{CN} - 254$$

- 상기 식에서 최대잠재보유수량 S는 유출곡선지수 CN에 의해 결정되는 것으로 나타나고 있다. 이에 따라 유출곡선지수 CN은 총강우량-유효우량 관계 모형에서 최대잠재보유수량 S를 통하여 유출에 영향을 미치는 인자가 되는 형태이다.

3.3.4 PMP의 유효우량 산정

- PMP의 강우손실은 과거 주요 홍수에서 관측된 강우손실 중 가장 작은 값 이하로 채택하여야 하며, 관측자료가 부족한 경우에는 지역해석으로 최소 강우손실을 추정하여야 한다.
- 관측자료가 부족하여 지역해석으로 최소 강우손실을 추정하는 방법으로는 SCS 방법이 유용할 것으로 판단되며 이 경우 SCS 방법의 CN은 CNⅢ를 적용하는 것이 타당하다.
- 한편, Pilgrim & Rowbottom(1987)은 호주의 PMP 강우손실을 3 mm/hr 이하로 권장하고 있다.

3.4 소유역의 첨두홍수량 과다 산정에 대한 대처 방안

홍수량 산정 방법도 기술되기 이전에 소유역의 첨두홍수량 과다 산정에 대처하는 방안을 먼저 기술하는 것은 여기서 제시된 내용을 후술되는 홍수량 산정 방법에 포함시켜 기술하기 위함이다.

3.4.1 과다 산정 원인 및 혼선 유발 요인

가. 과다 산정 원인

- 도달시간 산정에서 표면류 흐름의 유하시간과 하도흐름의 유하시간의 합으로 산정하는 기본 원칙을 준수하고, 유속을 기반으로 하는 도달시간 공식을 적용하면 도달시간은 5~1분 이하로 매우 짧게 산정되는 경우가 대부분이다.
- 소유역의 첨두홍수량이 과다 산정되는 것은 짧게 산정된 도달시간을 강우지속기간 산정, 유역반응시간 산정 등에 그대로 적용하는 것에 기인한다.
- 홍수량 산정 방법별로 살펴보면 합리식이나 시간-면적 방법 등의 경우 짧은 도달시간 때문에 짧은 강우지속기간 적용에 의한 강우강도 과다 산정이 주요 원인이며 반면, 단위도법의 경우 짧은 도달시간 때문에 유역반응시간 과소 적용에 따른 단위도 첨두의 과다 산정이 주요 원인이다.

나. 혼선 유발 요인

- 소유역의 첨두홍수량이 과다 산정되는 문제점을 대부분 인지하고 있음에도 불구하고 지금까지 개선 방법이 명확하게 제시되지 못하고 있어서 발생하는 혼선 유발 요인에 대한 전반적인 검토가 필요하다.
- 이론적인 측면에서는 소유역의 홍수량 산정 방법은 합리식과 같이 단순한 방법을 적용하는 것이 타당하다고 볼 수 있지만 합리식의 경우 입력인자의 임의성이 높고, 첨두홍수량만 산정 가능하므로 수문곡선 작성이 불가하여 저수지추적을 할 수 없는 등의 중대한 단점을 가지고 있어서 소유역에도 일반적으로 단위도법이 채택되고 있는 실정이다.
- 실무적으로는 유역 규모에 따라 홍수량 산정 방법을 채택하는 기준 준수는 무의미하므로 합리식, 단위도법 시간-면적 방법 등을 모두 고려 대상으로 하여야 한다.

- 소유역의 첨두홍수량 과다 산정 방지를 위한 방법으로 강우지속기간을 증가시키는 방법, 유역반응시간을 증가시키는 방법 등 두 가지 방법을 주로 사용하고 있다. 이와 같은 두 가지 증가량은 완전히 다른 개념이지만 양적으로 동일하게 적용되고 있어서 혼선이 유발된 바 있다.
- 합리식과 같은 방법의 경우 짧은 도달시간을 그대로 적용하면 강우지속기간이 짧게되어 강우강도가 과다하게 산정되는 문제점이 초래된다. 이를 방지하기 위하여 우리나라에서는 일본 기준인 20~30분의 유입시간 개념을 도입하여 도달시간을 증가시키는 방법을 채택한 바 있으나 하천설계기준 개정에서 제외된 후 지금까지 별도 대안이 제시되지 않고 있다.
- 합리식의 도달시간 증가는 종국적으로 강우강도식의 강우지속기간을 증가시키는 것이므로 일본의 기준과 같이 20~30분 정도로 증가시켜야 효과가 적절하게 발생하게 된다. 하지만 우리나라의 설계기준 등에서는 일정 유입시간으로 7~10분 정도를 적용하거나 Kerby 공식으로 유입시간을 산정하도록 제시되고 있다.
- 이 중 일정 유입시간 7~10분은 유역반응시간 증가량 개념 정도의 크기이므로 단위도에 적용할 경우에는 양적으로 적정하지만, 합리식의 강우지속기간 증가량으로는 작으므로 여전히 과다 산정되게 된다.
- 단위도법의 경우 짧은 도달시간을 그대로 적용하면 유역반응시간이 짧게 되어 단위도의 첨두종거가 과다하게 산정되는 결과가 초래된다. 이를 방지하기 위하여 과거에는 주로 도달시간을 증가시켜서 저류상수 또는 지체시간 등이 연계되어서 증가되도록 하는 방법을 적용하여 왔으나 물리변수인 도달시간을 증가시키지 않도록 하기 위하여 도달시간 이외의 유역반응시간인 저류상수나 지체시간 등을 증가시키는 것으로 전환되고 있다.
- 단위도법의 유역반응시간 증가량 범위는 7~10분 정도가 적절하지만 합리식에서 제시된 강우지속기간 증가량 개념의 20~30분이 혼용되고 있다.
- 한편, 이와 같은 강우지속기간 또는 유역반응시간 증가량은 유역면적이 작아서 홍수량이 커지는 현상을 방지하기 위한 것이므로 소유역의 유역면적이 작을수록 오히려 크게 적용하여야 함에 유의하여야 한다. 따라서 유역면적이 커질수록 증가량을 크게 산정하는 것은 개념을 정확하게 이해하지 못하는 것이므로 지양하여야 한다.

3.4.2 기존 조정 방안의 종류 및 특성

소유역의 첨두홍수량의 과다 산정에 대처하는 방안중에서 유역반응시간의 과소 산정이 주요 원인으로 간주하고 대처하는 방안으로 도달시간을 증가시키는 방안(1차 유역반응시간 조정 방안), 저류상수, 지체시간 등을 증가시키는 방안(2차 유역반응시간 조정 방안) 등이 있다.

또한, 강우강도의 과다 적용이 주요 원인으로 간주하고 대처하는 방안으로 강우강도식의 강우지속기간을 증가시켜서 강우강도를 낮추는 방안(강우지속기간 조정 방안)이 있다.

가. 1차 유역반응시간(도달시간) 조정 방안(방안 1)

- 도달시간을 증가시켜서 소유역의 첨두홍수량 과다 산정에 대처하는 방안으로 지금까지 가장 널리 사용되어 왔으며, 대부분의 홍수량 산정 방법에 적용할 수 있으므로 적용성 측면에서는 유리한 방법이다.
- 도달시간은 유역최원점에서 유역출구점까지 물이 유하하는 시간으로 정의되는 물리변수이므로 이와 같은 원론적인 이론에 충실하여야 하는 측면과 산정되는 유속이 실제와 부합되는 결과를 나타내어야 하는 측면 등에서 근본적으로 위배되는 문제점을 지니고 있다.

1) 도달시간 산정 경험공식 임의 채택(방안 1-1)

- 도달시간이 15~20분 이상으로 크게 산정되는 Rziha 공식 등을 채택하는 방법이다.
- 도달시간을 유속으로 환산하여 보면 유속이 지나치게 낮게 산정되어 실제 상황과 부합되지 않는 결과를 채택하는 근본적인 오류를 가지고 있다.
- 도달시간 산정 공식으로 유속을 토대로 유도된 연속형 Kraven 공식 등을 채택하게 되면서 이와 같은 경험공식 임의 채택 방법은 배제되고 있다.

2) 일정 유입시간 적용(방안 1-2)

- 표면류 흐름의 유하시간은 짧으므로 이를 무시하고 대신 유입시간으로 20~30분의 일정 유입시간을 적용하는 방법이다.

- 일본 「건설성 하천사방기준·해설(일본하천협회)」에서 합리식의 적용시 제시하고 있는 산지유역은 30분, 급경사유역은 20분, 하수도 정비구역은 30분 등의 기준을 「하천시설기준(1993, 건설부)」에서 인용하였다가 「하천설계기준·해설(2005, 한국수자원학회)」에서부터 제외되고 있다.
- 유역에서 거리상으로 상대적으로 매우 짧은 최상류 구간을 대상으로 하는 유입시간은 길게 산정하고, 상대적으로 긴 구간을 대상으로 하는 하도 유하시간은 짧게 산정한 다음, 시간-면적 곡선을 작성할 때에는 이와 같이 산정된 그대로 적용하지 않고 전체 도달시간을 이용하여 일괄적으로 등배분하는 방식을 적용하므로 등시간선도의 기본적인 개념을 위배하게 된다.
- 일본에서 제시하고 있는 일정 유입시간은 합리식의 적용시 제안된 내용이므로 최종 적용은 도달시간의 증가가 아니라 이에 따른 강우강도식의 강우지속기간을 증가시키는 결과로 적용되고 있는 점에 주목할 필요가 있다.
- 합리식 적용시 강우강도식의 강우지속기간 증가량으로 20~30분 정도를 적용하고, 단위도의 유역반응시간 증가량으로는 7~10분 정도를 적용하는 것이 적절하다. 하지만 증가량의 대상에 따라 일정 유입시간 범위를 달리 적용하는 기준이 명확하게 제시되지 않아서 혼용되고 있다.

3) 유입시간을 Kerby 공식으로 산정(방안 1-3)

- 표면류 흐름의 유하시간을 다음과 같은 Kerby 공식으로 산정하여 유입시간으로 적용하는 방법이다.

$$T_{ov} = 36.264\frac{(L \cdot N)^{0.467}}{S^{0.2335}}$$

여기서 T_{ov}는 표면류흐름의 유하시간(min), L은 표면류 길이(km), S는 표면류의 시점과 종점간의 표고차를 거리로 나눈 무차원경사, N은 표면조도계수로서 포장지역은 0.02, 나지의 비포장 표면은 0.10, 식생이 없는 나지의 거친 표면은 0.20, 식생으로 피복된 표면은 0.40, 낙엽으로 덮힌 수목지역은 0.60. 초지와 산림이 우거진 표면은 0.80을 사용한다.

- 일반적으로 유입시간이 다소 크게 산정되므로 합리식의 적용시 강우강도식의 강우지속기간 증가량으로 적용하는 것은 가능할 수 있지만 유역반응시간을 증가시키는 방안에는 적용하기 곤란하다.

- 유역에서 거리상으로 상대적으로 매우 짧은 최상류 구간을 대상으로 하는 유입시간은 길게 산정하고, 상대적으로 긴 구간을 대상으로 하는 하도 유하시간은 짧게 산정한 다음, 시간-면적 곡선을 작성할 때에는 이와 같이 산정된 그대로 적용하지 않고 전체 도달시간을 이용하여 일괄적으로 등배분하는 방식을 적용하므로 등시간선도의 기본적인 개념을 위배하게 된다.
- Kerby 공식은 여러 소유역을 대상으로 할 경우 상대적으로 매우 짧은 표면류 흐름구간의 유입시간의 크기가 하도흐름의 유하시간의 비중보다 커서 소유역 면적이나 유로장에 비해 전체 도달시간의 역전 현상이 발생하는 매우 중대한 단점을 지니고 있다.
- 이에 따라 분석 대상 소하천의 개소수가 매우 많은 소하천정비종합계획 등에는 Kerby 공식을 사용하지 않아야 한다.

나. 2차 유역반응시간(저류상수 등) 조정 방안(방안 2)

- 도달시간은 유역최원점에서 유역출구점까지 물이 유하하는 시간으로 정의되는 물리변수이므로 원론적인 이론에 충실하여야 하는 측면과 산정되는 유속이 실제와 부합되는 결과를 나타내어야 하는 측면 등을 고려하기 위하여 도달시간은 산정되는 그대로 적용하는 대신에 2차 유역반응시간인 저류상수, 지체시간 등을 7~10분 정도를 증가시켜서 조정하는 방법이다.
- 1차 유역반응시간(도달시간) 조정 방안의 물리변수인 도달시간을 왜곡하는 문제와 시간-면적 곡선을 작성시 등시간선도 개념을 위배하는 문제 등이 개선되므로 단위도법 적용시 추천되는 방법이다.

다. 강우강도식의 강우지속기간 조정 방안(방안 3)

- 일본에서 합리식의 20~30분을 증가시키는 방안은 도달시간을 증가시켜서 종국적으로는 강우지속기간을 증가시키는 방안이라는 점을 참고한다면 이미 적용되어 온 방안으로 간주된다.
- 지금까지 강우강도식의 강우지속기간 증가량과 유역반응시간 증가량을 동일하게 간주하여 왔다. 하지만 증가량을 20~30분을 적용할 경우 단위도법에 의한 홍수량이 과소 산정되고, 7~10분을 적용할 경우 합리식의 홍수량이 과다 산정되는 경향을 나타내고 있으므로 기준 정립이 필요하다.

3.4.3 첨두홍수량 과다 산정 대처 방안

「소유역 첨두홍수량 과다 산정에 대처하는 매개변수 조정 방안(한국방재학회 논문집 2021.12, 김종천&정종호)」의 내용을 요약하면 다음과 같다.

가. 비홍수량 검토 및 조정 방안

1) 홍수량 산정 방법 선정 및 매개변수 민감드 검토

- 홍수량 산정 방법의 대표적인 방법인 Clark 단위도법, 간편하여 자주 사용되는 합리식, 도시유역에 많이 사용되는 시간-면적 방법 등을 선정하였다.
- 단위유역면적당 첨두홍수량인 비홍수량의 크기에 민감도가 높은 인자로는 Clark 단위도법은 유역반응시간인 저류상수, 합리식은 강우지속기간으로 명확한 반면, 시간-면적 방법은 합리식 기반인 점을 감안한 추가적인 검토가 필요하다.

2) 홍수량 산정 조건

- 기상청 대전관측소의 52개년(1969～2020년) 강우량자료를 분석한 50년빈도 확률강우량을 적용하였다.
- 유역형상은 다음과 같은 표준 형상을 적용한 다음 유역면적에 대한 유로연장을 산정한 후 유속을 2.5m/s로 가정하여 도달시간을 산정하였다.

  $$L = 1.76\,A^{0.546}$$

  여기서 L은 유로연장(km), A는 유역면적(km²)이다.
- 손실함수는 Clark 단위도법은 유출곡선 지수(CN) 90, 합리식과 시간-면적 방법은 유출계수 0.8을 각각 적용하였다.
- Clark 단위도법의 경우 저류상수를 기존 Sabol 공식으로 산정한 조건과 여기에 추가로 7분, 10분 등을 더한 조건을 적용하였다.
- 합리식의 경우 강우강도를 결정하는 강우지속기간은 도달시간을 그대로 적용한 조건과 여기에 추가로 도달시간에 20분, 30분 등을 더한 조건을 적용하였다.
- 시간-면적 방법의 경우 도달시간을 그대로 적용한 조건과 여기에 추가로 도달시간에 20분, 30분 등을 더한 조건을 적용하였다.

3) 비홍수량 검토

가) Clark 단위도법

- Clark 단위도법에 상기 산정 조건들을 적용하여 비홍수량($m^3/s/km^2$)을 산정한 결과는 <표 3.12> 및 <그림 3.7>과 같다.
- Clark 단위도법의 저류상수 조정전의 비홍수량을 살펴보면 유역면적이 작은 1.0 km^2 이하에서 비홍수량이 급격하게 상승하며, 유역면적 0.01 km^2(1 ha, 1만m^2)의 비홍수량은 약 53 $m^3/s/km^2$ 정도로 매우 높으므로 조정이 필요한 것으로 나타나고 있다.

<표 3.12> 비홍수량 산정(Clark 단위도법)

유역면적 (km^2)	도달시간 (분)	저류상수 보정량				
		0분	5분	7분	10분	15분
0.001	0.3	54.27	39.25	35.75	32.14	28.03
0.010	0.9	53.43	38.21	35.04	31.60	27.66
0.050	2.3	47.25	36.11	33.48	30.52	26.95
0.100	3.3	44.32	34.73	32.44	29.70	26.36
0.500	8.0	35.15	30.12	28.63	26.73	24.28
1.000	11.7	31.21	27.60	26.41	24.93	22.93
5.000	28.3	22.18	20.77	20.28	19.59	18.57
25.000	68.0	14.67	14.23	14.06	13.82	13.42

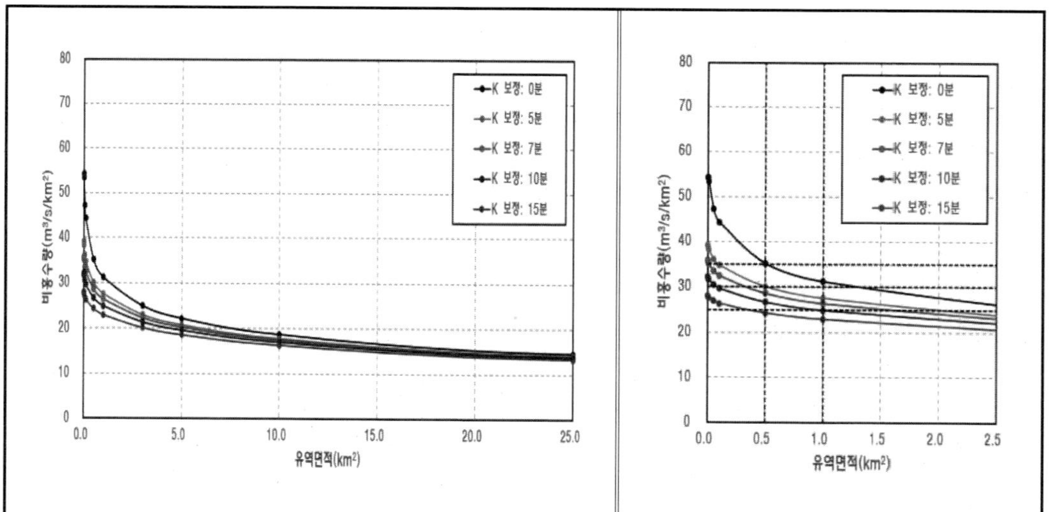

<그림 3.7> 비홍수량 곡선(Clark 단위도법)

- Clark 단위도법의 경우 소유역에서 비홍수량이 과다하게 산정되는 것은 이론적으로 유역면적 25 km² 이상에 적용하여야 하는 단위도법을 아주 작은 유역에 일방적으로 동일하게 적용하여 단위도의 첨두가 과다 산정되는 것에 기인한다.
- 한편, 유역면적이 아주 작은 1.0 km² 이하에만 조정을 검토하는 방법은 이후 구간에서 불연속이 발생하는 점을 고려하여 지양하여야 한다.
- Clark 단위도법의 경우 유역면적인 큰 경우에도 적용하는 방법이기 때문에 단위도의 적용면적 하한계인 25 km²에서 비홍수량이 소유역 매개변수 보정에 따라서 크게 차이가 나지 않는 것으로 확인되고 있다.
- Clark 단위도법의 경우 비홍수량 검토에서 저류상수에 10분 보정량을 고려하여 산정한 비홍수량(유역면적 1 ha에서 31.60 m³/s/km²)이 무난한 것으로 나타나고 있다.

나) 합리식

- 합리식에 상기 산정 조건들을 적용하여 비홍수량(m³/s/km²)을 산정한 결과는 <표 3.13> 및 <그림 3.8>과 같다.
- 합리식의 강우지속기간 조정전 비홍수량을 살펴보면 유역면적이 작은 1.0 km² 이하에서 비홍수량이 급격하게 상승하며, 유역면적 0.01 km²(1 ha, 1만m²)의 비홍수량은 약 63 m³/s/km² 정도로 매우 높으므로 조정이 필요한 것으로 나타나고 있다.

<표 3.13> 비홍수량 산정(합리식)

유역면적 (km²)	도달시간 (분)	강우지속기간 보정량				
		0분	10분	15분	20분	30분
0.001	0.3	70.34	37.53	32.82	29.56	25.20
0.005	0.7	65.40	37.09	32.53	29.35	25.06
0.010	0.9	62.65	36.76	32.31	29.19	24.96
0.050	2.3	54.72	35.38	31.38	28.50	24.53
0.100	3.3	50.70	34.41	30.70	27.99	24.20
0.500	8.0	40.47	30.89	28.13	26.00	22.87
1.000	11.7	35.93	28.78	26.51	24.70	21.96
5.000	28.3	25.92	22.81	21.62	20.58	18.88

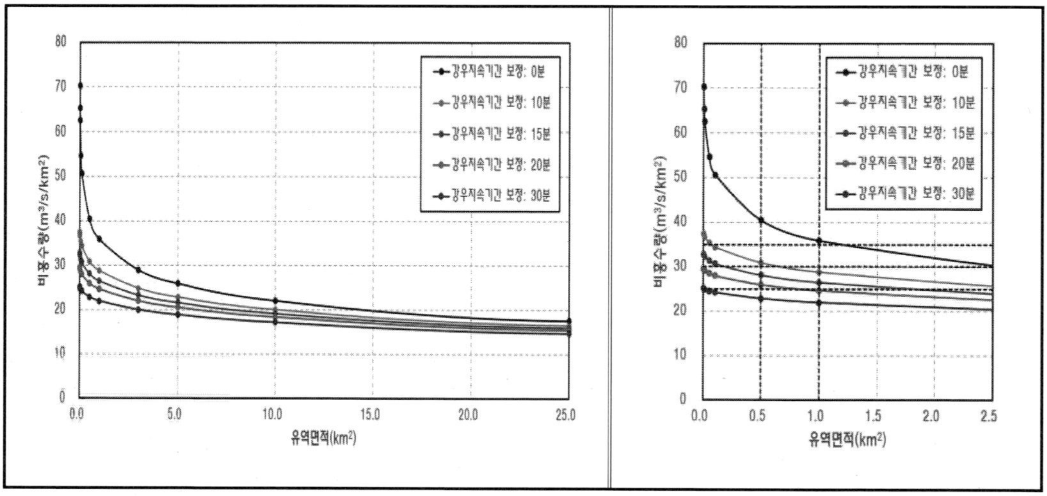

<그림 3.8> 비홍수량 곡선(합리식)

- 합리식의 경우 아주 작은 유역의 짧은 도달시간(1 ha인 경우에도 1분 정도)을 그대로 강우지속기간으로 결정하면 강우강도가 매우 커지게 됨에 따라 비홍수량이 과다 산정되게 된다.
- 합리식의 경우 비홍수량 검토에서 강우지속기간에 20분 보정량을 고려하여 산정한 비홍수량(유역면적 1 ha에서 29.19 $m^3/s/km^2$)이 무난한 것으로 나타나고 있다.

다) 시간-면적 방법

- 시간-면적 방법에 상기 산정 조건들을 적용하여 비홍수량($m^3/s/km^2$)을 산정한 결과는 <표 3.14> 및 <그림 3.9>와 같다.

<표 3.14> 비홍수량 산정(시간-면적 방법)

유역면적 (km²)	도달시간 (분)	도달시간 보정량				
		0분	10분	20분	30분	40분
0.010	0.9	(발산)	43.11	33.36	28.16	24.71
0.050	2.3	75.54	42.50	32.99	27.78	24.50
0.100	3.3	68.98	41.03	32.34	27.39	24.22
1.000	11.7	42.37	32.99	27.87	24.51	22.06
5.000	28.3	29.69	25.74	22.96	20.89	19.28

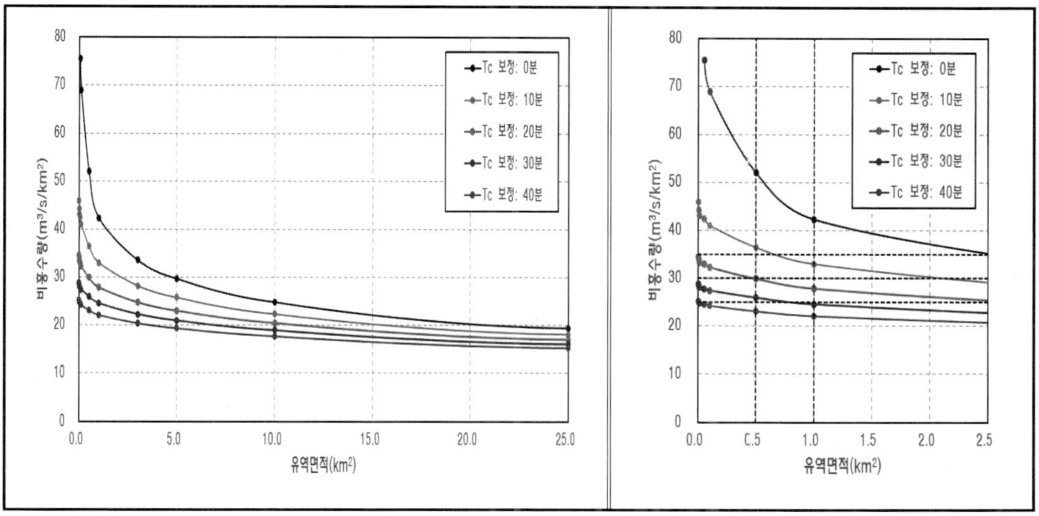

<그림 3.9> 비홍수량 곡선(시간-면적 방법)

- 시간-면적 방법의 도달시간 조정전 비홍수량을 살펴보면 유역면적이 작은 1.0 km² 이하에서 비홍수량이 급격하게 상승하며, 유역면적 0.05 km²(5 ha, 50만m²)의 비홍수량은 약 76 m³/s/km² 정도로 매우 높으므로 조정이 필요한 것으로 나타나고 있다.
- 시간-면적 방법의 경우 작은 유역의 짧은 도달시간을 그대로 적용하면 강우지속기간이 짧아지면서 강우강도가 매우 커지게 됨에 따라 비홍수량이 과다하게 산정된다.
- 시간-면적 방법의 소유역 매개변수 보정량은 기본적으로 합리식을 기반으로 하고 있기 때문에 강우강도를 낮추는 방식을 채택하여야 하지만, Huff 방법 등으로 시간 분포시킨 상태에서 강우강도를 직접 낮추는 것이 곤란하기 때문에 다른 추가적인 고려가 필요하다.
- 이에 대한 대안으로 시간-면적 곡선 작성에 필요한 도달시간을 증가시키는 방법을 검토하면, 시간-면적 방법은 전이(translation) 측면에서 일반적으로 전체 유역에서 유출이 발생할 경우 첨두홍수량이 발생하게 되는 구조이므로 시간-면적 곡선 작성에 필요한 도달시간을 증가시키면 첨두홍수량이 발생하는 강우지속기간이 길어지면서 전이(translation) 처리 과정에서 강우강도가 간접적으로 하향 조정되는 효과를 활용하는 것이 가능하다.
- 비홍수량 검토에서 도달시간에 30분 보정량을 고려하여 산정한 비홍수량(유역면적 1 ha에서 28.16 m³/s/km²)이 무난한 것으로 나타나고 있다.

4) 매개변수 조정 방안

가) 소유역 매개변수 보정량의 개념 도입

- 소유역의 홍수량 과다 산정을 방지하기 위해서는 홍수량 산정 방법별로 매개변수를 각각 다른 방식으로 조정하여야 하는 것으로 나타나고 있다.
- 이와 같은 여러 가지 매개변수 보정량을 통칭하여 소유역 매개변수 보정량으로 정의하기로 한다.
- 소유역 매개변수 보정량은 Clark 단위도법의 저류상수를 증가시키는 경우와 같은 유역반응시간 보정량과 합리식의 강우지속기간을 도달시간 증가를 통하여 증가시키는 경우와 같은 강우지속기간 보정량으로 구분된다.
- 시간-면적 방법의 경우 유역반응시간 증가량의 형태인 도달시간을 증가시키지만 실제로는 합리식과 마찬가지로 강우지속기간 보정량 개념으로 작용하게 된다.

나) 홍수량 산정 방법별 적정 소유역 매개변수 보정량 제안

소유역 매개변수 보정량의 적용 범위를 살펴보면 5 km^2까지는 적용하는 것이 적절하며, 5～25 km^2 범위는 그대로 적용하는 방안, 적용하지 않는 방안, 선형보간하여 적용하는 방안 등이 있으며 선형보간 방법이 가장 무난하다.

한편, 가용한 관측자료가 있는 경우 검정(calibration)을 통하여 소유역 매개변수 보정량을 산정한 후 제시되는 범위내에 있는 경우 이를 채택할 수 있다.

a) Clark 단위도법

- 소유역 매개변수 보정량은 2차 유역반응시간 증가량 10분을 적용하는 것을 원칙으로 하며, 유역특성에 따라 7～10분의 범위를 적용할 수 있다.

b) 합리식

- 소유역 매개변수 보정량은 강우지속기간 증가량 20분을 적용하는 것을 원칙으로 하며, 유역특성에 따라 15～30분의 범위를 적용할 수 있다.

c) 시간-면적 방법

- 소유역 매개변수 보정량은 일반적으로 1차 유역반응시간인 도달시간 증가량 30분을 적용하는 것을 원칙으로 하며, 유역특성에 따라 20～40분의 범위를 적용할 수 있다.

3.5 합리식(자연유역)

- 합리식(rational formula)은 구조가 간단하고 사용이 간편하여 수문학적 기초가 없는 기술자뿐만 아니라 전문기술자도 상황에 따라서 많이 사용하는 홍수량 추정 방법으로 가장 인기 있는 첨두홍수량 추정 방법이다.
- 하지만 합리식이 가지는 논리적 근거 및 거동을 실제로 증명할 수 없기 때문에 사실상 여러 가지 홍수량 추정 방법 중 가장 비현실적이고 비논리적인 모형으로 비평받고 있다.

3.5.1 합리식의 기본 가정 및 유도

- 불투수성 소유역에 일정한 강도의 강우가 지속적으로 내릴 경우 초기에는 지면저류 등으로 인하여 전부 유출되지 못하므로 유량은 점차 증가하는 형태를 나타내며, 어느 시점에서는 일정한 유량으로 유출되는 평형상태에 도달하게 된다.

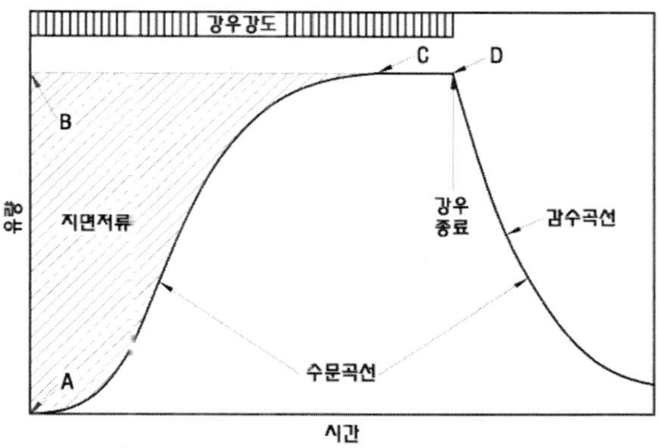

<그림 3.10> 합리식의 가정

- 평형상태에 도달되는데 소요되는 시간은 유수가 유역최원점에서 유역출구점까지 유하하는 시간인 도달시간(time of concentration, T_c)이며, 합리식에서는 일반적으로 최적 강우지속기간으로 도달시간을 채택하고 있다.
- 평형상태의 영국단위계 유량(Q, ft^3/s)은 강우강도(I, in/hr), 유역면적(A, acre)의 곱한 값과 동일하며, 여기에 침투에 의한 강우손실을 고려하기 위하여 유출계수(C, 무차원)를 추가로 곱하는 방안을 도입하였다. 한편, 합리식은 이와 같이 좌·우변의 단위가 서로 일치하기 때문에 붙여진 이름이다.
- 이와 같이 합리식은 강우강도를 유출계수를 이용하여 첨두홍수량으로 변환하는 일종의 강우-유출 모형으로 다음과 같은 형태로 정리된다.

$$Q_P = 0.2778CIA$$

여기서 Q_p는 첨두홍수량(m^3/s), 0.2778은 단위환산계수, C는 유출계수, I는 최적 강우지속기간(도달시간 T_c를 토대로 소유역 매개변수 보정량 등을 고려하여 결정)의 강우강도(mm/hr), A는 유역면적(km^2)이다.

- 한편, 합리식은 2.5~5 km^2 이하 소규모 유역에 사용하여야 하며, 유역면적 25 km^2 이상 유역에 사용하는 것은 지양하여야 한다.

3.5.2 합리식의 인자 산정 방법

가. 유역면적(A)

지형도 또는 수치지형도를 이용하여 유역구분, 토지이용 및 피복형태에 따라 구분한 유역면적을 홍수량 산정지점별로 산정한다.

나. 유출계수(C)

- 합리식의 유출계수는 「하천설계기준해설(2019, 한국수자원학회·한국하천협회)」에서 제시하고 있는 <표 3.15>를 우선적으로 적용한다.
- 이론적으로 유출계수 기준은 10년빈도 이하를 대상으로 제시된 값이므로 20년빈도는 1.07, 30년빈도는 1.13, 50년빈도는 1.20, 100년빈도는 1.25를 각각 곱하여 상향 조정하되 어떤 경우도 1을 초과하지 않아야 한다.
- 하지만 실무적으로는 합리식에 의한 홍수량이 매우 크게 산정되어 소유역 매개변수 보정량까지 고려하여야 하는 상황이어서 재현기간별 유출계수 상향 조정은 고려되지 못하고 있으며 향후에도 마찬가지 상황이다.
- 일반적으로 유출계수의 범위가 매우 크고, 합리식의 홍수량이 매우 크게 산정되므로 유출계수 채택시 중간값이나 하한치를 적용하는 경향이며, 50년빈도를 기준으로 살펴보면 재현기간별 조정 계수인 1.2를 유출계수의 하한계에 곱하면 중간값이 되지 못하는 경우가 대부분이다.
- 유출계수 하한값과 재현기간별 상향 조정을 고려하는 방안과 중간값과 재현기간별 상향 조정을 고려하지 않는 방안 중에서 채택이 요구된다면 하한값을 상향 조정하는 방안보다는 중간값을 채택하는 방안이 무난하다.
- 한편, 현재 단위도법은 재현기간별로 선형으로 간주하고 있는 상황에서 합리식만 비선형을 고려하는 것은 형평성 측면에서 타당하지 않는 점도 부가적으로 고려되어야 한다.

<표 3.15> **합리식의 유출계수**

토지이용		유출계수
상업지역	도심지역	0.70~0.95
	근린지역	0.50~0.70
주거지역	단독주택	0.30~0.50
	독립주택단지	0.40~0.60
	연립주택단지	0.60~0.75
	교외지역	0.25~0.40
	아 파 트	0.50~0.70
산업지역	산재지역	0.50~0.80
	밀집지역	0.60~0.90
공원, 묘역		0.10~0.25
운 동 장		0.20~0.35
철도지역		0.20~0.35
미개발지역		0.10~0.30
도 로	아스팔트	0.70~0.95
	콘크리트	0.80~0.95
	벽 돌	0.70~0.85

토지이용				유출계수
차도 및 보도				0.75~0.85
지 붕				0.75~0.95
잔 디	사질토	평 탄(2 % 이하)		0.05~0.10
		보 통(2~7 %)		0.10~0.15
		급경사(7 % 이상)		0.15~0.20
	중 토	평 탄(2 % 이하)		0.13~0.17
		보 통(2~7 %)		0.18~0.22
		급경사(7 % 이상)		0.25~0.35
농경지	나 지	평탄한 곳		0.30~0.60
		거친 곳		0.20~0.50
	경작지	사질토	작물있음	0.30~0.60
			작물없음	0.20~0.50
		중 토	작물있음	0.20~0.40
			작물없음	0.10~0.25
		관개중인 답		0.70~0.80
	초 지	사질토		0.15~0.45
		중 토		0.05~0.25
산 지	급경사 산지			0.40~0.80
	완경사 산지			0.30~0.70

주) 자료: 하천설계기준해설(2019, 한국수자원학회·한국하천협회)

<표 3.16> **자연유역의 유출계수**

유역상태		토양구조		
		성긴 사양토 (open sandy loam)	점토 및 양토 (clay and loam)	조밀한 점토 (tight clay)
산 지 (woodland)	0~ 5 % 경사	0.10	0.30	0.40
	5~10 % 경사	0.25	0.35	0.50
	10~30 % 경사	0.30	0.50	0.60
초 지 (pasture)	0~ 5 % 경사	0.10	0.30	0.40
	5~10 % 경사	0.16	0.36	0.55
	10~30 % 경사	0.22	0.42	0.60
경작지 (cultivated land)	0~ 5 % 경사	0.30	0.50	0.60
	5~10 % 경사	0.40	0.60	0.70
	10~30 % 경사	0.52	0.72	0.82

주) 자료: Elementary Soil and Water Engineering. 2nd Ed.(1971, Schwab)

<표 3.17> 일본의 유출계수

구 분	유역상태	유출계수	구 분	유역상태	유출계수
하천정비	밀집 도시지역	0.9	소규모 하수도시설	지 붕	0.85~0.95
	일반 도시지역	0.8		도 로	0.80~0.90
	농업지역	0.6		기타 불투수지역	0.75~0.85
	논	0.7		수면지역	1.00
	산지지역	0.7		미개발지역	0.10~0.30
대규모 하수도시설	상업지역	0.7~0.9		공원지역	0.05~0.25
	산업지역	0.4~0.6		완경사 산지	0.20~0.40
	주거지역	0.3~0.5		급경사 산지	0.40~0.60
	공원지역	0.1~0.2			

주) 일본건설성(1984) 자료이며, 여기에 제시된 소규모 하수도시설 기준은 우리나라 「하수도시설기준(한국상하수도협회, 2005)」에서도 준용

- 여러 종류의 피복특성이 혼재되어 있을 경우 다음과 같은 방법으로 홍수량 산정지점 상류 전체유역의 면적가중평균으로 산정한다.

$$C = \frac{\Sigma A_i C_i}{\Sigma A_i}$$

다. 강우강도(I)

- 합리식의 강우강도 산정시 강우지속기간은 원론적으로는 유역의 도달시간(T_c)을 채택하도록 제시되고 있으나 도달시간이 짧은 경우 첨두홍수량이 과다 산정되는 부분에 대한 별도의 고려가 필요하다.
- 합리식의 경우 소유역 매개변수 보정량 중에서 강우강도식의 강우지속기간을 증가시켜서 강우강도를 조정하는 방법을 적용하여야 하며, 다음과 같은 방법으로 증가시킨 강우지속기간을 이용하여 강우강도를 산정한다.

$$I = IDF(T_d) = IDF(T_c)$$

$$I' = IDF(T_d') = IDF(T_d + t_{s-rd}) = IDF(T_c + t_{s-rd})$$

여기서 I는 도달시간에 해당하는 강우강도(mm/hr), I′는 강우강도식의 강우지속기간 증가량을 적용한 강우강도(mm/hr), T_d는 도달시간(T_c)과 동일한 강우지속기간(hr), T_d'은 증가량을 적용한 강우지속기간(hr)이며, t_{s-rd}는 소유역 매개변수 보정량(t_s) 중에서 강우지속기간 증가량으로 일반적으로 20분을 적용하며 여건에 따라 15~20분의 범위를 적용할 수 있다.

3.6 시간-면적 방법(자연유역)

3.6.1 시간-면적 방법(자연유역) 일반

- 시간-면적 방법은 불투수성 소유역에 내리는 집중호우로 인한 유출량은 유역 특성상 저류효과는 거의 무시할 수 있으므로 고려하지 않고 유수의 전이(translation)만을 고려하여 유출수문곡선을 계산하는 방법으로 도시유역에 적용하기 위하여 고안된 방법이지만 자연유역에도 많이 사용되고 있다.
- 방법 적용을 위해서는 <그림 3.11>에서 보는 바와 같이 유역출구까지 도달하는데 소요되는 시간이 동일한 점들을 연결하는 등시간선(isochrones)을 일정 시간 간격으로 그려서 여러 소유역으로 구분한 후, 유역출구까지 도달시간인 총도달시간까지 시간별로 유역출구의 유출량에 기여하는 누가면적 관계인 도달시간-누가면적 관계곡선(time-area curve)을 작성한다.

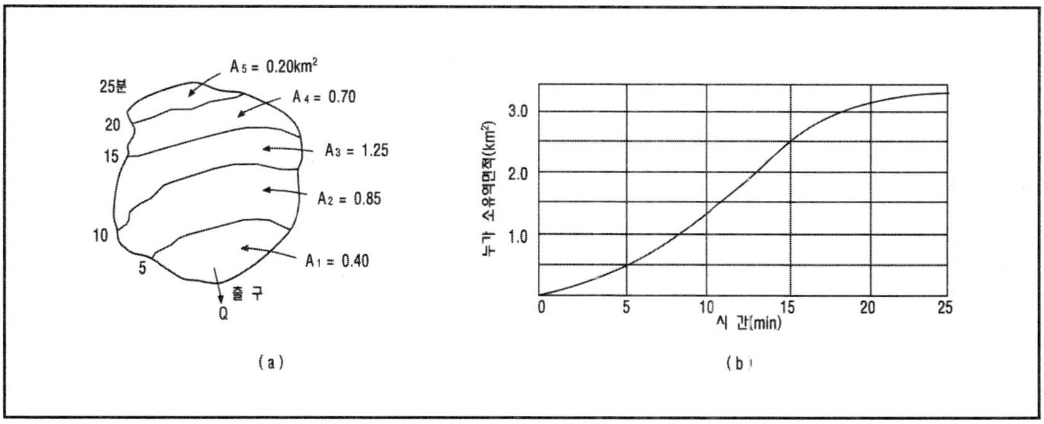

<그림 3.11> 등시간선과 도달시간-누가면적 관계곡선

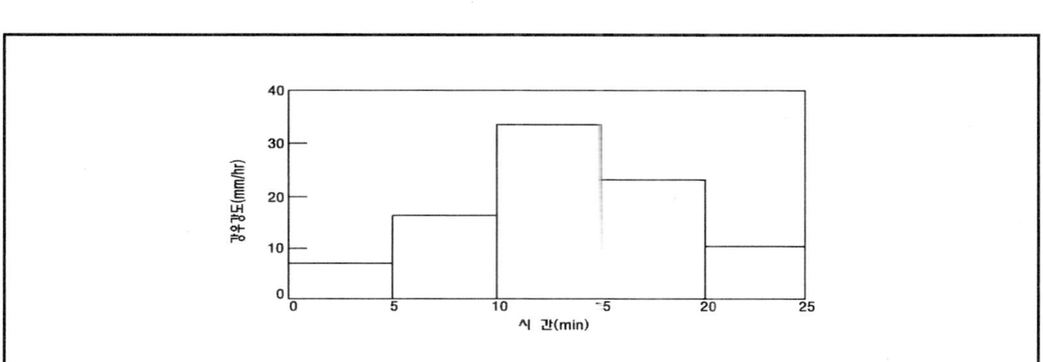

<그림 3.12> 설계우량주상도

- 이와 같이 결정된 도달시간-누가면적 관계곡선에 <그림 3.12>와 같은 설계우량 주상도인 강우강도 분포를 적용하여 소유역의 시간별 유출량을 지체 및 합산하여 유역출구의 유출수문곡선을 작성한다. 한편, 등시간선도의 시간간격과 설계우량주상도의 시간간격은 반드시 동일하여야 한다.
- 도달시간-누가면적곡선과 우량주상도의 지체 및 합성에 의한 중첩계산을 통하여 유출수문곡선을 작성하는 방법은 다음 관계식으로 표현된다.

$$Q_i = 0.2778 \sum_{j=1}^{i} C_{i+1-j} \, I_j \, A_{i+1-j}$$

여기서 Q_i는 유출량 수문곡선의 종거(m³/sec), C_{i+1-j}는 시간구간별 유출계수, A_{i+1-j}는 시간구간별 면적(km²), I_j는 강우강도형태의 우량주상도의 종거(mm/hr)이다.

- 상기 식의 기본 형태는 합리식과 동일함을 알 수 있으며, 시간-면적 방법의 대표적인 모형은 불투수지역만을 대상으로 하는 후술되는 RRL 모형이 있으며, 우리나라의 경우 투수지역까지 고려하고 여기에 유출계수(C)를 도입하는 형태의 KPRRL(Korea Practice RRL) 모형을 주로 사용하고 있다.

3.6.2 시간-면적 방법의 인자 산정 방법

가. 유역면적(A), 유출계수(C), 강우강도(I)

- 유역면적(A)과 유출계수(C)는 합리식과 동일한 방법으로 산정한다.
- 강우강도(I)는 Huff 방법 등으로 시간분포시킨 강우강도를 적용한다.

나. 도달시간(T_c)

- 소유역의 첨두홍수량 과다 산정에 대한 별도의 고려가 필요하며 지금까지는 일반적으로 도달시간(T_c)에 10분 정도를 더하는 방식을 적용하여 왔다.
- 시간-면적 방법은 기본적으로 합리식을 기반으로 하고 있기 때문에 소유역 매개변수 보정량은 강우강도를 낮추는 방식을 채택하여야 한다. 하지만 Huff 방법 등으로 분포시킨 강우강도를 낮추기가 곤란하기 때문에 도달시간을 증가시켜서 강우강도를 낮추는 간접적인 방법을 적용하게 된다.
- 시간-면적 방법의 소유역 매개변수 보정량은 일반적으로 유역반응시간인 도달시간 증가량 30분을 적용하는 것을 원칙으로 하여 일관성을 유지하는 것이 필요하며, 여건에 따라 20~30분의 범위를 적용할 수 있다.

3.7 단위도 방법

3.7.1 단위도 기본 및 특성

1) 단위도 정의 및 가정

- 단위유량도(unit hydrograph) 또는 단위도(unit graph)는 '특정 단위시간 동안 균일한 강도로 유역 전반에 걸쳐 균등하게 내리는 단위 유효우량(unit effective rainfall)으로 인하여 발생하는 직접유출수문곡선'으로 정의된다.
- 단위도는 일정 기저시간 가정, 비례 가정, 중첩 가정 등과 같은 3대 가정이 이론의 기저를 이루고 있다.
  ① 일정 기저시간 가정: 강우지속기간이 같은 경우 강우강도가 달라도 유하기간인 기저시간은 동일
  ② 비례 가정: 강우지속기간이 같은 경우 유출은 강우강도에 비례
  ③ 중첩 가정: 일정기간 균일한 강도를 가진 일련의 유효우량에 의한 총유출수문곡선은 유효우량별 유출수문곡선을 산술적으로 합한 것으로 산정

2) 단위도 지속기간 결정

- 단위도는 일정시간의 지속기간을 가지며 이러한 지속기간은 단위도를 유도한 유효우량의 지속기간이며, 지속기간이 다른 단위도는 완전히 다른 단위도가 된다. 그러므로 단위도의 지속기간은 강우의 단위지속기간 및 계산시간 간격과 반드시 일치되도록 적용하여야 한다.
- 단위도의 지속기간은 단위도 첨두발생시간의 1/4 이하로 채택하여야 하며, 이론상으로 SCS 단위도는 $0.133T_c$, Snyder 단위도는 $0.182T_L$이 최적 지속기간이다.
- 실무에서는 계산 편리성 때문에 5분, 10분, 15분, 20분, 30분, 60분 등을 주로 사용하고 있으며, 이 중에서 $0.15T_c$에 가까운 지속기간을 채택하면 무난하며 $0.15T_c$가 5분 이하는 5분, 60분 이상은 일반적으로 60분을 채택한다.

3) 단위도의 장·단점

- 유효우량이 공간적으로 균등하고 유역의 반응이 선형성에 부합하는 상황에서는 다른 방법보다 정확한 홍수량을 산정할 수 있으며, 관측자료가 없는 경우에는 합성단위도를 이용하여 홍수량을 산정할 수 있다.

<표 3.18> SCS 무차원 단위도의 시간별 종거

t/t_P	Q/Q_P	t/t_P	Q/Q_P	t/t_P	Q/Q_P
0	0.000	1.1	0.990	2.4	0.147
0.1	0.030	1.2	0.930	2.6	0.107
0.2	0.100	1.3	0.860	2.8	0.077
0.3	0.190	1.4	0.780	3.0	0.055
0.4	0.310	1.5	0.680	3.2	0.040
0.5	0.470	1.6	0.560	3.4	0.029
0.6	0.660	1.7	0.460	3.6	0.021
0.7	0.820	1.8	0.390	3.8	0.015
0.8	0.930	1.9	0.330	4.0	0.011
0.9	0.990	2.0	0.280	4.5	0.005
1.0	1.000	2.2	0.207	5.0	0.000

- 과거 일부 기준에서 홍수량이 가장 큰 방법을 채택하도록 하고 있는데 기존 상태에서는 SCS 단위도법이 Clark 단위도법 보다 항상 홍수량이 크게 나오는 구조이므로 향후 이와 같이 기술적으로 의미가 없는 요구는 지양되어야 한다.

나. 매개변수 산정 방법

- SCS 단위도법은 지체시간 T_L을 입력인자로 하는 1 매개변수 합성단위도 방법이다.
- 매개변수인 지체시간 T_L은 일반적으로 도달시간의 함수로 제시되는 공식을 적용하고 있다.

1) 중·대규모 유역 적용시 매개변수 산정

- SCS 공식(Ⅰ)은 도달시간과 직접유출 첨두유량 발생시각의 관계를 이용하는 방법이다.

$$T_L = 0.6\,T_c$$

- McCuen 공식은 도달시간과 직접유출 수문곡선 중심의 관계를 이용하는 방법으로 가장 많이 채택되고 있다.

$$T_L = 0.706\,T_c$$

- SCS 공식(Ⅱ)은 유출곡선지수 이용 방법으로 8 km² 이하 면적에 적용 가능한 방법이다. 이 방법은 가장 기본적 유역반응시간인 도달시간과 무관하고 산정된 지체시간의 일관성이 낮은 등의 문제점이 있으므로 SCS 공식(Ⅰ)의 결과와 비교한 후 채택하여야 한다.

$$T_L = \frac{L^{0.8}\,(2540 - 22.86\,CN)^{0.7}}{14104\,CN^{0.7}\,S^{0.5}}$$

여기서 T_L은 지체시간(hr), T_c는 도달시간(hr), A는 유역면적(km²), L은 총유로연장(m), CN은 유출곡선지수, S는 무차원 유역경사이다.

2) 소규모 유역 적용시 매개변수 조정

- 소규모 유역에 SCS 단위도법 적용시에는 소유역 매개변수 보정량을 적용하여야 하며, 도달시간을 증가시키는 1차 유역반응시간 증가량 방법과 지체시간을 증가시키는 2차 유역반응시간 증가량 방법이 있다.
- 기존 지체시간 산정 공식에서 도달시간을 증가시켜서 지체시간을 증가시키는 방안과 지체시간을 직접 증가시키는 방안을 적용하면 다음과 같다.

① 1차 유역반응시간 증가량 방법

$$T_L{}' = 0.6\,T_c{}' = 0.6\,(T_c + t_{s-wr}) \qquad \text{SCS(Ⅰ) 공식}$$

$$T_L{}' = 0.706\,T_c{}' = 0.706\,(T_c + t_{s-wr}) \qquad \text{McCuen 공식}$$

② 2차 유역반응시간 증가량 방법

$$T_L{}' = 0.6\,T_c + t_{s-wr} \qquad \text{SCS(Ⅰ) 공식}$$

$$T_L{}' = 0.706\,T_c + t_{s-wr} \qquad \text{McCuen 공식}$$

여기서 $T_L{}'$는 유역반응시간 증가량(t_{s-wr})을 적용한 지체시간(min), t_{s-wr}은 소유역의 첨두홍수량 과다 산정을 방지하기 위한 소유역 매개변수 보정량(t_s) 중에서 유역반응시간(watershed response time) 증가량(min)으로 일반적으로 10분을 적용하며 여건에 따라 7~10분의 범위를 적용할 수 있다.

- 지체시간을 직접 증가시키는 방안이 물리변수인 도달시간을 직접적으로 왜곡시키지 않으며, 지체시간 산정 방법에 따른 변화가 작은 측면 등에서 실무적으로 유리한 방안이며 이 중에서 McCuen 공식이 추천된다.

3.7.4 Clark 단위도법

가. Clark 단위도의 기본 개념

- Clark 단위도법 또는 Clark 유역추적법(area routing method)의 기본 개념은 해당 유역은 선형수로(linear channel)와 유역출구에 위치한 선형저수지(linear reservoir)로 구성되어 있다고 가정하고, 선형수로에 의한 유출의 전이효과(translation)와 선형저수지에 의한 유역의 저류효과(attenuation)를 고려하여 순간단위도(IUH)를 작성하는 것이다.

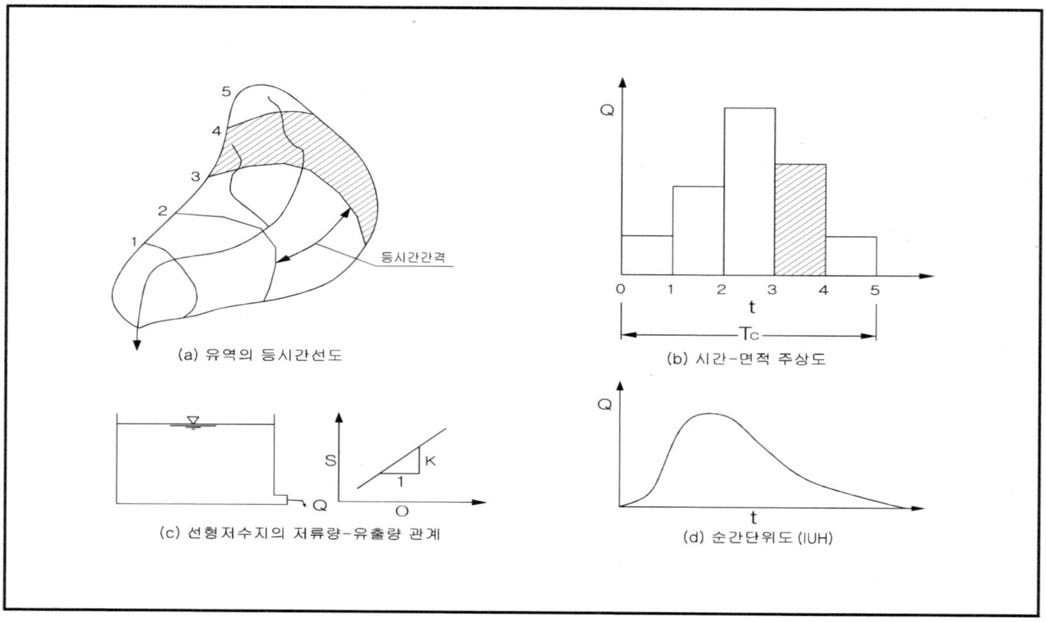

<그림 3.14> Clark 단위도의 개념

- 선형수로에 의한 유출의 전이효과는 유역 전반에 순간적으로 내린 단위유효우량인 순간단위유효우량(instantaneous unit effective rainfall, 1 cm 또는 1 mm)으로 인한 유출을 시간-면적곡선을 이용한 단순전이에 의해 계산함으로써 고려한다. 이와 같이 계산된 선형수로의 유출수문곡선은 선형저수지의 유입수문곡선이 된다.
- 선형저수지에 의한 유역의 저류효과는 유입수문곡선에 대하여 유역과 동등한 저류특성을 갖는 선형저수지(S=KO)의 홍수추적을 실시함으로써 고려하며, 이와 같이 계산된 선형저수지의 출력은 유역의 순간단위도(IUH)가 된다.

- 한편, 최종적으로 필요한 해당 지속기간의 단위도는 계산된 순간단위도를 정수배 방법을 이용하여 작성한다.
- Clark 방법은 유출의 전이효과(translation) 뿐만 아니라 유역의 저류효과(attenuation)도 고려하여 실제 유출의 물리적인 현상을 보다 구체적으로 기술할 수 있으므로 자연유역에 적용하기 적합한 방법이다.

나. Clark 단위도의 작성 절차

- 도달시간(T_c)을 산정하고 유역출구로부터 등시간구간(Δt, hr)으로 도달시간이 동일한 점을 연결하는 등시간선(isochrone)을 그려 전체 유역을 여러 개의 소유역으로 구간 분할을 실시한 다음 등시간구간별 유역면적으로 시간-면적곡선을 작성한다.
- 유역출구에 위치한 선형저수지의 추적을 통하여 순간단위도(IUH)를 작성하기 위하여 먼저 선형저수지로의 유입수문곡선을 작성하여야 한다. 이에 따라 단위유효우량이 유역 전반에 걸쳐 순간적으로 내린다고 가정하면, 유역출구에 위치한 선형저수지로의 시간구간별 유입량은 다음과 같이 등시간구간별 유역면적(A_i, km²)에 내린 단위유효우량(R_{se}, 1 cm)을 등시간구간 Δt (hr)로 나누어 유량(m³/s)으로 환산한 값이 된다.

$$I_i = \frac{(A_i \cdot 10^6)(R_{se} \cdot 10^{-2})}{\Delta t \cdot 3600} = 2\,778 \frac{A_i}{\Delta t}$$

여기서 I_i 는 i번째 등시간구간에 대한 유입량(m³/s), A_i 는 i번째 등시간구간 대한 유역면적(km²), R_{se}는 단위유효우량(1 cm), Δt는 등시간구간(hr)이다.

- 유역출구에 위치한 선형저수지의 홍수추적에 필요한 저류량(S)-유출량(O)은 저류상수(storage coefficient, K)를 매개로 하는 선형성(S= KO)을 가정하고 있으며, 이를 토대로 저류방정식을 변형하면 다음과 같이 표시된다.

$$\frac{I_1 + I_2}{2}\Delta t - \frac{O_1 + O_2}{2}\Delta t = K(O_2 - O_1)$$

여기서 I_1 및 I_2 는 각각 추적기간 Δt의 시점 및 종점 유입량(m³/s), O_1 및 O_2는 각각 추적기간 Δt의 시점 및 종점 유출량(m³/s), Δt는 계산시간간격(hr), K는 저류상수(hr)이다.

- 이와 같이 변형된 저류방정식을 O_2에 관해 정리하면 다음과 같고, 따라서 계수 m_o, m_1, m_2는 저류상수 K와 계산시간간격 Δt를 결정하면 산정 가능하게 된다.

$$O_2 = m_o I_2 + m_1 I_1 + m_2 O_1$$

여기서 $m_o = m_1 = \frac{0.5\Delta t}{K + 0.5\Delta t}$, $m_2 = \frac{K - 0.5\Delta t}{K + 0.5\Delta t}$ 이다.

- 최종 저류방정식은 시간-면적곡선으로부터 작성되는 계산시간간격(Δt)의 시간-면적주상도의 추적기간 Δt의 시점 및 종점 유입량이 동일($I_1 = I_2$)하므로 다음과 같이 단순화된다.

$$O_2 = (m_0 + m_1) I + m_2 O_1$$

- 단순화된 최종 저류방정식을 이용하여 선형저수지의 유입수문곡선을 추적기간별로 축차 추적함으로써 선형저수지의 유출수문곡선인 유역출구의 순간단위도(IUH)의 종거를 결정할 수 있다.
- 이와 같은 순간단위도(IUH)에서 필요 지속기간 Clark 단위도를 작성하는 방법으로는 간단한 정수배 방법이 많이 사용되고 있으며, 단위도의 지속기간(t, hr)은 일반적으로 계산시간간격(Δt, hr)과 동일하게 결정한다.
- 정수배 방법에 의해 순간단위도(IUH)를 필요 지속기간인 t 시간만큼 오른쪽으로 지체시킨 다음 2개의 순간단위도(IUH)의 t 시간 간격 종거를 매 시각 평균하여 지속기간 t 시간 Clark 단위도를 작성한다.

다. Clark 단위도 매개변수 종류 및 산정 방법

- Clark 단위도법은 도달시간 T_c와 저류상수 K를 입력인자로 하는 2 매개변수 합성단위도 방법이며, 추가적인 주요 입력인자로는 시간-면적곡선이 있다.
- 이들 매개변수의 민감도가 매우 크며 특히 저류상수의 민감도가 매우 크지만 이에 대한 적용 기준이 미미한 상황이므로 개선이 필요하다.
- 매개변수 산정 방법은 계측유역에 대한 방법과 미계측유역에 대한 방법으로 대별되며, 우리나라의 경우에는 계측유역으로 적용할 수 있는 경우가 거의 없는 실정이므로 현재 단계에서는 우선 미계측유역 대한 산정 방법을 개선하여야 한다.

라. 계측유역의 도달시간 산정 방법

- 계측유역의 도달시간은 유효우량 끝에서 수문곡선 변곡점까지 시간 등으로 결정할 수 있다.
- 우리나라의 경우 적절한 실측자료가 부족하여 이와 같은 방법으로 도달시간을 산정하기 곤란하다.

마. 계측유역의 저류상수 산정 방법

- 선형저수지의 저류방정식을 이용하는 방법(Ⅰ)은 실측 수문곡선의 변곡점에서 직접유출량 O_T를 그 점에서의 수문곡선에 그은 접선경사 $(dO/dt)_T$로 나누어 저류상수(K)를 산정한다.
- 감수곡선부의 유출량의 감소율과 저류량의 감소율 관계를 이용하는 방법(Ⅱ)은 1~2시간 정도의 짧은 기간동안 계속된 강우에 의한 수문곡선을 채택한 후, 저류상수 K는 변곡점과 변곡점에서 단위시간 떨어져 있는 수문곡선상의 유량 O_1, O_2를 구하고 수문곡선상의 두 유량간의 면적(사선 친 부분)을 구한 후, 면적을 $(O_1 - O_2)$로 나누어 저류상수(K)를 산정한다.
- 우리나라의 경우 적절한 실측자료가 부족하여 이론적인 방법에 의하여 저류상수(K)를 결정하기는 곤란하다.

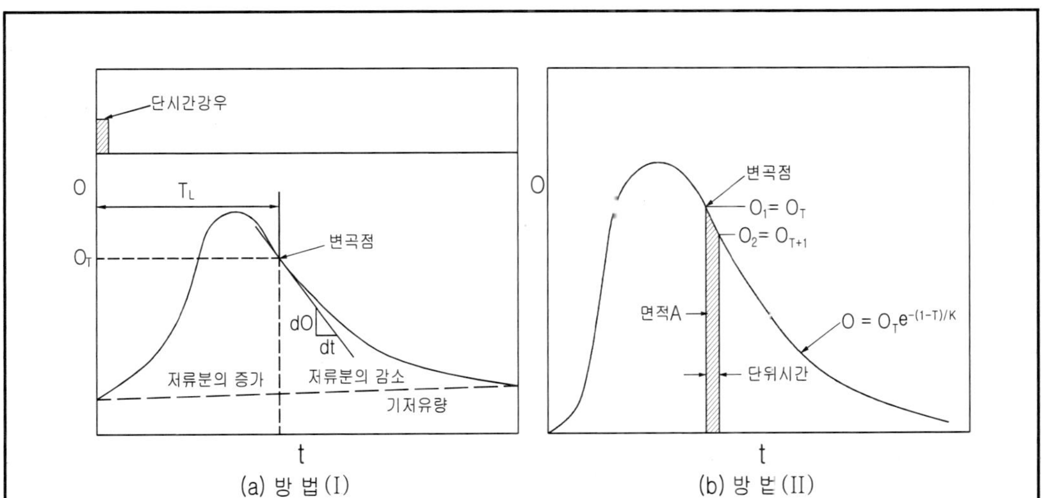

<그림 3.15> 실측 수문곡선을 이용한 저류상수 산정

바. 미계측유역의 도달시간 산정 방법

- 미계측유역의 도달시간(T_c)은 연속형 Kraven 공식, 수정 Jeong 공식 등으로 유역최원점에서 하도시점까지의 표면류흐름의 유하시간과 하도시점에서 하도종점까지의 하도흐름의 유하시간으로 구분하여 산정하고 이를 더하여 산정한다.
- 이에 따라 도달시간은 유역특성을 고려하는 물리변수인 점을 감안하여 유역최원점에서 유역출구점까지의 유하시간으로 원칙대로 산정하고, 소유역의 비홍수량 과다 산정 방지는 저류상수에서 고려하는 방안을 채택하였다.

사. 중·대규모 유역의 저류상수 산정 방법

1) 기존 저류상수 산정 방법

- 기존 저류상수 산정 방법으로 Russel 공식과 Sabol 공식이 많이 사용되고 있다.

- Russel 공식

$$K = \alpha T_c$$

- Sabol 공식

$$K = \frac{T_c}{1.46 - 0.0867 \frac{L^2}{A}}$$

여기서 K는 저류상수(hr), T_c는 도달시간(hr), α는 원래 공식에서는 도시지역 1.1~2.1, 자연지역 1.5~2.8, 산림지역 8.0~12.0 범위로 제시되고 있으나 우리나라 실무에서는 0.8~1.2의 범위로 적용, L은 유로연장(km), A는 유역면적(km²), L^2/A는 형상계수(shape factor)의 역수이다.

- Russel 공식은 유역규모 및 유역형상을 고려하지 못하며 계수 α의 결정이 임의적인 문제점을 지니고 있다. 실무에서 α값은 0.8~1.2 범위를 적용하고 일반적으로 1.0을 많이 적용하고 있다.
- Sabol 공식은 유역규모를 고려하지 못하지만 유역형상은 고려하는 방법이다. 산정되는 저류상수의 결과는 도달시간의 0.8~1.2배의 범위로 Russel 공식과 비슷하지만 유역형상에 따라 결정되어 임의성이 배제되므로 상대적으로 합리적이어서 많이 채택되고 있다.

2) 수정 Sabol 공식

- 기존 Sabol 공식을 도달시간-저류상수 관계로 나타내면 다음 식과 같이 표시되며, 도달시간-저류상수 관계는 형상계수를 인자로 하는 비선형관계이다.

$$\frac{T_c}{K} = 1.46 - 0.0867\frac{L^2}{A} = 1.46 - \frac{0.0867}{SF}$$

여기서 K는 기존 Sabol 공식의 저류상수(hr), T_c는 도달시간(hr), L은 유로연장(km), A는 유역면적(km^2), SF는 형상계수(A/L^2)이다.

- 기존 Sabol 공식으로 형상계수에 따른 도달시간-저류상수 관계를 나타내어 보면 <그림 3.16>, <표 3.19>와 같이 형상계수가 0.15 이하인 길쭉한 유역의 경우 T_c/K가 많이 작아지는 경향을 나타내며 이와 같은 경우에는 홍수량이 매우 작게 산정되는 문제점으로 인하여 실무에 적용할 수 없는 경우가 종종 발생하고 있으므로 수정이 필요하다.

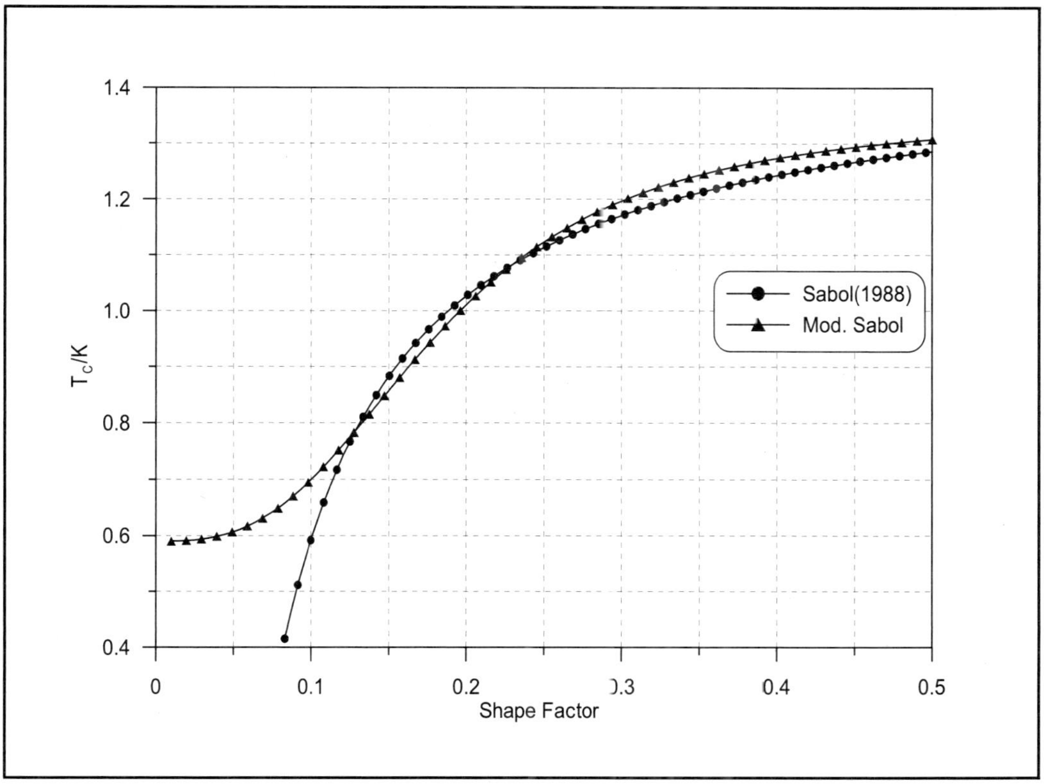

<그림 3.16> 형상계수에 따른 도달시간-저류상수 관계

<표 3.19> 형상계수에 따른 도달시간-저류상수 관계

형상계수 (SF)	도달시간-저류상수(T_c/K)		비 고
	기존 Sabol 공식	수정 Sabol 공식	
0.08	0.38	0.65	
0.10	0.59	0.70	
0.20	1.03	1.01	
0.30	1.17	1.20	
0.50	1.29	1.31	

- 형상계수가 0.15 이상에서는 기존 도달시간-저류상수 관계를 유사하게 유지하면서 형상계수가 0.15 이하에서 무난하게 적용할 수 있도록 도달시간-저류상수 관계를 조정하여 수정 Sabol 공식으로 제시하였다.

$$\frac{T_c}{K} = \frac{97.28}{SF^{-2.88} + 128.19} + 0.59$$

$$K = \frac{T_c}{\dfrac{97.28}{SF^{-2.88} + 128.19} + 0.59}$$

여기서 K는 수정 Sabol 공식의 저류상수(hr), T_c는 도달시간(hr), SF는 형상계수(A/L^2)이다.

아. 소규모 유역 적용시 매개변수 조정

- 소규모 유역에 Clark 단위도법 적용시에는 소유역 매개변수 보정량을 적용하여야 하며, 도달시간을 증가시키는 1차 유역반응시간 증가량 방법과 지체시간을 증가시키는 2차 유역반응시간 증가량 방법이 있다.
- 기존 저류상수 산정 공식에서 도달시간을 증가시켜서 저류상수를 증가시키는 방안과 저류상수를 직접 증가시키는 방안을 적용하면 다음과 같다.

① 1차 유역반응시간 증가량 방법

- Russel 공식

$$K' = \alpha T_c' = \alpha(T_c + t_{s\text{-}wr})$$

- Sabol 공식

$$K' = \frac{T_c'}{1.46 - 0.0867\dfrac{L^2}{A}} = \frac{T_c + t_{s-wr}}{1.46 - 0.0867\dfrac{L^2}{A}}$$

- 수정 Sabol 공식

$$K' = \frac{T_c'}{\dfrac{97.28}{SF^{-2.88} + 128.19} + 0.59} = \frac{T_c + t_{s-wr}}{\dfrac{97.28}{SF^{-2.88} + 128.19} + 0.59}$$

② **2차 유역반응시간 증가량 방법**

- Russel 공식

$$K' = \alpha T_c + t_{s-wr}$$

- Sabol 공식

$$K' = \frac{T_c}{1.46 - 0.0867\dfrac{L^2}{A}} + t_{s-wr}$$

- 수정 Sabol 공식

$$K' = \frac{T_c}{\dfrac{97.28}{SF^{-2.88} + 128.19} + 0.59} + t_{s-wr}$$

여기서 K'는 유역반응시간 증가량(t_{s-wr})을 적용한 저류상수(hr), t_{s-wr}은 소유역의 첨두홍수량 과다 산정을 방지하기 위한 소유역 매개변수 보정량(t_s) 중에서 유역반응시간(watershed response time) 증가량(hr)으로 일반적으로 10분을 적용하며 여건에 따라 7~10분의 범위를 적용할 수 있다.

- 저류상수를 직접 증가시키는 방안인 2차 유역반응시간 증가량 방법은 물리변수인 도달시간을 직접적으로 왜곡시키지 않으며, 저류상수 산정 방법에 따른 변화가 적은 측면 등에서 실무적으로 유리한 방안이며 이 중에서 Sabol 공식(매우 길쭉한 유역은 수정 Sabol 공식)이 추천된다.

자. 매개변수의 제약 조건 및 계산시간간격 결정

- Clark 단위도의 매개변수는 다음과 같은 제약 조건을 만족시켜야 하므로 필요한 경우 계산시간간격을 작게 조정하여야 한다.

$$T_c \geq 1.03\Delta t \quad , \quad K \geq 0.52\Delta t$$

여기서 T_c는 도달시간(hr), K는 저류상수(hr), Δt는 계산시간간격(hr)이다.

- 도달시간이 5분 이하인 경우 계산시간간격을 일반적인 최소 계산시간간격인 5분으로 할 경우 제약조건에 위배되는 점을 고려하여 계산시간간격을 1분 등으로 줄여야 한다. 또한, 계산시간간격이 큰 경우 시간-면적곡선이 하나밖에 되지 않아서 전이효과를 전혀 고려하지 못하게 되므로 계산시간 간격을 줄이는 것을 검토하여야 한다.
- 계산시간간격은 단위도의 지속기간과 반드시 동일하여야 하며, 단위도의 지속기간은 $0.1 \sim 0.2T_c$ 정도가 추천되는 점을 고려할 필요가 있다.

차. 시간-면적곡선 작성

- Clark 방법을 적용함에 있어서 도달시간, 저류상수 등과 같은 매개변수 다음으로 중요한 입력인자가 시간-면적곡선이다.
- 시간-면적곡선 작성에는 도달시간 산정 결과를 토대로 직접 작성하는 방법과 유역형상에 따른 합성 시간-면적곡선을 이용하는 방법이 있으며, 직접 작성 방법이 번거롭기는 하지만 유역특성을 보다 정확하게 반영할 수 있다.
- 직접 시간-면적곡선 작성 방법 적용에서 중·대유역에 대하여 직접 등시간 선도를 작성하는 경우 1차 구적 작업뿐만 아니라 시행착오에 따른 추가 구적 작업 등으로 매우 번거로운 과정이다.
- 이와 같은 직접 시간-면적곡선 작성시에는 홍수량 산정지점에서 상류 주요 지점까지의 역방향의 도달시간을 이용하므로 홍수량 산정지점별로 각각 별도로 작성하여야 한다.
- 개선 방안으로 홍수량 산정지점에서 상류 주요지점까지의 도달시간과 면적을 구하여 등시간 간격이 아닌 시간-누가면적곡선을 간단하게 작성한 후 이의 회귀식을 유도하여 시간-면적곡선을 작성하여 사용하는 방법이 있다.
- 합성 시간-면적곡선 방법은 시간-면적곡선을 <그림 3.17>과 같이 유역형상에 따라 결정할 수 있도록 하는 것이며, 일반적인 타원형 유역형상에서 유도된 합성 시간-면적곡선은 다음과 같은 형태로 표현된다.

$$AI = 1.414T^{1.5} \qquad 0.0 \leq T < 0.5$$

$$1 - AI = 1.414(1-T)^{1.5} \qquad 0.5 \leq T \leq 1.0$$

여기서 AI는 유역면적에 대한 누가면적비, T는 도달시간에 대한 시간비이다.

• 합성 시간-면적곡선 방법을 적용하면 번거로운 구적 작업이 필요없게 되는 장점과 직접 작성 방법과 합성 방법의 결과 비교에서 차이가 크지 않은 경우가 많은 점 및 도달시간 산정의 불확실성 등을 종합적으로 고려한다면 일반적인 유역형상의 경우 합성 시간-면적곡선 방법을 사용하면 무난하다.

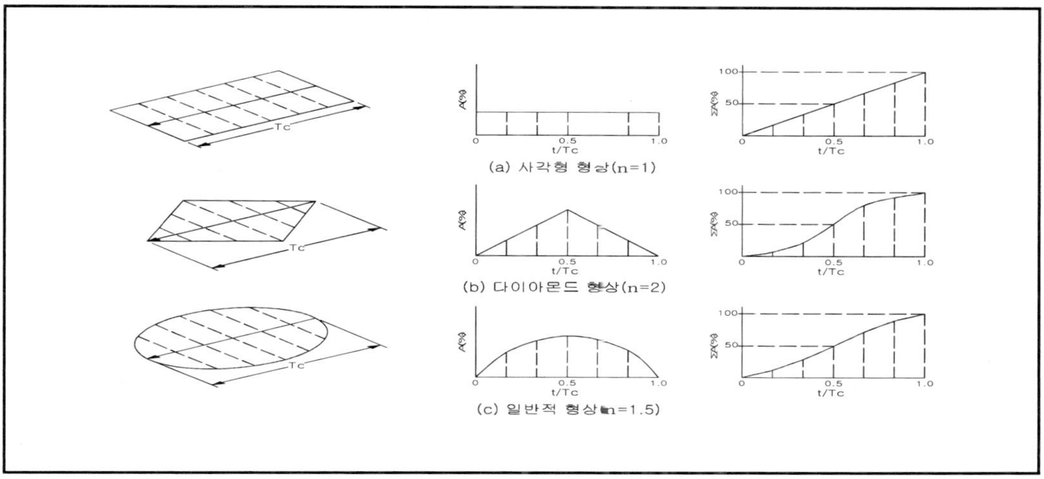

<그림 3.17> 유역 형상에 따른 합성 시간-면적곡선

• 하지만 유역형상이 일반적인 타원형 유역형상이 아니어서 합성 시간-면적곡선 방법을 적용하기 곤란한 것으로 판단되거나 상류 홍수량 산정지점과 하류 홍수량 산정지점의 홍수량의 역전현상이 발생되는 경우 등에는 합성 시간-면적곡선 방법의 사용을 지양하여야 한다.

• 결론적으로 시간-면적곡선은 홍수량 산정지점별로 회귀식의 형태로 직접 작성하는 것을 원칙으로 하고, 직접 작성이 곤란한 경우 등에 한하여 합성 시간-면적곡선 방법을 적용하는 것이 합리적인 것으로 판단된다.

3.7.5 PMP 적용시 단위도 상향 조정

• 확률강우량에 적용하는 평균단위도에 PMP를 적용하여 PMF를 추정하면 유역의 비선형성으로 인해 실제보다 낮은 결과치가 예상되므로 추가적인 조정이 필요하게 된다.

• 이에 따라 Pilgrim & Rowbottom(1987)은 다음과 같이 평균단위도를 상향조정하는 방안을 제시하였다.

- 평균단위도를 이용하여 첨두시간을 고정한 채 첨두유량과 상승부만 상향 조정하며, V-형 계곡이고 홍수터가 거의 없는 유역인 경우 20 % 정도, 많은 계곡에서 상당한 홍수터를 가지고 있는 유역인 경우 15 % 정도를 상향조정
- 첨두유량과 상승부를 상향조정한 후 단위도의 용적이 원래의 용적과 같도록 단위도의 감수부를 조정

• 이러한 절차는 아직까지 국내 유역에 적용된 바 없으며 향후 추가적인 연구가 필요한 것으로 판단된다. 하지만 PMP의 경우에는 어떠한 방법으로든 평균단위도를 상향조정함이 타당하다.

3.8 기저유량

• 단위도 방법을 이용한 홍수량 산정에서는 단위도의 가정에 따라 단위도에 의한 해당 강우의 유효강우량에 의한 홍수량에 기저유량(base flow)을 더하여 산정하게 된다.

• 기저유량은 첨두홍수량에 미치는 영향이 상대적으로 미미하므로 중요시되지 않고 있으나, 유출총량에는 어느 정도 영향을 미치게 되므로 저류구조물의 설계시에는 보다 정확하게 고려하는 것이 필요하다.

• 현재 기저유량 결정에는 확률홍수량의 경우 유량관측상에서 연도별 풍수기(6～9월) 최대유량이 발생하는 월의 일최저유량의 평균 등을 채택하고 가능최대홍수량의 경우 풍수기 일평균유량의 평균 등을 채택하는 방법을 적용하고 있다.

• 소유역의 적용시 실무적 기저유량의 범위는 0.05～0.2 $m^3/s/km^2$ 범위이며, 일반적으로 0.10～0.12 $m^3/s/km^2$ 정도가 무난한 것으로 나타나고 있다.

• 한편, 「한강수계 유출프로그램 개선방안(1991, 건설부·한강홍수통제소)」은 평창강유역의 실측자료 분석을 통하여 다음과 같은 회귀식을 유도하여 제시한 바 있다.

$$Q_b = 1.792 \cdot A^{0.6772}$$

여기서 Q_b는 기저유량(m^3/s), A는 유역면적(km^2)이다.

3.9 저수지추적

- 저수지추적(reservoir routing)은 저수지로 들어오는 유입수문곡선을 저수지에서 나가는 유출수문곡선으로 전환하는 절차이다.
- 수문에 의해 조절되지 않는 단순저수지의 홍수추적을 위하여 수집하여야 하는 자료는 표고별 저류량곡선 및 표고별 유출량곡선이며, 표고별 저류량곡선은 평균단면적법으로 산정하고 표고별 유출량 곡선은 다음과 같은 웨어 또는 오리피스 공식을 사용하여 산정한다.

$$O_s = C_s L H_s^{3/2}$$

$$O_o = C_o A \sqrt{2gH_o}$$

여기서 O_s는 여수로 월류량(m³/s), C_s는 여수로 유량계수, L은 여수로 길이(m), H_s는 여수로 수두(m), O_o는 방수로 방류량(m³/s), C_o는 오리피스 유량계수, A는 방수로 단면적(m²), g는 중력가속도, H_o는 방수로 중심축으로부터의 수두이다.

- 표고별 저류량곡선 및 표고별 유출량곡선이 작성되면 저류량-유출량 관계곡선의 결정이 가능하며 이와 같은 저류량과 유출량의 단일 관계는 항상 성립되는 것이 아니나 저수지 수면이 수평(level pool)이라는 가정하에서는 대체로 성립된다.
- 저류방정식의 기지 항을 좌변으로, 미지항을 우변으로 모아서 정리하면 다음과 같이 표현된다.

$$\frac{I_1 + I_2}{2}\Delta t - \frac{O_1 + O_2}{2}\Delta t = S_2 - S_1$$

$$\frac{I_1 + I_2}{2}\Delta t + (S_1 - \frac{1}{2}O_1 \Delta t) = (S_2 + \frac{1}{2}O_2 \Delta t) \text{ : 변형된 저류방정식}$$

1) Puls 방법에 의한 저수지추적

Puls 방법은 저류지시법(storage indication method)으로도 불리며 추적 절차는 다음과 같다.

① 저류량(S)-유출량(O)의 관계를 수립하여 S~O 곡선을 작성하고 이를 토대로 $S-\frac{1}{2}O\Delta t \sim O$ Curve와 $S+\frac{1}{2}O\Delta t \sim O$ 곡선을 작성한다.

② 상기 변형된 저류방정식의 좌변은 모두 주어지므로 우변인 $S_2+\frac{1}{2}O_2\Delta t$를 구할 수 있고 <그림 3.18>에서 $S_2+\frac{1}{2}O_2\Delta t$에 대한 O_2값을 산정하여 첫 번째 추적구간 계산을 완료한다.

③ 다음 추적구간은 전 기간의 O_2가 O_1이 되고 <그림 3.18>에서 $S-\frac{1}{2}O\Delta t$ 값을 구하고 유입수문곡선 자료로부터 얻을 수 있는 $\frac{1}{2}(I_1+I_2)$를 더하여 좌변을 구하면 우변인 $S_2+\frac{1}{2}O_2\Delta t$가 구해지므로, 이 값에 해당하는 O_2를 <그림 3.18>에서 구하면 두 번째 추적구간의 유출량이 산정되는 방식으로 축차적으로 계산한다.

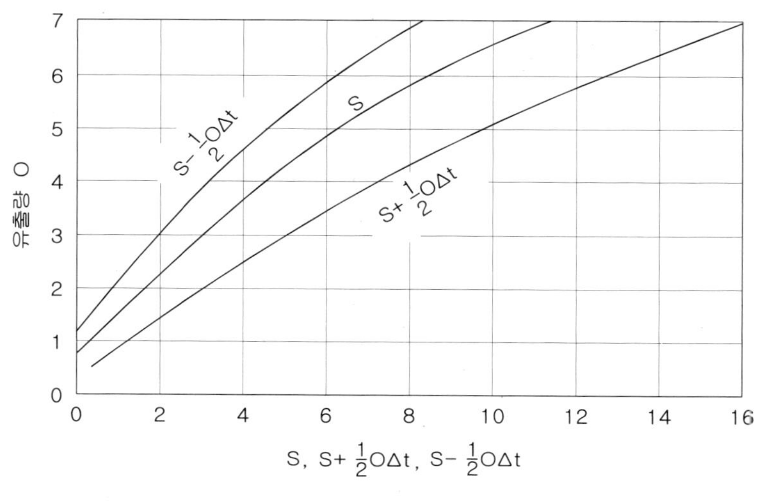

<그림 3.18> Puls 방법의 적용을 위한 저류량-방류량 관계곡선

- 상기 추적방정식인 변형된 저류방정식을 사용함에 있어 유입 및 유출수문곡선은 이산계열(discrete series)이며, 평균유입량 $(I_1+I_2)/2$는 선형성을 가정하는 것이므로 계산시간 간격 Δt를 충분히 작게 설정함이 타당하다.
- Puls 방법처럼 수면이 수평(level pool)이라는 가정을 토대로 하는 저수지 추적에서 유출수문곡선의 첨두는 반드시 유입수문곡선의 감수곡선상에 위치하게 되며 저수지추적 결과에서 이를 확인하는 것이 필요하다.

2) 수정 Puls 방법에 의한 저수지추적

- Puls 방법에서의 변형된 저류방정식 양변에 $2/\Delta t$를 곱하여 다음과 같이 다시 변형한다.

$$\frac{I_1 + I_2}{2}\Delta t + (S_1 - \frac{1}{2}O_1\Delta t) = (S_2 + \frac{1}{2}O_2\Delta t)$$

$$I_1 + I_2 + \left(\frac{2S_1}{\Delta t} - O_1\right) = \left(\frac{2S_2}{\Delta t} + O_2\right)$$

- Puls 방법과 수정 Puls 방법의 차이는 다음과 같고 그 외의 절차는 동일하다.
  - Puls 방법의 $S+\frac{1}{2}O\Delta t \sim O$ 곡선 대신에 수정 Puls 방법에서는 $2S/\Delta t+O \sim O$ 곡선이 필요하다.
  - Puls 방법에서는 저류량의 항으로 저류량을 나타내는 저류지시법인 반면 수정 Puls 방법에서는 유량의 항으로 저류량을 표현한다.
  - Puls 방법에서는 먼저 계산시간 간격 Δt를 결정하면 유입 및 유출 수문곡선은 Δt기간에 걸쳐 선형으로 간주되지만, 수정 Puls 방법에서는 저수지 지점의 지형특성과 저수지 방류시설의 수리특성에 따라 결정된 표고-저류량-유출량 관계에서 다양한 표고에 대한 $2S/\Delta t+O \sim O$ 관계의 계산이 가능하게 된다.

3.10 하도추적

- 하도추적(channel routing)은 어떤 하도구간으로 들어오는 유입수문곡선을 하도구간에서 나가는 유출수문곡선으로 전환하는 절차이다.
- 하도구간의 저류량과 유출량간의 관계는 저수지와 같이 단일 관계가 성립되지 않고 <그림 3.19>와 같이 환형(loop type) 관계로 나타나므로 복잡하다. 또한, 동일 유출량의 경우에도 홍수위 상승시 저류량은 홍수위 하강시 저류량보다 크게 된다.
- 홍수위 상승시 및 하강시의 하도구간 저류량의 형태 변화는 <그림 3.20>과 같이 나타나며, 하상에 평행한 선 아래에 있는 저류량을 대형저류량(prism storage)이라 하고 위에 있는 저류량을 쐐기저류량(wedge storage)이라 한다.

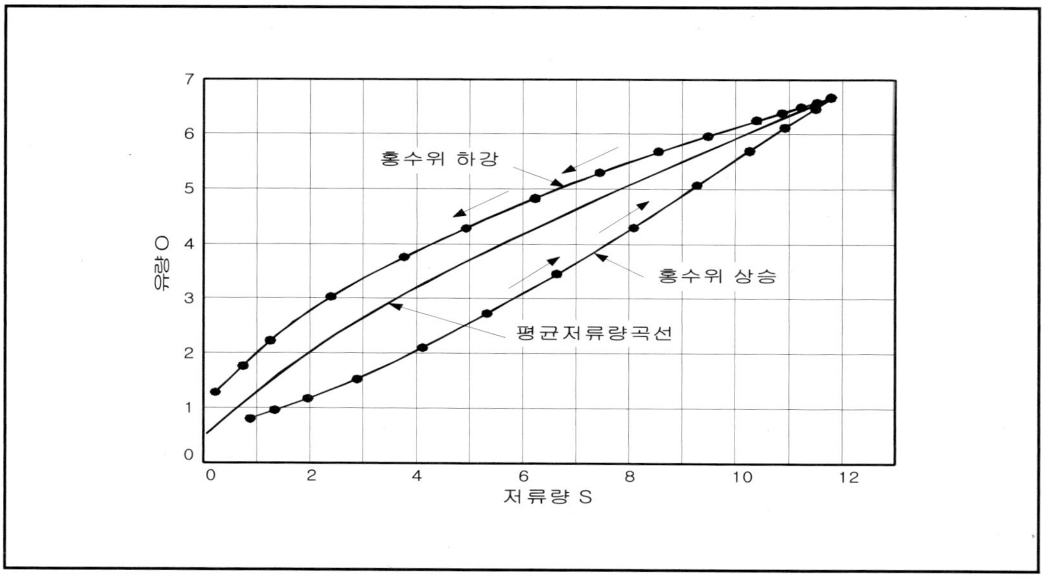

<그림 3.19> 하도구간의 저류량-유출량 관계곡선

- 쐐기저류에 대해 살펴보면 <그림 3.20>과 같이 홍수위 상승시에는 구간 출구점의 유출량이 증가되기 이전에 많은 양의 쐐기저류가 생기므로 쐐기저류가 (+)가 되고 홍수위 하강시에는 구간 출구점의 유출량보다 유입량이 적으므로 쐐기저류는 (-)가 된다. 따라서 동일 유출량에 대한 저류량과 수면경사는 홍수위 상승시가 홍수위 하강시보다 크게 되는 것이다.
- 이와 같은 쐐기저류량이 유출량에 미치는 영향을 저류량-유출량 관계에 포함시킴으로써 하도구간의 홍수를 해석적으로 추적할 수 있게 된다.

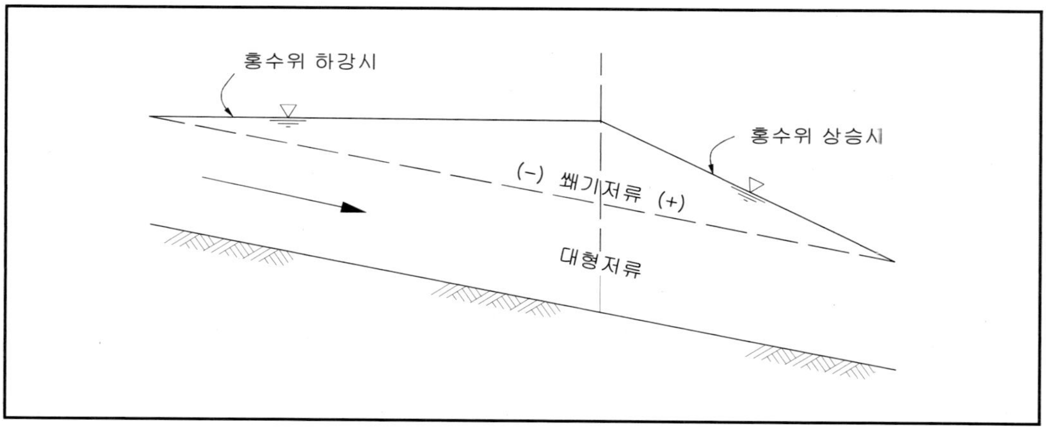

<그림 3.20> 홍수위 상승시 및 하강시의 하도구간 저류량의 형태 변화

3.10.1 Muskingum 방법

1) 기본방정식

- Muskingum 방법은 McCarthy가 미국 육군공병단 산하의 Muskingum Conservancy District의 홍수조절계획의 수립을 위해 사용한 홍수추적 방법이다.
- 하천의 추적구간내 저류량에 미치는 홍수유입량의 영향을 고려하기 위하여 구간내의 총저류량을 <그림 3.21>과 같이 대형저류량과 쐐기저류량으로 구분하고, 대형저류량은 유출량에만 비례하나 쐐기저류량은 유입량과 유출량의 차에 비례한다고 가정하면, 총저류량은 대형저류량과 쐐기저류량의 합으로 다음과 같이 표현된다.

$$S = KO + Kx(I-O)$$
$$= K[xI + (1-x)O]$$

여기서 K는 구간내 저류량의 유출량에 대한 비를 나타내는 저류상수 (storage constant)로서 차원은 시간(hr), x는 추적구간의 총저류량에 기여하는 유입량과 유출량의 상대적 중요성을 표현하는 무차원 가중계수이다.

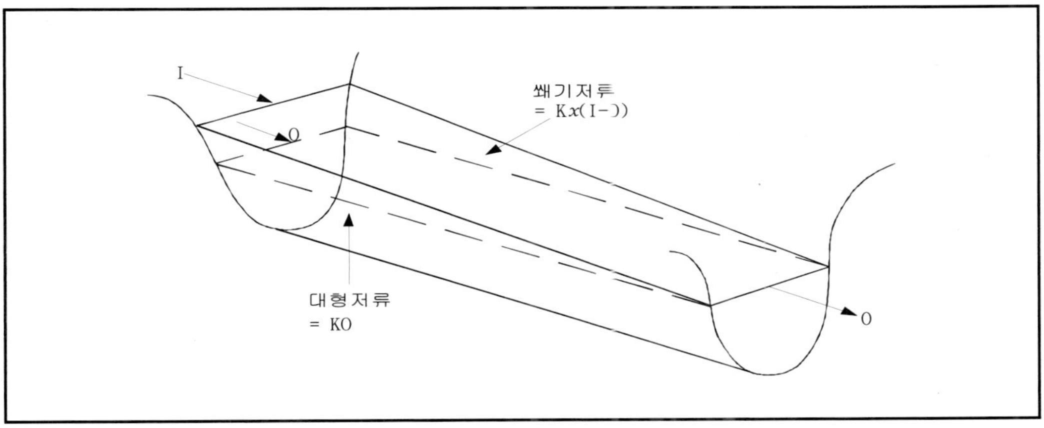

<그림 3.21> 자연하도의 대형저류와 쐐기저류

- 이와 같은 관계를 저류방정식에 대입하여 추적구간 상류단의 유입수문곡선으로부터 하류단의 유출수문곡선을 축차적으로 계산하는 것이 Muskingum 방법이다.

- 이와 같은 식을 임의 추적기간에 대해 정리하고 이를 저류방정식의 우변에 대입하면 다음과 같이 정리된다.

$$\frac{I_1 + I_2}{2}\Delta t - \frac{O_1 + O_2}{2}\Delta t = S_2 - S_1 \qquad \text{: 저류방정식}$$

$$S_2 - S_1 = K\left[x(I_2 - I_1) + (1-x)(O_2 - O_1)\right]$$

$$\frac{I_1 + I_2}{2}\Delta t - \frac{O_1 + O_2}{2}\Delta t = K\left[x(I_2 - I_1) + (1-x)(O_2 - O_1)\right]$$

여기서 I는 유입량, O는 유출량, S는 저류량, K는 저류상수, x는 가중계수, Δt는 계산 시간간격, 첨자 1, 2는 한 추적기간의 시점과 종점을 의미한다.

- 이와 같은 식을 O_2에 관하여 풀면 다음과 같이 정리되며, Muskingum 방법에 의한 홍수추적은 Δt, K, x 등을 먼저 결정하고 다음 식을 축차적으로 풀어 나가는 방법을 채택하고 있다.

$$O_2 = C_o I_2 + C_1 I_1 + C_2 O_1$$

$$C_o = \frac{-(Kx - 0.5\Delta t)}{K - Kx + 0.5\Delta t}, \qquad C_1 = \frac{Kx + 0.5\Delta t}{K - Kx + 0.5\Delta t}$$

$$C_2 = \frac{K - Kx - 0.5\Delta t}{K - Kx + 0.5\Delta t}, \qquad C_o + C_1 + C_2 = 1$$

- 이론적으로 계산 시간간격 Δt는 추적기간으로서 저류상수 K와 같다고 볼 수 있으나, 이러한 저류상수 K를 결정하기 어려운 경우에는 통상 추적구간의 평균유속에 의한 도달시간인 T_c의 약 1/2~2/3를 K로 간주할 수 있다.
- 운동파 이론(kinematic wave theory)에 의하면 계수 C_o, C_1, C_2는 모두 양(+)의 값을 가지도록 Δt를 선정하여야 한다. 그러나 C_1, C_2는 음의 유출량이 계산될 정도로 정확도에 영향을 미치지 않는 경우라면 음(-)인 것도 가능하나 C_o는 반드시 양(+)이 되어야 한다.
- 이에 따라 하도 홍수추적의 시간간격 Δt는 다음과 같은 조건을 만족시키는 것이 필요하다.

$$2Kx < \Delta t \le K\left(\simeq \frac{2}{3}T_c\right)$$

2) 계측유역의 매개변수(K, x) 결정

- 유입 및 유출수문곡선을 사용하여 저류량의 증감변화와 저류량의 누가곡선을 <그림 3.22>와 같이 작성한다.

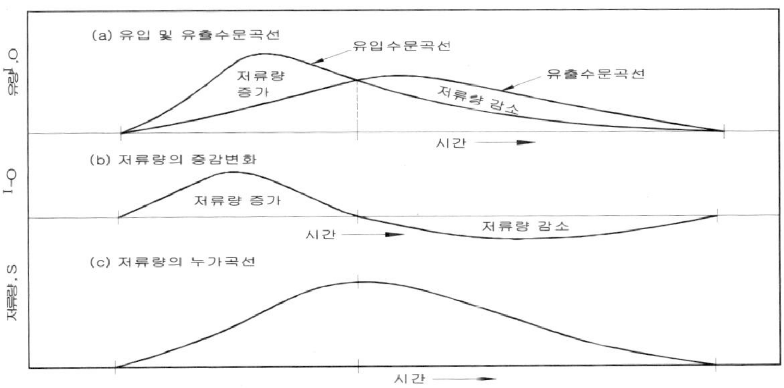

<그림 3.22> 하도의 저류량-유입량-유출량 관계

- 무차원 가중계수 x를 가정하여 <그림 3.23>과 같이 $[xI + (1-x)O]$와 저류량의 누가곡선이 가장 직선에 가까워지는 x를 채택하고 그 직선의 기울기를 K값으로 결정한다.

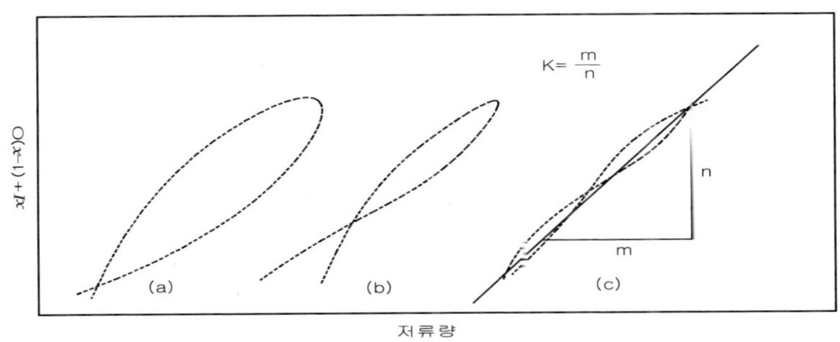

<그림 3.23> 하도의 저류상수(K) 결정

- 한편, 이와 같은 그래프에 작도에 의한 방법은 다소 주관적인 요소가 있으므로 통계학적인 방법(statistical method)을 사용하기도 한다.

3) 미계측유역의 매개변수(K, x) 결정

가) 저류상수 결정

- 일반적으로 저류상수 K값으로 추적구간의 홍수파(flood wave) 통과시간을 주로 사용하며, 홍수파 통과시간은 홍수파의 질량중심(mass center)이 구간의 상류단으로부터 하류단까지 통과하는데 소요되는 시간으로 정의되며, 간혹 첨두홍수량의 구간 통과시간을 근사값으로 사용하기도 한다. 여기서, 홍수파의 전파속도를 사용하는 홍수파의 통과시간은 평균유속을 사용하는 도달시간과는 다름에 유의하여야 한다.
- 홍수파의 전파속도를 산정하는 방법에는 수위-유량관계곡선을 이용하는 방법과 평균유속과 홍수파 전파속도의 비를 이용하는 방법이 있다.

① Seddon은 추적구간내 대표지점의 수위-유량관계곡선(rating curve)의 경사를 이용하여 홍수파의 전파속도(flood wave velocity)를 계산하는 방법을 다음과 같이 제안하였다.

$$V_w = \frac{1}{B}\frac{dQ}{dy}$$

여기서 V_w는 홍수파의 전파속도, B는 흐름단면의 수면폭, dQ/dy는 수위-유량관계곡선의 경사이다.

② 하도 단면형별 평균유속과 홍수파의 전파속도의 비는 경험적으로 <표 3.20>과 같고 자연하천의 경우 평균적으로 1.5가 추천되고 있다. 여기서 평균유속은 도달시간을 산정하는 경험공식을 이용하거나 수면곡선계산 결과 등의 유속을 참고하여 결정할 수 있다.

<표 3.20> 하도 단면형별 평균유속과 홍수파 전파속도의 비

하도 단면형	홍수파 전파속도(V_w)/평균유속(V)	비 고
광폭 구형수로	1.67	자연하천의 경우 통상 1.5를 추천
광폭 포물선형 수로	1.44	
삼각형 수로	1.33	

- 이와 같이 저류상수는 추적구간의 홍수파 통과시간이므로 추적구간의 거리를 평균유속이 아닌 홍수파의 전파속도로 나누어 산출하여야 한다.

$$K = \frac{L}{V_w}$$

여기서 K는 저류상수, L은 구간거리, V_w는 홍수파의 전파속도이다.

- 여기서, 홍수파의 전파속도는 자연하천의 경우 평균유속의 1.5배이므로 저류상수는 평균유속을 적용한 도달시간에 비해 2/3로 작아지게 됨에 유의하여야 한다. 따라서 현재 실무에서 추적구간의 평균유속을 적용한 도달시간(T_c)을 저류상수로 사용하고 있는 부분은 개선되어야 한다.

나) 가중계수 결정

- 홍수의 저류효과(attenuation) 정도를 결정하는 무차원 가중계수 x값은 0~0.5의 범위를 가지며, x값이 0이면 최대 저류효과가 나타나고 x값이 0.5이면 저류효과는 전혀 나타나지 않고 단지 지체효과만이 나타나게 된다. 한편, 저수지의 경우 저류량에 대한 유입량의 영향을 무시할 수 있으므로 x값이 0이며 저류량은 유출량과 선형(S=KO) 관계이다.
- 대부분의 무차원 가중계수 하천에서 x값은 0.0~0.3의 범위를 나타내며, x값은 민감도가 아주 낮으므로 평균값인 0.2를 채택하면 무난하다.

4) 방법의 적용

- Muskingum 방법의 시간간격은 $2Kx < \Delta t$ 조건은 반드시 만족시켜야 하며, $\Delta t \le K \simeq (2/3)T_c$ 조건은 가급적 만족시켜야 한다.
- 소유역별 홍수수문곡선을 산정하고 하도 홍수추적과 수문곡선 합성을 통하여 홍수량을 산정하는 경우 단위도의 지속기간 등을 고려하여 전체 시간간격이 미리 결정되게 된다. 이러한 전체 시간간격으로 홍수추적 시간간격을 결정할 경우 상기 조건을 만족시키지 못하는 경우가 종종 발생하게 된다.
- 상기 조건을 만족시키지 못한다고 전체 시간간격과 홍수추적 시간간격을 달리 채택하게 되면 추적구간 상류단의 유입수문곡선을 홍수추적 시간간격으로 변환한 후 홍수추적을 실시하고 이로부터 작성되는 유출수문곡선을 다시 전체 시간간격으로 변환하는 등의 번거로운 과정을 거쳐야 한다.

- 따라서 전체 시간간격과 홍수추적 시간간격은 동일하게 채택하여야 하며, 전체 시간간격으로 홍수추적 시간간격을 결정함에 따라 상기 조건을 만족시키지 못하는 경우에 대하여는 다음과 같이 처리한다.

① 시간간격은 전체 시간간격으로 통일하며 이의 적정성은 전체적 관점에서 검토한다.

② 평균유속을 산정하고 평균유속에 1.5를 곱한 값을 홍수파의 전파속도로 추정하고, 저류상수 K를 L/V_w로 계산하고, x값은 일단 0.2를 적용한다.

③ 전체 시간간격이 0.4K~K 범위에 있으면 시간간격 Δt의 조건이 모두 만족되므로 이를 채택하고 완료한다.

④ 홍수추적 구간이 짧아서 저류상수가 전체 시간간격보다 작아서 $\Delta t \le K$ 조건을 만족시키지 못할 경우 달리 조정 방안이 없고 짧은 구간 홍수추적의 영향은 미미하므로 저류상수보다 큰 전체 시간간격을 그냥 채택하고 완료한다.

⑤ 홍수추적 구간이 길어서 K값이 상대적으로 커서 $2Kx < \Delta t$ 조건을 만족시키기 어려운 경우 전체 추적구간을 소구간으로 나누어야 한다. 이 때 각 소구간의 홍수파의 통과시간을 홍수추적의 시간간격과 같은 것으로 가정하기 위하여 다음과 같이 추적구간 수를 결정하여야 하며, 저류효과는 추적구간 수가 많아질수록 적어진다.

$$\text{NSTPS} = \frac{K}{\Delta t}$$

여기서 NSTPS는 추적구간의 수(number of routing steps)로 버림 조건으로 계산된 정수(integer)로 최소 1 이상, K는 저류상수, Δt는 계산시간 간격이다.

⑥ 추적구간 수가 하나 이상인 경우에는 상류 소구간의 홍수추적을 실시한 후, 하류 소구간의 홍수추적을 실시하는 순서로 단계적으로 홍수추적을 수행하여야 한다.

- 한편, Muskingum 방법은 가장 간단한 하도 홍수추적 방법이나 배수영향을 고려할 수 없다는 점과 홍수터를 모의할 수 없는 등의 단점을 지니고 있다.

3.10.2 Muskingum-Cunge 방법

1) 기본방정식

- Muskingum-Cunge 방법은 홍수추적 매개변수 계산을 통하여 운동파에 근거한 Muskingum 방법을 수문곡선의 감쇠(attenuation)를 예측할 수 있는 유사확산모형(quasi diffusion model)으로 수정한 것이다.
- Muskingum-Cunge 방법에서 측방유입이 있는 연속방정식은 x-t 평면에서 이산화되므로 다음과 같이 표시된다.

$$Q_{i+1}^{n+1} = C_0 Q_i^{n+1} + C_1 Q_i^n + C_2 Q_{i+1}^n + C_3 Q_L$$

$$C_o = \frac{-(Kx - 0.5\Delta t)}{K - Kx + 0.5\Delta t}, \quad C_1 = \frac{Kx + 0.5\Delta t}{K - Kx + 0.5\Delta t}$$

$$C_2 = \frac{K - Kx - 0.5\Delta t}{K - Kx + 0.5\Delta t}, \quad C_3 = \frac{0.5\Delta t}{K - Kx + 0.5\Delta t}$$

$$Q_L = q_L \Delta x$$

여기서 계수 C_0, C_1, C_2는 Muskingum 방법과 동일함을 알 수 있으며, q_L은 단위길이당 평균 측방유입량이다.

2) 매개변수 결정

- 저류상수 K는 다음과 같이 정의되며, 가중인자 x는 수리확산계수(μ_h)와 수치확산계수(μ_n)가 같다고 간주하여 다음과 같이 결정한다.

$$K = \frac{\Delta x}{c_k}, \quad x = \frac{1}{2}\left(1 - \frac{Q_0}{B S_0 c_k \Delta x}\right)$$

$$\mu_h = \frac{Q_0}{2BS_o}, \quad \mu_n = c_k \Delta x \left(\frac{1}{2} - x\right)$$

$$Q_o = Q_B + 0.5(Q_{peak} - Q_B)$$

여기서 Q_0는 기준유량(reference flow), c_k는 기준유량시 운동파의 전파속도(kinematic wave celerity)로 홍수파의 전파속도(V_w)와 같이 평균유속의 1.5배 등으로 추정, Δx는 계산 거리간격, B는 수면폭, S_0는 하상경사, μ_h는 수리확산계수, μ_n는 수치확산계수, Q_B 및 Q_{peak}는 각각 유입수문곡선의 기저유량 및 첨두유량이며, 모든 물리량은 시간(Δt)과 공간(Δx)에 대한 평균이다.

3) 방법의 적용

- Muskingum-Cunge의 흐름 수리특성 Q, B, c_k는 비선형으로 표현되므로 모든 Δx 구간단계 및 모든 Δt 시간단계에서 추적계수 C_0, C_1, C_2, C_3를 재산정하여야 한다. 이와 같이 Q, B, c_k를 산정함에 있어서는 반복 4점평균 방법(iterative four-point averaging scheme) 등이 사용된다.
- 거리간격 Δx와 시간간격 Δt의 값은 방법 적용의 정확성과 안정성을 고려하여 결정하여야 한다. 시간간격 Δt는 사용자가 지정한 시간간격, 유입수문곡선의 상승부 시각을 20으로 나눈 값($T_r/20$), 추적구간에서의 유하시간 중에서 가장 작은 값을 채택하고, 거리간격 Δx는 시간간격 Δt가 선정되면 $\Delta x = c_k \Delta t$로 계산한다.
- 한편, 거리간격 Δx는 일관성 유지를 위하여 다음 조건을 만족시켜야 한다.

$$\Delta x < \frac{1}{2}\left(c_k \Delta t + \frac{Q_o}{BS_o c}\right)$$

- Muskingum-Cunge 홍수추적 방법에서 필요한 입력자료는 추적구간의 대표단면, 추적구간의 길이(L), 주수로와 고수부지에 대한 Manning 조도계수(n), 추적구간의 하상경사(S_o) 등이다.
- 추적구간의 대표단면은 단순한 단면형(원형, 삼각형, 구형, 제형) 뿐만 아니라 8개 좌표점으로 나타내는 단면형을 이용할 수 있기 때문에 복잡한 단면에도 적용이 가능하므로 주수로 뿐만 아니라 하천 좌·우안의 고수부지에 대한 고려가 가능하다. 대표단면은 추적구간을 충분히 대표할 수 있는 단면형이어야 하며 이 조건을 충족시키지 못할 경우 추적구간을 더 세분하여 각 소구간에 대한 대표단면을 지정하여야 한다.
- 한편, Muskingum-Cunge 방법은 유입수문곡선과 하도의 물리적 특성을 기초로 하는 수리학적 방법으로 수문학적 방법에 비해 매개변수가 물리적 현상에 근거하고 있다는 점과 광범위한 흐름조건에 걸쳐 부정류 방정식의 해와 비교적 잘 일치하는 점 및 방정식의 해가 사용자가 임의로 정하는 시간간격에 독립적인 점 등의 장점을 지니고 있다. 하지만 배수영향을 고려할 수 없다는 점과 경사가 매우 완만한 하도에서 홍수위가 급격히 상승하는 경우에는 신뢰도가 떨어지는 단점을 지니고 있다.

3.11 소유역 분할에 따른 홍수량 증가 방지 방안

3.11.1 소유역 분할에 따른 홍수량 증가 원인 및 문제점

- 홍수량 산정시 상류부 홍수량 산정지점부터 하류부 홍수량 산정지점으로 홍수량을 산정하여 내려오면서 홍수량 산정지점의 상류유역을 처리하는 방법은 상류유역을 1개의 단일유역으로 처리하는 하도추적 제외방법과 소유역별 자체유역 홍수량을 산정하고 이를 하도추적 및 합성을 통하여 산정하는 하도추적 포함방법으로 대별된다.
- 하도추적 제외방법과 하도추적 포함방법의 적용시 주요 차이점은 하도추적 제외방법은 홍수량 산정 지점의 개소수에 따라 홍수량의 변화가 없는 반면, 하도추적 포함방법은 홍수량 산정 지점의 개소수의 증가에 따라 일반적으로 홍수량이 대폭 증가한다는 점이다.
- 하도추적 포함방법을 적용할 경우 홍수량이 커지게 되며 이는 소유역 분할로 홍수량 산정 대상유역의 면적이 작아지면서 홍수도달시간이 짧아져서 단위도 첨두종거 증가로 인하여 첨두홍수량은 크게 증가되는 반면 하도의 저류효과로 인한 홍수량의 감소는 매우 작은 점에 기인한다.
- 홍수조절능력을 가진 댐이 유역 중간에 위치하여 저수지추적 및 하도추적이 필요한 경우, 단위도의 적용면적 상한계(250 km²)를 고려하여 유역을 분할하는 기준을 적용하는 경우 등에는 하도추적 포함방법의 적용이 필요하게 된다.
- 과거에는 대유역에도 하도추적 제외방법이 주로 사용되었으나 최근들어 단위도의 적용면적 상한계 고려와 댐 건설 등으로 인하여 하도추적 포함방법이 불가피하게 되면서 홍수량의 증가 문제가 중요 문제로 대두되었다.
- 하지만 실무에서 마땅한 해결 방안을 찾지 못하여 기존 고시된 홍수량보다 약간 크게 나오도록 저류상수를 임의적으로 조정하는 편법 등을 무분별하게 적용함에 따라 홍수량 산정의 신뢰도가 매우 떨어지게 되었다.
- 이를 개선하기 위하여 수행된 연구인 「설계홍수량 산정요령(2012, 국토부)」에서는 하도추적 제외방법과 하도추적 포함방법의 채택 방안과 하도추적 포함방법의 경우 소유역 분할에 따른 홍수량 증가 문제의 해결 방안을 구체적으로 제시하였다.

3.11.2 소유역 분할에 따른 홍수량 증가 문제 대처 방안

가. 단위도 적용을 위한 유역 분할 기준

- 유역규모에 따른 유출특성을 「Hydrology of Floods in Canada : A Guide to Planning and Design(NRCC, 1989)」을 토대로 정리하면 <표 3.21>과 같다.
- 동 표를 토대로 단위도의 적용 상한계인 250 km² 정도를 중규모 유역 개념을 도입하여, 유역면적이 250 km² 초과인 경우에는 중규모 유역을 분할하는 방식을 적용한다.
- 이에 따라 유역면적 250 km² 이하는 하도추적 제외방법, 유역면적 250 km² 초과는 하도추적 포함방법을 적용하게 된다.

<표 3.21> 유역규모에 따른 유출특성

구 분	소규모 유역	중규모 유역	대규모 유역
유역면적	25 km² 이하	25～250 km²	250 km² 이상
강우의 시간분포	일정	변화	변화
강우의 공간분포	균일	균일	변화
유출형태	표면류 흐름이 지배적	표면류흐름과 하도흐름으로 구성	하도흐름이 지배적
하도저류효과	무시	무시	고려
홍수량 산정방법	하도추적 제외 방법		하도추적 포함 방법

나. 하도추적 제외방법에 의한 홍수량 산정

- 대상 유역면적이 단위도의 적용 상한계인 250 km² 이하인 경우에는 유역분할에 따라 불필요하게 홍수량이 증가되는 문제점을 방지하기 위하여 하나의 중규모 유역으로 간주하여 유역분할을 하지 않는 방법을 채택한다.
- 대상 하천의 모든 홍수량 산정지점별로 상류유역을 1개의 단일유역으로 취급하여 홍수량을 산정하는 하도추적 제외방법을 적용하여야 한다.

다. 하도추적 포함방법에 의한 홍수량 산정

1) 하도추적 포함방법의 주요 내용

- 대상 유역면적이 단위도의 적용 상한계인 250 km² 초과하는 경우에는 유역을 분할하는 것이 타당하며, 유역을 분할할 경우 하도추적이 수반되므로 홍수량 산정 방법 중 하도추적 포함방법을 적용하여야 한다.
- 한편, 대상 하천내에 홍수조절용량을 가진 댐이 위치하고 있을 경우에는 저수지 추적이 수반됨을 고려하여 댐지점을 기준으로 중규모 유역이 구분되도록 하여야 한다.
- 하도추적 포함방법의 경우 유역 분할로 유역 규모가 작아지면 도달시간이 짧아지고 이에 따라 단위도의 첨두종거와 첨두홍수량이 대폭 증가되는 반면 하도추적에 의한 첨두홍수량의 감소는 미미하기 때문에 전반적으로 홍수량이 커지게 되며, 소유역을 많이 구분할수록 이와 같은 홍수량 증가 현상이 크게 발생하게 된다.
- 이와 같은 현상을 방지하기 위하여 유역 분할시 단위도의 적용 상한계인 250 km² 정도로 중규모 유역 개념을 도입하고, 중규모 유역내에서는 하도추적 포함방법을 적용하지 않고 홍수량 산정지점별로 상류유역을 1개의 단일유역으로 취급하여 홍수량을 산정하는 하도추적 제외방법을 적용하는 것을 대안으로 강구하게 되었다.
- 하도추적 포함방법의 적용 개요는 하도추적 대상은 해당 홍수량 산정지점 직상류 중규모 유역의 홍수량이며 추적구간은 추적 대상 중규모 유역의 하류단에서 해당 홍수량 산정지점까지이며, 추적한 홍수량에 홍수량 산정지점별로 홍수량 산정지점이 속한 중유역의 상류유역을 1개의 단일유역으로 취급하여 홍수량을 산정하는 하도추적 제외방법을 적용하여 산정한 홍수량을 합성하는 것이다.

2) 하도추적 포함방법의 적용 사례

- 하도추적 포함방법 적용을 위하여 예시된 유역은 <그림 3.24>와 같고, 전체 유역면적은 600 km², 홍수량 산정지점은 8개소이다.
- 동 그림을 토대로 중규모 유역분할 방법 및 중규모 유역별 홍수량 산정 방법을 설명하면 다음과 같다.

a) 중규모 유역 분할

- 전체 유역면적이 600 km²이므로 단위도의 적용 상한계인 250 km²를 기준으로 고려하면 중규모 유역 개소수는 3개 정도로 예상된다.
- 상류유역으로부터 단위도의 적용 상한계인 250 km² 이하의 기준을 만족시키면서 홍수량 산정지점 8개소를 기준으로 중규모 유역 분할을 고려한 결과, 유역Ⅰ(유역면적 240 km², 홍수량 산정지점 3개소), 유역Ⅱ(유역면적 230 km², 홍수량 산정지점 3개소), 유역Ⅲ(유역면적 130 km², 홍수량 산정지점 2개소) 등으로 분할한다.

b) 중규모 유역별 홍수량 산정

① 중규모 유역Ⅰ의 홍수량 산정

- 중규모 유역Ⅰ의 경우 최상류 중규모 유역이어서 하도추적 대상이 없는 유역이다.
- 중규모 유역Ⅰ의 3개소 홍수량 산정지점별(P-Ⅰ-1, P-Ⅰ-2, P-Ⅰ-3 지점)로 상류유역을 1개의 단일유역으로 취급하여 홍수량을 산정하는 하도추적 제외방법을 적용하여 홍수량을 산정한다.

② 중규모 유역Ⅱ의 홍수량 산정

- 하도추적 대상 홍수량인 중규모 유역Ⅰ 하류단의 홍수량을 중규모 유역Ⅱ의 구간에 대하여 홍수량 산정지점별로 하도추적한 홍수량과 홍수량 산정지점이 속한 중유역 유역Ⅱ 상류유역을 1개의 단일유역으로 취급하여 홍수량을 산정하는 하도추적 제외방법으로 산정한 자체홍수량을 합성하는 방법을 적용한다.
- 홍수량 산정지점 P-Ⅱ-1지점은 중규모 유역Ⅰ 하류단의 홍수량인 P-Ⅰ-3지점의 홍수량과 L-Ⅱ-1구간에 대한 하도추적을 실시하고 여기에 A-Ⅱ-1 소유역의 자체홍수량을 합성하여 산정한다.
- 홍수량 산정지점 P-Ⅱ-2지점은 P-Ⅰ-3지점의 홍수량을 L-Ⅱ-1구간과 L-Ⅱ-2구간을 합한 하나의 구간에 대한 하도추적을 실시하고 여기에 A-Ⅱ-1 소유역과 A-Ⅱ-2 소유역을 합한 하나의 유역에 대한 자체홍수량을 합성하여 산정한다.

- 홍수량 산정지점 P-Ⅱ-3지점은 P-Ⅰ-3지점의 홍수량과 L-Ⅱ-1구간, L-Ⅱ-2구간, L-Ⅱ-3구간을 합한 하나의 구간에 대한 하도추적을 실시하고 여기에 A-Ⅱ-1 소유역, A-Ⅱ-2 소유역, A-Ⅱ-3 소유역을 합한 하나의 유역에 대한 자체홍수량을 합성하여 산정한다.

③ 중규모 유역Ⅲ의 홍수량 산정

- 하도추적 대상 홍수량인 중규모 유역Ⅰ 하류단의 홍수량을 중규모 유역Ⅲ의 구간에 대하여 홍수량 산정지점별로 하도추적한 홍수량과 홍수량 산정지점이 속한 중유역 유역Ⅲ 상류구역을 1개의 단일유역으로 취급하여 홍수량을 산정하는 하도추적 제외방법으로 산정한 자체홍수량을 합성하는 방법을 적용한다.
- 홍수량 산정지점 P-Ⅲ-1지점은 중규고 유역Ⅱ 하류단의 홍수량인 P-Ⅱ-3지점의 홍수량을 L-Ⅲ-1구간에 대한 하도추적을 실시하고 여기에 A-Ⅲ-1 소유역의 자체홍수량을 합성하여 산정한다.
- 홍수량 산정지점 P-Ⅲ-2지점은 P-Ⅰ-3지점의 홍수량을 L-Ⅲ-1구간과 L-Ⅲ-2구간을 합한 하나의 구간에 대한 하도추적을 실시하고 여기에 A-Ⅲ-1 소유역과 A-Ⅲ-2 소유역을 합한 하나의 유역에 대한 자체홍수량을 합성하여 산정한다.

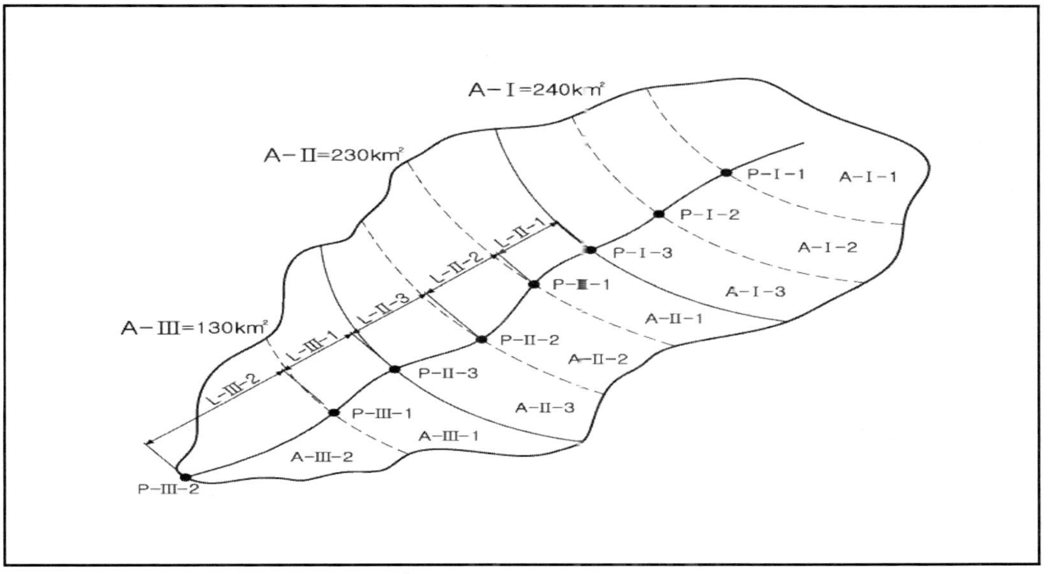

<그림 3.24> 단위도 적용 상한계를 초과하는 경우의 유역분할 및 홍수량 산정방법

3.12 설계홍수량 산정

3.12.1 설계홍수량 산정 절차 및 모형 종류

- 중·대규모 자연유역의 설계홍수량 산정은 다음과 같은 절차로 수행한다.
  - 유역 상하류의 홍수량의 변화를 파악할 수 있는 정도의 구간 설정, 유역면적의 등면적 분할, 지류합류점 및 주요구조물 지점 등을 전반적으로 고려하여 홍수량 산정지점을 선정한다.
  - 강우량자료의 빈도해석을 통하여 강우지속기간별 재현기간별 확률강우량을 산정하고 강우강도식을 유도한다. 한편, 가능최대홍수량을 산정하여야 하는 경우에는 지속기간별 가능최대강수량을 별도로 산정한다.
  - 확률강우량 또는 가능최대강수량을 Huff 방법 등으로 시간분포시켜 우량주상도를 작성한다. 여기서 산정지점별로 확률강우량의 경우 면적이 약 25 km² 이상이면 면적우량환산계수를 적용한 면적확률강우량을 적용하고, PMP의 경우 포락한 결과에서 해당 면적의 PMP를 적용한다.
  - SCS 방법의 유출곡선지수(CN) 등을 이용하여 손실우량을 분리하여 유효우량주상도를 작성한다.
  - 단위도의 매개변수(도달시간, 저류상수 등)를 산정한다.
  - 강우지속기간별 재현기간별 유효우량주상도를 단위도에 적용하여 직접유출수문곡선을 작성하고 여기에 기저유량을 고려하여 소유역별 홍수수문곡선을 산정한다.
  - 강우지속기간별 재현기간별 소유역별 홍수수문곡선이 산정되면 하도추적 및 저수지추적, 홍수수문곡선 합성 등을 통하여 전체 유역의 홍수수문곡선을 산정한다.
  - 재현기간별 홍수량은 산정지점별로 채택된 임계지속기간의 홍수수문곡선으로 결정한다. 여기서 임계지속기간은 일반적으로는 첨두홍수량 최대, 저류용 구조물에는 첨두방류량(저류용량 및 홍수위) 최대인 강우지속기간으로 결정한다.
  - 재현기간별 산정지점별 첨두홍수량에서 채택된 계획빈도 첨두홍수량을 산정지점별 설계홍수량으로 결정한다.
- 자연유역 설계홍수량 산정의 대표적인 모형은 미국 육군공병단(USACE)의 HEC -1 모형 및 HEC-1 모형의 Windows 버전인 HEC-HMS 모형 등이 있다.

3.12.2 HEC-1 모형 적용

1) 모형의 개요

- HEC-1 모형은 강우에 의한 지표면 유출을 분석하기 위해 설계된 단일사상(single event) 강우-유출 모형이다.
- HEC-1 모형은 소유역별 홍수량 산정, 하도추적 및 저수지추적, 홍수수문곡선의 합성 등으로 유출을 분석하며, 분석 모식도는 <그림 3.25>와 같이 표시된다.

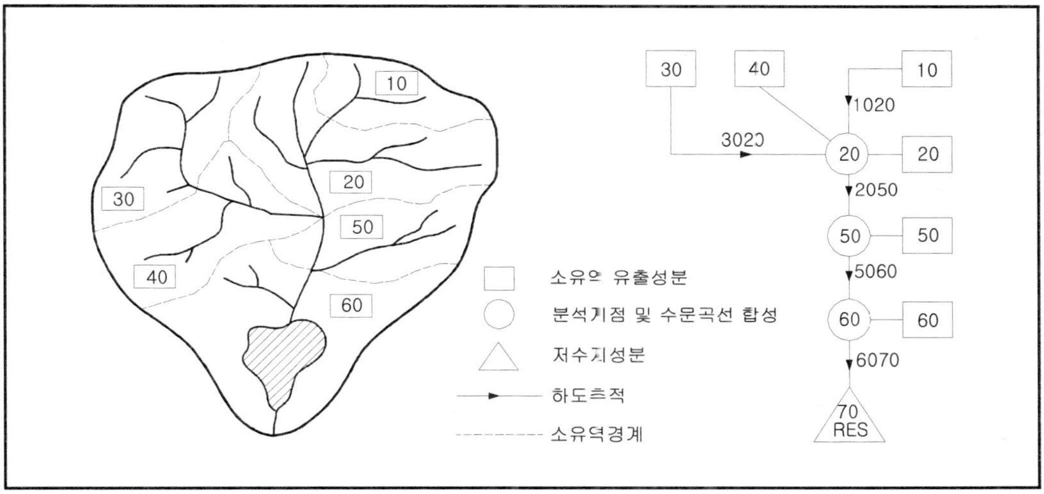

<그림 3.25> HEC-1 모형의 분석 모식도

2) 모형의 구성 요소

가) 손실량 및 유효우량의 계산

- 유출성분을 세분화하지 않고 단순히 총강우량에서 침투 등의 손실우량을 제외한 직접유출 부분에 해당하는 강우량을 유효우량으로 간주한다.
- 유효우량 계산에는 일정손실, 초기손실-일정손실, 지수함수 손실, Holtan, Green-Ampt, SCS 유출곡선지수 방법 등을 사용한다.

나) 단위도

단위도는 대표단위도를 직접 입력하는 방법과 Snyder 단위도, SCS 단위도, Clark 단위도 등의 매개변수를 입력하여 합성단위도를 작성하는 방법 등을 사용한다.

다) 기저유량

기저유량은 다음과 같은 3가지 매개변수를 통하여 고려한다.

- STRTQ : 유출수문곡선 상승부 기점의 유량이며, 단위면적당 유량($m^3/s/km^2$)으로 입력시에는 앞에 (-) 부호를 사용(대략 -0.05~-0.20 범위이며 0.12 정도가 무난)
- QRCSN : 유출수문곡선이 지수적으로 감소하기 시작하는 변곡점의 유량이며, 첨두유량에 대한 변곡점의 유량의 비로 입력시에는 앞에 (-) 부호를 사용(대략 -0.05~-0.25 범위, 0.1 정도가 무난하며, 유출수문곡선의 끝부분이 자연스럽지 않은 경우는 조정)
- RTIOR : 감수부상의 임의 시점의 유량과 1시간 후의 유량의 비로 감수부의 경사(1.1~1.2 범위) : HEC-HMS 모형의 경우 임의 시점의 유량과 24시간 전의 유량의 비이므로 $1/RTIOR^{24}$ 형태로 변경

라) 홍수추적

홍수추적에는 Muskingum 방법, Muskingum-Cunge 방법, 수정 Puls 방법, 운동파 방법 등을 사용한다.

마) 매개변수의 검정

- 실제 강우-유출 자료를 이용하여 유출 관련 매개변수를 검정(calibration)할 수 있는 최적화방법을 제시하고 있으며, 검정 매개변수는 크게 SCS 방법, Clark 방법 등의 단위도 관련 매개변수와 손실률 관련 매개변수 등이 있다.
- 특정 매개변수 하나만 검정하여야만 검정의 신뢰도를 확보할 수 있으므로 여러 매개변수를 한꺼번에 검정하는 것을 지양하여야 한다.
- 한편, 검정(calibration)이 완료되면 필요시 실제 사상과 모형의 모의결과를 비교하는 검증(verification)을 실시하여 모형의 적합성을 검토한다.

3) HEC-1 모형의 입력자료

실제 유역의 설계홍수량을 산정하여 보기 위하여 소양강댐 유역을 분석대상으로 채택한 경우의 HEC-1 모형의 주요 입력자료는 <표 3.22>와 같다. 단, 이는 모형 적용의 현실감을 주기 위한 것으로서 소양강댐의 설계홍수량과는 직접적인 관련이 없다.

<표 3.22> HEC-1 모형의 주요 입력자료

```
ID 소양강댐 200년빈도 홍수량 산정        ☜ 작업 제목
*DIAGRAM                                ☜ 계산 모식도 출력
*LIST                                   ☜ 입력자료 출력(echo printing)
IT    60 24AUG99    1000     121        ☜ 계산 시간간격(60분), 수문곡선 좌표개수(120+1)
IN    60 24AUG99    1000                ☜ 입력자료 시간간격(60분), 시작일·월·년 및 시각
IM                                      ☜ Metric 단위 채택
IO     5       0                        ☜ 전체 출력 지어
PG IBR_P      582 ☜ 인북천 유역의 2일 지점평균확률강우량(mm)
PG NRR_P      600 ☜ 내린천 유역의 2일 지점평균확률강우량(mm)
PG SYD_P      568 ☜ 소양강댐 자체 유역의 2일 지점평균확률강우량(mm)
PG NUL_P        0 ☜ 면적우량환산계수를 적용을 위한 Dummy관측소(강우량 0.0mm)
PG HUFCC        0 ☜ Huff 강우분포 ☞ 강우분포는 누가형인 PC Card 추천, 초기 0.0 입력 필요
PC 0.000   1.039   1.832   2.565   3.347   4.225   5.206   6.273   7.399   8.553
PC 9.711  10.858  11.988  13.112  14.250  15.431  16.695  18.084  19.644  21.418
PC23.446  25.761  28.385  31.329  34.591  38.156  41.996  46.068  50.320  54.689
PC59.106  63.496  67.784  71.901  75.779  79.366  82.618  85.510  88.035  90.202
PC92.040  93.592  94.913  96.062  97.090  98.030  98.881  99.582 100.000
VS SYD_I    SYD_R    SYD_R  ☜ 사용자 지정 출력 지점명, 계산 결과를 한줄로 출력 가능
VV  2.11     2.11     7.11  ☜ V.PR 형태에서 V는 변수로 2는 유량, 7은 수위
KK INBUK                    ☜ 계산 지점명
KM 인북천 유출량 산정       ☜ 지점 설명문
BA 923.8                    ☜ 유역면적(Km²)  ☞ BF Card는 동일 조건이면 한번만 입력
BF -0.12     -0.1     1.15  ☜ 기저유량, 초기비유량(m³/s/Km²), 첨두와 변곡점유량의 비,
PR HUFCC                    ☜ 해당 관측소의 Huff 강우분포 채택             감수부 경사
PW     1                    ☜ 강우분포 가중치
PT IBR_P   NUL_P            ☜ 가중치가 부여될 총강우량 지정 우량관측소
PW 0.895   0.105            ☜ 가중치, Dummy 관측소를 이용하여 면적우량환산계수 반영
LS     0    78.3            ☜ SCS 유효우량 산정의 CN   ☞ 48hr 면적확률강우량으로 변환
UC  5.51    6.30            ☜ Clark 단위도의 도달시간(Tc, hr), 저류상수(K, hr)
KK NARIN
KM 내린천 유출량 산정
BA1069.3
PR HUFCC
PW     1
```

<표 3.22> HEC-1 모형의 주요 입력자료(계속)

```
PT NRR_P   NUL_P
PW 0.895   0.105
LS     0    84.5
UC  6.68    7.23
KK IBNRS
KM 인북천과 내린천 유출량 합성
HC     2                          ☜ 수문곡선 2개 합성
KK IN_SY
KM 인북천과 내린천의 유출량 소양강댐으로 하도추적
RM     1    0.77     0.2          ☜ Muskingum 홍수추적의 구간수, 저류상수, 가중계수
KK SYDSI
KM 소양강댐 자체유역 유출량 산정
BA 709.9
PR HUFCC
PW     1
PT SYD_P   NUL_P
PW 0.895   0.105
LS     0    87.7
UC  1.37    1.81
KK SYD_I
KM 소양강댐 유출량 합성
HC     2
KO     1       2                  ☜ 구간 출력 제어
KK SYD_R
KM 소양강댐 저수지추적
RS     1    ELEV   185.5       0   ☜ 저수지추적의 구간수, 초기조건 종류, 초기조건
SV     0   27461   83481  140599  198815  268129  318540  380050  442657  506363
SV571166  637067  704066  762629  772163  841906  911649  ☜ 저류용량(10³m³)
SQ     0    43.0   211.0   393.0   655.5  1062.0  1495.5  1968.0  2479.0  3028.0
SQ3615.0  4240.0  4901.5  5500.0  5500.0  5500.0  5500.0  ☜ 유 출 량(m³/s)
SE 185.5   186.0   187.0   188.0   189.0   190.0   191.0   192.0   193.0   194.0
SE 195.0   196.0   197.0  197.86   198.0   199.0   200.0  ☜ 저 수 위(EL. m)
KO     1       2                  ☞ 저류용량-유출량-저수위 관계는 순서대로 입력
ZZ                                ☜ 작업 종료
```

3.12.3 기본홍수량 및 계획홍수량 결정

- 기본홍수량은 댐 및 유역변경 등을 무시하고 산정된 확률홍수량이며, 계획홍수량은 댐 및 유역변경 등을 고려하여 산정된 확률홍수량을 대상으로 특정 재현기간 또는 PMF 중에서 계획기준점이나 계획시설물에 따라 채택한다. 한편, 여기서 계획홍수량과 설계홍수량은 계획단계인지 설계단계인지에 의해 용어가 구분될 뿐이며 개념상으로는 동일하다고 보면 된다.
- 일반적으로 기본홍수량이나 계획홍수량으로 결정하기 위해서는 계획빈도의 소숫점 한 자리까지 산정된 확률홍수량을 그대로 채택하는 것이 아니라 확률홍수량의 규모에 맞도록 적절하게 올림처리하여 사용한다.
- 예를 들면 37,567.5m³/s처럼 일만 이상인 경우에는 천단위로 맞추어서 38,000m³/s, 3,756.7m³/s처럼 일천~일만미만인 경우에는 백단위로 맞추어서 3,800m³, 375.6m³/s처럼 일백~일천미만인 경우에는 십단위로 맞추어서 380m³/s, 37.5m³/s처럼 일십~일벅미만인 경우에는 일단위로 맞추어서 38m³/s 등으로 올림처리하여 사용하고, 3.7m³/s처럼 일~일십미만인 경우에는 그대로 사용하는 방식 등을 적용하고 있다.
- 실무에서 계획빈도의 올림처리하기 전의 확률홍수량을 기본홍수량으로 결정하고 올림처리한 확률강우량을 계획홍수량으로 결정하는 방식으로 잘못 기술하는 경우가 종종 발생하고 있다. 기본홍수량과 계획홍수량의 구분은 댐 및 유역변경 등의 고려 유무에 따른 것이지 올림처리 여부에 따른 구분이 아닌 점에 유의하여야 한다. 이에 따라 댐 및 우역변경 등이 고려되지 않은 조건에서 산정된 계획빈도의 확률홍수량을 올림처리하여 기본홍수량으로 결정하고, 댐 및 유역변경 등이 그려된 조건에서 산정된 계획빈도의 확률홍수량을 올림처리하여 계획홍수량으로 결정하는 방식을 적용하여야 한다.
- 한편, 계획빈도의 산정 확률홍수량에서 올림처리하여 계획홍수량을 채택한 후, 저수지추적을 실시할 경우 기존 산정되어 있는 홍수수문곡선을 그대로 이용하면 계획홍수량과 저수지추적의 첨두홍수량이 다르게 나타나게 된다. 이와 같은 경우에는 첨두부를 약간 수정한 홍수수문곡선을 적용하거나 부연 설명을 추가하는 등의 부가적인 조치를 고려하는 것이 필요하다.

메 모 란

제 4 장

도시유역 설계홍수량 산정

4.1 도시유역 홍수량 산정 일반사항

4.1.1 도시유역과 자연유역 차이

- 도시유역은 일반적으로 불투수면적의 비율이 높고, 소규모 유역이 대부분이며 특히, 우수배제 체계가 자연유역은 하천에 의한 하도흐름인 반면 도시유역은 우수관거에 의한 관거흐름인 점이 홍수량 산정 방법을 자연유역과 도시유역으로 구분하게 하는 근본적인 요인이다.
- 관거흐름의 경우 유역분할 및 소유역별 홍수량 산정과 관거추적의 조합으로 홍수량을 산정하게 되므로 유역분할과 관거추적이 필수적이 되며, 이에 따라 도달시간도 홍수량의 관거추적을 통하여 산정하여야 하는 등의 특성 때문에 도시유역의 홍수량 산정 방법을 별도로 제시하게 되는 것이다.

4.1.2 소유역별 홍수량 산정 방법

가. 소유역 분할 및 도달시간 산정

- 주요 지점의 맨홀을 기준으로 적절하게 홍수량 산정지점을 선정하고, 이를 토대로 소유역으로 유역분할을 실시한다.
- 소유역의 표면류흐름 도달시간은 연속형 Kraven 공식, 수정 Jeong 공식 등과 같은 공식이나 적용 모형에서 추천하는 공식 등으로 산정한다.

나. 소유역별 홍수량 산정

1) 소유역 매개변수 보정량 적용

- 도시유역의 경우 소유역 매개변수 보정량 개념으로 일정 유입시간 5~10분, Kerby 공식으로 산정된 20분 이상의 결과 등을 적용하여 왔다.

- 이와 같이 방법별로 유입시간이 크게 달라지며, 유입시간을 강우지속기간 증가량과 유역반응시간 증가량 중 어디에 적용하느냐 등에 따라 홍수량이 크게 달라짐에도 불구하고 구분없이 사용된 바 있다.
- 한편, Kerby 공식을 여러 소유역을 대상으로 적용할 경우 실제 매우 짧은 표면류흐름의 유입시간이 관거흐름 유하시간보다 훨씬 크게 산정됨으로 인하여 Kerby 공식에 의한 유입시간의 차이가 그대로 소유역별 도달시간의 차이로 나타나게 되어 소유역 면적과 도달시간간의 관계가 역전 현상이 발생하는 중대한 단점을 지니고 있으므로 채택에서 제외하여야 한다.
- 도시유역의 소유역 매개변수 보정량의 범위는 강우강도식의 강우지속기간 증가량은 20분 정도, 유역반응시간 증가량은 10분 정도가 적절하다.

가) 강우강도식의 강우강도 조정 방법

- 합리식의 경우 유역반응시간은 직접 활용되지 않으며 단지 첨두홍수량은 강우강도의 함수이므로 강우지속기간 증가를 통한 강우강도 조정 방법만 적용 가능하다.

$$I' = IDF(T_d') = IDF(T_d + t_{s-rd}) = IDF(T_c + t_{s-rd})$$

여기서 I'는 강우지속기간 증가량을 적용한 강우강도(mm/hr), T_d는 도달시간(T_c)과 동일한 강우지속기간(min), T_d'은 증가량을 적용한 강우지속기간(min)이며, t_{s-rd}는 소유역 매개변수 보정량(t_s) 중에서 강우지속기간 증가량(min)으로 일반적으로 20분을 적용하며 여건에 따라 15~20분을 적용할 수 있다.

- 시간-면적 방법의 경우 기본적으로 합리식을 기본으로 하고 있기 때문에 강우강도를 낮추는 방식을 채택하여야 하지만 Huff 방법 등으로 시간 분포시킨 상태에서 강우강도를 적절하게 낮추는 것이 곤란하다. 이에 따라 전이(translation) 과정에서 일반적으로 전체 유역에서 유출이 발생할 경우 첨두가 발생하는 구조인 점을 고려하여 시간-면적 곡선 작성에 필요한 도달시간을 30분 정도 증가시켜서 강우지속기간이 길어지도록 하여 강우강도를 낮추는 간접적인 방법을 적용한다.

나) 유역반응시간 증가량 방법

- Clark 단위도법 등과 같이 유역반응시간이 포함되어 있는 유출모형에 적용하는 방법이며, 가급적 2차 유역반응시간 증가량 방법을 적용하여야 한다.

- 1차 유역반응시간 증가량 방법

$$T_c' = T_c + t_{s-wr}$$

- 2차 유역반응시간 증가량 방법

$$K' = K + t_{s-wr}$$

여기서 T_c, K는 각각 도달시간(min), 저류상수(min), T_c', K'는 각각 유역반응시간 증가량을 적용한 도달시간, 저류상수, t_{s-wr}은 유역반응시간 증가량(min)으로 일반적으로 10분을 적용하며 여건에 따라 7~10분의 범위를 적용할 수 있다.

2) 홍수량 산정 방법 채택

소유역별 홍수량 산정 방법은 합리식, 시간-면적 방법, Clark 단위도법 등을 채택한다.

4.1.3 관거추적을 포함한 홍수량 산정 방법

가. 관거추적 구간범위 선정

- 관거추적의 구간범위 선정은 모든 지선을 고려하는 방법과 간선 위주로 국한하는 방법으로 구분되며, 분석 결과에 큰 차이를 나타내는 항목이므로 실무적으로 유의하여야 한다. 한편, 이런 차이가 발생하는 주요 원인은 관거의 통수단면 부족에 따른 제약흐름 처리방안과 밀접하게 관련된다.
- 실무에서는 지선의 관거추적을 제외함으로써 설계안전 측면과 편리성 측면 등에서 유리한 간선 위주로 국한하는 방법이 선호되고 있으나, 후술되는 SWMM의 관거규모 제약조건을 고려하는 제약흐름(constrained flow) 처리 방안을 토대로 결정하는 것이 적절하다.

나. 관거추적

- 합리식의 경우 해당관거 상류단의 도달시간에 Manning 공식으로 산정된 해당관거의 유하시간을 더한 시간을 강우지속기간으로 적용하여 해당관거 하류단의 홍수량을 산정하며, 이는 하도추적 제외방법과 유사한 개념이다.
- 대부분 도시유역 모형의 경우 소유역별 홍수량 산정과 관거추적의 합성을 하류로 내려가면서 축차적으로 모형내에서 자동으로 처리하는 방식이며, 이는 하도추적 포함방법과 유사한 개념이다.

4.2 합리식(도시유역)

가. 도시유역과 자연유역의 적용상의 차이

- 합리식의 인자중에서 유역면적이나 유출계수는 자연유역과 동일하게 산정하는 반면, 강우강도의 강우지속기간 결정에 필요한 도달시간 산정 부분은 관거흐름이 발생하게 됨에 따라 달라지게 된다.
- 자연유역의 경우 표면류흐름의 유하시간과 하도흐름의 유하시간을 모두 동일한 경험공식으로 도달시간을 산정하는 반면, 도시유역은 표면류흐름의 유하시간과 관거흐름의 유하시간으로 구분하여 달리 산정한다.

나. 산정지점별 홍수량 산정

- 홍수량 산정지점 상류 전체의 면적 및 평균 유출계수를 산정하고, 산정지점에서 계산되는 도달시간을 적용하여 강우강도를 산정하여 홍수량을 산정한다.
- 한편, 이와 같은 방법은 자연유역의 단위도법 적용시 채택하는 하도추적 제외방법과 유사한 개념으로 볼 수 있다.
- 하지만 도달시간 산정 부분에서 자연유역은 최상류부의 표면류흐름 유하시간에 홍수량 크기와 상관없이 산정되는 홍수량 산정구간별 하도흐름의 유하시간을 더하여 내려가면 되므로 단순한 반면, 도시유역은 최상류부의 표면류흐름 유하시간에 홍수량 크기에 관계되어 산정되는 홍수량 산정구간별 관거흐름의 유하시간을 더하여 내려가야 하므로 다소 복잡하게 산정하여야 한다.
- 도시유역 합리식 적용시 홍수량 산정지점별로 홍수량을 산정하는 방법을 구체적으로 살펴보면 다음과 같다.
  - 최상류 산정지점인 첫번째 관거구간 상류단은 해당지점 상류부의 표면류흐름 유하시간을 도달시간(소유역 매개변수 보정량을 추가 적용)으로 채택하여 홍수량을 산정한다.
  - 첫번째 관거구간 하류단은 첫번째 관거구간의 유하시간을 첫번째 관거구간 상류단의 홍수량과 Manning 공식으로 산정하고 이를 첫번째 관거구간 상류단의 도달시간과 합한 결과를 도달시간으로 적용하여 홍수량을 산정한다.

- 두번째 관거구간 하류단은 두번째 관거구간의 유하시간을 두번째 관거구간 상류단의 홍수량과 Manning 공식으로 산정하고 이를 두번째 관거구간 상류단의 도달시간과 합한 결과를 도달시간으로 적용하여 홍수량을 산정한다.
- 이와 같은 과정을 반복하면서 하류로 홍수량을 산정하여 내려간다.

다. 유출계수 산정

- 유출계수는 자연유역의 합리식에서 제시한 방법을 그대로 적용하되 첨두홍수량 과다 산정을 방지와 관련된 부분에 유의하여 적용하여야 한다.
- 유출계수를 재현기간별로 상향조정하는 방안은 합리식의 홍수량이 다른 방법에 비하여 크게 산정되는 상황에서 유출계수를 상향조정하면 강우지속기간 증가량을 더 크게 적용하거나 범위가 넓은 유출계수 채택시 지나치게 하향 적용하는 등의 결과로 귀결로 되기 때문에 실무차원에서는 지양하여야 한다.
- 한편, 현재 단위도법은 재현기간별로 선형으로 간주하고 있는 상황에서 합리식만 비선형을 고려하는 것은 형평성 측면에서 타당하지 않는 점도 부가적으로 고려되어야 한다.

라. 합리식의 적용을 위한 도달시간 산정

1) 표면류흐름의 유하시간 산정

- 과거에는 일정 유입시간(5, 7, 10, 20, 30분 등)이나 Kerby 공식으로 산정된 유입시간(약 20분 이상)을 적용하였다. 합리식에서 이러한 적용은 물리변수인 도달시간을 크게 적용하는 의미보다는 강우지속기간을 증가시켜서 강우강도가 지나치게 커지는 현상을 방지하기 위한 목적이다.
- 이와 같이 강우지속기간을 증가시키는 방식은 후술되는 소유역 매개변수 보정량을 별도로 적용하도록 하는 것으로 대체되어 있다.
- 표면류흐름의 유하시간은 연속형 Kraven 공식, 수정 Jeong 공식 등과 같은 유속을 토대로 하는 공식이나 적용 모형에서 추천하는 공식 등으로 산정하고, 물리변수인 도달시간을 왜곡시키지 않기 위하여 짧게 산정된 그대로 채택한다.

2) 관거흐름의 유하시간 산정

가) 기설 우수관거 평가시 유하시간

- 구간별 관거흐름의 유하시간 산정시에는 이미 산정되어 있는 해당구간 상류의 홍수량으로 해당구간 관거흐름의 유하시간을 Manning 공식으로 산정한다.
- 한편, 합리식의 경우 기존 우수관거의 용량이 부족하여 제약이 있는 조건(constrained condition)의 경우 처리가 곤란한 방법이다.

나) 신설 우수관거 설계시 유하시간

- 신설 우수관거 설계시 관거의 직경(D) 및 경사(S_p)의 채택과 이에 따른 관거내 유하시간(T_{cd})을 산정하는 절차는 다음과 같다.

① 관거 경사(S_p)는 일단 지표면 경사(S_o)와 동일하다고 가정한다.

② 합리식에 의한 설계홍수량(Q_P)을 통수시키는데 있어서 부유물질의 침전을 막기 위한 최소허용유속(V_a)이 0.8m/s인 조건하에서 산정된 최대허용관경(D_{max})과 Manning공식에 의한 소요관경(D_m)을 산정한다.

- 침전방지를 위한 최대허용관경

$$Q_P/V_a = A = \frac{\pi D_{max}^2}{4}$$

$$D_{max} = \sqrt{\frac{4Q_P}{\pi V_a}}$$

- Manning공식에 의한 소요관경

$$Q_P = \frac{1}{n} A R^{2/3} S_o^{1/2} = \frac{1}{n}\frac{\pi D_m^2}{4}\left(\frac{D_m}{4}\right)^{2/3} S_o^{1/2}$$

$$D_m = \left(\frac{4^{5/3} n\, Q_P}{\pi S_o^{1/2}}\right)^{3/8}$$

여기서 Q_P는 설계홍수량, V_a는 설계홍수량을 통수시키는데 있어서 최소허용유속, D_{max}는 최대허용관경, D_m은 Manning공식에 의한 소요관경, n은 Manning의 조도계수, S_o는 지표면경사이다.

③ Manning공식에 의한 소요관경(D_m)이 침전방지를 위한 최대허용관경(D_{max})보다 작고, D_m과 D_{max} 사이의 상용 관거의 관경이 존재할 경우에는 상용관거 중 가장 작은 것을 소요관경(D)으로 채택하고 ④~⑤의 과정을 생략하고 ⑥으로 이동한다.

- 소요관경(D) 결정시 상용 관거의 관경이 200~500 mm는 50 mm 간격, 600~1200 mm는 100 mm 간격으로 생산되는 점 등을 고려하여 약간 여유 있게 채택
- 이 경우는 관거 경사(S_p)는 지표면 경사(S_o)와 동일하게 채택

④ Manning공식에 의한 소요관경(D_m)이 침전방지를 위한 최대허용관경(D_{max})보다 크거나 또는, 작다고 하더라도 D_m과 D_{max} 사이의 상용 관거의 관경이 존재하지 않는 경우에는 침전방지를 위한 최대허용관경(D_{max})보다 작은 상용 관거 중 가장 큰 것을 소요관경(D)으로 채택한다.

⑤ ④의 경우는 결국 채택된 소요관경이 Manning공식에 의한 소요관경(D_m) 보다 작은 경우이므로 설계홍수량(Q_P)을 소통시키기 위해서는 관거 경사(S_p)는 지표면 경사(S_o)와 동일하게 할 수 없으므로 다음과 같이 조정한다.

$$S_p = \frac{n^2 Q_P^2}{A^2 R^{4/3}} = \frac{n^2 Q_P^2}{\left(\frac{\pi D^2}{4}\right)^2 \left(\frac{D}{4}\right)^{4/3}}$$

⑥ 최종 관거의 유하시간은 연속방정식에서 관거의 유속을 산정하고 관거길이를 유속으로 나누어 산정한다.

$$V_{cd} = \frac{Q_P}{A} = \frac{Q_P}{\frac{\pi D^2}{4}} = \frac{4Q_P}{\pi D^2}$$

$$T_{cd} = \frac{L}{V_{cd}}$$

여기서 V_{cd}는 관거의 유속, Q_P는 설계홍수량, D는 채택된 소요관경, L은 관거의 길이, T_{cd}는 관거의 도달시간이다.

- 계획단면 결정시에는 원형관거는 높이의 100% 상태인 만류, 사각형관거는 높이의 90 % 상태에서 계획유량을 유하시킬 수 있도록 하여야 한다. 이와 같은 결정은 최대 통수유량은 원형관거는 수리특성곡선에서 높이가 94%인 상태, 사각형관거는 높이가 100%인 만류 상태이므로 여기에 약간의 여유를 고려한 결과이다.
- 추가적으로 우수관거의 최대허용유속은 3.0 m/s이므로 유속이 이를 초과하는 경우에는 낙차공 등을 설치하여 경사를 완화시켜야 한다. 또한, 우수관거의 최소 피복두께는 동파 및 차량에 의한 충격 방지 등을 위해 0.6 m(2 ft) 이상 확보하여야 한다.

마. 강우강도의 강우지속기간 산정

- 기존 방법에서는 강우강도의 강우지속기간으로 일정 유입시간(5~10분 범위이며 일반적으로 7분 적용), Kerby 공식으로 크게 산정되는 유입시간(약 20분 이상으로 산정) 등을 고려한 도달시간을 적용하여 왔다.
- 물리변수인 도달시간을 왜곡하는 방식을 지양하기 위하여 연속형 Kraven 공식, 수정 Jeong 공식 등으로 도달시간을 제대로 산정하면 기존 방법보다 매우 작게 산정되므로 소유역 매개변수 보정량 개념을 도입하여야 한다.
- 합리식의 경우 소유역 매개변수 보정량 중에서 강우강도식의 강우강도 조정 방안을 적용하여야 하며, 산정된 도달시간에 강우지속기간 증가량(20분 추천)을 더한 값을 강우강도의 강우지속기간으로 결정한다.

바. 합리식의 한계

- 합리식은 첨두홍수량을 산정하는 공식이어서 홍수수문곡선을 산정할 수 없기 때문에 저수지 추적이 필요한 경우 등에는 채택할 수 없다.
- 또한, 추가 대안으로 제시되고 있는 수정합리식은 홍수수문곡선을 작성할 수는 있지만 첨두홍수량 지속기간 설정의 임의성 등으로 인하여 실무 적용은 곤란하다.
- 우수관거의 통수능이 부족한 경우의 처리가 곤란하므로 이와 같은 경우에 도출되는 결과의 신뢰도가 매우 낮다.
- 하류 배수영향을 고려할 수 없기 때문에 외수위가 작용하는 경우 실제 상황을 반영하지 못하여 잘못된 결과를 제시하는 문제점을 지니고 있다.

4.3 시간-면적 방법(도시유역)

가. 시간-면적 방법 일반

- 시간-면적 방법의 전반적인 내용은 시간-면적 방법(자연유역)에서 전술되어 있으며, 시간-면적 방법의 대표적인 방법으로는 영국 도로연구소(Road Research Laboratory Method) RRL 므형이 있다.
- RRL 모형은 도시 배수관망의 설계홍수량을 계산하기 위해 고안된 방법으로, 면적중에서 투수지역은 제외한 불투수지역만을 대상으로 계산하므로 불투수지역의 비율이 높은(80% 이상) 경우에 적용하여야 한다.
- 우리나라의 경우 RRL 모형에서 제외하고 있는 투수지역 면적까지 고려하고 여기에 유출계수(C)를 도입하는 형태의 KPRRL(Korea Practice RRL) 모형을 주로 사용하고 있다.
- 관거추적 방법은 ILLUDAS 모형과 동일하게 저류량-유출량 관계를 이용하는 단순 저류추적에 의한 홍수추적 방법을 적용한다. 한편, 실무에서는 관거추적을 하지 않는 자연유역의 하도추적 제외방법도 종종 적용하고 있다.

나. 소유역 매개변수 보정량의 적용 방법

- 시간-면적 방법은 합리식을 기본 구조로 하면서 추가적으로 유수의 전이(translation)를 고려하는 방법이다.
- 지금까지는 외견상으로 보이는 유일한 대개변수인 도달시간을 소유역 매개변수 보정량 개념으로 일정량(7~10분)을 증가시키는 방법을 적용하여 왔지만 이러한 방법만으로는 첨두홍수량 과다 산정이 방지되지 않는다.
- 실무에서 시간-면적 방법 적용시 첨두홍수량을 낮추기 위하여 유출계수를 낮게 적용하는 편법으로 대응하거나 손실함수를 Horton 방법을 채택하면서 이의 인자를 임의로 채택하는 방법 등을 무리수를 적용하여 왔으나 이와 같은 잘못된 적용은 원천적으로 지양되어야 한다.
- 시간-면적 방법의 소유역 매개변수 보정량은 기본적으로 합리식을 기반으로 하고 있기 때문에 강우강도를 낮추는 방식을 채택하여야 한다.
- 소유역 매개변수 보정량은 일반적으로 유역반응시간인 도달시간 증가량 30분(실제로는 강우지속기간 연장 개념)하는 것을 원칙으로 하여 일관성을 유지하는 것이 필요하며, 여건에 따라 20~30분의 범위를 적용할 수 있다.

다. 시간-면적 방법의 한계

- 시간-면적 방법은 우수관거 유입부까지의 홍수량 산정까지는 무난한 반면, 우수관거 추적시 관거 소통능력 초과하거나 저류지, 배수영향 등이 있는 경우 적용이 곤란하다. 이런 경우에는 SWMM 모형과 같은 도시유출모형에서 홍수량 산정 부분만 시간-면적 방법을 적용하고 나머지 우수관거 추적 부분은 모형의 추가적인 옵션을 이용하여 해결하여야 한다.
- 한편, SWMM 모형 등과 같은 도시유출모형을 사용하는 경우라면 시간-면적 방법을 채택하고 입력인자를 동일하게 적용하면 시간-면적 방법을 별도로 적용하는 것과 동일한 결과를 얻을 수 있다.
- 이에 따라 하나의 동일 모형에서 홍수량 산정 방법별 결과를 비교 검토하는 것으로 충분하므로 RRL 모형을 SWMM 모형과 비교를 요구하는 것은 지양되어야 한다.

4.4 ILLUDAS 모형

가. ILLUDAS 모형 일반

- ILLUDAS(ILLinois Urban Drainage Area Simulator) 모형은 도시유역의 홍수량을 산정하기 위한 모형으로 우수관거를 통한 유출해석 등에 적합하다.
- 아주 오래된 모형으로 모형 개발 이후 갱신이 되지 않아서 사용 측면에서는 불편이 많았지만 홍수량 산정 측면에서는 상대적으로 양호한 결과를 나타내어 많이 사용된 바 있다.
- 하지만 최근들어 일부 도시유역 모형에서 홍수량 산정 부분이 많이 개선되면서 이와 같은 불편함이 다시 부각되면서 활용도가 낮아졌지만 이론적인 개념을 이해하는 것은 실무적으로 필요하다.
- ILLUDAS 모형은 전체 유역을 우수관거에 직접연결 포장지역, 간접연결 포장지역, 유출에 기여하는 비포장지역, 유출에 기여하지 않는 비포장지역 등으로 구분하여 해석하는 모형으로, 유사한 모형인 RRL 모형이 단지 우수관거에 직접연결 포장지역만을 고려하는 것에 비하여 합리적이다.
- ILLUDAS 모형을 적용하기 위해서는 먼저 전체 유역을 우수관거의 유입구 또는 우수관거의 합류점을 기준으로 여러 개의 소유역으로 구분한다.

- 소유역의 유출은 하나의 유입구를 통하여 우수관거로 연결되는 것으로 간주하고 소유역별로 포장지역과 비포장지역의 유출량을 각각 계산하여 합성함으로써 소유역별 유출수문곡선을 산정한 다음, 우수관거를 통한 추적 및 합성으로 유역 말단부의 총유출수문곡선을 산정한다.

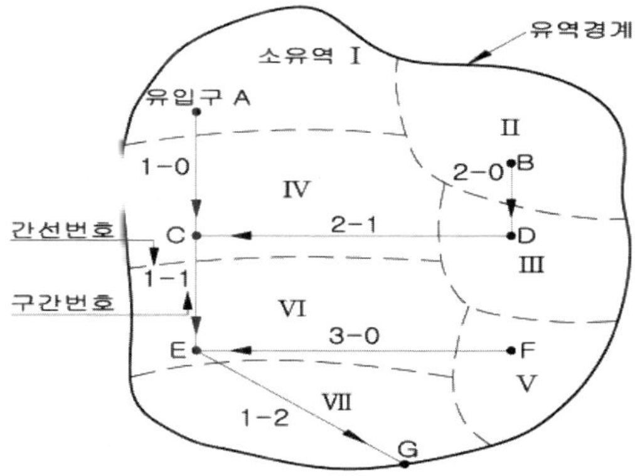

<그림 4.1> 도시유역의 소유역 구분

1) 소유역별 직접연결 포장지역의 유출

- 직접연결 포장지역을 구분한 후 직접연결 포장지역을 거쳐 소유역의 하류단으로 유입하는데 소요되는 도달시간을 산정한다.
- ILLUDAS 모형에서는 직접연결 포장지역 표면유출의 도달시간은 도로배수구에서는 약 0.035~0.070 m³/ha의 흐름이 있는 것으로 가정하고, Manning 공식을 이용하여 도로배수구의 유속을 구함으로써 산정하는 Hicks 공식을 기본으로 적용하고 있으며, 통상 사용하는 도달시간 공식으로 직접 계산하여 입력할 수도 있다.

$$V_o = \frac{1}{n} \cdot R^{2/3} \cdot S^{1/2} = \frac{1}{0.02} \cdot 0.06^{2/3} \cdot S^{1/2}$$

$$T_c = \frac{60L}{V_o} + 2.0$$

여기서 V_o는 표면유출의 유속(m/s), n은 Manning의 조도계수(0.02), R은 동수반경(0.06m), S는 무차원 평균경사, T_c는 도달시간(min), L은 유로연장(m)이며 도달시간은 최소 2분 이상으로 고려함을 의미한다.

- 이와 같이 산정된 소유역 및 전체유역 도달시간을 고려하여 적절한 계산 시간간격(Δt)을 결정하며, 시간간격은 강우자료가 허용하는 한 가급적 짧게 결정한다.

- 계산 시간간격 증분별 각 시각에 있어서 출구유출량에 공헌하는 유역면적을 시간의 함수로 표시하는 곡선을 도달시간이 동일한 점들을 연결하는 등시간선(isochrones)을 그린 후 각 도달시간에 해당하는 누가면적을 결정하여 도달시간-누가면적곡선을 작성하여야 하며, ILLUDAS에서의 원점과 종점의 선형관계를 사용한다.
- Huff 방법 등을 이용하여 강우강도 형태의 우량주상도를 계산 시간간격별로 작성한 후, 원래 우량주상도에서 초기손실 2.54 mm(0.1 in)를 강우강도로 변환하여 빼어 주어 강우강도 형태의 유효우량주상도를 작성한다.
- 도달시간-누가면적곡선과 유효우량주상도의 지체 및 합성에 의한 중첩계산을 통하여 소유역 출구에 대한 직접연결 포장지역의 유출수문곡선을 작성한다.
- 한편, 간접연결 포장지역의 유출은 지표면을 따라서 비포장지역으로 흘러가게 되므로 비포장지역의 유출에서 고려되며 이와 같은 방법이 ILLUDAS 모형이 가지는 특징 및 장점 중의 하나이다.

2) 소유역별 비포장지역의 유출

- 비포장지역의 유출은 직접연결 포장지역의 경우와 비슷하며, 비포장지역을 구분한 후 비포장지역을 거쳐 소유역의 하류단으로 유입하는데 소요되는 도달시간을 산정한다.
- ILLUDAS 모형에서는 비포장지역 표면유출의 도달시간은 다음과 같은 Izzard 공식을 기본으로 적용하고 있으며, 통상 사용하는 도달시간 공식으로 직접 계산하여 입력할 수도 있다.

$$T_c = \frac{3.173\,(0.1778 \cdot I + C)L^{1/3}}{S^{1/3} \cdot I^{2/3}}$$

여기서 T_c는 도달시간(min), I는 강우강도(mm/hr), C는 표면의 조도에 따른 저항을 나타내는 지체상수로 0.007~0.046 범위이며 ILLUDAS에서는 짧게 깎은 잔디밭에 적용하는 0.046을 채택, L은 지표면 흐름길이(m), S는 지표면 무차원 평균경사이다.

- 계산 시간간격 증분별 도달시간이 동일한 점들을 연결하는 등시간선을 그려 시간-면적곡선을 작성하여야 하며, ILLUDAS에서의 원점과 종점의 선형관계를 사용한다.

• 한편, 간접연결 포장지역(supplemental paved area)의 고려는 포장지역이므로 강우는 전량 유출되고, 유출은 비포장지역에 균등하게 배분되는 것으로 가정한다면 간접연결 포장지역의 강우량을 다음과 같이 비포장지역의 강우량으로 변환시키는 것이 가능하다.

$$SPARO(GA) = SPARO(SPA) \times SPA/GA$$

여기서 SPARO(GA)는 간접연결 포장지역의 유출을 비포장지역(contributing grassed area)의 강우량으로 변환한 값(mm), SPARO(SPA)는 간접연결 포장지역(supplemental paved area)의 강우량(mm), SPA는 간접연결 포장지역의 면적, GA는 비포장지역의 면적이다.

• Huff 방법 등을 이용하여 강우강도 형태의 원래 우량주상도를 계산 시간간격별로 작성한 다음, 이와 같은 우량주상도에 상기 방법으로 간접연결 포장지역의 유출을 비포장지역의 강우량으로 변환한 값을 강우강도의 형태로 변환하여 더해 주어 간접연결 포장지역을 고려한 비포장지역의 우량주상도를 작성한 다음, 초기손실 및 침투손실을 강우강도로 변환하여 빼어 주어 강우강도 형태의 유효우량주상도를 작성한다.

• 초기손실은 5.08 mm(0.2 in)를 강우강도 형태로 변환하고, 침투손실은 다음과 같은 Horton 공식을 적용하여 산정된 침투율(mm/hr)을 강우강도로 취급하여 원래 우량주상도에서 빼어 주는 것으로 처리한다.

$$f = a \cdot (S - F)^n + f_c$$

여기서 f는 임의시각 침투율(mm/hr), a는 식물인자, S는 잠재저류량(mm), F는 누가침투량(mm), n은 상수(1.4), f_c는 종기침투율(mm/hr)이다.

• 한편, 미국 토양보존청(SCS)에서는 흙의 수문학적 특성을 고려하여 토양의 종류를 A, B, C, D 등 4종류로 구분하였으며, 다음의 표준침투율 곡선은 토양의 종류별로 시간에 따른 침투율을 산정하기 위한 것으로 Horton의 식에 근거하여 Chow가 제안한 것이다.

$$f = f_c + (f_0 - f_c)\, e^{-kt}$$

여기서 f는 임의시각 침투율(mm/hr), f_0는 초기침투율(mm/hr), f_c는 종기침투율(mm/hr), k는 형상계수(ILLUDAS에서는 2.0을 적용), t는 강우 시작시간으로부터의 시간(hr)이다.

- Horton 표준침투율 곡선에서 초기침투율 및 종기침투율 등은 토양의 종류에 따라 달라지게 되므로 미국 토양보존청(SCS) 기준에 따라 토양의 종류를 결정하여야 하며, 토양의 종류는 침투율이 매우 큰 경우는 A, 상당한 경우 B, 작은 경우 C, 매우 작은 경우 D로 구분한다.
- 또한, Horton의 표준침투율 곡선을 사용함에 있어서 토양의 초기 누가침투량(F_0) 및 잠재저류량(S)이 필요하며 이들은 토양의 종류 및 선행토양함수조건(Antecedent soil Moisture Condition, AMC)에 따라 달라지게 되므로 AMC 조건을 결정하여야 한다.
- AMC 조건은 토양이 매우 건조한 경우 AMC-1, 건조한 경우 AMC-2, 습윤한 경우 AMC-3, 포화된 경우 AMC-4 등 4개로 구분한다. 한편, 유출곡선지수(CN) 산정시 AMC를 3개로 구분하는 것과는 차이가 있다.
- 시간-면적곡선과 강우강도 형태의 유효우량주상도를 지체 및 합성 등에 의한 중첩계산에 의하여 소유역 출구에 대한 비포장지역의 유출수문곡선을 작성한다.

3) 소유역별 유출수문곡선 작성

- 직접연결 포장지역의 유출수문곡선과 비포장지역의 유출수문곡선을 합성하여 소유역의 유출수문곡선을 작성한다.
- 이와 같은 유출수문곡선을 결국 우수관거 유입구의 유입수문곡선이 되며 우수관거를 통한 홍수추적 과정이 필요하게 된다.

4) 우수관거 홍수추적

- 우수관거 유입구 유입수문곡선으로부터 다음 우수관거 유출구 유출수문곡선을 산정하는 방법은 저류량-유출량 관계를 사용하는 단순 저류추적(storage routing)에 의한 홍수추적 방법을 사용한다.

5) 저류지 설계

- ILLUDAS 모형의 유수지 관련 부분은 기존 저류지에 대한 평가(evaluation mode)와 신설 저류지의 설계(design mode)로 구분된다.

• 기존 우수관거의 특정 지점에서 우수관거의 소통능력을 초과하는 누가홍수용적을 계산할 수 있어서 이를 토대로 하도외 저류 방식의 기존 저류지에 대한 평가와 신설 저류지 소요용량 계산 등이 가능하다.

나. 소유역 매개변수 보정량의 적용 방법

• ILLUDAS 모형 적용시 소규모 유역의 홍수량 과다 산정 방지를 위해서는 소유역 매개변수 보정량을 고려하여야 한다.

• ILLUDAS 모형의 경우 소유역 매개변수 보정량은 시간-면적 방법과 동일하게 적용한다.

다. ILLUDAS 모형의 한계

• 모형 개발 이후로 갱신이 되지 않은 아주 오래된 모형으로 사용 측면에서 불편이 많았지만 홍수량 산정 측면에서 상대적으로 양호한 결과를 나타내어 많이 사용된 바 있다.

• 하지만 최근들어 일부 도시유역 모형에서 홍수량 산정 부분이 많이 개선되면서 불편함이 다시 부각되면서 활용도가 낮아졌다.

• 우수관거를 통한 홍수추적시 유입량이 관거 소통능력을 초과할 경우 월류처리를 하지 못하므로 일정기간동안 첨두유출량이 소통가능 유량으로 일정하게 처리되는 문제점을 지니고 있다.

• 하도내 저류(on-line) 방식의 저류지 모의, 배수영향(backwater effect) 등을 고려하지 못하고 있다.

• 한편, SWMM 모형 등과 같은 도시유출모형을 사용하는 경우라면 SWMM 모형에서 ILLUDAS 모형과 입력인자를 동일하게 구성하면 입력인자 구성이 복잡한 ILLUDAS 모형을 별도로 적용하는 것과 동일한 결과를 얻을 수 있다.

• 이에 따라 하나의 동일 모형에서 홍수량 산정 방법별 결과를 비교 검토하는 것으로 충분하므로 ILLUDAS 모형을 SWMM 모형과 비교를 요구하는 것은 지양되어야 한다.

4.5 SWMM 모형

4.5.1 SWMM 모형 개요

- SWMM(Stormwater and Wastewater Management Model)은 도시유역의 유출량 산정, 우수관거 추적, 저수지 추적 등을 통하여 우수관거와 저류지 설계 등과 같은 수량(quantity) 부분과 아울러 수질(quality)까지 분석이 가능한 종합적인 모형이다.
- 기존 모형에서 구현할 수 없었던 조건인 우수관거 통수능을 초과할 경우, 하류 배수영향을 받는 조건 및 각종 구조물을 포함하는 조건 등의 해석 등이 가능하므로 기존 모형의 한계를 대부분 극복할 수 있는 모형이다.
- SWMM 모형은 유역 유출해석과 관거 유출해석의 조합으로 구성되어 있으며, 실무적으로는 유역 유출해석 부분에 대한 기준 정립이 필요한 상황이므로 유역 유출해석을 중점적으로 기술한다.
- 초기 버전의 유출해석 방법인 비선형저수지 방법은 유역폭 결정 기준 미비로 인하여 신뢰도를 확보하기 곤란하였으나, 이후 XP-SWMM과 같은 상용 프로그램에서 시간-면적 방법, Clark 단위도법 등이 추가됨에 따라 실무 활용도가 증대되고 있으므로 여기서는 XP-SWMM을 토대로 기술하기로 한다.

4.5.2 유역 유출해석

가. 유역 유출해석 방법

- 초기 SWMM 버전에서 유역 유출해석 방법은 비선형저수지 방법 하나 밖에 없었지만, 최근 XP-SWMM에는 시간-면적 방법, Clark 단위도법 등이 추가로 도입되었다.
- 전체 유출해석은 유역 유출해석과 관거 유출해석의 조합으로 구성되며, 방법 선택이나 입력인자 산정시 주관적인 요소가 유역 유출해석 부분에 많기 때문에 유출해석의 결과 차이는 대부분 유역 유출해석에서 발생하게 된다.
- 유역 유출해석 입력인자의 적정성이 모형의 신뢰도를 확보할 수 있는 관건이 되므로 가장 신중을 기하여야 하는 부분이다.

- 도시유역의 유출해석에 적용할 수 있는 홍수량 산정 방법으로는 비선형저류지 방법, 수정합리식, 시간-면적 방법, Clark 단위도법, SCS 단위도법 등이 있다.
- 비선형저류지 방법(non-linear reservoir method)은 지표면 물수지 방법을 적용하여 홍수량을 산정하는 방법이다. 주요 입력인자인 유역폭(W)이 미치는 영향이 매우 지대하지만 유역폭을 토대로 자연유역을 직사각형의 가상유역으로 변환하는 가정 자체에서 발생하는 문제점 때문에 정확한 홍수량 산정이 근본적으로 곤란하므로 방법이므로 실무에서 적용하지 않는 것이 바람직하다.
- 수정합리식은 기존 합리식으로 계산된 첨두홍수량을 수문곡선 상승부와 하강부에 기저시간을 각각 도달시간만큼 가정하여 삼각형 수문곡선을 작성하는 방법으로 신뢰도는 낮고 임의성이 높아서 적용성이 낮다.
- 시간-면적 방법은 유수의 전이(translation)만을 고려하여 유출수문곡선을 산정하는 비교적 단순한 방법이며, 이와 같이 단순함이 오히려 분석자에 따른 홍수량 산정결과 차이가 작게 나타내게 되고, 소유역 분할에 따른 홍수량 산정결과 차이도 작게 나타내게 되는 등의 측면에서 장점으로 작용하고 있다.
- 시간-면적 방법은 SWMM 모형은 물론 기존 RRL 모형, ILLUDAS 모형 등과 같은 여러 다양한 도시유역 모형에서 기본적으로 사용되고 있는 방법이며, 실제 적용시에는 투수지역 면적까지 고려하고 여기에 유출계수를 도입하는 KPRRL(Korea Practice RRL) 방법을 적용하고 있다.
- 단위도법 중에서 SCS 단위도법은 XP-SWMM 모형에서 적용 방법이 약간 다른 부분(입력 도달시간을 지체시간으르 그대로 적용)이 있으며, 현재 단위도법은 일반적으로 Clark 단위도법을 채택하는 것이 추세인 점을 감안하여 실무적으로 Clark 단위도법을 채택하는 것이 유리하다.
- 이에 따라 SWMM 모형의 도시유역 유출해석에서 실무 적용이 무난한 방법은 시간-면적 방법과 Clark 단위도법 등으로 국한되게 된다.
- 이들 중에서 분석자에 따른 홍수량의 차이, 소유역 분할에 따른 홍수량의 차이 등이 작게 나타나는 시간-면적 방법이 우선적으로 추천된다.

나. 모형 매개변수 산정

1) 도달시간 산정

표면류흐름의 도달시간은 연속형 Kraven 공식, 수정 Jeong 공식 등과 같이 유속을 토대로 하는 공식이나 모형에서 추천하는 공식 등으로 산정한다.

2) 소유역 매개변수 보정량을 고려한 매개변수 산정

- 소유역 홍수량 과다 산정 방지를 위해서는 전술된 바 있는 「소유역 첨두홍수량 과다 산정에 대처하는 매개변수 조정 방안(한국방재학회논문집 2021.12, 김종천&정종호)」에서 제시하고 있는 소유역 매개변수 보정량을 적용하여야 한다.
- Clark 단위도법의 소유역 매개변수 보정량은 2차 유역반응시간 증가량 10분을 적용하는 것을 원칙으로 하며, 여건에 따라 7~10분의 범위를 적용할 수 있다.
- 시간-면적 방법의 소유역 매개변수 보정량은 1차 유역반응시간인 도달시간 증가량 30분을 적용하며, 여건에 따라 20~40분의 범위를 적용할 수 있다. 여기서 유역반응시간인 도달시간을 증가시키지만 실제로는 합리식과 마찬가지로 강우지속기간을 증가시키는 개념으로 작용하게 된다.
- 한편, 가용한 관측자료가 있는 경우 검정(calibration)을 통하여 소유역 매개변수 보정량을 산정한 후 제시된 범위내에 있는 경우 이를 채택할 수 있다.

다. 관거추적 구간범위 선정

- 관거추적의 구간범위 선정은 지선을 모두 고려하는 방법과 간선 위주로 국한하는 방법으로 구분되며, 실무에서는 하류 설계안전, 분석편의성 등의 측면에서 유리한 간선 위주로 국한하는 방법을 주로 채택하고 있다. 여기서 간선 규모는 일반적으로 하수도정비기본계획에서 설정하고 있는 간선 규모(D800~1,000 mm 정도)를 그대로 적용하면 된다.
- 지선을 관거추적에서 제외하는 경우와 지선 우수관거 흐름을 우수관거 규모가 충분한 자유흐름(free flow)으로 처리하는 경우의 결과가 유사하게 나타나므로, 하류 설계안전, 분석편의성 등의 측면에서 지선은 관거추적에서 제외하고 간선 위주로 관거추적 구간범위를 설정한다.

라. 계산시간 간격 설정

- 모형의 계산시간 간격은 유역 유출해석의 경우에는 도시유역의 시간-면적 방법의 등시간선도 구분 간격이나 Clark 단위도법의 단위도 지속기간 개념으로 5~10분 정도가 적절한 반면, 관거 유출해석의 경우에는 발산 등의 우려로 인하여 계산시간 간격을 60초 등으로 짧게 설정하여야 한다.
- 이와 같이 계산시간 간격의 차이가 있는 경우에는 계산시간 간격을 짧은 관거 유출해석 계산시간 간격으로 통일한 다음, 유역 유출해석에서 원래 적정 계산시간 간격을 적용한 것과 홍수량이 유사하게 산정되도록 처리하는 것이 필요하다.
- 이를 위한 편법으로 유역 유출해석의 계산기간 동안 설계강우의 우량주상도가 일정한 것으로 처리되도록 하는 방식 등을 적용한다.

마. 유효우량 산정

- 도시유역의 유효우량 산정 방법으로는 SCS 유출곡선지수(CN) 방법, Horton 방법, 유출계수 방법 등이 있으며, 유역 유출해석 방법에 따라 적절한 조합을 적용하여야 한다.
- 합리식과 시간-면적 방법의 경우 유효우량은 별도로 산정하지 않고 유출계수를 적용하여 홍수량 산정에서 직접 고려하는 방법을 적용한다.
- Clark 단위도법의 경우 SCS 유출곡선지수(CN) 방법이나 Horton 방법 등을 적용하게 된다.
- SCS 유출곡선지수(CN) 방법 적용시 포장지역의 비율이 매우 높은 도시지역의 경우 토지이용형태에 따라 토양형별로 CN 결정하는 기존 방법보다 포장률에 따라 CN을 결정하는 방법을 고려하는 것이 필요하다.
- Horton 방법은 입력인자인 초기침투능과 종기침투능이 계측에 의해 있는 경우에만 적용 가능한 방법이나 대부분 미계측유역이기 때문에 실제 적용할 수 있는 경우는 거의 없는 실정이다. 한편, 굳이 미계측 유역에 적용할 경우 매뉴얼에서 제시하고 있는 토양별 초기침투능과 종기침투능 자료를 참고하는 방법을 적용할 수 있다.

4.5.3 관거 유출해석

가. 기본방정식

- 관거 유출해석의 기본방정식은 과거 버전에서는 RUNOFF 블록은 낮은 능력의 비선형 저류방정식, TRANSPORT 블록은 중간 능력의 Kinematic wave 방정식, EXTRAN 블록은 높은 능력의 St. Venant 방정식으로 결정되는 방식이었다. 하지만 최근 버전에서는 통일된 하나의 블록에서 흐름조건을 채택할 수 있는 방식으로 변경되었다.
- 가장 복잡한 부정류 흐름에 대한 관거 유출해석의 기본방정식은 연속방정식과 1차원 점변부정류 방정식인 운동량방정식(St. Venant 방정식)으로 구성되며, Link(관거)에서는 운동량 방정식, Node(접합점)에서는 연속방정식을 유한차분법의 양해법의 형태로 적용한다.

$$\frac{\partial Q}{\partial x} + \frac{\partial A}{\partial t} = 0$$

$$\frac{\partial Q}{\partial t} + \frac{\partial (Q^2/A)}{\partial x} + gA\frac{\partial H}{\partial x} + gAS_f = 0$$

여기서 Q는 관거 유량(m^3/s), A는 흐름 단면적(m^2), t는 시간(sec), x는 관거 길이(m), H는 관거 수위, S_f는 관거 마찰경사(무차원)이다.

나. 주요 입력인자

- Link는 Node와 Node 사이를 연결하며 유량을 통과시키는 관거(conduit)이며, 입력인자로는 관거번호, 상류 및 하류 접합점 번호, 초기유량, 관거의 형태, 횡단면적, 원형관은 직경, 사각형관은 높이와 폭, 관거길이, 조도계수 등과 같은 자료와 유입구, 확대, 축소, 만곡, 유출구 손실 등과 같은 미소손실에 대한 손실계수 등이 있으며, Link의 중요한 독립변수는 유량(Q)이다.
- Node는 맨홀(manhole) 또는 접합점(junction)과 같은 요소이며, 입력인자로는 접합점 번호, 지표면 표고. 관로표고, 생활하수와 같은 일정유량, 초기수심등과 같은 기초적인 표준 Node 자료가 있으며, Node의 중요한 종속변수는 수심(H)이다.

- Node는 표준 Node와 저류 Node, 배수(오리피스, 웨어) Node, 펌프 Node, 유출구 Node 등과 같은 추가 Node로 구분되며, 추가 Node는 다음과 같이 다른 입력카드에 추가 입력자료를 입력하는 방식을 사용한다.
  - Node가 저류지와 같이 저류기능을 가진 구조물 접합점인 경우 저류기능을 가진 접합점 번호, 접합점 정점부 표고, 저류공간의 형태 구분(높이에 따라 면적 일정 또는 변화), 수위별 면적 자료, 증발계수 등을 추가 입력한다.
  - Node가 오리피스와 같은 구조물 접합점인 경우 오리피스를 가진 접합점 번호, 오리피스 유량 접합점의 번호, 오리피스 형태, 오리피스 면적, 오리피스 유량계수, 접합점 바닥에서 오리피스 하단까지의 높이 등을 추가 입력한다.
  - Node가 웨어와 같은 구조물 접합점인 경우 웨어를 가진 접합점 번호, 웨어유량 접합점의 번호, 웨어 형태, 웨어폭, 웨어 개방부 높이, 웨어 길이, 웨어 유량계수 등을 추가 입력한다.
  - Node가 펌프와 같은 구조물 접합점인 경우 펌프를 가진 접합점 번호, 펌프유량 접합점의 번호, 펌프 형태, 토출량 형태, 집수정 제원, 집수정 초기조건, 펌프 가동수심 및 중지수심 등을 추가 입력한다.
  - Node가 유출구 구조물 접합점인 경우 접합점의 번호, 수문이 있는 경우와 수문이 없는 경우로 구분한 다음, 하류경계조건의 형태를 하류영향이 없는 자유낙하 흐름인 경우, 일정 수위인 경우, 조석계수를 입력하는 경우, 모형내에서 조석계수를 계산하는 경우, 수위수문곡선을 입력하는 경우, 유량수문곡선을 입력하는 경우, 수위-유량관계곡선을 입력하는 경우 등으로 구분하여 추가 입력한다.

다. 초기조건 및 경계조건

- 지표면 유출해석 및 관거 유출해석의 초기조건은 모두 평상시의 유출량 및 수위를 적용한다.
- 경계조건은 상류단은 유입 유량 또는 수위, 하류단은 수위 또는 수위-유량 관계곡선(rating curve) 등을 적용한다.

4.6 관거규모 및 배수위 제약조건을 고려한 홍수량 산정

4.6.1 자유흐름과 제약흐름의 구분 및 특성

- 자연유역의 하천을 통한 유출의 경우 일반적으로 하천의 통수능이나 배수위 유무와 관계없이 홍수량 전량이 유하되는 것으로 간주하기 때문에 홍수량을 제약조건을 고려하여 산정하는 것이 필요하지 않다.
- 도시유역의 우수관거를 통한 유출의 경우 관거규모 부족이나 배수위가 있는 경우 홍수량이 달리 산정되게 된다. 따라서 도시유역의 홍수량은 아무런 제약이 없는 자유흐름(free flow) 조건과 관거규모 부족 또는 배수위 등에 의한 제약흐름(constrained flow) 조건으로 구분하여 산정하여야 한다.
- 제약흐름 조건의 경우 일반적으로 자유흐름 조건에 비해 홍수량이 작게 산정되며, 제약 조건에 따라 홍수량이 각각 다르게 산정되므로 어떠한 제약조건에서 산정된 홍수량인지를 분명하게 제시하여야 한다. 또한, 제약이 있는 조건의 홍수량은 해당 제약 조건이 해결되면 홍수량이 증가하게 되는 가변적 특성을 지닌 홍수량이 된다.

4.6.2 관거규모 제약흐름 고려 방안

- 자유흐름과 제약흐름을 XP-SWMM 모형 등에서 구현하기 위해서는 현재 모든 조건에 대한 옵션을 제공하지 않고 있기 때문에 일부 편법을 적용하여야 한다.
- 자유흐름과 제약흐름(배수위 제약은 별도)의 특성을 대변할 수 있는 개략적인 수문곡선 형태는 <그림 4.2>와 같고 수문곡선의 구분은 다음과 같다.
  - 자유흐름은 ① 관거규모가 충분한 완전 자유흐름(수문곡선 F1), ② 관거규모가 동수경사선이 지표면 위로 형성되지 않을 정도인 불완전 자유흐름(수문곡선 F2) 등으로 두 가지로 구분
  - 제약흐름은 ① 맨홀로 재유입을 허용하는(allowed option, default) 제약흐름(수문곡선 C1), 맨홀 분출방지 옵션(sealed option)을 주는 제약흐름(수문곡선 C2), 맨홀 분출량을 후속 처리과정에서 아예 제외하는 옵션(none option)을 주는 제약흐름(수문곡선 C3), ④ 맨홀 분출량 중에서 일부는 유역에 잔류하고 일부는 하류로 유하하도록 가상의 관거를 추가하는 옵션(multi-link option)을 주는 제약흐름(수문곡선 C4) 등으로 구분

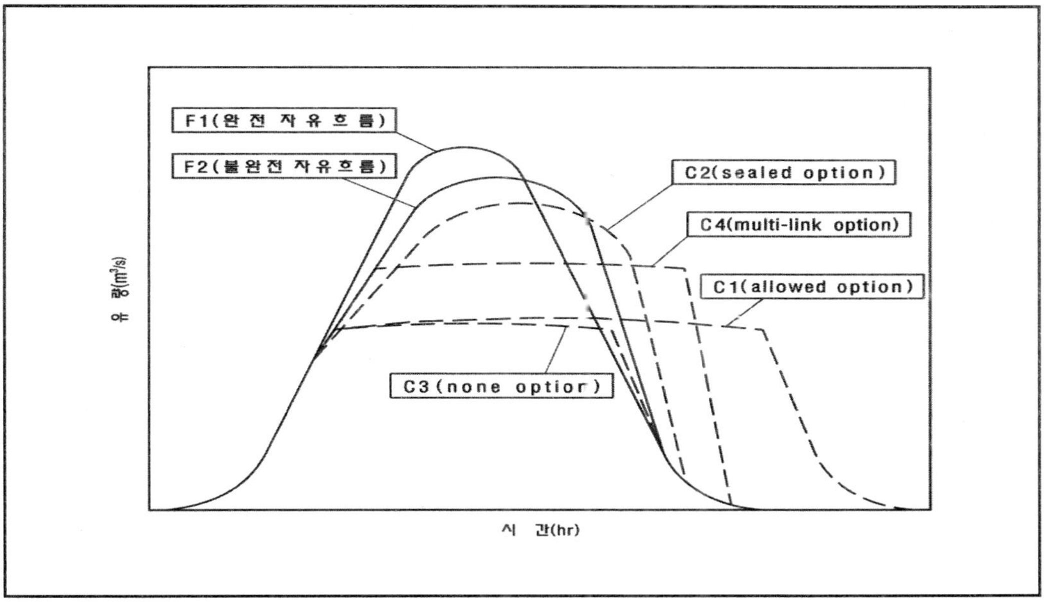

<그림 4.2> 자유흐름과 관거규모 제약흐름의 개략적인 수문곡선 형태

가. 자유흐름(free flow)

- 자유흐름의 경우 관거규모가 충분한 완전 자유흐름 조건과 관거규모가 동수경사선이 지표면 위로 형성되지 않을 정도인 불완전 자유흐름 조건으로 구분되며, 모형 구현 방안에서 특별한 옵션은 필요하지 않다.
- 수문곡선 형태는 완전 자유흐름은 F1, 불완전 자유흐름은 F2와 같으며, 불완전 자유흐름의 수문곡선이 첨두가 약간 저하되는 형태로 나타난다.
- 신설 우수관거의 경우 완전 자유흐름 조건을 적용하고 기존 우수관거의 경우 불완전 자유흐름 조건을 허용하는 것을 일반적인 원칙으로 한다.
- 이와 같이 자유흐름의 조건이 완전 자유흐름이거나 불완전 자유흐름으로 결정되면 이를 제약흐름과의 비교 대상으로 한다.

나. 제약흐름(constrained flow)

1) 제약흐름 1(allowed option, default)

- 제약흐름 1은 맨홀에서 분출된 유량이 유역에 저류 및 지체후 다시 해당 맨홀로 재유입이 허용되어 전량 관거로 유하하는 조건으로, 모형 구현 방안에서 특별한 옵션은 필요하지 않다.

- 수문곡선 형태는 C1이며, 관거통수능의 제약이 있는 상태에서 관거통수능을 초과하여서 분출된 유량이 재유입되는 조건이므로 수문곡선의 형태는 최대통수능 수준으로 유지되는 시간이 길어지게 되어 거의 편평한 첨두부가 길게 유지되는 형태로 나타나게 된다. 한편, ILLUDAS 모형의 결과도 이와 비슷한 형태이다.

2) 제약흐름 2(sealed option)

- 제약흐름 2는 관거통수능을 초과하는 유량도 압력흐름으로 처리하여 전량 관거로 유하시키는 조건으로, 모형 구현 방안은 맨홀 분출을 방지하여 압력흐름이 되도록 하는 봉인조건(sealed option)을 적용한다.
- 수문곡선 형태는 C2이며, 관거통수능 초과분도 압력흐름으로 관거를 통하여 전량 유하하는 조건이므로 수문곡선 형태는 자유흐름(F1, F2)에 비해 첨두는 작아지고 첨두발생시간도 약간 지연되는 형태로 나타나게 된다. 한편, 이와 같은 흐름은 이론적으로만 가능한 조건으로 실제로는 불가능한 현상이다.

3) 제약흐름 3(none option)

- 제약흐름 3은 맨홀에서 분출된 유량이 전량 유역에 잔류하게 되는 조건으로, 모형 구현 방안은 맨홀 분출량을 후속 처리에서 아예 제외하는 옵션(none option)을 적용한다.
- 수문곡선의 형태는 C3이며, 관거 통수능만큼만 하류로 유하하고 초과분은 맨홀 유역에 전량 잔류하는 조건이므로 자유흐름에서 관거통수능 초과분을 잘라낸 것과 거의 비슷한 형태로 나타나게 된다.

4) 제약흐름 4(multi-link option)

- 상기 제약흐름 1, 2, 3에 대하여 표면류흐름으로 하류로 유하하는 유량 측면에서 살펴보면 제약흐름 1의 경우 분출된 유량이 전량 해당 맨홀로 재유입되는 조건이며, 제약흐름 2의 경우 분출 자체를 방지하는 조건이며, 제약흐름 3은 분출된 유량이 유역에 전량 잔류하는 조건이므로 세 가지 제약흐름은 모두 표면류흐름이 전혀 발생하지 않는 조건이다.

- 이와 같이 관거규모가 부족한 상황에서 표면류흐름이 전혀 발생하지 않는 현상은 실제에서는 불가능하므로 이를 보완하기 위한 추가적인 방안의 강구가 필요하게 된다.
- 제약흐름 4는 맨홀 분출량 중에서 일부는 유역에 잔류하고 일부는 하류로 유하하는 조건으로 모형 구현 방안은 하류로 유하하는 유량 정도를 고려하여 가상의 우수관거를 적절하게 추가하는 조건(multi-link option)을 적용한다.
- 수문곡선의 형태는 C4이며, 자유흐름(F1 또는 F2)과 제약흐름 1(C1)의 중간 형태로 나타나게 된다. 추가로 고려하는 우수관거의 규모가 클수록 자유흐름(F1 또는 F2)에 접근하며, 추가 규모가 작을수록 제약흐름 1(C1)에 접근하게 된다.
- 관거통수능 초과유량의 25 %, 50 %, 75 % 등이 표면류흐름으로 하류로 이동할 수 있도록 가상의 우수관거를 적절하게 추가하여 분석한 결과를 수문곡선 C4-25 %, C4-50 %, C4-75 % 등으로 제시하고 이들 중 유역의 표면류흐름 특성과 유사한 조건을 채택하는 방식을 적용한다.
- 일반적인 경우 표면류흐름 조건을 적절하게 고려할 수 있는 제약흐름 4에서 실제 유역상황과 비슷한 조건을 적용하는 것이 실무적으로 가장 합리적인 방법이 될 것이다.
- 이에 따라 하류 저류지의 설계시 규모 설정시에는 자유흐름을 토대로 결정하지만 실제 운영측면에서는 제약흐름 4를 참고하여 추가 검토를 실시하는 것이 실무적으로 가장 유용한 적용이다.

4.6.3 배수위 제약흐름 고려 방안

- 하류하천의 홍수위가 높은 배수위 영향으로 흐름의 제약을 받는 경우는 설계측면에서는 하류하천의 계획홍수위가 계속 지속되는 조건을 적용하게 되며, 계획홍수위보다 낮은 수위는 흐름이 발생하지 않으므로 유량이 발생하지 않게 되며 역류방지 시설이 없는 경우에는 역류까지 발생하게 된다.
- 우수관거의 신설시에는 자유흐름으로 우수관거의 규모를 결정하고 배수위를 고려하는 분석을 추가로 실시하며, 기존 우수관거의 분석시에는 일반적으로 현재 관거의 규모로 배수위 없는 상태의 계산을 먼저 실시한 다음 추가로 배수위의 영향을 고려하는 방법을 적용한다.

4.7 개발전·후 비교가 필요한 경우 홍수량 산정 방법 통일 방안

4.7.1 홍수량 산정 방법 통일 필요성

- 일반적인 경우 자연유역에는 자연유역 모형(HEC-1 모형 등)의 Clark 단위도법, 도시유역에는 도시유역 모형(SWMM 모형 등)의 시간-면적 방법 등과 같은 방법 중에서 적절하게 채택하면 된다.
- 하지만 재해영향평가와 같이 개발전에는 자연유역이지만 개발후에는 도시유역으로 변경되는 상황이면서 개발전·후 비교가 필요한 경우에는 다음과 같은 내용을 충분히 고려하여 홍수량 산정 방법을 하나로 통일하여야 한다.
- 개발사업으로 자연유역이 도시유역으로 변화되는 경우 개발전에는 자연유역이므로 Clark 단위도법, 개발후에는 도시유역이므로 시간-면적 방법 등으로 홍수량 산정 방법을 달리 적용하여 개발전·후를 비교하는 방식은 개발에 따른 영향보다 홍수량 산정 방법의 차이에 따른 영향이 훨씬 큰 관계로 개발로 인한 증가량을 정확하게 반영할 수 없으므로 지양하여야 한다.
- 또한, 상류 자연유역에는 Clark 단위도법, 하류 도시유역에는 시간-면적 방법 등으로 홍수량 산정 방법을 달리 적용하여 소유역별 유역특성을 충실히 반영하고자 하는 방식은 일견 합리적으로 보이지만, 홍수량 산정 방법별 첨두홍수량 발생시점의 차이로 인하여 홍수수문곡선의 합성과정에서 홍수량이 작아지는 경향을 나타내기 때문에 지양하여야 한다.
- 이에 따라 개발전과 개발후의 비교를 통한 저감대책 수립, 자연유역과 도시유역이 혼재된 유역의 유출해석 등의 경우에는 반드시 동일한 홍수량 산정 방법을 채택하는 원칙을 준수하여야 한다.
- 하지만 개발전·후에 따라 추천되는 홍수량 산정 방법도 상이하고 우수관거 추적 포함 여부도 상이하므로 어떤 방법으로 일치시키고 이에 따른 문제는 어떻게 최소화할 것인가에 대한 적절한 방안을 강구하는 것이 필요하게 된다.
- 모형 채택 측면에서 자연유역 모형은 우수관거 추적과 같은 도시유역의 특성을 모의하지 못하는 반면, 일부 도시유역 모형은 단위도법과 같은 자연유역의 특성을 모의할 수 있기 때문에 유리하다. 또한, 우수관거 설계빈도와 저류지 설계빈도가 다른 경우에는 우수관거 추적시 자유흐름(free flow)과 제약흐름(constrained flow)로 구분하여 검토하여야 하는 부분은 도시유역 모형만 가능한 점도 모형 채택에서 고려되어야 한다.

4.7.2 홍수량 산정 방법 통일을 위한 조건 구분

- 홍수량 산정 방법으로 Clark 단위도법, 시간-면적 방법 등 2가지를 채택하고, 우수관거 추적 조건으로 개발전에는 제외 조건 1가지, 개발후에는 제외 조건, 자유흐름 조건, 제약흐름 조건 등 3가지를 적용하여 홍수량 산정 방법 조건을 구분하면 <표 4.1>과 같다.

<표 4.1> 홍수량 산정 방법 조건 구분

<table>
<tr><th>개발단계</th><th>홍수량 산정 방법</th><th>우수관거 추적 방법</th><th>조건 구분</th></tr>
<tr><td rowspan="2">개 발 전</td><td>Clark 단위도법</td><td>제 외(none)</td><td>B-CL-N</td></tr>
<tr><td>시간-면적 방법</td><td>제 외(none)</td><td>B-TA-N</td></tr>
<tr><td rowspan="6">개 발 후</td><td rowspan="3">Clark 단위도법</td><td>제 외(none)</td><td>A-CL-N</td></tr>
<tr><td>자유흐름
(free flow)</td><td>A-CL-F</td></tr>
<tr><td>제약흐름
(constrained flow)</td><td>A-CL-C</td></tr>
<tr><td rowspan="3">시간-면적 방법</td><td>제 외(none)</td><td>A-TA-N</td></tr>
<tr><td>자유흐름
(free flow)</td><td>A-TA-F</td></tr>
<tr><td>제약흐름
(constrained flow)</td><td>A-TA-C</td></tr>
</table>

주) 조건 구분에서 B는 개발전(before), A는 개발후(after), CL은 Clark 방법, TA는 시간-면적(time-area) 방법, N은 우수관거 추적 제외(none), F는 자유흐름(free flow), C는 제약흐름(constrained flow)을 의미

- 동 표를 살펴보면 개발전의 경우에는 우수관거 추적을 제외한 Clark 단위도법과 시간-면적 방법으로 2가지이고, 개발후는 우수관거추적 방법이 3가지이어서 Clark 단위도법 3가지, 시간-면적 방법 3가지 등으로 6가지이므로 총 8개의 조건이 설정된다.
- 개발전과 개발후의 홍수량 비교를 위한 조합은 Clark 단위도법, 시간-면적 방법별로 각각 3가지의 조합이 가능하게 되며, 이와 같은 총 6가지 조합에 대하여 검토한 다음 제반 여건에 부합되는 조합을 채택하는 방식으로 통일된 홍수량 산정 방법을 결정하여야 한다.

- 상기 총 8가지 조건에 대하여 모두 홍수량을 산정하는 번거로움을 감수하여야 하는 이유를 살펴보면, 개발전에는 우수관거 추적이 필요하지 않는 반면 개발후에는 우수관거 추적을 고려하여야 하는 경우가 대부분이며 또한, 개발후 상태가 준공후에도 계속 유지되는 점을 감안하면 개발후는 우수관거 추적이 고려된 조건이 채택되는 것이 타당한 것에 기인한다.
- 이와 같이 개발전에는 우수관거 추적 제외되고 개발후에는 우수관거 추적이 포함된 조건을 개발전과 개발후의 비교의 조합으로 적용하는 경우, 비록 Clark 단위도법으로 통일하거나 시간-면적 방법으로 통일하여 동일한 홍수량 산정 방법을 적용한다 하더라도 완전히 동일한 조건이 아닌 경우가 되며 이로 인하여 개발로 인한 투수계수 증가 등에 따른 홍수량의 증가가 제대로 반영되지 못하는 결과를 초래할 수 있는 부분에 대한 실무적인 고려가 필요한 경우 우수관거 추적을 제외한 완전히 동일한 조건의 결과 등을 참조하여야 하기 때문이다.

4.7.3 홍수량 산정 방법 통일 방안

가. Clark 단위도법으로 통일

1) Clark 방법의 우수관거 추적 제외 조건

- Clark 방법의 우수관거 추적 제외 조건은 개발전과 개발후 모두 우수관거 추적 제외 조건인 B-CL-N과 A-CL-N 조합이다.
- 개발후 우수관거 시스템을 완전히 무시하는 조건으로 저류지의 설계빈도는 50년빈도인 반면 배수분구내 우수관거 설계빈도는 10~20년빈도인 상태에서 50년빈도 홍수량으로 우수관거 추적을 실시하면 저류지로의 유입량이 줄어들게 되어 저류지 계획규모가 작아지는 것을 방지하기 위하여 우수관거 추적을 제외하는 경우에 적용할 수 있는 조합이다.
- Clark 단위도법으로 통일하고 우수관거 추적 제외 조건을 적용하면 자연유역 기준의 홍수량 산정의 적정성은 확보되며, 개발에 따른 유출률 증가 등이 개발후 홍수유출량 증가량으로 반영되는 양상을 가장 직관적으로 파악할 수 있는 등의 장점이 있으므로 과거 재해영향평가에서 많이 채택된 바 있는 조합이다.

- 개발후 도시유역을 자연유역으로 처리하는 방식은 개발후 유역이 도시유역으로 계속 존재하게 되는 점을 감안한다면 도시유역 기준 홍수량 산정의 적정성은 확보되지 못하는 중대한 단점을 지니고 있다.
- 우수관거의 규모가 일정 규모 이상인 재허영향평가에서는 채택을 지양하여야 하는 반면, 소규모 재해영향평가나 선개념 사업 재해영향평가 등에서는 채택 가능한 조합이다.

2) Clark 방법의 우수관거 추적 포함 조건

- Clark 방법의 우수관거 추적 포함 조건은 개발후 우수관거 추적 포함 조건인 B-CL-N과 A-CL-F 조합과 B-CL-N과 A-CL-C 조합 등 2가지 조합이 있다.
- 관거추적을 자유흐름(free flow)으로 적용하는 B-CL-N과 A-CL-F 조합은 영구저류지 등의 규모 결정시 안전측이드로 이 조합을 적용한다.
- 관거추적을 제약흐름(constrained flow)으로 적용하는 B-CL-N과 A-CL-C 조합은 영구저류지의 실제 운영과 관련되는 추가 검토 등에 사용된다.

나. 시간-면적 방법으로 통일

1) 시간-면적 방법의 우수관거 추적 제외 조건

- 시간-면적 방법의 우수관거 추적 제외 조건은 개발전과 개발후 모두 우수관거 추적 제외 조건인 B-TA-N과 A-TA-N 조합이다.
- Clark 방법의 우수관거 추적 제외 조건과 거의 동일한 특성을 가지며, 우수관거 추적 제외의 경우 Clark 방법을 우선적으로 채택하고 있으므로 거의 채택되지 않는 조합이다.

2) 시간-면적 방법의 우수관거 추적 포함 조건

- 시간-면적 방법의 우수관거 추적 포함 조건은 개발후 우수관거 추적 포함 조건인 B-TA-N과 A-TA-F 조합과 E-TA-N과 A-TA-C 조합 등 2가지 조합이 있다.
- 관거추적을 자유흐름(free flow)으로 적용하는 B-TA-N과 A-TA-F 조합은 영구저류지 등의 규모 결정시 안전측이므로 이 조합을 적용한다.

- 관거추적을 제약흐름(constrained flow)으로 적용하는 B-TA-N과 A-TA-C 조합은 영구저류지의 실제 운영과 관련되는 추가 검토 등에 사용된다.

다. 홍수량 산정 방법 통일 및 모형 채택

- 상기 조합들을 모두 적용하고 검토한 후 시간-면적 방법을 우선적으로 고려하되, Clark 단위도법이 보다 적절하다고 판단되는 경우에는 이를 채택하여도 된다.
- 이와 같이 먼저 홍수량 산정 방법을 하나로 통일을 감안하면서 이에 적절한 모형을 채택하여야 한다.

메 모 란

메 모 란

제 5 장 용수수요량 현황

5.1 생활용수

- 생활용수 수요량은 광역상수도 및 지방상수도에 의해 급수되는 상수도 급수지역과 간이급수시설에 의해 급수되는 상수도 미급수지역으로 구분하여 파악하고 여기에 기타 급수량을 더하여 산정한다.
- 상수도 급수지역은 광역상수도 및 지방상수도 급수지역으로 국한되므로 간이급수시설인 간이상수도, 전용상수도 및 우물·샘물 등에 의한 급수지역은 상수도 미급수지역으로 분류한다.
- 기타 급수량은 상수도 급수지역내의 상수도 급수량 이외의 자체 지하수개발 이용량 및 기타 지하수 이용량의 합이다.

5.1.1 상수도 급수지역 수요량

가. 상수도 급수지역 수요량 현황

- 매년 발간되는 「상수도통계(환경부)」 등의 상수도 생산량 자료를 이용하여 상수도 급수지역 수요량을 파악한다. 또한, 향후 수요량 추정에 필요한 항목인 총인구에서 상수도 급수인구가 차지하는 비율인 급수보급률(%), 1인 1일 급수량(liter per capita per day, Lpcd) 등을 추가로 파악한다.
- 상수도 생산량을 항목별로 분석한 <그림 5.1>을 살펴보면, 생산량은 최종 공급으로 인정되는 유효수량과 누수량 등과 같이 최종 공급으로 인정되지 못하는 무효수량 등으로 대별된다.
- 유효수량은 요금징수 여부에 따라 유수수량과 무수수량으로 구분되며, 실제 취수량인 사용량으로 처리되는 수량은 유수수량이다. 이에 따라 상수도 생산량에서 유수수량이 차지하는 비율이 유수율이 된다.

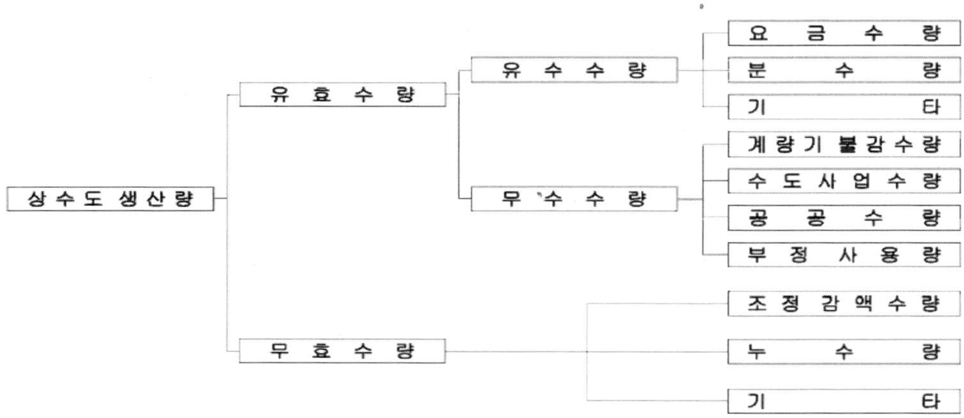

상수도 생산량	정수장의 송수관 시점에서의 연간합계 수량으로 유효수량과 무효수량으로 구분
■ 유효수량	생산된 상수도 수량 중 어떤 원인으로 외부로 누수되고 난 후의 수량으로 유수수량과 무수수량으로 구분
• 유수수량 (실제 취수량)	유효수량 중 상수도 사용량을 요금으로 징수할 수 있는 수량
- 요금수량	계량기에서 직접 계측되어 상수도요금을 징수하는 수량으로 타 수도사업자에게 나누어 준 수량을 제외한 수량
- 분 수 량	상수도가 부족한 다른 수도사업자에게 나누어 준 수량으로 수입을 받을 수 있는 수량
- 기 타	공원녹지용수, 공중변소용수 및 공업용수 등으로서 타회계로부터 요금징수로 수입이 있는 수량
• 무수수량	유효수량 중 수입으로 징수되지 않는 수량
- 계량기 불감수량	유효수량 중 계량기 불감으로 요금징수 대상이 되지 않는 수량
- 수도사업 수량	정수장, 배수지 등에서의 사용수량과 수도관 세정수량, 누수방지 작업용수 등 수도사업자가 사용한 수량
- 공공수량	소방용수 및 운반공급 용수 등으로 요금수입이 없는 수량
- 부정사용 수량	수도사업자의 허가를 받지 아니한 수도용수 및 급수 업종변경, 계량기 조작 등의 방법으로 불법적으로 사용한 수량
■ 무효수량	사용상 무효라고 인정되는 수량
- 조정감액 수량	오염 등으로 요금징수시 조정에 의하여 감액 대상이 된 수량
- 누 수 량	수도사용자의 계량기 이전까지 발생한 누수량
- 기 타	타 공사 등으로 인한 수도시설의 손상에서 오는 수량 및 계측오차, 인정오차 등의 불명 수량

<그림 5.1> 상수도 생산량 항목 분석

- 「상수도통계(환경부)」의 상수도 생산량 기준의 상수도 급수량 및 1인 1일 급수량은 실제 취수량 기준의 가정용수 사용량과는 양적으로 상당한 차이가 발생하게 된다.
- 상수도 생산량과 실제 취수량의 차이를 예를 들면 2003년 기준 전국 생산량 기준의 1인 1일 급수량은 약 350 Lpcd를 초과하고 있으나 실제 취수량 기준의 가정용수 사용량은 약 270 Lpcd 이하이므로 차이가 크다.
- 이러한 차이로 인하여 신규 수자원개발과 관련하여 개발주체는 생산량 기준으로 400 Lpcd 이상이 필요하다고 주장하는 반면, 개발에 반대하는 환경단체는 수요조절 등을 실시할 경우 사용량 기준으로 200 Lpcd 정도로도 충분하다고 주장하는 등의 불필요한 오해가 유발되고 있다.
- 이에 따라 실제 취수량을 정확하게 파악하여 실제 취수량 기준의 1인 1일 급수량인 1인 1일 사용량 및 사용량/생산량인 유수율 등을 별도로 산정하여야 한다.
- 또한, 실제 취수량은 가정용수 뿐만 아니라 기타용수(공공용, 목욕탕용, 공업용 등)가 포함되어 있으므로 가정용수만의 1인 1일 사용량을 산정하고 이의 추이를 검토할 필요가 있다.

5.1.2 상수도 미급수지역 수요량

- 상수도 미급수지역에 대한 급수는 다음과 같은 간이상수도, 전용상수도 등의 간이급수시설을 이용하는 형태이다.
  - 간이상수도는 지방자치단체가 관할 지역주민의 음용 등에 제공하기 위하여 원수를 「먹는 물 수질관리기준 등에 관한 규칙」에 적합하게 처리할 수 있는 간이 정수시설을 갖춘 수도시설에 의하여 급수인구 5천인 이내에게 정수를 공급하는 일반수도로서 1일 공급량이 1천 m^3 미만인 수도시설
  - 전용상수도는 100인 이상을 수용하는 기숙사, 사택, 요양소, 기타의 시설에서 사용되는 자가용 수도와 일반수도에 제공되는 수도외의 수도로서 급수인구 100인 이상 5천인 이내에게 원수 또는 정수를 공급하는 수도시설
- 이러한 간이급수시설의 실제 급수량을 정확하게 파악하기 어렵고 단지 시설용량만 파악할 수 있는 경우가 대부분이며 또한, 이들의 차이는 비교적 큰 편이다.

- 이에 따라 상수도 미급수지역의 수요량은 「전국용수이용조사(2002, 한국수자원공사)」에서 제시하고 있는 미급수지역 단위급수량인 215 L/인/일을 급수 대상 인구에 곱하여 산정하는 등의 개략법을 주로 적용하고 있다.

5.1.3 기타 급수량

- 기타 급수량은 개별 자가 취수시설인 지하수에 의한 급수량으로 행정구역을 기준으로 전국의 지하수를 용도별로 조사한 「지하수조사연보(건설교통부)」의 생활용 지하수로 파악할 수 있다.
- 생활용 지하수란 일반적으로 일상 생활에 사용되는 음용, 위생용, 세탁용, 청소용, 난방용, 수영장용, 세차용, 잔디급수용, 정원용, 도시정원용, 공원용, 소방용, 공공건물 급수용, 공공목욕탕용 및 관광용 등의 지하수이다.
- 생활용 지하수는 용도별로 가정용, 일반용, 학교용, 민방위용, 공동주택용, 상수도용, 간이상수도용, 농업·생활겸용 및 기타 용도 등으로 구분되지만 상수도용과 간이상수도용은 이미 고려되었기 때문에 기타급수량에서 제외하여야 한다.

5.1.4 생활용수 공급시설 현황

- 생활용수 공급시설 현황은 정수장, 취수장, 수원공(하천수, 복류수, 저수지, 지하수)별 시설용량 및 수원명 등의 자료를 「상수도통계(환경부)」 등에서 상세히 파악하여야 한다.
- 또한, 시설용량 뿐만 아니라 실제 공급량 현황도 파악하여 현재 운영상태 및 향후 추가 공급능력 등을 파악하여야 한다.

5.2 공업용수

- 공업용수 수요량은 제조업체에서 제품생산 및 생산시설의 유지관리를 목적으로 사용되는 모든 종류의 수요량을 의미하며, 전용 공업용수도 및 상수도에 의한 외부 급수, 하천유수 점용허가에 의한 하천수 취수, 지하수 취수 등에 의해 공급된다.

- 공업용수 수요량 현황 조사는 공단과 자유입지업체로 구분하여 실시하게 된다. 여기서, 공단은 국가에서 공단을 관리하고 한국수자원공사에서 용수를 공급하는 국가공단과 지방자치단체에서 관리하는 지방공단 및 농공단지 등이 있으며, 이러한 공단에 포함되지 않는 공장들을 자유입지업체로 분류한다.

5.2.1 공단 공업용수 수요량

- 공단의 공업용수 수요량은 실적자료의 현황으로 파악하는 것이 원칙이지만 대부분의 경우 자료가 부족하다. 이와 같이 실적자료에 의한 현황 파악이 곤란한 경우에는 부지면적에 기존 공단을 대상으로 산정된 업종별 부지면적 원단위를 곱하여 현황을 파악하게 된다.
- 여기에 적용되는 공업용수 원단위에는 「공업용수 수요예측 조사(2007, 건설교통부·한국수자원공사」의 업종별 브지면적 원단위 등이 있으며, 상세 내용은 후술되는 용수수요 추정에 기술되어 있다.

5.2.2 자유입지업체 공업용수 수요량

- 자유입지업체의 공업용수 수요량도 공단과 마찬가지로 실적자료의 현황으로 파악하는 것이 원칙이지만 거의 불가능한 실정이다.
- 이와 같이 실적자료에 의한 현황 파악이 곤란한 경우에는 공단과 마찬가지이며 부지면적에 기존 공단을 대상으르 산정된 업종별 부지면적 원단위를 곱하여 현황을 파악하게 된다. 한편, 생활용수 수요량 산정에 포함되어 있는 경우에는 제외하여 중복 산정이 되지 않도록 하여야 한다.

5.2.3 공업용수 공급시설 현황

- 공업용수 공급시설 중에서 전용 공업용수 공급시설의 현황은 「상수도통계(환경부)」 등에서 상세히 파악하여야 하며 하천수 취수는 별도로 파악하여야 한다.
- 또한, 시설용량 뿐만 아니라 실제 공급량 현황도 파악하여 현재 운영상태 및 향후 추가 공급능력 등을 파악하여야 한다.

5.3 농업용수

5.3.1 농업용수 정의 및 특징

- 농업용수는 일반적으로 작물생육에 필요한 관개용수를 의미하지만 광의적으로는 농촌지역에서 농업경영에 필요한 모든 용수를 의미하며, 현재는 일반적 의미의 농업용수인 경작지 농업용수에 축산용수를 가산하여 산정한다.
- 농업용수는 주로 작물을 대상으로 하므로 자연조건, 작물의 종류, 생육조건 등과 밀접한 관계를 가지게 되며 다음과 같은 다양한 특징을 지니고 있다.
  - 농업용수 수요량은 기상조건에 따라 크게 변동되며, 계절적 변동이 심하고, 작물의 관개기간이 한정되어 있어 집중도가 높음
  - 농업용수 수요량은 실제 필요수량과는 다른 수리관행에 지배되는 경우가 많고, 이러한 수리관행은 사회 및 역사적 배경을 가지므로 대단히 복잡
  - 경작지에서 침투된 물은 다시 하천으로 환원되어 공업용수, 생활용수의 공급원으로 사용되며, 관리용수량이 다른 용수량에 비해 많음
  - 경작지는 갑작스런 호우를 저류 또는 정체시킴으로써 홍수를 조절하는 기능을 수행
  - 수자원 총이용량 중 농업용수가 차지하는 비율이 50 % 이상으로 높음

5.3.2 농업용수 수요량 산정 방법 채택

- 농업용수의 대부분을 차지하고 있는 경작지 농업용수 수요량은 경작지 토양속의 부족한 물을 보충하는데 소요되는 물의 양으로 정의되며, 경작지에서 소모되는 순용수량과 제반 손실량을 더한 조용수량으로 구분된다.
- 농업용수 수요량은 기상조건에 따라 크게 변동되고, 수리관행에 지배되며, 공급시스템을 전체적으로 파악하여야 하는 등과 같은 원인으로 인하여 실제 현황 파악이 현실적으로 곤란하다.
- 이에 따라 경작지 농업용수 수요량은 농업용수 수요가 많은 수리답, 수리불안전답, 관개전 등과 같은 주요 농경지별 경지면적에 농경지별 단위면적당의 기간별 농업용수 수요량(mm) 또는 연간 농업용수 원단위(mm)를 곱하여 산정하는 간접적인 방법을 주로 채택하고 있다.
- 한편, 축산용수 수요량은 가축을 사육하는데 필요한 양축용수와 가공용수로 구분하여 산정한 후 경작지 농업용수 수요량에 가산한다.

5.3.3 경지면적 및 작부체계

가. 경지면적 현황

1) 수리답 면적

- 「농업기반조성사업통계연보(농림수산부)」 등에서 시·군별 답 및 수리답 면적을 조사한 후, 여기에 「농업총조사(농림수산부)」 등에서 조사된 읍·면별 경지면적의 비율을 곱하여 배분하는 방식 등으로 읍·면별 답 및 수리답 면적을 파악한다.
- 또한, 하나의 읍·면이 여러 소유역으로 분할되는 경우에는 분할되는 면적비로 배분하는 방법을 적용하여 구분하며, 이러한 방법은 수리불안전답이나 관개전에도 동일하게 적용한다.

2) 수리불안전답 면적

이와 같이 추정된 답 면적과 수리답 면적의 차이로 수리불안전답 면적을 파악한다.

3) 관개전 면적

- 「지자체 통계연보(해당 시·군)」 등에서 시·군별 전 및 관개전 면적을 조사한 후, 여기에 「농업총조사(농림수산부)」 등에서 조사된 읍·면별 전 면적의 비율을 곱하여 배분하는 방식 등으로 읍·면별 관개전 면적을 파악한다.
- 한편, 필요한 경우에는 이와 같이 추정된 전 면적과 관개전 면적의 차이로 비관개전 면적을 파악한다.

나. 작부체계

- 답작지의 작부체계를 살펴보면 통상 벼가 1모작으로 재배되고 있으며, 품종은 양질 미곡의 선호 추세에 따라 다수확 품종인 신품종(통일벼)의 재배는 격감하고 물 소모량이 많은 재래종(일반벼)이 대부분을 차지하고 있다.
- 일반 전작물은 대부분 자연강우에 의존하며 관개시설에 의한 용수공급은 극히 제한적이므로 작부체계를 결정하는 것이 곤란하다. 따라서 관개전의 재배작물은 비교적 재배시기가 뚜렷하고 농업용수 수요량이 많은 과수를 대표작물로 주로 채택하고 있다.

5.3.4 농업용수 수요량 산정 방법

- 농업용수 수요량은 관개방식에 따라 달라지므로 수리답, 수리불안전답, 관개전 등과 같은 경작지별로 단위면적당 기간별 농업용수 수요량(mm) 또는 '계획기준년의 전체 관개기간에 대한 단위면적당 총용수량(mm)'으로 정의되는 농업용수 원단위(mm) 등의 형태로 산정하여야 한다.
- 과거에는 농업용수 원단위를 단위용수량으로 표현하는 경우도 많았다. 하지만 단위용수량의 정의는 농업수리 설계측면에서 '계획기준년의 최대용수시기의 단위시간에 대한 단위면적당 필요로 하는 농업용수량'이므로 농업용수 원단위를 단위용수량이라고 표현하는 것은 지양하여야 한다.
- 또한, 수리답이라는 용어는 수리안전답이라는 용어와 혼용하여 사용되는데 수리답은 '수리시설로 인하여 관개 혜택을 받는 답'으로 정의되며, 수리안전답이란 '수리답 중에서 내한능력이 10년빈도 이상으로 설계된 답'으로 정의되므로 명확히 구분하는 것이 필요하다.
- 수리답 중 수리안전답이라 할 수 있는 내한능력이 10년빈도 이상인 답 면적은 전체 수리답 면적의 약 45% 정도(2003년 기준)에 불과한 실정으로 기존 수리시설의 가뭄대비 능력이 아직도 매우 취약한 실정이다. 하지만 수리답의 수리안전답화가 계속 증가추세에 있고, 이러한 증가추세는 장래에도 계속될 것으로 전망되기 때문에 향후에는 대부분의 수리답이 내한능력 10년빈도 이상의 수리안전답이 될 것으로 간주하고 있다.

가. 수리답

- 답 관개에 대한 농업용수의 수요량(공급량)을 산정하는 구성요소는 다음과 같다.

순용수량 = 소비수량 − 유효우량

조용수량 = 순용수량 / (1 − 손실률)

- 답의 소비수량은 협의적으로 증발산량만을 의미하지만 일반적으로 침투량, 묘대정지 용수량, 이앙용수량 등을 포함하는 광의적 의미로 사용되고 있다.
- 유효우량은 관개기간 강우중에서 논에 남아 생육에 이용됨으로써 공급량을 줄여주는 역할을 하는 강우량이며, 순용수량은 경작지내에서 필요한 수요량, 조용수량은 각종 손실률을 고려한 수요량(공급량)으로 정의된다.

• 한편, 수리답의 경우 영농방식에 따라 이앙재배, 직파재배로 나누어지며 현재(2003년 기준)까지 직파재배의 비율이 약 7.7%로 낮아서 여기서는 제외하였으나, 수요량이 건답직파는 10% 내외, 담수직파는 30~40% 증가가 예상되므로 향후에는 별도로 고려하는 것이 필요할 것으로 판단된다.

1) 재배력

• 재배력은 농사의 단계를 기간별로 구분해 놓은 일종의 농업달력으로 이앙재배 답작의 경우에는 <그림 5.2>와 같이 묘대정지기, 순수묘대기, 묘대·이앙기, 이앙·본답기, 본답기 등으로 구분된다.

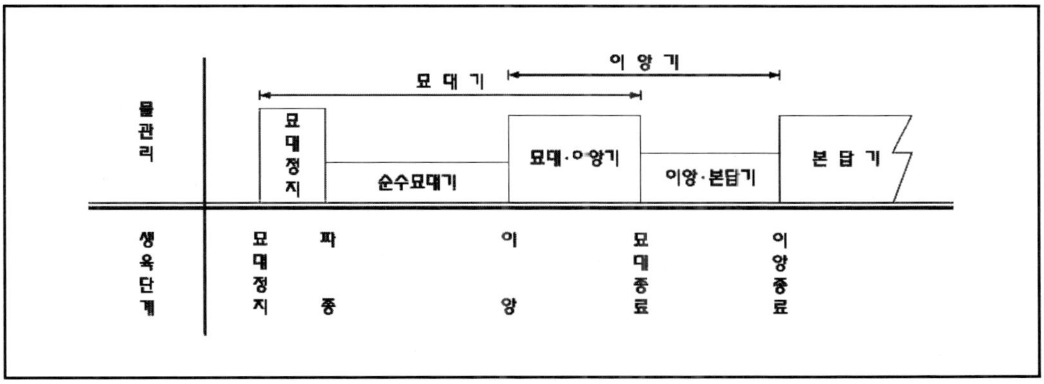

<그림 5.2> 이앙재배 답작의 재배력

• 재배력은 지방과 품종에 따라 다르기 때문에 한 가지 유형으로 정하기가 매우 어려운 실정이므로 현지조사 등을 통하여 광역적인 재배력 현황과 국지적인 재배력 현황을 상세히 조사하여야 한다.

2) 증발산량 산정 방법

• 증발산량은 소비수량을 구성하는 중요한 항목으로 답내의 수면증발량과 엽면증산량을 합하여 산정하며 기준작물 증발산량인 잠재증발산량과 실제증발산량으로 구분된다.

• 잠재증발산량은 8~15 cm의 목초가 토양을 완전히 덮고 일정한 크기로 왕성하게 자라며 물이 부족하지 않도록 충분히 공급되는 상태에서의 증발산량이며, 실제증발산량은 잠재증발산량에 작물계수를 곱하여 산정한다.

$$E_{TC} = K_C \cdot E_T$$

여기서 E_{TC} 실제작물의 증발산량, K_C는 작물계수, E_T는 잠재증발산량이다.

- 답작의 경우 증발산량은 총용수량의 약 80 %를 차지하며 우리나라의 증발산량은 약 800~900 mm 정도이다.

가) 수정 Blaney-Criddle 방법

- 수정 Blaney-Criddle 방법은 미국 토양보존국(SCS)에서 기존 Blaney-Criddle 방법이 온도의 변화를 고려하지 못하는 단점을 보완한 방법으로 적용이 간편하여 과거 관개계획 기준의 설정 등에 널리 사용되었다.

$$E_T = K_t\,(0.46t + 8.13)\cdot P$$

여기서 E_T는 잠재증발산량(mm), K_t는 작물계수 개념의 온도보정계수로 0.0311t + 0.24, t는 평균기온(℃), P는 주간시간 백분율로 주어진 월의 일평균 일조시간/연간 총일조시간의 백분율이다.

- 이 방법은 평균기온과 주간시간 백분율만이 증발산량에 영향을 미치는 인자로 고려하는 매우 단순한 방법으로, 실제 증발산량을 지배하는 기상요인인 일사량, 상대습도, 풍속 등을 고려하지 못하는 단점을 지니고 있다.

나) Penman FAO-24 방법

- 한국농어촌공사는 Penman FAO-24(Irrigation and Drainage paper 24, 1977)를 증발산량 산정공식으로 대체할 것을 추천한 바 있으나, 이 방법 또한 대류가 작은 지역에서는 과다 예측하는 단점을 지니고 있다.
- Penman FAO-24 방법에 의한 잠재증발산량 계산 절차는 다음과 같다.

$$E_T = c\cdot[W\cdot R_n + (1 - W)\,f(u)\,(e_s - e_a)]$$

여기서 E_T : 잠재증발산량(mm/day)

c : 기후조건에 따른 조정계수(통상 1.0을 적용)

W : 온도 가중인자

R_n : 순일사량(mm/day)

f(u) : 풍속과 관계된 함수

e_s : 포화증기압(milibar)

e_a : 실제증기압(milibar)

$$W = \frac{\Delta}{\Delta + \gamma}$$

여기서 Δ : 포화증기압곡선의 변화율(milibar/℃)

γ : 건습구상수(milibar/℃)

$$\Delta = \frac{e_a}{T} \times \left(\frac{6790.4985}{T} - 5.0281 \right)$$

여기서 T : 절대온도(K=℃+ 273.15)

$$e_a = e_s \times RH$$

여기서 RH는 상대습도

$$e_s = 33.8639[(0.00738t + 0.8072)^3 - 0.000019 \mid 1.8t + 48 \mid + 0.001316]$$

여기서 t는 평균온도(℃)

$$\gamma = \frac{0.386\,(1013 - 0.1055 \cdot EL)}{(595 - 0.51 \cdot t)}$$

여기서 EL : 표고(EL. m)

$$R_n = R_{ns} - R_{nl}$$

여기서 R_{ns} : $(1 - \alpha) R_s$: 순단파 일사량(mm/day)

R_s : $\left(a + b \cdot \frac{n}{D}\right) R_a$: 일사량(mm/day)

R_{nl} : $\left(\frac{\sigma T^4 (a_1 + b_1 \sqrt{e_a})}{H_v}\right)\left(a_2 + b_2 \frac{n}{D}\right)$: 순장파 일사손실량(mm/day)

α : 반사율(albedo)로 0.23을 적용

n : 실제 일조시간(hr)

D : 총일조시간(hr) : <표 5.1> 적용

a, b : 지역상수로 0.25 0.50 사용(한국농어촌공사 자료)

a_1, b_1 : 지역상수로 0.39 -0.05 사용(한국농어촌공사 자료)

a_2, b_2 : 지역상수로 FAO에서 추천한 0.1, 0.9를 사용

R_a : 대기권 밖의 총일사량(mm/day) : <표 4.2> 적용

H_v : 잠재증기화열(597.3 - 0.564t)

σ : Stefan-Boltzmann 상수(1.17×10^{-7}cal/cm^2/K^4/day)

$$f(u) = C_w(A_w + B_w C_u U_2) = 0.27(1.0 + 0.01 C_u U_2)$$

여기서 A_w, B_w, C_w는 FAO에서 사용한 값을 적용하고 U_2는 지상 2 m에서의 풍속(km/day), C_u는 풍속계의 지상높이가 2 m가 아닐 경우의 풍속 보정계수(<표 5.3> 참조)이다.

<표 5.1> 총일조시간(D)

(단위: hr)

북위	1월	2월	3월	4월	5월	6월	7월	8월	9월	10월	11월	12월
30	10.4	11.1	12.0	12.9	13.6	14.0	13.9	13.2	12.4	11.5	10.6	10.2
35	10.1	11.0	11.9	13.1	14.0	14.5	14.3	13.5	12.4	11.3	10.3	9.8
40	9.6	10.7	11.9	13.3	14.4	15.0	14.7	13.7	12.5	11.2	10.0	9.3

<표 5.2> 대기권밖의 총일사량(R_a)

(단위: mm/day)

북위	1월	2월	3월	4월	5월	6월	7월	8월	9월	10월	11월	12월
30	8.8	10.7	13.1	15.2	16.5	17.0	16.8	15.7	13.9	11.6	9.5	8.3
32	8.3	10.2	12.8	15.0	16.5	17.0	16.8	15.6	13.6	11.2	9.0	7.8
34	7.9	9.8	12.4	14.8	16.5	17.1	16.8	15.5	13.4	10.8	8.5	7.2
36	7.4	9.4	12.1	14.7	16.4	17.2	16.7	15.4	13.1	10.6	8.0	6.6
38	6.9	9.0	11.8	14.5	16.4	17.2	16.7	15.3	12.8	10.0	7.5	6.1
40	6.4	8.6	11.4	14.3	16.4	17.3	16.7	15.2	12.5	9.6	7.0	5.7

<표 5.3> 풍속 보정계수(C_u)

풍속계 지상높이	0.5	1.0	1.5	2.0	3.0	4.0	5.0	6.0
풍 속 보정계수	1.35	1.15	1.06	1.00	0.93	0.88	0.85	0.83

- 이와 같이 Penman FAO-24 방법에 의해 잠재증발산량이 산정되면, 한국농어촌공사에서 추천한 <표 5.4>와 같은 벼의 작물계수를 곱하여 실제증발산량을 산정한다.

<표 5.4> Penman FAO-24 공식용 벼의 작물계수(K_C)

구 분	4월	5월			6월			7월			8월			9월
	하	상	중	하	상	중	하	상	중	하	상	중	하	상
작물계수 (K_C)	0.56	0.56	0.56	0.75	0.95	1.06	1.09	1 17	1.39	1.53	1.58	1.47	1.42	1.32

주) 자료: 영농방식 변화에 따른 필요수량 변화 연구(1997, 농어촌진흥공사)

다) Penman-Monteith 방법

- 세계식량기구(FAO)는 최근 연구에서 Penman FAO-24 방법을 개선한 Penman-Monteith 방법을 발표하였으며, 이 방법은 기존 Penman 방법의 단점을 보완하여 전세계적으로 작물 필요수량에 대하여 일관된 값을 제공할 뿐만 아니라 제한된 기상자료하에서도 사용이 가능하므로 적용성이 뛰어난 방법이다.
- 각종 방법에 의한 증발산량 산정 결과를 비교한 <표 5.5>를 살펴보면 Penman-Monteith 방법이 정확성과 적용성이 월등히 뛰어나다는 것을 알 수 있으며 또한, 세계식량기구(FAO), 미국토목학회(ASCE), 세계기상기구(WMO)에서도 이 방법을 적극 권장하고 있다.
- 하지만 우리나라의 경우 Penman-Monteith 방법을 사용하기 위한 답의 작물계수의 실측치가 아직까지 없는 실정이므로 Penman FAO-24 방법을 사용하고, 전의 경우 Penman-Monteith 방법을 사용하는 편법을 적용하고 있다.
- 향후 모든 작물에 대하여 Penman-Monteith 방법을 적용하게 될 것으로 예상되며, Penman-Monteith 방법의 구체적인 내용은 후술되는 관개전 증발산량 산정에서 상세히 기술되어 있다.

<표 5.5> 증발산량 산정 방법의 비교

구 분		습윤지역			건조지역		
		순위	예측에러(%)	표준편차	순위	예측에러(%)	표준편차
복합 기상자료를 사용하는 방법	Penman-Monteith	1	+4	0.32	1	-1	0.49
	FAO-ID24 Penman (c=1)	14	+29	0.93	6	+12	0.69
	FAO-ID24 Penman (corrected)	19	+35	1.14	10	+18	1.10
	FAO-PPP-17, Penman	4	+16	0.67	5	+6	0.68
	Penman, 1963	3	+14	0.60	7	-2	0.70
	Penman, 1963, VPD #3	6	+20	0.69	4	+6	0.67
	Kimberley Penman, 1972	8	+18	0.71	8	+6	0.73
	Kimberley Penman, 1982	7	+10	0.69	2	+3	0.54
일사량을 사용하는 방법	Businger-van Bavel	16	+32	1.03	11	+11	1.12
	Priestley Taylor	5	-3	0.68	19	-27	1.89
온도를 사용하는 방법	FAO-Radiation	11	+22	0.79	3	+6	0.62
	Jensen-Haise	12	-18	0.84	12	-12	1.13
	Hargreaves	10	+25	0.79	13	-9	1.17
	Turc	2	+5	0.56	18	-26	1.88
	SCS Blaney-Criddle	15	+17	1.01	15	-16	1.29
증발접시를 사용하는 방법	FAO Blaney-Criddle	9	+16	0.79	9	0	0.76
	Thornthwaite	13	-4	0.86	20	-37	2.40
	Class A Pan	20	+14	1.29	17	+21	1.54
	Christiansen Pan	18	-10	1.12	16	-6	1.41
	FAO Class A Pan	17	-5	1.09	14	+5	1.25

주) 자료: Report on the Expert Consultation for the Revision of FAO Methodologies for Crop Water Requirements(1991, FAO)

3) 침투량 산정 방법

- 침투량은 강우 또는 관개에 의해 공급된 물이 토양속으로 스며든 양을 말하며 mm/일 단위로 사용되고 있다.
- 침투량은 논의 수요량 결정에 매우 큰 영향을 미치며 일반적으로 토양의 성질, 구조, 균열, 토층의 두께, 담수심, 경지의 고저차, 지질, 지하수위 등에 따라 큰 차이가 있으므로 실측에 의해 산정하여야 한다. 하지만 대부분 실측 자료가 전무한 실정이므로 다른 유역의 측정자료와 기존 분석에 적용된 값들을 참조하여 결정하고 있다.
- 측정자료에서 제시된 값들을 살펴보면 관개기간동안 총침투량은 약 500~800 mm 정도이며, 일침투량은 대체적으로 4.0~5.0 mm/일 범위이며, 용수공급의 안정적 확보라는 차원에서 통상 5.0 mm/일을 채택하고 있다.

4) 묘대정지용수량 및 이앙용수량 산정 방법

- 증발산량과 침투량 이외의 부가적 수요량이 필요한 시기로는 묘대정지기와 이앙기가 있으며 이와 같은 수요량은 별도로 산정하여야 한다.
- 묘대정지기에 소요되는 수량을 묘대정지용수량이라 하며, 묘대정지기(4일) 기간의 묘대정지용수량은 4일간 총 140 mm가 필요하다.
- 모내기 전의 논갈이에 필요한 용수와 써래질하고 모를 심기까지 기간(20일)에 담수에 필요한 용수량을 이앙용수량이라고 하며 다음과 같이 산출한 결과에서 이앙용수량은 20일간 총 140 mm가 필요하다.

  ① 경운심도 150 mm, 공극률을 60 %로 가정하고 공극률의 80 %에 해당하는 공극이 물로 포화되는 것으로 간주한다.

  $$150\,\text{mm} \times 0.6 \times 0.8 = 72\,\text{mm}$$

  ② 150 mm 표토 밑 200 mm 깊이의 토층은 공극률을 40 %로 가정하고 공극률의 50 %에 해당하는 공극이 물로 포화되는 것으로 간주한다.

  $$200\,\text{mm} \times 0.4 \times 0.5 = 40\,\text{mm}$$

  ③ 정지후 담수심을 30 mm로 간주한다.

  ④ 이와 같은 결과를 합산한 결과는 142 mm이나 통상 140 mm를 적용하고 있다.

  $$\text{이앙용수량} = 72 + 40 + 30 = 142 \simeq 140\,\text{mm}$$

5) 소비수량 산정

- 답의 소비수량은 증발산량, 침투량, 묘대정지 용수량, 이앙용수량 등으로 구성된다. 한편, 여기서 소비수량은 유효우량을 감안하지 않은 수요량이다.
- 이앙재배하는 답작의 재배력은 묘대정지기, 순수묘대기, 묘대·이앙기, 이앙·본답기, 본답기 등으로 5단계로 구분되며, 재배력 기간별로 소비수량을 산정한다.
- 한편, 소비수량은 전체면적에 대한 깊이단위의 소비수량(mm) 형태로 산정하여야만 후술되는 유효우량(mm)을 고려하는 순용수량(mm) 산정시에 적용하기 용이하게 된다.

가) 묘대정지기

묘대정지기는 묘대면적에 대한 침투량과 묘대정지용수 등이 소비되는 기간(4일)이다.

$$U(t) = \left[\left(I(t) + W_{Rn}/D_n\right) \times A_n\right]/A_t$$

여기서 $U(t)$: t 일의 전체면적에 대한 깊이단위 소비수량(mm)

$I(t)$: t 일의 침투량(mm)

W_{Rn} : 묘대정지용수량(140 mm)

D_n : 묘대정지일수(4일)

A_n : 묘대면적으로 전체 답면적의 5 %를 적용(ha)

나) 순수묘대기

순수묘대기는 묘대면적에 대한 침투량과 증발산량이 묘대용수로 소비되는 기간(31일)이다.

$$U(t) = \left[\left(I(t) + E_T(t)\right) \times A_n\right]/A_t$$

여기서 $E_T(t)$: t 일의 증발산량(mm)

다) 묘대·이앙기

묘대·이앙기는 지역에 따라 이앙이 시작되고 묘대기가 끝나지 않았기 때문에 묘대용수와 이앙용수가 동시에 소비되는 기간(10일)이다.

$$U(t) = \left[\left(I(t) + E_T(t)\right) \times A_n + \left(W_{Rt}/\ D_t\right) \times A_t\right]/A_t$$

여기서 W_{Rt} : 이앙용수량(140 mm)
D_t : 묘대·이앙기 일수는 10일이지만 전체 이앙용수량(140 mm)을 등분하여 소비하는 것으로 간주하기 위하여 전체 이앙일수 20일을 적용
A_t : 전체면적(ha)으로 이앙면적 구분이 어려우므로 전체면적을 적용

라) 이앙·본답기

- 이앙·본답기는 아직도 일부지역에서는 이앙이 계속되고 있으며 이앙이 완료된 지역에서는 본답용수가 소비되는 기간(10일)이다. 한편, 묘대면적도 다시 정지하므로 전체면적을 대상으로 적용하도록 되어 있다.
- 하지만 기존 방식처럼 침투량, 증발산량 등을 전체면적에 고려하고 여기에 이앙용수량까지 전체면적에 이중으로 적용하는 것은 재고가 필요하다.

$$U(t) = I(t) + E_T(t) + \left(W_{Rt} / D_t\right)$$

여기서 D_t : 이앙·본답기 일수는 10일이지만 전체 이앙용수량(140 mm)을 등분하여 소비하는 것으로 간주하기 위하여 전체 이앙일수 20일을 적용

마) 본답기

본답기는 증발산량과 침투량의 합인 본답용수가 소비되는 기간이다.

$$U(t) = I(t) + E_T(t)$$

6) 유효우량 및 순용수량 산정

가) 유효우량

- 유효우량은 관개기간의 강우중에서 논에 남아 벼의 생육에 이용되는 수량이며, 유효우량을 산정하는 식은 물수지식을 토대로 유도된다.

$$D(t) = D(t-1) + R_e(t) + R_{eq}(t) - U(t) \quad : \text{물수지식}$$
$$R_e(t) = D(t) - D(t-1) - R_{eq}(t) + U(t)$$

여기서 $R_e(t)$: t 일의 유효우량(mm)
$D(t)$: t 일의 담수심(mm)
$D(t-1)$: t-1일의 담수심(mm)
$R_{eq}(t)$: t 일의 순용수량(mm)
$U(t)$: t 일의 소비수량(mm)

- 인위적인 공급수량인 순용수량을 결정하는데 필요한 유효우량을 산정하는 방법은 이와 같은 식에서 순용수량을 제외한 후 잠재유효우량과 총강우량의 대소에 따라 구분하여 산정하는 방식을 적용하게 된다. 한편, 유효우량은 물꼬높이 D_{max}(80 mm)와 상시관리 담수심 D_{min}(20 mm)에 의해 제한되며 일반적인 물꼬높이는 60~80 mm이며 60 mm 담수심법을 적용한다.
- 순용수량을 제외한 유효우량 산정식에서 잠재유효우량은 다음과 같이 표현되며 이를 통하여 유효우량을 산정할 수 있다.

$$R_e(t) = D(t) - D(t-1) + U(t)$$
$$R_{ep}(t) = D_{max} - D(t-1) + U(t)$$
$$R_{ep}(t) \leq R_a(t) \text{이면} \quad R_e(t) = R_{ep}(t)$$
$$R_{ep}(t) > R_a(t) \text{이면} \quad R_e(t) = R_a(t)$$

여기서 $R_e(t)$: t 일의 유효우량(mm)
$R_{ep}(t)$: t 일의 잠재유효우량(mm)
$R_a(t)$: t 일의 총강우량(mm)이며 일본의 경우 총강우량의 80 %, 상한선은 80 mm로 적용
D_{max} : 최대담수심인 물꼬높이(80 mm)

- 현재 일강우량 5.0 mm 이하인 경우에는 강우가 벼잎에 차단되는 것으로 간주하여 무강우로 처리하고, 5.0 mm를 초과하는 경우에는 전량을 강우량으로 처리하고 있으나 이는 5.0 mm를 기준으로 불연속이 발생하는 단점과 바람 등에 의하여 강우량은 전량 논에 내리지 못하는 경우가 발생하는 점을 고려하지 못하는 단점을 지닌다.
- 따라서 일본의 경우와 같이 총강우량의 상한선을 최대담수심인 80 mm로 설정하고 총강우량의 80 % 정도를 담수에 기여하는 강우량으로 채택하는 것이 보다 타당한 것으로 판단된다.

나) 순용수량

- 순용수량을 산정하는 방법은 순용수량을 제외한 후 당일의 담수심이 최대 물꼬높이 D_{max}(80 mm)와 최저 물꼬높이 D_{min}(20 mm)의 어느 범위에 해당하는 지에 따라 다음과 같이 구분하여 산정한다.

$$D(t) = D(t-1) + R_e(t) - U(t)$$

① $D(t-1)+R_a(t)-U(t) \geqq D_{max}$ 인 경우

$$R_{eq}(t)=0$$

② $D_{min} \leqq D(t-1)+R_a(t)-U(t) < D_{max}$ 인 경우

$$R_{eq}(t)=0$$

③ $D(t-1)+R_a(t)-U(t) < D_{min}$ 인 경우

$$R_{eq}(t)=D_{max}-D(t-1)-R_a(t)+U(t)$$

- 이와 같은 방법으로 순용수량 산정시 유효우량은 다음과 같이 산정되며, 현재 일반적으로 5 mm 이하는 무강우로 처리하고 최대담수심이 80 mm를 초과하는 부분은 월류되는 것으로 처리하고 있다.

$R_a(t) \leqq 5.0\,mm$ 이면 $R_e(t) = 0.0$

$R_{ep}(t) \leqq R_a(t)$ 이면 $R_e(t) = R_{ep}(t)$

$R_{ep}(t) > R_a(t)$ 이면 $R_e(t) = R_a(t)$

$R_e(t) \geqq D_{max} + U(t)$ 이면 $R_e(t) = D_{max} + U(t)$

7) 조용수량 산정에 필요한 관개효율

- 관개효율은 농업용수 수요량 산정 결과에 큰 영향을 미치게 되므로 신중히 선택하여야 하는 중요한 요소이다.
- 우리나라의 경우 실측자료에 근거한 적절한 관개효율이 없으므로 <표 5.6>과 같은 기존 사례들과 제반사항을 충분히 검토하여 결정하여야 한다.

<표 5.6> 관개효율 적용 사례

(단위: %)

구 분	수로손실률	조작손실률	관개효율
낙동강유역조사(1971, UNDP)	15	20	65
낙동강유역하구조사 (1977, NEDECO)	15	20	65
장기다목적댐계획 예비타당성조사(1979, JICA)	10	25	65
기존댐 용수공급능력조사 (1997, 건교부·한국수자원공사)	15	20	65
한국농어촌공사	15, 20	-	80, 85

- 동 표를 살펴보면 한국농어촌공사는 상대적으로 높은 80~85 %를 적용하는 반면, 건교부 및 한국수자원공사의 경우에는 대체적으로 수로손실률 15 %, 조작손실률 20 %를 채택하여 65 %를 적용하고 있음을 알 수 있다.
- 상기 모든 경우는 수로 및 조작손실률과 같은 시설관리 용수량만 고려하고 별도로 필요한 재배관리 용수량은 무시하는 경우이다. 여기서 재배관리 용수량이란 이앙낙수, 중간낙수, 시비, 제초 및 약제살포에 따르는 낙수 등과 같이 재배기간 중의 각종 용수조작을 시행한 후 이를 보충하기 위한 취수량을 의미하며, 이러한 재배관리 용수량은 순용수량의 약 20 %를 차지하는 것으로 조사되고 있다.
- 이와 같은 재배관리 용수량을 재배기간별로 적용하기 어려우므로 통상 무시하고 있는 실정이지만 수량적으로 볼 때 반영하는 것이 보다 타당하므로, 각종 손실을 35 %로 고려하여 관개효율을 65 %로 적용하는 방법이 현실적으로 적절한 것으로 판단된다.
- 한편, 기존 「수자원장기종합계획(2006~2020)(2006.09, 건설교통부·한국수자원공사)」에서는 수로손실은 토공수로의 경우 10~25 %, 콘크리트수로의 경우 5~7 %를 적용하고 추가적으로 배분관리손실률로 전국평균인 11 %를 적용하는 방법을 제시한 바 있다.

8) 수리답 조용수량 산정

수리답의 단위면적당 조용수량은 순용수량에 각종 손실률을 고려하여 다음과 같이 산정한다. 한편, 이와 같은 조용수량은 필요에 따라 기간별 또는 연도별로 각각 산정하는 것이 필요하다.

$$\text{조용수량} = \text{순용수량}/(1-\text{손실률})$$

나. 수리불안전답

- 수리불안전답은 수리답과 달리 필요한 물을 적기에 공급할 수 없고 관개시설에 의한 용수공급이 없는 답을 의미한다.
- 하지만 대부분 수리불안전답은 이앙기 등과 같은 필요시에는 관정 등을 이용하여 용수를 공급받고 있으므로 수리불안전답 원단위는 수리답 농업용수 원단위의 65 %를 채택하는 방안을 주로 적용하고 있다.

다. 관개전

- 관개전의 수요량 구성은 수리답의 경우와 대부분 비슷하지만, 답작물은 담수재배 방식인 반면 전작물은 중력수도 배제되는 지배방식이므로 침투량을 고려하지 않아도 되는 차이가 있다.
- 이에 따라 소비수량을 구성하는 요소와 강우량 중에서 유효우량으로 이용되는 우량을 산정하는 내용 등이 달라지게 된다.
- 관개전의 소비수량은 엽수면증발산량과 토양면증발량의 합인 증발산량이며 여기에 유효우량을 감하면 순용수량이 되며, 조용수량은 순용수량에 각종 손실률을 고려하여 산정하게 된다.
- 관개전의 재배력은 통상 과수의 재배력인 4월부터 10월까지를 관개가 필요한 기간으로 적용하고 있다.

1) 증발산량 산정

가) 방법 채택

- 우리나라의 경우 관개전의 증발산량은 세계식량기구(FAO)에서 증발산량 산정의 표준으로 제시한 Penman-Monteith 방법을 채택하고 있다.
- 관개전의 경우 소비수량은 유역내의 작물을 모두 분류하여 정확한 값을 추정할 수 없으므로 통상 과수를 대표작물로 적용하고 있다.
- Penman-Monteith 방법으로 산정된 관개전의 잠재증발산량을 실제증발산량으로 환산하는데 작물계수는 세계식량기구(FAO)에서 제시한 <표 5.7> 과 같은 사과의 작물계수를 사용하고 있다.

<표 5.7> 관개전 작물계수

구 분		4월	5월	6월	7월	8월	9월	10월
작물계수 (K_C)	초순	0.50	0.75	1.00	1.10	1.10	1.10	0.85
	중순	0.50	0.75	1.00	1.10	1.10	1.10	0.85
	하순	0.50	1.00	1.10	1.10	1.10	1.10	0.85

나) Penman-Monteith 방법

- Penman-Monteith 방법은 반사율(albedo)이 0.23이며 물이 충분히 공급되는 조건에서 높이가 12 cm로 일정하고 왕성하게 자라는 가상의 작물이 지표면을 모두 덮은 상태에서의 잠재증발산량을 산정하는 방법이다.
- Penman-Monteith 방법의 공식은 다음과 같이 표시된다.

$$E_T = \frac{0.408\,\Delta\,(R_n - G) + \gamma \dfrac{900}{t+273} U_2\,(e_s - e_a)}{\Delta + \gamma\,(1 + 0.34\,U_2)}$$

여기서 E_T : 잠재증발산량(mm/day)

R_n : 순일사량(MJ/m²/day)

U_2 : 지상 2 m 높이에서 측정한 풍속(m/s)

Δ : 포화증기압곡선 경사(kPa/℃)

γ : 건습구상수(kPa/℃)

G : 토양의 열유동량(MJ/m²/day)

- 여기서 Penman-Monteith 공식은 SI 단위계를 사용하고 있으므로 필요시 다음과 같은 관계를 이용하여 환산하여 사용하여야 한다.

1 milibar = 0.1 kPa

1 cal/cm²/day = 0.041868 MJ/m²/day

1 mm/day = 2.45 MJ/m²/day

- Penman-Monteith 공식의 각종 인자 산출 방법은 다음과 같다.

① 포화증기압곡선 경사

$$\Delta = \frac{4{,}098 \cdot e_s}{(t + 237.3)^2}$$

여기서 Δ : 포화증기압곡선 경사(kPa/℃)

t : 평균기온(℃)

② 포화증기압

$$e_s = 0.611 \cdot \exp\left(\frac{17.27 \cdot t}{t + 237.3}\right)$$

여기서 e_s : 포화증기압(kPa)

③ 순일사량

이용 가능한 일사량 측정자료가 없는 경우에 순일사량은 다음 식에 의해 산정한다.

$$R_n = R_{ns} - R_{nl}$$

$$R_{ns} = (1-\alpha)\left(a + b\frac{n}{N}\right) \cdot R_a$$

$$R_{nl} = \sigma \cdot \left(\frac{T_{max}^4 + T_{min}^4}{2}\right)\left(a_1 + b_1 \cdot \sqrt{e_a}\right)\left(a_2 + b_2 \cdot \frac{n}{N}\right)$$

여기서 R_n : 순일사량(MJ/m²/day)

R_{ns} : 순단파 일사량(MJ/m²/day)

R_{nl} : 순장파 일사손실량(MJ/m²/day)

R_a : 대기권 밖의 일사량(MJ/m²/day)

n/N : 일조시간과 가조시간의 비

T_{max} : 최대 절대온드(K, $273+t_{max}$)

T_{min} : 최저 절대온드(K, $273+t_{min}$)

t_{max} : 일최대온도(℃)

t_{min} : 일최저온도(℃)

α : 반사율(Albedo, 0.23)

σ : Stefan-Boltzmann 상수 (4.90×10^{-9} MJ/m²/K⁴/day)

e_a : 실제 증기압(kPa)

a, b : 지역상수로 0.25, 0.50 사용(한국농어촌공사 자료)

a_1, b_1 : 지역상수로 0.39, -0.05 사용(한국농어촌공사 자료)

a_2, b_2 : 지역상수로 FAO에서 추천한 0.1, 0.9를 사용

④ 대기권 밖의 일사량

$$R_a = \frac{24 \times 60}{\pi} G_{sc} \cdot d_r \left(\omega_s \sin\phi \sin\delta + \cos\phi \cos\delta \sin\omega_s\right)$$

$$d_r = 1 + 0.033 \cdot \cos\left(\frac{2\pi}{365} J\right)$$

$$\delta = 0.409 \cdot \sin\left(\frac{2\pi}{365} \cdot J - 1.39\right)$$

$$\omega_s = \arccos(-\tan\phi \cdot \tan\delta)$$

$$J = \text{integer}\left(275\frac{M}{9} - 30 + D\right) - 2$$

여기서 G_{sc} : 태양상수(0.0820 MJ/m²/min)

d_r : 지구와 태양간의 상대적 거리

ϕ : 위도(rad)

δ : solar declination(rad)

ω_s : sunset hour angle(rad)

J : 연중 해당 날짜의 일수

M : 해당 월(1~12)

D : 해당 월의 일수

⑤ 가조시간

$$N = \frac{24}{\pi}\omega_s$$

⑥ 토양의 열유동량

$$G = c_s \cdot d_s\left(\frac{t_n - t_{n-1}}{\Delta t}\right)$$

여기서 G : 토양으로 흡수되는 열유동량(MJ/m²/day)

Δt : 시간 간격(일, 월)

c_s : 열용량(MJ/m³/℃, 평균토양 함수비에서 2.1 사용)

d_s : 예상 유효토양깊이(일별 0.18 m, 월별 2.0 m 사용)

t_n : n 일(월)의 평균온도(℃)

t_{n-1} : n-1 일(월)의 평균온도(℃)

⑦ 건습구상수

$$\gamma = 0.00163\frac{P}{\lambda}$$

$$P = 101.3 \cdot \left(\frac{293 - 0.0065 \cdot EL}{293}\right)^{5.26}$$

$$\lambda = 2.501 - (2.361 \times 10^{-3}) \cdot t$$

여기서 γ : 건습구상수(kPa/℃)

P : 대기압(kPa)

λ : 기화잠열(MJ/kg)

EL : 관측소 표고(EL. m)

⑧ 풍 속

풍속은 높이 2 m에서 측정된 값을 기준으로 하기 때문에 풍속의 측정높이에 대하여 다음 식으로 보정한 풍속을 사용한다.

$$\frac{U_2}{U_z} = \frac{4.87}{\ln(67.8 \cdot z - 5.42)}$$

여기서 U_z : 높이 z(m) 에서 측정된 풍속(m/s)

U_2 : 높이 2 m에서 측정된 풍속(m/s)

z : 풍속 측정 높이(m)

⑨ 실제증기압(actual vapor pressure)

$$e_a = \frac{RH_{mean}}{\frac{50}{e_s(t_{min})} + \frac{50}{e_s(t_{max})}}$$

여기서 e_a : 실제 증기압(kPa)

RH_{mean} : 일평균상대습도(%)

$e_s(t_{max})$: 일최고기온에서의 포화수증기압(kPa)

$e_s(t_{min})$: 일최저기온에서의 포화수증기압(kPa)

2) 유효우량 및 순용수량 산정

가) 유효우량

- 관개전의 유효우량 상한치는 1회분의 순용수량을 채우는데 필요한 강우량으로 총신속유효수분량(TRAM) 또는 포장용수량이란 용어로 사용되며, 하한치는 1일 증발량의 평균치(5 mm)를 채택한다.
- 총신속유효수분량(TRAM)은 일정량 30 mm를 적용하는 방법과 「한국토양의 분류(농업진흥청)」의 토양특성 자료와 읍면별 토양통 자료를 다음 공식을 적용하여 직접 산정하는 방법 등이 있다.

$$TRAM = (F_C - M_L)D\frac{1}{C_P}$$

여기서 F_C : 1일 용수량(부피, %)

M_L : 생장저해 수분점(부피, %)

D : 제한토층의 두께(mm)

C_P : 수분 소비비율(%)

• 순용수량을 제외한 유효우량 산정식에서 잠재유효우량 산정식은 다음과 같이 표현되며 이를 통하여 유효우량을 산정할 수 있다.

$$R_e(t) = D(t) - D(t-1) + U(t)$$

$$R_{ep}(t) = D_{max} - D(t-1) + U(t)$$

$$R_{ep}(t) = TRAM - D(t-1) + U(t)$$

$R_{ep}(t) \leqq R_a(t)$이면 $R_e(t) = R_{ep}(t)$

$R_{ep}(t) > R_a(t)$이면 $R_e(t) = R_a(t)$

여기서 $D(t)$: t 일의 토양수분(mm)

$D(t-1)$: t-1일의 토양수분(mm)

D_{max} : 토양수분 상한치(mm)

TRAM : 총신속유효수분량(mm)

$R_e(t)$: t 일의 유효우량(mm)

$R_{ep}(t)$: t 일의 잠재유효우량(mm)

$R_a(t)$: t 일의 총강우량(mm)

$R_{eq}(t)$: t 일의 순용수량(mm)

$U(t)$: t 일의 소비수량(mm)

나) 순용수량 산정

a) 일반 순용수량

• 일반 순용수량은 토양수분평형법(soil moisture balance method)을 적용하여 산정한다.

• 순용수량은 물수지식에서 당일 순용수량 및 토양수분량을 제외하여 당일 소비수량을 산정한 후, 당일 소비수량과 전일 토양수분량 및 당일 강우량의 합의 크기 관계에 따라 다음과 같이 구분하여 산정한다.

$$D(t) = D(t-1) + R_e(t) + R_{eq}(t) - U(t)$$: 물수지식

$$U(t) = D(t-1) + R_e(t)$$

① $U(t) \leqq D(t-1) + R_a(t)$인 경우 $R_{eq}(t) = 0$

② $U(t) > D(t-1) + R_a(t)$인 경우 $R_{eq}(t) = U(t) - D(t-1) - R_a(t)$

- 이와 같은 방법으로 순용수량 산정시 유효우량은 다음과 같이 조건별로 산정되며, 일반적으로 5 mm 이하는 무강우로 처리하고 TRAM을 초과하는 부분은 월류되는 것으로 처리하고 있다.

$R_a(t) \leqq 5.0\text{mm}$이면 $R_e(t) = 0.0$

$R_{ep}(t) \leqq R_a(t)$이면 $R_e(t) = R_{ep}(t)$

$R_{ep}(t) > R_a(t)$이면 $R_e(t) = R_a(t)$

$R_e(t) \geqq \text{TRAM} + U(t)$이면 $R_e(t) = \text{TRAM} + U(t)$

b) 다목적 순용수량

- 관개전의 다목적 용수량은 작물이 생리적으로 요구하는 소비수량 이외의 필요한 소비수량이다.
- 다목적 용수량으로는 재배관리용수, 기상재해방지용수, 병충해방제용수, 기타용수 등이 있으며 다목적 용수량 기준은 <표 5.8>과 같고, 작물별 영농기간에 대하여 균등하게 공급하는 것으로 적용하게 된다.

<표 5.8> 관개전의 다목적 용수량

구분		용수량(mm)	비고
재배관리용수	파종·정식기	10~15	파종, 경운 등을 합하여 30 mm 적용
	경운작업	20	
기상재해방지용수	풍식방지	5~20	7 mm만 적용
	동상해방지	-	일부 작물에만 적용되므로 제외
	해풍해방지	-	
병충해방제용수	액비용수량	20	병충해 방제 및 기타 용수를 고려하여 30 mm 적용
	병충해방제	1	
기타용수	기상조절	4~6	

3) 조용수량 산정에 필요한 관개효율

- 관개전의 경우 통상 수로손실률 5~10%와 포장내 적용효율 80~90% 등을 고려하고 있다.
- 통상 이와 같은 각종 손실을 30%로 고려하여 관개효율을 70%로 적용하고 있다.

4) 관개전 조용수량 산정

- 관개전의 단위면적당 조용수량은 순용수량에 각종 손실률을 고려하여 다음과 같이 산정한다. 한편, 이와 같은 조용수량은 필요에 따라 기간별 또는 연도별로 각각 산정하는 것이 필요하다.

  조용수량 = 순용수량/(1 − 손실률)

- 한편, 필요한 경우에는 과수원, 시설재배, 간이관개전과 같은 비관개전에 대하여도 별도로 산정하여야 한다.

라. 축산용수

- 축산용수는 가축두수당 물 사용량인 양축용수와 가축 가공용수를 더하여 산정한다.
- 축산용수 수요량 산정시 축종은 가축통계에서 용수사용량이 많고 사육빈도가 높은 한우, 육우, 젖소, 돼지, 닭 등을 대표 축종으로 선정한다.

1) 양축용수

- 양축용수는 가축을 사육하는데 필요한 물 수요량으로 음용수량과 세정수량으로 구분할 수 있으며, 가축의 음용수량과 세정수량은 사육방식과 계절적 변화에 의한 차이가 크다.
- 우리나라의 경우 이와 같은 요인들을 고려한 원단위의 조사연구가 전무하므로 일본의 「초지개발사업계획 설계기준(1994)」을 정리한 <표 5.9>와 같은 자료를 이용한다.

<표 5.9> 양축용수의 축종별 원단위

(단위: L/day)

구 분	젖 소	한 우	돼 지	닭	비 고
원단위	150	60	30	1	

2) 가공용수

- 가공용수는 「농업·농촌용수 종합이용계획」에서 제시하고 있는 축산 가공용수 대 가축사육 물 수요량의 비를 적용하는 방법을 채택하고 있다.
- 상기 자료에서 가공용수는 양축용수의 15.6 %이므로 이와 같은 비율을 적용하여 가공용수를 산정한다.

5.3.5 농업용수 수요량

농업용수 수요량은 물수지 분석 방법에 따라 소비수량 개념의 단위기간 농업용수 수요량이 필요한 경우와 조용수량 개념의 연간단위 농업용수 수요량이 필요한 경우로 구분하였다.

1) 소비수량 개념의 단위기간 농업용수 수요량

- 물수지 분석에서 과거 전체 연도를 대상으로 단위기간(5일, 10일 등)으로 분석하는 경우에는 강우에 의한 유효우량, 용수공급 충분여부 등을 별도로 고려해야 되기 때문에 소비수량 개념의 단위기간별 농업용수 수요량을 산정하는 것이 필요하다.
- 과거 연도별 기간별로 경작지별 경지면적에 기간별 소비수량(mm)을 곱하고 이들을 더하여 기간별 경작지 농업용수 수요량을 산정한 다음, 여기에 기간별 축산용수 수요량을 더하여 기간별 농업용수 수요량을 산정한다.

2) 조용수량 개념의 연간단위 농업용수 수요량

- 과거 연도별로 경작지별 경지면적에 조용수량 개념의 연도별 농업용수 원단위(mm)를 곱하고 이들을 더하여 연도별 경작지 농업용수 수요량을 산정한 다음, 여기에 연도별 축산용수 수요량을 더하여 연도별 농업용수 수요량을 산정한다.

$$
\begin{aligned}
\text{농업용수 수요량} = &\ \text{수리답 면적} \times \text{수리답 원단위} \\
&+ \text{수리불안전답 면적} \times \text{수리불안전답 원단위} \\
&+ \text{관개전 면적} \times \text{관개전 원단위} \\
&+ \text{축산용수 수요량}
\end{aligned}
$$

- 한편, 일반적으로 경작지별 연도별 농업용수 원단위를 빈도해석한 결과에서 내한능력 기준인 10년빈도의 값을 경작지별 농업용수 원단위로 통칭하고 있으며 이는 개략적인 검토에 국한하여 사용될 수 있다.

5.3.6 농업용수 공급시설 현황

- 농업용수 공급시설 현황은 중·대규모 수리시설물은 한국농어촌공사에서 관할하며, 그 외 시설물은 시·군에서 분리하여 관할하고 있는 점을 감안하여 관할 기관별로 파악하여야 한다.
- 또한, 시설용량 뿐만 아니라 실제 공급량 현황도 파악하여 현재 운영상태 및 향후 추가 공급능력 등을 파악하여야 한다.

5.4 하천유지용수

- 하천유지유량은 하천법 제51조에서 "생활·공업·농업·환경개선·발전·주운 등의 하천수 사용을 고려하여 하천의 정상적인 기능 및 상태를 유지하기 위해 필요한 유량"으로 정의되어 있다.
- 자연상태의 하천에서 갈수시에도 흘렀다고 볼 수 있는 유량이며, 하천의 건천화 방지, 하천 생태계의 유지 등 자연하천이 가지고 있는 최소한의 기능이 유지되도록 보장해 주어야 할 최소유량의 개념이다.
- 현재 이러한 수문학적 측면의 하천유지유량은 물관리제도 수요 측면의 하천유지용수와 혼용되어 사용되고 있는 실정이며 하천유지유량이 보다 포괄적인 표현이다.
- 이에 따라 유량으로 표시되는 경우에는 하천유지유량으로 사용하고 용량개념일 경우에는 하천유지용수로 사용하는 것이 보다 현실적인 방안일 것으로 판단된다.
- 하천유지유량은 하천의 정상적인 기능 및 상태를 유지하기 위하여 수요와 공급의 두 가지 측면을 모두 만족시키는 유량으로 자연적 요인인 평균갈수량과 인위적인 요인인 환경보전유량 중에서 큰 유량으로 설정한다.
- 평균갈수량은 자연상태의 하천에서 갈수시에도 흘렀다고 볼 수 있는 갈수량으로 하천의 건천화 방지 등 자연하천이 갖고 있는 최소한의 기능을 수행하도록 하류에 흐르게 보장해 주어야 할 유량이다. 환경보전유량은 주운, 어업, 경관, 염해 방지, 하구 막힘 방지, 하천관리시설 보호, 지하수위 유지, 동·식물 생태보호, 수질보전 등과 같은 9가지 기능을 종합적으로 고려하여 하천환경 보전을 위하여 설정하여야 하는 유량으로 정의된다.

- 평균갈수량은 과거 자연상태에서 관측한 유량자료를 매년마다 크기 순으로 나열하여 355일을 유지할 수 있는 갈수량 계열을 작성한 후 이를 평균하여 산정한다. 한편, 갈수량에는 평균갈수량 이외에 갈수량 계열을 빈도해석하여 10년빈도 갈수량을 채택하는 기준갈수량, 7일간 연속유량을 구하여 평균한 후 가장 작은 평균유량을 그 해의 최저 7일 갈수량으로 하고 이 최소치계열의 10년빈도 갈수량을 채택하는 10년빈도 7일 갈수량 등이 있다. 이 중 평균갈수량이 가장 크고 그 다음이 기준갈수량이며 10년빈도 7일 갈수량이 가장 작다.
- 환경보전유량은 산업의 고도화 및 도시화로 인한 오염물질의 대량 유출과 상대적으로 처리시설의 부족에 따른 하천수질 악화가 계속되고 있으므로 과거의 염해방지 기능에서 오염방지용 희석용수의 기능으로 전환되어 가고 있다.
- 하천에 유입되는 오염수를 처리하는 목표년도별 환경기초시설의 완성 여부에 따라 하천수질을 예측하여 하천수질 환경기준이나 해당 하천에 따라 정해진 목표수질을 만족시키기 위한 유량을 산정하기 위해서는 하천에 유입되는 오염부하량과 하천유량 등을 입력자료로 한 수질모델링을 통하여 결정되어야 하므로 환경보전유량 산정이 용이하지 않은 실정이다.
- 따라서 통상 하천유지유량은 고시된 자료가 있는 경우에는 고시된 유량을 채택하고 고시된 자료가 없는 경우에는 평균갈수량(또는 기준갈수량)을 채택한 후 면적비로 배분하여 추정하는 방법을 주로 적용하고 있다.

5.5 용수수요량 현황 총괄

- 용수수요량 현황 총괄에서는 과거 생활용수, 공업용수, 농업용수 및 하천유지용수 등의 수요량 및 이들의 합을 연도별로 산정하여 나타내어야 한다.
- 이를 토대로 각종 용수수요량의 변화 및 구성 비율의 변화 등을 파악하여 향후 용수수요 추정에 활용하게 된다.
- 한편, 용수수요량 현황을 파악하는 방법은 변화되기 때문에 여기서 기술되는 내용은 맥락을 파악하는 기존 방법 정도로 이해하고, 실제 실무에서는 최근 신뢰성있는 자료를 활용하여야 한다.

메 모 란

제6장

용수수요량 추정

6.1 생활용수

6.1.1 추정 방법

- 생활용수 수요량 추정은 급수방식에 따른 상수도 급수지역 수요량과 상수도 미급수지역 수요량 및 기타 급수량으로 구분하여 산정한다.
- 상수도 급수지역 수요량과 미급수지역 수요량 추정은 인구 및 원단위 추정을 통하여 산정하고, 기타 급수량 추정은 지하수 이용자료 등으로 산정한다.

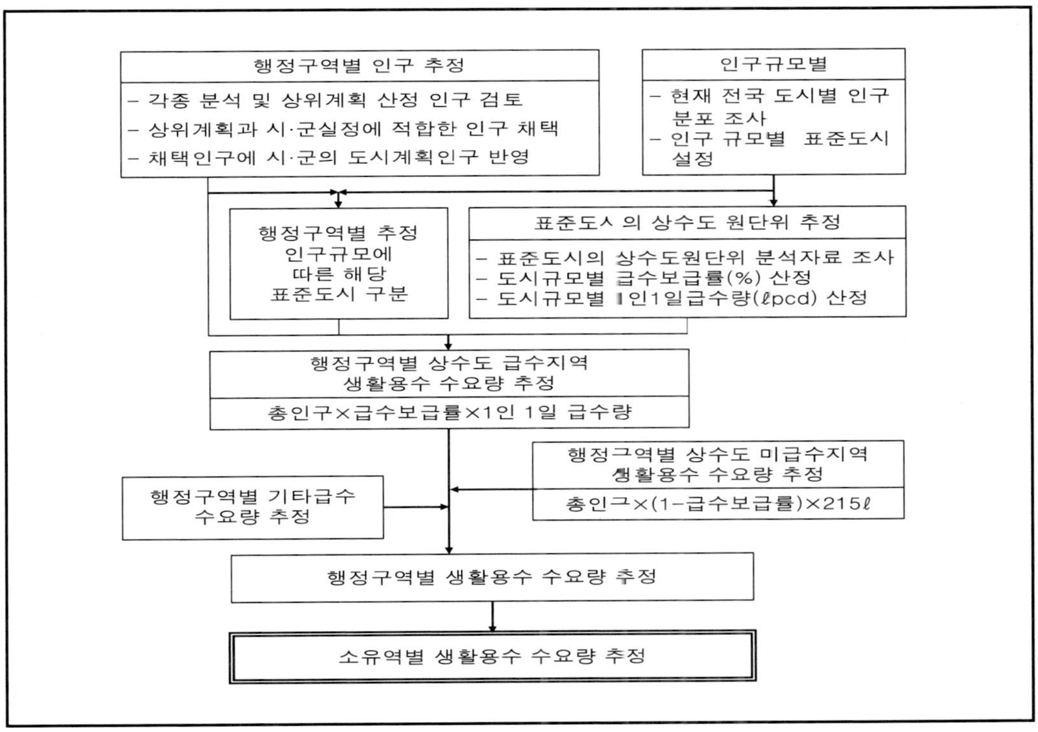

<그림 6.1> 생활용수 수요량 추정 흐름도

6.1.2 인구 추정

- 인구 추정 방법은 과거 추이 분석을 통한 추정 인구와 사회적 요인을 고려한 추정 인구를 각각 산정하고 이들의 합으로 추정하는 방법을 주로 채택하고 있다. 또한, 전국, 시·도별, 시·군별 순으로 대단위에서 소단위로 추정하여 나가는 방식을 주로 채택하고 있으며, 역으로 소단위의 합으로 대단위의 인구를 추정할 경우에는 합산시 과대 추정의 문제가 발생하지 않도록 하여야 한다.
- 장래인구 추정에는 정부에서 5년마다 인구 및 주택 센서스를 실시하여 발표한 인구추계 자료 등을 기초자료로 사용한다.

가. 추이 분석에 의한 인구 추정

- 과거 인구의 추이 분석을 통한 추정은 조성법, 통계학적 방법과 비례법 등으로 장래인구를 추정한 후, 상위계획의 추정치와 비교하여 채택한다.
- 시·도별 인구는 조성법으로 추정할 수는 있으나 대개 별도로 추정하지 않고 「국토종합개발계획 수정 지침(국토개발연구원)」 등과 같은 상위계획의 추정치를 사용한다.
- 시·군별 인구 및 읍·면별 인구는 통계학적 방법과 비례법으로 추정한 결과를 상위계획과 비교하여 채택한다.
- 기존 관련 상위계획으로는 「수도정비기본계획보고서(1997, 건교부)」, 「수자원개발가능지점 및 광역배분계획 기본조사(1996, 건교부)」 및 「전국수도종합계획 수립연구(2004, 환경부)」 등이 있다.

1) 조성법(cohort survival method)

- 과거의 자료로부터 출생률, 사망률, 생존율 등과 성별, 연령별 인구구조를 조사·분석하여 연령별로 인구를 추정하는 방법이다.
- 인구센서스 등에 사용되는 방법이며, 전국 또는 시·도와 같이 대규모 지역에 사용 가능한 방법이다.

$$P_{1(x)} = C_m \times P_m(x-1) + C_w \times P_w(x-1)$$

$$Baby = C_b \times P_p(x-1)$$

$$P_t(x) = \sum P_1(x) + Baby$$

여기서 C_m : 해당 연령의 남자 생존율
C_w : 해당 연령의 여자 생존율
x : 목표년도
C_b : 목표년도의 출생률(가임 여성 기준)
$P_m(x-1)$: 전년도 남자 인구
$P_w(x-1)$: 전년도 여자 인구
$P_p(x-1)$: 전년도 가임 여성 인구(15세~44세)
Baby : 목표년도 출생 인구

2) 통계학적 방법

- 행정단위별 과거인구 추이를 토대로 통계학적 방법으로 장래인구를 추정하는 방법으로, 행정구역 소단위 중심계획이나 목표년도가 10년 미만인 단기간의 인구추정에 적합하다.
- 행정구역 소단위의 인구추정시 신뢰도가 비교적 높으나, 행정구역 소단위별 인구추정 결과로부터 대단위 장래인구를 추정할 경우 소단위의 오차가 누적되어 신뢰도가 낮다.

가) 등차급수법

- 과거 연평균 인구 증가가 장래에도 그대로 적용될 것이라는 가정 아래 매년 인구증가가 일정하다고 간주하고 추정하는 방법이며, 발전이 느린 도시 또는 발전중에 있는 비교적 큰 도시에 적용하는 것이 적합하다.

$$P_{t+n} = P_t + b \cdot n$$

$$b = \frac{P_t - P_{t-m}}{m}$$

여기서 P_{t+n} : 기준년도부터 n년후의 인구
P_t : 기준년도의 인구(현재 인구)
b : 연평균 인구증감량
n : 기준년도부터 경과년수
P_{t-m} : 기준년도부터 m년전 인구
m : 기준년도부터 이전년수

- 추정인구가 과소 평가될 우려가 있으며, 신흥도시에서처럼 인구가 급격히 증가하는 도시에는 부적합하다.

나) 등비급수법

- 과거 연평균 인구 증가율을 구하여 장래 인구를 추정하는 방법이며, 상당히 긴 기간동안 같은 인구 증가율을 보이는 발전적인 도시에 적합하다.

$$P_{t+n} = P_t \cdot (1 + r)^n$$

$$r = \left(\frac{P_t}{P_{t-m}}\right)^{1/m} - 1$$

여기서 P_{t+n} : 기준년도부터 n년후의 인구

P_t : 기준년도의 인구(현재 인구)

r : 연평균 인구증감률

n : 기준년도부터 경과년수

P_{t-m} : 기준년도부터 m년전 인구

m : 기준년도부터 이전년수

- 인구증가율이 점차 감소하는 도시에는 적합하지 않으며 현재 대도시의 경우처럼 인구가 어느 한계점에 이르러 증가율이 둔화되고 있는 경우에는 부적합하다.

다) 최소자승법

- 인구 변화가 과거로부터 현재까지 거의 직선적인 추세를 나타낼 때 적용하는 방법이며, 인구 증가가 계속적으로 지속되며 연평균 증가율이 일정한 경우에 적용할 수 있고 단기간 인구 추정에 적합하다.

$$P_{t+n} = a + b \cdot n$$

$$a = \left(\frac{\Sigma x_i^2 \Sigma y_i - \Sigma x_i \Sigma x_i y_i}{m \Sigma x_i^2 - (\Sigma x_i)^2}\right)$$

$$b = \left(\frac{m \Sigma x_i \Sigma y_i - \Sigma x_i \Sigma y_i}{m \Sigma x_i^2 - (\Sigma x_i)^2}\right)$$

여기서 P_{t+n} : 기준년도부터 n년후의 인구

P_t : 기준년도의 인구(현재 인구)

m : 기준년도부터 이전년수

x_i : 기준년도부터 과거년도

y_i : 기준년도부터 과거년도의 인구

라) 로지스틱(logistic) 방법

인구변화 추이가 처음에는 완만하게 증가하고 어느 시점을 지나면서 급격히 증가하다가 완만하게 증가하는 양상을 보이는 경우에 적용하는 방법이며, 최대 포화 인구를 갖는 것이 특징이다.

$$P_{t+n} = \frac{K}{1 + e^{a+bt}}$$

여기서 P_{t+n} : 기준년도부터 n년후의 인구

K : 최대 포화 인구

a, b : 회귀분석에 의해 결정되는 상수

3) 비례법(rational and correction method)

- 대단위 지역의 장래인구가 결정되어 있을 때 대단위 지역에 대한 소단위별 인구 구성비 추이를 상관분석하여 소단위의 장래인구 구성비를 추정한 후, 이를 대단위 지역의 장래인구에 곱하여 소단위별 장래인구를 추정하는 방법이다.
- 행정구역 소단위별 인구추정 결과는 신뢰도가 다소 낮으나, 행정구역 소단위별 인구의 합이 대단위의 인구와 일치하그로 계획지역이 광역지역을 대상으로 할 경우에 적합하다.
- 이와 같이 계획지역이 광역일 경우나 목표년도가 10년 이상인 장기 인구추정에 적합한 방법이다.

$$P_{ts} = C_{ts} \cdot P_{tl}$$

$$C_{ts} = f(K_{si})$$

$$K_{si} = P_{si}/P_{li}$$

여기서 P_{ts} : 목표년도 t년의 소단위 지역 장래인구

P_{tl} : 목표년도 t년의 대단위 지역 장래인구

C_{ts} : 목표년도 t년의 소단위 지역 인구구성비

K_{si} : 소단위 지역 인구구성비의 과거 추이

P_{si} : 소단위 지역 i년도의 과거 인구

P_{li} : 대단위 지역 i년도의 과거 인구

나. 사회적 요인에 의한 인구 추정

- 사회적 요인에 의한 인구 추정은 해당 시·군의 과거추이 분석에 의한 인구의 증감 이외에 시·군의 택지개발, 토지구획정리 등 사회적 변화로 인한 인구 변화를 고려하는 방법이다.
- 각종 개발로 인한 유입인구는 자체 및 외부 유입인구로 구별되고, 실제 인구증가 요인은 외부 유입인구이므로 외부 유입비율을 충분히 검토, 반영하여 인구 증감을 추정한다.

다. 장래인구 추정

장래인구는 과거 추이 분석에 의한 장래인구와 사회적 요인에 의한 인구증감을 합하여 추정한다.

6.1.3 상수도 급수지역 수요량 추정

가. 상수도 원단위 추정

- 상수도 원단위는 1인 1일 급수량, 급수보급률 등이 있으며, 도시의 규모나 형태별 특성에 따라 다른 성향을 나타낸다.
- 1인 1일 급수량은 도시의 생활용수량 수요변화를 반영하는 직접적인 지표로서 인구규모별로 비슷한 경향이 있으나, 사용목적, 소득수준, 입지, 기상조건, 생활양식, 도시의 성격, 기타 경제 및 사회조건 등에 따라 크게 변화한다.
- 급수보급률은 정부의 상수도 보급에 대한 정책의지와 해당 시·군의 상수도 보급계획 등이 중대한 영향을 미치므로 계획된 정부의 목표보급률 지표를 적용하되 시·군의 상수도 보급계획을 충분히 검토하여 반영하여야 한다.
- 과거에는 1인 1일 급수량 및 급수보급률 산정에 있어 2011년 이전은 「수도정비기본계획보고서(1997, 건교부)」의 지표를 이용하고, 2016년 이후는 「수자원개발가능지점 및 광역배분계획 기본조사(1996, 건교부)」의 지표를 이용하게 되며, 이러한 원단위의 기준 지표는 <표 6.1>, <표 6.2>와 같다.
- 한편, 이와 같은 1인 1일 급수량과 급수보급률 등의 상수도 원단위는 지역특성을 고려하여 <표 6.3>과 같이 조정하여 적용하여야 한다.
- 이와 같은 지표의 적용시에는 반드시 최신 자료를 사용하여야 하며 최신 자료로는 「전국 수도종합계획 수립연구(2004, 환경부)」 등이 있다.

<표 6.1> 인구규모별 표준도시의 상수도 1인 1일 급수량 원단위(생산량 기준)

(단위: Lpcd)

구 분		목표년도				
		2001	2006	2011	2016	2021
40만 ~ 20만		370	390	410	430	450
20만 ~ 5만		350	370	390	410	430
5만 ~ 2만		310	340	360	380	400
2만~1만	평탄지	290	310	330	350	370
	산 지	280	300	320	340	360
1만 미만	평탄지	270	290	310	330	350
	산 지	240	260	280	300	320

<표 6.2> 인구규모별 표준도시의 상수도 급수보급률 원단위

(단위: %)

구 분		곡표년도				
		2001	2006	2011	2016	2021년
40만 ~ 20만		91.0	93.0	95.0	97.0	98.5
20만 ~ 5만		90.0	92.5	95.0	97.0	98.5
5만 ~ 2만		82.5	85.0	87.0	89.0	91.0
2만~1만	평탄지	65.0	70.0	75.0	79.0	83.0
	산 지	60.0	65.0	70.0	75.0	80.0
1만 미만	평탄지	50.0	60.0	65.0	70.0	75.0
	산 지	45.0	55.0	62.5	70.0	75.0

<표 6.3> 지역특성에 따른 상수도 원단위 조정

지 역 특 성	지 표 조 정
현재 상수도 미급수지역	현저 상수도 미급수지역에서 이용하고 있는 간이상수도는 2001년 이후 법경 상수도화하는 것으로 간주하여 20C1년 이후부터 2만 미만의 지표상의 목표치를 적용

<표 6.3> 지역특성에 따른 상수도 원단위 조정(계속)

지 역 특 성	지 표 조 정
현재 급수보급률 및 1인1일 급수량 실적이 금회 분석한 2001년 지표보다 크고 2021년 보다 작을 경우	현재 실적부터 현재 실적보다 큰 값이 나타나는 목표년도의 지표까지 직선적으로 증가하는 것으로 간주하여 선형보간하여 적용
현재 급수보급률 및 1인1일 급수량 실적이 금회 분석한 2021년 지표보다 큰 경우	차상위 표준도시의 장래 목표치 적용
현재 급수보급률 및 1인1일 급수량 실적이 금회 분석한 차상위 2021년 지표를 상회할 경우	현재의 상태가 유지되는 것으로 적용
급수보급률이 20% 이하이고 1인1일 급수량 실적이 460L를 초과하는 지역	인구 2만 미만 지역으로 인구 규모별 지표를 적용
장래 인구가 현재인구보다 증가하여 해당 인구지표를 상당히 초과하는 지역	장래 인구가 원단위 구분 범위에 해당하는 지표 적용

나. 급수지역 수요량 추정

- 상수도 급수지역 수요량은 장래인구와 상수도 원단위인 1인 1일 급수량, 급수보급률 등의 개별 인자에 대한 추정을 실시한 후 이들 인자들을 곱하여 추정한다.
- 기존 상수도통계상의 급수량 및 1인 1일 급수량은 정수장의 전체 상수도 생산량을 기준으로 하고 있으므로 실제 취수량 기준의 수요량과는 상당한 차이가 발생하게 된다.
- 여기서 실제 취수량은 전체 생산량에서 무효수량과 무수수량을 제외한 유수수량을 의미하며 이를 별도로 산정할 필요가 있다.
- 따라서 전체 상수도 생산량에 해당 시·군의 목표유수율을 곱하여 목표년도의 실제 취수량(유수수량)과 유수수량 기준의 1인 1일 급수량을 별도로 추정한다. 한편, 여기에 적용되는 목표유수율은 시·군의 「중·장기 지방상수도종합계획(1998, 행정자치부)」 등의 목표유수율을 기본지표로 사용하게 된다.

- 또한, 추정된 유수수량 중 가정에서 실제적으로 사용하는 가정용수 이용량은 목표년도의 유수수량 추정치에 과거 가정용수의 점유비율을 산술평균한 결과를 곱하여 추정한다.

6.1.4 상수도 미급수지역 수요량 추정

상수도 미급수지역 수요량은 「전국용수이용조사(2002, 한국수자원공사)」에서 제시하고 있는 2020년까지 미급수지역의 단위급수량인 215 L/인/일을 곱하여 추정한다.

6.1.5 기타 급수량 추정

기타 급수량은 대부분이 지하수로 행정구역을 기준으로 전국의 지하수 이용실태를 용도별로 조사한 「지하수조사연보(건교부)」의 생활용지하수 사용량은 변화가 없는 것으로 가정하여 현재의 실적자료를 그대로 적용한다.

6.1.6 생활용수 수요량 추정 개선 방안

- 상승곡선의 변환점(turning point)을 고려하지 못하여 계속적으로 증가하고 있는 점을 개선하여야 한다.
- 생활용수의 개념을 가정용수와 도시용수로 구분할 필요가 있으며 현재의 분류체제에서도 생활용수에 포함된 공업용수가 공업용수 추정에서 고려되지 못하기 때문에 발생하는 중복 추정을 개선하여야 한다.
- 누수율 부분만 반영되고 있는 수요관리에서 물값, 누수율, 절수기기, 중수도 등을 모두 반영하는 수요관리로 개선하여야 하며 한편, 목표 유수율에 수요관리에 의한 효과가 반영된 경우 중복은 제외하여야 한다.
- 한편, 「수자원장기종합계획(2011~2020)(2011.12, 국토해양부)」에서 제시고 있는 내용인 누수량 저감 등 유수율 제고에 의한 절감량의 100 %를 반영한 결과를 기준수요, 50 %를 반영한 결과를 고수요, 150 %를 반영한 결과를 저수요 등으로 구분한 내용을 추가적으로 참고할 필요가 있다.

6.2 공업용수

6.2.1 추정 방법

- 공업용수 수요량 추정은 국가공단, 지방공단 및 농공단지 등 공단과 자유입지업체로 구분하여 산정하며 추정 방법에는 총량 회귀분석 방법과 원단위 방법 등이 있다.
- 총량 회귀분석 방법의 경우 과거 공업용수 수요량에 대한 자료를 구하기 어렵고 장래 수요량에는 많은 변수가 있어서 수요량을 정확하게 추정하기 곤란하므로 원단위 방법을 주로 채택하고 있다.

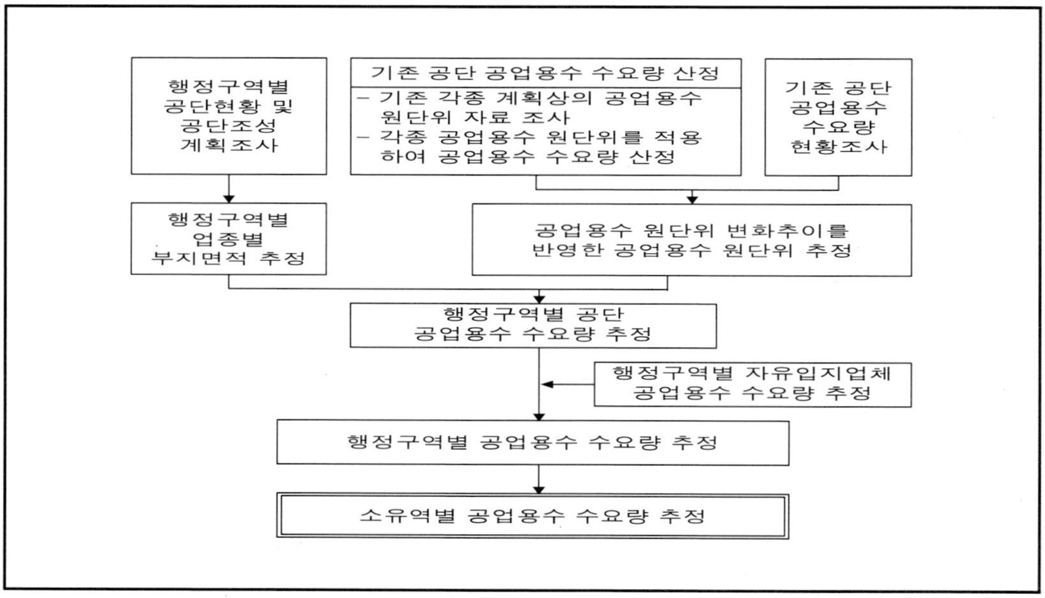

<그림 6.2> **공업용수 수요량 추정 흐름도**

6.2.2 공단 공업용수 수요량 추정

- 공단의 공업용수 수요량 추정은 공단 현황 및 공단조성 계획 등을 고려하고 공업용수 원단위를 적용하여 산정한다.
- 공업용수 원단위는 부지면적 원단위, 종업원수 원단위, 생산액 원단위 등이 있다. 이 중 종업원수 원단위나 생산액 원단위 등에 따른 원단위는 경제상황에 따라 변화가 심하고 이에 따른 예측이 곤란하기 때문에 채택하기 곤란하다.

- 현재 부지면적은 장래에 변화되지 않는 것으로 간주할 수 있으며 장래 부지면적 증가는 기 수립된 공단계획 등에서 파악할 수 있기 때문에 정확한 부지면적의 예측이 가능하다. 또한, 우리나라와 같이 공단 중심의 개발계획 지역에는 부지면적 원단위가 가장 적절한 것으로 평가되고 있으므로 부지면적 원단위를 주로 채택하고 있다.
- 전국을 대상으로 조사된 기존 원단위를 일방적으로 적용하기보다는 유역내 기존 공단에 대하여 기존 각종 부지면적 원단위를 적용하여 수요량을 산정하고, 이를 공업용수 이용 현황과 비교하여 최적 원단위를 채택하거나 필요시 보정하여 공업용수 원단위를 산정함이 원칙이다.
- 하지만 이러한 절차로 원단위를 조정 또는 산정하는 것이 현실적으로 불가능한 경우가 대부분이므로, 일반적으로 공단의 공업용수 수요량 추정은 기존 주요 업종별 부지면적 원단위에 부지면적을 곱하여 산정하고 있다.
- 공단 공업용수 원단위로는 기존 보고서 중 최근 자료인 <표 6.4>, <표 6.5>와 같은 「산업입지 원단위 산정에 관한 연구(1998, 건교부)」의 부지면적 원단위 등을 사용할 수 있다.

<표 6.4> 10개 업종별 공업용수 원단위

(단위: m^3/천m^2)

업 종	목표년도			
	1993	1997	2001	2006~2021
음식료품	26.66	27.46	28.25	27.40
섬유의복	21.95	22.6	23.15	26.10
목재종이	19.13	20.99	22.84	25.72
석유화학	13.01	13.74	14.46	15.45
비금속소재	21.15	22.81	24.46	26.78
철강	39.98	36.25	32.51	28.22
기계	3.12	2.50	1.88	1.38
전기전자	10.48	10.90	11.32	13.06
운송장비	3.60	3.18	2.76	2.04
기타제조업	10.23	9.05	7.86	6.67
제조업전체	15.84	15.28	14.71	14.05

<표 6.5> 23개 업종별 공업용수 원단위

(단위: m^3/천m^2)

업 종	목표년도			
	1993	1997	2001	2006~2021
음식료품	31.41	30.18	28.95	27.52
담배	2.67	2.33	1.99	1.65
섬유제품	23.30	25.48	27.66	33.39
의복 및 모피제품	12.72	12.93	13.13	13.40
가죽·가방·마구류 및 신발	17.64	13.93	10.21	7.26
목재 및 나무제품	2.48	2.43	2.37	2.31
펄프, 종이 및 종이제품	32.42	34.28	36.13	39.77
출판, 인쇄 및 기록매체	5.60	4.54	3.47	2.58
코크스, 석유정제품 및 핵연료	6.68	7.74	8.80	10.45
화합물 및 화학제품	15.00	15.00	15.00	15.00
고무 및 플라스틱	66.53	62.74	58.95	54.66
비금속 광물제품	7.91	7.94	7.96	7.98
제1차 금속	39.98	36.25	32.51	28.22
조립금속제품	2.67	2.05	1.42	0.95
기타 기계 및 장비	3.50	3.46	3.42	3.37
사무, 계산, 회계용 기계	12.78	12.88	12.98	14.86
기타 전기기계 및 전기변환장치	5.63	5.09	4.55	3.99
영상, 음향 및 통신장비	14.51	12.93	11.35	9.74
의료, 정밀, 광학기기 및 시계	7.32	6.53	5.74	4.94
자동차 및 트레일러	4.84	4.34	3.84	3.32
기타 운송장비	1.71	1.93	2.15	2.49
가구 및 기타	10.33	9.49	8.64	7.73
재생재료 가공처리업	5.75	5.75	5.75	5.75
제조업 전체	15.84	15.28	14.71	14.05

- 이와 같은 지표의 적용시에는 반드시 최신 자료를 사용하여야 하며, 최신 자료로는 「공업용수 수요예측조사(2007, 건교부·한국수자원공사)」의 원단위 등이 있다.

6.2.3 자유입지업체 공업용수 수요량 추정

- 자유입지업체의 업종별 부지면적에 공단의 업종별 부지면적 원단위를 적용하여 자유입지업체의 공업용수 수요량을 추정한다.
- 한편, 장래 자유입지업체의 부지면적 변화를 파악하기 곤란하기 때문에 일반적으로 현재 부지면적을 그대로 적용한다.

6.2.4 공업용수 수요량 추정 개선 방안

- 부지면적 원단위를 적용할 경우 10～15년 이후에는 부지면적의 예측이 불가능하여 공업용수 수요량 추정이 곤란하므로 총량 회귀분석 방법 등으로 보완하여야 한다.
- 부지면적 원단위를 적용할 경우 생활용수에 기 포함된 공업용수를 고려하지 못하므로 중복산정을 피할 수 없는 문제가 발생하므로 이를 개선하여야 한다.
- 한편, 「수자원장기종합계획(2011～2020)(2011.12, 국토해양부)」에서 제시하고 있는 수요량 증가량을 경제성장률 4.0%를 반영한 결과를 기준수요, 3.5%를 반영한 결과를 저수요, 4.5%를 반영한 결과를 고수요 등으로 구분한 내용을 추가적으로 참고할 필요가 있다.

6.3 농업용수

6.3.1 추정 방법

- 농업용수 수요량 추정은 수리답, 수리불안전답 및 관개전 등에 대한 경지면적 전망과 과거 기상을 이용한 경작지별 기간별 농업용수 수요량 추정 또는 연간 농업용수 원단위 추정 등을 이용하여 산정하게 된다.
- 장래에는 농업용수 수요특성의 다양성이 더욱 심화되고, 일조시간, 강우량 등의 기상조건의 변화에 따라 농업용수 수요도 매년 변화하는 무작위성을 보이기 때문에 농업용수 수요추정은 다른 용수수요 추정에 비해 매우 복잡하다.

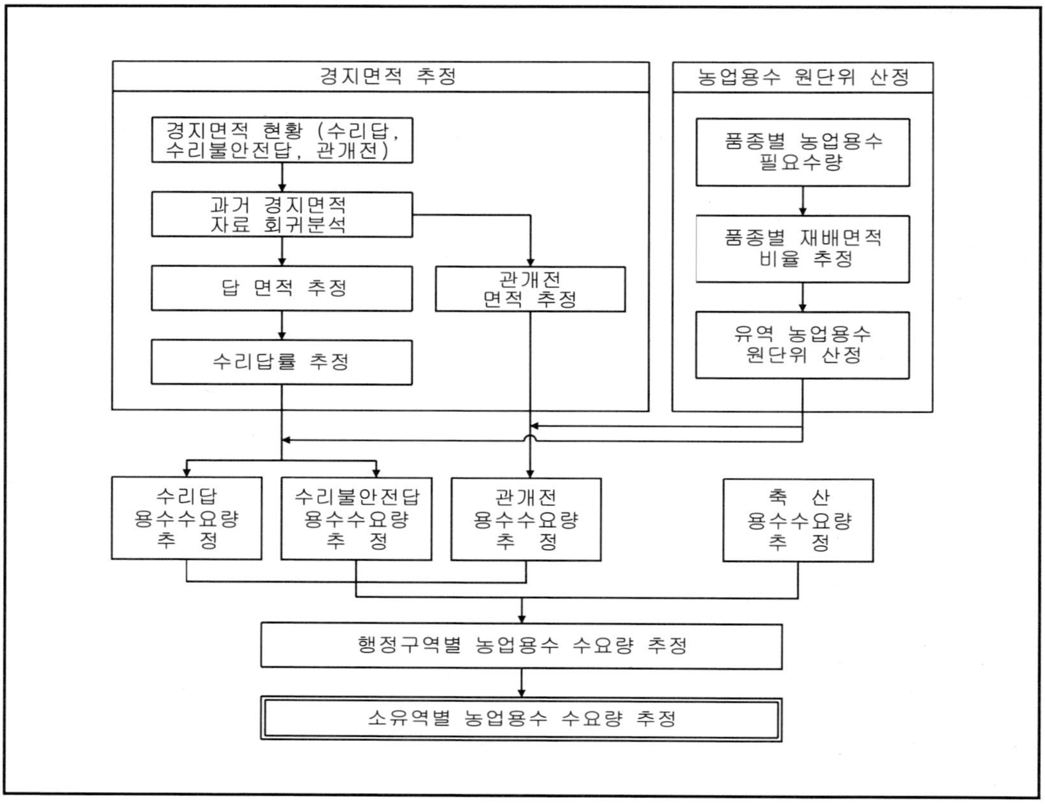

<그림 6.3> **농업용수 수요량 추정 흐름도**

6.3.2 경지면적 전망

- 장래 경지면적 변화추이를 전망하기 위해서는 산업활동 중 농업이 차지하는 비중 및 역할과 경제적인 문제점 등을 먼저 분석하는 것이 필요하다.
- 따라서 우리나라 농업의 실상과 문제점을 먼저 파악하고 이에 따른 장래 농업활동 여건과 과거 경지면적 변화를 분석하여 장래 경지면적을 전망하여야 한다.

가. 국내 농업의 현실과 미래

- 국내 농업에 영향을 미치는 국내외의 변화는 농업 이외의 부분까지 상호 연관되어 복잡하고 다양하다. 전반적으로 국내 농업은 우리나라 주변의 대내외적인 조류의 영향으로 다른 산업에 비해 비중이 더욱 낮아질 것으로 전망된다.

- 경지감소와 이용구조의 변화는 70년대부터 개간, 간척 등 농지조성에 의한 농지의 증가보다 주택용지, 공업용지, 공공용지 등 다른 용도로의 전용으로 농지의 감소가 크며, 대도시 및 산간지를 중심으로 휴경지가 급증하여 경지 이용률이 감소되고 있다.
- 벼 중심의 농업구조에서 시설원예, 과수 등의 밭작물이 증가하고 있으며, 최근 국내외의 여건에 따른 농민들의 사기저하 및 농업생산 경쟁력의 약화 등이 발생하고 있다.
- 식생활에서 큰 비중을 차지하는 밭작물은 대부분 관개시스템을 갖추고 고급화된 미식성 농산물을 재배할 것이므로 단위면적당 농업용수 수요량은 크게 증가하게 되고 또한, 원수 값이 상승하게 될 것이므로 어떠한 형태로든 효율적인 물관리가 필요하게 된다.
- 기술개발과 농법의 전환 및 공장제 농업 등으로 현재 주로 봄과 여름에 집중적으로 농업용수를 이용하는 것과 달리 겨울에도 대량으로 이용하게 될 것이나 현재와 같이 하천수 또는 댐수를 관개에 이용하는 관행은 크게 달라지지 않을 것으로 전망된다. 또한, 관개시스템이 정비되어 물 관리자가 관개를 통제하는 형태로 변화되고 있다.
- 한편, 국민의 식생활 형태는 고품질 및 무공해 식품을 요구하게 될 것이므로 농업생산은 현재와 같이 농약을 사용하거나 비료에 의존할 경우 대외 경쟁력에서 뒤지게 되며 또한, 환경부담금을 감수할 수 없기 때문에 유기농법과 같은 기술개발에 의한 농법에 의존하기 될 전망이다.

나. 경지면적 추정

- 경지면적은 농업부문만의 문제가 아니고 도시화, 공업화 등과 연관되어 대지, 공공용지 등으로 전용되고 있으며 또한, 우리나라 농업의 미래가 불확실하므로 이를 정확히 추정하는 것은 거의 불가능하다.
- 기존 농업용수 수요량 추정 관련 기존 보고서에서 사용한 경지면적 추정 방법을 참조하고 해당 유역의 과거 경지면적 변화 추세를 회귀분석하여 장래 경지면적을 추정하여야 한다.

- 답 면적의 감소는 장래에도 계속적으로 지속된다고 볼 수 없으므로 대체적으로 감소추세는 장래 특정 목표년도까지만 지속되고 그 이후부터는 변화가 없는 것으로 간주할 수 있다.
- 관개전 면적은 농촌의 고소득 작목으로의 전환추세와 과수·시설원예 등의 재배면적이 증가될 것으로 전망되므로 기존 보고서에서 제시한 연평균 증가율 등을 적용할 수 있다.

6.3.3 농업용수 수요량 추정

- 농업용수 수요량은 기상조건에 따라 연도별, 기간별로 변화되므로 과거년도 기상을 이용한 단위면적당 기간별 수요량(mm) 또는 연간 농업용수 원단위(mm) 등의 형태를 경작지 면적에 곱하여 산정하게 된다.
- 개략적인 농업용수 수요량 추정시에는 과거 전체기간의 농업용수 연간 원단위 계열의 10년빈도를 사용하며, 한국농어촌공사에서는 빈도해석시 Gumbel분포(Gumbel-Chow 방법)를 추천하고 있다.
- 이와 같은 연간 원단위 계열의 10년빈도인 농업용수 원단위(mm)를 채택하면 기간별 분포를 알 수 없게 되는 문제가 발생하게 된다. 이러한 문제는 10년빈도를 약간 상회하는 특정 과거년도의 원단위 분포를 채택하거나, 농업용수 수요량의 분포를 평균한 후 10년빈도 원단위를 기간별로 분포시키는 방법 등으로 처리하고 있다.
- 특정 과거년도의 원단위 분포를 채택하는 방법은 특정 과거년도가 모든 상황을 대표할 수 없는 문제점이 잔존하게 되며, 수요량의 분포를 평균하는 방법은 극한 상황이 과소평가될 수 있는 점을 충분히 감안하여야 한다.
- 정밀한 분석을 위한 농업용수 수요량 추정이 필요한 물수지 분석 등에는 물수지 분석을 특정 갈수기준년도에 국한하여 분석하는 경우 특정 갈수기준년도의 농업용수 원단위 분포만을 사용하며, 과거 전체기간에 대하여 분석하는 경우 과거 전체기간의 기간별 단위면적당 농업수요량 분포를 사용한다.
- 한편, 추가적으로 갈수기준년도를 설정하여 갈수기준년도의 농업용수 원단위와 10년빈도 농업용수 원단위를 비교·검토하는 것이 필요하다. 이와 같은 갈수기준년도 설정은 가뭄빈도 해석 결과와 모의운영 방법의 신뢰도 평가 결과와의 비교·검토 등과 같은 물수지 분석 결과 검토에도 필요하다.

6.3.4 농업용수 수요량 추정

- 개략적인 농업용수 수요량 추정은 목표년도별 경지면적을 수리답, 수리불안전답 및 관개전으로 구분하여 추정한 다음 각각의 10년빈도 농업용수 원단위(mm)를 곱한 후 이들의 합을 산정하고, 여기에 축산용수 수요량을 더하여 산정한다.
- 후술되는 물수지 분석에서 갈수기준년도를 대상으로 하는 경우 1개년의 단위면적당 농업용수 수요량 분포(mm)가 필요하고 과거 전체기간을 대상으로 하는 경우 전체기간의 기간별 단위면적당 농업용수 수요량 분포(mm)가 필요하게 된다.

6.3.5 농업용수 수요량 추정 개선 방안

- 한국농어촌공사에서는 농업용수 수요량을 10년빈도를 대상으로 채택하고 있는 반면, 댐과 같은 수공구조물 계획에서는 30~50년빈도를 대상으로 채택하고 있어서 설계 대상빈도의 차이가 많이 발생하게 되므로 이에 대한 기준 정립이 필요하다.
- 작물별 증발산량 산정 방법의 정립과 아울러 정확한 작물계수의 정립이 필요하며, 농업용수의 재이용률에 대한 기준 정립이 필요하다.
- 관개효율을 한국수자원공사는 65 %, 한국농어촌공사는 80 % 등으로 달리 적용하여 많은 차이가 발생하고 있으므로 이에 대한 현실적인 기준 정립이 필요하다.
- 한편, 「수자원장기종합계획(2011~2020)(2011.12, 국토해양부)」에서 제시고 있는 최근 경지전망을 반영한 결과를 기준수요, 경지전망에서 -3.5 %를 반영한 결과를 저수요, 경지전망에서 +3.5 %를 반영한 결과를 고수요 등으로 구분한 내용을 추가적으로 참고할 필요가 있다.

6.4 하천유지용수

- 하천유지유량은 생활·공업·농업·환경개선·발전·주운 등의 하천수 사용을 고려하여 하천의 정상적인 기능 및 상태를 유지하기 위해 필요한 유량으로 규정되어 있다.

- 통상 하천유지유량은 고시된 자료가 있는 경우에는 고시된 유량을 채택하고 고시된 자료가 없는 경우에는 평균갈수량(또는 기준갈수량)으로 채택한 후 면적비로 배분하여 추정한다.
- 댐 건설계획 수립시에는 하류하천의 건천화를 방지하고 하천의 정상적인 기능 및 상태를 유지토록 하천유지유량을 항상 일정하게 의무적으로 방류하여야 하며, 하천유지유량의 규모는 계획댐의 유역면적을 기준으로 고려하여 결정한다.

6.5 용수수요량 추정 총괄

- 용수수요량 추정 총괄에서는 생활용수, 공업용수, 농업용수 및 하천유지용수 등의 수요량 및 이들의 합을 목표년도별로 추정하여 나타내어야 한다.
- 이를 토대로 각종 용수수요 추정량의 변화 및 구성 비율의 변화 등을 파악하여 향후 용수수급 예측 및 물수지 분석 등에 활용하게 된다.
- 한편, 용수수요량을 추정하는 방법은 변화되기 때문에 여기서 기술되는 내용은 맥락을 파악하는 기존 방법 정도로 이해하고, 실제 실무에서는 최근 신뢰성있는 자료를 활용하여야 한다.

메 모 란

메 모 란

제 7 장

물수지 분석

7.1 물수지 분석 정의 및 필요성

- 물수지 분석(water budget analysis)이란 유역내 과거 자연유량과 장래 용수수요량을 비교함으로써 용수수급의 과부족을 예측하는 기법이다.
- 물수지 분석은 댐 건설의 규모, 시기 및 위치 등을 결정하는 기초가 되며, 유역의 장래 용수수급계획 수립시 가장 기본적인 선행 작업이다.
- 이에 따라 유역 용수수급계획 수립과 보완을 위해서는 유역을 일관한 물수지 분석을 주기적으로 실시하는 것이 필요하다.

7.2 분석 일반 및 절차

1) 물수지 분석 일반

- 물수지 분석은 소유역별로 물수지 분석 단위기간(5일, 10일 등) 동안의 불규칙한 하천의 과거 자연유량과 장래 용수수요량(수요량 또는 순물소모량)의 비교를 통하여 과부족을 계산하는 과정이다.
- 일반적인 연도의 구분의 경우 비홍수기 중간에 홍수기가 위치하여 비홍수기가 분리되므로 이와 같은 문제점을 방지하기 위하여 전년 10월 1일부터 당해년 9월 30일까지를 1년으로 하는 수년(water year)을 기준으로 분석한다.
- 소유역별 용수수급은 광역용수 수급계획 등을 기초로 조사하되, 타 유역에서 공급되는 양과 타 유역으로 공급하는 양으로 구분하여 조사한다.
- 댐에서 공급 불가능한 상류유역 및 지류 소유역에는 총량비교 방법을 적용하고, 댐에서 공급 가능한 지역은 저수지 모의운영 방법을 적용한다.

2) 물수지 분석 절차

① 소유역 구분을 실시한다.

② 분석 단위기간을 결정한다.

③ 이수안전도 기준 선정 및 분석 대상기간을 결정한다.

④ 자연유량을 소유역별로 산정한다.

⑤ 수요량 및 순물소모량을 소유역별로 산정한다.

⑥ 물수지 분석을 실시한다.

7.3 소유역 구분

- 물수지 분석시 전체유역을 하나의 유역 또는 대유역으로 구분하여 분석하면 물부족의 지역적 분포와 특성을 이해하기 곤란하게 된다.
- 이에 따라 유역의 효율적인 물수지 분석 및 용수수급 계획 수립을 위해서는 소유역 구분을 적절하게 하여야 한다.
- 물수지 분석에서 해당 유역의 회귀수량은 해당 유역으로 회귀하지 않고 직하류 유역으로 유출되는 것으로 간주하는 가정을 적용함에 따라 소유역을 지나치게 크게 구분하는 것은 지양하여야 하며 이와 관련되는 검토는 다음과 같다.

  - 최상류 소유역은 일반적으로 자연유역이 많은 부분을 차지하여 물부족이 발생하지 않는 경우가 대부분이므로 적절하게 구분하면 된다.
  - 중간 소유역은 상류 소유역의 회귀수량 유입량과 하류로의 회귀수량 유출량이 모두 존재하므로 소유역 분할에서 회귀수량과 관련된 특별한 고려는 하지 않아도 된다.
  - 최하류 소유역은 일반적으로 도시유역이므로 소유역을 크게 구분하는 경우 물부족이 많이 발생하면서도 회귀수량은 전혀 재이용되지 못하고 바다로 전부 유출되는 것으로 처리되는 상황이 발생할 수 있다.
  - 기존 물수지 분석에서 한강유역 전체 수요량의 약 60 % 정도를 차지하고 있는 수도권의 대부분을 하나의 소유역으로 구분함에 따라 엄청난 규모의 회귀수량이 전혀 재이용되지 못하고 바다로 무효방류되는 것으로 처리되어 물부족을 과다 추정하는 경우가 발생한 바 있다.

- 이런 경우에는 소유역을 여러 개로 분할하는 방안을 고려하여야 하며, 추가적으로 해당 유역의 회귀수량을 해당 유역의 하천유지용수로 재이용하는 방안 등을 강구하여야 한다.

7.4 분석 단위기간 결정

- 물수지 분석의 분석 단위기간은 자연유량, 수요량 등의 자료 수집 및 분석에 사용되므로 미리 결정하는 것이 필요하며, 통상 분석 단위기간은 5일, 10일, 1개월 등을 사용하고 있다.
- 과거에는 1개월 간격으로 물수지 분석을 실시한 경우도 있었으나, 1개월 간격은 물부족의 경향을 제대로 파악하기 곤란하므로 최근에는 5일 또는 10일 간격으로 분석하는 추세이다.
- 현재 확실한 기준이 없기 때문에 5일, 10일 중에서 임의로 채택하고 있는 실정이며, 「수자원장기종합계획(2011~2020)(2011.12, 국토해양부)」 등에서는 5일을 채택하고 있다.
- 분석 단위기간이 짧아질수록 물부족이 크게 산정되며 그 차이가 상당히 크므로 분석 단위기간의 채택에 유의하여야 한다.
- 실무적으로는 유역반응시간 등을 고려할 때 대유역에는 물부족이 크게 산정되는 5일 간격 보다는 10일 간격이 보다 적절한 것으로 평가되고 있다.

7.5 이수안전도 기준 선정 및 분석 대상기간 결정

- 이수안전도(safety degree for water shortage)란 용수공급을 위한 댐 및 부속시설물 또는 하천시설물 등이 용수수요를 충족시킬 수 있는 용수공급의 안전성 정도를 표시하는 것이다.
- 이와 같은 이수안전도는 건설하고자 하는 수공구조물의 설계대상 갈수빈도에서 갈수기준년도를 설정하고 이를 기준으로 하는 방법과 용수공급 부족 발생빈도를 이용하는 신뢰도 기준에 의한 방법을 주로 사용하고 있다.
- 이와 같은 이수안전도 기준 선정에 따라 갈수기준년도 기준의 경우에는 특정 과거년도 1~2개년, 신뢰도 기준의 경우에는 과거 전체기간이 분석 대상기간으로 결정된다.

7.5.1 갈수기준년도 기준

- 특정 과거년도 1~2개년을 채택하여 갈수기준년도를 결정하는 방법은 최대 갈수년을 갈수기준년도로 결정하는 방법과 특정 재현기간 갈수년을 갈수기준년도로 결정하는 방법이 있으며, 최대 갈수년을 갈수기준년도로 결정하는 방법을 우선적으로 채택한다. 이에 따라 갈수기준년도 기준의 분석 대상기간은 특정 과거년도 1~2개년으로 결정된다.
- 최대 갈수년은 기록상으로 일정기간 동안 최저 유량이 발생한 연도를 의미하며, 우리나라의 대표적인 최대 갈수년은 '67~'68년 가뭄이다.
- 하지만 '67~'68년 가뭄의 경우 낙동강유역에는 심각하였으나 한강유역은 5년빈도 이하로 분석된 바 있으므로 추가적으로 '76~'77년, '81~'82년, '87~'88년 및 '94~'95년 등을 검토하여 최대 갈수년을 결정하여야 한다.
- 한강유역의 경우 「기존댐 용수공급능력 조사보고서(1997, 건교부)」에서 유출량은 '81년, 공급량 부족은 '87년을 최대 갈수년으로 분석한 바 있다.
- 한편, 이와 같은 갈수 분석시에는 수년(water year) 단위로 분석하여야 하며, 가뭄시 중요한 의미를 갖는 비우기(10~6월)의 유출량이 가장 작은 연도를 분석하는 것이 중요한 의미를 가지게 된다.
- 특정 재현기간 갈수년을 갈수기준년도로 결정하는 방법은 특정 재현기간과 일치하는 연도가 없기 때문에 유출량을 기간별로 인위적으로 분포시켜야 하는 문제가 발생하므로 일반적으로 채택된 재현기간과 비슷하거나 약간 상회하는 갈수년도를 채택하게 된다.
- 기존 「가뭄기록조사보고서(1995, 건설부)」에서는 수공구조물의 저류용량 결정시 통상 12개월 이상의 가뭄을 대상으로 하는 점을 감안하여 12~18개월 지속기간에 상응하는 가뭄의 재현기간을 기준으로 하여 최대 가뭄심도를 갈수우량, 갈수유량 등으로 정리한 후, 갈수우량과 갈수유량의 재현기간의 범위를 적절히 수용하면서 약간의 안전율을 고려한 결과, 갈수기준년도의 재현기간을 한강은 15년빈도, 낙동강과 금강은 20년빈도, 영산강은 25년빈도로 제시한 바 있다.
- 갈수기준년도의 결정이 쉽지 않은 경우에는 일반적으로 수요량 측면에서 큰 비중을 차지하고 있는 농업용수 원단위의 빈도분석 결과를 참고하는 것도 하나의 대안이 될 수 있다.

- 한편, 후술되는 신뢰도 기준을 채택하는 경우에는 전체기간에 대하여 분석하므로 별도의 갈수기준년도 설정이 무의미할 수도 있지만, 신뢰도 기준에서 채택되는 결과와 갈수기준년도의 가뭄빈도와의 관계 검토 등이 추가적으로 필요하므로 갈수기준년도의 결정과 가뭄빈도 해석 등은 반드시 필요한 과정이다.

7.5.2 신뢰도 기준

- 신뢰도 기준에 의한 방법은 일반적으로 공급계획에 의해 결정되는 일정 기준에 공급량이 미치지 못하는 용수부족이 얼마나 자주 발생하는가 하는 신뢰도를 기준으로 평가하는 방법이다.
- 신뢰도 기준에 의한 방법은 장기간의 전체 기간에 대하여 저수지 모의운영을 통한 물수지 분석을 실시한 후, 전체 기간 중 일정한 비율의 기간동안 물부족이 발생되는 공급량을 용수공급능력으로 평가하게 된다. 이에 따라 신뢰도 기준의 분석 대상기간은 과거 전체 기간을 채택하여야 한다.
- 추가적으로 전체 기간에 대한 저수지 모의운영을 통한 물수지 분석 결과에서 보장공급량(firm yield)을 채택함에 있어서 신뢰도 100 %의 보장공급량을 채택할 경우 용수공급계획이 지나치게 축소되므로 수자원의 이용효율을 저하시킬 위험이 높다.
- 합리적인 용수공급계획은 단순히 어떠한 경우에도 공급을 보장할 수 있는 양을 기준으로 수립하는 것 보다 수자원 이용의 효율과 신뢰도의 적절한 절충을 통하여 수립하여야 한다.
- 용수공급의 효율과 신뢰도를 최대화하는 노력은 상충될 수 있으며 최대의 신뢰도와 최소의 취약성을 동시에 구현한다는 것은 불가능하며 적절한 타협점에서 결정하게 된다.
- 특히, 다목적댐의 용수공급능력을 평가함에 있어서 점차 고도화되어 가는 수자원 이용 현황을 반영하여 제한된 수자원 부존량내에서 증가하는 수요에 대응할 수 있도록 신뢰도 기준으로 평가됨이 타당하다.
- 현재 신뢰도 기준의 용수공급능력의 평가는 다음과 같은 방법을 적용하고 있다.

① **연간단위 기준**

연간단위 기준은 전체 분석년 중 물부족이 발생하지 않는 년(충족년)의 비율을 말하며 이때 물부족년은 연중 한 기간만 물부족이 발생하여도 부족년으로 취급하여 신뢰도를 산정

② **기간단위 기준**

기간단위 기준은 전체 분석기간 중 물부족이 발생하지 않는 기간(충족 기간)의 비율로 신뢰도를 산정

③ **공급량단위 기준**

공급량단위 기준은 공급계획량 중 공급가능량의 비율로 신뢰도를 산정

- 이와 같은 방법 중에서 우리나라의 용수공급능력의 평가에서는 대체적으로 연간단위의 신뢰도를 채택하고 있다.
- 하지만 연간단위와 기간단위의 신뢰도 산정 결과의 차이가 많고 또한, 우리나라는 자료년수가 짧아서 부족년이 1개년만 발생하여도 신뢰도가 많이 떨어지게 됨과 아울러 동일 유역의 다목적댐이라도 신뢰도가 서로 상이하게 되는 문제와 동일한 신뢰도를 구축하기 곤란한 문제 등이 발생하게 되므로 기간단위 기준의 신뢰도로 전환하는 것을 검토하여야 한다.

7.6 자연유량 산정

- 자연유량이란 하천유역이 전혀 개발되지 않아서 인위적인 용수수요가 전무한 상태인 자연상태의 하천유량을 의미하며, 댐 등 대규모 개발후 유량자료는 자연유량으로 사용할 수 없다.
- 자연유량은 유역의 식생특성에 따라 변화하므로 산림상태가 양호해지면 산림에 의한 소모량은 늘어날 것이며 산림상태가 악화되면 감소할 것이지만, 이와 같은 자연식생 상태하의 물소모량은 동일 기상상태하에서 변동이 없는 것으로 가정한다.
- 자연유량은 과거 실측유량에 과거 상류유역에서의 생활, 공업용수 및 농업용수 이용에 따른 순물소모량을 합하여 산정한다. 여기서 순물소모량은 자연식생 상태에서의 소모량보다 증가된 물소모량을 의미한다.

자연유량 = 실측유량+순물소모량(생활, 공업 및 농업용수)

- 통상 실무에서는 자료가 많은 수위관측지점의 실측유량과 순물소모량을 이용하여 자연유량을 산정한 후 이를 면적비법을 적용하여 소유역별 자연유량을 산정하고 있다.
- 이러한 방식은 물공급이 충분하여 물부족이 발생되지 않는다는 전제하에 적용 가능한 방법이며, 갈수년의 경우에는 물부족이 필연적으로 발생하므로 물부족을 감안하여 순물소모량을 적절하게 조정하여야 한다. 이와 같은 조정은 자연유량에 큰 영향을 주게 되므로 분석상의 세심한 배려가 필요하며, 현재와 같이 순물소모량의 전량 포함 또는 전량 제외하는 방식은 지양하여야 한다.
- Tank 모형 등을 이용하여 장기유출량을 산정하여 이를 자연유량으로 간주할 경우에는 실측유량을 바탕으로 모형 매개변수를 검정하여 사용하기 때문에 순물소모량이 전량 제외된 실측유량 개념의 자연유량이므로 개념상 차이 발생하게 되나, 물수요가 거의 없는 상류유역에서 모형을 검정하여 하류에 적용하는 방안을 대안으로 고려하는 것은 가능하다.

7.7 수요량 및 순물소모량 산정

7.7.1 수요량 산정

- 생활용수, 공업용수, 농업용수 등은 목표년도별 행정구역별 수요량 추정 결과에서 소유역별 수요량을 산정한다.
- 하천유지용수는 구간별 누가 유역면적을 이용하는 면적비법 등을 적용하여 목표년도별 구간별 수요량을 산정한다.

7.7.2 순물소모량 산정

- 물소모량은 지표수의 손실로 정의되며, 순물소모량은 물 사용으로 인하여 자연식생 상태하에서의 물소모량보다 증가된 물소모량을 의미한다.
- 생·공용수의 경우 생·공용수 수요량에서 회귀수량을 제외한 물소모량이 순물소모량이 된다. 반면, 농업용수의 경우 자연식생 상태하에서도 물소모량이 발생하므로 증가된 물소모량인 순물소모량의 개념이 필요하게 된다.

- 순물소모량은 실측유량에 순물소모량을 더하여 자연유량을 산정하는 경우와 물수지 분석에서 자연유량과 순물소모량의 비교에서 과부족을 판단하는 경우 등에 사용되고 있다.
- 한편, 자연유량 산정시 순물소모량이 필요하지 않은 방법을 채택하고, 약 35 %로 추정되고 있는 농업용수 회귀수량의 분포 및 농업용수 반복 이용 등을 정확하게 파악할 수 있으면 복잡한 순물소모량의 산정은 불필요하게 된다.

가. 생·공용수 순물소모량

- 생활용수 수요량은 여름에는 약간 증가하고 겨울에는 감소하는 등의 계절적인 변동이 있기 때문에 월별 변화율을 적용하고 공업용수는 연중 균일하다고 간주한다.

<표 7.1> 생활용수 수요량 월별 변화율

구 분	1월	2월	3월	4월	5월	6월	7월	8월	9월	10월	11월	12월
변화율	0.88	0.88	0.91	0.91	1.00	1.04	1.12	1.18	1.19	1.12	0.91	0.88

주) 자료: 「낙동강유역 하구조사 기술보고서(1977, 건설부·NEDECO)」

- 생·공용수 순물소모량은 자연상태의 소모량이 없으므로 생·공용수 수요량에서 회귀수량을 감하여 계산하게 된다.

$$\text{생·공용수 순물소모량} = \text{생·공용수 수요량}(1 - \text{회귀율})$$

- 회귀수량은 지역 및 용수 사용목적에 따라 큰 차이를 보이며 실측자료에서 도시지역은 회귀율이 상당히 높게 나타나고 있으나 일반적으로는 65 % 정도이므로 통상 생·공용수 회귀율은 65 %를 적용한다.
- 한편, 유역외로 공급되는 수요량은 회귀가 불가하므로 전량 소모로 처리한다.

나. 농업용수 순물소모량

1) 농업용수 순물소모량 기본방정식

- 농업용수 순물소모량은 농경지 물소모량에서 농경지 이전인 초원 상태를 자연식생 상태로 가정한 초원의 물소모량을 감하여 산정한다.

• 농업용수 순물소모량은 「낙동강유역 하구조사 기술보고서(1977, 건설부·NEDECO)」에서 정의한 순물소모량 기본방정식을 응용한다.

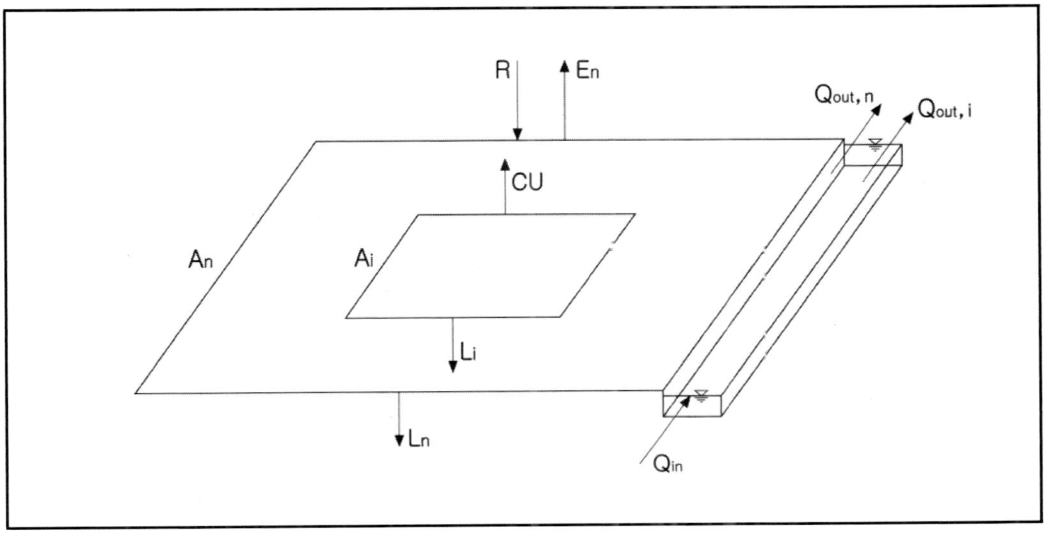

<그림 7.1> 농업용수 순물소모량 산정 기본도

• 전체 면적이 자연식생 상태 조건에서 면적은 A_n, 증발산량은 E_n, 강우량은 R, 침투량은 L_n, 해당 지역을 흐르는 하천의 유입량은 Q_{in}으로 정의하면 유출량 $Q_{out,n}$은 다음과 같이 산정된다.

$$Q_{out,n} = Q_{in} + (R - E_n - L_n) \times A_n$$

• 관개사업으로 A_i 면적만큼 조건이 변화되면 관개지역내에는 작물소모량(엽수면 증발산량) CU와 침투량 L_i가 발생하므로 유출량 $Q_{out,i}$는 다음과 같이 산정된다.

$$Q_{out,i} = Q_{in} + (R - E_n - L_n) \times (A_n - A_i) + (R - CU - L_i) \times A_i$$

• 인위적인 요소에 의해 증가된 물소모량이라 정의한 순물소모량 D_i는 자연상태 유출량과 관개상태 유출량의 차이로 산정된다.

$$D_i = Q_{out,n} - Q_{out,i} = (CU + L_i - E_n - L_n) \cdot A_i$$

• 관개시설이 없는 조건에서의 침투량인 L_r은 결국 하천으로 회귀하므로 무시할 수 있다고 가정할 경우, 관개면적에 대한 단위면적당 깊이로 나타낸 순물소모량은 다음과 같이 정리된다.

$$d_i = CU + L_i - E_n$$

- 상기 식이 여러 형태의 수리시설별 관개방식에 적용할 수 있는 기본방정식이 되며, 이와 같은 순물소모량 산정 기본방정식의 모든 물의 이동은 분석기간내에 모두 발생하는 것으로 간주한다.
- 한편, 동일한 수리답이라도 수리시설의 종류에 따라 하천유량에 미치는 영향이 다르며 이에 따른 물소모량에 차이가 발생되므로 순물소모량은 수리시설별로 별도로 산정하여야 한다. 또한, 농업용수는 기상조건에 따라 매년 달라지므로 과거 전체 연도에 대하여 분석하는 것이 필요하다.

2) 자연식생 상태의 물소모량

- 자연식생 상태를 초원으로 가정할 경우 초원의 물소모량인 증발산량은 토양수분의 양에 따라 영향을 받으므로 물수지 분석 단위기간(5일, 10일) 간격의 토양수분평형법(soil moisture balance method)을 토대로 계산한다.
- 자연식생 상태의 토양수분 조건은 초원의 초지 뿌리깊이인 착근점 심도는 600 mm, 토양공극률은 50 %로 보아 초지의 착근점까지의 수분함량인 포화수심은 300 mm으로 산정된다. 작물이 다시 물을 주어도 회복되지 못하는 수분량인 영구위조점(permanent wilting point)을 100 mm로 가정할 경우 이용 가능한 용량인 초원흡수력(field capacity)은 200 mm로 산정되게 된다.

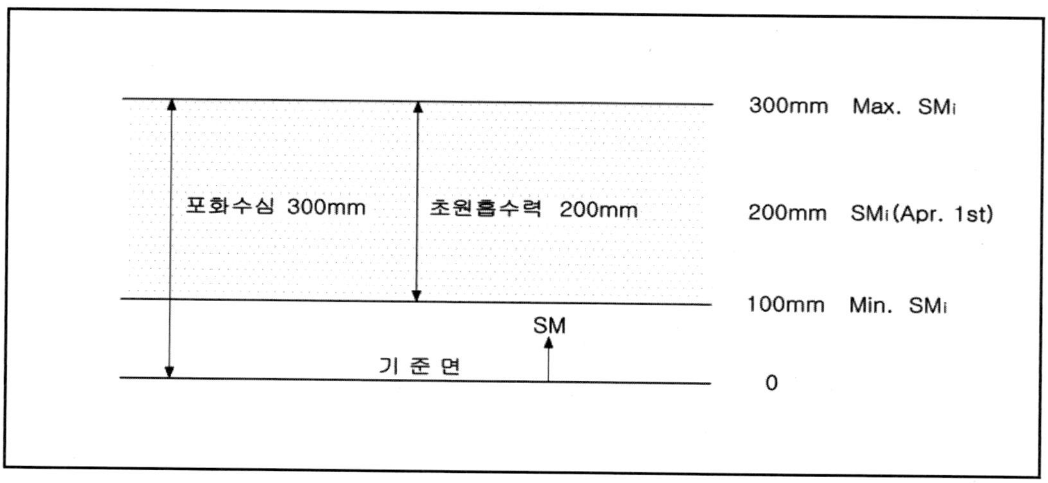

<그림 7.2> 자연식생 상태하의 가상 토양수분 조건

- 자연식생 상태의 물소모량(E_n)은 잠재증발산량(E_T)에 토양수분계수(K)를 곱하여 산정하며, 토양수분계수(K)를 산정하기 위한 토양수분평형법은 다음과 같고 시행착오법을 적용하여야 한다.

$$E_{ni} = K_i \cdot E_{Ti} = K_i \cdot C_i \cdot E_{Pi}$$

$$SM_{i+1} = SM_i + R_i - K_i \cdot E_{Ti} = SM_i + R_i - K_i \cdot C_i \cdot E_{Pi}$$

$$K_i = 0.1 + 0.9\left(\frac{\overline{SM_i} - 100}{200}\right) \quad , \quad \overline{SM_i} = \frac{SM_{i+1} + SM_i}{2}$$

여기서 SM_{i+1}은 분석 말기 토양수분, SM_i는 분석 초기 토양수분, R_i는 강우량, K_i는 토양수분계수, E_{Ti}는 잠재증발산량으로 Penman 공식 등으로 분석기간별로 산정하거나 월별 자료를 이용하여 잠재증발산량과 계기증발량 E_P와의 관계($C = E_T/E_P$)를 설정한 후 분석기간별로 산정($E_{Ti} = C_i \cdot E_{Pi}$)하는 방법을 적용한다.

- 상기 식에서 토양수분평형법을 적용하는 경우 자연식생 상태의 침투량은 결국 하천으로 회귀하는 것으로 간주하므로 고려 항목은 강우량과 증발산량으로 국한된다. 또한, 토양수분계수 K는 수심 100 mm인 영구위조점의 증발산량은 잠재증발산량의 10 %로 가정하여 0.1, 수심 300 mm인 포화상태의 증발산량은 잠재증발산량의 100 %로 가정하여 1.0으로 결정하고 중간은 선형보간으로 산정하는 방법을 적용한다.
- 토양수분평형법의 적용시 초기 가용 토양수분함량은 초원흡수력의 50 %인 100 mm(기준면으로부터 200 mm)로 가정하고 4월 초순부터 순별로 계산한다. 또한, SM_{i+1}의 SM_{i+1}의 값이 100 mm 이하이면 100 mm, SM_{i+1}의 값이 300 mm 이상이면 300 mm로 간주하고 초과수분은 유출되는 것으로 처리한다.

3) 경작상태의 수리시설별 물소모량

- 경작상태의 물소모량은 수리시설별로 공급하는 조용수량에 경작에 활용되는 강우량인 유효우량을 더한 총수요량에서 하천으로 회귀하는 회귀수량을 빼서 산정하게 된다.

물소모량 = 조용수량 + 유효우량 − 회귀수량

- 여기서 조용수량은 순용수량에 수로 및 조작손실량을 더한 값이며, 순용수량은 소비수량에 유효우량을 고려하여 산정하므로 다음과 같은 관계이다.

조용수량 = 순용수량 + 수로 및 조작손실량
= 소비수량 − 유효우량 + 수로 및 조작손실량

- 상기 내용을 정리하여 물소모량 기본방정식으로 나타내면 다음과 같다. 여기서 소비수량은 증발산량만을 의미하는 협의적인 개념이 아니라 증발산량뿐만 아니라 침투량, 묘대정지용수량 및 이앙용수량까지 포함하는 광의적 개념이다.

물소모량 = 소비수량 + 수로 및 조작손실량 − 회귀수량

가) 양수장 또는 보 관개답 물소모량

- 양수장 또는 보 관개답의 경우 회귀수량에 대한 고려는 침투량은 50 % 회귀하고, 수로 및 조작손실량은 70 % 회귀하는 것으로 간주한다.
- 양수장 또는 보 관개답의 물소모량은 물소모량 기본방정식에서 다음과 같이 정리되며, 순물소모량은 경작상태의 물소모량에 자연식생 상태의 물소모량을 감하여 산정한다.

물소모량 = 관개답 소비수량 − 0.5 침투량 + 0.3 수로 및 조작손실량

나) 저수지 관개답 물소모량

- 저수지는 유입량을 저류하여 조절 방류하는 특성을 가지므로 하천유량에 직접적인 영향을 주게 되므로 하천의 입장에서 보면 하천으로 흘러야 할 수량이 저수지에 저류되는 경우 물소모량이 발생하는 것으로 간주하여야 하므로 저수지는 물소모량에 연중 영향을 미치게 된다.
- 저수지 관개답 물소모량은 저수지 물소모량 및 저수지 관개답 물소모량으로 구분 산정한 후 이를 합하여 산정한다.
- 저수지 물소모량은 저수지 유입량과 증발량을 하천유량의 감소로 보아 "+" 물소모량으로, 관개용수 공급량과 월류량을 "-" 물소모량으로 간주한다.

저수지 물소모량 = 유입량 + 증발량 − 관개용수 공급량 − 월류량

- 이와 같은 저수지 물소모량은 다음과 같은 개략적인 저수지 모의운영을 통하여 산정하여야 한다.

- 기상상태는 과거 기상이 재현된다고 가정하고 유입량은 가지야마 공식 등으로 순별로 계산
- 초기저수위는 유효저수용량의 70 %, 저수지 증발량은 계기증발량의 70 %로 가정
- 산재되어 있는 소규모 농업용 저수지의 모든 제원을 적용하여 각각의 저수지에 대하여 모의운영을 시행하기가 어려우므로 소유역별 농업용 저수지의 제원을 조사하여 관개면적 1 ha당 유역면적, 유효저수량 및 만수면적을 산정하여 전체 유역면적에 대하여 하나의 대표저수지가 있는 것으로 가정하는 방법을 적용

• 관개답 물소모량은 양수장 또는 보 관개답의 물소도량과 동일한 다음 식으로 산정되나, 저수지 고갈시는 후술되는 수리불안전답의 물소모량 산정과 동일하다.

관개답 물소모량 = 관개답 소비수량 − 0.5 침투량 + 0.3 손실량

• 저수지 관개답 물소모량은 저수지 물소모량과 관개답 물소모량의 합으로 산정하며, 순물소모량은 경작상태의 물소모량에 자연식생 상태의 물소모량을 감하여 산정한다.

물소모량 = 저수지 물소모량 + 관개답 물소모량

다) 지하수 관개답 물소모량

• 지하수 관개답은 근본적으로 양수장 및 보 관개답과 동일하지만 용수공급 특성상 제반 손실량이 적은 점을 감안하여 수로 및 조작손실량의 소모량을 20 %로 하향조정한다.

• 지하수 관개답의 물소모량은 다음과 같이 산정하며, 순물소모량은 경작상태의 물소모량에 자연식생 상태의 물소모량을 감하여 산정한다.

물소모량 = 관개답 소비수량 − 0.5 침투량 + 0.2 손실량

라) 수리불안전답 순물소모량

• 수리불안전답은 자연식생 상태와 마찬가지로 토양수분과 강우에 의존하게 되므로 답면적의 3배에 달하는 인근 유역의 유출수가 유입되는 것으로 가정하여 토양수분평형법을 적용하는 것이 원칙이다.

- 하지만 수리불안전답도 대부분 필요시에는 임시 관개시설을 이용하여 관개를 실시하고 있는 것으로 나타나고 있으므로 토양수분평형법에만 의존할 경우 물소모량이 과소평가될 가능성이 높다.
- 따라서 수리불안전답 순물소모량을 산정할 때에는 토양수분평형법을 사용하지 않고 수리답 순물소모량의 65 %를 적용하고 있다.

마) 관개전 물소모량

- 관개전의 경우 답작과는 달리 침투량이 발생하지 않으므로 회귀수량은 제반 손실량에 대해서만 발생되는 것으로 간주하고 수로 및 조작손실량의 70 %가 하천으로 회귀하여 30 %만 소모되는 것으로 가정한다.
- 관개전의 물소모량은 다음과 같이 산정하며, 순물소모량은 물소모량에 자연식생 상태하의 물소모량을 감하여 산정한다.

$$\text{물소모량} = \text{관개전 소비수량} + 0.3\text{손실량}$$

바) 농업용수 순물소모량 총괄

- 농업용수 순물소모량은 각종 수리시설별 수리답과 수리불안전답 및 관개전 등의 순물소모량 합으로 산정한다.
- 전체 연도에 대하여 순몰소모량을 산정하고, 추가로 평균값이 근접한 평년기준, 필요한 재현기간 및 갈수기준년도 등에 대한 순물소모량을 산정한다.

다. 하천유지용수

- 유역 출구부에서의 하천유지용수를 구간별 누가 유역면적을 이용하여 면적비법 등으로 산정한다.
- 하천유지용수는 용수 과부족 산정에는 고려되어야 하는 요소이나 비소모성 수량으로 소유역에서 소모되지 않고 하류로 방류되어야 하는 수량이므로 순물소모량과는 별도로 고려한다.

라. 순물소모량 총괄

순물소모량 총괄은 생활용수, 공업용수, 농업용수 순물소모량의 합과 하천유지용수로 구성되며, 소유역별 목표년도별 순물소모량을 산정한다.

7.8 물수지 분석

7.8.1 물수지 분석 고려사항

가. 순물소모량 기준 및 수요량 기준

- 물수지의 과부족 산정시 자연유량과 순물소모량을 비교하는 방법은 순물소모량이 용수수요량의 약 50% 정도인 점을 감안할 때 용수부족을 과소평가하게 된다.
- 자연유량이 순물소모량보다는 크지만 수요량보다는 작을 경우, 순물소모량 기준으로는 부족이 발생하지 않지만 수요량기준으로는 수요량과 자연유량 차이만큼의 부족이 발생하므로, 순물소모량 기준은 수요량 기준보다 용수부족량을 과소평가하게 된다.
- 따라서 용수부족을 보다 적절히 평가할 수 있는 자연유량과 수요량을 비교하는 방법을 채택하는 것이 타당하다.

나. 용수 재이용

- 용수수요량에서 순물소모량을 감한 회귀수량 전량이 해당 소유역내에서는 전혀 재이용되지 않고 하류로 유출된다고 가정한다면, 해당 소유역의 유역면적이 클 경우 갈수기에도 소유역내 자연유량을 최대한 활용하지 못하게 되고 또한, 많은 회귀수량이 하류로 내려가는 현실과 배치되는 상황이 발생한다.
- 용수공급 특성상 생·공용수는 반복 이용하지 않지만 농업용수는 한번 반복 이용할 수 있는 것으로 가정하여 적용하는 것이 필요하며, 결과적으로 농업용수 회귀율을 35%에서 15% 정도로 하향조정하는 것이 필요한 것으로 판단된다.

다. 하천수 이용가능량

- 하천수를 취수함에 있어서 용수목적별 취수시설이 완벽하게 갖추어져 있지 않고 지류의 농경지의 경우 용수공급이 곤란한 지역도 있으므로 하천수 이용가능량은 하천수의 85%로 설정하여 물수지 분석을 실시하고 나머지 15%는 하류로 유하하는 것으로 처리하는 NEDECO 방법을 주로 채택하고 있다.

- 상기 방법은 하천유지유량이 설정되지 않은 구간에만 적용하여 하류로 유출되는 15 %가 하천유지유량의 역할을 담당하도록 하여야 한다.

라. 용수공급 대상지역 및 광역용수 수급계획

- 기존 분석의 총량비교 방법 적용에서는 유역전체를 용수공급 대상지역으로 설정한 경우도 있으나 이는 실제 용수공급체계와 맞지 않으므로 용수공급이 가능한 지역만을 공급 대상지역으로 설정하여야 한다.
- 또한, 유역외에서 해당 소유역으로 공급되는 양과 유역외로 공급하는 양을 정확하게 조사하여 광역용수 수급계획을 결정한다.

7.8.2 물수지 분석 방법

가. 총량비교 방법

- 댐에 의한 용수공급이 불가능한 댐 상류유역 및 지류 소유역에 대해서는 총량비교 방법을 적용한다.
- 소유역별 단위기간별로 수요량에서 자연유량을 감한 양을 물부족량으로 하여 소유역별 물부족량을 계산하는 방법이다.

나. 저수지 모의운영 방법

- 댐 하류 본류 소유역 및 댐에서 직접 공급하는 지역에 대해서는 저수지 모의운영 방법을 적용한다.
- 용수공급이 저수지를 통해 이루어지는 경우에 초기저수량과 저수지로의 유입량, 저수지로부터의 용수공급량 및 손실량 등을 고려한 저수지 모의운영을 통하여 유효저수량이 고갈되면 물부족이 발생하도록 함으로써 저수지로부터의 용수공급량, 물부족량 및 부족기간 등의 계산이 가능한 방법이다.
- 저수지운영 방법에는 갈수시 용수공급 기준에 따라 Deficit supply 방법과 Prime flow 방법으로 구분한다.

① Deficit supply

Deficit supply 방법은 유역내 대규모 댐 개발적지가 없고 용수수요량에 비해 공급량이 부족한 유역에 적용하는 방법으로 저수지로부터 하류유역의 물부족량만큼만 공급하는 방법

② Prime flow

Prime flow 방법은 비교적 수량이 풍부하고 수력발전이 상대적으로 중요한 유역에 적용하는 방법으로, 저수지에서 이미 정해진 기간별 방류량(하천유지용수, 첨두발전수량 등)을 의무적으로 방류해 주는 방법으로 경우에 따라 무효방류량이 발생

7.8.3 저수지 모의운영 방법 고려사항

가. 하천관리유량 산정

- 계획댐의 하천유지용수와 하류의 생·공용수 및 농업용수 기득수리권을 합하여 하천관리유량을 산정한다.
- 계획 댐 건설에 따른 하천유지용수의 고려시에는 댐의 자체 유역면적에 대한 부분만을 의무 방류하는 것을 원칙으로 설정한다.
- 목표년도별 생활, 공업, 농업용수의 기득수리권을 파악하여야 하며, 농업용수 기득수리권의 시기별 변화율은 소유역별 농업용수 수요량의 변화율을 적용한다.

나. 저수지 모의운영 조건

- 저수지 운영수위의 상한선은 계절별로 만수위(HWL)를 적용하며 하한선으로는 저수위(LWL)를 적용한다. 또한, 저수지 표고별-저류용량 자료는 댐의 경제수명을 100년으로 할 경우에는 50년 퇴사후의 조건을 적용하여야 한다.
- 댐으로부터의 공급량은 일정량의 조작손실을 고려하여야 하며 이러한 조작손실이 일어나는 원인중의 하나는 댐과 하류 하천 사이에서 소요되는 상당한 지체시간 때문이며 이는 증발손실의 증대를 초래한다.
- 조작손실률은 월류량(spillout)을 제외한 방류량 전량에 대하여 다음과 같이 적용한다.
  - 「저수지 조작 및 물 이용 계획보고서(1975, Nippon Koei)」에서는 안동댐에 대하여 5~8월은 1.15를 적용하고 기타 기간의 조작손실은 무시
  - 「낙동강유역 하구조사 기술보고서(1977, 건설부·NEDECO)」에서는 5~9월은 1.25, 10~4월은 1.10을 적용

- 저수지 수면상의 증발 및 강우에 의한 순손실량을 고려함에 있어서 증발은 계기증발량의 70 %를 손실량으로 적용하고, 강우는 자연상태의 평균 유출률을 약 60 %로 가정하여 수면으로 인한 추가 유출률을 40 %를 적용한다. 이에 따라 저수지 수면으로 인한 순손실량은 계기증발량의 70 %에 강우량의 40 %를 감한 값(nmm)에 이전 기간 저수지 수면적을 곱하여 산정한다.
- 방류 우선순위는 ① 하류지역 용수공급량, ② 광역상수도 공급량, ③ 하천유지유량, ④ 발전수량 순서 등으로 결정하여 적용한다.
- 초기저수위는 다음과 같이 결정한다.
  - 전체기간에 대하여 분석하는 경우에는 초기저수위의 영향이 미미하나 갈수기준년도를 설정하여 1개년만 분석하는 경우에는 초기저수위의 영향이 크므로 갈수기준년도에 대하여 분석하는 경우에는 앞에 1개년을 두어 2개년으로 분석하여 초기저수위에 대한 문제점을 완화
  - 기존 댐의 경우 10월 1일 평균저수위 또는 홍수기 제한수위 등을 사용할 수 있으나 10월 1일 평균저수위를 실질적인 방안으로 채택하고, 계획댐의 경우 실적수위가 없으므로 유효저수용량의 70 % 정도를 초기저수위로 설정
- 한편, 한강의 소양강댐, 충주댐과 같이 병렬연결된 댐의 방류량 분담비율 결정은 다음과 같이 유효저수량비로 결정한다.

$$R_i = \frac{S_i(t-1) + QI_i(t)}{\sum_i^n [(S_i(t-1) + QI_i(t)]}$$

여기서 R_i는 방류량 분담비율, $S_i(t-1)$은 초기의 저수용량, $QI_i(t)$는 t 기간동안 유입량, n은 병렬연결 댐의 수이다.

7.8.4 계획댐의 물수지 분석 결과 검토 방법

- 소유역별 목표년도별 물수지 분석 결과를 계획댐 건설 전후로 산정한다.
- 물부족은 용수수요가 자연유량을 초과할 때 발생하며 이는 상류에 인위적으로 개발된 댐에 의해 공급되어야 한다. 이러한 물부족의 연간 시기별 분포는 저수지 운영규정을 결정하게 되며 물부족 총량과 장래 물부족량의 증가 추세는 댐의 규모와 건설시기를 제시하게 된다.

메 모 란

메 모 란

제 8 장 하천 조사

8.1 하천 정의 및 종류

8.1.1 하천 정의

- 하천(river)이란 자연현상 또는 인위적인 작용에 의하여 지표면에 만들어진 유로(water course)의 바다로 이어지기 이전까지 구간으로 총괄적으로 정의된다.
- 하천법 제2조에서 하천은 지표면에 내린 빗물 등이 흐르는 물길로서 공공의 이해에 밀접한 관계가 있어 국가하천 또는 지방하천으로 지정된 것을 말하며 하천구역과 하천시설을 포함하는 것으로 정의되어 있다.
- 이와 같이 우리나라는 하천법에 의한 국가하천과 지방하천을 하천으로 정의하고 소하천정비법에 의한 소하천은 정규 하천과는 별도로 분류하고 있다.
- 과거 하천구역은 지정절차를 거치지 않아도 하천구역이 되는 당연 하천구역과 지정절차를 거쳐야만 되는 지정 하천구역으로 구분하였으나 당연 하천구역 기준의 하나인 매년 1회 이상 물이 흐른 토지 등은 판단이 모호하여 분쟁이 발생된 바 있다. 이에 따라 하천구역 경계를 명확하게 하기 위하여 관할 행정기관에서 하천구역을 결정·고시하는 제도가 도입되었다.
- 하천구역의 구체적인 구성은 다음 <그림 8.1>과 같고 세부 구성 요소별 정의는 다음과 같다.
  - 하천구역은 크게 하천부지인 제외지와 제방부지로 구성되며 하천구역 바깥 구역은 제내지로 구분
  - 저수로(low water channel)는 평상시 물이 흐르는 유로이며, 고수로(high water channel)인 고수부지 또는 둔치는 하도내의 저수로와 호안부를 제외한 나머지 부분으로 홍수시 물이 흐르는 유로

- 하상(river bed)은 하천유로의 바닥이며, 하안(bank)은 평상시 물이 흘러가는 하도의 측면을 의미하며, 제방(levee)은 유수가 하도 밖으로 흘러넘치는 것을 방지하고 유수의 소통을 원활하게 하기 위해 하천 양안에 인위적으로 설치하는 구조물
- 제외지(fore land)는 하천의 내부로서 물이 흐르는 부분으로 농경지나 도시 등을 보호하는 뜻에서 제외지라는 용어를 사용하며, 제내지(protected low land)는 하천의 외부로서 농경지나 도시 등이 제방으로 인하여 보호되는 지역

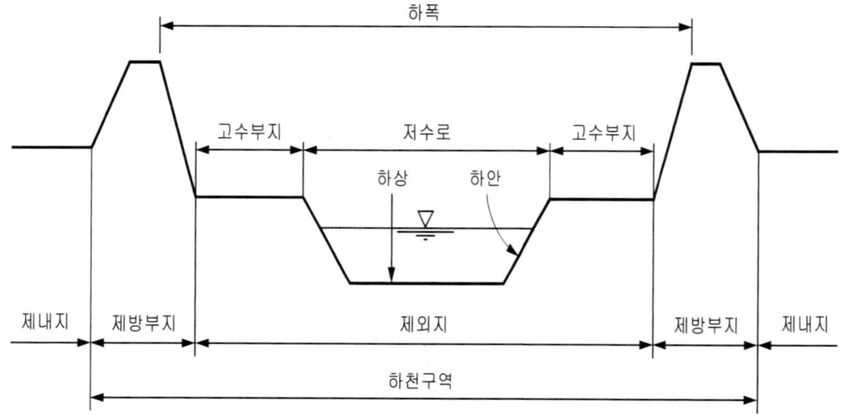

<그림 8.1> 하천구역의 구성

- 하천시설은 하천의 기능을 보전하고 효용을 증진하며 홍수피해를 줄이기 위하여 설치하는 다음과 같은 시설이다.
  - 제방, 호안, 수제 등과 같은 유수소통의 안전을 위한 시설
  - 댐, 하구둑(방조제관리법에 따라 설치하는 방조제 포함), 홍수조절지, 저류지, 지하하천, 방수로, 배수펌프장(농업생산기반시설 용도와 하수배제용 펌프장은 제외), 수문 등과 같은 하천수위의 조절을 위한 시설
  - 운하, 선착장, 갑문 등과 같은 선박의 운항과 관련된 시설

8.1.2 하천 종류

- 하천은 중요도 및 규모에 따라 하천법의 적용을 받는 국가하천, 지방하천과 소하천정비법의 적용을 받는 소하천 등으로 구분된다.
- 국가하천은 국토보전상 또는 국민경제상 중요한 하천으로 다음 하나의 항목에 해당하여 국토부장관이 명칭과 구간을 지정하는 하천이다.
  - 유역면적 합계가 200 km² 이상인 하천
  - 다목적댐의 하류 및 댐 저수지로 인한 배수영향이 미치는 상류의 하천
  - 유역면적 합계가 50 km² 이상, 200 km² 미만인 하천으로 다음에 해당하는 하천
    · 인구 20만명 이상의 도시를 관류하거나 범람구역안의 인구가 1만명 이상인 지역을 지나는 하천
    · 다목적댐, 하구둑 등 저수량 500만 m³ 이상의 저류시설을 갖추고 국가적인 물 이용이 이루어지는 하천
    · 상수원 보호구역, 국립공원, 유네스코 생물권 보전지역, 문화재 보호구역, 생태·습지 보호지역 등을 관류하는 하천
    · 그 밖의 범람으로 피해가 일어나는 지역으로 대통령령으로 정하는 하천
- 지방하천은 지방의 공공이해에 밀접한 관계가 있는 하천으로 시·도지사가 명칭과 구간을 지정하는 하천이다.
- 소하천은 하천법의 적용을 받지 않는 하천중에서 해당 지자체장(구청장, 시장, 군수 등)이 관할하는 하천으로 해당 지자체장이 지정한다.
- 현재 우리나라 하천의 등급 지정현황을 살펴보면 중요도나 규모 측면에서 일관성이 부족하여 현실적 괴리가 많이 발생하고 있으므로 이를 보완하는 것이 필요하고 또한, 관리주체의 일원화를 통하여 수계를 일관한 치수계획이 수립될 수 있도록 하는 것이 필요하다.
- 한편, 하천은 수계상의 상대적인 구성에 따라 본류, 지류 등으로 구분되고, 도시화의 정도에 따라 도시하천, 자연하천 등으로 구분되며, 인공적인 작용을 가하지 않은 자연발생적인 자연하천, 인위적으로 계획하여 하천개수(river improvement)를 시행한 개수하천 등으로 구분된다.

8.2 유역특성 조사

8.2.1 일반특성 조사

가. 유역특성인자 조사

1) 유역면적

- 유역(watershed, basin, catchment)은 하천의 임의단면을 통과하는 유량에 직접적인 공헌을 하는 지역의 한계이며, 유역면적은 유역의 한계선으로 둘러싸인 면적이다.
- 유역면적은 지형도에서 구적기(planimeter)로 산출하거나 수치지도에서 산출하며, 구적기를 사용할 경우에는 3~5회 측정하여 평균값을 사용하여야 한다.

2) 유역 평균경사

a) 등고선면적법

지형도상에서 인접한 두 등고선간의 주어진 표고차를 측정한 등고선간의 평균거리로 나누면 두 등고선 사이의 면적에 해당하는 평균경사가 되며, 평균경사에 두 등고선 사이의 면적을 곱하여 합산한 후 이를 전체면적으로 나누어 산출하는 방법이다.

b) 등고선연장법

지형도상에서 인접한 등고선별 길이를 측정한 합을 유역면적으로 나누면 유역의 등고선 평균간격이 되며, 이를 주어진 등고선간의 표고차로 나누어 산출하는 방법이다.

c) 교점법

- 유역을 격자망으로 구분한 후 인접 등고선간의 일정한 표고차를 격자선과 등고선 또는 유역경계가 만나는 교점간의 평균 수평거리로 나누어 산출하는 방법으로 Horton이 제안하였다.
- 격자선과 등고선 또는 유역경계가 만나는 교점을 표시하고 수평 및 수직 격자선을 각각 기준으로 인접 등고선으로 인한 일정한 표고차에 대한 선분의 개수 및 길이를 다음과 같이 파악한다.

- 동일 격자선상에서 격자선과 일정한 표고차를 가진 인접 등고선의 교점을 연결하는 선분 개수 및 길이를 파악
- 동일 격자선상에서 격자선과 등고선의 교점과 격자선과 유역경계와의 교점을 연결하는 선분 개수 및 길이를 파악하되, 이 경우의 표고차는 인접 등고선간의 일정한 표고차의 0.5로 간주하여 동일 격자선상 양단의 2개 선분을 1개 선분으로 처리하고 선분의 길이는 2개의 선분의 합으로 처리

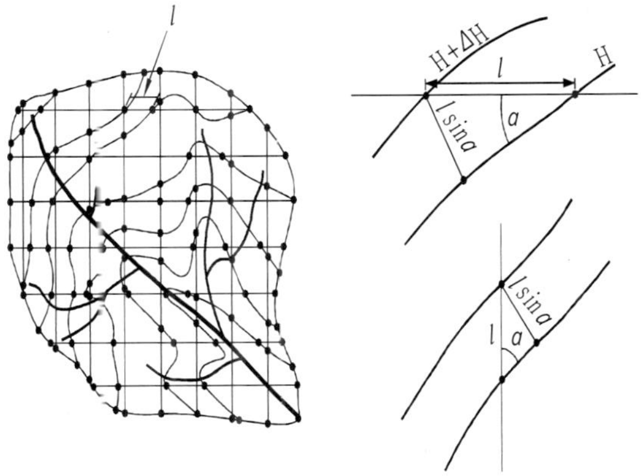

<그림 8.2> 교점법

- 이와 같은 선분 길이를 l 이라 하고 선분과 등고선이 이루는 각을 α라 하면 등고선 간격은 $l \cdot \sin\alpha$이므로 등고선의 평균 수평거리(d)는 다음과 같이 산출된다.

$$d = \frac{1}{N}\sum l \cdot \sin\alpha$$

- Horton은 상기 식에서 N이 많아지면 α는 0~90°의 범위에서 균일하게 분포하는 것으로 간주하여 $\sin\alpha$를 평균하여 평균 수평거리는 다음과 같이 표시하였다.

$$d = \frac{\sum l}{N} \cdot \frac{2}{\pi}\int_0^{\pi/2} \sin\alpha \, d\alpha = \frac{2}{\pi}\frac{\sum l}{N}$$

$$\int_0^{\pi/2} \sin\alpha \, d\alpha = 1$$

- 교점법에 의한 유역 평균경사는 다음과 같이 산출된다.

$$S_g = \frac{D}{d} = \frac{\pi}{2}\frac{DN}{\sum l}$$

여기서 S_g는 무차원 유역 평균경사, d는 등고선의 평균 수평거리, D는 등고선의 표고차, N은 교점 수, l 은 인접한 등고선 사이에 낀 선분의 길이이다.

3) 유역 평균고도

a) 등고선면적법

서로 인접한 등고선간의 평균표고에 두 등고선 사이의 면적을 곱하여 이를 합산한 후, 전체면적으로 나누어 산출하는 방법이다.

b) 등고선연장법

등고선 길이에 등고선 표고를 곱하고 이를 전체 등고선 길이의 합으로 나누어 산출하는 방법이다.

c) 교점법

유역을 격자망으로 구분한 후, 유역경계(분수계)와 격자선과의 만나는 점은 제외한 유역 내부의 격자점별 고도를 합한 후, 이를 격자점의 수로 나누어 산출하는 방법으로 대유역의 개략 계산에 많이 이용된다.

d) 면적-고도곡선(hypsometric curve)법

후술되는 하천지형형태 조사의 면적-고도곡선상의 면적비가 50%가 되는 표고를 평균고도로 산출하는 방법이다.

나. 유역형상 조사

1) 유역형상 분류

a) 우상유역(pinnate form basin)

전체 유역은 직사각형 또는 평형사변형을 형성하고 그 중앙에 본류가 흐르며 상당한 거리를 내려와 좌안 또는 우안으로부터 지류가 이에 합류하는 부채꼴 형상이다. 지류의 홍수가 한 지점으로 집중되므로 전체 유역에 호우가 있을 때에는 집중 홍수가 발생한다.

b) 수지상유역(dendritic form basin)

가장 보편적인 형태로 지류의 유역이 작고 본류가 유역의 중앙을 관통하여 전체적으로 가늘고 긴 사각형 유역이며 수계가 나뭇가지 모양으로 되어 있는 형상이다. 유수가 하천에 일시에 집중되는 일은 없으나 홍수위가 계속되는 경우가 발생한다.

c) 방사상유역(radial form basin)

화산 주위와 같이 산정으로부터 하천들이 방사상으로 흘러나가는 형상이다. 하천 유로장에 비하여 유역면적이 작아서 홍수지속 시간이 짧은 편이다. 한편, 단순한 분지에서 발달하는 구심상유역(centripetal form basin)은 방사상과는 그 방향이 반대로 몇 개의 지류들이 본류를 중심으로 유입하는 형상이다.

d) 평행상유역(parallel form basin)

좁고 긴 서로 독립된 두 유역을 가진 하천이 평형하게 흐르다가 하구 부근에서 합류하는 형상이다. 합류점이나 그 하류에서 큰 홍수가 발생할 위험성이 있다.

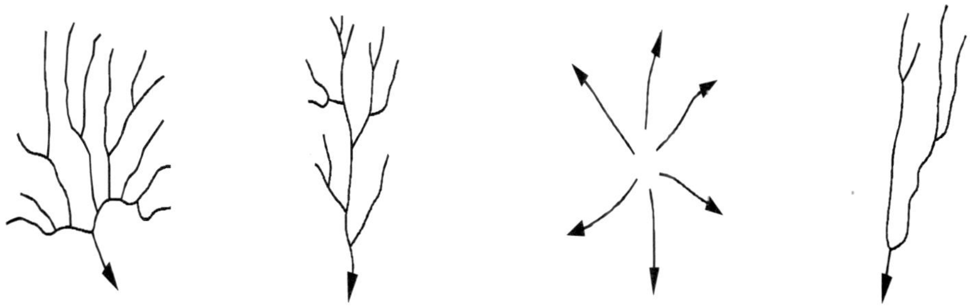

(a) 우상유역　(b) 수지상유역　(c) 방사상유역　(d) 평행상유역

<그림 8.3> 유역 형상의 구분

- 이와 같은 유역 형상과 수계의 배치는 유역 전반의 유출에 영향을 크게 미치는 인자이므로 정확하게 파악하여야 한다.
- 지류유역과 같은 작은 유역에서의 유역형상은 이와 같은 분류에 따라 명확하게 구분되지만 여러 개의 지류가 합쳐지는 실제 대하천은 이와 같은 4 종류의 형상들이 적당히 혼합된 복합상유역(compound form basin)이 대부분을 차지하고 있다.
- 특히, 방사상과 우상의 병합으로 된 하천이 가장 많으며 한강유역은 4종류가 혼합된 형상이며, 낙동강과 금강은 방사상과 우상의 혼합 형상이다.

2) 유역 평균폭, 형상계수

- 유역 평균폭, 형상계수(shape factor)는 Horton에 의해 다음과 같이 정의된다.
  - 유역 평균폭은 유역면적을 본류의 유로연장으로 나눈 값(B= A/L)
  - 형상계수는 유역 평균폭을 본류의 유로연장으로 나눈 값(SF= A/L²)
- 형상계수가 크면 길이에 비해 폭이 넓은 유역이고 작으면 좁고 긴 유역이며, 형상계수가 클수록 홍수유출이 신속하고 첨두홍수량도 커지게 된다.
- 형상계수가 유출특성에 미치는 영향이 매우 크지만 실무에서 통상 산정만 하고 활용되지 않고 있는 부분을 개선하여 유용하게 활용되도록 하여야 한다.
- 예를 들면 해당 유역의 실제 형상계수를 우리나라 하천의 유역면적과 유로연장간의 관계를 나타내는 다음과 같은 식으로 산정되는 해당유역의 면적에 대한 전국 평균개념의 유로연장을 이용한 형상계수와 비교하여 전국 평균 대비 해당유역의 유역형상 비교를 통하여 상대적 평가를 할 수 있다.

$$L = 1.76\,A^{0.546}$$

여기서 L은 유로연장(km), A는 유역면적(km²)이다.

다. 수계 조사 및 하천구간경계 설정

- 대상유역의 유수 소통능력을 판단하기 위하여 수계를 조사하며, 수계 조사에는 하천망도 및 배수계통도, 하도 종·횡단의 형태, 하도 상태 및 축제재료, 조도계수 범위, 하천표석 유무, 하천수량 상태 등을 포함한다.
- 본류와 지류의 합·분류점 위치와 하천구간경계 설정 현황을 조사하여 지번이나 좌표로 명시하고 도면화한다.

라. 지형 및 지질 조사

대상유역의 지형 및 지질 상황을 조사하여 유역의 침투량과 손실량을 추정하고 유출량 등에 대한 전반적인 판단에 사용한다.

마. 토양 및 토질 조사

대상유역의 토양 및 토질 상황을 조사하여 유역의 유출률, 침투율, 배수상태 등의 유출상황 판단에 사용한다.

8.2.2 하천형태 조사

가. 하천특성인자 조사

1) 유로연장

- 유로연장은 유역출구로부터 본류하천을 따라 지도상에 표시된 하천시작점까지의 거리이며, 통상 1: 25,000(소유역은 1:5,000) 지형도에서 구적기로 산출하거나 수치지도에서 산출한다.
- 유역출구에서 본류하천을 따라 유역분수계까지의 완전히 연결한 거리, 유역출구에서 10 %와 85 % 되는 두 지점 사이의 거리(85-10 거리) 등을 유로연장으로 사용하기도 한다.

2) 하상경사

하상경사 산정 방법에는 단순경사, 85-10 단순경사, 등면적경사, 등가경사 등이 있으며, 정확성과 적용성 측면에서 등가경사 방법이 가장 우수하다.

a) 단순경사

하천의 상하류단의 표고차를 상하류단의 거리로 나누어 산출하는 경사이다.

$$S = \frac{\Delta H}{L}$$

여기서 ΔH는 하천의 상하류단의 표고차, L은 상하류단의 거리이다.

b) 85-10 단순경사

Benson(1962)이 제안한 방법으로 유역의 출구부에서 거리상으로 10 %, 85 %되는 두 지점간의 거리 즉, 상류 15 %와 하류 10 %를 제외한 단순경사로 85-10 단순경사로도 불린다.

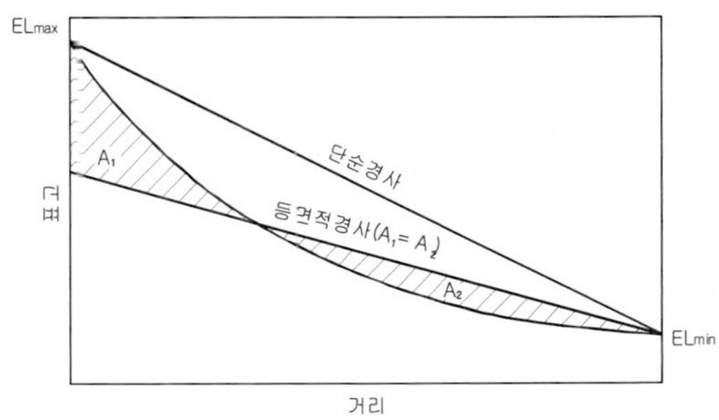

<그림 8.4> 단순경사 및 등면적경사

c) 등면적경사

하천 종단도상에 직선을 그어 직선 위와 아래의 면적이 동일하도록 결정하는 경사이다.

d) 등가경사(equivalent slope)

- Laurenson(1962)이 제안한 방법으로 하천을 경사가 유사한 소구간으로 분할한 후, 다음과 같이 Manning 공식에 따라 소구간의 유하시간은 소구간 경사의 제곱근에 반비례하고 전체 구간의 유하시간은 등가경사에 반비례하는 것으로 가정한다.

$$V_i = B{\cdot}S_i^{0.5} \quad , \quad T_i = \frac{L_i}{V_i} \quad , \quad T = \sum_{i=1}^{n} T_i = \frac{1}{B}\sum_{i=1}^{n}\frac{L_i}{S_i^{0.5}}$$

$$V = \frac{L}{T} = \frac{\sum_{i=1}^{n} L_i}{\frac{1}{B}\sum_{i=1}^{n} L_i / S_i^{0.5}} \quad , \quad V = B{\cdot}S^{0.5}$$

여기서 V_i는 구간별 유속, T_i는 구간별 유하시간, L_i는 구간별 거리, S_i는 구간별 경사, B는 상수, L은 전체 구간 거리, T는 전체 구간 유하시간, V는 전체 구간 유속, n은 소구간의 개수, S는 전체 구간에 대한 등가경사이다.

- 이와 같은 가정에 의해 등가경사는 다음과 같이 산출되며, 구간분할시 소구간은 평지에서는 길게 산지에서는 짧게 구분하여야 한다.

$$S = \left(\frac{\Sigma L_i}{\Sigma (L_i / S_i^{1/2})} \right)^2$$

여기서 S는 무차원 등가경사, L_i는 구간별 거리, S_i는 무차원 구간경사이다.

3) 하천밀도와 수계빈도

- 하천밀도(river density, D)는 Neumann에 의해 본류와 지류의 총연장을 유역면적으로 나눈 값($\Sigma L/A$)으로 정의된다.
- 하천밀도는 유역의 지형, 지표의 두께 상태와 관계가 있고 이들의 종합적 효과를 대표하는 지수로서 중요한 인자이다.
- 일반적으로 물이 침투하기 쉬운 유역은 하천밀도가 낮고 불투성 유역은 높으며 또한, 우량이 많은 지역에서 높고 고지대는 저지대보다 낮고 경사지에서는 특히 낮다.
- 수계빈도(stream frequency)는 Horton에 의해 유역내 총하천수를 유역면적으로 나눈 값($\Sigma N/A$)으로 정의된다.

4) 하상계수 및 유황계수

- 하상계수는 하천의 어느 지점의 특정년도의 최대유량과 최소유량의 비로 정의된다.

$$하상계수 = \frac{Q_{max}}{Q_{min}}$$

- 하상계수는 하천 유황의 안정도를 수량적으로 나타낸 것으로 하상계수가 크면 이수상으로 불편하고 치수상으로 홍수처리가 곤란하다. 우리나라의 경우 주로 산지하천이며 우기에 강우가 집중되므로 하상계수가 외국에 비해 매우 높아서 하천유황이 대단히 불안정하다.
- 한편, 하상계수는 이상갈수나 이상홍수에 의해 그 값이 매우 민감하게 반응하므로 평균적인 하천유황 특성을 나타내는데 문제가 있으며 또한, 갈수시와 홍수시의 수위-유량관계곡선(rating curve)의 신뢰도가 낮아서 기본적인 유량자료가 부정확한 문제점 등을 지니고 있다.
- 따라서 다음과 같이 정의되는 유황계수를 산정하여 유황을 검토하는 것이 보다 현실적인 방안이다.

$$유황계수 = \frac{Q_{10}}{Q_{355}}$$

여기서 Q_{10}는 연중 10일 이상 지속되는 유량으로 홍수시 유량, Q_{355}는 연중 355일 이상 지속되는 유량으로 갈수시 유량이다.

나. 하천지형형태 조사

- 유역내의 하천을 유년기, 장년기, 노년기로 구분 조사함으로써 수계 전체의 지질학적 발달 과정을 판단한다.
  - 유년기: 원래 지표면이 침식면에 비해 많이 남아 있는 시기로 하천은 V자형
  - 장년기: 원래 지표면을 거의 상실한 단계이며 하천은 U자형
  - 노년기: 침식이 더욱 진행되어 기복이 감소해서 준평원에 가까운 단계를 형성
- 면적-고도곡선(hypsometric curve)은 그도별 면적을 구한 후 횡축에 상대면적(a/A), 종축에 상대고도(h/H)를 그려서 작성한다.

- 면적-고도곡선을 이용하면 유역의 침식 정도에 따른 유년기, 장년기, 노년기 등의 구분이 가능하며 또한, 면적비가 50 %가 되는 표고를 평균고도로 산출하는 것이 가능하다.

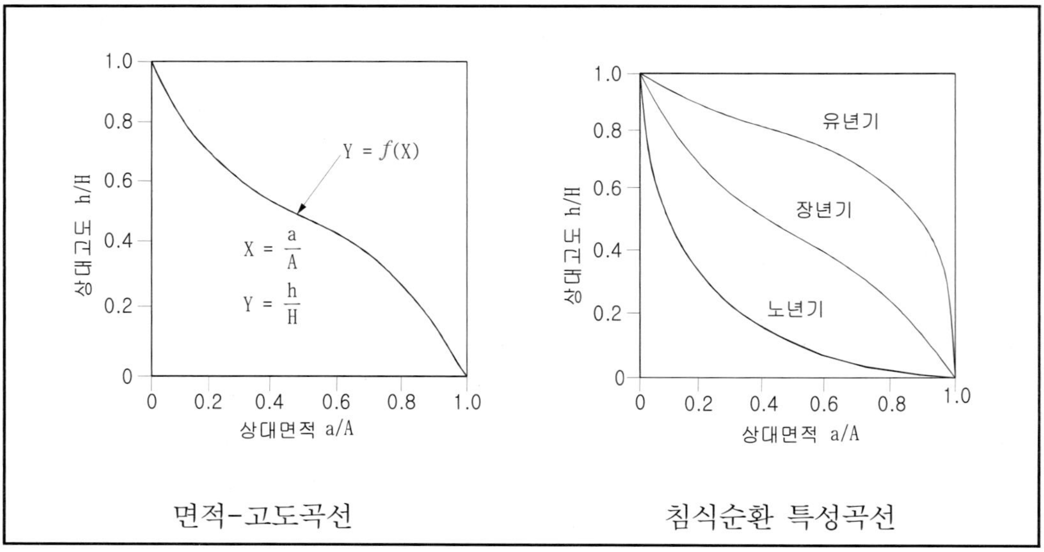

<그림 8.5> 면적-고도곡선 및 침식순환 특성곡선

다. 하천사행특성 조사

하천사행특성 조사 자료는 하도계획이나 설계시 검토 자료로 사용되며 특히, 하도법선 계획시에는 사행의 실태를 반영하는 것이 필요하다.

1) 사행 형태

- 사행 형태를 평면적으로 보면 사행이 심하지 않은 것을 사곡(serpentinier)이라 하고, 반원의 반향성분 이상 발달한 것을 우곡(meander)으로 구분된다.
- 사행하천을 지형학적 관점에서 분류하면, 하류지역에서 주로 발생하는 자유사행(free meander)과 상류지역에서 주로 발생하는 구속사행(incised meander)으로 구분되며, 다시 구속사행은 측방침식인 생육사행(ingrowing meander)과 수직침식인 굴삭사행(intrenched meander)으로 구분된다.
- 우리나라의 하천은 지질학적 관점에서 대부분 노년기 또는 장년기에 속하므로 상류부 산지 계류부는 반구속 상태의 사행유로가 지배적이나 하류부에서는 자유사행으로 인한 하천의 이동도 많이 발견되고 있다.

2) 사행 특성

- 사행은 좌우로 번갈아 가며 만곡부 갖게 하므로 연속되는 만곡부 사이에는 직선부이며 방향이 바뀌는 전향부(crossing)가 있으며 만곡부 양안 중 들어간 방향의 하안은 침식 등에 의하여 수심이 깊고 반대편 방향의 하안은 퇴적이 발생하여 수심이 얕다.
- 만곡부의 곡률반경과 이에 대한 수심 및 경사 등의 관계에 대하여 Fargue는 다음과 같은 관계를 정립하였다.
  - 만곡부의 가장 깊은 지점은 곡률반경이 가장 급한 지점보다 하폭의 2배 정도 하류에 위치하며 또한, 가장 얕은 지점은 곡률반경의 방향이 바뀌는 전향점으로부터 하폭의 2배 정도 하류에 위치
  - 동일 하천에서 만곡부의 최대수심은 곡률반경의 크기에 비례하고 만곡부의 평균수심은 평균 곡률반경에 비례
  - 곡률반경의 연속적인 증감에 따라 만곡부의 수심도 연속적으로 서서히 증감
  - 만곡부의 수심이 양호하기 위해서는 만곡부의 길이가 적절한 것이 필요
  - 수심이 얕을 때의 수면경사는 곡률반경에 반비례하고 횡단면적은 수량이 동일하면 곡률반경에 비례

3) 사행 특성인자 분석

가) 사행파장

- 사행파장(M_l)은 사행의 한 주기에 있어서 직선 유로연장으로서 사행특성을 형상면에서 분석하는데 가장 중요한 인자이며 사행파장은 다음 식으로 산출한다.

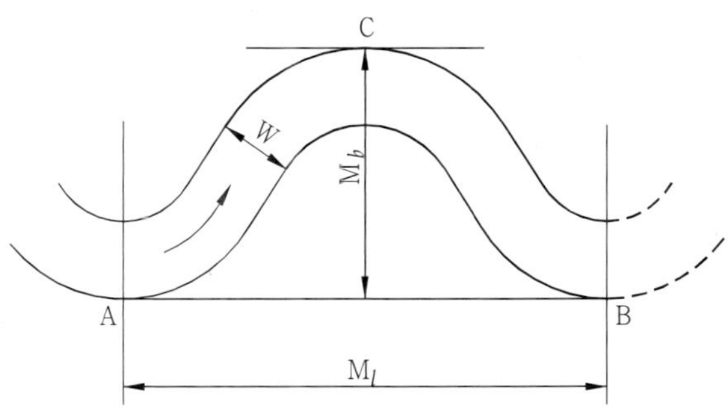

<그림 8.6> 사행 특성인자

$$M_l = M_f \sqrt{RW}$$

여기서 M_l은 사행파장(m), M_f는 사행계수, R은 동수반경(hydraulic radius, m)으로 단면적을 윤변으로 나눈 것으로 광폭 구형단면의 경우 수심을 적용, W는 하천폭(m)이다.

- 이와 같은 식에서 $M_f = \beta \cdot C$의 관계이며, β는 3.5~4.5의 범위를 가지며 통상 4를 사용하며, C는 Chezy의 평균유속공식의 유속계수로 30~60의 범위이며, M_f은 사행이 강한 소하천은 100, 중·대규모 하천은 160, 세계적인 대하천은 240 정도이다.

나) 하천만곡도

하천만곡도(tortuosity, T)는 어떤 하천의 전체 하천연장 중에서 얼마만큼의 만곡부를 포함하고 있는지를 표시하는 척도로서 다음 식으로 산출한다.

$$T = \frac{L_m}{L}$$

여기서 T는 하천만곡도, L_m은 만곡부 하천연장, L은 전체 하천연장이다.

다) 하천형상계수

하천형상계수(channel shape factor, L_f)는 하천의 기점에서 종점까지 직선거리에 대한 곡선거리의 비로서 다음 식으로 산출한다.

$$L_f = \frac{L}{L_s}$$

여기서 L_f는 하천형상계수, L은 전체하천연장, L_s은 하천직선거리이다.

라) 사행경사

사행경사(M_s)는 사행파장에 대한 사행폭의 비로서 다음 식으로 산출한다.

$$M_s = \frac{M_b}{M_l}$$

여기서 M_s는 사행경사, M_b는 사행폭, M_l 은 사행파장이다.

라. 하천차수 조사

- 유역의 형상에 따른 분류만으로는 정량적인 분석에 사용할 수 없으므로 이를 수치적으로 나타내어 분석할 필요성이 대두된다. 이에 따라 유역의 복잡한 지형 특성을 정량적으로 파악하는 학문인 계량지형학(quantitative geomorphology) 분야가 발달하고 있다.
- 유역의 계량지형학적 특성분석인 수계망의 계량적 분석은 Horton이 제안하고 Strahler가 수정 보완한 하천차수(stream order) 조사에서 시작된다.

- 하천차수를 결정하는 방법에는 Gravelius 방법, Horton 방법, Strahler 방법 등이 있으며, Strahler 방법이 여러 가지 측면에서 가장 우수하므로, 일반적으로 하천차수라고 하면 Strahler 방법에 의한 하천차수를 의미하게 된다.

가) Gravelius 방법

- 본류를 1차 하천, 본류에 직접 유입하는 지류를 2차 하천, 여기에 유입하는 세천을 3차 하천으로 구분하는 방법이다.
- 순차적으로 상류로 분기함에 따라 하천차수가 올라가는 방식이며 여기서 하천차수는 하천 등급과 같은 개념이다.

나) Horton 방법

- Horton 방법은 Gravelius 방법과 반대로 수원에서 출발하는 지류를 갖지 않는 세천을 1차 하천, 1차 하천만을 지류로 하는 것을 2차 하천으로 하였으며, 본류는 최고차수로서 그 수원에 이르기까지 차수를 의미한다.
- 1차 하천끼리 합류할 경우 그 중에서 가장 긴 것이나 본류에서 상류로 향하여 가장 직접적인 하천인 본천은 2차 하천으로 계산하고, 2차 하천끼리 합류할 경우도 본천은 3차 하천으로 계산하여 수원까지 거슬러 올라가고, 보다 고차 하천끼리 합류할 경우에도 본천의 차수를 다시 계산하여 한쪽 지류를 수원까지 연장한다.
- 하천차수 상승은 동일한 차수의 하천이 합류할 경우에 한하지만 그때마다 합류 이전의 저차 하천 중의 본천의 차수를 다시 계산하여야만 하는 단점을 지니고 있다.

다) Strahler 방법

- Horton 방법의 결점을 보완하기 위하여 본류의 차수가 수원까지 거슬러 올라가는 개념을 제거한 방법이다.
- 하천을 합류점에서 합류점까지의 구간으로 구분하되, 최상류부에서는 수원에서 최초의 합류점, 최하류부에서는 합류점으로부터 하구까지 하천구간을 분할한다.

- 유역 최상류단의 하천 즉, 지류를 갖지 않는 수원의 세천을 1차 하천이라 하고, 2개의 1차 하천이 만나면 2차 하천, 다시 2개의 2차 하천이 만나면 3차 하천이 된다. 단, u차 하천이 u차보다 작은 차수의 하천과 만날 경우에는 u차 하천의 차수는 불변이다.

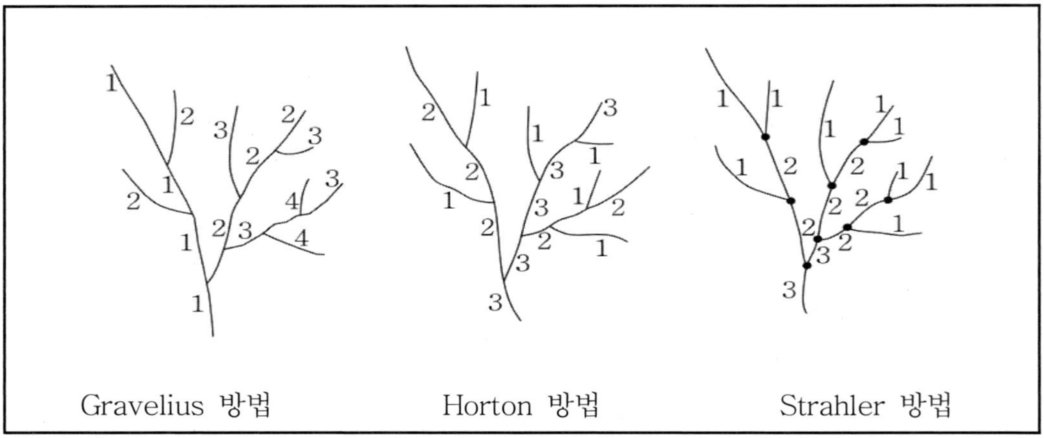

<그림 8.7> 하천차수 결정 방법

8.2.3 토지이용 및 시설물 조사

- 토지의 용도별 이용상태 및 구성비, 식생피복의 종류, 투수·불투수 면적 및 구성비 등의 토지이용상태를 조사한다.
- 건물 수와 밀집도, 하수관거 설치 현황, 유수지, 댐 및 저수지, 양수장, 호수 등 저류에 관계되는 시설, 홍수터 및 제방 등의 관리 상태와 홍수터의 시설 현황, 교량, 철도 및 하천부지에 설치된 교각 등의 상황과 같은 주요 시설물의 현황을 조사한다.

8.2.4 기존자료 및 관련계획 조사

- 기상자료, 수문량자료, 홍수예경보시스템, 인문자료, 홍수흔적, 침수피해, 유사량 등의 기존자료를 조사한다.
- 대상유역에 대한 수자원장기종합계획, 유역종합치수계획, 하천기본계획 등의 수립 여부, 국토이용계획 및 도시계획, 하천환경과 관련된 계획의 수립 여부 등을 조사한다.

8.3 하도 조사

8.3.1 하상 조사

가. 조사구간의 설정

- 조사구간은 일반적으로 계획구간으로 설정하지만 부등류 계산 등에서 필요로 하는 경계조건을 계획구간 상·하류간에서 바로 결정할 수 없고 계획구간에 적절한 통제단면도 없는 경우에는 조사구간을 확장하여야 한다.
- 이와 같은 조사구간 확장의 여부는 반드시 하천측량 시행전에 파악하여 계획수립보다 선행되는 하천측량에 포함될 수 있도록 조치하는 것이 필요하다.

나. 하상재료 조사

- 하상재료 조사는 하상의 특성 특히, 조도계수의 계산, 유사이동, 안정하도 계산 등에 필수적인 사항이다.
- 하상의 수리학적 특성을 파악하기 위하여 가급적 전체구간을 대표할 수 있는 지점과 하상재료의 급격한 변화가 있는 지점 등을 조사하여야 한다.
- 하상재료 조사는 원칙적으로 하천의 종단방향은 1 km 간격, 한 단면에 대해 3개 지점 이상에서 시료를 채취하여야 한다.

다. 하상변동 조사

- 하천단면은 하상재료가 암반이거나 하상보호공이 설치되지 않으면 항상 변화하고 특히, 홍수후에는 세굴이나 퇴사가 발생하여 많이 변화하므로 이와 같은 하천의 거동을 파악하기 위하여 오랜 기간 동안의 하상단면 변화를 조사하는 것이 필요하다.
- 하상변동 조사는 하상변동이 하천의 홍수소통 능력과 호안, 수제, 교각, 취수시설, 댐 등의 하천구조물의 안전이나 고유 기능에 미치는 영향을 파악하기 위하여 실시한다.
- 하상변동 조사는 종·횡단 측량, 하상재토 조사, 수위 조사, 하상변동량 측정, 골재채취로 인한 하상변동 조사, 홍수시 하상변동 조사 등이 있다.
- 이를 통하여 유심의 위치 및 방향의 변화를 파악할 수 있으며 골재채취, 하도개수, 구조물 설치 등과 같은 인위적인 요인에 의하여 변화하는 경우에는 장기적인 변화 추이를 면밀히 고려하여야 한다.

라. 하도 측량

- 미국 육군공병단(USACE)은 부등류 계산시 하천측량간격은 보통 150 m 정도, 일본 건설성에서는 200 m 간격 또는 하천폭의 1/3~1/2 간격의 하천단면을 측량하는 것을 추천하고 있다.
- 우리나라는 일반적으로 대하천은 200 m 간격, 중하천은 100 m 간격, 소하천은 50 m 간격으로 종횡단 측량을 실시하고 있다. 또한, 단면변화가 심한 지점, 하천구조물이 있는 지점 등을 추가하여야 하며 특히, 교량이나 보와 같은 하천구조물 있는 지점은 부등류 계산 모형에 필요한 하천구조물 직상류 및 직하류 단면을 추가하여야 한다.

8.3.2 조도계수 조사

가. 조도계수 영향인자

- 흐름에 대한 하도의 저항의 정도를 표시하는 조도계수는 하천의 여러 가지 수리계산을 시행할 경우 가장 중요하고 기본적인 인자의 하나이며, 일반적으로 하천수위 계산에는 Manning의 조도계수가 가장 많이 사용되고 있다.
- 하천수위 계산시 조도계수가 수위에 미치는 영향이 크므로 정확도가 높은 조도계수가 요구되고 있다. 하지만 조도계수를 정확하게 결정하는 것은 실무적으로 매우 어려운 문제이므로 세심한 주의가 필요하다.
- 조도계수 결정을 위해서는 조도계수에 영향을 미치는 다음과 같은 인자를 파악하는 것이 필요하다.
  - 하상 표면조도: 하상 구성물질이 클수록 큰 조도계수 적용
  - 식생: 식생의 종류, 크기, 밀도, 분포에 따라 조도계수에 큰 영향을 미침
  - 하도단면 불규칙성: 횡단면의 변화가 클수록 큰 조도계수 적용
  - 장애물 : 교량이나 쓰러진 나무 등의 장애물 존재하면 큰 조도계수 적용
  - 하도 만곡: 만곡이 심할수록 큰 조도계수 적용
  - 퇴적 및 세굴: 퇴적과 세굴이 활발할수록 큰 조도계수 적용
  - 수위·유량 : 수위와 유량이 커질수록 일반적으로 작은 조도계수 적용
- 정확도가 높은 하천의 조도계수를 얻기 위해서는 저수유량, 홍수유량에 대한 많은 관측자료를 사용하여야 한다.

- 하지만 우리나라의 경우 조도계수를 산정하기 위한 관측자료의 확보가 어렵거나 전무한 경우가 대부분인 실정이다. 이와 같이 관측자료가 없는 경우에도 가능하다면 2~3회 이상의 수위, 유량 등의 현장관측을 실시하여 이들 자료를 최대한 활용하는 것이 바람직하다.

나. 조도계수 산정

조도계수는 관측 수위자료의 유무에 따라 수위자료가 없는 경우와 수위자료가 있는 경우로 구분하여 산정한다.

1) 관측 수위자료가 없는 경우

가) 도표에 의한 방법

- 도표에 의한 방법은 하천상태에 따라 <표 8.1> 또는 <표 8.2>에 제시된 조도계수를 이용하여 산정하는 방법이다.

<표 8.1> 하천의 상태에 따른 조도계수(한국수자원학회)

구 분	하천의 상태	조도계수 범위
인공수로 및 인공하천	콘크리트 인공수로	0.014~0.020
	나선형 반관수로	0.020~0.030
	양안에 돌붙임이 적은 수로	0.025
	암반을 굴착하여 방치한 하상	0.035~0.050
	다듬은 암반하상	0.025~0.040
	점토성 하상, 유속이 낮음	0.016~0.022
	사질 진흙, 점토질 진흙	0.020
	굴착 준설, 잡초 적음	0.025~0.033
자연하천	평야부 소하천, 잡초 없음	0.025~0.033
	평야부 소하천, 잡초와 관목 있음	0.030~0.040
	평야부 소하천, 잡초 많음 잔자갈 하상	0.040~0.055
	산지하천, 바닥이 골재와 호박돌	0.030~0.050
	산지하천, 바닥이 호박돌과 큰 호박돌	0.040~0.070
	대하천, 점토와 사질하상, 사행이 적음	0.018~0.035
	대하천, 자갈하상	0.025~0.040

<표 8.2> 자연하천의 상태에 따른 조도계수(Chow)

하천의 상태	최소값	중간값	최대값
1. 소하천: 홍수시 수면폭이 30m 이하			
(1) 평지하천			
① 깨끗한 직선수로이며, 수위가 높고, 깊은 소(pool)가 없는 경우	0.025	0.030	0.033
② ①과 같으나 잡초와 돌이 더 많은 경우	0.030	0.035	0.040
③ 하상에 만곡이 없고 약간의 소과 여울이 있는 경우	0.033	0.040	0.045
④ ③과 같으나 잡초와 돌이 더 많은 경우	0.035	0.045	0.050
⑤ ④와 같으나 수위가 낮고, 영향을 미치지 않는 경사와 단면이 더 많은 경우	0.040	0.048	0.055
⑥ ④와 같으나 ④보다 돌이 더 많은 경우	0.045	0.050	0.060
⑦ 유속이 느린 구간으로 잡초가 많으며 깊은 소가 경우	0.050	0.070	0.080
⑧ 잡초가 매우 많은 구간으로 깊은 소가 있으며 홍수로에 수목과 덤불이 무성한 경우	0.075	0.100	0.150
(2) 산지하천 하도내에는 식생이 없고 하안이 통상 급경사이며, 고수위시 잠기는 하안에는 수목과 덤불 등의 식생이 있음			
① 하상바닥이 자갈, 작은 호박돌과 약간의 호박돌로 구성된 경우	0.030	0.040	0.050
② 하상바닥이 작은 호박돌과 호박돌로 구성된 경우	0.040	0.050	0.070
2. 대하천: 홍수시 수면폭이 30m 이상 (하안이 작은 유효저항을 나타내므로 소하천의 조도계수보다 약간 작음)			
① 단면이 일정하고 호박돌이나 덤불이 없는 경우	0.025	-	0.060
② 단면이 불규칙하고 거친 심한 경우	0.035	-	0.100

- 이와 같은 도표에 의한 방법의 적용시 조도계수 채택의 범위가 크므로 공학적 판단이 매우 중요하다.
- 우리나라의 자연하천 특히, 중·대하천의 경우 「하천설계기준·해설(2005, 한국수자원학회)」에서 제시하고 있는 <표 8.1>의 조도계수가 「Open Channel Hydraulics(Chow, 1959)」에서 제시한 <표 8.2>의 조도계수보다 적절한 것으로 판단된다.

나) Cowan 방법

Cowan 방법(SCS 방법)은 다음 식을 이용하여 해당구간의 조도계수를 산정하는 방법이며, 여기에 포함된 각종 보정계수는 <표 8.3>과 같다.

$$n = (n_0 + n_1 + n_2 + n_3 + n_4)\, m_5$$

여기서 n은 조도계수, n_0은 하상재료별 기본 조도계수, n_1은 하상 표면조도에 따른 보정계수, n_2는 하도단면 변화에 따른 보정계수, n_3는 장애물의 영향에 따른 보정계수, n_4는 식생에 따른 보정계수, m_5는 만곡에 따른 보정계수이다.

<표 8.3> Cowan 방법의 기본 조도거수 및 보정계수

하천 상태		계수		비고
하상재료	흙	n_0	0.020	기본 조도계수
	분쇄된 암		0.025	
	가는 자갈		0.024	
	굵은 자갈		0.028	
하상 표면조도	매끈	n_1	0.000	보정계수
	약간 거침		0.005	
	보통 거침		0.010	
	매우 거침		0.020	
하도단면 변화	점진 변화	n_2	0.000	보정계수
	가끔 변화		0.005	
	자주 변화		0.010~0.015	
장애물영향	무시 가능	n_3	0.000	보정계수
	작음		0.010~0.015	
	보통		0.020~0.030	
	심함		0.040~0.060	
식생	적음	n_4	0.005~0.010	보정계수
	보통		0.010~0.025	
	많음		0.025~0.050	
	아주 많음		0.050~0.100	
만곡정도	작음	m_5	1.000	보정계수
	보통		1.150	
	심함		1.300	

다) 경험공식

건설부(1991)에서는 한강을 대상으로 경사에 따라 조도계수를 산정할 수 있는 다음과 같은 공식을 제안한 바 있다.

$$n = 0.04773 - \frac{3.8124 \times 10^{-6}}{S}$$

여기서 n은 조도계수, S는 하도경사이다.

라) 복합단면의 합성조도계수

- 자연하천에서 저수로와 고수부지의 조도가 판이하게 다를 경우에는 이를 합성하여 합성조도계수(n_e)를 산정하는 것이 필요하며, 합성조도계수 산정 방법에는 Horton-Einstein, Pavlovskii, Lotter 방법 등이 있다.
- Horton-Einstein 방법

  소구간의 유속은 전체 단면의 평균유속 V와 같다는 가정에서 유도된 방법이며, HEC-RAS 모형에서는 이 방법을 채택하고 있다.

$$n_e = \left[\frac{\sum_{i=1}^{N} P_i \, n_i^{1.5}}{\Sigma P_i} \right]^{2/3}$$

- Pavlovskii 방법

  소구간의 마찰력의 합이 전체 단면의 마찰력과 같다는 가정에서 유도된 방법이다.

$$n_e = \left[\frac{\sum_{i=1}^{N} P_i \, n_i^{2}}{\Sigma P_i} \right]^{1/2}$$

- Lotter 방법

  소구간의 유량의 합이 전체단면의 유량과 같다는 가정에서 유도된 방법이다.

$$n_e = \frac{\Sigma P_i \, (\Sigma R_i)^{5/3}}{\sum_{i=1}^{N} \left[\frac{P_i \, R_i^{5/3}}{n_i} \right]}$$

여기서 n_e는 합성조도계수, N은 총구간수, P_i는 소구간별 윤변, n_i는 소구간별 조도계수, R_i는 소구간별 동수반경이다.

2) 관측 수위자료가 있는 경우

- 조도계수 역산을 위해서는 과거 홍수의 흔적수위와 같은 관측 수위자료와 관측 수위 발생시의 유량을 산정할 수 있는 수위-유량관계곡선 또는 관측 홍수량자료가 필요하다. 여기서 흔적수위는 직선하도에서는 50~100 m 간격으로 수집하여야 하며 높은 정확도가 요구된다.
- 관측 수위자료가 있는 경우 조도계수를 역산하는 방법은 다음과 같이 흔적수위의 종류, 정확도, 간격 등에 따라 채택한다.
  - 짧은 구간에 2~3개 지점의 자료만 있는 경우에는 등류계산의 역산법을 채택
  - 비교적 떨어져 있는 수위관측소의 자료만 있는 경우에는 등류계산(균일단면에 한정) 또는 부등류계산의 역산법을 채택
  - 종단으로 조밀한 흔적수위와 유량자료가 있는 경우에는 부등류계산 또는 부정류계산의 역산법을 채택

가) 등류 계산에 의한 조도계수 역산

- 흔적수위의 자료수가 적은 경우나 하도의 종횡단 변화가 작은 장소에서는 흐름이 정상등류라고 가정하여 다음과 같은 등류계산식에 의해 조도계수를 역산한다.

$$n = R^{2/3}\frac{\sqrt{\Delta H/\Delta X}}{V}$$

여기서 n은 조도계수, R은 구간 평균 동수반경(m), ΔH는 상하류 2개 지점의 수위차, ΔX는 구간거리(m), V는 구간 평균유속(m/s)이다.

- 계산된 조도계수는 해당 구간에만 적용하는 것이 원칙이나 상하류를 포함하는 구간의 대략적인 조도계수로 적용하는 것도 가능하다.

나) 부등류 계산에 의한 조도계수 역산(I)

- 유량의 변동은 미미하나 상하류 단면형에 적지않은 수위차가 있는 경우에는 수면경사를 에너지경사로 간주하고 다음과 같은 식으로 조도계수를 역산한다.

$$n^2 = 2\frac{\left(H_2 + \frac{V_2^2}{2g}\right) - \left(H_1 + \frac{V_1^2}{2g}\right)}{\left(\frac{V_1^2}{R_1^{4/3}} + \frac{V_2^2}{R_2^{4/3}}\right)\Delta X}$$

여기서 첨자 1은 하류단면, 2는 상류단면을 표시한다.

- 상하류지점의 조도계수가 크게 변하지 않을 뿐만 아니라 하상이 거의 수평일 정도로 경사가 작은 조건에만 적용 가능한 방법이다.

다) 부등류 계산에 의한 조도계수 역산(Ⅱ)

- 하천의 하류로부터 상류까지 일관하여 조도계수를 구하고자 할 경우로서 특히, 조도계수가 일정하다고 생각되는 비교적 긴 구간의 하도의 경우에는 표준축차계산법으로 조도계수를 역산한다.
- 이 방법은 직접 계산이 번거롭기 때문에 HEC-RAS 모형 등을 사용하는 것이 유리하다.

라) 부정류 계산에 의한 조도계수 역산

- 홍수관측자료가 제대로 정리되어 있는 하천에 있어서 홍수규모별 및 시각별 조도계수를 역산할 필요가 있는 경우에는 부정류 계산에 의해 조도계수를 역산한다.
- 이 방법은 직접 계산이 번거롭기 때문에 HEC-RAS 모형, DWOPER 모형 등을 사용하는 것이 유리하다.

3) 조도계수 산정 방법의 채택

- 우리나라는 관측 수위자료의 부족 등으로 인하여 계측유역에 적용 가능한 방법인 역산법으로 조도계수를 산정하기 곤란한 경우가 대부분이므로 미계측유역에 적용하는 방법을 주로 채택하게 된다.
- 조도계수의 설계측면 일반적인 범위는 중규모 이상의 하천은 0.032~0.035, 소하천은 0.035~0.040 정도이다. 또한, 조도계수는 일반적으로 상류보다 하류가 낮고, 개수후가 개수전보다 낮은 점 등을 감안하여 결정하여야 한다.

8.3.3 하구 조사

- 하구처리계획과 대책을 수립할 때 필요한 하구(river mouth) 조사 항목은 파랑, 하구수위, 하구유량, 조위, 표사, 하상재료, 수질, 풍향·풍속, 하천·해안지형, 비사, 하구흐름 조사 등이 있다
- 하구 조사에서 하천 측면에서 하구 막힘, 하구제방 건설 등과 같은 하구처리계획과 하구처리공법 수립에 필요한 내용을 조사한다.

8.3.4 하도특성 조사

- 하도의 각종 구성요소를 조사하고 그 내용을 취합하여 하도특성에 대한 분석을 실시한다.
- 하도 평면형태 조사에는 저수로 폭, 고수부지 폭, 하천 형태, 사주와 평면형태와의 관계, 하중도 발생, 하안 침식위치 및 속도, 고수부 특성, 하도변화 등이 있다.
- 하도 횡단형태 변화 조사에는 횡단형 변화, 하폭 및 유심부 변화, 세굴깊이, 고수부 수리량 등이 있다.
- 하도 종단형태 변화 조사에는 최심하상 변화, 하상변화 방향, 종단형 변화형태, 하상 장갑화 형태 등이 있다.
- 기타 사항으로는 유황 변화 및 수면 변화, 좌·우안의 수위차, 인위적 변동요인 조사 등이 있다.

8.4 내수 및 우수유출 조사

- 내수 조사는 내수배제계획과 내수처리대책을 수립할 때 필요한 내용을 조사하며 지형 및 지표, 배수계통 및 시설, 과거 침수기록, 방류하천 특성, 관련계획, 침수지역 조사 등을 포함한다.
- 우수유출저감에 관한 기본계획 수립을 위한 조사는 유역의 우수유출량 및 하천통수능력, 토지이용계획, 지층 및 지질 구조, 지하수위, 저류시설로 이용 가능한 주변 시설, 유출저감시설 설치 관련 문제점 및 대책, 장기적인 유출저감시설의 설치계획 등을 포함한다.

8.5 하천환경 조사

8.5.1 조사 목적 및 절차

- 하천환경 조사는 하천의 환경기능을 하천사업에 반영하기 위하여 하천의 전반적인 특성을 조사·분석하는 것으로, 조사를 통하여 하천환경의 개선 가능성과 필요성을 인식하고 대상하천의 보전과 복원에 대한 정비주제 및 방향을 설정하게 된다.
- 하천공간은 수역(물길)과 수제역(물가), 육역(홍수터)으로 구분할 수 있으며 이를 통틀어 수변공간으로 정의하며, 하천환경 조사는 이러한 수변공간에서 일어나는 물리, 화학, 생물, 공간 등에 대한 전반적인 조사이며 특히, 기존 물리 및 화학 위주의 조사에 생물 조사를 보완하는 것이다.
- 하천환경 조사에 대한 계획과 절차는 표준화되고 체계화된 방법으로 진행되어야 하며, 구체적인 방법과 세부적인 항목은 「수변조사 및 모니터링 매뉴얼(2004, 건교부)」을 참조하여야 한다.
- 하천환경 조사는 대상하천이 결정되면 계획수립, 현장조사(중점조사) 실시, 자료의 정리 및 분석, 자료 평가, 하천환경정보도 작성 등 일련의 표준절차를 통하여 수행된다.

8.5.2 조사계획 수립

1) 사전 자료 조사

- 기존 자료를 수집하고 항공사진을 분석하여 전체적인 대상하천의 특성을 파악한다.
- 이와 같은 사전 자료 조사는 현장답사 수행시의 기본자료 및 방향성 등을 제공하며 향후 하천환경 조사의 결과를 보완하고 검증하는데 필요하다.

2) 전문가그룹 구성

- 하천의 종합적인 특성 파악을 위하여 여러 분야를 유기적으로 결합시킬 수 있도록 해당 분야의 전문가나 학자들로 구성된 전문가그룹을 구성하여 조사, 분석 및 평가, 자문 등을 실시한다.
- 전문가 그룹에는 하천전문가, 생물·생태전문가, 수질전문가 등을 포함한다.

3) 기초조사

- 기초조사는 대상하천 전체 구간의 현지조사를 통하여 개략적인 대상하천의 특성을 파악할 목적으로 수행한다.
- 대상하천 전체 구간에 하천의 물리적 구조와 식생의 분포, 중요 서식처 등을 정해진 기호나 약호를 이용하여 스케치한 지도인 RCS(river corridor survey) 지도를 작성한다.
- 이와 같은 RCS 지도는 조사지구의 분할 및 중점조사를 실시할 조사구간을 선정하는 기본 자료가 된다.

4) 조사지구 및 구간 선정

- 하천환경 조사는 많은 인력과 사업비가 소요되므로 하천전체에 대하여 집중 조사하는 것은 현실적으로 곤란하드로 대상하천을 여러 개의 조사지구로 분할하고, 분할된 조사지구내에서 대표성을 갖는 조사구간을 선정하는 것이 현실적인 방안이 된다.
- 대상하천은 공간적 위계에 따라 조사지구, 조사구간, 조사지점 순으로 구분한다. 조사지구는 대상하천의 길이와 구역구분의 특성을 고려하여 위치와 수를 결정하며 일반적으로 20 km 단위로 구분한다. 조사구간의 선정기준은 조사지구의 특성을 대표적으로 나타낼 수 있는 구간으로 하며 조사구간의 길이는 일반적으로 1~3 km로 한다

8.5.3 조사항목 및 일정

- 조사항목과 조사양식은 사업의 목적과 지역적 특성을 고려하여 결정하며 일반적으로 <표 8.4>와 같이 물리조사, 화학조사, 생물조사, 공간조사로 구분하고 항목별 세부조사를 수행한다.
- 하천기본계획 수립시 일반적으로 물리조사는 RCS 지도를 제외하고는 수자원분야에서 제공되는 자료를 활용하며, 생물조사는 환경분야에서 전담하고, 화학조사 및 공간조사는 환경분야에서 주로 실시하고 있다.
- 수자원분야에서도 수질예측과 관계되는 항목인 화학조사의 수질 조사, 저니질 조사, 오염발생원 및 부하량 조사 및 수질예측 등은 정확하게 파악할 필요가 있다.

• 우리나라의 하천환경 조사는 아시아 몬순기후의 특성상 사계절의 특성을 전부 파악해야 하는 장기 조사가 요구되며, 일반적으로 조사항목의 특성을 반영하여 매달 실시할 항목과 계절별로 실시할 항목을 결정한다.

<표 8.4> 하천환경 조사 항목 및 시행 방안

조사항목		세부항목	방 법	일 정
물리조사	수 리	수온, 유속, 수심, 유량, 홍수기 조사	기상청 및 수문관측소 자료 이용	월별 및 홍수기 조사
	수 문	기온, 강수량, 증발산량		일별, 월별 및 홍수기 조사
	형 태	횡단, 평면, 종단형	측량 및 측량도	-
	하 도	여울과 소, 사주, 수제, 침식과 퇴적, 기타특성(저수로, 고수부지 특성 등)	사진촬영 RCS 지도 작성	계절별 및 홍수기 후 조사
	하상재료	측량, 입경분포, 기타특성(유사분포)	-	계절별 및 홍수기 후 조사
화학조사	수 질	BOD, COD, DO, SS, pH, T-N, T-P, 전도도, As, Cd, Cr, Hg, Pb, 총황 등	채수 및 화학분석	월별조사
	저 니 질	COD, 강열감량, pH, T-N, T-P, As, Cd, Cr, Hg, Pb, 총황, TOC 등	채니 및 화학분석	계절별 및 홍수기 후 조사
	오염발생원 및 부하량	오염발생원, 발생오염부하량, 배출오염부하량, 유달오염부하량, 유달률	-	-
	수질예측	하천 수질예측, 호소 수질예측	-	-
	토 양	수분함량, 유기물함량, T-N, T-P, pH, 토양온도, 토성(입경분석) 등	채토 및 화학분석	계절별 및 홍수기 후 조사
생물조사	식 물	식물상, 식생도, 군집구조, 식생단면	정성 및 정량채집	계절별 및 홍수기 후 조사
	미소생물	저서무척추동물, 육상곤충, 플랑크톤, 부착조류 등 생물상, 서식상황	정성 및 정량채집	
	어 류	어류상, 서식상황	정성 및 정량채집	
	양서파충류	양서류상, 파충류상, 서식상황	채집, 목견, 흔적조사	
	조 류	조류상, 번식상황, 집단분포지	선 및 정점조사법	
	포 유 류	포유류상, 서식상황	채집, 목견, 흔적조사	
공간조사	경 관	문화, 사회 역사적 가치를 갖는 지형지물, 장소	자료수집 및 현장조사	-
	이 용 자	이용자수 및 목적 및 개선사항	선 및 면적 조사 설문조사	이용자수가 많은 날
	시 설 물	수리구조물, 수문, 기타시설	도면 및 실측조사	-

8.5.4 수질 조사

가. 채수지점 및 채수위치

- 하천수의 오염정도 및 용수의 목적에 따라 선정하며, 하천 본류와 지류가 합류하는 경우에는 합류 이전의 지점들과 합류후 충분히 혼합된 지점에서 각각 채수한다.
- 하천의 경우 횡단면에서 수심이 가장 깊은 지점과 그 지점을 중심으로 하여 좌우로 수면폭을 2등분한 각각의 지점에서 수심이 2 m 미만인 경우 수심의 1/3에서 수심이 2 m 이상인 경우 수심의 1/3 및 2/3에서 각각 채수한다.
- 호소의 경우 수역전체의 특성을 가장 대표할 수 있는 지점(호소 중심 또는 가장 깊은 곳 등), 주요 유입하천수가 수입된 후 충분히 혼합되는 지점, 호소수가 유출되는 지점, 호소수를 취수하는 지점, 폐수나 하수의 유입으로 항상 오염이 우려되는 지점, 호수로 온천수나 용천수가 유입되는 지점 등에서 채수한다.

나. 측정항목

- 수질관측지점의 측정항목은 수위, 유량, 수온, BOD, 부유물질(SS), 용존산소량(DO), pH, 대장균군수(MPN) 등이며 필요에 따라 총유기탄소(TOC)도 포함할 수 있다.
- 또한, 수질관측지점의 환경기준 외에 추가로 지정될 것으로 예상되는 항목중 해당 수역에서 검출되고 있거나 장래 검출이 예상되는 경우, 필요에 따라 시안(CN), 수은(Hg), 비소(As), 유기인, 6가크롬(Cr^{6+}), 카드뮴(Cd), 납(Pb), 폴리클로리네이티드비페닐(PCB), 음이온, 계면활성제(ABS) 등을 포함한다.

다. 측정횟수

- 수질관측지점의 측정횟수는 일반적으로 분기별 1일 이상, 1일 4회 정도 측정한다. 측정항목중 PCB와 유기인의 경우 연 1일 이상 1일 4회 정도 측정하며, 호소에서 측정시간상 곤란한 경우 1일 1회로 대치할 수 있다.

- 하천의 수질변동이 예측되는 지점에서는 매달 주기적으로 수질조사를 실시함으로써 홍수기와 갈수기의 농도변화를 조사한다.

라. 채수시기

- 하천의 경우 하천수위가 일시적으로 증가되는 기간을 피하여 하천 유량이 비교적 안정된 평상유출시를 선택하는 것을 원칙으로 한다.
- 감조하천의 채수는 주간의 간조시의 수질이 가장 악화되는 점을 감안하여 채수횟수중 1회는 간조시간에 실시하여야 한다. 또한, 감조하천에서는 강풍시와 강풍직후를 피한다.
- 시료채취는 홍수기와 갈수기 등 월별 자료를 수집하는 것을 원칙으로 하되, 하천에 영향을 미치는 오염원의 배출시간에 따른 영향을 파악하기 위하여 일별, 주중, 주말별 시료채취도 실시하여야 한다.
- 호소의 경우 강우시와 강우직후의 증수기를 피하여 유입하천 및 유출하천의 유량이 비교적 안정된 평상유출시를 선택하여 실시하는 것이 원칙이고 강풍시와 강풍직후를 피한다.

마. 채수방법

- 하천수의 채수는 수심이 얕은 곳이 대부분이므로 특수한 채수장비를 사용하지 않고 보통 일반적인 폴리에틸렌 샘플통을 사용한다.
- 호소는 수심이 깊으므로 채수장비를 사용하는 것이 원칙이며, 호소수의 채수장비는 정해진 수심에서 정확하게 채수할 수 있는 형식이어야 한다.
- 수질분석의 시료개수를 줄이기 위하여 혼합시료를 만드는 경우가 있으며, 이 경우 유량비에 따라 혼합시료를 만드는 것이 원칙이다.

바. 현장 측정

채수지점의 현장에서는 기온, 수온, 유량, 수심 및 수위, 외관, 냄새, 투명도, pH, 전기전도도, 용존산소 등의 항목에 대한 측정을 실시하여야 한다.

사. 수질분석 방법

수질 분석 방법은 환경부고시 수질오염 공정시험방법에 준한다.

8.5.5 저니질 조사

가. 오염상황 조사

- 수질은 어느 상태에서의 오염의 종합 결과인 반면 퇴적물은 침전, 퇴적 오염물질의 상태와 오염의 연대를 나타내므로 수질과 밀접한 관계를 가진다.
- 수질의 오염상황을 파악하기 위하여 정기적으로 저니의 오염상태를 조사하여야 한다.

나. 기초 조사

- 오염상황 조사상의 저니 조사에서 과거 오염이 파악되거나, 현재 오염되었다고 판단되면 기초 조사를 실시한다.
- 기초 조사에서는 조사의 편리성을 감안하여 표층부만을 대상으로 한다.

다. 정밀 조사

- 정밀 조사시 하천에서는 기초 조사 결과에 따라 저니가 오염되어 있거나 퇴적물이 퇴적되어 있는 구역내에 50 m에서 100 m 간격으로 채니지점을 선정한다. 배수로 합류점과 배수구 바로 밑에도 채니지점을 선정하며 오염이 심한 오염원에는 채니지점 간격보다 조밀하게 한다.
- 퇴적물이 여러 층으로 형성되었을 경우에는 층별 시료를 채취하고 퇴적물이 전층을 통하여 거의 일정할 경우에는 1 m 간격으로 시료를 채취한다.
- 시료의 채취는 동일지점에서 3회 이상 실시하며 이들을 혼합한 것을 저니시료로 한다. 깊이 방향의 저니질 조사를 실시할 경우 원칙적으로 저니표면으로부터 1 m 간격의 상하 10 cm 정도의 저니층을 채취한다.
- 정밀조사 결과에 의하여 저니층의 준설범위, 준설깊이 준설토량, 준설방법, 준설토의 처분방법, 준설공사의 진행절차, 준설공사 및 준설토에 따른 2차 오염 방지대책 등에 관한 사항을 결정한다.

라. 저니질분석 방법

저니질분석 방법은 환경부 고시 수질오염 공정시험법에는 정확하게 표기되어 있지 않으므로 미국, 일본 등의 기준방법을 고려하여 분석한다.

8.5.6 오염발생원 및 부하량 조사

가. 오염발생원 조사

- 구체적인 하천 수역의 수질관리 목적을 달성하기 위해서는 오염발생원별 원단위의 자료가 요구되므로 오염발생원의 조사가 필요하다.
- 오염발생원의 자료 수집은 답사 및 지방행정부처의 자료를 이용하며, 오염발생원은 하천 및 호소로 유입하는 하천의 유역별 및 배수시설의 구역별로 분류하여 정리한다. 또한, 2개 행정구역이 하나의 단위 유역내에 포함될 경우에는 행정구역별로 구분하여 정리한다.
- 오염발생원의 파악을 위해서는 유역의 인문현황, 공장 및 사업장의 현황, 주요 오염발생원의 상황, 기타 자료 등을 조사하여야 한다.

나. 오염부하량 조사

1) 발생 오염부하량 조사

발생 오염부하량은 오염발생원에서 발생된 오염물의 총부하량으로 오염발생원의 발생총량을 조사하거나 원단위를 이용하여 산정한다.

2) 배출 오염부하량 조사

- 배출 오염부하량은 발생 오염부하량 중 처리시설에 의하여 감소된 부하량을 감안한 부하량으로 원칙적으로 실측치를 기준으로 한다.
- 실측치가 없을 경우 처리구역은 유역통계자료와 발생원단위에 점오염원의 경우 처리율 및 삭감량을 고려하고 비점오염원의 경우 비점오염원 배출계수를 고려하여 산정하고, 미처리구역은 발생 오염부하량을 그대로 사용한다.
- 발생 오염부하량으로부터 배출 오염부하량을 산출하여야 하는 항목으로는 BOD, COD, 총인(T-P), 총질소(T-N) 등이 있다.

3) 유달 오염부하량 조사

가) 평상시 유달 오염부하량

- 유달 오염부하량은 해당 하천 및 호소 등 수역에 유입되는 오염부하량인 배출 오염부하량 중 특정지점까지 유달되는 부하량이다.

- 유달 오염부하량을 산정하는 방법에는 유달총량을 조사하는 방법, 원단위를 사용하는 방법, 유달률을 사용하는 방법 등이 있다.

나) 강우시 유달 오염부하량 조사

- 일반적으로 강우 초기에는 유역 또는 하상 등에 퇴적되어 있는 오염부하량이 한꺼번에 씻겨 나가기 때문에 오염부하량이 매우 크므로, 유달 오염부하량 조사에 강우시 유달 오염부하량 조사를 추가적으로 실시하여야 한다.
- 강우시 수질은 유량의 시간적인 변동으로 인하여 변화가 크며 특히 강우 초기의 수질은 급격히 변화되므로 유량과 수질의 시간분포 형태를 파악할 수 있는 시간간격의 측정이 필요하다.

다. 오염부하 원단위 산정

- 오염부하 원단위 산정 기준은 유역내 토지 등으로부터 단위시간에 발생하는 양에 대한 발생량기준과 특정지점까지 오염원이 유달되는 양에 대한 유달량기준 등으로 구분되며, 유달부하량 산정시 실측 수질자료와 유량자료를 사용하거나 유달률을 사용하므로 주로 발생량기준 원단위를 사용한다.
- 이와 같이 산정된 오염부하 원단위는 해당 유역에서 오염부하량에 대한 조사가 곤란한 지구 및 향후 유사한 지구의 오염부하량과 장래 오염부하량을 산정시 사용할 수 있다.

라. 유달률 산정

- 유달률은 해당 소유역에서 배출부하량과 소유역 말단부에서 실측된 오염물질 양의 비로 정의되며, 소유역 내에서는 일정한 것으로 가정한다.
- 또한, 유달률은 유량에 따라 크게 변하므로 총부하량 산정을 위한 유달부하량은 기준유량인 저수량에 적합한 자료를 사용하도록 주의하여야 한다.
- 유달 오염부하량 산정시 소유역별로 실측한 수질 및 유량 자료를 이용하여 추정된 유달률과 해당 소유역별 배출오염부하량의 곱으로 산정할 수 있다.
- 장래의 유달률은 현재의 유달률을 기초로 하고 장래의 개발현황, 하수도의 정비상황, 배수의 배출기준, 하천 및 수로의 개수상황 등을 고려하여 추정한다.

8.6 하천 측량

8.6.1 기본계획 측량

가. 기준점 측량

- 기준점 측량은 기지점에 기초하여 지형현황측량 및 기타 각종 측량의 근간이 되는 기준점의 위치(X, Y 좌표)를 결정하는 측량으로서 삼각 측량, 도근측량, GPS(global positioning system) 등으로 실시한다.
- 기준점 측량은 일반 지상 측량 및 사진 측량의 기준점 측량 요령 등에 의해 실시하며, 기준점 측량 성과는 지적 기준점 성과와 일치되도록 주의를 기울여야 한다.
- 한편, 보조삼각점 및 도근점 중 특별하게 필요한 지점 등은 차후에 실시하는 공사용 측량 및 기타 측량 등에 사용할 수 있도록 영구표석을 매설하여야 한다.

나. 수준 측량

- 수준 측량은 국토지리정보원에서 매설한 1등 또는 2등 수준점 등과 같은 기지점으로부터 조사구간내에 설치한 측점까지의 수준표고를 연결하여 측점의 표고(Z 좌표)를 결정하는 측량이다.
- 수준 측량의 정확도는 건설교통부 공공측량 표준작업규정의 1급 수준 측량 이내여야 하며 등급별 수준 측량의 정확도 기준은 <표 8.5>와 같다.

<표 8.5> 수준 측량의 정확도 기준

(단위: mm)

구 분	1급	2급	3급	4급	비 고
왕복차	$2.5\ L_S^{1/2}$	$5\ L_S^{1/2}$	$10\ L_S^{1/2}$	$20\ L_S^{1/2}$	L_S는 편도 관측거리(km)
폐합차	$2.0\ L_S^{1/2}$	$5\ L_S^{1/2}$	$10\ L_S^{1/2}$	$20\ L_S^{1/2}$	
검 측	$6.0\ L_S^{1/2}$	$8\ L_S^{1/2}$	$20\ L_S^{1/2}$	$30\ L_S^{1/2}$	

- 한편, 철도계획에서는 철도청 훈령에 의거 (-) 표고 발생 배제를 위하여 수준점의 표고에 100 m를 가산하고 있음에 주의하여야 한다.

다. 지형현황 측량

- 지형현황 측량은 기준점 측량에 의한 기준점 성과를 바탕으로 지상의 지형지물 및 경계 등을 측량하고 도시하는 것으로 평판 또는 항공사진측량 등에 의해 실시하고, 지형지물 및 주요 하천구조물의 위치 등을 측량하고 도시하여 지형현황도를 작성한다.
- 계획용 기본도 작성을 위한 지형현황 측량의 축척은 1:1,200~1:5,000(세부도면은 1:600)을 원칙으로 하되, 하폭이 도면상에 1 cm 이상 되도록 축척을 정하여 도면을 작성한다.
- 측량의 범위는 계획법선을 기준으로 제외측의 전구간과 제방이 설치되어 있는 구간에서는 제내측 300 m 이상, 제방이 설치되어 있지 않은 구간에서는 과거 최대홍수위선 이상까지로 한다.

라. 종단 측량

- 종단 측량은 하천의 종단형을 구하기 위하여 좌우 양안에 설치한 측점의 표고 및 지반고 등을 측량하는 작업이다.
- 종단 도면의 축척은 종방향은 1:100, 횡방향은 종·횡단계획 및 이용이 편리하도록 결정한다.
- 종단 측량 간격은 하폭 5~50 m는 50 m, 하폭 50~200 m는 100 m, 하폭 200~500 m는 200 m, 하폭 500 m 이상은 500 m 정도로 결정한다.
- 작업은 조사구간의 좌우 양안을 폐합시키고 좌우 양안에서 각각 왕복측량을 실시한다.
- 종단 측량시에는 측점의 표고를 비롯한 측량구간내에 위치한 수위표 영점표고 및 단별 표고(수위표 수준점 등 포함), 수문 및 갑문의 문턱, 교량, 보 등 각종 하천시설물 파악에 필요한 표고를 측정하여 도시하여야 한다.
- 종단 측량은 하천의 중요도에 따라 1~3급 수준측량의 정확도가 필요하며 산간부 급경사 하천에서는 4급을 적용하는 것도 가능하다.

마. 횡단 측량

- 횡단 측량은 하천의 양안에 설치한 종단측점을 기준으로 시준선상의 높낮이를 측량하여 측점의 횡단형이 나타날 수 있도록 하는 측량이다.
- 횡단 측량 간격은 하폭 5~50 m는 50 m, 하폭 50~200 m는 100 m, 하폭 200~500 m는 200 m, 하폭 500 m 이상은 500 m 정도로 결정한다.
- 급류하천, 일반하천의 만곡부, 하폭변화가 많은 경우, 하천내 교량 등 하천 횡단시설물이 설치된 경우에는 추가 측점을 두어 횡단측량을 실시함으로써 지형변화에 의한 현황이 제대로 반영되도록 한다.
- 횡단 측량시 한 횡단면내에서의 점간 거리는 하폭에 따라 5~20 m를 원칙으로 하나, 급변화가 있는 지점이나 저수로 등에서는 최소한 1~5 m 간격의 추가 지점을 측량하여 상세하고 완전한 횡단형을 작성한다.
- 횡단도의 축척은 종으로 1:100~1:200을 원칙으로 작도하며, 기본계획 측량의 측점번호 및 측량순서는 하류에서 상류로 실시하게 되지만 횡단도는 유수의 하류방향을 기준으로 좌안이 좌측, 우안이 우측에 위치하도록 유의하여야 한다.
- 횡단 측량은 반드시 종단 측량시 측량한 좌우안의 측점을 연결하여 횡단측량의 정확도를 확인한다.
- 수심측량은 횡단 측량의 측선상에서 좌·우안측의 수면경계선에 말뚝을 박은 다음 5 m 내외의 간격으로 수심을 측량하되, 하상의 급변화 지점이나 저수로 등에서는 1~5 m 간격으로 추가 측점을 선정하여 측량한다.
- 일반 하천 구간에서의 측량시 수면표고를 조사한 결과는 동시관측수위가 되며, 이는 조사시 관측한 수위관측소의 자료와 수면경계선에 박은 말뚝에 의한 동시관측수위를 분석하여 보정하여야 한다. 한편, 지금까지 사용되어 온 일제관측수위라는 용어는 동시관측수위로 대체하여야 한다.

바. 홍수흔적 측량

- 홍수흔적 측량은 홍수시의 유수가 남긴 하천 종횡단상의 흔적을 조사하는 작업으로 홍수 직후 하천의 양안에 대하여 측량을 실시하거나 항공사진측량에 의하여 전체적인 현황을 파악할 수 있도록 한다.

- 현실적으로 예산과 비용 문제 등으로 인하여 불가능할 때는 우선 홍수흔적을 알 수 있도록 관계기관에서 주요 하천시설물 등에 홍수흔적을 표시하고 차후 측량시 조사한다. 이런 조사가 불가능한 경우에는 기본계획 수립 등의 조사시 하천의 양안측에 장기간 거주한 주민들에게 자세하게 탐문하여 조사하여 측량하고 수계전체의 통일을 기하기 위하여 이상치는 보정한다.

사. 표석 매설

- 표석 매설은 표준도에 의하여 견고하게 설치하여야 하며 다음과 같은 사항에 유의하여야 한다.
  - 표석은 화강암 재질로 제작하되 수준점, 기관명, 시행년도, 하천정비를 각 면에 음각하고 수준점이라고 쓰인 면이 남쪽을 향하고 상면이 수평이 되도록 매설
  - 표석의 유지관리를 위하여 필요한 경우에는 보호표지판을 설치하여야 하며 이 경우 통행의 방해 또는 위험한 장소는 배제
  - 표석 매설 위치는 가능한 유실가능성이 적은 홍수위 이상 지점에 설치
- 매설시에는 작업과정별로 사진을 촬영하여야 하며, 매설후에는 표석 주위가 명확하게 나타나도록 원경사진을 촬영한다.

8.6.2 실시설계 측량

가. 지형현황 측량

- 실시설계의 지형현황 측량은 삼각 및 다각측량 등 기준점 측량을 바탕으로 도근점 등 기준점의 성과를 활용하여 계획 제방을 중심으로 주변의 지형지물 및 하천시설물의 위치 등을 측량 및 도시하여 계획평면도에 작성하기 위한 측량이다.
- 계획평면도 작성을 위한 지형현황도의 축척은 1:600~1:1,200을 원칙으로 하되 작성 계획기관의 공사 목적에 따라 정한다.
- 지형현황 측량은 계획법선에서 제외지측은 유심부까지 측량하고 제내측은 100 m 이내로 하폭 등을 감안하여 측량 범위로 하되 주변에 하천부지가 있는 경우에는 이를 포함한 지역을 대상으로 측량을 실시한다.

나. 중심선(법선) 및 종횡단 측량

- 공사용 물량을 산정하기 위한 측량에는 중심선 측량(또는 법선 측량)과 종단 및 횡단 측량이 있다.
- 중심선(또는 법선)을 결정할 때는 우선 측량한 계획평면도상에 기본계획에서 제시한 법선을 도시하고 현장답사를 실시한 후 발주처와 충분한 협의를 거쳐 결정한 후 수준측량과 종단 및 횡단측량을 실시한다.
- 종단측점 간격은 일반적으로 40 m를 채택하고 있으나 사업 목적에 따라 발주처와 협의하여 조정할 수 있다. 이와 같은 40 m 기준은 도로설계와 측점을 일치시키기 위한 것으로 이는 하천기본계획의 측점과 일치시키기가 어려우므로 가급적 50 m를 채택하는 것이 합리적이다.
- 횡단측량은 제방중심선(또는 법선)의 직각방향으로 실시하며 정확한 물량을 산출할 수 있는 횡단형이 작성될 수 있도록 측량을 실시하며, 횡단 측량의 범위는 제외지측은 토취장 계획 및 고수부지 정비계획 등을 수립할 수 있도록 유심부까지 실시하고, 제내측은 계획법선을 중심으로 100 m 이내로 하폭 등을 감안하여 측량범위로 하되 관개시설 등 배후지 시설계획과 관련 충분한 폭원으로 측량하여야 한다.
- 계획평면도상에 법선이 곡선이 되는 경우 교점(I.P)의 위치를 결정하여 교각(I.A)을 측량하는 곡선 측량을 실시하여 종단측점 말뚝을 설치하되, 횡단 구조물 설치지점 등에는 추가 측점을 설치한다.
- 현장 주변에 설치된 기존 수준점을 바탕으로 전술한 내용을 따라 현장에 설치한 측점 말뚝에 대한 종단측량을 실시하여 종단면도 작성시 기본자료로 활용하고 계획구간의 시·종점 및 중간지점에는 공사시 활용하기 위하여 영구표석을 매설한다.
- 종단도의 축척은 종축은 1:100, 횡축은 하천계획 및 공사시행에 편리한 축척으로 결정한다.
- 횡단 측량은 중심선의 접선에 대하여 직각방향으로 측량을 실시하되 점간 간격은 1～5 m로 하여 지반고 등을 측량하고 지형의 변화가 심한 곳은 보조측량을 시행하여 저수로 등의 단면이 측정되도록 한다.
- 횡단도의 축척은 종 1:100, 횡 1:100～1:200으로 작성한다.

다. 용지 측량

- 용지 측량은 용지도 작성 및 지장물 보상을 위한 측량을 말하며 여기서 지적경계 측량은 제외된다.
- 용지도 작성시 국토지리정보원에서 설치한 기준점 좌표와 지적공사에서 설치한 기준점의 좌표가 차이가 발생하는 경우, 용지도는 현존하는 지적도를 바탕으로 하는 보상업무를 수행하기 위한 것이므로 국토지리정보원의 좌표를 다소 보정하는 것이 보상업무상 용이하다.
- 횡단도면에 제방의 계획단면을 기입하여 용지폭을 정하고 축척 1:600~1:1,200으로 용지도를 작성하되 가급적 지적도의 축척과 동일한 축척을 채택하는 것이 바람직하다.
- 용지 경계(제내측)의 범위는 계획 제방의 토사 유출을 고려하여 1.0 m 이상의 여유를 확보하도록 한다.

8.6.3 하상변동조사 측량

가. 지형현황 측량

- 하상변동의 평면적인 변동 상황을 조사하기 위하여 지형현황 측량을 실시한다.
- 하천의 기본계획 수립 및 댐의 수몰지 조사측량 등의 조사가 완료된 구간의 측량은 기존 평면도를 활용하여 변동된 부분만을 보완·조사하며 신규로 조사하는 구간의 측량 요령은 기본계획 측량의 지형현황 측량에 준한다.

나. 종단 및 횡단 측량

- 하천의 하상변동 조사를 위하여 종단 및 횡단 측량을 실시한다.
- 과거 측량을 실시한 실적이 있는 구간에 대해서는 그 측점을 이용하여 하도내의 변동상황을 규명할 수 있도록 측량하고, 신규로 측량할 경우에는 기본계획 측량의 수준 측량, 종단 측량 횡단 측량에 준한다.
- 조사측량 완료후 하상변동량을 산정할 때는 자연적인 변동량과 인위적인 변동량을 구분하여 산정함으로써 앞으로 예상되는 변동량을 추정함과 동시에 유사량 산정 공식 등의 유도의 기본자료로 활용될 수 있도록 분석한다.

8.6.4 측량성과 심사

- 공공측량은 측량 성과를 건설교통부 공공측량성과 심사업무처리규정(건설교통부고시 제2004-387호, 2004년 12월 13일)에 의거 국토지리정보원(또는 위임받은 대한측량협회)에서 시행하는 심사를 받아야 한다.
- 공공측량 심사대상 측량 항목은 기준점 측량, 수준 측량, 지형현황 측량, 항공사진 측량, 지도 제작, 수치지도 제작, 지하시설물 측량, 영상지도 제작, 수치표고자료 제작 등이 있다.
- 공공측량 심사대상 측량 규모는 삼각 측량, 지형현황 측량, 평면 측량 등의 경우 측량 실시지역 면적이 1 km^2 이상이 해당되며, 수준 측량, 다각 측량 등의 경우 측량노선 길이가 10 km 이상이 해당된다.
- 측량면적이 0.03 km^2 미만인 기준점 측량, 지형 측량, 평면 측량, 측량노선 길이가 1 km 미만인 기준점 측량 등과 같은 국지적 측량의 경우에는 공공측량에서 제외되므로 심사에서도 분명하게 제외된다. 한편, 국지적 측량과 공공측량 중간 규모인 경우에는 사업시행기관에서 요구하는 경우에 한하여 공공측량 심사를 받으면 된다.
- 심사 처리기간은 규모에 따라 10~20일이며, 처리기간내에 처리할 수 없는 경우에는 10일 연장할 수 있도록 규정되어 있다.

메 모 란

메 모 란

제 9 장 하천 계획

9.1 하도 계획

9.1.1 하도 계획 기본방향

- 하도 계획은 계획홍수량을 안전하게 유하시키고 하상이 안정하게 유지되도록 하도의 평면계획, 종단계획, 횡단계획 등을 결정하는 것이다.
- 하도 계획은 하천에 흐르는 물에 대한 양적 및 질적인 안정성 확보, 총사업비의 최소화, 자연환경이나 경관의 보존 및 회복과 하천이용과의 조화를 이루고 유역전체에 대한 건전성이 확보되도록 한다.
- 하도 계획은 장기적으로 안정하도가 되도록 하며, 계획홍수량을 안전하게 유하시키기 위하여 하상굴착, 제방축조, 수제 등에 의한 하도 통수단면적의 증대, 하도법선의 수정, 첩수로 건설 등을 충분히 검토하여야 한다.
- 하도 계획시 하도사행이나 여울과 소의 회복·창조 등을 통하여 생물의 다양한 생식·생육환경을 확보하여야 한다.
- 하도계획시에는 계획하폭이 여유가 있는 곳이라도 현재 하천지형을 고려하여 하천부지를 최대한 활용하고, 직선화되고 획일화된 하도 계획 및 치수 일변도의 하도 계획은 지양한다. 또한, 하천의 구간별 활용용도를 고려하여 구간별로 신설하천, 하천보강, 자연친화적 하천, 또는 복원·보존구간 등 구간별로 적합한 계획을 수립하며 획일화된 하도계획이 아닌 구간별 하도계획의 주목적을 뚜렷이 설정한다.
- 하도 개수구간내 댐, 유수지 등 기존의 저류공간을 이용하거나 신설을 통하여 최대한 저류량을 확보하도록 하며 치수목적상 불가피한 경우에 한하여 신설 하천을 계획한다.

- 제방법선은 치수상 안전하며 현재 및 과거의 하천 형태를 충분히 고려하여 결정한다. 또한, 활용 가능한 부지를 최대한 확보하고 홍수터, 습지 등을 적극적으로 보존 및 확보하도록 결정한다.
- 저수로법선은 현재의 하도를 중심으로 평상시 유량을 유하시킬 수 있는 단면을 확보할 수 있도록 하며, 하안방어선(호안 등을 설치할 필요가 생기는 선) 겸용을 고려하여 결정한다.
- 하도내 계획 횡단면은 미리 복단면으로 설정하는 것을 지양하고 현재 횡단 형상을 최대한 살리도록 한다.
- 고수부지의 침수빈도를 미리 설정하여 저수로 폭과 고수부지의 높이를 결정하는 것을 지양하고 현재의 횡단형상을 최대한 살리도록 한다.
- 계획 하상경사는 하상안정을 고려하면서 하도단면 확보를 도모하기 위한 기준으로 설정하여야 한다.

9.1.2 하도 계획 절차

- 하도 계획의 주요 내용은 계획홍수량 및 초기 계획홍수위 결정, 개수구간 설정, 하도 평면형, 종단형 및 횡단형 설정, 최종 계획홍수위 결정, 개수효과의 검토 등이다.
- 하도 계획의 상세 내용은 <표 9.1>과 같이 ① 하천특성 파악, ② 현재 하천의 양적 안정도, 질적 안정도, 하천환경 평가 등의 현재하천 평가, ③ 계획하도 단면확보 제약조건 설정, 평면형상 제약조건 설정, 하천환경 복원·회복 방법 등의 제약조건 설정, ④ 하도계획 기본방침 설정, ⑤ 대안 설정, 대안 비교·검토, 계획하도 단면확보, ⑥ 저수로 폭 및 고수부지 폭 기준 설정 등의 하도형상 기준 설정, 계획하도 형상 및 규모 설정, 계획하도 질적 안전도 평가 및 하천환경 평가, 기타 하안침식방지 장소 설정 등이 있다. 여기서 ⑤와 ⑥ 단계는 동시에 수행하며 이를 만족시키지 못하는 경우에는 ④로 되돌아가서 반복하게 된다.
- 한편, 하도 계획의 주요 내용인 평면계획, 종단계획, 횡단계획 등은 각각 독립적으로 결정할 수 있는 것이 아니므로 반복적인 계산을 통하여 계획전체가 균형이 이루어지는 최적조합을 채택하여야 한다.

<표 9.1> 하도 계획 상세 내용

구분		내용
① 하천특성 파악		• 현재 하도특성을 가수역사, 하도변천, 유황, 수리특성, 하상변동특성, 재해특성, 자연환경, 주변상황 등을 포함하여 조사한다. • 현재 하도 유하능력을 계획홍수위 이하의 통수단면적에서의 유하능력, 저수로의 유하능력, 조도 등의 계산조건 등을 포함하여 조사한다. • 현재 하천환경특성을 하천공간이용계획, 보전하여야 할 하천환경, 하천환경정보도 등을 포함하여 조사한다.
② 현재 하천 평가	양적안전도	• 저수로 또는 고수부지의 하도단면이 부족인지, 조도계수의 영향은 없는지를 구간별로 파악한다. • 저수로 하도단면 증가가 불가능한 구간을 파악한다.
	질적안전도	• 수리특성 및 기존 재해특성을 감안하여 침식·세굴에 대한 제방안정성을 파악한다. • 낙차공 등의 횡단구조물 주변의 안정성을 파악한다.
	하천환경	• 하도의 자연환경이 양호한 구간과 악화되어 있는 구간을 구별하고 악화구간은 원인을 명확하게 파악한다.
③ 제약 조건 설정	계획하도 단면확보	• 계획하도 단면확보에 필요한 검토조건인 기점홍수위, 조도계수, 사수역 등을 설정한다. • 계획하도 단면확보에 있어서 교량 등의 하천구조물이나 하도단면 유지를 감안하여 높이방향(굴착 하한고와 경사)과 횡방향(저수로 폭) 등의 제약조건을 설정한다.
	평면형상	• 중요도가 높은 교량의 교각, 구조상 문제가 없는 보 등, 고려하여야 할 하천구조물의 위치나 고수부지의 이용상황을 파악하고 제약조건으로 설정한다.
	하천환경 보전·회복	• 현재 하도를 중심으로 특정 장소의 보전·회복, 여울과 소가 형성될 저수로 환경의 보전·회복 등의 계획을 수립하고 기본적인 고려 방법(목표)을 구간별로 설정한다.
④ 하도계획 기본방침 설정		• 현재하천 평가와 제약조건 설정을 토대로 계획하도 단면확보 방안 및 평면계획을 여러 방안으로 작성한다. • 계획하도 단면확보는 하천환경의 기본방침에 근거하여 저수로 하상의 안정확보를 염두에 두고, 계획하도 단면확보 대책(하상 굴착, 저수로 확폭와 고수부지의 굴착, 수목군의 일부대체를 포함)과 이에 따른 하천환경 영향에 대하여 정리한다. • 하도 평면계획에서는 주변 토지이용·지형 등을 고려하고 계획하도 단면확보 방법과 조정을 고려하면서, ① 횡단형상의 선택(단단면, 복단면, 복복단면), ② 확폭의 방식(중심선 방식, 홍수주류 방식), ③ 낙차공 등의 횡단구조물 주변의 평면형상, ④ 수충부나 세굴부에 대한 제방방어의 방침을 설정한다.

<표 9.1> 하도 계획 상세 내용(계속)

구분		내용
⑤ 대안 설정·검토 및 계획하도 단면확보	대안 설정	• 하도특성이나 하천환경특성을 감안하여 전체 하천을 여러 구간으로 분할하고 계획하도 단면확보의 기본방침에 의거하여 구간마다 대안을 설정한다.
	대안 비교검토	• 하도구간마다 대안을 하천정보도에 도시하고 하천환경에 미치는 영향을 파악하는 동시에 하도굴착후 하상안정, 제방방어 등의 측면에서 구간별 최적안을 선정한다.
	계획하도 단면확보	• 구간마다 계획하도 단면의 최적안에 대하여 전체 하천을 통해 유하능력, 하상변화, 하도특성, 하천환경을 검토하고 계획하도 단면을 확보한다.
⑥ 계획 하도단면 형상·규모 설정 및 평가	하도형상 기준 설정	• 하도유지관리상 저수로 평면형상의 변화를 억제할 필요가 있는가를 판단한 후, 유하능력 검토에서 필요한 규모, 유지관리, 하천환경 등을 고려하여 저수로 하안관리선인 저수로 폭의 기준을 구간별로 설정한다. • 과거의 하안 재해사례를 근거로 홍수로 생길 수 있는 하안침식폭을 파악하여 제방방어선인 고수부지폭의 기준을 구간별로 설정한다.
	계획하도 형상 및 규모 설정	• 저수로 폭 및 고수부지 폭 등의 형상 기준에 따라 계획하도의 구체적인 형상 및 규모를 설정한다.
	계획하도 질적안전도 평가	• 하도형상에 대하여 종·횡단 및 평면분포에 유의하고 하안 침식량, 제방 앞비탈, 비탈끝의 침식·세굴에 대한 안전도, 고수부지 표면침식에 대한 안전도 등을 평가한다.
	계획하도 하천환경 평가	• 하도형상에 대하여 생물의 생육환경보전에 유의하여 평가한다.
	기타	• 저수로 하안관리선 및 제방방어선 등을 근거로 하안침식방지가 필요한 장소에 침식방지시설을 계획한다. • 유지관리비를 포함한 총사업비에 대해서 검토하고, 비용측면에서 문제가 있는 경우에는 설정된 하도형상을 수정한다.

9.1.3 계획홍수위 결정

가. 계획홍수위 결정의 기본방향

- 계획홍수위 결정은 계획홍수량을 유하시킬 수 있는 하도의 종단형 및 횡단형의 결정과 직접 관련되며 계획홍수우는 가급적 하천연안의 지반고를 넘지 않도록 하고, 가능하면 과거 홍수의 최고수위 이하로 하는 것이 바람직하다. 특히, 소하천에서는 계획기준점 하류의 하도조건을 고려할 때 충분한 수면경사를 얻을 수 있는 경우에는 제내지 지반고 정도로 설정한다.
- 하도 계획에서 홍수방어용 제방이나 방수로를 채택하는 경우 계획홍수위를 높게 할수록 내수배제, 지류처리 등에 어려운 문제가 발생할 수 있으므로 가능하면 계획홍수위를 낮게 하여 하폭을 증가시키되, 과거 홍수의 최고수위보다 낮게 취하는 것이 통례이다. 하지만 현재 하상고가 높아서 부득이 높게 결정하는 경우에는 내수배제와 지류처리 방안 등을 고려하여야 한다.
- 우리나라 제방은 대부분 제내지 지반그보다 높게 계획홍수위가 결정되고 있으며, 제내지 내수를 외수위에 따라 자연배수 또는 강제배수하고 있다.

나. 계획홍수위 계산

- 계획홍수위는 등류 계산, 부등류 계산 및 부정류 계산 등 하천 흐름에 따라 해당되는 적절한 방법을 선정하게 되며 하도내에서 홍수는 시간에 따라 비교적 완만하게 변화하기 때문에 부등류 계산 방법을 주로 채택하고 있다.
- 부등류 계산 방법은 수위수문곡선(stage hydrograph)을 계산할 수 없는 단점과 후술되는 부등류 계산의 전제조건을 만족시키는 경우만 적용 가능한 단점 등을 지닌다. 하지만 하천기본계획수립 등에서와 같은 일반 자연하천의 계획홍수위 계산에는 대부분 적용 가능하다.
- 현재 부등류 계산에서는 주로 기 개발된 모형을 사용하고 있으며, 기존 부등류 계산 모형 중에서 미국 육군공병단(USACE)의 HEC-2 모형을 개선한 HEC-RAS(river analysis system) 모형이 가장 많이 사용되고 있다.
- 최근 들어 HEC-RAS 모형은 부정류 계산이 가능하도록 갱신되었으므로 동일 모형에서 부등류와 부정류를 동시에 계산할 수 있게 되었다.

- 한편, 부등류 계산 결과는 대체적으로 부정류 계산 결과에 비해 높은 홍수위를 산출하므로 설계상 안전측이며, 이와 같이 여유있는 설계는 빈번하게 발생하고 있는 자연재해 예방측면에서는 보다 현실적인 선택이라고 보는 측면도 부등류 계산의 장점 아닌 장점이 되고 있다.

1) 부등류 계산의 전제 조건

- 흐름은 시간에 따라 변하지 않는 정상류(steady flow)로 가정한다.
- 흐름은 수압이 정수압 분포인 점변류(gradually varied flow)로 가정한다.
- 흐름은 일차원이므로 흐름 방향 이외의 속도 성분은 고려하지 않는다.
- 완경사 하천에만 적용 가능하다.

2) 부등류 계산 방법

- 부등류 계산은 표준축차법(standard step method)을 주로 채택하며 표준축차법은 자연하천 단면과 같은 임의 단면형에도 적용할 수 있는 일반적인 축차계산법이다.
- 표준축차법은 수위를 알고있는 기지단면에서 일정 거리 떨어진 임의단면의 수위를 가정한 후, 가정한 수위가 Bernoulli 방정식을 이용하여 계산된 수위와 일치되도록 시행착오법을 실시하여 수위를 결정하고 이를 축차적으로 연결해 나가는 방법이다.

$$H_1 = H_2 + h_L$$

$$H_1 = h_1 + \frac{\alpha V_1^2}{2g}$$

$$H_2 = h_2 + \frac{\alpha V_2^2}{2g}$$

$$h_1 = z_1 + y_1 = z_2 + S_0 \Delta x + y_1$$

$$h_2 = z_2 + y_2$$

$$h_L = \overline{S_f}\Delta x = \frac{1}{2}(S_{f1} + S_{f2})\Delta x$$
$$= \frac{1}{2}\left(n_1^2 V_1^2 / R_{h1}^{4/3} + n_2^2 V_2^2 / R_{h2}^{4/3}\right)\Delta x$$

여기서 첨자 1은 수위를 알고있는 단면, 첨자 2는 수위를 계산하는 단면, H_1, H_2는 기준면으로브터 전수두, h_1, h_2는 기준면으로부터 수위, V_1, V_2는 평균유속, α_1, α_2는 에너지보정계수, g는 중력가속도, Δx는 구간거리, h_L은 마찰손실수두, $\overline{S_f}$는 평균마찰경사이다.

- 수면곡선 형태가 일반적인 배수곡선일 경우의 구체적인 수면곡선계산 절차를 <그림 9.1>을 이용하여 기술하면 다음과 같다.
  - 지배단면인 단면 2에서의 수위 h_2를 알므로 Bernoulli 방정식을 이용하여 전수두 H_2를 계산 : $H_2 = h_2 + (\alpha V_2^2)/(2g)$
  - 거리 Δx만큼 떨어져 있는 임의 단면 1에서의 수위 h_1을 적절히 가정하고 Bernoulli 방정식을 이용하여 전수두 H_1을 계산 : $H_1 = h_1 + (\alpha V_1^2)/(2g)$
  - 구간 마찰손실수두 h_L를 계산 : $h_L = \overline{S_f}\Delta x$
  - 단면 1과 단면 2의 Bernoulli 방정식이 성립 여부를 검토 : $H_1 = H_2 + h_L$
  - 단면 1과 단면 2의 Bernoulli 방정식이 성립하면 가정한 수위 h_1을 단면 1의 수위로 결정하며 그렇지 않은 경으에는 h_1을 다시 가정하여 반복하는 시행착오법을 실시

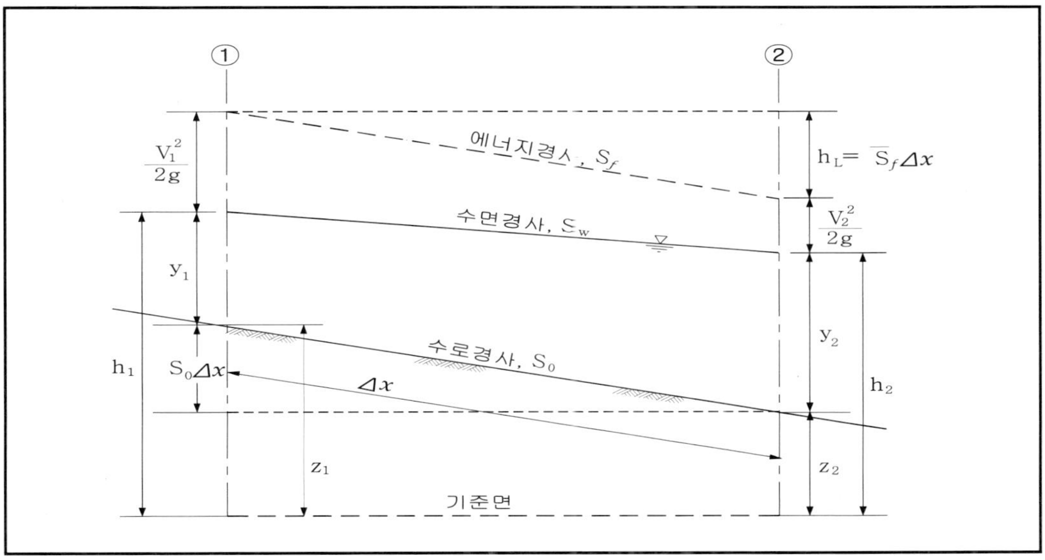

<그림 9.1> 개수로의 수면곡선 구성

- 한편, 대부분의 자연하천은 저수로와 고수부지로 구성되어 있으며, 홍수시 에너지보정계수와 마찰특성은 저수로와 좌우 고수부지가 서로 다르므로 이를 고려하여야 한다. 이러한 경우의 에너지보정계수 및 마찰경사는 다음과 같이 계산한다.

$$\alpha = \frac{A^2}{K^3}\sum\left(\frac{K_i^2}{A_i^2}\right)$$

$$S_f = \frac{Q^2}{K^2}$$

여기서 α는 에너지보정계수, S_f는 마찰경사, A는 소구간 면적의 합, K는 소구간 통수능의 합, Q는 소구간 유량의 합이다.

3) 기점홍수위 결정

- 부등류 계산의 기점홍수위는 일반적으로 다음과 같은 방법들에 의해 결정한다.
  - 주어진 유량에 대해 관측에 의하여 수위를 알고 있는 지점의 수위
  - 수위-유량관계곡선식에 의해 산정된 수위 또는 수위-유량관계식
  - 수공구조물 등에 의해 한계수심이 발생하는 지점의 한계수심
  - 계획홍수위 또는 배수효과가 있는 지류에서는 본류의 계획홍수위
  - 조석의 영향이 있는 경우 지점은 고극조위, 대조평균만조위 등에서 하나의 조위를 채택하고 이를 하천유량에 의한 자체 홍수위를 비교하여 높은 수위를 적용
- 배수효과가 있는 지류에서 본류의 계획홍수위를 기점홍수위로 채택시 지류보다 본류의 계획빈도가 높으면 본류의 계획빈도에 따른 계획홍수위를 안전측으로 채택한다.
- 일반적으로 본류의 계획홍수위를 기점홍수위로 하여 지류의 부등류 계산을 실시하는 배수계산 방법을 적용하지만 지류의 계획홍수량이 본류의 계획홍수량에 비해 매우 작아서 배수계산 방법을 적용하면 과대설계가 되는 경우와 본류와 지류의 유역상황이 극단적으로 다른 경우 등에는 지류 하류단의 등류수심을 기점홍수위로 하여 부등류 계산을 실시한 다음 본류 계획홍수위를 직선 연장하여 지류의 하류부를 보완하는 방법을 적용하기도 한다.

- 조석의 영향이 있는 경우 고극조위(관측최고조위), 대조평균만조위(평균해면에서 M2와 S2분조 반조차의 합만큼 올라간 조위) 중에서 채택하는 것이 매우 주관적인 측면이 있는 점과 아울러 이에 따른 차이가 크다. 또한, 여기에 재현기간과의 연계성을 완전히 배제할 수 없으므로 채택이 더욱 곤란하게 된다.
- 한편, 조위 채택의 문제점과 관련하여 다른 기준을 살펴보면 「하수도시설기준(2005, 한국상하수도협회)」에서는 하수배제의 계획외수위가 해역인 경우 대조삭망평균만조위(삭망날부터 전2일, 후4일 이내에 나타나는 월별 최고만조위 평균)를 적용하도록 규정하고 있다.

- 이와 같은 일반적인 방법으로 기점홍수위를 결정할 수 없는 경우에는 다음과 같은 2가지 개략 방법을 이용할 수 있다. 한편, 이와 같은 개략 방법을 이용하여야 할 것으로 판단되는 경우에는 정확도를 높이기 위하여 부등류 계산 구간을 하도계획 구간보다 하류로 확장할 수 있도록 하천측량 구간을 연장하는 조치가 선행되는 것이 필요하다.

① 등류수심(normal depth) 방법

- 계산 시작 지점 부근의 흐름조건을 등류로 볼 수 있는 경우에는 경사-면적법 등을 이용하여 대상 유량에 해당하는 등류수심을 계산하여 이를 기점홍수위로 사용
- 부등류 계산에서 많이 사용되는 HEC-RAS 모형에서 이러한 방법을 적용하기 위해서는 하류단 경계조건을 등류수심으로 선택하여야 하며, 이를 선택하면 경사 입력을 요구하며, 경사가 미치는 영향이 상당하기 때문에 정확한 적용이 필요
- 이와 같이 입력이 요구되는 경사는 일단 하류단 직상류 일부구간의 평균 하상경사를 초기치로 사용하여 부등류 계산을 실시
- 입력한 평균 하상경사와 계산된 동일구간의 에너지경사를 비교하여 비슷한 지를 검토하고 조정이 필요한 경우에는 경사를 조정하여 다시 입력하여 다시 검토하는 시행착오법을 적용하여 경사의 적정성을 확보하는 것이 반드시 필요

② 수위추정 방법

- 다른 방법이 없는 경우 계산 시점 하류로 일정 거리만큼 떨어진 임의 단면에서 해당 유량의 등류수위, 한계수위, 등류수위보다 큰 수위 등 세 가지 수위에 대하여 수면곡선을 계산하여 시점 단면에 도달하기 전에 세 가지 수위의 배수영향이 1 % 이내로 일치하면 계산시점의 계산된 수위를 기점홍수위로 사용
- 계산 시점과 하류 임의단면의 필요한 거리는 흐름 특성에 따라 달라지며, 미국 육군공병단에서는 한계류와 상류에 대해 흐름 특성과 일정 거리와의 경험적 관계를 제시한 도표로 제시한 바 있으며 이를 이용하면 필요한 거리의 결정이 가능

4) 경계조건 및 계산방향

- 경계조건은 상류단 경계조건, 하류단 경계조건 및 내부 경계조건 등으로 구분되며, 계산방향은 흐름 상태에 따라 상류 방향, 하류 방향 등으로 결정하게 된다.
- 상류단 경계조건과 하류단 경계조건에는 유량, 수위, 수위-유량관계곡선 등이 있으며, 구체적인 내용은 계산방향과 연관시켜 설명하는 것이 편리하므로 먼저 내부 경계조건을 살펴보는 것이 필요하다.
- 부등류 계산의 경우 구간별 홍수량의 평균적인 의미와 홍수량 산정의 불확실성 등을 감안하기 위하여 일정구간 하류부의 홍수량을 일정구간 전체에 대하여 동일하게 적용하는 방법을 적용한다. 따라서 이러한 일정구간이 지나치게 크게 결정될 경우에는 일정구간 상류부에 비해 훨씬 큰 하류부의 홍수량을 적용하게 되므로 상류부의 홍수위를 과대 산정하는 문제를 초래하게 된다.
- 이러한 문제를 해결하기 위해서는 홍수량 산정시 구간별 홍수량에 평균적인 의미를 부여할 수 있을 정도로 홍수량 산정지점을 선정하여야 한다. 또한, 지류가 합류하는 경우에 홍수량 산정 측면에서는 지류 합류후의 홍수량만으로도 충분하나, 부등류 계산을 위해서는 지류 합류전의 홍수량도 반드시 산정하여야 한다. 한편, 이와 같이 산정된 구간별 홍수량을 유량형태의 내부 경계조건으로 입력한다.

- 계산방향은 상류(subcritical flow)와 사류(supercritical flow)에 따라 달리 적용하여야 한다. 이와 같은 상류(sub)와 사류(sup)가 계산방향에 미치는 영향을 흐름에 돌을 던져 생기는 수면파의 전파양상에 따라 구분하면 다음과 같다.
  - 상　류: 수면파는 하류로는 물론 흐름에 거슬러 상류로도 전파 가능
  - 사　류: 수면파는 상류로는 전파될 수 없고 단지 하류로만 전파 가능
  - 한계류: 수면파는 이론적으로는 하류르만 전파가 가능하나, 실제의 경우 한계류는 대부분 상류(sub)에서 사류(sup)로 바뀌는 단면에서 발생하므로 여기에서 수면파가 생성되면 상류 흐름이 상류(sub)이므로 상류 방향으로 전파 가능
- 수면곡선 계산방향은 이와 같은 기본이론에 의해 흐름통제의 영향이 미치는 방향과 같은 것이 좋으므로, 상류(sub)일 경우 하류에서 상류방향으로 계산을 수행하며, 사류(sup)일 경우 상류에서 하류방향으로 계산을 수행하는 것이 바람직하다.
- 전체구간이 상류(sub)일 경우 계산방향이 하류에서 상류로 진행되므로 상류단 경계조건은 유량을 입력하고 하류단 경계조건은 적합한 기점홍수위를 입력하여야 한다.
- 전체구간이 사류(sup)일 경우 계산방향이 상류에서 하류로 진행되므로 상류단에 유량 및 적합한 기점홍수위를 입력하여야 한다.
- 전체구간에서 상류(sub)와 사류(sup)가 공존하는 혼합류(mixed flow) 흐름이면서 구간 중간에 지배단면이 나타나는 경우, 지배단면에서 사류가 발생하여 상·하류의 수위는 서로 영향을 미치지 않게 되는 단절이 발생하는 것으로 간주한다. 따라서 기존 방법에서는 지배단면의 한계수심을 기점홍수위로 하고 지배단면 상류방향으로 계산과 하류방향으로 계산을 구분하여 실시한다.
- 이와 같은 사류(sup)의 발생 유무는 전체구간을 상류(sub)로 가정하고 1차 계산을 실시하여 수면경사가 대단히 커지는 등의 불연속 구간의 존재 여부로 아는 경우가 많으며, 지배단면 발생이 가능한 구간과 위치 등은 다음과 같이 대별된다.

- 홍수시 수중보로 되지 않는 보 지점
- 경사가 급하게 변하는 경사 급변부
- 급확대 부분에서 하류수위가 갑자기 낮아지는 경우 급확대부 직하류부
- 대규모 퇴사가 있을 경우 퇴사발생부의 하류부
- 하구수위가 하천의 한계수위보다 낮을 경우의 하구

• 부등류 계산은 점변류의 경계조건을 고려하여 수치적으로 해석하는 것이므로 계산방향은 아무래도 무방하며, 계산방향을 무시하면 해가 불안정해지거나 오차가 커진다는 기존 이론은 오류이므로 부등류 계산에서 계산방향과 흐름통제의 영향이 전파되는 물리적 의미와는 별개로 취급하여도 무방하다.(1993, Chaudhry)

• 한편, 실제 계산에 있어서는 기존 방법과 같이 하도 지배단면을 경계조건으로 하고 흐름영향 방향으로 계산하는 것이 거리나 수위의 초기 가정치를 주는 데 유리할 뿐만 아니라 계산 결과의 확인이 용이하기 때문에 기존 방법은 여전히 의미를 가지고 있다.

• 현재 많이 사용되고 있는 HEC-RAS 모형의 경우에는 상류단에 유량과 적합한 기점홍수위를 입력하고 하류단에도 적합한 기점홍수위를 입력하여 혼합류(mixed flow)로 분석하면 계산방향에 구애됨이 없이 전체구간을 한꺼번에 계산할 수 있다.

• HEC-RAS 모형은 다음과 같은 방법으로 혼합류 계산을 한꺼번에 수행한다.
- 하류단에서 상류단으로 상류계산을 수행하여 상류(sub) 수면곡선을 계산하고, 사류(sup)가 발생되는 지점은 한계수심(critical depth)이 발생하는 것으로 간주하고 또한, 차후 분석에 사용하기 위하여 미리 표시
- 상류단에서 하류단으로 사류계산을 수행하기 위해서는 추가적으로 상류단 경계조건을 입력하여야 하며, 확실한 상류단 경계조건이 없는 경우에는 일반적으로 한계수심으로 처리하면 무난
- 사류계산 방법은 사류(sup) 수면곡선 채택의 타당성을 검토하여 적합하면 사류계산을 계속하고, 부적합하면 그 지점부터 상류계산에서 미리 표시되어 있는 하류의 다음 한계수심 발생지점까지는 상류계산 결과를 채택하여 내려가고, 이 한계수심에서 사류계산을 다시 시작하는 방법을 채택

- 여기서, 사류(sup) 수면곡선 채택의 타당성 검토는 사류(sup) 수면곡선과 상류(sub) 수면곡선의 비력(specific force)과 비교하여 사류(sup)가 크면 적합한 것으로 판정

- 상류계산의 수면곡선과 혼합류계산의 수면곡선을 비교하여 보면, 상류계산에서는 한계수심으로 처리하는 지점 직상하류 구간의 수위를 혼합류계산에서는 사류로 산정하므로 이러한 구간의 수위만 약간 낮아지는 정도의 차이를 나타내고 있다.
- 따라서 하천구조물 주변에 대한 집중적인 수위검토를 수행하는 경우에는 반드시 혼합류계산을 실시하여야 한다. 하지만 제방설계를 위한 하천기본계획 수립과 같은 일반적인 수위검토를 수행하는 경우에는 상류계산에 의한 수위가 혼합류계산에 의한 수위보다 높으므로 상대적으로 설계 안전측이며 또한, 수면곡선의 연속성도 상류계산이 상대적으로 양호하므로 굳이 혼합류계산을 실시하지 않고 상류계산만 실시하여도 무난하다.
- 특히, 소하천은 경사가 급하여 사류가 많이 발생하게 되므로 혼합류 조건인 경우가 대부분이며, 소하천정비종합계획 수립 등에서의 소하천의 개소수는 상당히 많다. 따라서 이러한 소하천정비종합계획수립의 제방계획 수립시에는 별도의 상류계산과 사류계산의 조합이나 혼합류계산 등을 실시하지 않고 상류계산만 실시하여도 무방하므로 번거로운 작업이 대폭 줄어들게 된다.

5) 조도계수 선정

- 하도개수 전후의 하도 상태와 조건이 변화되는 경우가 많으며 홍수자료가 없는 연도가 많은 경우, 하상과 제방을 형성하는 하상재료의 유형과 크기 및 하도 단면형태에 따른 경험적인 조도계수를 이용하는 것이 편리하다.
- 또한, 이와 같은 조도계수 선정을 기왕 홍수자료 등을 해석하여 구할 수 있는 조도계수와의 관계를 중시하여 결정하는 것이 적절하다.
- 조도계수는 개수전후와 상·중·하류 구간으로 구분하여 선정하되 일반적으로 개수후의 조도계수가 낮아지며, 하류로 내려올수록 조도계수가 낮아지는 경향이 있는 점을 감안하여야 한다.

9.1.4 하도 평면, 종단 및 횡단 계획

가. 하도 평면계획

- 하도 평면계획은 계획홍수량을 안전하게 소통시킬 수 있도록 하도노선, 제방법선, 저수로법선, 지류합류점 및 신설하천 계획 등을 결정하는 것이다.
- 지금까지 치수기능만을 고려하여 홍수소통 및 통수단면적의 확보를 위하여 하도를 직선화 및 확폭하는 경우가 많았으나, 이는 흐름의 형태를 단순화하고 하상재료 및 수심을 균일하게 하여 자정능력 감소, 여울과 소 등 어류의 서식과 산란 장소의 감소, 저수로변 식생상태의 단순화 등과 같은 하천환경의 변화를 초래하게 된다.
- 따라서 하구부 이외의 구간에는 하도를 가급적 직선화하지 않고 최대한 자연형태의 선형이 유지되도록 하고, 하천정비가 필요한 구간에는 원래 하천의 연장과 비슷하게 하도노선을 계획하는 평면계획을 수립하여 자연형 하천이 되도록 하여야 한다. 또한, 하천변의 수충부, 습지, 사수역, 홍수턱, 개제(열린둑) 등의 보존 및 도입에 감안한 계획을 수립하여야 한다.

1) 하도노선 선정

- 하도노선은 일반적으로 현재 하천의 지형형성 상태, 토지이용 형태, 용지취득 용이성, 치수경제성 등을 감안할 때 가장 유리한 조건인 현재 하도를 기준으로 선정하게 된다.
- 하지만 현재 하도의 사행이 심하거나 주변에 대규모 주거단지가 형성되어 치수상의 문제가 발생하는 하천에서는 종합치수대책을 수립하여 첩수로나 방수로 등과 같은 신설하천을 건설하여 홍수소통능력을 증대시키는 방안 등을 검토한다.
- 현재 하도 이용 방안과 인근 기존도로 및 철도 또는 계획도로를 이용하여 신설하천을 건설하는 방안 등을 조합하여 몇 개의 대안을 설정하고, 대안별로 지형, 지질상의 합리성, 현재 및 장래의 토지이용, 행정구역, 용배수로계통, 지하수위 영향, 내수처리계획, 계획구간 상하류에 미치는 영향, 치수경제성, 하천경관, 하천이용, 하천생태계 보존 및 복원 그리고 개수후 유지관리 등을 감안하여 최적 하도노선을 선정하여야 한다.

- 하도노선은 다음과 같은 사항을 검토하여 선정한다.
  - 하도노선(제방법선)은 만곡이 적고 원만한 곡선이 되도록 계획
  - 하도는 가급적 인구밀집 지역에서 멀리 떨어지도록 계획
  - 현재 지형이 자연제방 역할을 할 수 있는 구간에서는 현재 상태를 유지
  - 홍수시 안전상의 여유 확보를 위하여 가급적 배후지 지반고가 충분히 높은 산, 도로 등을 따라 계획
  - 급류하천에서 배후지의 토지이용에 지장을 주지 않으면 불연속 제방인 개제(열린둑)를 설치하여 필요시 홍수량을 배후지로 배제할 수 있도록 계획

2) 제방법선 결정

- 제방법선은 제방의 앞비탈머리를 가로방향으로 연결한 선을 의미하며, 제방법선 결정시에는 다음과 같은 사항을 종합적으로 검토한다.

① 제방법선은 연안의 토지이용 현황, 홍수시 유황, 현재 및 장래 하도 유지, 고수부지 등의 하천부지 이용계획 및 경제성 등을 검토하여 흐름에 대해 원활한 형상이 되는 부드러운 곡선형태로 계획하며, 아울러 가급적 자연상태 선형을 유지하고 원래 하천의 연장과 비슷한 연장이 되도록 계획한다.

② 기존 제방이 있는 구간에는 가급적 기존 제방을 이용하는 방안을 강구하여 경제적으로 유리하도록 계획한다.

③ 제방법선은 가급적 좌우를 평행하게 하고 선형은 유수방향에 따라 계획한다. 심한 만곡은 피하여야 하며, 홍수시 유수방향과 수충부 위치를 검토하여 흐름에 대한 저항을 최소화할 수 있도록 계획한다.

- 급류하천에서는 유수가 하안에 충돌하지 않도록 가급적 직선으로 채택하고, 완류하천에서는 어느 정도의 만곡이 필요하므로 무리하게 직선으로 개수하여 평형이 깨어지지 않도록 계획한다.
- 중소하천에서는 극단적인 S자 곡선을 피하고 전체적으로 평활한 형상으로 계획하고, 대하천에서는 수충부를 고정하고 자체 사행에 따라 완만한 곡선으로 계획한다.
- 홍수시는 저수로가 곡선이어도 홍수는 직진하는 경향이므로 저수로와는 관계없이 홍수시 유수방향에 따라서 곡률이 작은 곡선으로 계획한다.

④ 지형상 부득이하게 선형이 급변하는 구간 등에는 수충부가 발생하게 되며 이러한 수충이 발생하는 곡선부에서는 만곡 내측의 제방법선을 후퇴시켜 하폭을 10~20% 확대하여 수충을 완화시키도록 계획한다. 하지만 수충부가 최대한 발생하지 않도록 하여야 하며 특히, 주택밀집지구와 구하천을 절개한 구간에는 수충부가 발생하지 않도록 하여야 한다.

⑤ 연약지반에 제방을 축조할 경우에는 공사비와 유지비가 모두 증가하므로 이에 대한 검토를 계획에 추가적으로 반영한다.

- 자연형 하천 설계에서 일반적으로 자연형 하천의 사행파장은 하폭의 5~12배 정도이고, 곡률반경(R)/하폭(B)은 2.2~4.0 정도임을 감안하여 제방법선 계획을 수립하여야 한다.

3) 저수로법선 결정

- 저수로법선은 저수로와 고수부지가 만나는 점을 가로방향으로 연결한 선을 의미하며, 저수로법선 결정시에는 다음과 같은 사항을 종합적으로 검토한다.

① 저수로법선은 원칙적으로 현재 하도를 중심으로 평수량 또는 풍수량을 유하시킬 수 있는 단면으로 하며, 일반적으로 하도유지, 하천이용, 현재 하도 유심선의 변화 양상에 따라 적절히 사행하도록 계획한다. 또한, 제방법선과 평행하게 할 필요는 없으며 제방에 접근하지 않도록 계획한다.

② 급류하천에서는 곡선부 호안의 유지가 용이하지 않으므로 가급적 직선에 가깝게 계획하고, 완류하천에서는 직선 형태의 법선은 불안정하여 사행이 발생할 수 있으므로 원래 상태에 따라 어느 정도 만곡을 갖도록 계획한다.

③ 중소하천에서는 저수호안이 없는 경우에는 최대한 현재 유심선을 따라 결정하고, 저수호안이 있는 경우에는 계획 유심선을 따라 결정하되 완경사를 도모하여 수변식생이 다양화되도록 계획한다. 한편, 대하천에서는 최대한 자연상태의 유심선을 따라 계획한다.

- 자연형 하천 설계에서 적정 저수로 폭은 전체 하폭 또는 풍수시 수면폭의 약 1/3이 적정하다는 일반적인 기준을 토대로 검토하되 현재의 하도형상 및 향후 고수부지의 활용성 등을 충분히 감안하여 결정하여야 한다. 또한, 저수로 수심은 평균유량시 15~30 cm 정도로 하는 것이 적절하다는 기준 등을 참고하여 결정하여야 한다.

4) 하안방어선 설정

- 하안방어선은 제방 및 저수로 안정성을 확보하기 위하여 호안 등을 설치할 필요가 생기는 선으로 제방방어선과 저수로하안관리선 등이 있다.
- 하안방어선은 저수로법선과 같이 계획으로서의 적극적인 의미를 가지는 것이 아니라, 하도의 변화에 의해 이 선이 침식되는 경우 또는 침식될 가능성이 발생한 경우에 방어를 위한 조치가 필요하게 된다는 소극적인 의미를 갖는 것이다. 즉, "계획"이 아니라 "관리"의 척도가 되는 것이다.
- 제방방어선은 홍수시 고수부지 하안침식에 의해 발생하는 제방의 파괴를 방지하기 위한 선으로 제방 안정성 확보에 필요한 고수부지 폭을 확보하거나, 확보가 불가능할 경우 제방의 강도를 높이는 것으로 대응한다.
- 저수로하안관리선은 치수, 이수, 환경 등의 기능을 확보하기 위하여 저수호안을 설치할 필요가 있는 구간을 나타내는 것으로, 고수부지 이용이나 하안침식에 대한 제방보호 관점에서 저수로하안을 안정시키기 위한 목적으로 설정한다.
- 하안방어선은 저수로법선 등과 같은 계획과는 달리 관리의 척도가 되는 개념으로 저수로법선과 하안방어선의 비고는 <표 9.2>와 같다.

<표 9.2> 저수로법선과 하안방어선의 비교

구 분	저수로법선	하안방어선
목 적	• 계획으로서의 형상목표가 되는 것으로 적극적으로 계획형상이 되도록 하도개수 실시	• 제방 및 저수로의 안정성 확보를 위한 관리척도로서 설치하는 것으로 형상적인 목표가 아님
설정장소	• 일반적으로 설계유량을 소통시키기 위한 하도형상의 계획저수로 어깨	• 고수부지의 폭이나 이용상황 등에 의해 등급이 다르며 설정장소와 의미가 크게 상이
호안설치	• 시설배치의 설치장소를 표현	• 하도형상 관리가 목적이므로 호안설치 장소와 반드시 결부되는 것은 아님 • 호안설치 등 조치가 필요한 경우에 있어서 중요도를 표현
제방 침식·세굴 대책	• 필요한 고수부지 폭을 만족시킴으로써 제방의 안정성을 확보	• 호안 등 하안방어의 중요도를 고려하여 제방의 안정성 확보
인 허 가	• 고수부지 점용, 교량 등의 구조물 설치에 있어서의 기준	• 관리의 척도가 되나 필요에 따라 별도로 검토

5) 지류합류점 계획

- 지류합류점에서는 유량, 유속 및 토사유출량 등의 영향으로 흐름특성과 하천형태 등이 변하므로, 지류합류점의 효과적인 처리는 매우 중요하다.
- 자연스럽게 형성된 본래의 형상을 유지하고 본류에 원활하게 합류할 수 있도록 계획하여야 하며, 인위적인 변화를 가하고자 할 때는 합류점 전후에서 홍수소통을 안전하게 할 수 있고 하상의 세굴 및 퇴적을 방지할 수 있도록 수리모형실험 등을 통하여 최적 합류형상을 결정하여야 한다.
- 하폭은 본류와 지류의 흐름 특성과 하천형태가 다 같이 안정되어 있는 경우에는 합류전 모든 하천의 하폭을 합한 것을 합류 후 하폭으로 하는 것이 바람직하나, 한쪽 하천에서 유출되는 토사량이 많은 경우에는 소류력을 증가시켜 하천내 퇴적을 방지하기 위하여 하폭의 합보다 약간 좁게 조정한다.
- 합류점에서의 본류와 지류의 하상을 동일하게 하고, 합류점에서 하상경사가 현저하게 다를 경우에는 낙차공 설치 등을 통하여 최대한 비슷해지도록 조정하고, 합류각은 될 수 있으면 예각으로 하여서 평행에 가깝게 합류되도록 계획한다.

6) 신설 하천 계획

가) 첩수로

- 사행으로 굴곡된 하도는 홍수 소통능력이 떨어지거나 소류력에 의해 하안이 세굴되어 붕괴되기 쉽고, 개수 및 유지관리 대상구간이 길어지는 된다. 이러한 문제점을 해결하기 위하여 굴곡된 하도를 절개하여 짧게 연결하는 첩수로(short cut)를 건설하게 된다. 한편, 부수적으로 얻어지는 하천부지의 이용에 대한 욕구도 첩수로 건설의 요인이 되고 있다.
- 첩수로가 건설되면 기존 사행하도에 비해 하상경사가 급해지고 유속이 증가하게 되어 동일한 크기의 단면에서도 더 많은 유량의 소통이 가능하다. 하지만 유속이 증가하면 하상이 세굴되어 하도형태가 변화될 수 있으며 특히, 하도를 직선화하면 해당구간 상류에서의 심한 침식과 하류에서의 많은 퇴적이 일어나게 되므로 하상이 불안정한 비평형상태로 발달하게 된다.
- 따라서 첩수로 구간과 상하류 상당 구간이 안정하게 연결될 수 있도록 하상경사, 제방법선 및 하도평면형 등을 계획하여야 한다.

- 이러한 계획시에는 상·하류측을 포함한 전구간에 대한 하도 형상, 수공구조물, 하상재료 및 안정하상경사, 유황, 지형 및 지질 등 하상변동에 대한 기초조사를 수행한 후, 계획 첩수로에 대한 하상변동 예측을 실시하고 이를 토대로 하도수정과 하상변동 예측을 반복적으로 실시하여 최적 계획을 도출하여야 한다.

나) 방수로

- 원래 하천에서 분기하여 신설하는 방수르 건설에는 많은 사업비, 넓은 부지가 필요하고 타 지역으로 홍수를 유도하기 때문에 계획 수립시 방수로, 내수처리 대책, 홍수조절지 등과 같은 구조적 홍수조절대책에 대한 대안을 충분히 비교·검토하여, 경제적으로 타당하고 홍수소통이 안정적으로 이루어지도록 계획한다.
- 방수로 노선은 지형학적으로 직선에 가까운 것이 좋지만, 인구밀집 지역에서 멀리 떨어져야 하며, 자연환경 보전과 문화재 보호, 토지이용과 수리권, 행정구역 등을 고려하여 결정한다.
- 계획홍수량의 배분은 하천분류 계획의 기본이며, 이에 따라 분류방식, 분류구조물의 규모 및 하도의 개수비용 등이 크게 달라지므로 신중하게 결정하여야 한다. 따라서 계획홍수량의 배분은 몇 가지 배분율을 가정하여 본류 및 방수로의 소통능력, 배분된 홍수량에 대한 하도의 안정성 및 소통능력을 증대시키는데 필요한 비용 등을 종합적으로 검토한 후 최적 대안을 선정한다.
- 분류방식은 자연분류 또는 고정보 및 수문의 조합 등으로 결정하고 구조물을 설치할 경우에는 본류측 설치, 방수로측 설치 또는 양측에 모두 설치 등을 검토한다.
- 홍수용 방수로와 같이 홍수시에만 물을 분류시키는 경우에는 방수로의 분류개시 유량을 결정하여야 하고, 분류개시 유량은 분류점 부근 및 하류상황, 내수배제, 염수침입 방지 등을 고려하여 결정한다.
- 분류점에서는 하도단면적이 증가하여 토사가 퇴적되는 경향이 있으므로 분류점 상류의 유속분포가 난류가 되지 않도록 분류점 위치를 결정한다. 또한, 분류점 부근에서 사수역이 발생하지 않도록 계획한다.

나. 하도 종단계획

- 하도 종단계획은 계획홍수량을 안전하게 소통할 수 있고 유수에 대해 안정하도가 유지될 수 있도록 계획하상경사 및 계획하상고를 결정하는 계획이다.
- 한편, 종단계획에 필요한 안정하도 계획 관련 상세 내용은 후술되는 안정하도계획에 별도로 분리하여 기술하였다.

1) 현황 조사

- 하상변동 진행상황을 조사하고 기존 주요 구조물 지점 등을 기준으로 기존 평균하상경사 변화지점을 조사한다.
- 기존 평균하상경사의 적정성을 검토하기 위하여 기존 평균하상경사가 유속, 유수단면적에 대하여 적절한 지와 기존 하폭이 불규칙하게 변화하지 않는 지를 조사한다.
- 기존 주요 구조물의 바닥높이, 취수위, 지류의 계획하상고, 암반 노출지점의 하상고 및 주변 지하수위 등을 조사한다.

2) 계획하상경사 및 계획하상고 결정

- 계획하상경사는 장래의 하상유지, 공사비 절감 측면에서 기존 평형하상경사(평균하상경사)를 따라 결정하는 것이 원칙이므로 현황 조사를 최대한 반영한다.
- 하지만 하도계획에 따라 첩수로 건설과 같이 부분적으로 하상을 변경하는 경우에는 계획구간 전후의 하상변화를 감안하여 결정하고, 전체적으로 하상을 변경하는 경우에는 장래의 안정하도를 충분히 고려하여 결정한다.
- 계획하상경사는 상류에서 하류로 내려가면서 급경사에서 완경사로 점변되도록 계획하여 연속성을 부여함으로써, 지점별 소류력이 거의 평형을 이루게 되어 하상세굴 및 퇴적현상이 일어나지 않는 안정하도가 되도록 계획한다.
- 계획하상경사의 변화점은 기존 주요 구조물, 암반 노출지점, 지류 합류점, 지형 변화, 계획하폭 변화 등을 고려하여 결정하며, 짧은 구간으로 세분하는 것은 지양한다.

- 계획하상고는 계획하상경사, 계획횡단형 등과 관련하여 결정하며, 기존 주요 구조물의 바닥높이, 취수위, 지류의 계획하상고, 암반 노출지점의 하상고, 하상유속 및 주변 지하수위 등을 고려하여 계획한다.
- 하상경사가 급하여 하상경사를 낮추어 세굴에 의한 하상저하 등을 방지할 필요가 있는 경우에는 낙차공과 같은 하상유지공의 신설을 계획한다.
- 낙차공 계획시의 계획하상고는 계획홍수위가 가급적 제내지 지반고에 가깝게 되도록 계획하고 또한, 제방이 세굴되지 않도록 하는 안정성 기준으로 완류하천에서 평균유속 2~3 m/s, 급류하천에서는 4 m/s 정도가 되는 수심을 구한 후, 이를 개략적인 계획수심의 기준으로 하여 계획하상고를 개략 검토할 수 있다.
- 한편, 종단계획시 유의사항으로는 낙차공설치시 어류이동에 영향이 없도록 하고, 지질상 약한 층이 노출되지 않도록 하고, 하상이 안정한 경우에는 현재 하도경사를 최대한 고려하여 구간별 하도경사를 달리하고, 하상안정에 효과가 있는 암반바닥이나 바닥보호공은 고정점으로 간주하고, 하천환경을 최대한 고려한 계획이 되도록 하는 것 등이 있다.
- 자연형 하천 설계에서 생태계 보호, 어류서식처 제공, 하천경관 유지 등을 위하여 여울사이 간격은 하폭의 약 4~6배 정도임을 감안하여 여울과 소를 조성하여 자연스런 종단형이 되도록 계획하여야 한다. 여울 조성 공법에는 V자형 여울과 징검다리형 여울 등이 있으며 또한, 일반 낙차공을 경사가 완만한 경사형 낙차공(1:10~1:30)으로 대체하여 수류 유동의 점진적인 변화와 어류 이동이 가능하도록 하여야 한다.

3) 안정하도 설계

- 자연하천은 인위적인 변화를 주지않거나 변화를 준 시간이 상당히 지나 다시 평형상태에 도달한 경우 일단 평형하천으로 간주된다. 따라서 자연스럽게 형성된 평형하천과 기존 평형하상예측 공식의 결과를 비교하여 하천의 안정성을 판단하고 대책을 수립한다는 것을 위험한 발상이 된다.
- 따라서 하상변동의 개연성이 충분히 있는 하천에 한하여 평형하상개념의 적용을 검토하여야 하며, 이에 대한 상세한 내용은 별도로 후술되어 있다.

다. 하도 횡단계획

1) 계획횡단형

- 일반 하천의 경우 홍수량은 큰 반면 상대적으로 갈수량은 작아서 하도를 유지하는데 어려움이 많으며 특히, 최소유량과 최대유량의 비인 하상계수가 대단히 크므로 안정하도로 설계하기 위하여 계획횡단형을 복단면 또는 복복단면으로 계획하고, 급류하천이나 소하천에서는 단단면을 일률적인 기준으로 적용하여 왔다.
- 최근에는 기본적으로 계획횡단형은 가능한 하천 본래의 자연적인 모양이 나타날 수 있도록 하며, 고수부지의 활용, 제방의 안정성, 하천용수 확보 등 부득이 필요한 경우를 제외하고는 복단면 또는 복복단면으로 계획하지 않도록 하고 있다. 하지만 필요한 경우에는 복단면, 복복단면으로 하는 것을 기본으로 하고 급류하천이나 소하천의 경우에는 단단면을 적용한다.
- 계획횡단형은 계획홍수량의 소통능력, 하도종단형, 지형, 지질, 하천환경, 주변 토지이용현황, 하천부지 이용계획, 유지관리 난이도 등을 종합적으로 고려하여 결정한다.
- 하안의 모양 및 식생은 자연하천에 가깝게 하고 확보 가능한 하안의 기울기는 최대한 완만하게 계획한다. 또한, 생태적으로 가장 유리한 횡단형은 웅덩이 형인 점을 감안할 필요가 있다.
- 저수로 폭 및 고수부지 높이는 하도의 유지, 고수부지의 침수빈도 및 이용계획 등을 고려하여 결정한다.
- 넓은 하도내에 몇 개의 유로가 생성되어 이러한 유로들이 홍수량에 따라 변동할 경우에는 저수로와 고수부지로 명확하게 구분하는 것이 곤란한 경우도 있는 점을 감안하여 계획을 수립하여야 한다.
- 소하천의 계획횡단면은 단순히 홍수소통만을 고려하는 것 보다 안정된 하상이 유지될 수 있도록 하는 것이 중요하며, 하천환경을 보전하고 유지하는 입장에서 호안이나 하상유지공 등의 하천시설물에 의해 하상이나 단면 형상이 변화될 수 있다는 점을 고려할 필요가 있다.
- 저수로의 횡단형은 현재 상황을 중시하며, 인위적인 변화를 가하는 경우에도 물길 등 자연적인 현상을 확보할 수 있도록 한다.

2) 개략 계획하폭 및 계획하폭

- 계획하폭은 기본적으로 현재의 하천부지 및 하천이용계획 등을 고려하여 계획홍수량을 충분히 소통시킬 수 있는 홍수단면적이 확보되도록 결정하여야 한다.
- 계획하폭 결정에 있어서 기존 하도범위를 우선적으로 고려한 후 부족하면 넓히며 기존 하폭이 충분한 경우라도 일부러 좁히지는 말아야 한다.
- 이러한 계획하폭은 수심, 하상경사, 조도계수 등에 따라 달라지게 되며 또한, 기존 제방 상태, 연안 토지이용 상황, 용지취득 난이도, 지형 및 지질 등에도 영향을 받게 된다.

가) 개략 계획하폭

현재 우리나라의 일반적인 하도 횡단계획 수립시에는 통상 계획홍수량 규모에 따른 하폭 결정 기준이나 경험공식 등에 의하여 개략 계획하폭을 결정하는 방법을 채택하고 있다. 한편, 개략 계획하폭으로 최종 계획하폭을 결정하는 것이 아니라 단지 참고 하폭 정도에 불과함에 유의하여야 한다.

a) 계획홍수량 규모에 따른 개략 계획하폭

계획홍수량 규모에 따른 개략 계획하폭 결정 기준은 <표 9.3>과 같고, 동 표를 살펴보면 계획홍수량이 중·대규모 이상의 하천에만 적용 가능한 기준임을 알 수 있다.

<표 9.3> 계획홍수량 규모에 따른 개략 계획하폭 결정 기준

계획홍수량(m^3/s)	하 폭(m)
300	40 ~ 60
500	60 ~ 80
800	80 ~ 110
1,000	90 ~ 120
2,000	160 ~ 220
5,000	350 ~ 450
5,000 이상	계획홍수량을 안전하게 소통시키고 안정하도를 유지할 수 있도록 결정하되, 기존 경험공식을 참고하여 결정

b) 경험공식에 의한 개략 계획하폭

개략 계획하폭 결정을 위한 경험공식은 다음과 같이 대하천, 중소하천, 소하천 등으로 구분하여 제시되고 있다. 한편, 기존 「소규모시설 설계지침 보고서(1990, 건설부)」에서는 계획홍수량 100 m³/s 이하, 유역면적 4 km² 이하에는 중소하천 공식이나 소하천 공식 모두 가능하나, 면적이 이를 초과하거나 유량으로 개략 계획하폭을 결정할 경우에는 소하천 공식을 추천한 바 있다.

- 대하천 개략 계획하폭 공식(1971, 건설부)

$$B = \alpha Q^{0.73}$$

여기서 B는 개략 계획하폭(m), Q는 계획홍수량(m³/s), α는 하상경사에 따른 계수로 하상경사 1/1,000에는 1.09, 1/2,000에는 1.18, 1/3,000에는 1.27, 1/4,000에는 1.36, 1/5,000에는 1.45를 적용한다.

- 중소하천 개략 계획하폭 공식(1971, 건설부)

$$B = 1.698 \frac{A^{0.318}}{S^{0.5}} \qquad \text{남부지방(영남, 호남)}$$

$$B = 1.303 \frac{A^{0.318}}{S^{0.5}} \qquad \text{중부지방(경기, 강원, 충청)}$$

여기서 B는 개략 계획하폭(m), A는 유역면적(km²), S는 하상경사이다.

- 소하천 개략 계획하폭 공식(1990, 건설부)

– 유역면적과 개략 계획하폭(유역면적 10 km² 이하)

$$B = 8.794 A^{0.5603}$$

– 계획홍수량과 개략 계획하폭(계획홍수량 300 m³/s 이하)

$$B = 1.235 Q^{0.6376}$$

여기서 B는 개략 계획하폭(m), A는 유역면적(km²), Q는 계획홍수량(m³/s)이다.

나) 계획하폭

- 현하폭을 초기계획하폭으로 하여 수면곡선계산을 실시한 후, 제반 조건을 만족시키는 하도계획 수립 과정을 통하여 최종 계획하폭을 결정한다.
- 한편, 경험공식 등에 의한 개략 계획하폭은 신뢰도가 낮아서 단순한 참고치에 불과하므로 이를 최종 계획하폭으로 결정하는 것은 지양하여야 한다.

- 지방하천 이상의 하천의 경우 확폭이 곤란하거나 제약이 많은 경우가 대부분인 반면, 소하천의 경우 확폭 측면에서 상대적으로 자유스럽기 때문에 계획하폭을 결정하는 부분의 업무량이 닿게 된다.
- 소하천의 경우 소하천정비종합계획에서 한꺼번에 수립하여야 하는 소하천이 200~300개소인 경우도 많기 때문에 세밀한 검트가 곤란한 실정이다.
- 이에 따라 많은 개소수의 소하천 개수계획을 수립하는 경우 조금씩 확폭하여 나가다가 경험공식에 의한 개략 계획하폭 근처에서 계획하폭을 결정하는 경우가 많은데 이와 같은 결정은 최적 계획하폭 아닐 가능성이 높기 때문에 이런 방식은 지양하는 것이 필요하다.
- 소하천은 여러 가지 경우의 하폭에 대하여 배수위 계산을 실시한 후 하폭별 수심의 변화 등을 그래프로 그린 후 이의 변화를 토대로 적정 하폭의 범위를 개략적으로 결정한 다음, 지장물의 현황 등을 고려하여 적정 하폭 주변의 하폭을 위주로 다시 상세 검토를 실시한 후 최종 계획하폭을 결정하여야 한다.
- 이와 같은 반복 계산은 매우 번거롭기 때문에 하존이앤씨(주)에서 개발한 소하천정비종합계획 하천개수 전용 프로그램인 SCDP(Stream Channel Design Program)를 활용하는 것이 권장된다.
- 한편, 최종 계획하폭 결정시 만곡부 및 수충부는 만곡부 외측의 사수역 발생, 와류에 의한 유효단면적 감소 및 수충 발생 등을 고려하여 10~20% 정도 확대하여야 한다.

3) 저수로 및 고수부지

- 저수로 폭은 일반적으로 현재 하도상태를 중심으로 사행성이 유지되도록 결정하며, 여울, 웅덩이 등의 수심변화가 고려되도록 계획한다.
- 또한, 홍수소통 단면적의 여유가 있는 경우 저수호안의 완경사를 도모하여 횡단적으로 단락이 발생하지 않도록 하여 수변식생의 다양화가 도모되도록 계획한다.
- 신설 저수로의 경우 다음과 같은 내용을 종합적으로 고려하여 저수로의 향후 변화를 수용할 수 있도록 계획하여야 한다.

- 저수로 폭은 평수량 또는 풍수량을 유하시킬 수 있는 단면이 적절하고, 저수로 폭은 하폭의 약 1/3이 적절하며, 저수로 수심은 평수량 유하시 15~30 cm 정도가 적절하다는 등의 저수로법선 계획의 기준으로 검토한 후 퇴적을 감안하여 기준보다 약간 넓게 저수로 폭을 결정
- 세굴과 퇴적에 대하여 세굴에는 저항할 수 있도록 호안을 계획하고 퇴적은 허용하는 방법을 적용한 다음, 향후 퇴적된 끝단에 나무말뚝을 박고 퇴적부를 식생호안으로 처리함으로써 사행 등과 같은 향후 변화를 수용하는 방법으로 점진적으로 자연형 하천을 완성하는 방안을 검토
- 한편, 선형은 사행발생을 고려하여 하도중심선이나 좌·우안으로 일정 거리 치우친 선형을 기준으로 약간의 규칙적 사행을 미리 계획

• 고수부지는 하도의 사행특성을 감안하여 좌우 양안으로 비대칭으로 계획하고 폭과 높이는 다양하게 계획하여야 한다. 고수부지의 높이를 획일화하고 흐름 형태를 단순화시키면 어류의 산란장이나 서식처가 파괴되어 수변식생이 단순화되는 등의 하천환경의 변화를 초래되는 점을 감안하여야 한다.

• 고수부지의 높이는 과거에는 침수빈도가 연 1~3회가 되는 홍수량을 소통할 수 있도록 시산하여 결정하였다. 하지만 최근에는 고수부지 이용에 대한 욕구가 커지고 하천환경이 하천의 중요한 기능으로 대두되고 있는 점을 감안하여 홍수소통에 지장을 초래하지 않는 범위내에서 종단적으로 고수부지의 높이를 다양하게 하여 구간별로 침수빈도를 달리하도록 계획하여야 한다.

• 홍수시 고수부지의 유속이 지나치게 커지면 유지관리에 불리하므로 고수부지의 안정성을 확보하기 위하여 중소하천이나 신설 하천에서 고수부지의 설계유속이 2 m/s 정도가 되도록 계획하며 필요시 호안공을 시공한다.

9.2 안정하도 계획

가. 안정하도 정의

• 안정하도(stable channel)란 한 하천구간의 상류에서 유입되는 유사량과 유출되는 유사량이 같아 침식과 퇴적이 균형을 이루게 되어 하상의 상승이나 저하가 있어나지 않는 안정상태가 유지되어 실질적인 하상변동이 없는 안정된 하도이며, 이러한 하천을 평형하천(equilibrium stream)으로 정의한다.

- 실질적인 하상변동이 없다는 것은 대홍수시 등에는 일시적으로 하천의 국부적인 과잉 침식이나 퇴적은 발생하지만 상당기간에 걸쳐 평균적인 하상변동이 없는 것을 의미한다. 또한, 평형하상이란 안정하도인 평형하천에서의 하상상태를 말하며, 평형하상경사는 이와 같은 평형하상의 흐름방향의 경사이며, 평형하상고는 기준면으로부터 평형하상의 표고를 의미한다.
- 이와 같은 하천의 평형개념에 따르면 인위적인 변화가 없는 우리나라 중·하류 하천들은 평형하천이라 볼 수 있으며 따라서 기존 하천의 경사는 평형하상경사로 간주하는 것이 가능하다.

나. 안정하도 설계

- 안정하도 설계를 위해서는 먼저 하상변동조사가 필요하며, 하상변동조사는 평형하상 이론에 따라 다음과 같이 실시한다.
  - 대상 하천의 지형측량 및 종횡단측량
  - 안정하도 설계에 필요한 지배유량의 결정
  - 하상 종횡단 및 평면변화 조사분석 및 일정 기간동안의 하상변동량 추정
  - 유사량 추정
  - 평형하상경사(평형하상고) 추정
  - 하천구조물 안정성 검토
- 여기서 지배유량이란 계획홍수량과 같은 극단적인 홍수량이 아니고 그 하천의 지배적인 하상형성과 관련된 하천유량으로, 일정 기간동안 유량과 유사량을 곱한 값을 그 기간동안의 전유사량으로 나눈 값 등으로 정의된다.
- 지금까지 실무의 안정하도 설계에는 아끼 고이치(安藝皎一)가 제시한 평형하상경사 예측공식이 많이 사용되어 왔다.
- 아끼 고이치 방법은 평형하상경사 예측공식을 대상하천 구간에 적용하여 예측된 하천의 종단경사와 실제 하천의 종단경사를 비교하여 그 하천이 평형상태에서 얼마나 벗어났는가를 분석하는 방법이다. 이러한 결과 비교에서 실제 하상고와 계산된 하상고가 비슷하면 하상이 안정되어 있다고 판단하고 그렇지 않으면 두 하상고의 차이만큼 침식이나 퇴적이 발생하였다고 판단하게 된다.

- 하지만 인위적인 변화를 주지 않거나 변화를 준 시간이 상당히 지나서 다시 평형상태에 도달한 자연하천의 경우에는 평형하천으로 간주하며, 이와 같이 현재 평형하천인 자연하천을 아끼 고이치의 평형하상경사 예측공식의 결과와 비교하여 하천의 안정성을 판단하고 대책을 수립하는 것은 무의미하다. 따라서 아끼 고이치 평형하상경사 예측공식은 인위적이든 자연적이든 하상변동의 개연성이 충분히 있는 하천에 한해서만 적용하여야 한다.
- 현재 하상변동을 예측하는 모형으로는 일차원 하상변동예측 모형인 HEC-RAS 모형이 많이 사용되고 있다. HEC-RAS 모형은 하천구조물의 설치 등으로 하천에서 인위적인 변화가 충분히 예상되는 경우에 있어서 하도의 장·단거리 및 장·단기간에 따른 하천 대응을 면밀히 분석할 수 있는 모형이다. 하지만 우리나라는 모형에서 필요로 하는 많은 입력자료를 제대로 구성할 수 없어서 신뢰도를 확보하기 어려운 실정이다.
- 따라서 우리나라 실정에 적합한 하상변동 예측방법을 개발하여 장래 하상변동을 예측함으로써 이에 대한 대책을 수립하는 것이 필요하다.

다. 하상변동 억제공법

- 하상변동이 발생하면 홍수 소통능력의 변화, 호안의 파괴, 취수 곤란, 내수 배제 곤란, 지하수위 변동 등이 발생하므로, 하상변동이 심할 것으로 판단되면 이를 억제하여 안정하도를 유지할 수 있는 대책을 수립하여야 한다.
- 자연하천에서는 어느 정도 하상변동은 불가피하지만 억제공법을 이용하여 하상변동을 최소화하는 것이 필요하며, 하상변동 억제공법에는 사방댐, 낙차공, 수제, 도류제 등의 설치, 하도단면 수정, 준설 및 포설 등이 있다.

메 모 란

메 모 란

제10장 하천구조물 설계

10.1 제 방

- 제방(levee)이란 홍수를 하도내로 국한시켜서 제내지로의 범람을 방지하고 홍수소통을 원활하게 하기 위하여 흙 등으로 축조한 하천구조물이며, 하안(bank)은 평상시 물이 흘러가는 하도의 측면이다.
- 제방은 완성제방과 잠정제방으로 분류하기도 하며, 완성제방은 계획홍수에 대한 구조적 안정성이 확보된 제방으로 필요한 여유고, 단면, 호안 등을 가진 제방이며, 잠정제방은 점진적으로 홍수에 대한 안전도를 향상시키는 목적 또는 예산상 연차별 투자계획을 맞추기 위하여 잠정단면으로 축조한 제방이다.
- 제방은 평균 높이가 0.6 m 이상인 것을 의미하며, 둑마루(또는 흙벽마루)에서 제내지 지반까지의 높이가 0.6 m 미만인 하도를 굴입하도라고 하며 이 중에서 계획홍수위가 제내지 지반보다 낮은 경우를 완전 굴입하도라고 구분하며, 이와 같은 굴입하도 제방은 일반 제방과는 기준을 달리 적용한다.

10.1.1 제방 구성

가. 제방의 구조 및 종류

1) 제방의 구조

- 일반적인 제방의 구조와 명칭은 기존 하천설계기준에서는 <그림 10.1>과 같이 제시된 바 있으나, 하천설계기준(2009)에서는 턱과 측단을 일반적인 구조에서 제외하고 측단을 제내지에서 제방부지의 일부로 변경하는 등의 수정을 반영하여 <그림 10.2>와 같이 제시하고 있다.

- 제방은 둑마루와 앞비탈 및 뒷비탈 등으로 구성되며 필요시 뒷비탈에는 측단을 배치하며, 제방의 구조는 필요에 따라 형태를 조정하여 사용하는 것이 가능하다.
- 앞비탈머리를 연결한 선이 제방법선이므로 제방선형의 기준은 앞비탈머리가 된다.

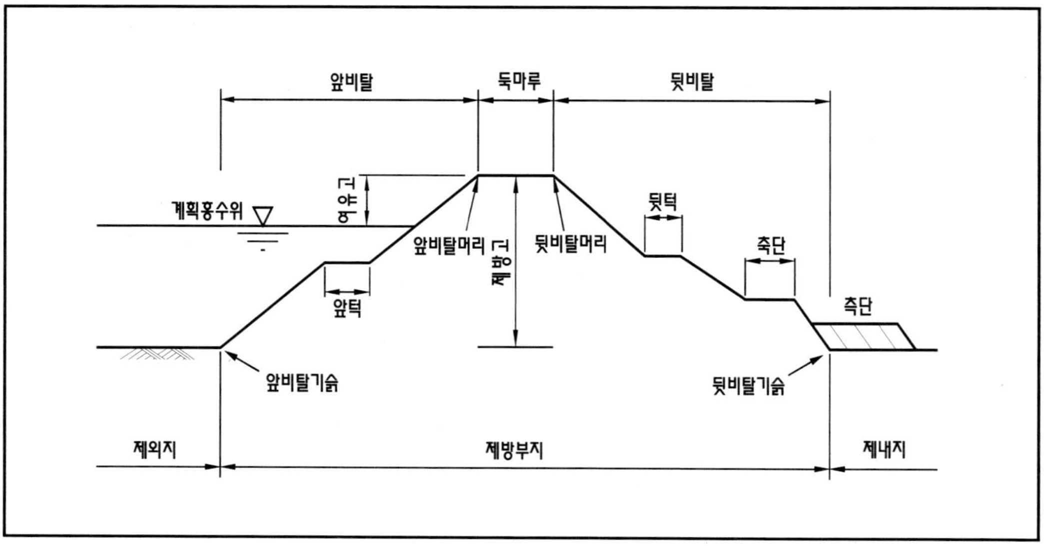

<그림 10.1> 제방의 구조(기존 기준)

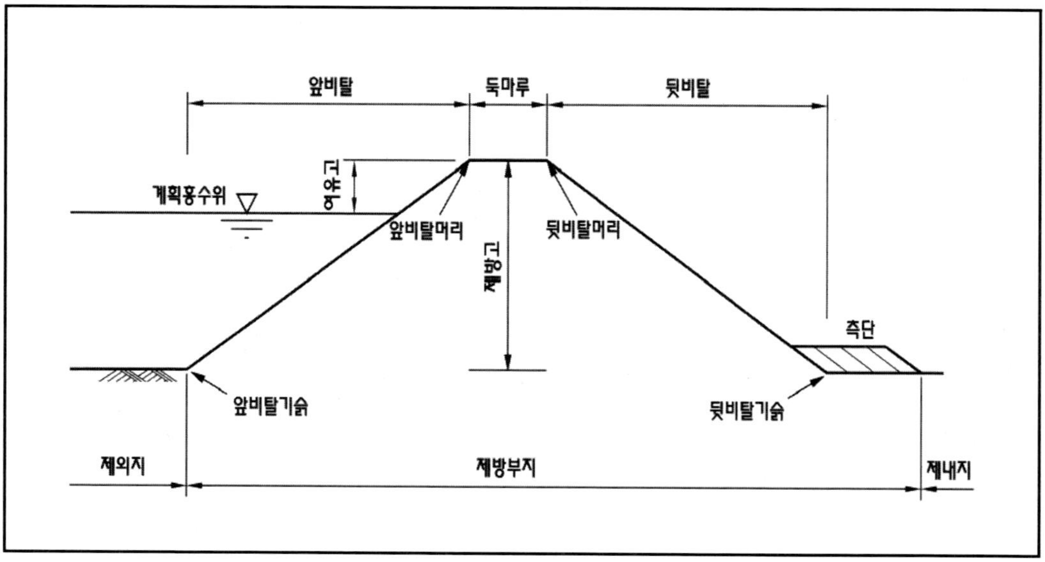

<그림 10.2> 제방의 구조(신규 기준)

2) 제방의 종류

- 일반적인 제방의 종류에는 <그림 10.3>과 같이 본제, 부제, 개제, 횡제, 분류제, 월류제, 역류제, 윤중제 등이 있다.

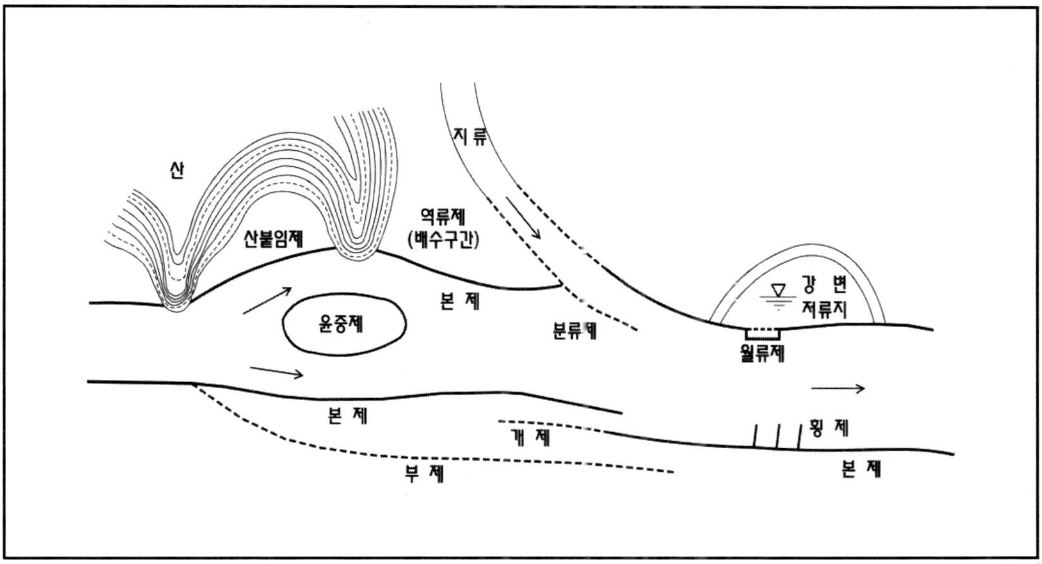

<그림 10.3> 제방의 종류

- 본제(main levee)

  제방의 원래 목적을 위해서 하도 양단에 축조하는 연속제방으로서 가장 일반적인 형태이다.

- 부제(secondary levee)

  본제가 파괴되었을 때를 대비하여 설치하는 예비둑으로 본제보다 약간 낮게 축조한다.

- 개제(open levee)

  제방 끝부분에서 제내지로 유수를 끌어들이기 위하여 제방을 분리하여 상류 제방의 하류단과 하류 제방의 상류단을 분리하여 중첩시킨 열린둑으로 불연속제의 대표적인 형태이다. 홍수지속기간이 짧은 급류하천이나 단기간의 침수는 큰 영향을 받지 않는 지역에서 홍수조절 목적으로 설치한다. 한편, 일본에서 하제라고 하는데서 놀둑이라고 직역하여 기술하는 것은 지양할 필요가 있다.

- 횡제(cross levee, lateral levee)

  제외지를 경작지 등으로 이용하거나 유로를 고정시키기 위해 하천 중앙 쪽으로 돌출시킨 가로둑이다.

- 분류제(separation levee)

  홍수지속기간, 하상경사, 홍수규모 등이 다른 하천을 바로 합류시키면 합류점에 토사가 퇴적하여 횡류가 발생하고 합류점 하상이 불안정하게 되어 하천 유지가 곤란하게 되므로 이와 같은 두 하천을 분리하기 위해 설치하는 가름둑이다.

- 월류제(overflow levee)

  하천수위가 일정 높이 이상이 되면 하도 밖으로 넘치도록 하기 위하여 제방의 일부를 낮추고 콘크리트나 아스팔트 등의 재료로 피복한 월류둑이다. 이와 같은 둑은 홍수조절용 강변저류지, 일정 크기 이상의 홍수때에만 흐르는 방수로 등의 유입구로 이용한다.

- 역류제(back levee)

  지류가 본류에 합류할 때 지류에는 본류로 인한 배수가 발생하므로 본류의 제방 높이에 따라 배수의 영향이 미치는 범위까지 더 높인 역류방지둑이다.

- 윤중제(ring levee)

  특정한 지역을 홍수로부터 보호하기 위하여 그 주변을 둘러싸서 설치하는 둘레둑이다.

- 도류제(guide levee)

  하천의 합류점, 분류점, 개제(열린둑)의 끝부분, 하구 등에서 흐름의 방향을 조정하거나, 조석의 영향에 의한 하구의 퇴사를 억제하기 위해서 축조하는 둑이다.

• 최근 도시하천의 특정구간에는 <그림 10.4>와 같이 제방폭을 매우 넓게 결정한 다음 제방부지의 대부분을 토지이용에서 활용하는 특별한 제방인 대규격제방 구조가 대두되고 있다.

• 우리나라의 경우에도 매우 심한 수충이 발생하는 구간에 대하여 간이 대규격제방이 부분적으로 도입되고 있다.

• 대규격제방(super levee)은 하천관리시설인 제방부지중 뒷비탈머리에서부터 제내지측 끝단까지 대부분의 토지가 특정한 목적으로 이용되도록 하는 형태이므로 계획홍수량을 초과하는 규모의 유량에 대해서도 견딜 수 있도록 월류, 침투, 사면붕괴, 세굴파괴 등 수리학적 모든 검토사항들에 대해서 충분히 안전한 구조가 되어야 한다.

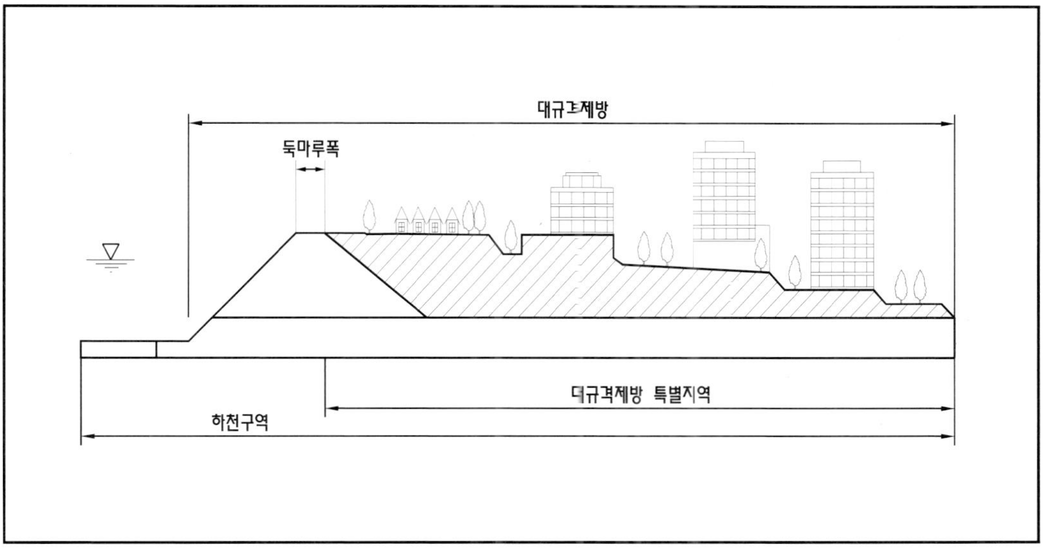

<그림 10.4> 대규격제방

나. 제방 재료

• 제방 재료로 흙이 주로 사용되는 것은 가장 경제적이며 재료 확보가 용이하고 노화현상이 발생하지 않으며, 비록 부등침하가 일어나기 쉽지만 연속된 구조물이기 때문에 복구가 용이하고 기초지반과 융합이 잘되며 장래 확장이 용이한 점 등에 기인한다.

• 제방 재료는 다음과 같은 규정을 만족시켜야 한다.

- 제방 재료는 일정 정도 점토 및 실트와 같은 세립분을 함유
- 재료의 최대치수는 100 mm 이내로 하는 것이 필요
- 제방 재료의 투수계수(k)는 10^{-3} cm/s 이하인 것이 적당
- 하상재료는 점성 및 세립분이 없는 경우가 대부분이어서 제방 재료로는 부적합하므로 사용하지 않는 것이 원칙

10.1.2 제방 설계

가. 일반 제방단면 결정

- 하천제방은 계획홍수량을 계획홍수위 이하에서 안전하게 하도를 통해 유하되도록 계획하여야 하므로, 계획홍수량을 하도내로 제한하고 제방 범람이 발생하지 않도록 충분한 홍수소통 단면적을 확보하여야 한다.
- 일반적으로 기존 국내 제방설계에서는 특별한 경우를 제외하고는 정규단면 방식의 단면형상(높이, 둑마루폭, 사면경사 등)을 하천규모(유량)에 맞게 적용하는 방식을 기본으로 채택하고 있다.
- 이와 같은 정규단면 개념은 적절한 재료 선정하고 정규단면으로 형상을 결정하면 계획홍수위 이하에 대해서는 제체 안정성이 대체적으로 확보되므로 별도의 안정성 검토를 실시하지 않아도 무난할 정도로 안정성이 확보된다는 경험적인 판단에 근거한 것이다.
- 하지만 현장조건이 모두 동일한 것이 아니기 때문에 일반 구조물과 같이 수리학적 혹은 토질공학적 안정성을 검토하는 방식으로 전환하는 것이 필요하며 특히, 하상재료를 제방재료로 사용함에 따른 침식발생 가능성, 차수방지 필요성, 침투 및 활동에 대한 안정성 평가의 필요성 등에 대한 검토가 필요한 구간에 대해서는 안정성 검토를 반드시 실시하여야 한다.
- 제방단면 결정 과정은 하천상황(계획홍수량·계획홍수위, 홍수지속기간, 하도특성 등) 뿐만 아니라 제내지 이용상태(집단주거지, 농경지, 중요시설 등), 사회·경제적 여건(사회적 중요성, 경제적 중요성 등), 하천환경(친수·하천이용, 생태계보전, 경관보전 등), 제방의 공학적 특성(제방재료 특성, 원지반 토질특성 등) 등을 토대로 초기 제방단면(제방고, 둑마루폭, 비탈경사, 사면보호공 등)을 결정한 다음 안정성검토(월류, 침식, 활동, 제체 및 지반 누수가능성 등)를 실시하여 필요시 대책공법(물막이공 설치, 높이나 둑마루폭 또는 비탈경사 조정 등)을 반영하는 과정을 통하여 최종 제방단면을 결정한다.
- 기본적인 제방단면은 제방고, 둑마루폭, 비탈경사 및 턱 등과 같은 단면요소 규모의 조합에 의해 결정되므로 이와 같은 요소별 규모의 결정 기준이 필요하게 된다.

1) 제방고

- 제방고는 계획홍수위에 여유고를 고려하여 결정하며, 여유고는 계획홍수량을 안전하게 소통시키기 위해서 하천에서 발생할 수 있는 여러 가지 불확실한 요소들에 대한 안전값으로 주어지는 여분의 제방높이이다.
- 여유고는 개개 하천구간 및 제방구조에 따른 특성에 적합되도록 결정하여야 하지만 여유고 산정 및 적용에서 복잡 및 불편한 점이 많으므로, 실무적인 측면에서 계획홍수량 규모에 따른 여유고인 <표 10.1>과 같은 기준을 적용하고 있다.

<표 10.1> 계획홍수량 규모에 따른 여유고

계획홍수량(m^3/s)	여유고(m)	비 고
200 미만	0.6 이상	
200 이상 ~ 500 미만	0.8 이상	
500 이상 ~ 2,000 미만	1.0 이상	
2,000 이상 ~ 5,000 미만	1.2 이상	
5,000 이상 ~ 10,000 미만	1.5 이상	
10,000 이상	2.0 이상	

- 이와 같은 계획홍수량 규모에 따른 여유고는 일반적인 하도에서의 최소치 개념이다. 따라서 실제 여유고는 이와 같은 최소치 개념에만 얽매이지 말고 하천과 제방의 중요도, 제내지 상황, 주변 접속도로, 사회·경제적 여건 등을 종합적으로 고려하여 결정하여야 한다.
- 계획홍수량에 따른 여유고는 정확한 계산에 의한 것이 아니라 경험에 의해 결정한 값이며 이는 제방의 구조상 필요한 여유고이어서 계획상의 여유는 포함하지 않으므로 하상변동에 의한 수위상승, 만곡부의 수위상승, 수리계산의 오차 등에 대하여는 계획홍수위를 결정하는 단계에서 미리 고려하여 주는 것이 필요하다.
- 한편, 파랑고가 여유고보다 높은 경우에는 파랑고를 여유고로 결정하여야 한다.

- 제방 여유고의 예외 규정을 살펴보면, 굴입하도의 계획홍수량이 500 m^3/s 이하인 경우에는 규정대로 하고 500 m^3/s 이상일 경우에는 1.0 m 이상으로 동일하게 적용하고, 소하천의 경우 계획홍수량이 50 m^3/s 이하이고 제방고가 1.0 m 이하인 경우에는 0.3 m 이상으로 낮은 기준을 적용하여도 된다.
- 인접 구간에서 계획홍수량에 따른 여유고 적용 기준이 변경되는 경우 제방고 종단의 불연속이 발생하는 것을 방지하기 위하여 여유고 적용 기준이 변경되는 지점에서 100 m 정도 연장하여 약 ± 2 % 정도의 종단경사를 유지하도록 한다. 단, 100m 연장 구간내에 산이나 교량 등의 구조물이 있을 경우에는 그 지점에서 변화시키고 종료한다.
- 교량구간의 여유고는 교량 설치를 고려하여 산정한 홍수위로부터 교각이나 교대중 가장 낮은 교각(교대)에서 교량 상부구조를 받치고 있는 교좌장치 하단부까지 높이를 의미하며, 라멘교의 경우 슬래브의 헌치하단까지의 높이로 결정한다. 한편, 아치교의 경우 계획홍수위에서 여유고까지의 면적이 일반교량과 동일한 조건을 적용한다.

2) 둑마루폭

- 둑마루폭은 침투수에 대한 안전 확보, 평상시 하천순시 및 홍수시 방재활동을 위한 도로 역할, 친수 및 여가공간의 확보 등의 목적을 달성할 수 있도록 결정하여야 한다.
- 실무적인 측면에서 계획홍수량 규모에 따른 둑마루폭인 <표 10.2>와 같은 기준을 적용하고 있다.

<표 10.2> 계획홍수량 규모에 따른 둑마루폭

계획홍수량(m^3/s)	둑마루폭(m)	비 고
200 미만	4.0 이상	
200 이상 ~ 5,000 미만	5.0 이상	
5,000 이상 ~ 10,000 미만	6.0 이상	
10,000 이상	7.0 이상	

- 둑마루폭의 목적을 달성하기 위해서는 최소 4.0 m 이상을 확보하여야 하며 친수 및 여가공간 조성시에는 계획홍수량에 따른 최소폭보다 크게 결정할 수 있다.
- 이와 같은 계획홍수량 규모에 따른 둑마루폭은 일반적인 하도에서의 최소치 개념이다. 따라서 실제 둑마루폭은 하천과 제방의 중요도, 제내지 상황, 사회·경제적 여건, 둑마루의 이용성 등을 종합적으로 고려하여 결정하여야 한다.
- 제방 둑마루폭의 예외규정을 살펴보면, 일반하도의 제방고가 0.6 m 이하인 경우 관리용 도로폭의 결정 방법에 의해 결정하고, 굴입하도는 계획홍수량에 관계없이 4.0 m 이상을 적용한다.
- 한편, 과거 하천설계기준에서 소하천의 계획홍수량이 50 m^3/s 미만일 때는 2.0 m 이상, 50~100 m^3/s일 때는 2.5 m 이상을 적용하여도 가능한 것으로 제시한 바 있다.
- 계획홍수량이 변화되어 둑마루폭의 기준이 바뀌는 경우에는 산지 등과 접하는 곳에서 자연스럽게 처리하고 만일 지형상 적당한 산지가 없을 경우에는 완만하게 변화할 수 있도록 완화구간을 둘 수 있다. 한편, 둑마루폭이 구간에 따라 다르면 둑마루를 관리용도로 등으로 사용하기 적당하지 않고, 제방의 단면형이 구간에 따라 다르면 지역주민에게 주는 심리적인 영향이 큰 점 등을 감안하여야 한다.
- 제방의 유지관리와 긴급 방재활동 등을 위하여 자동차가 교행할 수 있도록 약 300 m마다 교행할 수 있는 공간을 확보하여야 하며, 교행구간(폭 8 m 이상, 길이는 교행가능구간 20 m에 시점변화부 10 m, 종점변화부 10 m 등 약 40 m 정도 확보)의 둑마루폭은 주목적은 교행이지만 제방의 응급복구시 복구용 재료로 활용할 수도 있다.
- 둑마루 표면은 계획제방고 위에 약 20 cm 두께의 잡석 및 보조기층 등을 부설하여 차량 및 농기계의 이동으로 인한 요철이 발생하지 않도록 하여야 하며, 둑마루를 자전거도로, 인라인스케이트, 마라톤코스, 산책로 등으로 조성하는 경우에는 적합한 포장계획을 수립하여야 한다. 또한, 둑마루내 다짐층은 횡단경사를 3~6 %로 계획하여 배수가 원활하도록 하여야 한다.

3) 비탈경사

- 제방은 하천유수의 침투에 대해 안정한 비탈면을 가져야 하므로 제방고와 제내지 지반고의 차이가 0.6 m 미만인 구간을 제외하고는 비탈경사를 1:3 또는 이 보다 완만하게 결정함을 원칙으로 한다.
- 지형적인 어려움 등 아주 불가피한 경우에는 제방특성 등을 면밀히 조사·검토하여 비탈덮기를 포함한 경사를 1:2 또는 이 보다 급하게 결정할 수 있다. 특히, 하폭이 좁은 하천에서 완만한 비탈경사를 적용하면 저폭이 매우 좁아져서 형태적인 측면이나 홍수소통 측면에서 비정상적인 단면이 되는 경우에도 1:3 또는 1:2의 완경사를 무조건적으로 적용하는 것은 실무적으로 타당하지 못한 점을 적시하고 현장 여건에 맞는 적절한 비탈경사를 적용하여야 한다.
- 지형조건, 기존 제방과의 연결 등으로 인하여 부득이하게 비탈경사를 1:3보다 급하게 결정하여야 하는 경우 제방 또는 지반의 토질조건, 홍수지속기간, 하천경관, 친수성 등을 고려하여 비탈경사를 결정하여야 한다.
- 한편, 둑마루폭 기준에서 제시되고 있는 교행공간의 경우 둑마루폭이 넓어져서 제내지측 비탈경사가 급하게 되는 경우는 예외로 한다.
- 기존에 고려하던 제방의 턱(소단)을 살펴보면, 제체내 우수침투 및 제초 등의 유지관리측면 등에서 턱을 제거한 하나의 완만한 비탈면을 갖는 제방이 더욱 유리하며, 제체 안정성에도 유리하다. 따라서 턱의 설치가 특별히 필요한 경우를 제외하고는 원칙적으로 제방은 하나의 완경사를 이루도록 하는 것을 원칙으로 한다.
- 하나의 완경사 제방의 비탈경사는 비탈붕괴에 대한 안정성 등을 조사한 후에 결정하여야 한다. 또한, 기존 턱을 가진 제방을 하나의 완경사 제방으로 변경하는 경우 제방의 사면안전성을 현재보다 약화시키지 않는다는 관점에서는 제방폭이 턱(소단)을 포함하는 기존 제방폭보다 좁게 되지 않도록 하여야 한다.
- 완경사의 제방은 비탈면에서의 차량 진입, 불법주차 등에 의한 위험발생 방지를 위하여 비탈기슭에 비탈기슭보호공을 30~50 cm 정도 높이로 돌쌓기 등을 설치할 수 있다.

나. 제방의 기타부분

1) 관리용 도로

- 제방에는 관리용 도로를 설치하는 것을 원칙으로 하며, 관리용 도로는 하천의 유지관리, 방재 및 순찰 등의 목적을 위하여 일반적으로 제방 둑마루 또는 제내지측 측단을 이용하여 설치한다.
- 관리용 도로는 적절히 폭을 확장하고 여유있는 폭으로 하는 것이 바람직하며 원칙적으로 4.0 m 이상으로 하는 것이 바람직하고, 구조물을 설치할 경우 통과높이는 4.5 m 이상으로 하여야 한다.
- 관리용 도로계획은 하천의 상하류를 원활하게 통행할 수 있게 하고, 제내지에서의 접근도로와 둑마루의 교행공간 등을 확보하여야 한다.
- 관리용 도로는 홍수시 제방의 응급복구가 주목적이므로 제내측 기존도로에서 제방까지 중장비 등이 접근할 수 있는 접근도로를 설치하여야 한다.
- 접근도로는 제방(관리용 도로) 연장 약 2 km마다 1개소를 설치하고 2 km 이하의 짧은 구간에서는 최소 1개소를 설치하고 접근도로에서 제방 둑마루부까지 차량이 진입할 수 있도록 완경사의 부체도로를 설치하여야 한다.
- 진입로는 완만한 경사의 경사로 및 계단을 이용하여 접근도로 주변 및 접근도로 사이에 설치하며, 제방 앞비탈에 설치하는 경우 흐름의 순방향으로 설치하여 홍수 소통 및 기본적인 치수안전성 확보를 고려한다.
- 관리용 도로의 예외규정을 살펴보면, 계획홍수량이 100 m³/s 미만이고 하천폭이 10 m 미만인 소규모 하천에는 자동차가 소통할 수 있는 최소 폭인 2.5 m 이상이면 되고, 하천폭이 10 m 미만이고 제방고와 제내지 지반고의 차가 0.6 m 미만인 굴입하천에서는 좌우안 어느 한쪽에 3.0 m(계획홍수량이 100 m³/s 미만이면 2.5 m) 이상의 폭을 확보하고 다른 한쪽에는 1.0 m 이상으로 할 수 있다. 또한, 하천폭이 5 m 미만인 하천에서는 양안 모두 1.0 m 이상이면 된다.

2) 측 단

- 측단은 제방 안정, 뒷비탈 유지보수, 제방 둑마루의 차량 통행에 의한 인위적 훼손 방지, 경작용 장비 등의 통행, 비상용 토사비축, 생태 등을 위하여 필요한 경우 제방 뒷기슭에 설치한다.

- 측단은 용도에 따라 안정측단, 비상측단 및 생태측단 등으로 구분할 수 있고 현장여건을 감안하여 포괄적인 기능을 갖는 측단으로 설치할 수 있다.
- 안정측단은 압성토 역할로 제방의 안전을 도모하는 측단으로, 폭은 국가하천에서는 4.0 m 이상, 지방하천에서는 2.0 m 이상으로 한다. 한편, 안정측단은 생태측단의 역할을 할 수도 있다.
- 비상측단은 비상용 토사의 비축을 위한 측단으로, 폭은 측단을 제외한 제방부지 폭의 1/2 이하(20 m 이상인 경우에는 상한계인 20 m로 결정)로 한다.
- 생태측단은 하천의 환경보전기능을 유지하기 위한 측단으로, 폭은 측단을 제외한 제방부지 폭의 1/2 이하(20 m 이상인 경우에는 상한계인 20 m로 결정)로 한다.
- 한편, 제방상의 식수는 제방의 보호를 위하여 원칙적으로 금지하나 치수상 지장이 없는 범위내에서는 가능하다. 따라서 생태측단은 하천과 주변지역 녹지축 연계, 자연의 연속성 등 녹지생태 네트워크 형성함으로써 쾌적한 환경을 바라는 사회적 욕구와 치수목적상 제방의 기능을 유지하여야 하는 두 가지 목적을 조화시킬 필요가 있다.

3) 비탈기슭 보호공

- 비탈기슭 보호공은 작은 옹벽으로 제방의 제내지측 비탈끝에 설치하여야 하나, 지형 상황 등을 고려해서 필요 없다고 판단되는 경우는 예외로 한다.
- 비탈기슭 보호공에 대한 설치 규정이나 관례는 특별히 없으나, 제방법선의 하단에 접하는 도로가 있는 경우 차륜에 의한 비탈끝 부분의 침식 방지 및 보호를 위하여 설치한다.

4) 비탈면 보호공

- 제방 비탈면이 강우 및 유수 등에 의한 붕괴 또는 세굴에 대하여 안정하도록 비탈면 보호공을 설치하며, 호안을 설치하지 않은 부분에는 떼 등을 피복한다.
- 하천 합류점 고조구간 등과 같이 파랑의 영향이 심한 구간은 앞비탈면 또는 앞턱에 호안 및 방파공을 설치하고 앞턱과 앞비탈머리 사이 비탈면에는 파를 소산시키는 소파공을 설치한다.

다. 배수구간 제방단면 결정

배수(backwater) 구간이란 본류의 배수위로 인하여 지류의 홍수위가 상승하는 등의 영향을 받는 구간이다. 합류부의 처리 방법에 따라 배수제방, 반배수제방, 자기류 배수제방 등으로 구분한다.

1) 배수제방(역류방지시설이 없고 본류 계획홍수위를 고려하는 경우)

- 배수제방은 본류 홍수의 영향을 받지만 별도의 역류방지시설이 없는 지류 제방으로 배수구간 제방의 가장 일반적인 형태이다.
- 지류 제방고 결정에 필요한 본류 홍수위는 본류 설계빈도가 지류보다 높아서 차이가 있더라도 설계안전 측면에서 본류 계획홍수위를 적용하여야 하며, 구체적인 방법으로는 배수계산에 의한 방법과 수평연장에 의한 방법이 있다.
- 배수계산에 의한 방법은 본류 계획홍수위를 기점홍수위로 배수계산을 실시하여 배수구간 홍수위를 결정한다. 배수구간 제방고는 배수구간의 계획홍수위에 본류측은 본류 여유고, 지류측은 지류 여유고를 더한 지점을 매끄럽게 연결하여 결정한다.
- 수평연장에 의한 방법은 본류와 지류의 유역상황이 매우 달라서 첨두발생상황이 대부분 관계가 없는 경우, 지류의 계획홍수량이 본류의 계획홍수량에 비해 매우 작아서 배수계산에 의한 방법을 적용하면 과대설계가 되는 경우 등에 국한하여 적용할 수 있는 방법이다. 지류 하류단 등류수심을 기점홍수위로 하여 부등류 계산을 실시한 다음 합류점 본류 계획홍수위를 수평 연장하여 배수구간 계획홍수위 결정하며, 배수구간 제방고도 마찬가지로 합류점 본류 제방고를 수평 연장하여 지류 제방고와 연결하여 결정한다.

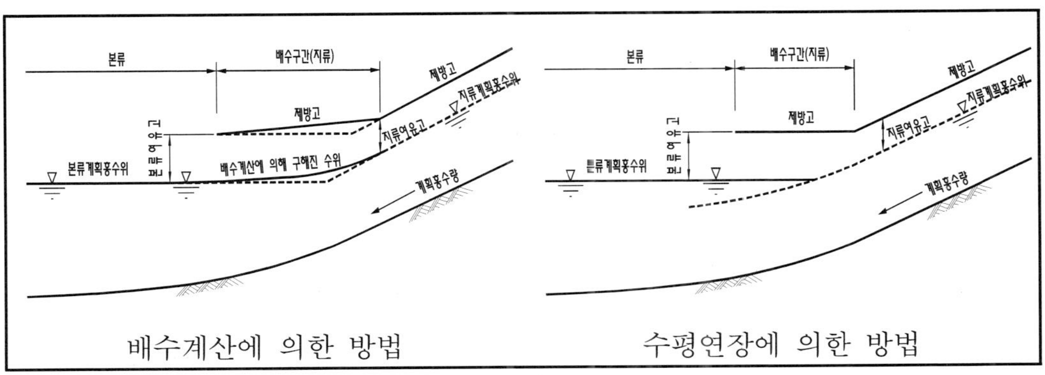

<그림 10.5> 배수제방의 제방고 결정

2) 반배수제방(역류방지시설이 있고 본류 계획홍수위를 고려하는 경우)

- 반배수제방은 합류부에 역류방지시설을 설치하여 본류 배수효과가 지류에 미치는 것을 차단하고, 지류 제방고를 본류 계획홍수위를 고려하는 높이로 결정하는 지류제방이다.
- 배수구간 계획홍수위는 본류 계획홍수위를 기점홍수위로 하는 배수계산 또는 수평연장에 의한 방법으로 결정하고, 제방고는 배수구간의 계획홍수위에 본류 여유고는 고려하지 않고 지류 여유고만을 더하여 결정한다.
- 배수제방과 비교하면 배수구간 계획홍수위 결정에 본류 계획홍수위를 고려하는 부분은 동일한 반면, 제방고 결정에 지류 여유고만을 고려하는 점과 둑마루폭 결정에 지류 계획홍수량을 고려하는 점이 다른 부분이다.
- 배수제방에 비해 제방부지를 상당히 줄일 수 있는 장점을 지니지만, 본류 계획홍수위를 고려하여 결정된 제방고와 하도저류공간을 활용하여 역류방지시설 폐쇄 이후에도 바로 월류되지 않는 장점을 최대한 활용하더라도 침수 가능성을 배제할 수 없는 중대한 단점을 내포하고 있는 방식이다.

3) 자기류 배수제방(역류방지시설이 있고 본류 계획홍수위를 미고려하는 경우)

- 자기류 배수제방은 본류의 계획홍수위가 매우 높아서 지류 제방고 결정에 고려하는 것이 불가능한 경우 주로 도입되는 방식이며, 합류부에 설치된 역류방지시설을 폐쇄하여 본류의 배수영향 및 방류를 완전히 차단한 상태에서 지류의 자체유량을 전량 저류하는 방법이다.
- 한편, 일본 기준을 직역한 자기류 제방이라는 명칭은 배수구간이 아니고 역류방지시설도 없는 일반 하천의 제방도 자기류 제방인 점을 감안하면 혼선이 초래되므로 자기류 배수제방이라고 명칭을 다르게 구분하였다.
- 지류의 계획홍수위는 하류단 경계조건을 등류수심 조건을 적용하여 산정하며, 제방고는 여기에 지류 여유고를 더하여 결정한다.
- 자기류 배수제방은 역류방지시설의 폐쇄후에도 지류 유출이 있으므로 지류의 저류용량을 초과하면 월류하게 되어 제내지에 범람이 발생하는 것을 감수하는 조건으로 채택하여야 하며, 필요시 펌프 설치를 고려하여야 한다.
- 한편, 자기류 배수제방 방식을 채택할 수 밖에 없는 불가피한 여건, 기점홍수위를 달리 적용하는 부분, 자기류 배수제방 방식을 채택하였기 때문에 하천정비 이후에도 침수피해의 잔존 등을 분명하게 기술하여야 한다.

10.2 호 안

- 호안(revetment)은 제방(levee) 또는 하안(bank)을 유수에 의한 파괴와 침식으로부터 직접 보호하기 위해 제방 앞비탈에 설치하는 구조물이다.
- 호안을 이론적 계산에 의한 설계방법이 정립되어 있지 않으므로 이론과 경험의 양면을 고려하여 설계하고 있다.

10.2.1 호안 계획

가. 호안의 구조 및 기능

- 호안은 비탈덮기, 비탈멈춤, 기초, 밑다짐 등으로 구성되어 있으며, 항상 모든 부분이 필요한 것은 아니며 최소 경비로 최대 목적을 달성할 수 있도록 일부 또는 모든 부분을 조합하여 설치한다.

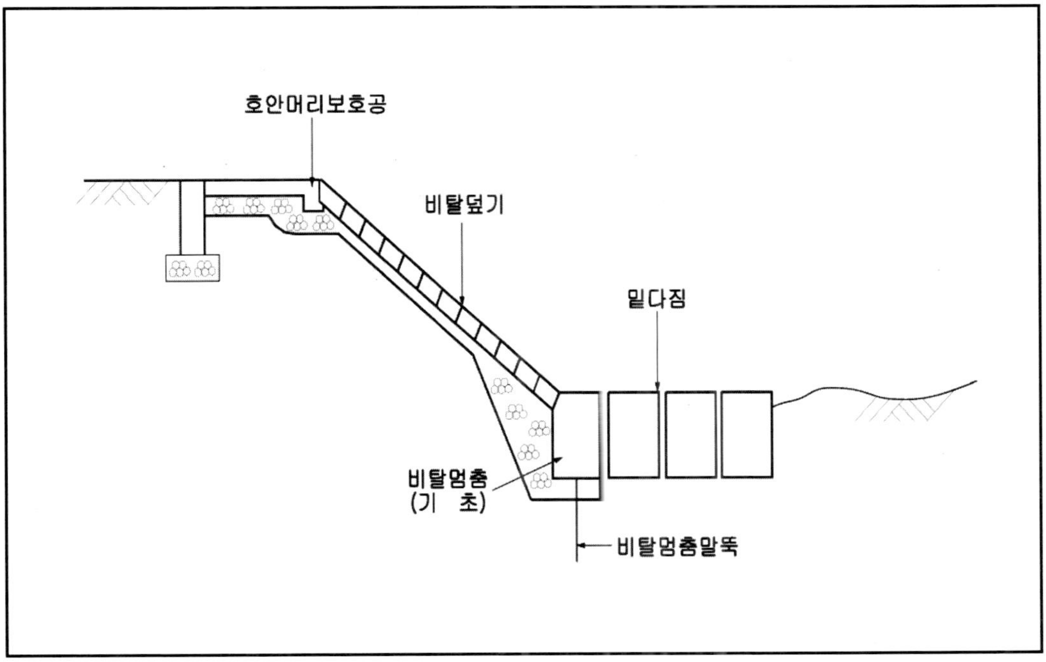

<그림 10.6> 호안의 구조

- 비탈덮기는 제방 또는 하안의 비탈면에 피복하여 유수에 의한 세굴과 파괴를 방지하여 비탈면을 보호하기 위해 설치하는 것으로, 하상의 수리조건, 설치 장소, 비탈면경사 등을 고려하여 호안 공법을 선정한다.

- 비탈멈춤은 비탈덮기의 비탈 끝부분에 위치하며 비탈덮기의 활동과 비탈덮기 이면의 토사유출을 방지하기 위하여 설치하며 경우에 따라서 기초와 겸용하며, 기초는 비탈덮기의 밑부분을 지지하기 위하여 설치한다.
- 밑다짐은 비탈멈춤 앞쪽 하상에 설치하여 하상세굴을 방지함으로써 비탈덮기 또는 기초를 보호하기 위하여 설치한다.
- 호안은 필요에 따라 호안의 상단부와 고수부지의 접합을 확실하게 하고, 호안이 유수에 의해 이면에서 파괴되지 않도록 보호하기 위한 목적으로 호안머리보호공을 설치하고, 지반이 불량한 경우 차수벽인 비탈멈춤말뚝을 추가로 설치한다.

나. 설치위치에 따른 호안의 분류

- 호안은 설치위치에 따라 고수호안, 저수호안, 제방호안으로 구분한다.
- 고수호안은 홍수시 고수부지 위로 물이 범람할 때 앞비탈을 보호하기 위해 설치하며, 저수호안은 저수로에 발생하는 난류에 대해 저수로를 고정하고 고수부지의 결괴를 방지하기 위하여 저수로의 하안에 설치한다.
- 제방호안은 고수호안과 저수호안이 일체화된 것으로, 고수부지가 없는 단단면 하도, 복단면 하도에서 고수부가 폭이 좁고 제방과 저수로 하안을 일체로 해서 보호하여야 하는 경우에 설치한다. 한편, 소하천의 경우 횡단면이 대부분 단단면 형태이므로 고수호안 또는 제방호안이다.

다. 설치위치와 연장

- 호안의 설치위치와 연장은 하도내 수리현상, 하상변동 및 지형 특성 등을 고려하여 결정하여야 한다.
- 하도내 평균유속을 기준하여 평균유속이 2.0 m/s 이상인 급류하천이나 준급류하천에서는 전구간에 걸쳐서 호안을 설치하고 평균유속이 2.0 m/s 미만인 완류하천에서는 수충부에 중점적으로 설치한다. 단, 하도내 평균유속의 변화가 지점별로 심하여 완류, 준급류, 급류 구간이 반복되어 나타나는 경우 전구간에 호안을 설치한다.

- 고수부지의 포락이 진행중이거나 예상되어 제방의 안정성이 저하될 우려가 있는 구간은 저수호안을 설치한다. 또한, 고수부지를 다목적으로 활용하고자 하는 경우에도 필요시 저수호안을 설치할 수 있다.
- 도시하천은 비탈경사가 1:2.0 이상일 때에는 전면적으로 호안을 설치하여야 하며, 이 때 친환경적인 호안을 우선적으로 고려하여야 한다.
- 한편, 소하천은 전구간에 호안을 설치하는 것이 원칙으로 한다.
- 하천 일부 구간에 호안을 설치하면 수충부가 하류로 이동할 수 있으므로 호안 길이를 충분하게 하여 이에 대비하여야 한다.
- 교량, 보, 낙차공 등의 구조물 상·하류에는 호안을 설치하여 구조물을 보호하여야 하며 이 경우의 설치 길이는 대규모 하천은 상·하류 각각 20 m 이상, 소규모 하천은 상·하류 각각 10 m 이상으로 하여야 한다.
- 조석의 영향 또는 선박 운항시 파랑으로 인한 침식이 예상되는 지점에 호안을 설치한다.

라. 호안법선

- 호안법선은 유수의 흐름방향을 고려하여 가급적으로 원활하게 하며, 통상 호안법선은 하천개수계획에 의해 미리 정해져 있는 경우가 많지만 호안 설계시에는 인근 하천과 하상 상태를 고려하여 계획법선의 타당성을 재검토하여야 한다.
- 저수호안 법선은 저수시의 유향에 적합하게 결정해야 하지만 홍수시의 유수는 직진하는 경향이 있으므로 홍수시의 유향을 고려하여 결정한다.
- 급류하천에서 호안법선은 직선에 가까운 것이 좋으나 완류하천에서는 어느 정도 굴곡이 수로유지상 필요한 경우도 있는 점을 감안하여 계획한다.
- 일반적으로 호안의 공사비는 호안이 하천중심부로 나올수록 높아지므로 법선형을 고려하여 제방쪽으로 들여서 설치되도록 계획한다.
- 보, 수문 등의 구조물에 연결되는 호안은 와류 현상과 사수역이 발생하지 않도록 계획한다.

10.2.2 호안 설계

가. 호안공법의 여건 변화 및 선정 일반 기준

1) 호안공법의 여건 변화

- 과거에는 하천의 치수기능만을 고려하여 제방 비탈면에 경사에 맞추어 블록깔기, 블록쌓기 등 견고한 콘크리트 재료를 이용하는 호안공법이 채택되었으나, 최근에는 치수목적을 달성하면서 생태계 보전과 하천경관의 향상을 동시에 고려하는 자연형 호안공법으로 전환되고 있다.
- 자연형 호안공법으로 전환함에 따른 효과는 ① 관행적으로 적용되고 있는 콘크리트 호안을 대체하여 생태계 재생 촉진, ② 하천생태계의 역동성 회복, ③ 특정 환경과 공간적으로 인접한 다른 환경과의 접점부인 하안 추이대(ecotone) 기능 회복으로 동·식물군 발생을 촉진하는 기반 조성, ④ 비점오염원을 여과하는 식생여과대의 조성 등으로 다양하다.
- 한편, 자연형 하천정비(自然型 河川整備)는 도시화와 산업화로 훼손된 하천을 원래의 모습에 가깝게 되돌리거나, 치수 또는 다른 목적으로 하천을 새롭게 정비할 필요가 있을 경우에 살아있는 나무, 풀, 돌, 흙 등 자연재료를 최대한 이용하여 하천을 자연에 가깝게 가꾸는 것으로, 독일과 스위스의 “근자연형 하천공법(Naturnaher Wasserbau)”, 일본의 “다자연형(多自然型) 하천공법” 등에서 유래된 것이다.

2) 호안공법 선정 일반 기준

- 일반적인 호안공법의 선정 기준에는 안정성, 경제성, 시공성, 친환경성, 경관성, 유지관리, 범용성 등의 항목이 있으며 이들 항목을 종합적으로 고려하여 호안공법을 채택하는 것이 합리적인 방안이다.
- 최우선적으로 안정성은 반드시 확보되어야 하므로 유속 및 소류력에 대한 내구성을 호안업체의 자료를 토대로 검토하되 내구성이 실제로 확인되지 않은 점을 감안하여 통상 20~30 % 이상의 충분한 여유를 고려하여야 한다.
- 안정성을 기본적으로 확보한 다음 다른 항목인 경제성, 시공성, 친환경성, 경관성, 유지관리, 범용성 등을 종합적으로 고려하되 어떤 항목에서도 현저한 문제가 있는 공법은 채택에서 제외하여야 한다.

나. 재료 및 공법에 따른 호안의 분류

- 호안은 사용되는 재료에 따라 식생계 호안, 목재계 호안, 망태계(바구니계) 호안, 석재계 호안, 블록계 호안, 기타 호안 및 복합형 호안 등으로 분류한다.
- 최근에는 치수목적과 생태계 보전 및 하천경관 향상을 동시에 고려하는 자연형 호안공법을 채택하는 추세이다. 한편, 자연재료를 사용하더라도 획일적인 종횡단 및 평면계획이 이루어지는 경우 기존 공법에 의한 하천환경의 변화와 동일한 결과를 초래할 수 있는 점에 유의하여야 한다.

1) 식생계 호안

- 식생계 호안은 주로 식물재를 활용하는 호안으로, 비탈경사가 완만하고 유속이 느린 구간에 일반적으로 많이 사용되고 있는 호안이다. 식생은 홍수나 유사퇴적에 의한 상태변화 등과 같은 외력의 충격을 받았을 때 재생과 적응력이 있기 때문에 옛날부터 호안 공법으로 많이 사용되어 왔다.
- 식생재료는 식생위치, 지하수위, 저수위 또는 홍수위 통과 여부 및 식생의 특징을 고려하여 수종을 선택한다. 구체적인 공법의 채택은 유속, 수심 등 유수의 특성, 하상경사, 하상토의 재료 등을 고려하여 공법의 종류, 사용재료 및 조합방식을 결정한다.
- 살아있는 식생재료는 다른 토목재료나 천연재료와는 달리 시간의 경과에 따라 내구성이 증가하고, 자연성과 친수성을 겸비하고 있기 때문에 다른 자연형 하천공법이 적용된 경우에도 병행하여야 할 공법이다.
- 식생계 호안공법으로는 떼심기와 같은 단순 식재 방법과 식재표면에 토목섬유, 매트 등으로 보강하는 방법 등이 있으며, 최근에는 야자섬유 등 천연섬유를 이용한 식생공법 들이 많이 개발되어 사용되고 있다.
- 떼심기는 뿌리가 활착되면 비탈면의 안정을 도모할 수 있으나 큰 유속에서는 견디기 어려우므로 비탈면경사가 완만한 곳에 적용되고 있으며, 통상 비탈면에는 식생의 보호와 표토의 유실을 방지하기 위하여 토목섬유나 블록매트 등으로 보강하는 공법이 일반적으로 많이 사용된다.
- 식생계 호안에서 비탈면과 호안머리부는 다양한 천연재료 및 식생을 사용하더라도 기초부는 견고한 재료를 많이 사용한다.

- 식생계 호안은 경관 양호, 고수부지의 건조화 방지, 다양한 식생 가능, 생태계 보전 기능, 수질정화 기능 등이 장점이며, 식재시기가 대부분 4~5월로 제한되므로 시공시기의 제한, 활착기간의 단기 유실, 하도접근 곤란, 지속적인 유지관리 필요, 공사비가 고가, 내구성이 낮은 점 등이 단점이다.

2) 목재계 호안

- 목재계 호안은 석재와 식생재료를 조합하여 많이 적용되며 특히, 식생계 호안의 기초의 세굴방지 공법으로 널리 이용되며 완만한 비탈경사와 유속이 크지 않은 곳에 일반적으로 많이 사용되는 호안이다.
- 목재계 호안공법은 나무틀 또는 상자에 돌을 채우는 방법과 섶다발, 나무말뚝, 나무널 울타리공 등으로 다양하게 적용되고 있다.
- 목재계 호안은 경관성이 있고 생물의 서식처 제공 등 생태학적으로 양호한 특성을 지니므로 일반 하천에서 많이 적용되고 있으며, 간벌목을 사용하면 경제성을 높일 수 있다. 하지만 파괴에 약하므로 전석(boulder)이 적은 하천에 적용하여야 한다.

3) 망태계(바구니계) 호안

- 망태계(바구니계) 호안은 철선으로 짜여진 망태에 돌을 채우거나, 돌무더기를 철망으로 고정하는 방법 등으로 만들어진 호안으로 내구성과 순응성이 크기 때문에 유속이 빠른 하천 지역과 수공구조물의 상·하류 지역 등 흐름의 영향을 많이 받는 곳에서 제방과 하상의 보호공으로 적합한 호안이다.
- 망태계(바구니계) 호안공법은 돌망태 방법, 게비온(gabion) 방법 및 식생콘크리트 바구니 방법 등이 있다.
- 돌망태 공법은 대나무, 철선 등을 사용하여 망태를 만들고 그 속에 조약돌 정도의 석재를 채운 것으로, 표면조도가 크고 순응성이 풍부하여 작업이 용이함과 아울러 수세가 급한 곳, 석재를 구하기 힘든 곳에 사용될 수 있는 장점을 가지므로 급류하천인 소하천, 응급공사 또는 임시공사 등에 많이 사용되고 있는 공법이다.

- 하지만 철선이 부식되면 돌이 유출되므로 내구성이 낮고, 유지관리가 필요하며, 미관을 해치는 비닐 등이 많이 걸리고, 오염수에 의한 철선 부식 등의 단점을 지니므로 도시하천 구간에서는 사용을 지양하여야 한다.
- 게비온(gabion) 공법은 철망을 사각형으로 만들어 그 안에 부순 돌을 채워 넣어 시공하는 일종의 돌망태이며, 콘크리트 호안보다 자연스런 경관을 연출할 수 있고 식생활착 효과가 크기 때문에 사용빈도가 높은 공법이다.
- 게비온은 내구성이 크기 때문에 홍수의 위험이 있는 부분에 사용하여 호안의 침식을 방지할 수 있고, 생태계 측면에서도 물속의 돌틈 사이에 미생물과 어류 등이 놀 수 있는 공간을 제공하고 홍수시 토사 등이 쌓이면 식물이 성장할 수 있는 환경을 제공한다. 하지만 게비온은 기계시공이 어려워서 인력에 의존해야 하므로 공사비가 높고, 망태의 간격보다 작은 입자의 돌은 시공후 빠져 나올 수 있으므로 주의하여야 한다.
- 한편, 철선 망태 대신 식생콘크리트 2차 제품을 이용한 바구니 호안은 바구니 공간에 자갈, 토사를 채움재로 사용하여 하천비탈면을 보호하는 호안으로, 철선 망태에 비해 작업이 용이하고 시공성이 뛰어나며, 식생 복원이 가능한 공법이나 철선 망태에 비해 인공색이 강한 것이 단점이다.
- 바구니계 호안은 그 자체로서 생물의 서식처 기능을 확보할 수 있으나, 경관성을 높이기 위해서는 복토를 실시하고 식생하는 방안이 필요하다.

4) 석재계 호안

- 석재계 호안은 주로 돌을 이용하는 호안으로 큰 유속 및 유수력에 저항력이 크고 재료의 취득이 용이하기 때문에 널리 사용되고 있는 호안이며, 근래에도 하상경사가 급하고 유속의 변화가 큰 소하천 등에서 널리 사용되고 있는 호안이다.
- 석재계 호안의 재료로 사용되는 돌은 자연석, 깬돌, 폐석, 가공석 등 다양하며, 석재계 호안은 크고 작은 자연석을 서로 조화시킨 경우의 노출면은 미적으로 아름다운 조경효과를 가질 수도 있다.
- 석재계 호안공법은 비탈면에 돌을 설치하는 방법에 따라 돌쌓기(찰쌓기, 메쌓기), 돌붙임(찰붙임, 메붙임), 돌깔기 등 시공 방법도 다양하다.

- 돌쌓기, 돌붙임의 구분은 비탈경사가 1:1 보다 급한 경우에는 돌쌓기, 이보다 완만한 경우에는 돌붙임으로 분류하며 일반적으로 돌붙임이 많이 이용된다. 한편, 어류의 산란 및 서식장소 등 양호한 생태환경을 조성하기 위하여 모르터를 사용하는 찰쌓기는 가급적 지양하여야 한다.
- 돌깔기는 수심이 깊고 세굴이 많이 발생하는 지역에서 저수호안이나 기초로 많이 사용되며, 사석두께 또는 중량은 하상의 유속에 유실되지 않도록 하여야 하며, 최소 사석량은 하상세굴을 고려하여 결정한다.
- 석재계 호안의 표층이 양력, 항력, 유수의 충격 및 침식작용에도 견딜 수 있는 충분한 강도를 가지고 있다 하더라도 기초토양의 포화에 의한 강도의 약화, 표층과 기초토양의 경계면에서 발생하는 한계류 흐름 등의 원인에 의해 기초토양이 유실되고, 표층의 공극을 통한 흡출이 발생할 수 있다.
- 석재계 호안에서 특히 유의하여야 할 사항은 이와 같은 흡출에 의한 제방 비탈면의 토양유실을 방지하는 것이며, 과도한 흡출은 호안을 파괴하게 되고 결국에는 제방의 파괴를 초래하므로 이러한 흡출에 대한 방지대책이 필요하다.
- 하천에서 주로 사용되는 흡출 방지대책은 토목섬유와 자갈필터이며 이들의 수리학적 특성은 유사하기 때문에 재료와 공간의 유용성, 시공의 편리성, 위치 등을 고려하여 선택한다.

5) 블록계 호안

- 과거에는 블록계 호안으로 일반 콘크리트 재료를 이용한 콘크리트 붙임공 및 콘크리트 블록공을 일반적으로 사용하였으나 최근에는 일반 콘크리트 블록과 동등한 내침식강도를 갖는 환경블록을 많이 사용하고 있다.
- 환경블록은 식재공간을 두어 식재도 가능하며, 큰 유속에도 견딜 수 있으므로 수충부나 수공구조물 상·하류의 제방보호가 필요한 구간에 적용할 수 있어서 치수적으로나 경관적으로 양호한 호안공법이다.
- 블록계 호안공법에는 콘크리트 셀 블록, 어소 콘크리트 블록, 자연석 블록, 연결블록 공법 등이 있다.

- 콘크리트 셀 블록은 기초지반이 사질토 및 암반으로 침하의 우려가 없는 구간에 주로 설치하며 비탈덮기와 밑다짐의 기능을 동시에 수행하는 것이 가능한 공법이며, 어소 콘크리트 블록은 어류의 서식처 제공을 위한 공법이다.
- 최근 블록의 모양을 자연석과 같은 형태로 제작한 자연석 블록이 많이 사용되고 있으며, 이는 자연석과 같은 경관을 창출할 수 있고 블록 사이의 공극에 채워진 객토는 지반과 연결되어 수변생물의 서식공간을 제공하는 공법이다.
- 연결블록 호안은 경관적 특성이나 생태학적 측면에서는 양호하지 않은 호안의 형태이나, 내구성이 커서 큰 유속에 저항력이 크기 때문에 교량, 낙차공, 수문 등 수공구조물의 상·하류부에 적합한 형태의 공법이다.
- 연결블록 호안의 경관적 특성이나 생태학적 영향을 고려하기 위해서는 연결블록을 설치한 후 복토를 시행하여 식생을 복원하는 것이 바람직하며, 다공성 블록을 채택하는 것이 유리하다.

6) 기타 호안

- 복토(은폐) 호안은 투수성이 있는 비탈받틀 블록을 시행하고 그 위에 완전히 복토를 시행하고 잔디 등을 식재하여 완전히 은폐하는 등의 방법을 적용하는 공법이다.
- 널말뚝 호안은 조석의 영향을 많이 받아 수위의 변화가 많은 구간에 많이 설치되며 비탈덮기와 밑다짐의 기능을 동시에 수행하는 것이 가능한 공법이다.

7) 복합형 호안

- 복합형 호안공법은 하천의 특성에 맞추어 여러 가지 다양한 공법을 조합하여 사용하는 것이다.
- 호안공법은 하나의 공법을 단독으로 적용되는 경우도 있으나, 일반적으로 다양한 환경의 창출을 위하여 두 가지 이상의 공법을 조합하여 적용하는 경우가 대부분이다.

다. 호안 설계 기준

1) 비탈덮기

가) 비탈덮기 높이

- 고수호안 및 제방호안의 비탈덮기 높이는 계획홍수위까지를 원칙으로 하며, 다음과 같이 특수한 경우에는 설계안전 측면에서 앞비탈머리 높이까지 연장한다.
  - 특별히 중요한 제방
  - 파랑이 발생하는 장소
  - 급류하천(수면경사 1/200 이상)
  - 고조의 영향을 받는 하구부
  - 굴곡이 심한 만곡부 외안측
- 저수호안의 비탈덮기 높이는 현재 고수부지 높이 또는 고수부지 계획고로 한다.

나) 비탈덮기 경사 및 두께 등

- 비탈덮기의 경사가 1:2 보다 완만하면 안정되고 시공도 용이하나 비탈면이 길어져서 공사비가 증가하는 반면, 경사가 급하면 안정을 위해 비탈덮기 두께를 증가시켜야 하고 뒷채움 시공이 곤란하다.
- 비탈덮기의 경사는 비탈덮기의 구조와 높이에 따라 다르지만 비탈덮기 경사의 기준인 <표 10.3>에 제시된 최소 비탈경사보다 완만하게 결정한다.
- 비탈덮기의 두께는 유수, 굵은 자갈, 파력 등과 같은 외력에 의해 파괴되지 않도록 결정한다.
- 비탈덮기의 구조에 따라 충분한 뒷채움 두께가 필요하며, 뒷채움은 비탈덮기 뒷면의 물을 배제시키고 표면의 압력을 제체에 균등하게 분포시킬 뿐만 아니라 흙의 동결을 방지하는 역할을 한다. 특히, 수위강하시 흡출파괴를 방지하기 위하여 뒷채움 재료는 입도가 적절히 혼합된 것을 채택한다.
- 호안양단부에 세굴이 많이 발생하는 점을 감안하여 호안의 설치 길이를 신중하게 결정하고, 신설호안과 기존호안 사이에 완화구간을 두어야 한다.

<표 10.3> 비탈덮기 구조와 높이에 따른 비탈경사

<table>
<tr><th colspan="2">비탈덮기의 구조</th><th>비탈덮기 연직높이</th><th>최소 비탈경사</th><th>비 고</th></tr>
<tr><td colspan="2">식생공</td><td>사면안정 규모</td><td>1 : 2.0</td><td></td></tr>
<tr><td rowspan="3">돌쌓기
콘크리트블록쌓기</td><td rowspan="2">찰쌓기</td><td>3 이상~5 미만</td><td>1 : 0.5</td><td></td></tr>
<tr><td>3 미만</td><td>1 : 0.3</td><td></td></tr>
<tr><td>메쌓기</td><td>3 미만</td><td>1:1.0 ~ 1:1.5</td><td></td></tr>
<tr><td rowspan="2">돌붙임
콘크리트블록붙임</td><td>찰쌓기</td><td>-</td><td>1 : 1.5</td><td></td></tr>
<tr><td>메쌓기</td><td>3 미만</td><td>1 : 2.0</td><td></td></tr>
<tr><td colspan="2">콘크리트방틀</td><td>-</td><td>1 : 1.5</td><td></td></tr>
<tr><td colspan="2" rowspan="2">돌망태붙임
콘크리트붙임</td><td>3 이상</td><td>1 : 2.0</td><td></td></tr>
<tr><td>3 미만</td><td>1 : 1.5</td><td></td></tr>
</table>

주) 자료: 하천설계기준·해설(2009, 국토해양부)

다) 비탈덮기 공법 선정

- 비탈덮기는 설치장소의 수리조건(유속 및 소류력), 환경성, 경제성, 시공성 등을 종합적으로 고려하여 적절한 공법을 선정하여야 한다.
- 비탈덮기 공법은 유속 및 소류력 기준이 따라 적용 가능 공법을 우선 선정한 다음 기타 항목을 종합적으로 고려하여 최종 선정한다. 한편, 필요한 경우 특정 공법·자재 설계적용 절차에 따른 심의를 통하여 결정한다.

a) 유속에 의한 호안공법 선정

- 유속에 의한 호안공법을 선정하는 대표적인 방법은 대상구간의 설계유속을 산정한 다음 설계유속 따른 호안공법 선정 방법인 <표 10.4>와 같은 기준을 적용하는 것이다. 이와 같은 유속에 의한 호안공법 선정은 후술되는 소류력에 의한 호안선정 방법과 함께 보편적으로 사용되고 있다.
- 이와 같은 허용유속 기준은 「자연형 하천 공법의 재해특성에 관한 연구(II)(행정자치부·국립방재연구소, 2000 12)」에서 일본 기준을 인용한 내용으로 호안공법의 분류 등에서 우리나라 상황과는 약간 다른 점이 있지만 하나의 방안이 활용할 수 있다.

<표 10.4> 설계유속에 따른 호안공법 선정 기준
(① 비탈경사가 1:2.0 이상으로 완만한 경우에 적용하는 공법)

공 법	설계유속(m/s) 2 3 4 5 6 7	적 용 조 건
평 떼	~2	• 평수에는 침수되지 않고, 확실하게 활착하기까지 유수에 잠기지 않는 부분에 적용 • 평수위 이하에는 모듬돌, 나무울타리, 바구니계 밑다짐공을 조합하여 사용
토목섬유 (지오텍스타일)	~3	• 복토를 실시하여 떼의 확실한 활착을 도모 • 연결부 대책을 확실히 실시
블록매트	~4	• 자갈이 많은 하천 및 수충부에는 불가 • 연결부 대책을 확실히 실시
통나무격자	~4	• 간벌재가 있는 경우 이를 활용
섶가지비탈방틀	~4	• 호박돌이 적은 하천에 적용
나무말뚝울타리	~4	• 호박돌이 적은 하천에 적용 • 간벌재가 있는 경우 이를 활용
식생망태(롤형)	~5	• 연결부 대책을 확실히 실시 • 식생 조기복구를 위해 충진재는 현지발생 표토 이용
바구니매트(평깔기)	~5	• 강한 산성 또는 염분농도가 높은 장소, 사람 머리 크기의 호박돌이 있는 경우에는 불가
연결블록+사석 환경형연결블록+사석	~5	• 연결부 대책을 확실히 실시 • 연결재로 강선을 사용하는 경우, 강한 산성 또는 염분농도가 높은 장소에는 불가
자연석(메붙임)	~5	• 메붙임 호안의 높이는 3 m 이내에 적용 • 찰붙임은 높이 5 m 이내에 적용 • 해당 하천에 자연석이 있는 경우 이를 활용
자연석(찰붙임)	~5 (회색), 5~7	
환경보전형 블록	~7	• 환경측면 평가 및 경제성 검토가 필요
콘크리트블록깔기	~7 (회색)	• 다른 호안공법이 사용될 수 없는 경우 호안 높이 5 m 이내에 적용

<표 10.4> 설계유속에 따른 호안공법 선정 기준(계속)
(② 비탈경사가 1:1.0～1:2.0인 경우에 적용하는 공법)

공 법	설계유속(m/s) 2 3 4 5 6 7	적 용 조 건
블록매트		• 기본적으로 비탈경사가 1:1.5로 완만한 경우에 적용, 말뚝 등에 의해 어긋남 방지 • 호박돌이 많은 하천 및 수충부에는 불가 • 연결부 대책을 확실히 실시
통나무격자		• 간벌재가 있는 경우 이를 활용
나무말뚝울타리		• 호박돌이 적은 하천에 적용 • 간벌재가 있는 경우 이를 활용
식생망태		• 연결부 대책을 확실히 실시 • 식생 조기복구를 위해 충진재는 현지발생표토 이용
바구니매트(평깔기)		• 강한 산성 또는 염분농도가 높은 장소, 사람머리 크기 호박돌이 있는 경우에는 미적용
바구니매트(다단) 바구니틀(다단)		• 비탈경사 1:1.5～1:2.0에 적용하고, 비탈면 방향의 미끄럼방지 조치를 확실히 실시 • 강한 산성 또는 염분농도가 높은 장소, 사람머리 크기의 호박돌이 있는 경우에는 불가
연결블록+사석 환경형연결블록+사석		• 기본적으로 비탈경사 1:1.5로 완만한 경우에 적용, 말뚝 등에 의해 어긋남 방지 • 연결재로 강선을 사용하는 경우, 강한 산성 또는 염분농도가 높은 장소에는 불가 • 연결부 대책을 확실히 실시
자연석(메붙임)		• 메붙임 호안의 높이는 3 m 이내에 적용 • 해당 하천에 자연석이 있는 경우 이를 활용
연결자연석(메쌓기)		• 뒷버팀 길이확보 및 연결부대책을 확실히 실시하여 유속, 토압에 대하여 안전을 확보
자연석(찰붙임)		• 메붙임은 깊은 줄눈으로 하는 등 다공질 수저가 확보될 수 있도록 시공
환경보전형블록		• 환경측면 평가 및 경제성 검토가 필요
콘크리트블록		• 다른 호안공법이 사용될 수 없는 경우 호안높이 5 m 이내에 적용

<표 10.4> 설계유속에 따른 호안공법의 선택 기준(계속)

(③ 비탈경사가 1:1.0 이하로 급한 경우에 적용하는 공법)

공 법	설계유속(m/s) 2 3 4 5 6 7	적 용 조 건
통나무격자		• 호안 높이 5 m 이내에 적용 • 간벌재가 있는 경우 이를 활용
나무말뚝울타리		• 호안 높이 5 m 이내에 적용 • 호박돌이 적은 하천에 적용 • 간벌재가 있는 경우 이를 활용
식생망태		• 호안 높이 5 m 이내에 적용 • 연결부 대책을 확실히 실시
바구니매트(다단) 바구니틀(다단)		• 호안 높이 5 m 이내에 적용 • 강한 산성 또는 염분농도가 높은 장소, 사람 머리 크기 호박돌이 있는 경우에는 불가
연결블록+사석 환경형연결블록+사석		• 호안 높이 5 m 이내에 적용 • 비탈방향 활동방지 조치를 실시 • 연결부 대책을 확실히 실시
보강토공법		• 호안 높이 5 m 이내에 적용 • 평수위 이하에 사용시 흡출 대책 필요
연결자연석(메쌓기)		• 호안 높이 5 m 이내에 적용 • 지보공 확보, 어긋남 대책을 확실하게 실시하여 유속, 토압에 대해 안전성을 확보
식생콘크리트옹벽		• 호안 높이 5 m 이내에 적용 • 뒷버팀 길이를 충분히 확보할 수 있으면 유속은 고려하지 않아도 적용 가능
자연석(찰쌓기)		• 호안 높이 5 m 이내에 적용 • 해당 하천에 자연석이 있는 경우 이를 활용 • 찰붙임은 깊은 줄눈으로 하는 등 다공질 수제가 확보될 수 있도록 시공
환경보전형블록		• 호안 높이 5 m 이내에 적용 • 공법 개발중이므로 경제성 검토가 필요
콘크리트블록		• 다른 호안공법을 사용할 수 없는 경우 호안 높이 5 m 이내에 적용 • 수제부분에 모듬돌 등을 병용

주) 1. 자료: 자연형 하천 공법의 재해특성에 관한 연구(Ⅱ)(행정자치부·국립방재연구소, 2000.12)에서 인용한 일본 자료

2. 범례 ■는 적용가능 범위, ▒ 기본적으로 사용하지 않으나 다른 호안공법으로 시공할 수 없는 경우에 사용

b) 소류력에 의한 호안공법 선정

- 대상구간의 소류력을 산정한 다음 허용소류력에 따라 호안공법을 선정할 수 있는 <표 10.5>와 같은 기준을 적용하여 호안공법을 선정한다.

<표 10.5> 허용소류력에 따른 호안공법 선정 기준

구 분	재 료	호안공법	허용소류력(N/m^2)
고수호안	식생계	줄 떼	20
		종자살포	20
		식생매트	80
	석재계	돌붙임	230~800
		돌쌓기	600
	블록계	환경식생블록	500
	망태계	타원형돌망태	200
		친환경매트리스	400
		매트리스형 돌망태	200~300
저수호안	식생계	식생롤+갈대매트	70
		침수방틀+욋가지덮기	60~200
	석재계	스톤매트리스	800
		스톤네트	800
		돌쌓기	600

주) 자료: 하천공사 설계실무 요령(2007, 건설교통부)

- 식생호안의 경우 시공후 안정화됨에 허용소류력이 증가되는 특징을 나타내게 되며 구체적인 자료는 <표 10.6>과 같다

<표 10.6> 식생호안의 안정화에 따른 허용소류력 변화

(단위: N/m^2)

구 분	시공 직후	시공후 1년	시공후 2년	시공후 3년	비 고
초본류(목초류)	10	30	30	30	
버드나무가지덮기	51	153	306	306	
돌붓기 및 버드나무삽목	77	102	306	357	

주) 자료: 국내에 맞는 자연형하천공법개발 2권(1999, 환경부·건기연)

c) 등급 구분에 의한 호안공법 선정

- 대상구간의 하상경사, 비탈경사, 유속, 비탈높이, 유선형태 등 5가지 요소에 따라 호안 등급을 5등급으로 구분하고, 등급별로 적용 가능한 호안공법을 선정하는 방법이다.(「하천공사 설계실무 요령(2016.12, 국토교통부)」)
- 호안 등급 결정 방법의 요소인 하상경사, 비탈경사, 유속, 비탈높이, 유선형태 등은 다음 <표 10.7>과 같이 구분한다.

<표 10.7> 등급 결정 방법의 요소 구분 및 조건

요 소	구 분	조 건	비 고
하상경사	완경사	1/1,000 보다 완만	하천 전체에 발생하는 홍수시의 응력을 평가하는 지표
	중간경사	1/1,000 초과~1/400	
	급경사	1/400 초과	
비탈경사	완경사	1:2.0 보다 완만	비탈면의 기본형상을 나타내는 인자
	중간경사	1:2.0 초과~1:1.5	
	급경사	1:1.5 초과~1:0.3	
	직 립	1:0.3 초과 ~직립	
유 속	완 류	1.0 m/s 이하	해당구간의 유속을 파악하고 이에 대응할 수 있는 호안을 채택
	중완류	1.0 초과~2.0 m/s	
	중급류	2.0 초과~3.0 m/s	
	급 류	3.0 m/s 초과	
비탈높이	낮은 고저차	2.0 m 이하	비탈면의 안정성과 관련되는 인자
	중간 고저차	2.0 초과~4.0 m	
	높은 고저차	4.0 m 초과	
유선형태	수충부	평균유속보다 큰 유속 발생구간	홍수류 유선이 대상하안에 미치는 흐름영향에 따른 분류
	직선부	평균유속 발생구간	
	사수부	만곡내측 등 홍수시에도 큰 유속을 받지 않는 구간	

- 이와 같은 하상경사, 비탈경사, 유속, 비탈높이, 유선형태 등이 구분되면 <표 10.8>과 같은 기준으로 호안 등급을 결정한다.

<표 10.8> 호안 등급 결정 방법

하상경사	비탈경사	유 속	비탈높이	유선형태	등 급
완경사 (1/1,000 보다 완만)	1:2보다 완만	2.0m/s 이하	2.0초과~4.0m		①
		2.0초과~3.0m/s	2.0m 이하		①
			2.0초과~4.0m	사수부	①
				직선부	②
				수충부	③
		3.0m/s 초과	2.0m 이하	사수부	①
				직선부	②
				수충부	③
			2.0초과~4.0m	사수부/직선부	③
	1:2~1:1.5	2.0초과~3.0m/s	2.0m 이하		①
			2.0초과~4.0m	사수부	①
				직선부	②
				수충부	③
		3.0m/s 초과	2.0m 이하	사수부	①
				직선부	②
				수충부	③
			2.0초과~4.0m	사수부/직선부	③
	1:1.5~1:0.3	2.0초과~3.0m/s	2.0m 이하	사수부	①
				직선부	②
				수충부	③
			2.0초과~4.0m	사수부/직선부	③
		3.0m/s 초과	2.0m 이하	사수부/직선부	③
			2.0초과~4.0m	사수부/직선부	④
				수충부	⑤
			4.0m 초과		⑤

<표 10.8> 호안 등급 결정 방법(계속)

하상경사	비탈경사	유 속	비탈높이	유선형태	등 급
중간경사 (1/1,000~1/400)	1:2~1:1.5	2.0초과~3.0m/s	2.0m 이하		①
			2.0초과~4.0m	사수부	①
				직선부	②
				수충부	③
		3.0m/s 초과	2.0m 이하	사수부	①
				직선부	②
				수충부	③
			2.0초과~4.0m	사수부/직선부	③
	1:1.5~1:0.3	2.0초과~3.0m/s	2.0m 이하	사수부	①
				직선부	②
				수충부	③
			2.0초과~4.0m	사수부/직선부	③
		3.0m/s 초과	2.0m 이하	사수부/직선부	③
			2.0초과~4.0m	사수부/직선부	④
			4.0m 초과	수충부	⑤
급경사 (1/400 초과)	1:2보다 완만	2.0초과~3.0m/s	2.0m 이하		①
			2.0초과~4.0m	사수부	①
				직선부	②
				수충부	③
		3.0m/s 초과	2.0m 이하	사수부	①
				직선부	②
				수충부	③
			2.0초과~4.0m	사수부/직선부	③
	1:2~1:1.5	2.0초과~3.0m/s	2.0m 이하	사수부	①
				직선부	②
				수충부	③
			2.0초과~4.0m	사수부/직선부	③
		3.0m/s 초과	2.0m 이하	사수부/직선부	③
			2.0초과~4.0m	사수부/직선부	③
				수충부	④
			4.0m 초과		⑤
		3.0m/s 초과	2.0m 이하	사수부	⑤
	1:1.5~1:0.3				⑤

• 호안등급이 결정되면 이에 대응하는 적절한 호안공법은 <표 10.9>와 같고, 강도가 가장 낮은 것이 1등급, 가장 높은 것이 5등급으로 구분되어 있다.

<표 10.9> 호안등급별 호안공법

구 분	공 법
등 급 1	식생, 식생매트
등 급 2	식생 + (사석, 돌망태, 방틀, 블록) 식생매트 + (사석, 돌망태, 방틀, 블록)
등 급 3	돌망태, 메쌓기, 메붙임
등 급 4	콘크리트 유공 블록, 콘크리트 무공 블록
등 급 5	방틀, 찰쌓기, 찰붙임

2) 비탈멈춤(기초)

• 비탈멈춤은 비탈덮기를 지지하는 구조물이므로 비탈덮기 종류, 비탈덮기 하중, 하천 경사, 수충 및 하상세굴 등을 고려하여 비탈덮기를 충분히 지지할 수 있도록 설계하여야 한다.

• 일반적으로 지반이 양호할 때는 직접기초로 하고, 지반이 연약하거나 감조하천과 같이 수심이 깊은 경우에는 자립이 가능한 말뚝이나 널말뚝 형식을 적용한다.

• 기초의 상단고는 중소하천의 경우 계획하상고(현재 하상고가 계획하상고보다 낮은 경우에는 현재 하상고)에서 0.5 m 이상, 대하천인 경우에는 1.0 m 이상 깊게 설치하고 다음과 같은 경우에는 더 깊게 하여야 한다.

- 수충부로서 홍수시 세굴이 예상되는 구간
- 보 및 낙차공, 교량 등의 상·하류 구간
- 첩수로, 방수로 등 하상저하가 예상되는 구간

- 일반적인 기초 깊이 결정 방법은 하도계획에 미리 결정된 계획하상에 홍수시의 일시적인 세굴을 고려하여 결정하고 있으나, 계획하상이 결정되지 않은 경우나 계획하상보다 현재의 하상이 낮을 때에는 현재 최심하상에서 일시 세굴깊이(0.5~1.5 m 이상)를 <표 10.10>과 같이 고려하여 결정한다.

<표 10.10> 홍수시 일시적 세굴깊이

하상재료	홍수시 하안의 유속			비 고
	2 m/s 미만	2 m/s ~ 3 m/s 미만	3 m/s 이상	
조약돌(100 mm<d<150 mm) 이상의 입경	-	0.5 m	1.0 m	
자 갈(20 mm<d<75 mm) 정도의 입경	0.5 m	1.0 m	1.5 m	
잔자갈(2 mm<d<15 mm) 정도의 입경	1.0 m	1.5 m	-	

주) 자료: 하천설계기준·해설(2009, 국토해양부)

- 호안 파괴는 기초 세굴에 의한 것이 많으므로 기초는 충분히 깊게 설계하여야 하며, 홍수시 소류력이 증가하는 수위 상승시 세굴에 견딜 수 있는 기초 깊이가 필요하다. 하지만 저수위가 높은 구간에서는 기초 깊이를 얕게 하는 반면 밑다짐으로 기초를 보호한다든지 하상유지공의 설치로 하상을 보호하는 방법 등을 검토한다.
- 한편, 기초와 밑다짐이 연결되어 있으면 밑다짐이 이동함에 따라 기초가 파괴될 우려가 있으므로 완전히 분리하여 설치하여야 한다.
- 기초의 형상은 비탈덮기의 하중을 충분히 지지할 수 있는 사다리꼴 단면으로 하고, 폭과 두께는 비탈덮기의 종류, 경사 하상특성 등에 따라 결정하되 최소 50 cm 이상으로 한다.

3) 밑다짐

- 밑다짐은 하상세굴이 우려되고 비탈덮기 및 기초부분 보호가 필요한 구간에 설치하는 것을 원칙으로 한다.
- 밑다짐은 소류력에 견딜 것, 하상변화에 대해 순응성을 가질 것, 시공이 용이할 것, 내구성이 클 것 등의 조건을 만족시켜야 하며, 밑다짐의 종류에는 콘크리트 블록공, 사석공, 침상공, 돌망태공 등이 있다.
- 밑다짐의 상단부의 높이는 계획하상고 이하로 결정하며, 현재 하상고가 계획하상고보다 낮은 경우에는 현재 하상고 이하로 결정한다.
- 밑다짐 폭은 홍수시 단면평균유속에 따라 <표 10.11>과 같은 범위를 가지게 되는 점을 참조하고 다음과 같이 결정한다.

- 급류 및 준급류 하천: 4 m 이상(하상변동이 심한 대하천: 10～20 m)
- 완류 및 준완류부, 소하천: 2～12 m

<표 10.11> 홍수시 단면평균유속에 따른 밑다짐폭의 범위

구 분	홍수시 단면평균유속			비 고
	2 m/s 미만	2 m/s ~ 4 m/s 미만	4 m/s 이상	
밑다짐 폭	2～10 m	4～12 m	6 m 이상	

주) 자료: 하천설계기준·해설(2009, 국토해양부)

- 한편, 밑다짐의 두께는 공법의 종류와 폭, 하상 등을 고려하여 결정한다.
- 호안은 세굴에 의해 기초부분이 파괴되고 점차 호안 전체로 확대되는 경우가 많다. 이에 따라 호안 설계시에는 설치장소의 하상변동을 조사하여 기초부분이 세굴에 안전하도록 기초밑 깊이, 밑다짐 공법 등을 결정하여야 한다.

4) 호안머리공 및 호안머리보호공

- 홍수시 유수에 의한 저수호안의 침식을 방지하기 위하여 필요에 맞도록 호안머리공 및 호안머리보호공을 설치한다.

- 홍수시 호안머리에서 큰 유속이 발생하고 호안머리공의 유실은 기초공의 파괴를 초래할 수 있으므로 저수호안의 천단부분을 홍수에 의한 침식으로 보호하기 위하여 호안머리보호공을 설치한다.
- 호안머리공의 폭은 1～2 m, 호안머리보호공의 폭은 1.5～2 m 정도로 설치하나 하도의 특성에 맞게 적절한 폭을 확보하는 것이 바람직하다.

10.2.3 호안 파괴 원인 및 대책

- 호안의 적절한 설계 및 공법의 선정을 위해서는 하천특성 뿐만 아니라 호안의 파괴 원인을 파악하고 이에 대한 안정성을 검토하는 것이 필요하다.
- 호안 파괴는 주로 기초부분 세굴에 의한 것이지만 그 외에도 여러 가지 원인이 있으므로 이러한 원인들을 사전에 정확하게 파악하여야 한다.

1) 기초부분 세굴에 의한 파괴

- 호안의 기초부분 하상이 세굴되어 호안의 파괴를 일으키는 형태이다. 세굴에 의해 제방을 지지하는 토압이 감소하여 호안이 자중에 의해 미끄러져 파괴되는 경우와 세굴이 호안 기초부분까지 진행되어 호안내의 토사가 유출되고 공동이 형성되어 호안의 중간이 끊어져서 파괴되는 경우 등이 있다.
- 호안의 파괴사례에서 기초부분 세굴에 의한 파괴가 호안 전체로 확대되는 형태가 가장 많으므로, 호안 설계시 설치장소의 하상변동 등을 면밀히 조사하여 기초부분의 하상이 세굴되지 않도록 기초 깊이, 밑다짐 공법 등을 채택하여야 한다.

2) 뒷채움 토사 흡출에 의한 파괴

- 호안의 뒷채움 토사가 흡출되어 호안의 파괴를 일으키는 형태이다. 이와 같은 흡출현상은 수위변화가 심한 하천의 수위 급강하시 잔류수압에 의해 호안의 이음눈 등에서 뒷채움 토사가 유출되는 파이핑현상으로 인하여 공동을 유발하게 된다.
- 흡출 방지를 위해서는 뒷채움 토사의 입자를 여러 크기로 고루 분포시켜서 양호한 입도분포를 유지하도록 하여야 한다.

3) 잔류수압에 의한 파괴

- 경사가 급한 호안의 수위 급강하시 제체내에 침투수가 잔류하면 잔류수압과 토압이 호안을 하천방향으로 전도시키거나 토질강도가 저하되어 호안의 파괴를 일으키는 형태이다.
- 수위변화가 심한 하천이나 간만의 차가 큰 감조부에서는 이러한 형태의 파괴위험이 높으므로 역학적 안정성을 충분히 고려하여야 한다.

4) 유수력에 의한 비탈덮기 파괴

- 비탈덮기의 마찰력보다 유수력이 크게되어 비탈덮기의 일부분이 유출되면서 호안의 파괴를 일으키는 형태이다.
- 비탈덮기의 구성요소인 사석이나 블록 등을 적당한 크기 이상을 채택하고, 찰붙임에서는 모르터를 제대로 시공하며, 일부분의 파괴가 전체에 미치지 않도록 하기 위하여 종단방향에 10~20 m 간격으로 구조이음눈 등을 설치하여야 한다.

5) 호안머리부분 세굴에 의한 파괴

- 호안머리를 월류하는 홍수시 또는 저수호안의 고수부까지 수위가 상승한 경우 호안상단부의 뒷면이 세굴되어 호안의 파괴를 일으키는 형태이다.
- 저수호안의 법선이 심하게 만곡되어 있는 구간에는 홍수시 유수의 직진성으로 인해 호안의 비탈머리 부분이 세굴되는 경우가 발생하며 이러한 세굴을 방지하기 위해서는 호안머리보호공을 설치한다.

6) 호안구조 변화점 부근의 파괴

- 호안의 구간 상·하류단에서 세굴이 발생하여 호안의 파괴를 일으키는 형태이다. 이는 주로 신설호안과 상·하류에 위치한 기존제방의 호안구조가 다른 것에 기인한다.
- 기존제방과 신설호안의 사이에 완화구간을 설치하고, 신설호안의 조도를 크게 하는 것이 좋으며 기초(비탈멈춤)를 설치하는 것도 고려한다.

10.3 수 제

- 수제(spurdike)는 유향과 유속을 제어하여 하안 또는 제방을 유수에 의한 세굴로부터 보호하기 위하여 호안 또는 하안 전면부에 설치하는 구조물이다.
- 수제는 유수를 적극적으로 제어하는 구조물이므로 수제의 위치 및 공법이 적절하면 효과가 현저하지만 부적절하면 하안과 상·하류에 미치는 영향이 크고 수제 자체의 유지도 곤란하게 되므로 설치 위치와 구조 채택에 신중을 기하여야 한다.

10.3.1 수제 계획

가. 수제의 기능 및 목적

- 수제의 기능은 유속 감소, 흐름 방향의 변경에 의한 유로 제어, 하상 세굴 방지, 토사 침전 유발, 수위 상승 기능 등이 있다.
- 수제의 목적은 하안 세굴 및 호안 파손 등의 방지, 저수로법선 수정 및 유로 고정, 생태계 보전, 경관 개선, 주운을 위한 수심 확보 및 유량 확보 등이 있다.

나. 수제의 종류

- 구조에 따라 수제를 분류하면, 흐름의 일부가 수제 본체를 투과하여 유속의 감소와 토사의 침전을 유발하는 투과수제, 흐름을 투과시키지 않고 흐름의 방향을 변경시켜 하안 또는 제방에 발생하는 수충을 감소시키는 불투과수제로 구분된다.
- 하지만 일반적으로 이러한 두 가지 수제를 개별적으로 설치하면 그 효과가 미미한 경우가 많으므로 두 가지를 혼용하여 사용하는 혼용수제가 많이 이용되고 있다.
- 배치에 따라 수제를 분류하면, 흐름에 대해 직각에 가까운 횡수제, 흐름에 대해 거의 평행한 평행수제로 구분된다.
- 또한, 횡수제의 앞부분에 하상세굴 방지를 위한 평행수제를 설치한 T자형 수제와 같은 혼합수제도 있다.

다. 수제의 설치 위치

수제의 설치 위치는 하도조건, 유황 및 기타 하천시설물과의 관계와 이수, 치수, 환경 등의 목적에 따라 달라진다. 일반적으로 수제는 다음과 같은 위치에 설치하게 되며, 통상 저수로 또는 하폭이 좁은 하천에서는 수제를 계획하지 않는다.

- 하상유지공으로 하상유지가 곤란할 정도로 유속이 높거나 세굴이 심한 장소 또는 수제를 설치함으로써 하상유지공을 간소화시킬 수 있는 장소
- 급류하천이나 대하천에서 수심이 깊은 수충부
- 국부적인 수충부에서 흐름방향을 유심방향으로 돌리려는 장소
- 흐름방향을 일정하게 고정시키거나 반대로 돌리려는 장소
- 저수로를 고정시키려는 장소
- 수제 설치시 치수 및 이수에 지장이 없는 장소 중에서 하천환경을 개선하려는 장소

10.3.2 수제 설계

- 수제의 종류 및 방향, 높이 및 폭, 길이 및 간격 등의 수제 제원은 하천특성, 설치목적, 인근 하도에 미치는 영향, 구조물의 안정성, 시공성, 경제성 등을 고려하여 결정한다. 또한, 최대한 간단한 구조를 채택하여 유지보수가 용이하도록 계획한다.
- 한편, 일정구간에 여러 개의 수제를 설치하는 경우에는 조도가 작은 수제를 상류측에 설치하여 유속이 점차적으로 감소될 수 있도록 배치한다.

가. 방 향

- 수제 구간에서 토사 침전, 유향 변환, 세굴 방지 등은 수제의 방향에 많은 영향을 받게되며, 목적과 하천상황에 따라서 수제 방향을 결정하여야 한다.
- 수제는 방향에 따라 흐름방향에 직각에 가까운 횡수제와 흐름방향에 거의 평행한 평행수제로 구분된다. 또한, 횡수제는 하안에서 하천의 중심부로 돌출된 방향에 따라 상류로 향한 상향수제, 하류로 향한 하향수제, 직각인 직각수제 등으로 구분된다.

나. 높이 및 폭

- 수제의 높이는 유수 저항, 하상변화, 하상고 등을 고려하여 결정하며, 수제의 구조 및 배치와 하천의 경사 조건에 따라서도 달라진다. 유지관리가 용이한 높이로 결정하는 것을 고려하며, 일반적으로 불투과수제를 제외하고는 유수의 저항을 고려하여 낮게 설치하는 것이 유리하다.
- 수제의 폭은 수제의 종류와 하천상태에 따라 달라지며, 유수에 의한 충격 및 주변의 세굴에 견딜 수 있는 폭을 확보하여야 하며 세굴이 심한 장소에는 수제의 폭을 넓게 하는 것이 바람직하다.

다. 길이 및 간격

- 수제의 길이는 하폭, 하상경사, 수심, 기타 하상상황 등을 종합적으로 판단하여 결정하며, 아직까지 수제의 길이를 명확하게 산출할 수 있는 방법이 없는 실정이므로 필요시 수리모형실험 등을 검토하여야 한다.
- 수제의 간격은 유황, 수면경사, 사행현상 등을 고려하여 수제구간의 유속을 감소시키고 토사를 침전시켜서 하안의 세굴이 발생하지 않는 범위내에서 수제의 길이에 따라 결정하며, 상류측 수제 앞부분에서의 흐름이 하류 하안에 도달하기 전에 하류측 다음 수제가 저항하도록 결정한다.

라. 수제 공법의 선정

- 수제 공법의 종류에는 말뚝박기 수제, 침상 수제, 뼈대·틀류 수제, 콘크리트 블록 수제 등이 있으며, 수제 공법은 하도의 평면형, 종횡단형, 유량, 유속, 하상재료, 하상변동 등을 조사하고 이를 토대로 결정한다.
- 시공에 있어서는 경제성의 고려는 물론 현장상황, 하상경사, 하상재료, 시공 난이도 등을 조사하여 충분한 강도와 필요한 조도 및 내구성을 가진 것을 선택하고 가능하면 간단한 공법을 선정한다.

10.4 하상유지공

- 하상유지공은 하상경사를 완화시키고 하천의 종단과 횡단형상을 유지하기 위하여 하천을 횡단하여 설치하는 구조물이며, 하상유지공은 낙차공과 바닥다짐공(대공)으로 구분된다.

- 낙차공은 낙차가 50 cm 이상인 하상유지공으로 하상경사를 완화시키기 위하여 설치하며, 바닥다짐공(대공)은 낙차가 50 cm 이하인 하상유지공으로 하상저하가 심한 경우에 하상이 계획하상고 이하가 되는 것을 방지하기 위하여 설치한다.

10.4.1 목적 및 구조

가. 목 적

- 하상유지공은 하상세굴 방지, 구조물 보호, 국부세굴 방지, 하상저하 방지 등의 목적을 위해 설치하며 특히, 급경사 소하천의 경우에는 많은 낙차공이 필요하다.
- 급경사수로 구간, 첩수로 등에 의한 인의적 유로변경 구간, 하류부에 준설공사가 실시되는 상류부 구간 등에는 하상세굴을 방지하기 위하여 하상유지공을 설치한다.
- 하천구조물 주변에 발생하는 국부세굴로부터 하천구조물을 보호하기 위하여 하상유지공을 설치한다. 이러한 하상유지공은 유속을 감소시킴으로써 하천구조물을 보호함은 물론 고수부지의 세굴을 방지하는 역할을 수행한다.
- 만곡부 등에서 발생하는 국부세굴을 방지하기 위하여 하상유지공을 설치한다. 이러한 경우에는 유수 집중과 난류 발생을 감소시켜서 국부세굴을 방지할 수 있는 바닥다짐공을 설치한다.
- 상류에 댐과 같은 구조물이 설치되어 토사공급이 감소되는 경우의 하상저하를 방지하기 위하여 하상유지공을 설치한다.

나. 구 조

- 하상유지공은 일반적으로 본체, 물받이, 바닥보호공 등으로 구성되며 필요에 따라 여러 부분으로 구성된다.
- 일반적으로 본체와 물받이는 하나의 구조로 이루어지지만 기능상 본체와 물받이로 구분하며, 생태계 보호를 위해 필요한 경우에는 추가적으로 어도를 설치하여야 한다.

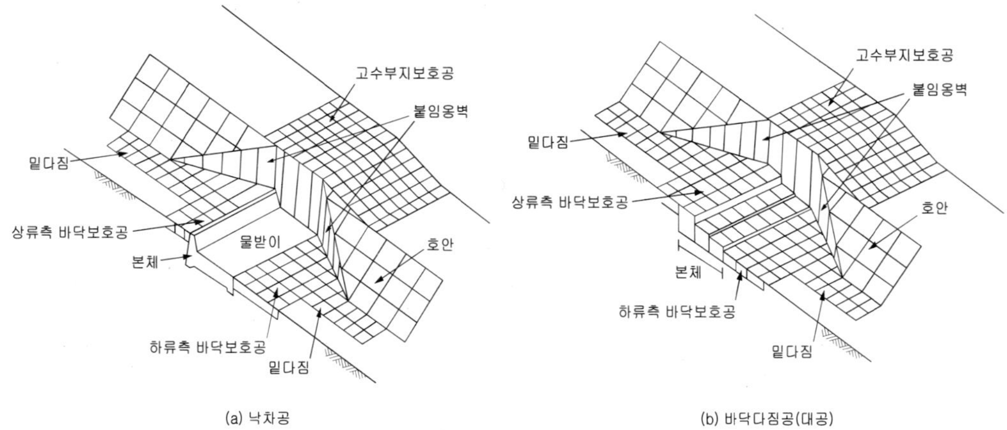

<그림 10.7> 하상유지공의 구조

10.4.2 하상유지공 계획

- 하상유지공은 하상의 일부를 고정시키는 하천구조물로서 현재의 수문, 수리, 유사 등의 하도특성 분석과 아울러 장래 하상변동을 예측하여 안전하상이 유지될 수 있도록 설치하여야 한다. 또한, 하상유지공 설치후 계획유량이 변경되거나 하천개수를 시행할 경우에도 문제점이 발생하지 않도록 고려하여야 한다.
- 한편, 하상유지공은 많은 건설비를 소요되므로 장래 계획유량이 변경되어 하천폭을 넓힐 때에는 하상유지공을 전면적으로 개축하거나 하도계획 자체를 수정해야 하는 경우도 있으므로, 다른 구조물로 대체 가능성을 충분히 검토한 후 설치하여야 한다.

1) 계획절차

- 하상변동 예측을 실시하여 장래 하상변동량을 예측하고, 이와 같이 예측된 하상고가 계획하상고를 충분히 유지할 수 있을 경우에는 하상유지공을 설치할 필요가 없다.

- 하지만 예측된 하상고가 계획하상고보다 낮아서 구조물의 안전에 문제가 발생할 수 있을 경우에는 이에 대한 대책을 마련하여야 한다. 경제적으로 유리한 대안을 채택하기 위하여 구조물의 기초를 보강하거나 하도계획 자체를 수정하는 등과 같은 하상유지공 이외의 다른 대책도 검토하고, 다른 대책으로는 구조물의 안전을 확보할 수 없거나 비효율적인 경우에는 하상유지공을 채택한다.

2) 종단배치 계획

- 하상유지공은 하상의 세굴을 방지하는 동시에 유지하고자 하는 하상고를 확보할 수 있도록 배치되어야 하며, 하상유지공의 둑마루 높이는 상류측의 수위가 안전한 범위내에 들어오도록 계획한다.
- 하나의 하상유지공 낙차를 크게하여 설치 개수를 적게할 것인가 또는 낙차가 작은 것을 여러 개 설치하여 하상을 안정시킬 것인가를 유의해서 결정하여야 한다. 일반적으로 낙차가 작은 것을 많이 설치하는 것 보다 낙차가 큰 것을 적게 설치하는 것이 공사비가 저렴하고 하상유지공의 하류에서 확실히 도수를 일으킬 수 있는 장점을 가진다. 하지만 낙차가 크면 하류의 하상이 위험하게 되며 낙차는 2.0 m 이내를 표준으로 하고 있다.
- 하상유지공을 연속적으로 설치할 경우 하상유지공의 설치간격은 하폭이 좁은 경우와 넓은 경우로 나누어서 다음과 같이 결정한다.

$$l = h / (S - S_0) \quad : \text{하폭이 좁은 경우}$$

$$l = (1.5 \sim 2.0)\, b \quad : \text{하폭이 넓은 경우}$$

여기서 l은 하상유지공의 간격, h는 하상유지공의 높이, S는 현재 하상경사, S_0는 계획 하상경사, b는 하폭이다.

3) 횡단배치 계획

- 하상유지공은 횡단면의 배치형태에 따라 하천폭 전체에 설치하는 경우, 저수로에만 설치하는 경우, 고수부지에만 설치하는 경우로 구분된다.
- 하천폭 전체에 설치하는 하상유지공은 저수로와 고수부지에 걸쳐서 하나의 구조로 설치하는 것으로 가장 널리 사용되는 형태이다.

- 저수로에만 설치하는 하상유지공은 저수시 세굴방지가 필요한 경우에 설치하며 고수부지 또는 하안과의 연결부 설계에 유의하여야 한다. 고수부지에만 설치하는 하상유지공은 고수부지가 넓은 경우, 홍수시 세굴방지가 필요한 경우 등에 설치한다.

4) 설치 위치

- 하상유지공은 하천이 직선이고 평상시와 홍수시의 흐름방향이 일치하는 위치에 설치한다.
- 평상시와 홍수시의 흐름방향이 다소 변하는 곳에 설치할 때는 홍수시의 중심선을 기준으로 위치를 결정하여야 하며 만곡부는 피하여야 한다.

10.4.3 하상유지공 설계

- 하상유지공 설치후의 하상은 설치전의 하상보다 낮은 곳에서 안정되므로 물받이와 바닥보호공은 하상변동 예측에서 얻어진 안정후의 하상고를 기준으로 설치하여야 한다. 하지만 지금까지는 이를 고려하지 않고 현재 하상고를 기준으로 설치한 결과, 하류하상의 저하에 따라 바닥보호공의 유실 및 호안과 하상유지공 본체의 붕괴를 초래하여 많은 유지관리 비용이 유발되고 있다.
- 하상유지공 주변은 흐름이 급격하게 변화하므로 세굴이 발생하기 쉽다. 이러한 세굴은 하상유지공 직하류뿐만 아니라 직상류에서도 하상유지공의 돌출에 의해 발생되는 소용돌이에 따른 국부세굴이 발생하게 된다. 따라서 이러한 세굴을 방지하기 위하여 하상유지공 본체 주변에 바닥보호공을 설치하는 것이 바람직하다.

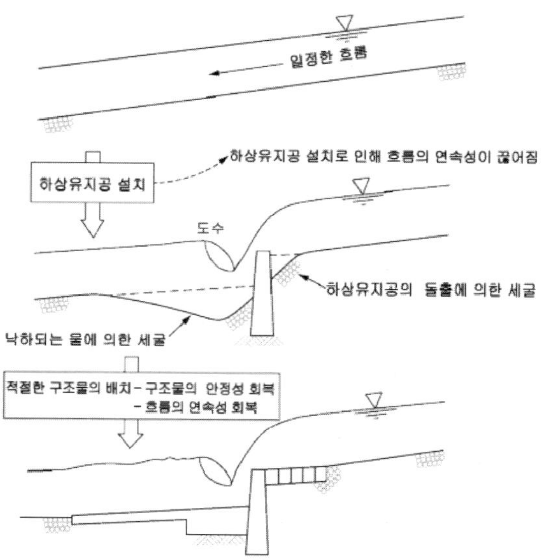

<그림 10.8> 하상유지공 주변의 세굴

- 하상유지공은 하천의 흐름에 변화를 주게되므로 하천환경측면에서 중요한 시설이 될 수 있으므로 설계시 주변 경관과의 조화를 충분히 고려하여야 한다.

가. 본 체

1) 기능 및 구조

- 하상유지공의 본체는 상류측 하도의 하상고를 유지하기 위하여 설치한다. 하상유지공의 본체는 낙차공일 경우에는 일반적으로 콘크리트 구조를 채택하며 바닥다짐공일 경우에는 하상변동에 쉽게 대응할 수 있는 순응성 구조가 바람직하다.
- 순응성 구조는 하상변동에 잘 적응하며, 본체의 기초공을 생략할 수 있으며, 파이핑에 대한 대책이 불필요하고, 본체, 물받이, 바닥보호공 등이 동일 구조로 될 수 있는 등의 장점을 지닌다.
- 한편, 바닥다짐공에는 순응성 구조인 이형 콘크리트 블록이 많이 사용되고 있다.

2) 낙 차

- 본체의 낙차는 치수 및 구조적 안정성, 현장 여건 등에 부합하도록 결정하되 1 m 이내로 하는 것을 원칙으로 한다.
- 부득이 한 경우에는 다단 낙차공을 계획하며 1단의 낙차는 1 m 이내로 하여야 한다.

3) 안정성

- 하상은 홍수시에 크게 변할 뿐만 아니라 상류로부터 토사공급이 감소하면 하상유지공의 직하류 하상이 크게 저하되어 기초가 위협받는 일이 발생하게 된다.
- 본체와 물받이가 일체 구조로 되어 있더라도 안정계산은 예측할 수 없는 사태를 고려하여 본체 단독으로 실시하며, 전도, 활동, 침하 등에 안정하도록 설계하여야 한다.

4) 평면 형상

- 하상유지공의 평면 형상에는 직선형, 경사형, 굴절형, 원호형 등이 있으며, 하도에 직각방향으로 설치하는 직선형을 원칙으로 한다.
- 직선형은 하도형상을 유지하는데 가장 효율적이며 치수상 지장이 적고 공사비도 저렴하나, 하상유지공 직하류 하안에 세굴이 발생할 수 있다.
- 경사형은 하천의 만곡부에서 상류의 유향을 하류의 유향과 일치시키기 위해서 사용되며 직선부에 사용하면 하류 한쪽 안부에 유수가 집중하여 하안 침식이 발생된다.

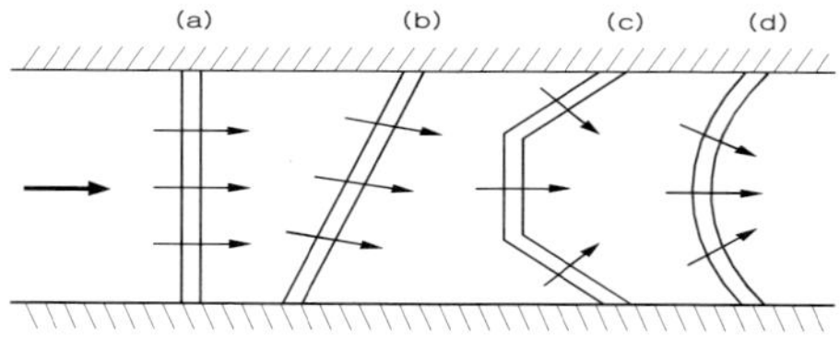

<그림 10.9> 하상유지공 평면형상

- 굴절형과 원호형은 유심을 하천중앙부로 향하게 하여 하상유지공 직하류 양쪽 하안의 세굴을 방지하는 목적으로 설치하며, 유수의 집중으로 하도 중앙부에 세굴이 발생하게 되어 하류 하상 및 바닥보호공의 유지가 어렵게 되며 세굴된 토사가 하류에 퇴적되어 하도의 유지가 곤란하다.

5) 횡단 형상

- 하상유지공 본체의 횡단 형상은 수평으로 하는 것이 원칙이며, 양쪽 하안 부근에 하상유지공의 둑마루 높이를 높게 하여 하안부 침식을 방지하는 형태가 있으나 이 경우에는 하상유지공 주변에 소용돌이가 발생하여 고수부지나 하상에 국부세굴이 발생하게 된다.
- 따라서 수리모형실험에서 최적 형상이 얻어진 경우를 제외하고는 하상유지공 본체의 횡단 형상은 수평으로 계획한다.

6) 종단 형상

- 본체의 둑마루폭은 콘크리트 구조나 석조일 경우에는 최소 1 m 이상으로 계획한다.
- 본체의 하류측 비탈면 경사는 1:0.5 이상으로 계획하며, 유수의 낙하 등에 의해 생길 수 있는 소음을 방지할 목적으로 1:1 이하의 완만한 경사로 할 수도 있으나 이 경우에 낙차가 크면 하상세굴이 증대될 수 있다.
- 본체의 상류측 비탈면 경사는 하류측과 유사하게 1:0~1:0.5로 계획한다.

7) 차수벽

- 차수벽은 기초지반이 견고하여 파이핑 작용을 무시할 수 있는 경우에는 불필요하며, 일반적으로 하상유지공 본체 하부의 파이핑을 방지하기 위해 설치하지만 고수부지의 지질상황에 따라 하상유지공의 양안부도 필요시에는 차수벽을 설치한다.
- 차수벽의 깊이는 차수벽 간격의 1/2 이내로 하며 1/2 이상의 깊이가 되는 경우에는 물받이 길이를 늘리며, 강널말뚝을 사용하는 경우에는 최저 2 m 이상으로 한다.

나. 물받이

1) 기능 및 구조

- 물받이는 도수를 발생시켜 본체를 월류하는 유수의 세력을 완화시키는 목적으로 설치한다.
- 도수가 발생시에는 유수의 난류현상이 현저하고 빠른 유속이 발생하므로 하상유지공 본체와 일체가 된 콘크리트 구조를 표준으로 하고, 본체를 월류하는 유수의 세굴 및 양압력에 견딜 수 있도록 설계한다.

2) 길 이

- 물받이의 길이는 세굴을 방지할 수 있는 정도를 확보하는 것이 필요하며, 낙차의 2~3배 또는 하류측 바닥보호공 길이의 1/3 정도로 계획한다. 한편, 후술되는 보 설계편의 Bligh 공식으로도 산정할 수 있다.
- 또한, 필요시 에너지를 감세시키기 위하여 감세공을 설치하여야 하며, 감세공의 형식은 하상유지공의 형식과 하류 하도의 수위, 하도 상황 등을 고려하여 선택한다.

3) 두 께

- 물받이의 두께는 양압력에 견딜 수 있는 중량을 가지도록 설계하는데 보통 1 m 정도로 하며 최소두께는 35 cm 이상이다.
- 유사량이 많은 급류하천에서는 마찰에 의해 물받이가 손상될 가능성이 있으므로 내마모성이 강한 콘크리트를 사용하거나 마모량을 예측하여 두께를 크게 한다.

다. 바닥보호공

1) 기능 및 구조

- 상류측 바닥보호공은 하상유지공 직상류에서 발생하는 국부세굴을 방지하여 하상유지공의 본체를 보호하는 기능을 수행한다.
- 하류측 바닥보호공은 하상유지공을 월류하는 유수의 난류현상을 감소시켜 하류 하도의 국부세굴을 방지하여 본체 및 물받이를 보호하고, 홍수시 하류 하도의 변동에 따라 변형되어 본체 및 물받이를 보호하는 기능을 수행한다.
- 바닥보호공은 순응성 구조로 설계함이 원칙이며 물받이의 하류측에서 조도가 큰 순서부터 배치하여 현지 하상재료와 잘 융합되도록 하여야 한다. 한편, 순응성 구조의 하상유지공에서는 그 자체를 바닥보호공으로 볼 수 있으므로 별도의 물받이나 바닥보호공이 불필요하다.

2) 높 이

- 바닥보호공은 하상저하에 의한 바닥보호공 자체의 붕괴를 방지하기 위하여 물받이와 같이 장래 하상변동을 예측한 후, 안정후의 하상고를 기준으로 설치하는 것이 바람직하다.
- 하상유지공의 시공시에 현재 하상이 바닥보호공 높이보다 높은 경우에는 하류하상 전체를 굴착하지 않고 바닥보호공 끝부분에서 적당한 구간까지 굴착하여 현재 하도에 접합시켜야 한다.

3) 길 이

- 바닥보호공의 길이는 하상유지공에 의한 영향이 없어진다고 추정되는 범위까지를 원칙으로 한다. 경험식으로 결정하기도 하지만 대하천이나 하류측 하상이 복잡한 경우에는 수리모형실험을 실시하여야 한다.
- 상류측 바닥보호공의 길이는 하류측 바닥보호공의 길이의 1/3~1/2 정도로 하며, 적용 가능한 공식으로는 국립건설시험소에서 제안한 직류하천에 대한 경험공식 등이 있다.

10.5 보

- 보(weir)는 각종 용수의 취수, 주운 등을 위하여 수위를 높이거나, 조수의 역류를 방지하기 위하여 하천을 횡단하여 설치하는 하천구조물로서 제방 기능을 갖지 않는 시설이다. 한편, 일반적으로 보는 하천의 수위를 조절하는 경우에 주로 사용되며 유량을 조절하는 기능은 적지만 최근에는 유량을 조절하는 보가 점차 증가되고 있다.
- 보와 댐의 구분이 모호해지고 있으나 다음 조건을 만족하는 경우를 보로 분류한다.
  - 기초지반에서 고정부 보마루까지의 높이가 15 m 이하인 경우
  - 유수 저류에 의한 유량조절을 목적으로 하지 않는 경우
  - 양끝 부분을 제방이나 하안에 고정시키는 경우
- 보는 구조에 따라서 고정보와 가동보로 구분되며 이 중 고정보는 낙차공과 형태가 비슷하여 쉽게 구별할 수 없는 경우가 있으나 낙차공은 하상안정을 위해 설치되므로 고정보보다 낮게 설치되는 것이 일반적이므로 규모에 의해 판별할 수 있다.

10.5.1 보 계획

가. 종 류

1) 설치목적에 따른 분류

- 취수보는 하천의 수위를 조절하여 생공용수, 발전용수 등을 취수하기 위한 보이다. 한편, 다른 부가적인 목적이 없는 수위조절만을 위한 수위조절보가 있다.
- 분류보는 하천의 홍수를 조절하고 저수를 유지하기 위해 하천의 분류점 부근에 설치하여 유량을 조절 또는 분류함으로써 수위를 조절하는 보이다.
- 방조보는 하구 또는 감조구간에 설치하여 조수의 역류를 방지하기 위한 보이다.

2) 구조와 기능에 따른 분류

고정보는 수문이 설치되지 않아서 수위·유량을 조절할 수 없는 보인 반면, 가동보는 수문이 설치되어 수위·유량 조절이 가능한 보이다.

3) 평면형상에 따른 분류

- 직선형은 유수방향에 직각으로 설치하는 형식으로 하류하상을 변화시키지 않아서 하도유지에 유리하고 공사비도 저렴하기 때문에 일반적으로 많이 채택되고 있다.
- 경사형은 평면형상은 일직선이나 유수방향과 경사지게 설치하는 형식으로 하류에서 유수방향과 월류의 방향을 일치시킬 때를 제외하고는 사용하지 않는다.
- 굴절형은 월류하는 유수를 유심부로 모으는 형태가 되어 보 직하류 중앙에 세굴이 많이 일어나지만 제방보호에는 효과적이다.
- 원호형은 아치형식으로 보 자체의 강도는 크지만 굴절형과 동일한 단점을 지닌다.

나. 형 식

1) 기초 형식

- 기초암반이 하상에서 깊지 않은 곳에 있어서 직접 암반위에 보를 설치하는 형식을 고정형 기초라고 하고, 암반이 하상에서 너무 깊거나 전혀 없어서 모래, 자갈 등의 하상위에 설치하는 형식을 부상형 기초로 구분한다.
- 보의 기초 형식은 역학적 안정성, 경제성, 완전차수의 필요 유무 및 세굴상태 등을 충분히 검토하여 선정한다.

2) 구조 형식

가) 전면 고정보

- 전면 고정보는 하천의 전체 하폭을 고정보로 하는 형식으로 고정보 위로 유수가 월류하는 형태이며, 홍수시 수위상승으로 인해 하천 상류부에 지장이 없거나 제방고에 여유가 있는 경우에 채택하는 형식이다.
- 일반적으로 소하천에서 많이 채택되는 형식으로 유지관리비가 저렴하다. 한편, 전면 고정보 형식을 채택할 경우에는 치수상의 배려는 물론 보의 상류에 퇴적되는 토사나 저니토의 배제를 위한 배사구를 반드시 설치하여야 한다.

나) 전면 가동보

- 전면 가동보는 하천의 전체 하폭을 가등보로 하는 형식으로 보를 설치하는 단면이 홍수소통에 여유가 없을 때 채택하는 형식이다.
- 충분한 취수수심을 얻을 수 있지만, 공사비와 유지관리비가 많이 들게 되며 홍수시 가동보의 조작이 불완전하면 상류 하천유역에 큰 피해를 야기시킬 수 있다.

다) 복합형 보

- 복합형 보는 부분적으로 고정보와 가동보를 혼용하는 형식으로 전면 고정보와 전면 가동보의 장점을 모두 활용할 수 있는 형식이다.
- 고정보와 가동보의 설치비율은 계획홍수시에 보로 인해 발생하는 배수영향이 허용되는 범위내에서 고정보의 비율을 크게 계획한다.

다. 설치 위치

- 보의 설치 위치는 설치 목적, 취수구의 설치 유무, 용수수급지 거리, 구조적 안정성, 경제성, 환경성, 유지관리 등과 관련된 다음과 같은 조건들을 종합적으로 고려하여 결정한다.
  - 용수를 도수하는데 필요한 취수위가 확보되고 주된 흐름이 취수구에 가까운 지점
  - 하안이 안정되어 있고, 하천수로가 직선이어서 유속의 변화 및 하상변동이 작고 또한, 상하류의 영향이 작은 지점
  - 기초지반이 양호하여 구조상 안전하고 공사비가 적게 드는 지점
  - 계획홍수량을 유하시키는데 필요한 하폭을 가지고 있는 지점
  - 시공이 편리한 지점
  - 유지관리가 용이한 지점
- 보 설치로 인해 상류 수위가 상승하여 하상에 여러 가지 역효과가 발생될 수 있으므로 그 영향을 반드시 검토하여야 한다.
- 한편, 만곡부에서는 수리 특성을 감안할 때 만곡부 하류에 보를 설치하는 것이 유리하다.

라. 보마루 표고

- 보마루 표고는 홍수소통에 지장이 없도록 하천의 계획단면적을 충분히 확보하고 각종 용수수요량을 무난하게 취수할 수 있도록 취수구 수위 또는 보의 목적에 따른 수위를 근거로 결정한다.

  보마루 표고 = 계획취수위 - (갈수량-취수량)의 월류수심 + 여유고

- 일반적으로 농업용수 공급을 목적으로 할 경우에는 하천유량이 적으므로 이와 같은 식의 두 번째 항은 무시하여도 되며, 여유고는 보통 10~15 cm 정도이다.
- 복합형 보에서는 가동보와 고정보의 마루표고를 동일하게 하는 것이 원칙이나 경우에 따라서는 고정보의 마루표고를 높게 계획한다.
- 가동보의 바닥표고(sill 표고)는 원칙적으로 계획하상고에 일치시키며, 배사구는 취수구 앞부분에 퇴적된 토사를 배제하고 수심을 유지하여 취수를 용이하게 하기 위하여 배수구보다 일반적으로 0.5~1.0 m 정도 낮게 한다. 한편, 배사구는 평상시에도 토사를 배제하기 때문에 배사구의 수로부는 경사가 필요하다.

10.5.2 고정보 설계

가. 고정보의 단면 결정

- 고정보의 단면형상은 <그림 10.10>과 같이 상류경사면을 연직 또는 연직에 가까운 기울기를 채택하고 하류경사면은 큰 기울기를 채택한 사다리꼴 단면이 일반적이며, 역학적인 조건을 만족시키는 동시에 수리학적으로 유리한 단면이 되도록 계획한다.
- 고정보의 상단폭과 하단폭은 다음과 같은 Bligh 공식을 이용하여 결정한다.

$$b = \frac{H_e}{\sqrt{S_c}}, \quad B = \frac{P + H_e + h_a}{\sqrt{S_c}}$$

  여기서 b는 상단폭(m), B는 하단폭(m), P는 보의 높이(m), H_e은 보 정상의 최대 월류수심(m), h_a는 접근속도수두(m), S_c는 콘크리트 비중(보통 2.3)이다.

- 고정보의 구조적 안정성 검토시에는 보의 상·하류 수위차에 의한 침투수의 침투길이와 외력에 의한 본체의 전도, 활동, 침하 등을 고려하여야 한다.

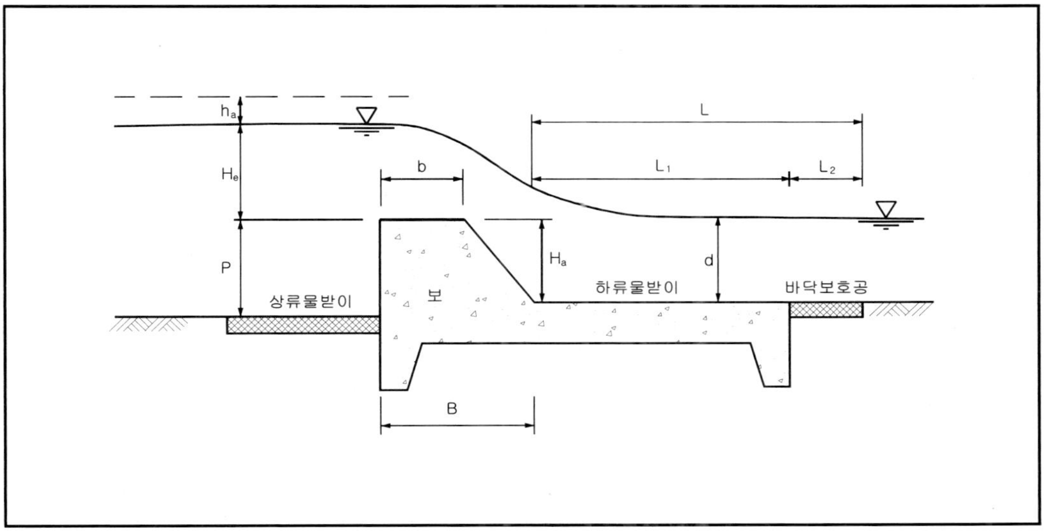

<그림 10.10> 고정보의 단면 형상

나. 물받이

보의 직하류는 월류하는 강한 유수에 의해 심한 세글작용을 받게 되는데 이러한 세굴작용으로부터 보를 보호하기 위해 물받이(apron)를 설치한다. 한편, 물받이와 바닥보호공을 병용하여 설치하는 것이 유리하고 효과적이다.

1) 하류 물받이 길이 및 두께

- 물받이의 파괴는 물받이 길이의 부족으로 인하여 발생하는 경우가 많으나 이를 결정할 수 있는 마땅한 방법이 없으므로, 하류 물받이 길이 계산은 다음과 같은 Bligh 공식 등과 같은 경험공식을 사용한다.

$$L_1 = 0.6 \cdot C \cdot \sqrt{H_a}$$

여기서 L_1 : 하류 물받이 길이(m)

H_a : 하류 물받이 상단에서 보마루까지의 높이(m) 또는 배사구나 가동보의 경우 믈받이 상판에서 수문마루까지의 높이(m)로 물받이가 경사진 경우에는 물받이 끝에서의 높이를 적용

C : Bligh 계수로 하상토의 상태가 극미립사 또는 이토(0.05~0.1mm)인 경우 18, 가는 모래(0.1~0.25mm)인 경우 15, 굵은 모래(0.5~1.0mm)인 경우 12, 자갈과 모래의 혼합인 경우 9, 호박돌이나 자갈인 경우 4~6을 적용

- Bligh 공식은 간편한 장점을 지니지만 하상토사의 특성을 이용한 Bligh 계수만으로 물받이의 길이를 결정하는 것은 무리가 있다. 또한, Bligh 공식은 기초를 견고한 암반에 설치하는 경우처럼 기초가 불투수지반인 경우에는 적용이 곤란하다.
- 하류 물받이의 두께는 다음과 같이 표시되는 경험공식을 이용하여 산출한다.

$$T = \frac{4\cdot(\Delta h - h_L)}{3\cdot(S_a - 1)}$$

여기서 T는 하류 물받이의 두께(m), Δh는 상하류의 수위차(m), h_L은 손실수두(m), S_a는 물받이 구성재료의 비중이다.

2) 상류 물받이 길이 및 두께

- 상류 물받이는 보 직상류에 소용돌이가 발생하여 세굴위험이 있을 경우 또는 가동보와 병설될 경우에 수문의 개폐에 의해 횡류가 발생할 위험이 있을 경우 등에 설치한다. 하지만 보의 높이가 2~3 m 정도이고 상류측에 퇴사가 예상되는 곳에서는 설치하지 않아도 무방하다.
- 일반적으로 상류 물받이의 길이는 3~5 m 정도로 결정하며, 두께는 하류 물받이 두께의 1/3~1/2 정도로 결정한다.

다. 바닥보호공

- 바닥보호공은 유속을 약화시켜 하상세굴을 방지하고 보의 본체 및 물받이를 보호하기 위하여 설치한다.
- 일반적으로 콘크리트 블록, 사석, 돌망태 등을 이용하고 있으며, 가능하면 조도가 다른 2종류 이상의 재료를 사용하여 유속을 서서히 감소시켜 흐름을 원활하게 하는 것이 바람직하다.
- 바닥보호공의 길이는 다음과 같은 Bligh 공식을 이용하여 산출한다.

$$L_2 = 0.66\, C \cdot f \cdot (H_a \cdot q)^{1/2} - L_1$$

여기서 L_2는 바닥보호공 길이(m), C는 Bligh 계수, H_a는 하류 물받이 상단에서 보마루까지의 높이(m), q는 단위폭당 유량($m^3/s/m$), L_1은 하류 물받이 길이(m), f는 안전율로 고정보는 1.0, 가동보는 1.5를 적용한다.

10.6 어 도

- 어도(fish way)는 댐 건설 등에 의해서 하천을 거슬러 올라가는 소하성 어류들의 이동이 차단되는 경우 이러한 어류들의 소하를 가능하도록 할 목적으로 설치한다.
- 최근에는 수산자원의 보호와 자연생태계의 보전을 위하여 모든 수공구조물에 어도 설치를 의무화하고 있다. 한편, 수산자원의 보호측면보다는 자연생태계의 보전측면이 강하므로 대상어종을 대표어종에 국한하지 말고 전체 어종을 대상으로 하여야 한다.

1) 어도 설계시 고려 사항

- 어류의 용이한 진입, 신속 및 안전한 소상, 용이한 진출 등이 보장되어야 한다.
- 어도의 출수구가 쉽게 발견되도록 하고, 별도의 어류 유인시설을 설치하여야 한다.
- 통수량 및 통수상태가 적당하고, 어류의 손상이나 피로를 피할 수 있어야 한다.
- 구조가 간단하고 유지관리가 용이하고 경제적이어야 한다.
- 외부인에 의한 어류 포획이 발생하지 않도록 고려하고 상부가 개방식인 경우 조류에 의한 피해가 발생하지 않도록 유리 덮개 등의 설치를 고려하여야 한다.
- 어도를 이용하는 어류의 생태와 습성을 고려하여 형식을 선택하여야 한다.
- 어도 하류부의 국부세굴 및 하상변동을 검토하여야 한다.

2) 어도의 형식

어도의 형식은 계단식 어도, 갑문식 어도, 엘리베이트식 어도 등으로 구분된다.

① 계단식 어도

- 경사수로에 칸막이인 연직 격벽(weir) 또는 감세배플 등을 설치하여 웨어와 풀이 연속되는 구조물

- 웅덩이 부분과 월류부분에 의해 경사를 부드럽게 함으로써 어류의 소상을 효율적으로 하는 형식
- 경제적이고 활용도 또한 최대이어서 국내외에서 가장 많이 사용하는 형식

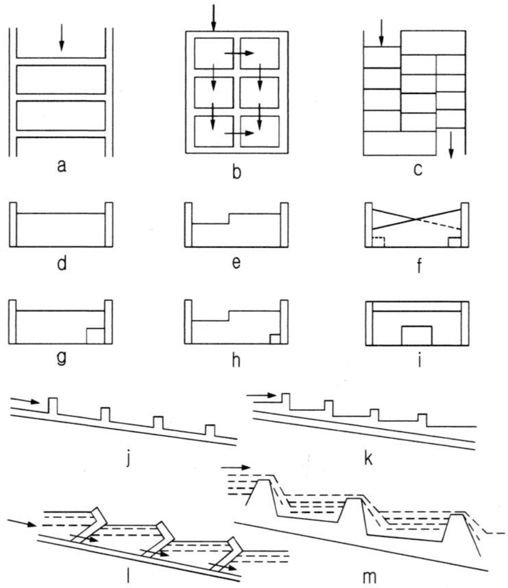

<그림 10.11> 계단식 어도

② 갑문식 어도

- 주운용 갑문과 유사한 형식으로 갑실에 물을 채운 후 이를 전환 관수로를 통해 저수지에 방출하는 형식이며, 유인시설을 추가하여 어류를 유인
- 소하천이나 소규모 댐에 설치하는 경우 계단식 어도보다 경제적인 형식
- 상·하류의 수위차가 큰 경우 댐 상·하류단에 각각 수조 및 수문을 설치하고 수문조작에 의해 어류의 소상을 가능하게 하는 볼렌드식 어도도 갑문식 어도의 일종

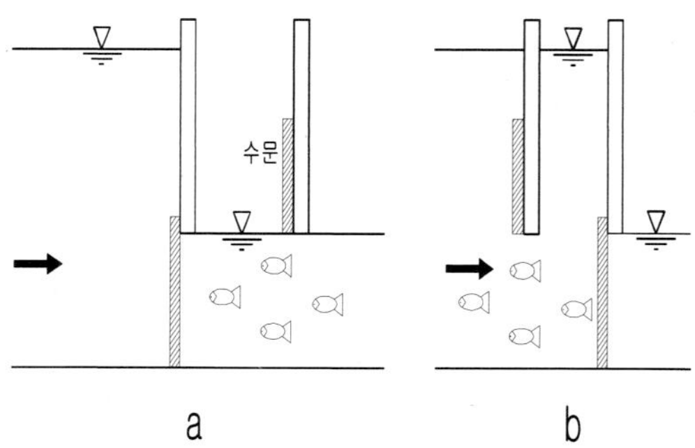

<그림 10.12> 갑문식 어도

③ 엘리베이트식 어도

- 낙차가 큰 구조물에 설치되며 어류가 자력으로 소상할 수 없는 높은 댐과 같은 경우에 사용하는 형식
- 엘리베이트 상자에 어류를 모이게 한 후 이를 수직으로 들어올리는 구조

• 한편, 어도의 형식 선정에는 대상 하천유량 및 수위의 범위, 어도의 유량, 대표어종의 소상능력의 한계치, 입지조건 및 경제적 조건, 설치대상 댐의 특수성, 유지보수 등을 종합적으로 고려하여 채택하여야 한다.

3) 어도의 규모 및 위치 결정

- 어도의 폭은 최소한 평수기의 유량을 모두 어도로 유하할 수 있을 정도를 추천하며 전체 댐 길이의 1~15% 정도의 범위로 결정하거나 최소 1~3 m 이상으로 결정한다.
- 어도의 길이는 저수지의 높이와 경사에 의해 결정되나 길이가 너무 긴 경우 소상 어류의 피로를 초래하므로 이에 따른 중간 휴식터 등을 추가하여야 한다.
- 어도의 경사는 평상유량일 때 어도를 이용하여 소상하는 어류에 가장 큰 영향을 주는 인자이며 10% 이하가 적당하며 일반적으로 1/10~1/20이 추천되고 있다.
- 어도의 위치는 어류가 소상할 때는 하천의 안부쪽을 따라서 이동하므로 어도는 하천의 양안에 설치하는 것이 바람직하다.

4) 계단식 어도 설계

- 계단식 어도(pool and weir fishway)는 현재 국내외에서 가장 많이 사용하는 형식으로 유인부, 보조유인수 장치, 이동수로, 방류구 등으로 구성된다.
- 어류 유인부에는 하류수위의 변동에 따라 자동조절이 가능한 수문을 설치하고, 보조유인수 장치는 보다 많은 물을 유하시키기 위하여 설치한다.
- 이동수로는 유인부에서 유인한 어류를 소상시키기 위한 구조물로서 일반적으로 통수량이 크거나 10 m 이상의 긴 어도의 경우에는 연직 격벽을 설치하며, 이동수로의 유속은 대체로 0.5 m/s 이하, 연속된 두 웨어간의 수두차는 0.3 m 이하로 계획한다.
- 방류구는 이동수로의 최상류 구조물로서 유입수의 원활한 공급과 저수지의 수위변동에 따른 유입수량의 유지 기능을 지니며 이동수로에 유목 등의 유입방지를 위해 유목방지 그물 등을 설치한다.
- 한편, 계단식 어도의 설계시에는 연속되는 풀의 수리조건 동일, 최대유속은 대표어종의 돌진속도 이하, 통과경로의 최소수심은 어류 체고의 1.2배 이상, 통과경로의 최소폭은 어류 체장 정도를 확보하여야 하는 점 등을 고려하여야 한다.

10.7 교량 세굴보호공

- 교량 세굴은 교각, 교대 등 교량 주변의 하상이나 제방이 유수에 의해 침식 및 이송되는 현상이며, 세굴이 교량 안전에 미치는 영향이 크므로 교량의 계획, 설계, 시공, 유지관리 등 모든 단계에서 중요하게 고려되어야 한다.
- 교량 주변의 세굴은 원인에 따라 장기간에 걸친 하상 변화인 장기하상저하(long term degradation), 구조물 등에 의한 흐름단면의 축소로 인한 수축세굴(contractive scour), 교각과 교대 등에서 흐름이 가속되어 발생하는 와류로 인한 국부세굴(local scour) 등으로 분류된다.
- 이에 따라 교량 세굴관련 검토시에는 장기하상저하량, 수축세굴심, 국부세굴심 등과 같은 세굴원인별 세굴심을 각각 계산하고 이들의 합으로 총세굴심을 산정한 다음 이를 토대로 세굴보호공 계획을 수립하게 된다.

10.7.1 세굴심 산정

- 일반적으로 장기하상저하량은 하상변동예측 모형을 이용하여 산정하고, 수축세굴심 및 국부세굴심은 경험공식을 이용하여 산정하고 있다.
- 장기하상저하량을 산정하기 위한 하상변동예측에는 HEC-RAS(과거 HEC-6), RMA2/SED2D 모형 등이 사용되고 있으며, 수축세굴심 및 국부세굴심을 산정하기 위한 경험공식은 모형을 통하여 계산하는 방법과 직접 계산하는 방법으로 구분된다.
- 수축세굴심 및 국부세굴심을 산정하는 경험공식을 내포하고 있는 대표적 모형으로는 미국육군공병단의 HEC-RAS 모형이 있다. 하지만 HEC-RAS 모형의 경험공식 개수가 제한되어 있고, 경험공식은 신뢰도가 낮기 때문에 다른 경험공식으로 직접 계산을 추가하는 경우가 많다.
- 한편, 경험공식의 직접 계산에 필요한 인자인 교량 및 직상류 단면의 유속, 수심, Froude 수 등은 일반적으로 HEC-RAS와 같은 모형이나 수리모형실험을 통하여 산정된 값을 적용하고 있다.
- 세굴심 산정의 홍수사상 선정 기준은 100년빈도 홍수량이 200 m^3/s 이하인 경우에는 50년빈도, 100년빈도 홍수량이 200~2,000 m^3/s인 경우에는 100년 이상의 빈도, 100년빈도 홍수량이나 기왕최대 홍수량이 2,000 m^3/s 이상인 경우에는 500년빈도를 적용한다.

가. 장기하상저하

- 자연하천은 세굴과 퇴적이 평형을 이루어 장기적으로 하상변화가 발생하지 않는 평형상태가 대부분이다. 따라서 상류부에 횡단구조물(댐, 보, 낙차공)의 건설로 인한 유속 증가, 하상준설 및 골재채취 등과 같은 인위적인 요인이 발생하지 않는 경우에는 일반적으로 장기하상저하를 고려하지 않아도 무방하다.
- 현재 장기하상저하 모의에는 1차원 부정류 하상변동예측 모형인 HEC-RAS 모형을 많이 채택하고 있으며, 2차원 부정류 하상변동예측 모형으로는 RMA2/SED2D 모형이 있다.

나. 수축세굴

- 교량의 수축세굴은 교량 설치에 따른 통수단면 축소로 인하여 발생하며, 이러한 현상은 하천단면의 축소, 식생의 성장, 유송잡물의 퇴적 및 만곡정도 등에 의하여 보다 증대될 수 있다.
- 수축세굴은 교량 직상류단면의 평균유속이 평균입경의 하상재료를 이동시키는데 필요한 세굴한계유속보다 작을 경우에는 정적세굴, 클 경우에는 동적세굴 등으로 구분된다.
- 따라서 수축세굴은 정적수축세굴, 동적수축세굴으로 구분하여 산정하게 되며, 「하천설계기준·해설(2009, 한국수자원학회)」에서는 정적수축세굴, 동적수축세굴 산정시 모두 Laursen이 각각의 경우에 대하여 제안한 경험공식을 사용하도록 하고 있다.
- 한편, 일반적으로 수축세굴심은 국부세굴심에 비해 상대적으로 작으므로 교량설치로 인한 통수단면적의 축소가 미미할 경우에는 고려하지 않아도 무방하다.

1) 정적수축세굴

- Laursen이 제안한 정적수축세굴심 산정 공식은 다음과 같다.

$$y_{sc} = y_2 - y_1$$

$$y_2 = \left(\frac{Q_2^{\,2}}{40\, D_m^{\,2/3}\, W_2^{\,2}} \right)^{3/7}$$

여기서 y_{sc} : 수축세굴심(m)

y_1 : 교량 직상류단면 평균수심(m)

y_2 : 교량단면 평균수심(m)

Q_2 : 교량단면 유량(m³/s)

D_m : 교량단면 유효평균입경($1.25D_{50}$, m)

W_2 : 교량단면 유효수면폭(m)

2) 동적수축세굴

- Laursen이 제안한 동적수축세굴심 산정 공식은 다음과 같다.

$$y_{sc} = y_2 - y_1$$

$$y_2 = y_1\left(\frac{Q_2}{Q_1}\right)^{\frac{6}{7}}\left(\frac{W_1}{W_2}\right)^{K_{c1}}\left(\frac{n_2}{n_1}\right)^{K_{c2}}$$

여기서 y_{sc} : 수축세굴심(m)

y_1 : 교량 직상류단면 평균수심(m)

y_2 : 교량단면 평균수심(m)

Q_1 : 교량 직상류단면 유량(m³/s)

Q_2 : 교량단면 유량(m³/s)

W_1 : 교량 직상류단면 유효수면폭(m)

W_2 : 교량단면 유효수면폭(m)

n_1 : 교량 직상류단면 조도계수

n_2 : 교량단면 조도계수

K_{c1} : 하상재료 이송양상에 따른 유효수면폭비 관련 보정계수

K_{c2} : 하상재료 이송양상에 따른 조도계수비 관련 보정계수

- 하상재료 이송양상에 따른 유효수면폭비 및 조도계수비 관련 보정계수 K_{c1}, K_{c2}는 <표 10.12>를 이용하여 결정한다. 한편, 여기서 하상재료의 평균침강속도(ω)는 <그림 10.13>을 이용하여 결정한다.

<표 10.12> 하상재료 이송양상에 따른 유효수면폭비 및 조도계수비 관련 보정계수

하상재료 이송양상 (u_*/ω 범위)	유효수면폭비 관련 보정계수(K_{c1})	조도계수비 관련 보정계수(K_{c2})	비 고
0.50 이하	0.59	0.07	대부분 하상접촉 이동
0.50~2.0	0.64	0.21	부분적 부유유사 이동
2.0 이상	0.69	0.37	대부분 부유유사 이동
u_* : 교량 직상류단면 전단속도($\sqrt{gy_1S_1}$, m/s) , g : 중력가속도(9.8 m/s²), S_1 : 교량 직상류단면 에너지경사(m/m) , ω : 평균침강속도(m/s)			

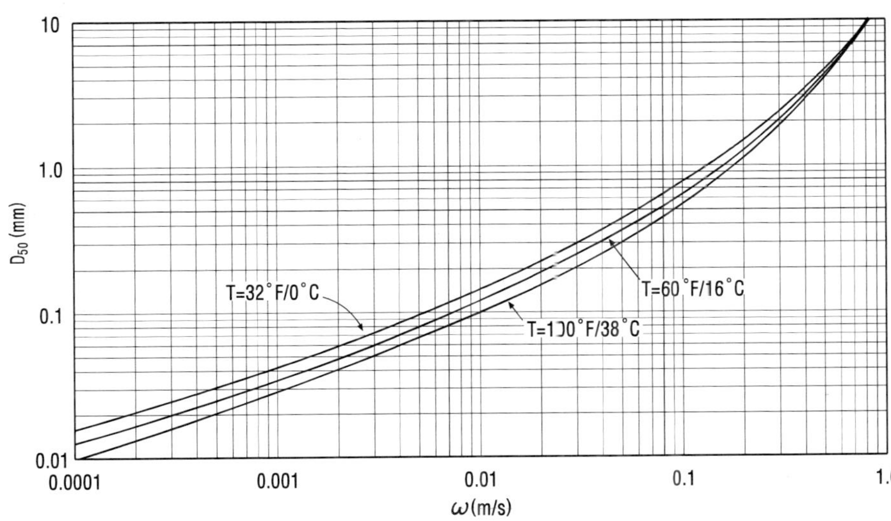

<그림 10.13> 평균침강속도(ω)와 하상재료 평균입경(D_{50})의 관계

다. 국부세굴

1) 교각 국부세굴

- 교각 국부세굴심 산정 공식에는 CSU(Colorado State University) 공식, Froehlich 공식, Laursen 공식, Neill 공식 등이 있으며, 「하천설계기준·해설(2009, 한국수자원학회)」에서는 CSU 공식을 우선적으로 적용하고, 경험공식의 낮은 신뢰도를 감안하여 2가지를 추가로 적용하도록 규정하고 있다.
- 한편, HEC-RAS 모형에는 CSU 공식과 Froehlich 공식이 적용되고 있으므로 일반적으로 이를 제외한 경험공식의 직접 계산을 추가하여 검토한다.

a) CSU(Colorado State University) 공식

- CSU에서 제안하고 있는 교각 국부세굴심 산정 공식은 다음과 같고, 많은 인자들을 종합적으로 고려하고 있는 공식이다.

$$y_{sp} = y_1 \left[2.0 K_{p1} K_{p2} K_{p3} K_{p4} \left(\frac{b}{y_1} \right)^{0.65} Fr_1^{0.43} \right]$$

여기서 y_{sp} : 교각 국부세굴심(m)
y_1 : 교각 직상류단면 수심(m)
b : 교각 폭(m)
Fr_1 : 교각 직상류단면 Froude 수
K_{p1} : 교각형상에 따른 보정계수
K_{p2} : 교각의 흐름방향과의 각도에 따른 보정계수
K_{p3} : 하상형상에 따른 보정계수
K_{p4} : 하상재료의 따른 보정계수

- 상기 식에 포함된 보정계수 K_{p1}~K_{p4}는 <표 10.13>~<표 10.16>을 이용하여 결정한다.

<표 10.13> 교각형상에 따른 보정계수(K_{p1})

교 각 형 상	K_{p1}	비 고
직 사 각 형	1.1	
반 원 형	1.0	
원 통 형	1.0	
예 각 형	0.9	
원 통 그 룹	1.0	

<표 10.14> 교각의 흐름방향과의 각도에 따른 보정계수(K_{p2})

흐름방향과의 각 도(θ,°)	교각 길이와 폭의 비			비 고
	L/b = 4	L/b = 8	L/b = 12	
0	1.0	1.0	1.0	L은 교각길이(m)
15	1.5	2.0	2.5	b는 교각 폭(m)
30	2.0	2.5	3.5	
45	2.3	3.3	4.3	
90	2.5	3.9	5.0	

<표 10.15> 하상형상에 따른 보정계수(K_{p3})

하 상 형 상	K_{p3}	비 고
정 적 세 굴	1.1	
평면하상, 역사구	1.1	
작 은 사 구(0.6≤H<3)	1.1	H는 사구높이(m)
중 간 사 구(3≤H<9)	1.1~1.2	
큰 사 구(9≤H)	1.3	

<표 10.16> 하상재료에 따른 보정계수(K_{p4})

구 분	D_{50}(mm)	D_{90}/D_{50}	유속조건	K_{p4}	비 고
모 래	2.0 이하	-	-	1.0	
자 갈	2~32	-	-	1.0	
자 갈	32~64	4~3	$V_1 \leq 0.7V_c$	0.95	
조약돌	64~250	3~2	$V_1 \leq 0.8V_c$	0.90	
조약돌	250~500	2~1	$V_1 \leq 0.8V_c$	0.85	
조약돌	500 이상	1	$V_1 \leq 0.9V_c$	0.80	

주) V_1는 교량 직상류단면 평균유속, V_c는 한계유속

b) Froehlich 공식

Froehlich가 제안하고 있는 교각 국부세굴심 산정 공식은 다음과 같고, 많은 인자들을 대부분 포함하고 있는 장점을 지니고 있는 반면, 교각 폭을 더하는 항이 있으므로 교각 폭이 큰 경우 과다 산정될 우려가 있다.

$$y_{sp} = b\left[0.32\Phi\left(\frac{b'}{b}\right)^{0.62}\left(\frac{y_1}{b}\right)^{0.46}Fr^{0.2}\left(\frac{b}{D_{50}}\right)^{0.08} + 1\right]$$

$$b' = b\cdot\cos\theta + L\cdot\sin\theta$$

여기서 y_{sp} : 교각 국부세굴심(m)

b : 교각 폭(m)

b' : 교각의 흐름방향과의 각도에 따른 투영 교각 폭(m)

Φ : 교각 형상계수(사각형 : 1.3, 원형 : 1.0, 예각형 : 0.7)

L : 교각 길이(m)

θ : 교각의 흐름방향과의 각도

y_1 : 교각 직상류단면 수심(m)

Fr : 교각 직상류단면 Froude 수

D_{50} : 하상입자 평균입경(m)

c) Laursen 공식

Laursen이 제안하고 있는 교각 국부세굴심 산정 공식은 다음과 같고, 교각 형상 및 흐름방향과의 각도, 유속 등의 영향을 반영하지 못하는 공식이다.

$$b = 5.5\,y_{sp}\left[\left(\frac{y_{sp}}{11.5y_1}+1\right)^{1.7} - 1\right]$$

여기서 y_{sp}는 교각 국부세굴심(m)으로 시행착오법으로 산정, b는 교각 폭(m), y_1는 교각 직상류단면 수심(m)이다.

d) Neill 공식

Neill이 제안하고 있는 교각 국부세굴심 산정 공식은 다음과 같고, 교각형상 및 흐름방향과의 각도, 유속 등의 영향을 반영하지 못하는 공식이다.

$$y_{sp} = 1.5b\left(\frac{y_1}{b}\right)^{0.3}$$

여기서 y_{sp}는 교각 국부세굴심(m), b는 교각 폭(m), y_1는 교각 직상류단면 수심(m)이다.

- 한편, 추가적으로 교각 국부세굴의 범위인 세굴 상부반경을 검토하는 것이 필요하며, 이는 「Evaluating Scour at Bridges (2001, FHWA HEC-18)」에서 제시하고 있는 다음과 공식으로 산정할 수 있다.

$$W = y_{sp} \times (K + \cot\theta)$$

여기서 W는 교각 국부세굴 상부반경(m), y_{sp}는 국부세굴심(m), K는 국부세굴심에 대한 국부세굴 바닥폭의 비, θ는 하상재료의 안식각(°)이다.

- 상기 문헌에서는 일반적인 경우 교각 국부세굴의 상부반경은 국부세굴심의 2배로 산정할 수 있는 것으로 제시하고 있다.

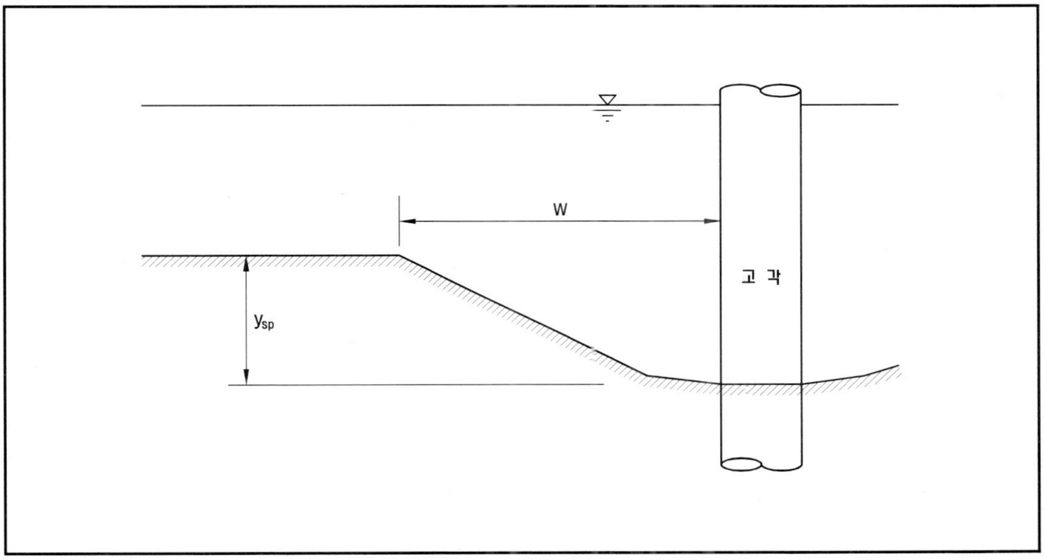

<그림 10.14> 교각 국부세굴의 범위

2) 교대 국부세굴

- 교대 국부세굴의 경우 매우 다양한 형태로 진행되므로 교대 국부세굴심을 정확히 산정하기 어려울 뿐만 아니라 기존 경험공식의 경우 과다 산정하는 경향을 나타내고 있다.
- 현재 「Evaluating Scour at Bridges(2001, FHWA HEC-18)」 및 HEC-RAS 모형 등에서는 흐름방향에 직각으로 투영된 교대 길이가 직상류부 단면 평균수심의 25배를 초과할 경우에는 HIRE 공식을 사용하고, 25배 이하일 경우에는 Froehlich 공식을 사용하는 방법을 주로 사용하고 있다.

가) HIRE 공식

- HIRE 공식은 「Highways in the River Environment(2001, FHWA)」에서 Richardson 등이 제시한 교대 국부세굴심 산정공식으로 다음과 같다.

$$y_{sa} = 4y_1\left(\frac{K_{h1}}{0.55}\right)K_{h2}\,Fr_1^{0.33}$$

여기서 y_{sa} : 교대 국부세굴심(m)

y_1 : 교대 직상류단면 수심(m)

Fr_1 : 교대 직상류단면 Froude 수

K_{h1} : 교대형상에 따른 보정계수

K_{h2} : 교대의 흐름방향과의 각도에 따른 보정계수

- 상기 식에 포함된 보정계수 K_{h1}, K_{h2}는 <표 10.17> 및 <그림 10.15>를 이용하여 결정한다.

<표 10.17> 교대형상에 따른 보정계수(K_{h1})

교 대 형 상	K_{h1}	비 고
수직벽 교대	1.00	
날개벽이 있는 수직벽 교대	0.82	
경사벽 교대	0.55	

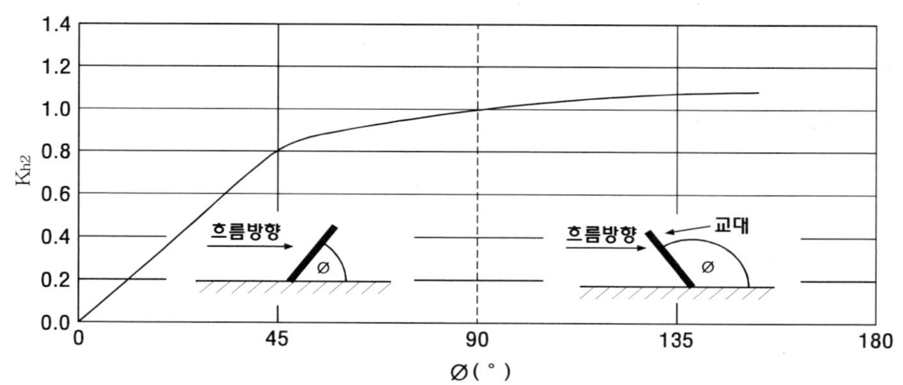

<그림 10.15> 교대의 흐름방향과의 각도에 따른 보정계수

나) Froehlich 공식

Froehlich이 제안하고 있는 교대 국부세굴심 산정 공식은 다음과 같다.

$$y_{sa} = y_1\left[2.27\,K_{f1}\,K_{f2}\left(\frac{L_a}{y_1}\right)^{0.43} Fr_1^{0.61} + 1\right]$$

$$K_{f2} = (\phi/90)^{0.13}$$

여기서 y_{sa} : 교대 국부세굴심(m)

y_1 : 교대 직상류단면 평균수심(m)

L_a : 흐름방향에 직각으로 투영된 교대 길이(m)

Fr_1 : 교대 직상류단면 Froude 수

K_{f1} : 교대형상에 따른 보정계수(HIRE 공식의 K_{h1} 참조)

K_{f2} : 교대의 흐름방향과의 각도에 따른 보정계수

ϕ : 교대의 흐름방향과의 각도(°)(<그림 10.15>의 ϕ 참조)

라. 총세굴심

- 총세굴심(y_s)는 일반적으로 다음과 같이 장기하상저하량, 수축세굴심 및 국부세굴심의 합으로 표현된다.

  총세굴심 = 장기하상저하량 + 수측세굴심 + 국부세굴심

- 장기하상저하량 및 수축세굴심은 국부세굴심에 비해 상대적으로 작으므로 장기하상변동 요인이 없거나 단면 축소가 미미할 경우에는 생략할 수 있다.

10.7.2 세굴보호공 설계

- 교량 주변에 발생하는 세굴로 인하여 기초의 일부 또는 전부가 하천의 흐름에 노출되면 교량 안전에 문제가 발생하게 되므로, 이를 방지하기 위해서는 교각 및 교대 주변에 세굴보호공을 설치하여야 한다.
- 세굴보호공의 규모와 형식은 하천흐름, 교량 주변지반, 교각 및 기초 등의 특성과 같은 공학적인 요소뿐만 아니라 교량의 위치, 규모 및 중요도 등 여러 가지 사회, 경제적인 요소도 함께 고려하여 시공성, 내구성 및 유지관리 측면에서 유리한 공법을 선정하여야 한다.
- 현재 세굴보호공으로는 사석보호공과 콘크리트 블록매트 보호공이 주로 사용되고 있다.

가. 사석보호공

- 교각 주위의 국부세굴을 방지하기 위한 사석보호공은 많이 사용되고 있는 공법으로 시공성과 경제성이 다른 공법에 비해 양호하므로 많이 사용되는 방법이다.
- 사석보호공의 일반적인 형태와 수심에 따른 흐름양상은 <그림 10.16> 및 <그림 10.17>과 같다.

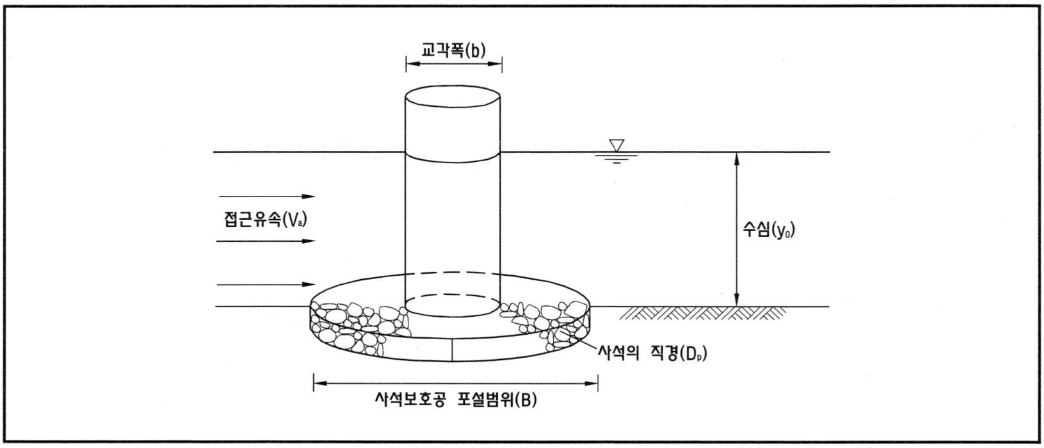

<그림 10.16> 사석보호공의 일반적인 형태

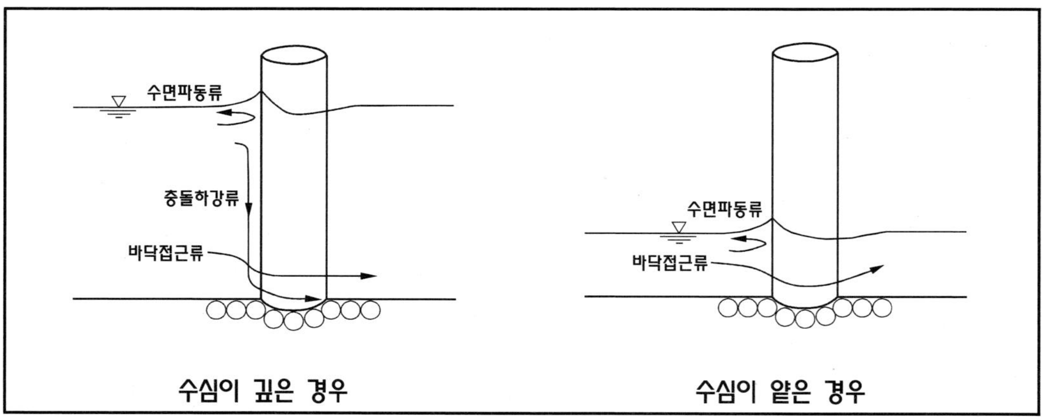

<그림 10.17> 사석보호공 주위의 흐름양상

- 하지만 이와 같은 사석보호공을 설치하기 위한 명확한 설계방법이 제안되어 있지 않으므로, 경험공식을 이용하여 사석의 크기와 설치범위 및 두께 등을 결정하고 있다.

1) 사석 크기 결정

가) Isbash 공식

- Isbash는 구조물이 없는 흐름 중에 사석을 떨어뜨려 하류로 이송되지 않는 사석 크기를 결정하는 공식을 다음과 같이 제안하였다.

$$V_a = C\sqrt{2g\,D_p(S_s-1)}\,\sqrt{\cos\alpha-\sin\alpha}$$

여기서 V_a : 구조물이 없는 상태에서의 접근유속(m/s)

C : Isbash 계수(0.86~1 20)

g : 중력가속도(9.8m/s²)

D_p : 사석 직경(m)

S_s : 사석 비중(ton/m³)

α : 사석이 부설되는 하상의 경사각(°)

나) Richardson 공식

- Richardson은 교각주위의 세굴보호공에 대한 사석 크기를 결정할 수 있도록 Isbash 공식을 변형한 공식을 다음과 같이 제안하였다.

$$D_{50} = \frac{0.692(K_r V_a)^2}{2(S_s-1)g}$$

여기서 D_{50} : 사석 평균입경(m)

K_r : 교각형상에 따른 보정계수(원형교각: 1.5, 사각형교각: 1.7)

V_a : 구조물이 없는 상태에서의 접근유속(m/s)

S_s : 사석 비중(ton/m³)

g : 중력가속도(9.8 m/s²)

- 한편, 「Evaluating Scour at Bridges (2001, FHWA HEC-18)」에서는 Richardson 공식을 사용하여 사석의 크기를 결정하도록 하고 있다.

2) 사석보호공의 설치범위 및 설치두께

- 사석보호공의 설치범위와 설치두께는 「Evaluating Scour at Bridges (2001, FHWA HEC-18)」, 「Scour Manual(1997)」 등에서 추천하고 있는 방법을 혼용함으로써 결정할 수 있으며 구체적인 내용은 <표 10.18>과 같다.

<표 10.18> 사석보호공의 설치범위 산정 방법

구 분		산정 방법	비 고
설치범위	직 경	5b, $2.4y_s+b$ 중에서 큰 값 채택	HEC-18
	폭	6b	Scour Manual (Bonasoundas)
	상류부길이	2.5b	
	하류부길이	3.5b	
설치두께	상류부두께	$3D_p \times 1.25$	HEC-18
	하류부두께	$3D_p$	

주) y_s는 총세굴심(m), b는 교각폭, D_p는 사석직경(m)

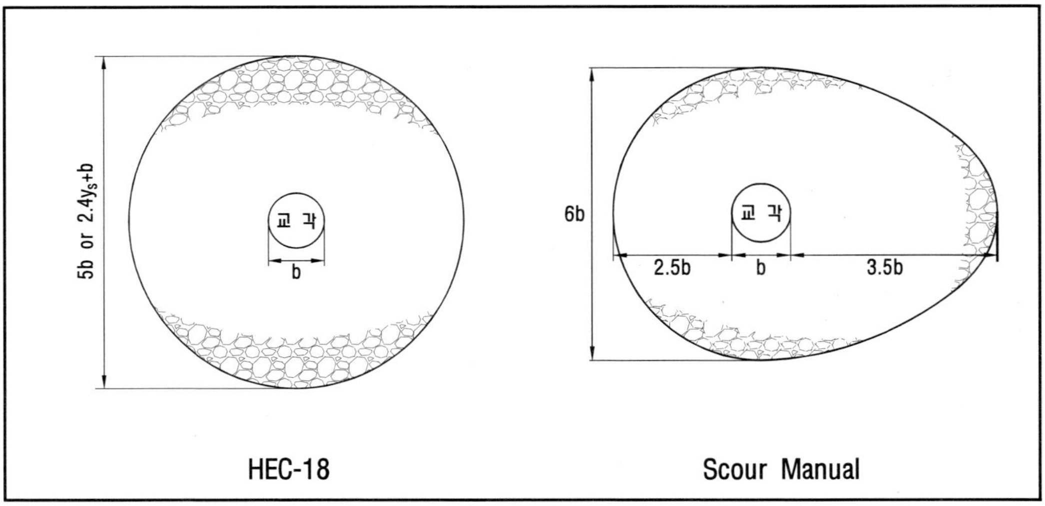

<그림 10.18> 사석보호공의 설치범위

- 한편, 사석보호공의 붕괴를 최소화하기 위해서는 기존의 하상과 사석보호공 사이의 투수성을 확보하는 동시에 기존 하상 토사의 세립분이 사석보호공의 간극을 통해 빠져나가는 것을 방지하여야 한다.
- 이와 같은 흡출방지 공법에는 사석보호공의 입도분포를 조절하는 방법과 사석보호공과 기존 하상 사이의 공간에 자갈 또는 토목섬유 등의 필터층을 시공하는 방법 등이 있다.

나. 콘크리트 블록매트 보호공

- 콘크리트 블록을 매트 형태로 교량의 기초 주위에 설치함으로써 세굴을 방지하는 방법으로, 블록 연결 케이블의 재료는 스테인리스 스틸이나 폴리프로필렌이며 블록매트 저면에는 흡출방지를 위하여 토목섬유를 설치한다.
- 콘크리트 블록매트 보호공은 사석보호공에 비해 안정성 및 내구성이 우수하지만, 시공시 별도의 거치장비가 필요하며 공사비가 고가이다.
- McCorquodale는 원형 교각의 경우에 대한 매트 부설범위를 다음과 같이 제안하였다.

$$W_s = 2.5y_s + b \quad , \quad X_1 = 1.25y_s \quad , \quad X_2 = 3y_s$$

여기서 W_s : 매트 폭(m)

X_1 : 매트 상류부 길이(m)

X_2 : 매트 하류부 길이(m)

y_s : 총세굴심(m)

b : 교각 폭(m)

- 한편, 유속에 따라 필요한 블록단위중량은 <표 10.19>, 블록단위중량에 따른 상용제품의 구성은 <표 10.20>과 같다.

<표 10.19> 유속에 따라 필요한 블록단위중량

유 속 (m/s)	블록단위중량 (ton/m³)	비 고	유 속 (m/s)	블록단위중량 (ton/m³)	비 고
3 미만	0.5~2		4~5	3	
3~4	2~3		5 이상	4 이상	

<표 10.20> 블록단위중량에 따른 상용제품 구성

(단위: mm)

구 분	블록단위중량(ton/m³)						비 고
	0.5	1.0	2.0	4.0	6.0	8.0	
길 이	1,095	1,380	1,740	2,190	2,505	2,760	
폭	730	920	1,160	1,460	1,670	1,840	
높 이	365	460	580	730	835	920	

10.8 교량 계획고 및 경간장

10.8.1 교량 계획고

- 하천을 횡단하는 교량의 높이는 충분한 여유고를 확보하여 제방의 안전에 영향을 미치지 않도록 하여야 한다.
- 교량 계획고는 제방고보다 낮아서는 안되며 계획홍수위에서 여유고는 제방 여유고에서 정한 값 이상으로 하며, 하천정비가 이루어지지 않은 하천에 대해서도 이 기준은 동일하게 적용한다.
- 교량의 계획고는 교각이나 교대에서 교량 상부구조를 받치고 있는 교좌장치 하단부의 높이를 의미한다.(<그림 10.19> 참조) 한편, 교좌장치가 콘크리트에 묻혀 있을 경우 콘크리드 상단높이가 계획고가 되며, 교대와 교각이 여러 개일 경우 이들 중 가장 낮은 지점의 높이를 계획고로 적용한다.
- 주변 여건상 부득이 교량의 계획고를 제방보다 낮게 해야 하는 경우에는 제방 및 교량의 안전과 치수에 문제가 없는 지를 정밀하게 분석·검토한 후 신중하게 결정하여야 한다.
- 한편, 최근 설치되고 있는 교량 점검용 영구구조물(교각, 교대 등의 유지보수를 위한 통로나 시설물)을 설치하는 경우에는 계획홍수위 이상으로 설치하는 것을 원칙으로 하며, 그렇지 못한 경우에는 홍수시 유목 등이 걸림으로서 국부적인 수위상승을 일으키므로 이 시설물들로 인한 홍수위 상승효과를 면밀히 분석하여 월류 여부에 따른 인접 호안의 강화방안 등에 대하여 검토하여야 한다.

10.8.2 교량 경간장

- 교량의 길이는 하천폭 이상으로 하며, 경간장은 해당 장소에서 홍수가 유하하는 방향과 직각 방향으로 하천을 횡단하는 수직 평면에서 투영한 상태에서 인접하는 교량하부 구조간의 거리로서 교각과 이웃하고 있는 교각 또는 교대의 하천을 횡단하는 수직평면에 투영된 중심선간의 거리를 의미한다.
- 경간장은 산간 협착부라든지 그 외 하천의 상황, 지형의 상황 등에 따라 치수상 지장이 없다고 인정되는 경우를 제외하고는 다음 식으로 얻어지는 값 이상으로 한다. 단, 그 값이 70 m를 넘는 경우에는 70 m로 한다.

$$L = 20 + 0.005Q$$

여기서 L은 경간장(m)이고 Q는 계획홍수량(m^3/s)이다.

- 다음의 각 항목에 해당되는 교량의 경간장은 하천관리상 큰 지장을 줄 우려가 없다고 인정될 때는 상기 공식에 관계없이 다음에서 제시하는 값 이상으로 할 수 있다.

① 계획홍수량이 500 m^3/s 미만이고 하천폭이 30 m 미만인 하천인 경우 12.5 m 이상

② 계획홍수량이 500 m^3/s 미만이고 하천폭이 30 m 이상인 하천인 경우 15 m 이상

③ 계획홍수량이 500∼2,000 m^3/s인 하천인 경우 20 m 이상

④ 주운을 고려해야 하는 경우에는 주운에 필요한 최소 경간장 이상

- 단, 하천의 상황 및 지질학적 특성상 상기 두 가지 기준에서 제시된 경간장 확보가 어려운 경우, 치수에 지장이 없는 경우 교각 설치에 따른 하천폭 감소율(설치된 교각폭의 합계/설계홍수위에 있어서의 수면의 폭)이 5% 를 초과하지 않는 범위내에서 경간장을 조정할 수 있으며 이 경우 안전성에 문제가 없도록 유의하여야 하며, 수리실험 또는 수치해석을 통하여 추가 검토를 실시하는 것이 필요하다.

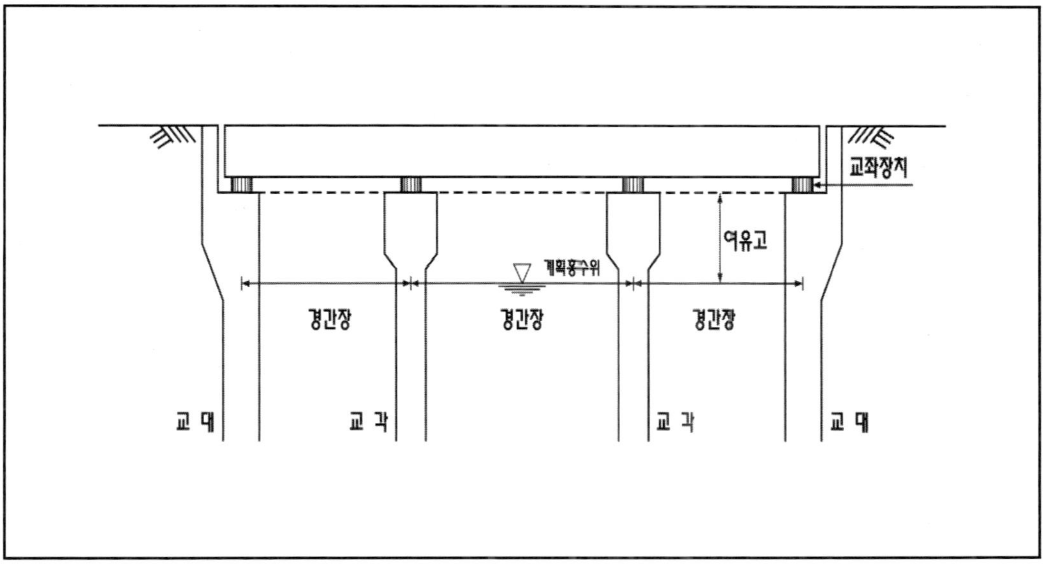

<그림 10.19> 교량의 여유고 및 경간장

- 교대, 교각을 제방 정규단면에 설치하면 제체 접속부에서의 누수 발생으로 인하여 제방의 안정성을 저해할 수 있을 뿐만 아니라 통수능의 감소로 치수상의 문제를 야기할 수 있으므로, 부득이 한 경우를 제외하고는 제체내에는 교대 등 교량에 관련된 하천점용시설물을 설치하지 않아야 한다.
- 교대 및 교각의 위치는 제방의 제외지측 비탈끝에서 10 m 이상 이격시켜야 하며, 계획홍수량이 500 m^3/s 미만인 하천에서는 5 m 이상 이격하면 된다. 부득이 제방 정규단면에 교대 또는 교각을 설치할 경우에는 제방의 구조적 안정성이 확보될 수 있도록 충분한 검토와 대책을 강구하여야 한다.

메 모 란

메 모 란

제11장

댐 조사 및 위치·형식 결정

11.1 댐 조사

가. 조사계획의 수립

- 댐 조사계획은 사업의 목적과 필요성 및 계획의 핵심사항을 확인하고 조사 목적, 대상지역의 특성 등을 감안하여 수립하여야 하며, 조사 내용, 조사 정밀도 등을 결정하여야 한다.
- 조사는 계획 조사, 기본 조사, 실시 조사 등의 과정을 거쳐 시행하여야 하며 조사목적에 따라 다음과 같이 구분한다.
  - 계획에 관한 조사
  - 설계에 관한 조사
  - 시공에 관한 조사
  - 유지관리에 관한 조사
  - 개인 보상에 관한 조사
  - 공공 보상에 관한 조사
  - 권리 관계의 조사
  - 환경영향평가에 관한 조사
  - 인문활동에 관한 조사

나. 자료 수집 및 현지답사

- 지형도, 지질도, 항공사진, 지리정보시스템(GIS) 등과 댐 지점 부근의 지질 특성, 댐 유역의 지형특성 및 기상·수문학적 특성 등에 대한 자료를 수집하여야 하며, 각종 지형정보의 경우 제작일자를 확인하고 제작 이후의 지형변화 유무를 확인하여야 한다.
- 참고문헌 및 수집된 자료를 정밀하게 검토 분석하여 현지상황을 사전에 정확하게 파악한 후 현지답사를 실시한다.

다. 측 량

- 측량은 댐 본체의 설계에 필요한 측량과 여수로, 취수설비, 기타 부대시설의 설계에 필요한 측량으로 구분된다.
- 댐 지점의 현황측량의 범위는 댐 본체, 여수로, 취수탑, 가물막이, 가배수로, 공사용 도로 등을 포함할 수 있도록 댐 상·하류에 걸쳐서 충분한 구간(최소 2 km 이상)까지 시행하여야 한다.
- 저수지의 측량범위는 댐마루 표고에 댐높이의 20 %를 가산한 표고를 포함하고, 댐 축조부 외측의 약 50 m, 댐 하류단에서 하류측의 약 100 m를 포함하여야 한다.
- 가설비 및 이설도로의 경우 공사 실시전에 공사의 목적, 내용 및 규모에 따라 적당한 세부측량을 계획하고 이들의 합리적인 배치 및 설치공사를 위하여 기능과 목적에 부합되는 정도의 측량을 시행하여야 한다.

라. 기상 및 수문 조사

- 과거 강수량, 유량, 퇴사량과 같은 기상 및 수문자료를 최대한 수집하고 또한, 저수용량 관련 조사를 실시한다.
- 퇴사량 조사시 저수지내로 유입되는 퇴사량은 홍수의 규모 및 토사 공급원의 상태에 따라 대략 추정할 수 있으므로, 이와 관련되는 유역특성인 유역면적, 지형 및 지질 상황 등을 조사하고 부근의 실적자료도 추가로 조사한다.
- 저수용량 관련 조사시 저수용량 계획규모는 저수지의 규모, 유입량 및 방류량의 관계, 증발량, 침투량 및 취수량 등을 고려하여 검토한다. 한편, 개략적인 저수용량은 댐 지점의 연간 총유출량의 약 28 %를 저수하는 것이 가장 효율적이라는 기존 이론을 참고할 수도 있다.
- 기상 및 수문 조사가 시작되면 바로 댐 지점 및 상·하류에 각각 1개소씩 최소 3개소 이상의 기상 및 수문 관측시설을 설치하고, 설계, 시공 및 유지관리 기간을 통하여 강수량, 유량, 퇴사량, 기온, 하천수온 등의 관측을 지속적으로 실시하여 댐 건설에 따른 기상 및 수문 변화를 관측하여야 한다.
- 이와 같이 수집된 기상 및 수문자료는 저수량 및 사용수량 확인, 댐의 시공계획 수립, 여수로 및 가배수로의 설계홍수량 결정뿐만 아니라 댐의 계획·설계·시공에 있어서 매우 중요한 검증자료로 사용된다.

마. 하천상황 조사

• 하천상황 조사는 댐 건설전 하천의 모든 상황을 대상으로 하며 구체적인 조사항목은 다음과 같다.

- 퇴사량, 퇴사형상의 검토(유량 및 하상)
- 저수지 상류 유출수의 배수 해석, 퇴사의 검토(하상)
- 선택취수에 대한 검토(유량, 수질, 수온, 하상)
- 하천의 정상적인 유지기능의 확보에 대한 검토(유량, 수질, 수온)

• 수질 조사시 조사지점은 댐 예정지의 하천과 해당유역의 수질상황을 파악하는데 필요한 곳으로 선정하며, 다음과 같은 지점은 반드시 포함시켜야 한다. 한편, 수질 조사는 일정한 시간간격으로 또는 필요하다고 인정되는 경우마다 실시하여 그 변화를 조사하여야 하며, 하천의 수위·유량 측정과 병행하여 실시하여야 한다.

- 댐 건설 예정지점 및 댐 상·하류의 취수지점
- 지류와 본류가 합류하는 지점의 상·하류 지점과 지류에서의 합류직전 지점
- 주요 오염원의 하천방류 지점과 하천방류 상류지점

• 이러한 조사는 댐 건설전의 하천상황을 파악하기 위한 것으로서 조사된 자료는 여러 가지 사항을 검토하는데 주요한 기초자료로 사용된다.

바. 지형 조사

• 지형 조사는 저수용량이나 댐의 제원 결정과 댐의 안전과 관련된 기초지반의 문제점을 초기에 파악한다는 점에서 중요하다. 지형조사 계획은 조사, 설계, 시공 등과 같은 여러 단계의 목적에 부합되도록 수립하여야 한다.

• 지형은 댐의 위치 및 형식을 결정할 때 중요한 인자가 되며, 댐의 기초뿐만 아니라 여수로, 취수시설 등과 같은 부대구조물의 배치, 저수지용량 결정, 사면안정성 검토 등에도 매우 중요한 인자이다.

• 지형 조사는 타당성조사, 기본설계, 실시설계, 시공 등의 각 단계마다 조사목적에 부합되는 정밀도의 지형도를 작성하고 댐 특성에 맞도록 조사를 실시하여야 한다. 댐 건설에 필요한 지형 조사는 매우 정밀한 자료가 요구되므로 고도의 정밀도가 보장되는 지형도 또는 지리정보시스템(GIS) 등을 이용하여야 한다.

사. 지질 및 지반 조사

- 지질 조사는 구조물 설계에 필요한 지층의 제반 성질을 파악하기 위한 조사로서 계획 조사, 기본 조사, 실시 조사 및 보완 조사 등으로 구분되며, 기본 조사 단계에서는 지표지질 조사, 지반 조사, 시험 등을 실시한다.
- 지표지질 조사의 조사범위는 계획 댐마루 평면을 지형도에 표시하고 댐의 중심선을 댐마루의 양끝에서 댐높이의 2배(2H) 거리만큼 연장하고 연장된 양끝에서 댐 중심선에 수직이 되게 두 개의 선을 긋고 각각 댐 상류와 하류방향으로 댐높이의 4배(4H)가 되도록 연장하여 조사범위를 설정한다.
- 지반 조사는 시추조사, 탄성파 탐사, 횡갱 등의 일반적인 방법을 적용하며, 지반 조사의 조사위치와 조사량에 대해서는 댐의 형식, 규모 혹은 기초지반 지질상태에 따라 달라진다.
- 시험은 조사갱을 이용한 변형시험 및 전단시험을 1~2식 이상 실시하고, 시추공을 이용한 공내재하시험을 수개소 실시한다.

아. 저수지주변 조사

- 저수지 만수시의 누수 또는 저수지 수위의 변동에 의한 활동, 기타 댐의 기능 및 안전성에 지장을 초래할 가능성의 유무를 판단하기 위하여 저수지 주변의 지질 및 지반조사를 실시한다.
- 댐 주변 및 제체 기초부에 발달한 단층, 절리, 층리 등 불연속면에 대한 조사는 평사투영법과 같은 방법으로 정밀한 분석을 실시한다.
- 또한, 저수후 저수지 주변 산턱의 산사태 붕괴 가능성과 산턱을 통한 누수 가능성 등에 대한 조사를 실시한다.

자. 제체재료 조사

- 댐 지점 주변에 있는 필댐의 축조재료에 대한 조사는 기술적으로 사용 가능하다고 판단되는 모든 재료에 대해 분포, 수량, 통일분류, 공학적인 성질 등을 파악한다. 이러한 조사는 댐 지점에 가까운 곳부터 시작하여 총량이 제체 체적의 2~3배에 달하는 범위까지 점차 확대한다.
- 또한, 댐, 여수로, 취수설비 등에 사용되는 콘크리트 골재를 댐지점 부근에서 천연적 또는 가공에 의해 얻을 수 있는 지를 조사한다.

차. 댐 입지조건 조사

- 댐 입지조건의 조사는 하천구조물 조사, 권리 관계 조사, 보상 조사 및 환경 조사 등으로 구분되며, 댐 건설후 예상되는 문제점에 대하여 사전에 충분히 조사하여 환경영향평가를 실시하고 이러한 조사가 댐의 입지 선정에 충분히 반영되도록 한다.
- 댐의 입지 선정시 수몰에 의한 보상 문제 해결이 가장 중요한 관건이 된다. 따라서 적정한 보상을 실시하는 것은 물론 보상에 앞서 댐 건설에 의한 영향을 최대한 완화시키면서 주민의 생활안정과 복지향상을 도모하기 위한 조사가 필요하다.

카. 환경성 조사

- 환경성 조사는 자연환경에 관한 조사, 생활환경에 관한 조사, 사회·경제환경에 관한 조사 등으로 대별된다. 또한, 자연환경에 관한 조사는 기상, 지형 및 지질, 생태계 조사로 구분된다.
- 기상 조사는 기상인자의 특성을 조사하여 댐 건설 전후의 기상변화를 분석하며, 댐 건설로 인한 가장 큰 기상변화는 안개일수의 증가와 일조시간의 감소이다. 특히, 안개일수의 증가는 구름량을 증가시켜 결국 일조량의 감소를 유발하므로 농작물 생육에 영향을 줄 수 있으므로 안개일수와 일조시간에 대한 예측과 분석이 선행되어야 한다.
- 저수지의 심층수를 발전 또는 급수를 위하여 방류하는 경우 하류하천의 수온변화가 발생하며 이는 하류지역의 기온변화를 초래할 수도 있다. 따라서 저수지주변 지역뿐만 아니라 댐하류 지역에 대해서도 국지적인 기온변화를 조사한다.
- 댐 건설시에는 필연적으로 수몰지역이 발생하고 이에 따라 주변지역의 지형이 변할 수도 있으므로 이에 대하여 조사한다. 또한, 수몰지역의 식물 및 동물상의 분포 파악과 동시에 공사시 발생되는 생태계 훼손을 예측한다.
- 생활환경에 관한 조사는 토지이용 변화, 대기 오염, 수질, 토양오염, 폐기물에 의한 영향, 소음 및 진동, 경관, 위락 및 관광 조사 등으로 구분된다.
- 사회·경제환경에 관한 조사는 인구 및 주거환경, 산업, 교육환경, 문화재 조사 등으로 구분된다.

11.2 댐 및 저수지 분류

11.2.1 댐 분류

- 댐(dam)이란 산간 계곡이나 하천을 횡단하여 저수, 취수, 하류 하천의 수위 상승 또는 붕괴 방지 및 토사유출 방지 등을 위하여 만들어진 구조물의 총칭이다.
- 댐은 용도, 목적, 수리구조, 높이, 재료 및 설계 형식 등에 따라 구분된다.

가. 용도에 따른 분류

- 용도에 따라 분류하면 저수댐, 취수댐, 지체댐, 사방댐 등으로 구분된다.
- 저수댐(storage dam)은 풍수기에 물을 저류하였다가 물이 부족한 시기에 공급하여 주기 위한 댐이다. 저수댐은 용수공급, 홍수조절 등 여러 용도에 사용되며 비교적 댐의 높이가 높으며 보통 댐이라고 하면 통상 저수댐을 지칭한다.
- 취수댐(intake dam)은 하천에서 물을 취수할 목적으로 취수지점에서 물을 저수하여 수두(head)를 제공하기 위한 댐이다. 하천에서 물을 끌어쓰는 관개용수 보(weir)가 그 전형적인 예이며 발전, 생활 및 공업용수의 취수를 목적으로도 사용된다.
- 지체댐(detention dam)은 평소에는 비워두거나 최소수위를 유지하다가 홍수기에 홍수량을 저류시켜 일시적으로 지체시킴으로써 갑작스런 홍수로 인한 피해를 경감시키는 댐이다.
- 사방댐(erosion control dam)은 토사의 유실이 심한 하천에 토사가 하류로 흘러내리는 것을 방지하기 위해 설치하는 낮은 댐이다.

나. 목적에 따른 분류

- 댐을 건설하는 목적에는 이수측면의 용수공급, 수력발전, 주운 등과 치수측면의 홍수조절, 사방 등이 있다.
- 이 중에서 용수전용댐, 발전전용댐과 같이 한 가지 목적에만 사용되는 댐은 단일목적댐, 두 가지 이상의 목적으로 사용되는 댐은 다목적댐으로 구분된다.

- 댐의 기능이 어떤 목적을 갖는가 하는 판단 기준은 저수지 용량배분 계획에 특정 목적을 위한 용량이 포함되는가 여부에 따른다.

다. 수리구조에 따른 분류

- 수문이 댐의 주체를 구성되는 가동댐과 그렇지 않는 고정댐으로 구분된다.
- 고정댐에는 댐체 정상에서 월류시키는 월류형댐, 댐체 정상에서는 월류시키지 않는 비월류형댐이 있으며, 비월류형댐의 경우 대부분 별도의 여수로를 설치하여 월류부와 비월류부의 조합으로 구성된다.
- 가동댐은 일련의 수문으로 이루어져 있어 홍수로 인한 상류로의 배수위(backwater) 영향을 저감시키기 위한 추가적인 목적을 지닌 경우에 주로 설치된다.

라. 높이에 따른 분류

- 우리나라의 하천법에서는 높이가 15 m 이상인 것을 댐으로 규정하고 있다.
- 하천관리 행정상 댐 높이가 30 m를 넘을 경우를 대댐, 그 미만은 소규모댐으로 구분하고 있다.

마. 재료 및 설계 형식에 따른 분류

- 댐은 축제재료에 따라 대체로 필댐과 콘크리트댐으로 대별된다.
- 필댐은 재료면에서 흙댐(earth dam), 록필댐(rockfill dam), 토석댐(earth rock dam)으로 구분되고, 설계 형식이 따라 균일형, 존형, 코어형, 표면차수벽형으로 구분된다.
- 콘크리트댐은 설계 형식에 따라 중력식, 아치식, 부벽식, 중공식으로 구분된다.

1) 필 댐

가) 필댐의 재료에 따른 분류

필댐은 축제 재료에 따라 흙댐, 록필댐 및 토석댐 등으로 분류된다.

- 흙댐(earth dam)은 자연상태의 흙을 사용하여 최소의 공정으로 건설하는 가장 보편적인 형식

- 록필댐(rockfill dam)은 차수벽과 댐체의 안정을 위하여 여러 가지 크기의 돌로 이루어진 댐으로 최대 댐체단면의 50% 이상이 둥근 돌로 이루어진 형식
- 토석댐(earth rock dam)은 댐체 하류부는 석괴로 이루어지고 상류면은 불투수성 흙으로 이루어진 형식

나) 필댐의 설계 형식에 따른 분류

필댐은 설계 형식에 따라 균일형, 존형, 코어형, 표면차수벽형 등으로 분류된다.

- 균일형은 제체 최대단면에서 사면보호재를 제외한 단면의 80% 이상의 재료가 동일한 형식
- 코어형은 차수를 목적으로 불투수성 재료를 사용하는 방수심벽의 최대폭이 댐 높이 보다 작은 형식으로 불투성부가 댐 중심선 전체를 통하는 중심코어형과 불투성부가 댐 중심선에서 벗어나는 경사코어형으로 구분
- 존형은 몇 개의 존(zone)으로 이루어지며 코어형과 비슷하지만 투수계수가 높은 인근 가용재료로 불투성부를 축조하므로 불투수성부의 두께가 댐 높이보다 큰 형식
- 표면차수벽형은 흙 이외의 차수재료로 상류 표면을 포장하는 형식으로 포장재로는 아스팔트나 콘크리트 등이 사용

다) 필댐의 특징

- 콘크리트댐에 비해 단면 형상이 크고, 저폭이 넓어 단위면적에 작용하는 하중이 작아 기초에 전달되는 응력이 작다. 따라서 기초지반에 대한 제약이 적으므로 비교적 지지력이 작은 풍화암이나 하천 퇴적층의 기초지반에도 축조할 수 있다.
- 댐 지점 주위에서 얻을 수 있는 천연재료를 이용할 수 있으므로 주위로부터 손쉽게 구할 수 있는 재료를 적극적으로 이용할 경우 공사비를 절감할 수 있다.
- 계곡 형상에 대한 제약이 적으므로 넓은 계곡일 경우 시공에서 최적의 장비를 투입함으로써 기계화율을 상향하는 것이 가능하다.

- 필댐은 월류에 대한 저항력이 거의 없으므로 제체를 월류하지 않도록 여수로, 가배수로 등의 규모 결정에 세심한 주의가 필요하며 또한, 필댐은 침하가 불가피한 구조물이므로 여수로와 같은 구조물을 제체 위에 설치할 수 없으므로 통상 제체와 분리시킨다.
- 상당기간에 걸쳐서 압밀 등에 의한 제체의 변형 및 축제토의 성질 변화, 수면 상승 및 하강에 따른 제체의 강도 변화 등에 의한 구조적 결함이 발생할 우려가 있으므로 충분한 유지관리가 필요하다.
- 우리나라의 대표적인 필댐으로는 소양강댐, 안동댐 등이 있다.

2) 콘크리트댐

가) 콘크리트댐의 분류

콘크리트댐은 설계 형식에 따라 중력식, 아치식, 부벽식, 중공식 등으로 구분된다.

- 콘크리트 중력댐은 댐 재료로 콘크리트를 이용하는 댐이며 댐체의 자중만으로 안정을 유지해야 하는 형식
- 콘크리트 아치댐은 댐에 작용하는 외력을 댐의 하부기초와 아치 작용에 의해 양안에 전달되도록 하는 경쾌한 미관을 갖는 형식
- 콘크리트 부벽댐은 경사진 얇은 슬래브를 상류면으로 하며 이를 부벽으로 받친 형식
- 중공중력댐은 콘크리트 중력댐의 플록(floc) 상류면의 폭을 확대하여 지수벽을 만들고, 중공부를 설치한 형식

나) 콘크리트댐의 특징

- 콘크리트 중력댐은 수압, 퇴사압, 빙압, 지진력 등에 대하여 콘크리트의 자중과 기초의 반력으로 전도(overturning), 활동(sliding) 등에 대하여 안전하도록 설계하며, 자중이 크므로 견고한 지반이 필요하고 재료가 많이 들어 공사비가 많아지는 단점이 있지만 설계 이론이 평이하고 시공 및 유지관리가 용이하며 안전도가 큰 장점을 지닌다.
- 우리나라의 거의 모든 콘크리트댐은 중력식이며 대표적인 콘크리트댐으로는 충주댐, 합천댐 등이 있다.

- 콘크리트 아치댐은 콘크리트 재료가 대폭적으로 절감되고 제체의 수평단면 형이 아치 모양의 곡선으로 되어 미관이 좋은 형식이며, 댐 계획 지점 계곡의 폭과 댐 높이의 비율이 크지않고 계곡 양안의 기초가 견고한 암반이어서 아치 작용에 의한 외력에 저항할 수 있는 지점에서 채택되나, 우리나라에는 적지가 거의 없는 실정이다.
- 콘크리트 부벽댐의 기초는 중력댐만큼 견고한 암반을 필요로 하지 않으며 콘크리트 소요량이 적고 댐체 검사가 용이한 장점이 있으나 댐체 내구성이 낮고 거푸집 작업이 많고 복잡하며 강철재를 필요로 하는 단점을 지닌다.
- 중공중력댐은 콘크리트의 절약하는 형식이나 특별한 경우 이외에는 사용되지 않는다.

11.2.2 저수지 분류

가. 저수지

- 저수지(reservoir)는 하천의 유수를 조절 또는 저장하기 위하여 만든 저류 시설물의 총칭이다.
- 저수지는 홍수를 경감시키고 갈수량을 증대시키는 효과가 있으며 저수지의 저수용량은 일반적으로 대용량이다.

나. 재조정지

- 본댐은 주로 첨두발전으로 보통 2~5시간만 방류하므로 본댐 하류부의 하천의 환경, 생태학적 기능 유지 및 하류 수요에 부합되는 방류를 위해서는 본댐 발전방류량을 조정할 필요가 있으며 이러한 목적을 지니는 저수지가 재조정지(reregulation pond)이다. 따라서 재조정지의 규모는 첨두발전 시간에 좌우되며 저수지에 비하여 상대적으로 작다.
- 북한강처럼 저수지가 계단형으로 연속되어 있으면 하류 저수지가 재조정지 기능을 가지므로 별도로 설치할 필요가 없으나, 남한강의 충주다목적댐이나 금강의 대청다목적댐과 같이 하류에 연속적인 댐이 없는 경우 본댐 하류에 재조정지를 설치하는 것이 필요하다.
- 기존에는 역조정지라는 용어로도 사용되었으나 이는 본댐의 방류량을 다시 본댐으로 돌려보내는 양수식 개념이므로 하류로 공급하는 경우에는 재조정지로 사용함이 타당하다.

다. 배수지

용수공급계통 중 하루 또는 며칠동안 수요변동에 대비하여 공급량을 조절하기 위한 저수공간을 배수지(distribution reservoir)라 하며, 배수지의 규모는 일반적으로 소규모이다.

11.3 댐 위치 및 형식 결정

11.3.1 댐 위치 결정

- 댐의 건설 위치는 댐의 입지에 대한 기술적인 사항뿐만 아니라 댐 개발 지역의 사회, 경제, 자연환경 및 정치적인 사항까지도 모두 고려하여 결정한다.
- 댐 위치 결정시 여러 가지 다양한 요소를 고려하지만 추가적으로 "미래 세대가 그들의 필요를 충족시킬 수 있는 가능성을 손상시키지 않는 범위에서 현재 세대의 필요를 충족시키는 개발"이라고 하는 "환경적으로 건전하고 지속가능한 개발(environmentally sound and sustainable development; ESSD)" 개념을 고려하는 것이 필요하다.
- 댐 위치 결정시 중점적으로 고려하여야 할 사항은 다음과 같다.

① 댐 개발 목적과의 적합성

- 홍수조절이나 용수공급을 목적으로 할 경우에는 가급적 수혜지에 가까운 지점인 하천의 중·하류부에 계획
- 수력발전댐의 경우에는 다소 전력수요지에서 멀더라도 큰 낙차를 얻을 수 있는 상류부에 계획
- 다목적댐의 경우에는 여러 가지 사업곡적을 충분히 고려하여 위치를 결정하되 적정한 댐의 위치 그 자체가 한정된 자원이라는 점을 감안하여 신중하게 계획

② 지형, 지질 등의 자연조건과의 공사상의 문제점

- 충분한 저수용량이 확보될 수 있는 지형으로 댐 지점의 양안의 지질이 좋고 댐 체적이 작아지는 지점
- 기초지반이 댐 하중을 안전하게 지지함은 물론 차수성이 뛰어나고 장차 열화의 우려가 없는 지점
- 공사재료를 인근에서 용이하게 획득할 수 있고 수송조건이 좋은 지점
- 필댐의 경우에는 여수로 설치가 용이한 지점

③ 지역경제와 연관성과 기득수리권과의 조정

- 수몰로 인하여 상류에 큰 영향을 미치는 경우에는 재검토 필요
- 상·하류 지역 전체에 걸친 복잡한 사회·경제에 미치는 영향을 충분히 고려
- 하류의 기득수리권 보장

④ 장래 개발가능성과의 연관성

- 양호한 댐 지점은 유한한 자원이므로 현재 당면한 수요를 충족시키기 위하여 장래의 개발가능성이 희생되지 않도록 고려
- 종합적인 개발계획에 따라 최적 수자원개발이 되도록 우선순위를 고려

⑤ 단일댐 혹은 댐군 개발의 선택

소요 저수용량을 본류하천에 단일댐으로 개발하여 확보할 것인지 혹은 지류를 포함하여 몇 개의 댐군으로 개발하여 확보할 것인지를 검토

⑥ 자연환경과의 조화와 보전

댐은 거대한 인공 구조물이므로 자연환경과의 조화가 이루어지도록 배려

11.3.2 댐 형식 결정

- 댐 형식 결정에는 직접적으로는 댐 지점의 지형, 지질, 환경, 기상, 수문, 지진 등과 같은 자연적 조건과 축제재료의 부존도, 교통관계 등과 같은 지역조건에 의해 좌우되지만, 간접적으로는 댐의 건설 목적, 규모, 공사기간, 기술력, 노동력, 건설기계 등의 조건에도 영향을 받게 된다.
- 이와 같이 여러 가지 복잡한 요소가 서로 영향을 미치므로 이들 요소들을 종합적으로 검토하여 댐 형식을 결정하여야 한다.
- 댐 형식 결정시 고려하여야 하는 인자로는 물리적 인자와 기타 인자로 대별되며, 물리적 인자는 다음과 같다.

① 지 형

- 하천의 횡단형상은 댐의 경제성과 밀접한 관계가 있으며, 평면적인 양안의 등고선형상은 댐의 안정성과 밀접한 관계
- 필댐은 대형 중장비가 능률적으로 작업할 수 있도록 넓은 계곡 지점, 콘크리트댐은 양안이 암석으로 되어 있으면서 폭이 좁은 계곡 지점이 양호

- 여수로의 설치 위치는 댐 지점의 지형조건에 의해 결정되며 이러한 여수로의 설치 위치는 댐 형식을 결정하는데 중요한 역할

② 지질 및 기초 상태

- 기초의 상태는 지질특성 및 댐 중량을 지지하는 지층의 두께, 경사, 투수성 및 하부층과의 관계 단층 및 균열층 등에 좌우되며, 기초에 의해 어느 정도 댐 형식이 제한되지만 이러한 제약은 댐높이를 고려한다면 완화 가능
- 견고한 암반 기초는 댐 형식에 대한 제약이 적고, 사력기초는 흙댐이나 사력댐 혹은 낮은 콘크리트 중력댐에 적합하며, 실트 혹은 모래기초는 낮은 콘크리트 중력댐 및 흙댐의 기초로 이용 가능하나 사력댐에는 부적합하며 또한, 점토기초는 흙댐의 기초로 이용 가능하나 특수처리가 필요하며 콘크리트댐이나 사력댐에는 부적합
- 불균일 기초는 특수 설계에 의해 대처할 수도 있으나 댐기초로서는 근본적으로 부적합하므로 가급적 대상에서 제외

③ 수문 및 기상

- 공사중의 홍수가 댐 제체를 월류할 위험이 있을 경우에는 필댐 형식은 불리하나 가배수로 및 가물막이 등을 크게 하는 등의 조치를 취하여 적절히 대처하면 가능
- 강수와 습도는 필댐의 공사기간에 영향을 미치나 최근 수밀성 코어의 개선으로 이러한 제약이 점차 감소
- 기온의 변화와 상·하한치는 콘크리트의 온도응력과 빙압 등에 영향을 미치지만 영향이 미미하고 설계에서 충분히 처리 가능

④ 사용 재료

- 댐 재료에는 흙, 암석, 콘크리트 골재 등이 있으며 이들 재료의 운송비가 공사비에 미치는 영향이 비교적 크므로 가급적 가까운 곳에서 충분한 양을 구할 수 있는 재료를 사용하는 댐 형식이 가장 유리
- 콘크리트 생산에 적합한 모래와 자갈을 쉽게 구할 수 있는 경우에는 콘크리트댐이 유리하며, 필댐에 적합한 흙과 암석을 가까운 곳에서 구할 수 있다면 필댐이 유리

⑤ 여수로의 크기와 위치

- 여수로는 댐의 필수적인 부속구조물로서 크기와 형식 및 배치에 관한 자연적인 제약은 댐 형식의 결정적인 지배적인 요소
- 대규모 여수로의 경우 총공사비의 상당 부분을 차지하면 여수로와 댐 본체를 일체로 하여 공사비를 절감을 도모할 수 있으므로 콘크리트댐이 유리하고, 분리형 여수로를 계획할 경우에는 굴착토를 댐 본체의 축조 재료로 사용할 수 있으므로 필댐을 선택하는 것이 유리
- 소형 여수로의 경우 홍수배제가 충분하면 흙댐이나 사력댐이 유리

⑥ 유수전환의 규모 및 방법

- 댐의 유수전환은 일반적으로 가물막이댐과 가배수터널의 조합으로 구성되며, 유수전환 대상홍수로 소규모 댐은 10년빈도, 대규모 댐은 10~25년빈도 등을 채택
- 대규모 댐의 경우 유수전환 비용의 비중이 지나치게 커지면 가물막이댐의 높이에 제한을 받게 되며, 공사중 제체 월류가 발생하게 되면 콘크리트댐은 피해가 상대적으로 작지만 필댐은 전면적 파괴 가능성이 높은 점 등을 고려

⑦ 지 진

- 댐의 설계에는 지진으로 인한 하중과 응력의 증가를 고려하게 되며, 흙댐과 콘크리트 중력댐은 지진의 충격에 무난하게 저항할 수 있는 형식
- 지진 발생 가능성이 있는 지역에서는 반드시 지진 영향을 고려

⑧ 자연환경과의 조화와 보전

- 자연환경을 보전하고 자연과 조화를 도모하여야 하며, 예상 수몰지역내에 중요한 문화적, 역사적 유적이나 수려한 경관 등이 위치하고 있을 경우에는 댐의 위치를 변경시키든지 규모를 축소하는 등의 조치가 필요
- 지형, 지질 등의 조건에서 필댐을 건설하는 것이 경제적으로 유리하다고 판단되더라도 필댐은 콘크리트댐에 비해 댐 제체가 커서 자연환경을 더 변화시키므로 기초처리 등으로 콘크리트댐으로 변경 등을 고려

• 기타 인자에는 법규적 제한조건, 댐 건설 목적과 비용-편익관계 및 경관적 고려사항 등이 있다.

메 모 란

메 모 란

제12장

댐 기본계획

12.1 저수지 용량배분

- 다목적댐의 저수지는 기본적으로 물을 저류하여 발전, 용수공급 등에 사용하기 위한 이수용량과 홍수조절을 위하여 비워 두어야 하는 치수용량 등으로 구분하는 목적별 용량배분(storage allocation)이 필요하다.
- 용량배분은 수위와 저수량으로 표시되며 홍수기 제한수위를 가지는 댐의 경우에는 비홍수기와 홍수기로 구분하여 배분한다.

12.1.1 수위 구분

1) 퇴사위(SWL)

- 퇴사위(Sediment Water Level, SWL)는 구조물의 수명년한 동안 퇴적되는 퇴사량을 고려하여 결정하는 표고이다. 한편, 댐과 같은 구조물의 수명년한은 통상 100년을 채택한다.
- 퇴사위를 결정하는 방법에는 100년 퇴사량을 대상으로 후술되는 경험적면적감소법, 면적증분법 등에 의한 분포, 100년 퇴사량 또는 50년 퇴사량 수평분포 등이 있다.
- 이들 방법에 의한 댐축 지점의 퇴사위는 대체적으로 경험적면적감소법과 면적증분법은 낮게 산출되며 50년 퇴사량 수평분포, 100년 퇴사량 수평분포 순으로 높아진다.
- 퇴사위 결정에는 합리적인 경험적면적감소법을 채택하고, 사수위 결정에는 50년 퇴사량 수평분포를 참고하는 방법이 많이 사용되고 있다.
- 한편, 저수지 규모가 매우 작은 양수발전소의 상부댐의 경우에는 50년 퇴사량 수평분포에 의해 퇴사위를 결정하기도 한다.

2) 사수위(DWL)

- 사수위(Dead Water Level, DWL)는 취수구의 하단이 설치되는 표고로 사수위 이하의 물은 중력 취수가 불가능하다.
- 취수구 하단표고는 퇴적토의 유입을 방지하기 위하여 통상 퇴사위에서 취수구 직경의 2배 이상 위에 설정하고 있다. 하지만 주로 사용되는 경험적면적감소법에 의한 퇴사위 결정의 신뢰성이 비교적 낮으므로 50년 퇴사량 수평분포 등의 결과를 참조하여 여유를 추가하는 것이 합리적이다.
- 한편, 소양강댐은 취수구 하단표고를 사수위가 아닌 저수위에 설정하고 있는데 이러한 경우 상부층의 따뜻한 물을 방류하게 되어 차가운 심층수를 관개용수로 바로 사용하기는 곤란한 문제점이 해결되므로 수온 측면에서는 유리하다. 하지만 비상시 저수위 아래는 전혀 사용할 수 없는 중대한 단점과 수질 관리면에서 문제점을 지니며, 이와 같은 수온조정은 다단취수설비를 설치하면 가능하므로 이러한 방식은 지양하는 것이 바람직하다.

3) 저수위(LWL)

- 저수위(Low Water Level, LWL)는 비활용용량(inactive storage)의 최고수위로서 저수지 조작의 하한 제약조건으로 일반적으로 수력발전과 용수공급을 함께 고려한 최적수위로 결정한다.
- 용수공급량이나 수력발전량의 측면에서만 고려하면 저수위를 낮게 설정할수록 유리하다. 하지만 저수지 운영에서 발전을 하지 않고 방류하는 무효방류는 하지 않는다는 원칙을 발전계획에서 고려하면 저낙차 발전의 경우 발전효율이 급격하게 떨어짐은 물론 발전기 안전측면에도 문제가 야기되는 점과 같은 제약조건을 충분히 고려하여야 한다.
- 저수위는 용수공급과 발전의 양적인 측면과 발전효율 등의 측면을 모두 고려하지만 주로 발전효율, 구체적으로는 발전가능 최저수위에 좌우되며 추가적으로 다음과 같은 사항을 검토한다.
  - 저수지내의 어족과 야생동물 생존에 필요한 최저수위
  - 급격한 저수지 수위변동시 저수지 호안의 활동(sliding)이나 댐 및 부대구조물 안전에 위험을 주지 않는 수위

- 댐 건설에 관련하여 계약이나 행정적으로 구속을 받는 상하류 수리구조물의 기능유지에 영향을 주지 않는 수위

• 수력발전의 발전가능 최저수위를 개략적으로 산정하는 방법으로 댐축 하상에서 만수위까지의 높이에서 대댐의 경우 60 %, 소규모댐의 경우 50 % 되는 지점의 수위를 채택하는 방법과 만수위 이하의 저수용량 중 15~20 %가 저수위 이하에 설정되도록 하는 수위를 채택하는 방법 등이 있다.

4) 홍수기 제한수위(RWL)

• 홍수기 제한수위(Ruling Water Level, RWL)는 후술되는 만수위를 홍수기(6월 21일~9월 20일)에 홍수조절용량의 증대를 위하여 내려서 운영하는 경우의 수위이며, 홍수기 이수용량의 최고표고이다.

• 홍수기 제한수위는 홍수시 상류지역의 배수위에 의한 보상액과 홍수조절용량에 따른 하류지역 피해경감액 등과 같은 치수측면의 유리함과 용수공급량의 감소에 따른 용수판매 감소액 등과 같은 이수측면의 불리함을 종합적으로 고려하여 채택한다.

• 또한, 홍수기 제한수위를 낮게 설정할 경우 홍수기가 끝난 다음 만수위로 수위가 회복되는 것이 어려운 경우가 발생할 수 있기 때문에 홍수기 제한수위 설정시 이러한 점을 최대한 고려한다.

• 우리나라 다목적댐의 만수위와 홍수기 제한수위의 차이를 살펴보면 과거에는 소양강댐 3.2 m, 충주댐 3.0 m 등으로 대부분 3 m 내외이다. 한편, 소양강댐은 최근 집중호우에 인한 수도권의 홍수피해 방지를 위하여 '97년부터 8 m로 잠정적으로 변경하여 운영되고 있다.

5) 만수위(HWL)

• 만수위(High Water Level, HWL)는 이수용량의 최고표고(홍수기 제한수위 설정시는 비홍수기에 국한)로 용수공급과 수력발전, 어류 및 야생동물 보전, 주운, 오락, 수질보전 등 이수를 목적으로 정상적인 저수지 조작이 가능한 저수용량의 상한선이다.

• 지금까지 만수위를 다목적댐의 경우에는 상시만수위(Normal High Water Level, NHWL), 단일목적댐의 경우에는 만수위(HWL)로 구분하여 사용하기도 하고, 두 경우 모두 상시만수위(NHWL)로 사용하기도 하였다.

- 하지만 다목적댐의 경우에도 만수위가 되는 경우가 1년중에 불과 얼마되지 않기 때문에 상시라는 표현을 제고할 필요가 있으므로 다목적댐이나 단일 목적댐 모두 만수위(HWL)로 표기하는 것으로 한다.
- 만수위는 일반적으로 이수용량의 최적규모 검토를 통하여 결정하며, 만수위는 여수로 마루와 여수로 문비(gate) 상단 사이에 설정되는 것이 적절하므로 여수로의 표고와도 관계를 가지게 된다.

6) 홍수위(FWL)

- 홍수위(Flood Water Level, FWL)는 대댐의 경우 만수위(HWL) 또는 홍수기 제한수위(RWL)를 초기수위로 설정한 상태에서 여수로 설계대상 홍수량인 가능최대홍수량(PMF) 등이 아닌 홍수조절 대상홍수로 주로 채택하는 200년빈도 등의 홍수수문곡선을 여수로 조작기준에 따라 방류를 실시한 결과에서 발생되는 최고수위이다.
- 홍수위(FWL)는 만수위(HWL) 또는 홍수기 제한수위(RWL)에서 홍수위까지의 저수용량인 홍수조절용량(flood control storage)의 규모를 최적개발규모 검토의 경제성분석 등을 통하여 결정한 후, 역으로 이에 부합되도록 여수로의 규모나 조작기준을 설정하는 방법으로 결정하고 있다.
- 홍수조절용량을 지나치게 높게 설정할 경우 홍수위와 만수위 또는 홍수기 제한수위의 차가 크게 되어 용수공급에 차질이 발생할 수도 있으며 평상시 댐체나 사면의 노출이 심각하여 미관상의 문제점도 발생한다. 또한, 홍수시 수위 급상승 폭이 크게되므로 구조물의 거동해석에도 문제가 야기될 수 있다.
- 한편, 홍수위는 댐 건설로 인한 상류영향 검토에서 실시하는 배수위 계산의 기점홍수위로 사용된다.

7) 최고수위(MWL)

- 최고수위(Maximum Water level, MWL)는 만수위(HWL) 또는 홍수기 제한수위(RWL)를 초기수위로 설정한 상태에서 가능최대홍수량(PMF) 등의 홍수수문곡선을 여수로 조작기준에 따라 방류를 실시한 결과에서 발생되는 최고수위이다.
- 최고수위는 댐체 월류에 대한 안정성검토 및 안전계산 등에 기준이 되는 수위이다.

12.1.2 용량 구분

1) 사수용량

사수용량(dead storage)은 사수위(DWL) 이하의 저수용량이다.

2) 비활용용량

- 비활용용량(inactive storage)은 댐 바닥에서 저수위(LWL)까지 구간의 저수용량이며, 비활용용량은 사수위 상부의 사수용량과 가뭄과 같은 비상시에는 이용이 가능한 사수위 하부의 비상용량으로 구분된다.
- 비상용량은 이상가뭄이나 댐체 보수를 하야 할 경우 등에 관계 당국의 승인을 얻어 방류하는 것이 가능하다.

3) 이수용량

이수용량(active storage)은 일반적으로는 저수위(LWL)에서 만수위(HWL)까지 구간의 저수용량을 의미하나, 홍수기 제한수위가 설정된 경우의 홍수기에는 저수위(LWL)에서 홍수기 제한수위(RWL)까지 구간의 저수용량이다.

4) 공용용량

공용용량(joint-use storage)은 홍수기 제한수위가 설정된 경우 홍수기 제한수위(RWL)에서 만수위(HWL)까지 구간의 저수용량이며, 비홍수기에는 이수용량, 홍수기에는 홍수조절용량의 용도로 공용되는 저수용량이다.

5) 홍수조절용량

홍수조절용량(flood control storage)은 홍수기 제한수위(RWL) 또는 제한수위가 없는 경우에는 만수위(HWL)에서 홍수위(FWL)까지 구간의 저수용량이다.

6) 이상홍수용량

이상홍수용량(surcharge storage)은 200년빈도 홍수량 등의 기준으로 설정된 홍수조절용량에 따른 홍수위(FWL)에서 가능최대홍수량에 의한 최고홍수위(MWL)까지 구간의 저수용량이다.

7) 유효저수용량

유효저수용량(effective storage)은 저수위(LWL)에서 만수위(HWL)까지 구간의 저수용량이다.

8) 총저수용량

총저수용량(total storage)은 댐 바닥에서 홍수위(FWL)까지 구간의 저수용량이다.

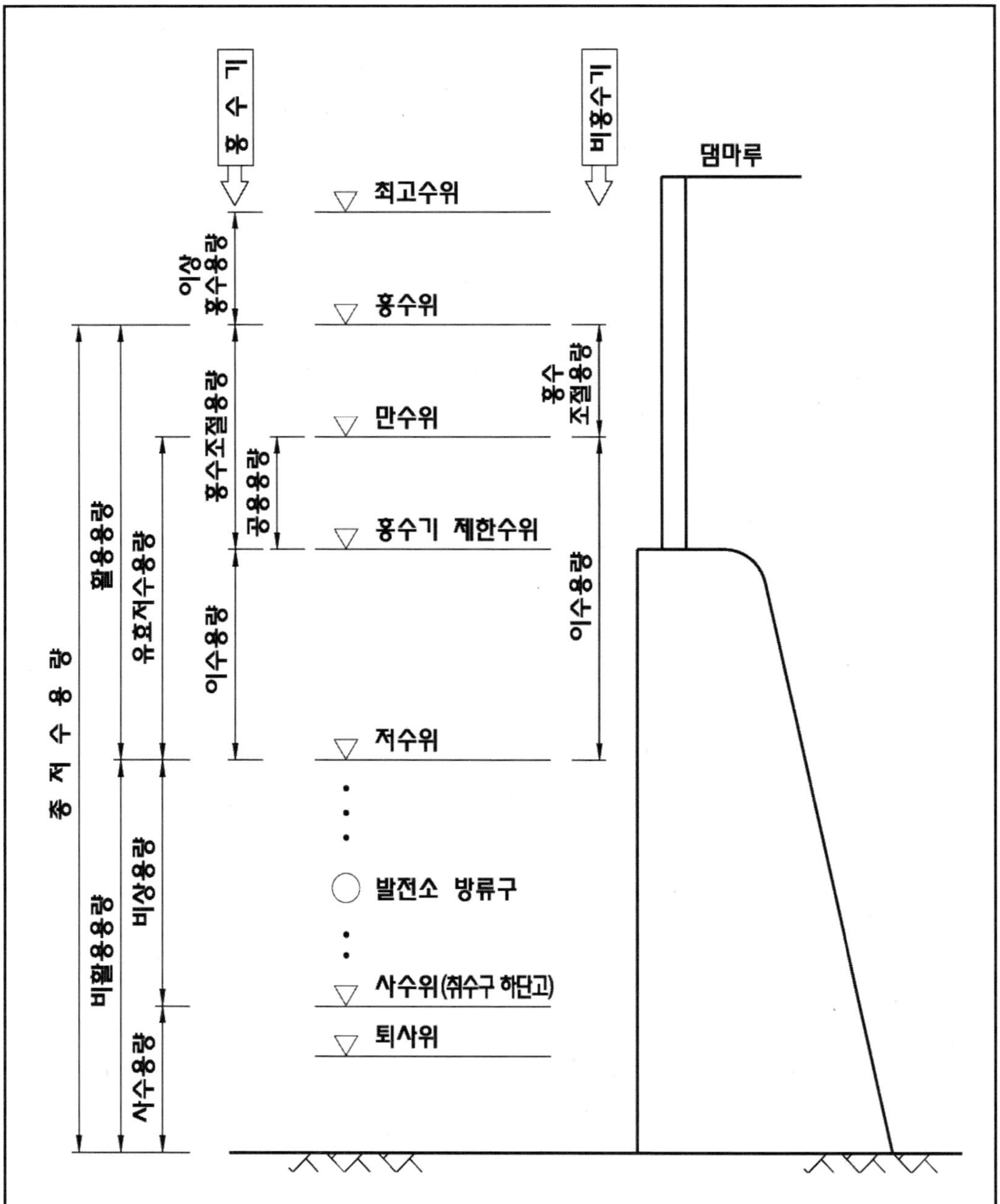

<그림 12.1> 저수지 용량배분

12.2 저수지 퇴사량 및 퇴사위 결정

12.2.1 퇴사량 현황

- 저수지로 유입되는 유사(sediment)에 대한 정확한 예측은 계획댐의 퇴사관련 설계에 있어서 필수적인 요소이다.
- 예측된 유사량 및 퇴사량 자료는 계획댐으로 유입되는 유사의 퇴적분포 예측을 통한 50년, 100년후의 저수위-저수용량 관계곡선 결정, 퇴사위 및 사수위 결정을 통한 저수지 용량배분, 댐체 및 취수구 등의 각종 수리구조물 안정 검토, 저수지 상류 퇴사로 인한 홍수위 상승 검토 등에 사용된다.
- 한편, 이러한 유사의 양을 나타내는 방법에는 단위기간(1년)에 단위면적(km^2)당 상류유역에서 유출되어 저수지로 유입되는 유사량(sediment yield)인 비유사량($tons/km^2/yr$)과 단위기간(1년)에 단위면적(km^2)당 상류유역에서 유출되어 저수지 바닥에 퇴적되는 퇴사량(reservoir deposits)인 비퇴사량($m^3/km^2/yr$) 등이 있다.
- 현재 우리나라는 해당 유역별로 이러한 비유사량, 혹은 비퇴사량의 실측자료가 매우 빈약한 형편이어서 다른 저수지의 퇴사량 자료를 이용하거나 경험공식 또는 유량-유사량곡선 등을 적용하고 있다. 하지만 이와 같이 실측자료가 뒷받침되지 않은 추정 방법에는 많은 문제점을 내포되어 있어 신뢰성있는 결과를 도출하기 어려운 실정이다.

12.2.2 비퇴사량 추정

- 미계측유역의 비퇴사량을 추정에는 다음과 같은 방법을 적용한다.
  - 국내외 기존 저수지의 실측 비퇴사량 자료 수집
  - 기존 경험공식
  - 댐 설계시 비유사량 산정지침을 마련하기 위하여 수행된 「댐 설계를 위한 유역단위 비유사량 조사·연구(1992, 건설부)」에 제시된 통계적 경험방법 및 도표식 방법
- 이와 같은 여러 가지 방법의 결과들을 비교·검토한 후 합리적인 결과를 채택한다.

가. 기존 저수지 실측자료

- 국내외 기존 저수지의 비퇴사량(비유사량) 실측자료는 <표 12.1>와 같고 우리나라의 실측 비퇴사량은 약 230~1,000 m³/km²/yr의 범위이다.
- 「댐 설계를 위한 유역단위 비유사량 조사·연구(1992, 건설부)」의 우리나라 저수지 실측자료 중 신뢰성이 인정되는 비퇴사량의 범위는 약 250~500 m³/km²/yr 정도로 나타나고 있다.

<표 12.1> 기존 저수지 비퇴사량(비유사량) 실측자료

국 명	수 계 (지 명)	댐 명	퇴적 기간 (년)	유역 면적 (km²)	비퇴사량 (m³/km²/yr)	비유사량 (tons/km²/yr)	비 고
한 국	한 강	화 천	12	4,092	910		57년 측정 조기불안정 유역
		〃	41	4,092	500		86년 측정 안정된 유역
		소양강	10	2,703	1,000	900	83년 측정, 측량 신뢰도 의심
	낙동강	안 동	7	1,584	230	207	83년 측정 자료양호
		남 강	14	2,285	748		83년 측정
		〃	19	2,285	357	436	87년 측정 자료양호
	섬진강	섬진강	54.5	763	460	414	83년 측정 자료양호
일 본	和賀川	大荒澤		569	397		
	相模川	寫 瀨		928	156		
	阿賀野川	鹿野瀨		1,277	25		
	壓 川	祖 山		729	911		
	耳 川	塚 原		547	78		
	大 川	高 岡		1,374	190		
미 국	동 부	Schoharie	23.8	808		84	
		Nolichucky	39.8	3,060		108	
		Norris	10.3	7,308		174	
	중서부	Clab Orchard	11.2	414		763	
		Springfield	14.6	668		255	
	중앙남부	Abilene	27.0	252		106	
		Spavinaw	11.0	1,028		136	
		Dallas	10.5	2,995		504	
	대평원북부	Sheridan	10.8	1,199		48	
		Buffalo Bill	31.0	3,780		178	
	서남부	Morena	38.3	282		944	
		Muddy Creek	20.0	394		339	
		Hodges	29.5	779		205	

나. 기존 경험공식

- 비유사량이나 비퇴사량을 산정하는 기존 경험공식에는 다음과 같은 공식들이 있으며, 실제 적용시에는 다른 여러 경험공식 등도 함께 적용하여 해당 유역에 적절한 값을 주는 공식을 채택하여야 한다.
  - 윤용남 공식

$$V_r = 1{,}334.08\,A^{-0.2}\ E_t^{\ 6.2668}$$

  - Dendy & Bolton 공식

$$Y_r = 1{,}776.27\,e^{-0.0022H}\,(1.5375 - 0.26\log A)$$

여기서 V_r은 비퇴사량(m³/km²/년), Y_r은 비유사량(tons/km²/년), A는 유역면적(km²), E_t는 Brown 공식의 포착률(%), H는 연평균유출고(mm)이다.

- 한편, 비유사량 또는 비퇴사량을 일종의 면적비법으로 추정하는 경우에는 다음과 같은 Dendy & Bolton 공식을 적용할 수 있다.

$$\frac{S}{S_R} = \left(\frac{A}{A_R}\right)^{-0.16}$$

여기서 S와 S_R은 각각 산정지점과 기준지점의 비퇴사량(m³/km²/년) 또는 비유사량(tons/km²/년) A와 A_R은 각각 산정지점과 기준지점의 유역면적(km²)이다.

다. 통계적 경험 방법 및 도표식 방법

「댐 설계를 위한 유역단위 비유사량 조사·연구(1992, 건설부)」에 따른 비유사량(비퇴사량) 산정 절차의 인자 산출 방법은 다음과 같다.

- 유역면적 인자(A)는 대상유역 전체 면적에 대하여 km² 단위로 고려
- 하천밀도 인자(D)는 1:250,000 지도상에서 해당유역의 하천 총연장을 구하여 유역면적으로 나누어 km/km² 단위로 결정
- 강우침식도 인자(R)는 전국 강우침식도 분포도에서 대상유역을 등우선법으로 가중평균하여 J/ha 단위로 추정
- 토양침식성 인자(K)는 1:250,000 개략 토양도상에서 토양통별로 구성비를 추정하여 토양통별 K 값을 곱하여 tons/J 단위로 결정

- 지형 인자(H)는 1:250,000 지형도에서 $4\times4\ km^2$의 격자망을 구성하고 각 격자내 지형의 최고점과 최저점과의 차이를 구해 유역평균하여 m 단위로 결정
- 하상재료 인자(M)는 하상재료를 조사하여 모래(직경 2 mm 이하)와 자갈·호박돌(직경 2 mm 이상)의 구성비를 추정하여 $M=10^{(\text{자갈 및 호박돌 구성비})}$로 mm 단위로 산출
- 유사의 이송이 저수지 등에 의해 차단되는 비율 즉, 유입 유사량과 퇴적 유사량의 비율인 포착률(trap efficiency)은 Brune 포착률곡선의 중앙곡선에서 추정

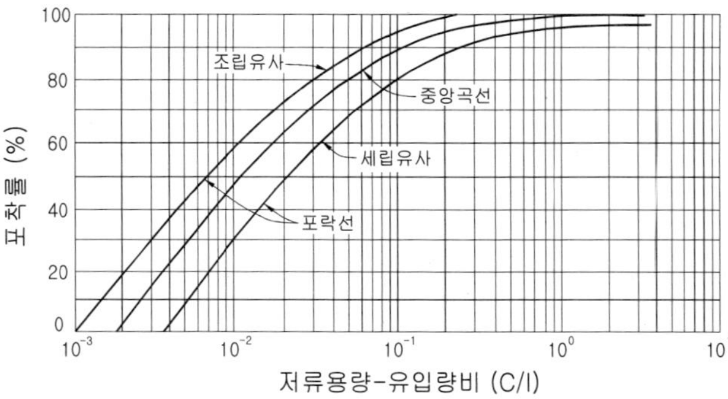

<그림 12.2> Brune의 포착률곡선

1) 통계적 경험 방법

- 비유사량

$$Y_r = 17.6 \cdot D^{2.572} \cdot R^{0.847} \cdot M^{-0.938} \quad : \text{중규모 유역}$$

$$Y_r = 8.668A^{-0.896} \quad : \text{소규모 유역}$$

- 비퇴사량

$$V_r = Y_r \times (\text{포착률}) / (\text{퇴적토단위중량})$$

2) 도표식 방법

- 인자별 기여도
  - 유역면적 인자 기여도(PA) : 1,035×(1/A - 1/3000)
  - 하천밀도 인자 기여도(PD) : D×20
  - 강우침식도 인자 기여도(PR) : R/100
  - 토양침식성 인자 기여도(PK) : K/0.6×10
  - 지형 인자 기여도(PH) : H/100
  - 하상재료 인자 기여도(PM) : 44.4×(1/M - 1/10)

  계 : 총기여도

- 비유사량

$$Y_r = 0.794 \times (\text{총기여도})^{1.553}$$

- 비퇴사량

$$V_r = Y_r \times (\text{포착률}) / (\text{퇴적토 단위중량})$$

라. 비퇴사량 및 퇴사량의 결정

- 「댐 설계를 위한 유역단위 비유사량 조사·연구(1992, 건설부)」에서 우리나라 댐계획시 비퇴사량을 추정한 방법들을 검토한 후 도출한 문제점은 다음과 같다.
  - 저수지 계획 및 설계시 기준이 되는 량이 비유사량인지 비퇴사량인지 구분이 명확하지 않고 또한 비유사량과 비퇴사량의 단위가 혼재
  - 유역 자료의 부족과 적절한 추정방법의 부재로 비유사량 추정에 일관성이 없으며, 댐 설계시 채택한 비유사량(또는 비퇴사량) 값에 대한 신뢰도가 낮음
  - 적용된 경험공식에 대한 타당성 검토가 결여되어 있으며, 두 개 이상의 다른 방법을 적용하여 비유사량(또는 비퇴사량)을 구한 후 이를 평균하여 결정하기도 하는데 이는 타당성이 결여
  - 해당 유역의 충분한 실측자료가 없는 경우에는 비퇴사량의 결정에 많은 애로와 주관적인 판단에 따른 편차의 발생 가능성 배제 불가
  - 우리나라 저수지 퇴사자료 역시 신뢰도의 한계(대청댐, 소양강댐 등)가 있어 정확한 비유사량 추정이 더욱 곤란
- 따라서 미계측유역의 경우에는 많은 경험공식들을 해당 유역에 적용하여 얻은 결과와 신뢰성있는 다른 저수지의 실측자료를 기초로 타당한 비퇴사량의 채택 범위를 설정한 다음, 그 범위내에서 여타 다른 조건 등을 고려하여 비퇴사량을 채택하는 방법이 적절할 것으로 판단된다.
- 미계측유역의 비퇴사량 결정시에는 다음과 같은 사항들을 고려하여야 한다.
  - 국내 댐 설계시 채택된 계획 비퇴사량은 약 300～800 $m^3/km^2/yr$ 정도이며, 국내 저수지 실측 비퇴사량은 약 230～1,000 $m^3/km^2/yr$ 정도이며, 비교적 신뢰성이 인정되는 비퇴사량은 약 250～500 $m^3/km^2/yr$ 범위

- 따라서 댐 설계시 비퇴사량은 약 500 m³/km²/yr 정도를 채택하는 것이 현재로서는 무난

• 각종 경험공식들에 의해 산출된 비퇴사량은 모두 100 % 이상의 오차를 가질 수 있는 것으로 알려져 있다. 따라서 이들 결과 중의 하나를 바로 설계 비퇴사량으로 채택할 경우 설계의 안전성 확보라는 측면에서 다소 불확실하며, 향후 이에 따른 문제가 야기될 가능성을 배제할 수 없으므로 신중하게 결정하여야 한다.

12.2.3 퇴사분포 및 퇴사위

• 저수지내 퇴사분포는 유사의 특성, 유사량과 저수용량의 비, 저수지의 형상, 운영방식 및 유입유량과 저수용량간의 관계 등의 여러 가지 혼합인자에 의하여 결정하여야 한다. 한편, 퇴사분포는 일반적인 상식과는 달리 저수지내의 하류부분 뿐만 아니라 저수지 바닥 전체에 걸쳐서 퇴적현상이 발생한다.

• 저수지의 유입토사는 여러 종류의 입경이 혼합되어 있는데, 큰 입경의 토사는 유속이 급격히 감소되는 상류단 부근에서 퇴적되어 삼각주(delta)를 형성하고 삼각주의 끝부분 상류하상은 차후에 배사(back sand) 현상이 발생한다. 정부퇴적층(top-set bed)은 대부분이 소류토사가 퇴적되고, 소입경의 부유토사는 정부퇴적층를 유하하고 대부분은 전부퇴적층(fore-set bed)의 하류에서 원하상과 나란하게 퇴적되는 저부퇴적층(bottom-set bed)과 댐 직상류부에서 수평으로 퇴적되는 밀도류층(density current bed)을 형성하게 된다.

• 저수지로 유입되는 퇴사량이 예측되면 저수지내에서 공간적으로 어떤 형태로 분포될 것인가를 예측하여야 한다. 이와 같은 퇴사분포의 예측방법으로는 가장 간단한 방법인 수평퇴사법, Cristofano의 면적증분법(area increment method)과 Borland & Miller의 경험적면적감소법(empirical area reduction method) 등이 있다. 현재 비교적 가장 합리적인 경험적면적감소법을 주로 사용하고 있으며 소규모 댐에는 수평퇴사법을 적용하는 경우도 있다.

가. 수평퇴사법

- 수평퇴사법은 퇴사가 댐축 하상으로부터 차곡차곡 쌓인다고 보는 방법으로 현실적으로는 불가능한 가정이다.
- 하지만 소규모 댐의 경우에는 안전성 확보차원에서 이 방법을 채택하기도 한다.

나. 면적증분법

- 면적증분법은 저수지내의 퇴사는 저수지의 각 표고에서 저수면적을 일정량만큼 감소시킴으로써 계산될 수 있다는 가정에 근거를 두고 있는 간략법이다.
- 댐지점의 퇴사심(h_0)을 가정하여 총퇴사량과 일치되는 퇴사심을 다음과 같은 식을 이용하여 시행착오법으로 결정한다.

$$V_s = A_0 (H - h_0) + V_0$$

여기서 V_s는 총퇴사량(m^3), h_0는 댐지점의 퇴사심(m), A_0는 h_0 표고에 대한 퇴사의 수평단면적(m^2), H는 만수위의 수심, V_0는 h_0 이하의 퇴사량이다.

- 유사는 일반적으로 모든 표고에서 동일량만큼의 저수면적을 감소시키는 않으므로 가정에 문제점을 지니고 있으며, 100년 퇴사량이 저수용량의 15 % 가 넘는 경우에는 적용 곤란한 방법이다.

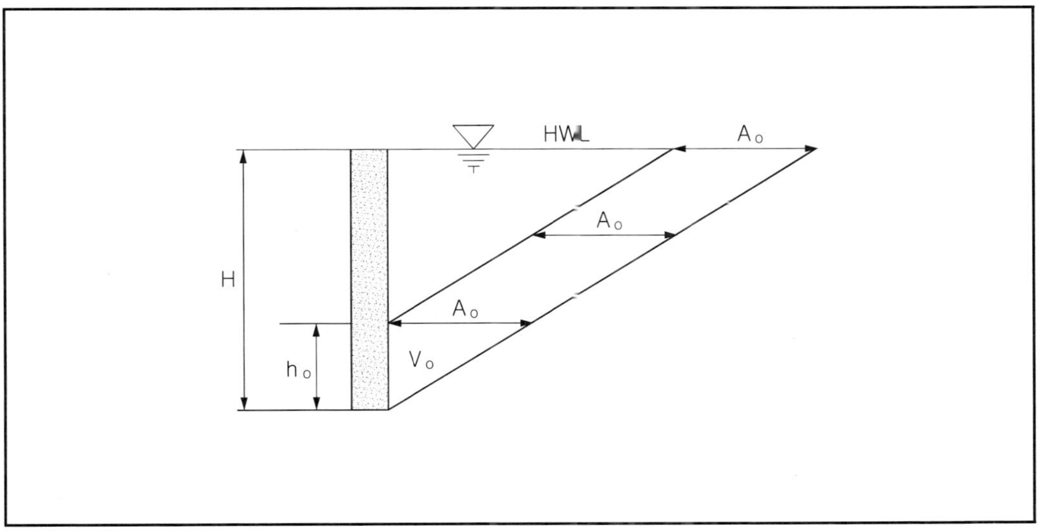

<그림 12.3> 면적증분법에 의한 퇴사심 결정

다. 경험적면적감소법

1) 저수지 형태의 결정

- 저수지 형태 분류는 전대수지에 횡축에는 저수용량을 표시하고 종축에는 저수지의 수심을 표시하여 수심-용량곡선을 그린 다음, 그 기울기(n)의 역수(m)에 따라 <표 12.2>와 같이 4가지로 구분한다. 여기서 수심의 상한선은 원칙적으로는 홍수기에 가장 발생빈도가 높은 수심을 채택하여야 하지만 일반적으로 만수위까지를 채택한다.
- 저수지 형태의 분류를 통해 정의된 저수지 형태의 명칭은 단지 30개 기존 저수지의 저수용량곡선으로부터 얻어진 분류일 뿐이므로 반드시 그 뜻과 동일한 특성을 가지는 것은 아니다. 따라서 호수형이라고 반드시 평야지대에 있다는 것도 아니며, 협곡에 위치한다고 협곡형으로 결정된다는 것도 아님에 유의하여야 한다.

<표 12.2> 저수지 형태 분류 및 퇴사분포에 관한 무차원 상수

형 태	형 태 지 수		퇴사분포의 무차원상수			비 고
	m	n	C	M	N	
Type-Ⅰ	3.5~4.5	0.28~0.22	5.047	1.85	0.36	호 수 형 (Lake Type)
Type-Ⅱ	2.5~3.5	0.40~0.28	2.487	0.57	0.41	평 지 형 (Foot-Hill Type)
Type-Ⅲ	1.5~2.5	0.67~0.40	16.967	1.15	2.32	구 릉 형 (Hill Type)
Type-Ⅳ	1.0~1.5	1.00~0.67	1.486	-0.25	1.34	협 곡 형 (Gorge Type)

- Type-Ⅰ에서 Type-Ⅳ로 갈수록 즉, m 값이 작아질수록 저수지의 상류단보다 하류단에 많은 퇴사가 발생하는 것이 저수지 형태에 따른 표준형곡선의 특징이다.
- 한편, 저수지 운영방식에 따라 저수지 형태를 <표 12.3>과 같이 조정하는 것을 추가로 검토하여야 한다.

<표 12.3> 저수지 운영방식에 따른 저수지 형태의 조정

저수지 운영방식	원래 저수지 형태	조정된 저수지형태	비 고
만수위 운영 (normally full)	Ⅰ	Ⅰ	일반적인 만수위 운영은 상류단에 많은 퇴적이 발생하므로 조정이 필요
	Ⅱ	Ⅰ 또는 Ⅱ	
	Ⅲ	Ⅱ	
중간수위 운영 (moderate drawdown)	Ⅰ	Ⅰ 또는 Ⅱ	
	Ⅱ	Ⅱ	
	Ⅲ	Ⅱ 또는 Ⅲ	
저수위 운영 (considerable drawdown)	Ⅰ	Ⅱ	
	Ⅱ	Ⅱ 또는 Ⅲ	
	Ⅲ	Ⅲ	
사수위 운영 (normally empty)	Ⅰ, Ⅱ, Ⅲ, Ⅳ	Ⅳ	

2) 퇴사분포의 계산

① 계산 양식인 <표 12.4>의 (1), (2), (3)란의 표고, 면적, 저수용량 등은 주어진 자료이며, 표고별 수심을 만수위의 수심으로 나누어 상대수심을 구하여 (4)란에 기입한다.

<표 12.4> 퇴사분포 및 퇴사위 계산 방법

	원지반(퇴적전)							퇴적후	
(1) 표고 (EL. m)	(2) 면 적 (km^2)	(3) 저수용량 (백만m^3)	(4) 상대 수심	(5) 상대 면적	(6) 퇴사 면적 (km^2)	(7) 퇴사 용량 (백만m^3)	(8) 누가 퇴사용량 (백만m^3)	(9) 면 적 (km^2)	(10) 저수용량 (백만m^2)
⋮	⋮	⋮	⋮	⋮	⋮	⋮	⋮	⋮	⋮

② 저수지 형태에 따른 표준 퇴사분포함수 h(p) 곡선을 나타낸 <그림 12.4>와 다음과 같은 관계에 의한 해당 저수지 퇴사분포함수 h'(p) 곡선이 만나는 지점을 결정한다. 이 지점의 상대수심이 퇴사분포 후 댐지점의 상대퇴사심 p_0가 되며 여기에 최고수심(H)을 곱하여 댐지점의 퇴사심을 결정한다.

$$h'(p) = \frac{S - V(p)}{H \cdot A(p)}$$

여기서 p는 상대수심, S는 총퇴사량(m^3), H는 최고수심(m)으로 통상 만수위의 수심, V(p), A(p)는 상대수심 p에 대한 저수용량(m^3), 저수면적(m^2)이다.

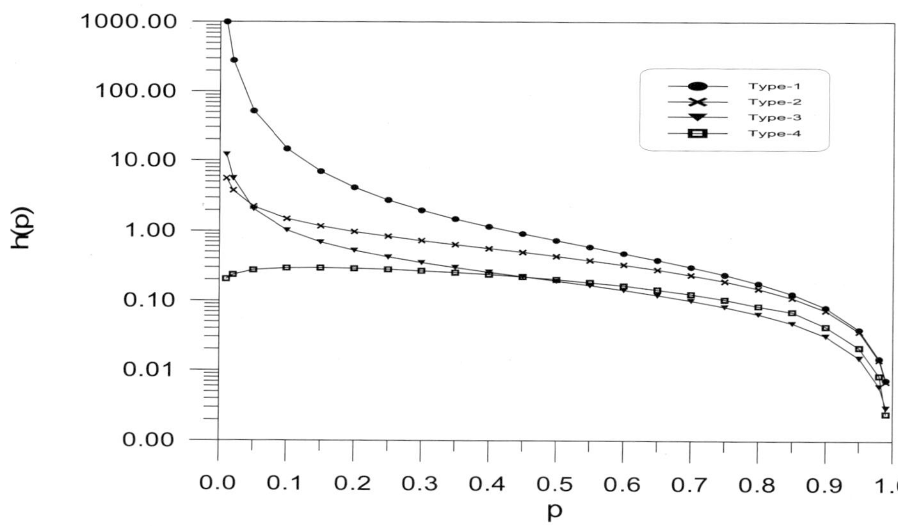

<그림 12.4> 댐지점의 퇴사심 결정을 위한 곡선

③ 상대면적을 다음과 같은 공식으로 산출하여 (5)란에 기입한다.

$$a = C \cdot p^M (1 - p)^N$$

여기서, a는 상대면적, p는 상대수심, C, M, N은 <표 12.2>에 나타낸 저수지 형태에 따른 무차원 상수이다.

④ 퇴사후 새로운 댐지점 바닥표고에서의 퇴사전 상태 면적을 새로운 댐지점의 바닥표고에서의 상대면적으로 나누어 K_1값을 산출한다.

$$K_1 = \frac{A(p_0 \cdot H)}{a(p_0)}$$

⑤ (5)란에 K_1을 곱하여 (6)란을 작성한다.

⑥ (6)란과 평균단면적법을 이용하여 (7), (8)란을 작성한다.

⑦ 이와 같은 과정을 거쳐 계산된 (8)란의 누가 총퇴사량(S_1)이 주어진 관측 총퇴사량(S)과 일치하지 않을 경우에는 다음과 같이 K_1 값을 K_2 값으로 조정한 후 ④~⑥의 과정을 반복한다.

$$K_2 = K_1 \left(\frac{S}{S_1} \right)$$

⑧ (2)란에서 (6)란을 빼어 (9)란을 작성하고, (3)란에서 (8)란을 빼어 (10)란을 작성하여 완료한다.

3) 퇴사분포의 적용

- 퇴사분포는 댐 구조물의 수명년한인 100년 퇴사량과 이의 절반인 50년 퇴사량에 대하여 각각 분석한다.
- 100년 퇴사량의 경우 중규모 이상 저수지의 퇴사위 결정에 주로 사용된다. 따라서 퇴사위를 고려하여 결정되는 방수로(outlets)와 수력발전용 송수관턱(power penstock sills)의 위치 결정 등에 사용된다.
- 추가적으로 배수위계산과 저수지 홍수추적에도 사용되어야 하지만 배수위계산의 경우 하천종단에 따른 퇴사분포 결정이 곤란하고 홍수추적의 경우 영향이 미미하기 때문에 통상 무시하고 있는 실정이다.
- 50년 퇴사량의 경우 저수지 용수공급능력을 판단하기 위한 저수지 모의운영과 같은 이수목적상의 조작시 퇴사량의 공간적 분포에 따른 저류용량의 감소를 고려하는데 주로 사용된다. 또한, 소규모 저수지의 퇴사위 결정에 사용되기도 한다.

12.3 여유고 결정

12.3.1 여유고 산정 기준

- 여유고(free board)는 예상하지 못한 이상홍수, 수문조작상의 사고, 바람 또는 지진 등에 의한 파랑 등에 대비하여 설정되는 여분의 높이로 여수로 부분이 아닌 비월류부의 댐마루표고를 결정하는데 사용된다.
- 댐마루표고는 설계홍수위(FWL) 또는 가능최대홍수량(PMF) 유입시 여수로의 홍수배제능력 초과로 상승하는 저수지의 최고수위인 최고홍수위(MWL)에 여유고를 더한 값 중 큰 것을 채택하여야 한다.
- 여유고는 설계홍수위(FWL) 기준과 최고홍수위(MWL) 기준으로 구분하여 산정하며, 댐 형식에 따라 필댐(콘크리트표면 차수벽형 석괴댐 포함)과 콘크리트댐 등으로 구분하여 적용한다.

- 설계홍수위(FWL) 기준

$$H_f \geq R + 0.5\,h_e + h_a + h_i \qquad \text{(필 댐)}$$

$$H_f \geq h_w + 0.5\,h_e + h_a \qquad \text{(콘크리트댐)}$$

- 최고홍수위(MWL) 기준

$$H_f \geq R + h_a + h_i \qquad \text{(필 댐)}$$

$$H_f \geq h_w + h_a \qquad \text{(콘크리트댐)}$$

여기서 H_f : 여유고(m)

R : 경사사면의 파랑고(물결 처오름 높이 포함, m)

h_w : 연직사면의 파랑고(유의파고, m)

h_e : 지진에 의한 파랑고(설계홍수위의 경우 50 %를 고려하고 최고홍수위의 경우에는 미고려)

h_a : 여수로 형식에 따른 안전고(수문이 있을 경우 0.5 m, 수문이 없을 경우 0 m)

h_i : 댐체 형식에 따른 안전고(필댐 1.0 m, 콘크리트댐 0 m)

- 한편, 이와 같은 여유고 산정 방법은 모든 경우를 완전하게 고려한 것이 아니므로 국제대댐회(ICOLD)에서 제시하고 있는 <표 12.5>와 같은 최소 여유고 이상 설정되도록 하는 것이 필요하다.

<표 12.5> 최소 여유고 기준

댐 높 이	필 댐	콘크리트댐
H < 50 m	2.0 m	1.0 m
50 m ≤ H ≤ 100 m	3.0 m	2.0 m
H > 100 m	3.5 m	2.5 m

주) 필댐에서 높이가 6.0 m 이상의 수문식 여수로를 가진 경우 3.0 m 이상 확보

12.3.2 여유고 결정인자 산정 방법

가. 바람에 의한 파랑의 저수지 수면으로부터의 높이

바람에 의한 파랑의 저수지 수면으로부터의 높이를 산정하는 방법에는 SMB (Sverdrup-Munk-Bretschneider) 방법과 Moliter 방법이 있으며, ICOLD와 우리나라 및 일본의 댐설계기준에서는 SMB 방법을 채택하고 있다.

1) 댐체 상류면이 연직인 경우

- 콘크리트댐과 같이 댐체의 상류면이 대부분 연직인 경우에는 파랑의 높이만을 그대로 적용하면 되며, 연직 상류면에 대한 SMB 방법의 바람에 의한 파랑의 저수지 수면으로부터의 높이인 유의파고 및 파장은 다음과 같이 산정한다.

$$h_w = 0.00086\,V^{1.1}\,F^{0.45}$$

$$L = 0.011\,V^{0.84}\,F^{0.58}$$

여기서 h_w는 유의파고(m), L은 파장(m), V는 10분간 평균풍속(m/s), F는 대안거리(m)이다.

- 대안거리(fetch)는 바람이 불어서 파랑이 생길 수 있는 자유 수평거리이며 댐에서부터 최고풍속의 방향으로 측정한 직선 거리이다. 풍향 자료가 적으므로 일반적으로 댐에서부터 거의 직선거리로 하여 최대로 되는 거리를 대안거리를 채택한다.
- 풍속의 경우 댐지점에서 장기간 관측자료가 없는 경우에는 인근의 관측자료에서 10분간 평균풍속(m/s) 최고치 자료를 사용한다.

2) 댐체 상류면이 경사진 경우

- 필댐과 같이 댐체의 상류면이 경사진 경우의 물결의 처오름 높이를 포함한 파랑고(R)는 SMB 방법과 Saville 방법의 조합에 의하여 결정한다.
- Saville에 의하면 여러 가지 경우에 대하여 SMB법에 의한 유의파고(h_w)와 파장(L)으로부터 파장의 경사(steepness)인 h_w/L을 산정하면 h_w/L와 비탈면 기울기 및 비탈면 재료에 따라 R/h_w를 결정할 수 있으므로 물결의 처오름 높이를 포함한 파랑고(R)를 산정할 수 있게 된다.
- 이러한 과정이 모두 정리된 결과는 <그림 12.5>와 같이 나타나며, 대안거리, 풍속, 비탈면 재료, 비탈면 경사 등을 알면 바로 물결의 처오름 높이를 포함한 파랑고(R)를 산정할 수 있도록 되어 있다.

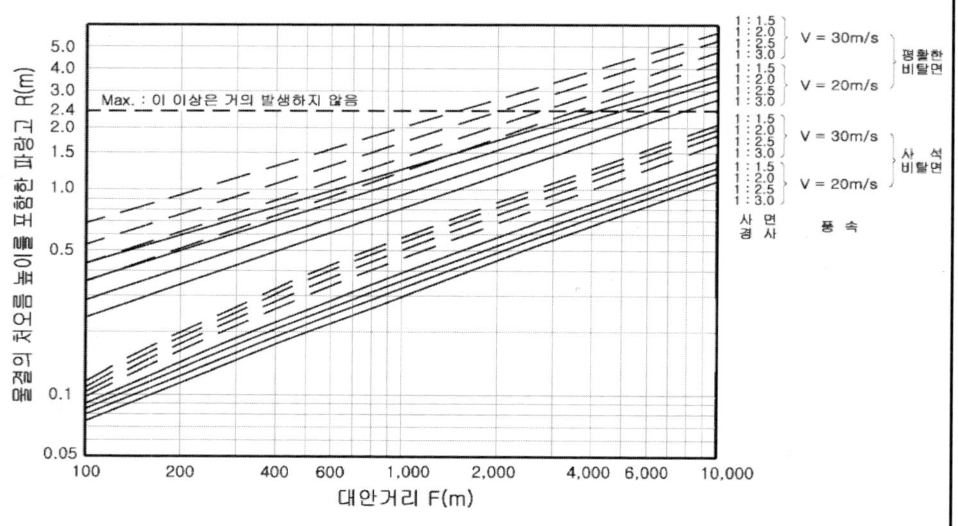

<그림 12.5> SMB 방법과 Saville 방법의 조합에 의한 파랑고 산정

- 비탈면 재료의 종류에 따라 조도가 크게 달라지므로 이는 물결의 처오름 높이를 포함한 파랑고(R)에 많은 영향을 미치게 된다. 이에 따라 조도가 작아서 처오름이 상대적으로 큰 콘크리트 블록, 돌붙임 비탈면 등과 같은 평활한 비탈면과 조도가 크고 공극으로 파랑이 흡수되어 처오름이 상대적으로 작은 록필댐 비탈면 등과 같은 사석비탈면으로 구분하여 적용한다.

나. 지진에 의한 파랑의 저수지 수면으로부터의 높이

- 지진에 의한 파랑의 저수지 수면으로부터의 높이는 다음과 같은 일본의 실험에 의한 공식으로 산정한다.

$$h_e = \frac{K_h}{2} \frac{\tau}{\pi} \sqrt{g H_o}$$

여기서 h_e는 지진에 의한 파랑의 저수지 수면으로부터의 높이(m), K_h는 상시만수위에서의 설계진도, τ는 지진파의 주기(1sec), g는 중력가속도(9.8 m/s²), H_o는 상시만수위의 저수지 수심(m)이다.

- 지진에 의한 파랑의 저수지 수면으로부터의 높이(h_e)는 설계홍수위 기준에서는 $0.5h_e$를 고려하고 최고홍수위 기준에서는 최고홍수위와 지진이 동시에 일어날 확률이 전무하므로 고려하지 않는다. 한편, 설계진도에 대한 일본의 기준의 일부를 예를 들면 <표 12.6>과 같다.

<표 12.6> 설계진도의 기준(일본)

구　　분	약진대 지역	중진대 지역	강진대 지역
콘크리트댐	0.10	0.12	0.12
필　　댐	0.12	0.15	0.15

다. 여수로 형식, 댐체 형식에 따른 안전고

- 수문이 있는 경우에는 여수로 형식에 따른 안전고(h_a = 0.5 m)를 고려하고 수문이 없는 경우에는 고려하지 않는다.
- 댐마루를 월류할 때의 위험성을 고려하여 필댐은 댐체 형식에 따른 안전고(h_i = 1.0 m)를 고려하며 콘크리트댐에서는 고려하지 않는다.

라. 기타 고려사항

- 여유고가 3 m를 넘는 경우에는 물결막이(흉벽, parapet)를 붙여서 여유고의 일부로 해도 무방하다.
- 한편, 여유고가 3 m 이하인 댐에서는 물결막이가 있더라도 여유고에 포함시키지 않는 것이 보통이다.

12.4 장기유출량

- 하천상의 수공구조물 설계시는 해당 지점에서의 수자원부존량의 평가가 필수적이며 이를 위해서는 장기간의 유출량자료(저수지의 경우 유입량자료) 계열 획득이 필요하다. 특히, 저수지의 필요 저류용량 결정, 저수지 모의운영 등을 위해서는 일별, 월별 유출량자료가 필요하다.
- 장기간의 유출량자료를 직접 보유하고 있는 경우에는 실측자료를 그대로 이용하면 되나 미계측 등으로 인하여 곤란한 경우에는 간접적인 방법을 사용하여 장기유출량을 산정한다.

12.4.1 장기유출량 산정

- 장기유출량 산정 방법에는 수위-유량관계식 이용, 저수지 유입량 자료 이용, 비유량법, 가지야마 방법, KRISH 모형, Tank 모형, NWS-PC 모형 등이 있다.
- 이와 같은 모든 방법이 수문자료의 부족으로 신뢰성의 측면에서는 만족스럽지 못한 결과를 도출하고 있는 실정이다.

1) 수위-유량관계식 이용

- 장기유출량을 산정하고자 하는 지점 또는 인근의 수위-유량관계곡선(rating curve)이 작성되어 있고 연속적으로 측정된 수위자료가 있다면 수위를 유량으로 환산하여 산정할 수 있다.
- 수위-유량관계곡선을 이용하여 장기유출량을 산정하는 경우의 문제점은 수위-유량관계식의 정확도가 떨어지는 것이다. 특히, 저수시나 고수시의 정확도가 매우 낮으며, 장기유출량 측면에서는 저수시 정확도가 낮은 것이 가장 큰 문제점이다.

2) 저수지 유입량자료 이용

- 저수지 유입량자료를 이용하는 방법으로 저수지 유입량자료는 저수지 수위와 방류량자료를 이용하여 다음과 같이 역산하여 산출한다.

$$I = \pm\frac{\Delta S}{\Delta t} + G_o + S_o$$

여기서 I는 유입량, $\Delta S/\Delta t$는 단위시간 동안의 저류량의 증감, G_o는 발전방류량, S_o는 여수로 방류량이다.

- 저수지 유입량자료 이용 방법은 대부분 수위계가 댐체에 부착되어 있어서 홍수시에 유입량이 댐체와 부딪치면서 발생하는 파동 및 배수영향 등으로 수위측정의 신뢰도가 낮아서 발생하는 단점을 지니고 있으나, 홍수시를 제외하고는 비교적 신뢰도가 높다.

3) 비유량법

- 비유량법(면적비법)은 실측자료에 의한 장기유출량 자료가 있는 기준지점과 장기유출량을 산정하고자 하는 지점간에 수문학적 동질성이 인정되는 경우, 면적비와 강수량비를 고려하여 산정하는 방법이다.

$$Q_2 = \frac{A_2}{A_1}\cdot\frac{R_2}{R_1}\cdot Q_1$$

여기서 Q_2는 산정지점의 장기유출량, A_1는 기준지점의 면적, A_2는 산정지점의 면적, R_1은 기준지점의 연평균강수량, R_2는 산정지점의 연평균강수량, Q_1은 기준지점의 장기유출량이다.

- 가장 간단한 방법으로 실제 많이 사용되는 방법이며, 다른 방법에 의한 장기유출량의 결과 검토 등에 유용하게 사용된다.

4) 가지야마 방법

- 가지야마(梶山, Kajiyama)는 우리나라의 1916~1927년까지 약 10년간의 73개 지점의 강우량과 유출량 측정자료에서 자료가 정확하다고 판단되는 25개 지점의 자료를 분석하여 월강수량과 월유출고간의 관계를 <그림 12.6>과 같은 쌍곡선으로 표현하였다.

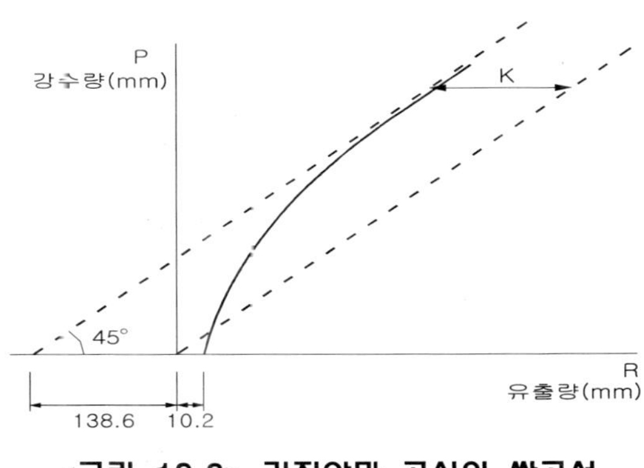

<그림 12.6> 가지야마 공식의 쌍곡선

$$(R+K)^2 - P^2 = (K+a)^2$$

$$R = \sqrt{P^2 + (K+a)^2} - K$$

$$R = \sqrt{P^2 + (138.6 + 10.2)^2} - 138.6$$

여기서 R은 월유출고(mm), P는 월강수량(mm), K는 최대 소비한도인 극한손실고(mm) a는 기저유량인 최소유출고(mm)이며 관측자료에서 산출된 K= 138.6mm, a= 10.2 mm를 적용한다.

- 이와 같이 하나의 곡선으로 나타내는 것은 유역특성을 고려할 수 없으므로 유역특성에 따른 유출특성계수 f와 유출에 미치는 월증발산량 등의 영향을 고려하기 위한 월강수량의 크기에 따른 월별 보정유량 E를 추가하여 다음과 같은 가지야마 공식을 제안하였다.

$$R = \sqrt{P^2 + (138.6\,f + 10.2)^2} - 138.6\,f + E$$

여기서 R은 월유출고(mm), P는 월강수량(mm), f는 유출특성계수로 0.6～1.4의 범위, E는 월별 보정유량(mm)이다.

- 가지야마 공식의 유출특성계수(f)는 <표 12.7>과 같은 기준을 적용한다. 한편, 유출특성계수는 커질수록 유출량이 감소하는 반비례 구조임에 유의하여야 한다.

<표 12.7> 유출특성계수(f)

유역의 상태	f
유역내에 농경지와 임야가 많고 경사가 완만하여 유하거리가 긴 경우로 유역내에서 소비수량이 매우 많을 때	1.4
유역내에 농경지와 임야가 많고 경사가 완만하여 유하거리가 긴 경우로 유역내에서 소비수량이 비교적 많을 때	1.2
유역내에서 소비수량이 보통일 때	1.0
유역내에 농경지와 임야가 적고 경사가 급하여 유하거리가 짧은 경우로 유역내에서 소비수량이 비교적 적을 때	0.8
유역내에 농경지와 임야가 적고 경사가 급하여 유하거리가 짧은 경우로 유역내에서 소비수량이 매우 적을 때	0.6

- 가지야마 공식의 월강수량에 크기에 따른 월별 보정유량 E는 <표 12.8>과 같은 기준을 적용한다.

<표 12.8> 월별 보정유량(E)

(단위: mm)

월강수량	보 정 유 량							비 고
	1월	2월	4월	5월	6월	9월	10월	
0	-2.5	-2.5	5.0	-	-2.0	6.0	7.0	3, 7, 8, 11, 12월 보정유량은 0
10	-2.0	-2.0	5.5	-	-3.0	6.4	6.3	
20	-1.5	-1.5	6.0	-	-4.0	6.8	5.6	
30	-1.0	-1.0	7.5	-	-6.0	7.2	4.9	
50	-	-	8.5	-2.4	-9.0	8.0	3.5	
70	-	-	9.0	-3.6	-12.0	8.8	2.1	
80	-	-	10.5	-6.0	-17.0	9.2	1.4	
100	-	-	5.0	-12.0	-20.0	10.0	-	
150	-	-	-	-6.0	-26.0	11.0	-	
200	-	-	-	-	-30.0	12.0	-	
250	-	-	-	-	-22.5	9.0	-	
300	-	-	-	-	-15.0	6.0	-	

- 가지야마 공식의 기본 가정은 다음과 같다.
  - 유출률은 40~70 % 범위이며 평균은 55 %로 산정
  - 연평균유출고는 550 mm이고 f값은 1.0이며, 유출량이 큰 유역에서는 f값은 1보다 작은 값을 사용하고 유출량이 작은 유역에서는 f값은 1보다 큰 값을 사용
  - 월강수량이 20 mm 이하에서는 유출량은 강수량에 관계없고 강수량이 없어도 기저유량 개념인 최소유출고 10.2 mm는 발생
  - 월강수량에 관계없이 최대 소비한도인 극한손실고는 138.6 mm로 제한
  - 월강수량의 다소에 따라 보정유량을 적용
- 가지야마 공식의 문제점은 다음과 같다.
  - 기저유량(10.2 mm), 최대 소비한도(138.6 mm)를 단순 산술평균에 의해 산정
  - 월별 강수량의 크기에 따른 보정유량(E)을 전국에 동일하게 적용
  - 유역의 대소를 막론하고 해당 월의 강수는 해당 월에 유출되는 것으로 간주
  - 하천의 특성에 따른 차이를 미고려

- 가지야마 공식 적용시 개선 방안은 다음과 같다.

① 방안 I

- 유출특성계수 f값의 채택에 따른 장기유출량의 산정 결과는 민감도가 매우 높은데 반해 이의 결정에는 임의성이 높음
- 실측자료와 산정된 연유출고의 검정을 통하여 f값을 적절하게 조정하여 사용할 경우 상당한 개선이 가능

② 방안 II

- 유역의 최소 5년 이상의 실측 월별유출고와 월별강수량 자료를 수집하고, 월별강수량이 20 mm 이하인 경우의 유출고를 평균하여 최소유출고 a값을 결정
- 다음 식을 이용하여 월별 K값을 계산한 후, C-a 값이 작아서 K값이 지나치게 커지는 월을 제외하고 평균하여 극한손실고 K값을 결정

$$R = \sqrt{P^2 + (K+a)^2} - K \quad , \quad K = \frac{1}{2}\left[\frac{P^2}{C-a} - (C+a)\right]$$

- 이와 같이 a와 K값이 결정되며 가지야마 공식을 수정하여 사용할 수 있으며 이 방안은 별도의 보정유량이 불필요

5) KRISH 모형

- 「중소수계의 하천유출량 추정 모델의 개발(1987, 국토개발연구원)」에서 개발한 KRISH 모형은 유역물수지 개념에 의해 산출된 회귀모형에 의해 월별 유출량을 산출하는 방법을 적용한다.

건기 적용식 $RO = 2.667 + 0.689\,P - 0.461\,ET - 0.671\widehat{\Delta S}$

우기 적용식 $RO = -15.553 + 1.037\,P - 0.920\,ET - 0.825\widehat{\Delta S}$

여기서 RO는 월유출고(mm), P는 월평균강수량(mm), ET는 유역 실제증발산량, $\widehat{\Delta S}$는 토양수분변화량이다.

- 상기 식의 월평균강수량은 유역내 우량관측소의 강수량의 산술평균 또는 Thiessen 평균 등으로 산출하며, 유역 실제증발산량은 온도, 습도, 일조시간, 연평균강수량 등을 입력자료로 이용하는 Morton 방법으로 산출하게 된다.

- 또한, 토양수분변화량은 $\widehat{\Delta S} = P - ET - \widehat{RO}$와 같은 물수지식으로 산정하며 이때 월별유출량의 추정치인 $\widehat{RO} = b \times P$로 산정한다. 여기서 월별 유출률 b는 <표 12.9>에 제시된 값을 사용한다.

<표 12.9> KRISH 모형의 월별 유출률

월	1	2	3	4	5	6
유출률	0.656	0.505	0.503	0.508	0.620	0.491
월	7	8	9	10	11	12
유출률	0.679	0.579	0.566	0.424	0.360	0.530

- KRISH 모형은 물수지 개념에 의해 1차적으로 $\widehat{RO}$를 계산하고 다시 보정하는 형식을 취하고 있으므로 비교적 수문학적 이론에 근거하고 있는 모형이다.
- 이와 같이 KRISH 모형은 월평균강수량 P, 실제증발산량 ET, 월별 유출률 b의 선형식으로 표현되므로 모형의 성분과정인 실제증발산량과 월별 유출률의 정확도 확보가 중요하다.

6) Tank 모형

- Sugawara(管原正巳)가 제안한 Tank 모형은 유역을 오리피스 유출공을 가진 몇 개의 저류형 수조(tank)의 조합으로 가정하여 강수량을 유량으로 환산하는 유출모형이다.
- Tank 모형은 Black-Box형 모형이나 결정해야 할 매개변수의 수가 많아서 숙련된 경험이 필요하며 저수지추적이 포함되어 있지 않는 등의 단점을 지니고 있으나 유출구조가 수문현상을 잘 재현한다는 점에서 모형의 객관성이 인정되고 있다.
- 저수유출이나 홍수유출에 모두 사용 가능하나 주로 저수유출에 이용되고, 모형 구성은 직렬형과 병렬형이 있으나 직렬형이 많이 사용된다.

가) Tank 모형의 유출량 및 침투량 계산

- 전체 하천유출은 지표면유출, 중간유출, 기저유출 등의 합으로 구성되는 것으로 간주한다. 장기유출인 저수유출 예측을 위한 Tank 모형은 <그림 12.7>과 같이 연속된 3단 또는 4단 Tank로 구성된다.
- 강수량이 제 1단 Tank로 유입하여 저류량이 증가하면서 저류량 중 일부는 측면 유출공으로 유출되고 일부는 저면 침투공으로 침투되어 제 2단 Tank로 유입되는 방식으로 분석한다.

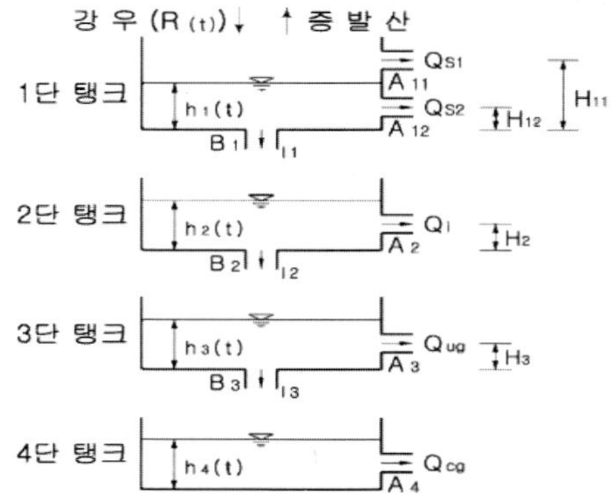

<그림 12.7> Tank 모형의 구성

- Tank별 유출성분을 살펴보면, 제 1단 Tank의 1, 2 유출공은 지표면유출, 제 2단 Tank의 유출공은 중간유출, 제 3단, 제 4단 Tank의 유출공은 기저유출 등으로 구분된다.
- 저수유출 해석의 경우 Tank 모형의 매개변수는 Tank의 측면 유출공의 유출계수, 저면 침투공의 침투계수 및 Tank의 저류고 등으로 구성되며, 4단 Tank 모형의 유출량 및 침투량은 다음과 같은 순서로 계산한다.

a) 제 1단 Tank

- t일의 저류고

$$h_1(t) = h_1(t-1) - Q_{s1}(t-1) - Q_{s2}(t-1) - I_1(t-1) + R(t)$$

- t일의 유출량

$$Q_{s1}(t) = A_{11} \times [h_1(t) - H_{11}]$$

$$Q_{s2}(t) = A_{12} \times [h_1(t) - H_{12}]$$

- t일의 침투량

$$I_1(t) = B_1 \times h_1(t)$$

b) 제 2단 Tank

- t일의 저류고

$$h_2(t) = h_2(t-1) - Q_i(t-1) - I_2(t-1) + I_1(t)$$

- t일의 유출량

$$Q_i(t) = A_2 \times [h_2(t) - H_2]$$

- t일의 침투량

$$I_2(t) = B_2 \times h_2(t)$$

c) 제 3단 Tank

- t일의 저류고

$$h_3(t) = h_3(t-1) - Q_{ug}(t-1) - I_3(t-1) + I_2(t)$$

- t일의 유출량

$$Q_{ug}(t) = A_3 \times [h_3(t) - H_3]$$

- t일의 침투량

$$I_3(t) = B_3 \times h_3(t)$$

d) 제 4단 Tank

- t일의 저류고

$$h_4(t) = h_4(t-1) - Q_{cg}(t-1) + I_3(t)$$

- t일의 유출량

$$Q_{cg}(t) = A_4 \times h_4(t)$$

여기서 Q_i는 Tank의 유출공에 대한 유출고(mm), I_i는 Tank의 침투공에 대한 침투고(mm), H_i는 Tank의 유출공의 높이(mm), A_i는 Tank의 유출공계수(hr^{-1}, day^{-1}), B_i는 Tank의 침투공계수(hr^{-1}, day^{-1})이다.

- 최종 하천유출량은 다음과 같이 지표면유출고, 중간유출고, 기저유출고의 합에 유역면적을 곱하고 단위환산을 통하여 산정한다.

$$Q(t) = \frac{A}{86.4}[Q_{s1}(t) + Q_{s2}(t) + Q_i(t) + Q_{ug}(t) + Q_{cg}(t)]$$

여기서 Q(t)는 하천유출량(m^3/s), A는 유역면적(km^2), $Q_{s1}(t)$는 제 1단 탱크의 상단 유출공의 직접유출고(mm), $Q_{s2}(t)$는 제 1단 탱크의 하단 유출공의 직접유출고(mm), $Q_i(t)$는 제 2단 탱크의 중간유출고(mm), $Q_{ug}(t)$는 제 3단 탱크의 기저유출고(mm), $Q_{cg}(t)$는 제 4단 탱크의 기저유출고(mm)이다.

나) 모형 매개변수의 범위

① 제 1단 Tank

- 유출공 및 침투공의 계수 : 0.1∼0.5
- 유출공의 높이 : 상단 30∼50 mm, 하단 10∼20 mm

② 제 2단 Tank

- 유출공 및 침투공의 계수 : 0.03∼0.1
- 유출공의 높이 : 0∼50 mm

③ 제 3단 Tank

- 유출공 및 침투공의 계수 : 0.005∼0.05
- 유출공의 높이 : 0∼20 mm

④ 제 4단 Tank

- 유출공의 계수 : 0.005∼0.0005
- 침투공의 계수 : 0∼0.005
- 유출공의 높이 : 0∼10 mm

다) 모형의 매개변수 결정시 유의 사항

- 계산된 유출수문곡선에서 조정이 필요하다고 판단되는 유출량이나 감수부 경사가 어느 Tank에서의 유출에 의해 지배되는가를 확인하기 위하여 계산된 유출수문곡선에 Tank별 유출량을 별도로 도시하여 검토하여야 한다.
- Tank 모형은 추정하여야 하는 매개변수가 많아서 단순한 방법으로는 매개변수를 결정할 수 없으므로 시행착오법 또는 최적화기법 등을 사용하여야 하며 숙련된 경험이 필요하다.

라) 모형의 적용

- Tank 모형에서는 유효강우를 계산하지 않고 관측된 강수량을 직접 이용하며 증발산량을 제외한 나머지는 모두 유출되므로 유량과 강수량 등 입력자료의 정밀도가 매우 중요하다.
- Tank 모형은 계산 자체는 단순 선형계산이지만 여러 유출공에 의한 유출이 시간차를 두고 조합되므로 결과적으로 비선형모형이 된다.

7) NWS-PC 모형

- NWS-PC 모형은 미국 National Weather Service River Forecast System(NWSRFS)의 PC 버전으로 크게 토양 함수상태를 계산하는 SAC-SMA(Sacramento Soil Moisture Accounting) 모형과 흐름에 대한 추적모형으로 구성된다.
- SAC-SMA 모형은 확정론적(deterministic), 집중입력(lumped input), 집중매개변수(lumped parameter) 모형이며 이는 수문 순환과정의 지표면부분(land phase)에 입력된 강우를 하도흐름의 유입량으로 변환시키며 SAC-SMA 모형의 흐름도는 <그림 12.8>과 같다.

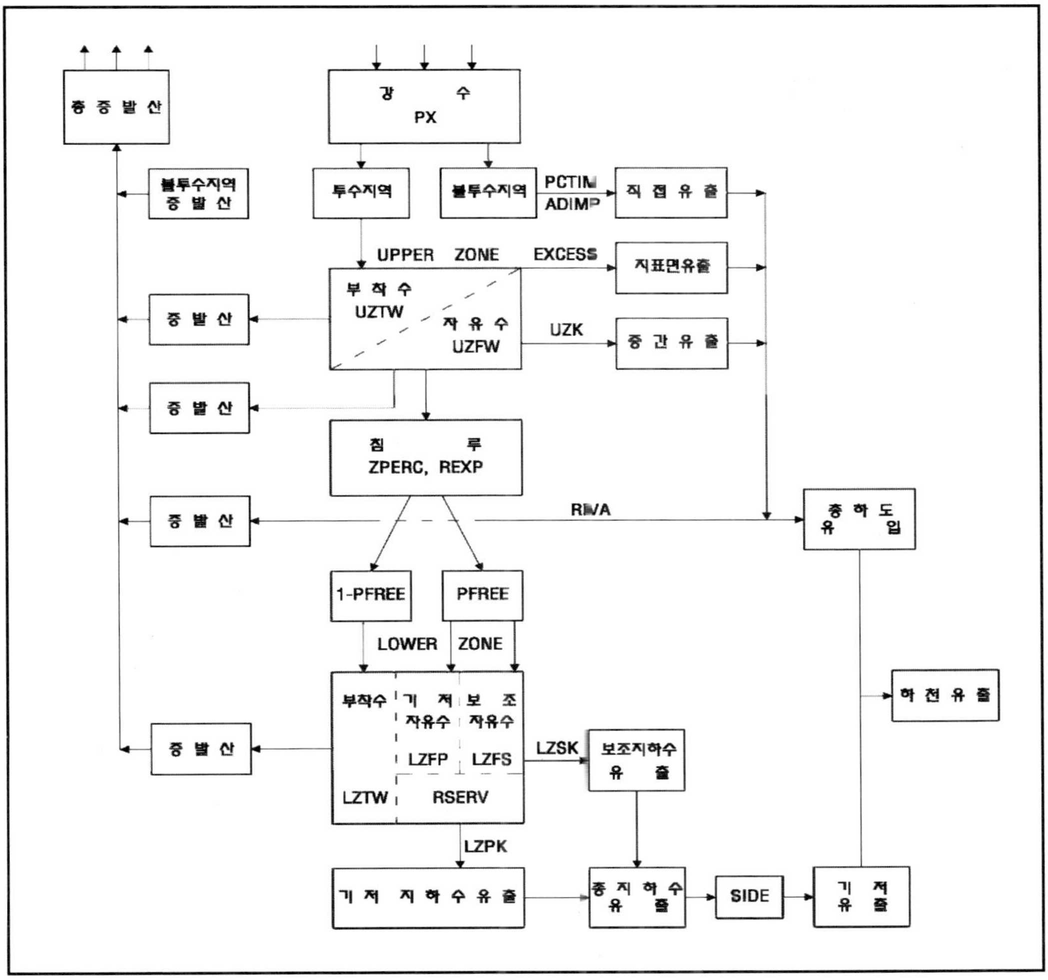

<그림 12.8> NWS-PC 모형의 SAC-SMA 흐름도

- SAC-SMA 모형의 매개변수 초기값은 수문기상학적 자료나 지형도, 토지 이용도, 인공위성영상, 직접측량 등의 방법으로 구할 수 있으며 매개변수의 초기값을 결정하고 검정을 실시하여 매개변수를 보정하여야 한다.
- 흐름에 대한 추적모형은 하도 유입량을 유역출구의 유출로 변환하며 운동파추적(kinematic wave routing)이나 단위도-Muskingum 추적의 조합 등을 사용한다.
- NWS-PC 모형은 매개변수가 적은 기존의 모형들 보다 정확하게 모의할 수 있는 장점이 있는 반면, 매개변수가 너무 많고 우리나라의 경우에는 이러한 매개변수의 값을 결정하기가 어려우므로 아직까지는 실무 적용이 곤란한 실정이다.

12.4.2 장기유출량 응용

가. 유황분석

1) 유황곡선

- 하천수계상 어떤 지점에서의 가용한 하천유량의 규모와 변동성을 평가하기 위한 수단으로 유황분석을 실시하여 유황곡선을 작성한다.
- 유황분석에서 갈수량, 저수량, 평수량, 풍수량은 각각 연중 355일, 275일, 185일, 95일 이상 유지되는 유량으로 정의한다. 이를 반대로 유지되지 못하는 기간으로 나타내면 각각 연중 10일, 90일, 180일, 270일이 된다.
- 유황분석은 해당 지점에서의 매년 일유량자료를 사용하여 산출된 지속기간별 유량의 평균값을 산정하고 이의 회귀곡선식을 산출하여 도시하는 방법을 사용한다. 한편, 갈수량, 저수량, 평수량, 풍수량의 평균값만을 이용하여 다음과 같은 간략식으로 곡선식을 산출하여 도시하는 방법도 있다.

$$Q = A \cdot t^{-1/3} - B + Ct - D \cdot t^2$$

$$\begin{aligned} A &= 15.521 \cdot a - 47.477 \cdot b + 50.444 \cdot c - 18.489 \cdot d \\ B &= 17.683 \cdot a - 60.471 \cdot b + 66.592 \cdot c - 24.805 \cdot d \\ C &= 3.387 \cdot a - 14.477 \cdot b + 18.507 \cdot c - 7.417 \cdot d \\ D &= 0.358 \cdot a - 1.749 \cdot b + 2.553 \cdot c - 1.162 \cdot d \end{aligned}$$

여기서 Q는 유량(m^3/s), t는 백분일수(일수/100), a는 풍수량, b는 평수량, c는 저수량, d는 갈수량으로 모두 유량(m^3/s) 단위이다.

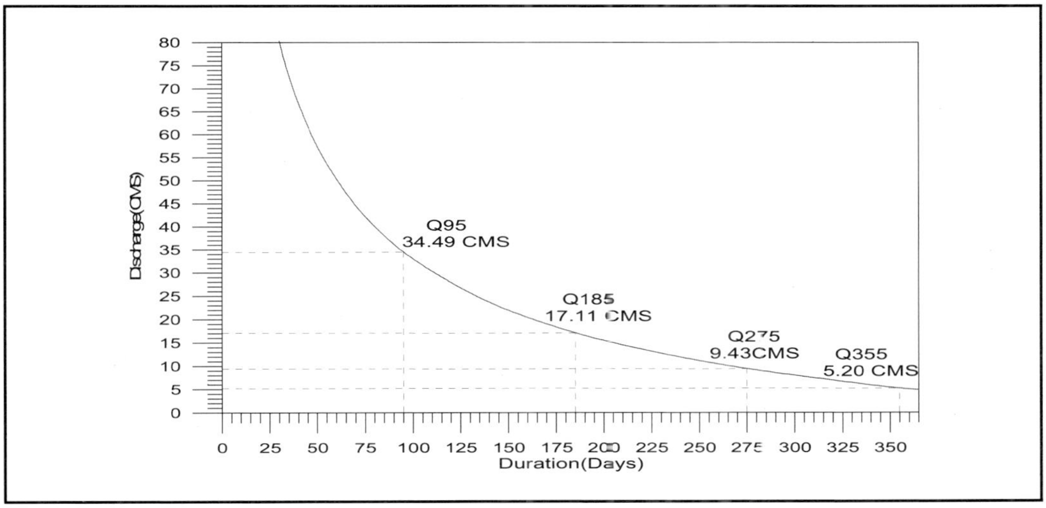

<그림 12.9> 유황곡선

2) 유황분석 결과의 이용

- 유황곡선의 곡선 경사가 완만한 하천은 홍수가 적고 지하수 공급이 많으므로 하상계수가 낮은 하천이고, 곡선 경사가 급한 하천은 홍수와 가뭄이 빈번하고 지하수 공급이 적으므로 하상계수가 높은 하천이다. 한편 유황곡선의 경사가 급한 하천의 경우 댐 건설을 통한 유황조정 등을 검토하게 된다.
- 유황곡선 아래의 면적은 어느 기간동안의 유출체적을 표시하므로 저수시설 없이 특정 목적에 사용할 수 있는 물의 양과, 어떤 특정유량을 1년 중 공급할 수 있는 기간 및 저수지 축조여부 등을 결정하는데 필요하고 또한, 주운, 수력발전, 급수, 관개 및 수질문제에도 필요하게 된다.
- 유황분석에서 갈수량은 평균갈수량, 기준갈수량, 10년빈도 7일 갈수량 등으로 구분되며, 크기는 평균갈수량, 기준갈수량, 10년빈도 7일 갈수량 순이다.
  - 평균갈수량은 관측 유량자료를 매년마다 크기 순으로 나열하여 355일을 유지할 수 있는 갈수량 계열을 작성한 후 이를 평균하여 산출
  - 기준갈수량은 갈수량 계열을 빈도해석하여 10년빈도 갈수량으로 산출
  - 10년빈도 7일 갈수량은 7일간 연속유량을 구하여 평균한 후 가장 작은 평균유량을 그 해의 최저 7일 갈수량으로 하고 이러한 최소치계열의 10년빈도 갈수량으로 산출

- 이와 같은 갈수량은 댐 건설로 인한 직하류부의 건천화 방지 및 하천의 정상적인 기능유지에 필요한 댐의 방류량 결정 및 하천유지유량 결정 등에 이용된다.
- 한편, 유황곡선은 유량의 발생순서를 고려하지 않으므로 갈수량의 지속기간 및 갈수기 분포 등을 알 수 없는 단점을 지니고 있다.

나. Rippl 방법에 의한 저수지 용량 및 공급가능량 결정

- 저수지 용량 결정 방법에는 Rippl의 누가용적곡선에 의한 방법과 저수지 모의운영에 의한 방법 등이 있으며, Rippl의 방법은 개략적인 방법으로 상세한 분석은 저수지 모의운영 방법을 사용하여야 한다. 한편, 저수지 모의운영 방법은 전술된 물수지 분석편에 상세히 기술되어 있으며 이 방법은 장기유출량 자료만으로는 불가능하므로 여기서는 Rippl 방법만 기술한다.
- Rippl의 누가용적곡선은 댐 지점의 유량의 누가곡선(mass curve)을 작성하여 저수지 공급량에 따른 저수지 용량을 결정하거나 일정한 저수용량일 때 공급가능량을 결정할 수 있는 방법이다.
- Rippl 방법은 수요량이 시간에 따라 변화하는 경우에는 계산 절차가 복잡하고, 댐 규모 결정전에는 저수면적을 알 수 없으므로 증발량을 정확하게 계산할 수 없으며 특히, 기존댐이나 계획댐이 여러 개인 경우인 저수지군의 조작에 따른 영향을 분석할 수 없는 중대한 단점을 지니고 있다.

1) Rippl 방법에 의한 저수용량 결정

- Rippl의 누가용적곡선은 해당 지점의 관측기간동안의 유입량에 저수지가 형성됨으로 인하여 발생하는 유출량의 증가량과 수면상 증발량을 감한 순유입량의 누가값을 월별로 도시한 <그림 12.10>과 같은 곡선이다.

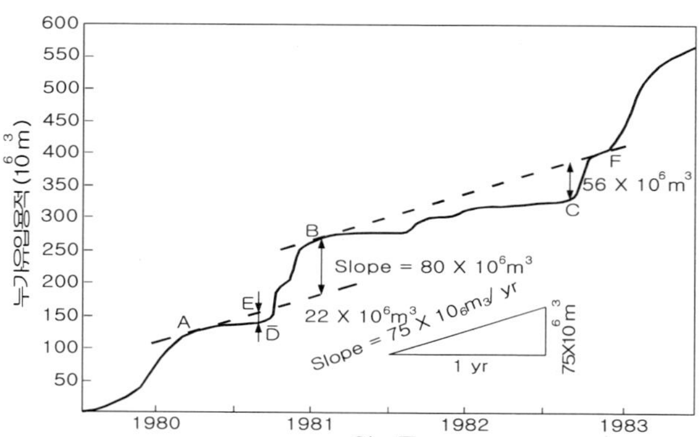

<그림 12.10> 누가용적곡선 해석

- 누가용적곡선상의 임의 점에서의 접선경사는 그 시점의 유입률을 의미하며, 일정률의 용수수요곡선(demand curve)은 수요율을 경사로 하는 직선으로 표시 가능하다. 또한, 누가용적곡선의 정점(A, B 등)에 수요율과 같은 경사를 갖는 접선을 그으면 저수지로부터의 취수율을 표시하게 된다.
- 용수수요곡선이 누가용적곡선과 만나는 점에서는 저수지가 만수상태가 되며, 두 곡선간의 연직편차는 용수수요곡선이 표시하는 수요율을 충족시키는데 필요한 저수용량이며 이 중 최대 연직편차를 필요 저수용량으로 결정한다. 또한, 누가용적곡선상의 연속되는 두 정점(A, B 등)에서 그은 용수수요곡선간의 연직종거차는 댐의 월류량이다.
- 한편, 용수수요량이 월별로 일정하지 않을 경우 용수수요곡선은 직선이 아닌 누가곡선의 형태로 표시되나 누가용적곡선의 해석방법은 동일하다.
- 누가용적곡선은 시간이 진행됨에 따라 계속적으로 상향으로 올라가므로 필요시에는 유입량과 수요량의 누가곡선을 45° 회전시켜 수평축에 투영시킨 곡선인 차누가곡선(residual mass curve)을 사용하기도 한다.

2) Rippl 방법에 의한 공급가능량 결정

- 저수지가 만수상태에 있게 되는 <그림 12.11>의 점 A와 B에서 누가용적곡선과의 최대 연직종거차가 저수지용량보다 크지 않도록 접선을 그으면 이 접선의 경사가 연간 용수공급가능률이 된다.
- 누가용적곡선상에 여러 개의 정점이 있을 경우에는 접선경사가 가장 완만한 수요곡선을 표시하는 공급가능률이 안전공급률이 된다. 여기서 정점에서 그은 접선이 반드시 누가용적곡선과 교차하는 것이 필수적이라는 것에 유의하여야 한다.

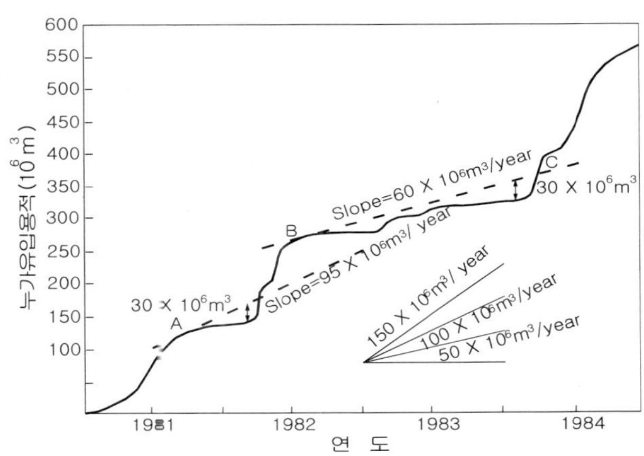

<그림 12.11> 공급가능률 결정

12.5 홍수조절

12.5.1 홍수조절 원칙

- 댐 및 저수지로부터의 첨두방류량은 첨두홍수량을 초과하지 않도록 하고, 하류 하천의 홍수소통능력을 고려하여 방류되도록 조절한다. 또한, 저수지로 유입되는 홍수조절 대상홍수량은 홍수조절용량의 범위내에서 저류하여 저수지 수위가 홍수위 이하로 유지되도록 한다.
- 첨두홍수량이 발생한 시각 이후의 방류량은 유입량을 초과할 수 있으나 그 이전 시각의 경우에는 조절에 따라 오히려 홍수피해가 증가되는 것을 방지하기 위하여 방류량은 유입량을 초과하지 않도록 조절하는 것이 원칙이며 또한, 방류 초기의 급격한 방류량의 증가가 발생하지 않도록 한다.
- 홍수조절은 치수측면에서의 하류 홍수피해 경감이 주목적이지만 홍수조절에만 치중하여 이수측면에서의 이수용량 확보 등에 곤란한 부분이 발생하지 않도록 고려하는 것이 필요하다.

12.5.2 홍수조절 방법

- 홍수시 댐의 운영방안은 단일운영과 댐군의 연계운영으로 대별할 수 있으며 홍수조절 방법에는 모의운영기법과 최적화기법이 있다. 여러 댐이 직렬 또는 병렬로 시스템을 이루고 있는 댐군의 연계운영의 경우에는 최적화기법이 보다 적절할 수 있으나 홍수시 시간별 운영에 있어서 댐 운영상의 제약조건이 너무 복잡하므로 적용이 곤란하다. 반면, 모의운영기법은 최적해를 얻기는 어려우나 복잡하고 가변성을 포함하는 경우에는 보다 적합한 방법이 된다.
- 일반적으로 홍수시 댐군의 연계운영은 대단히 복잡한 관계로 각 댐별로 단일댐의 모의운영기법을 이용하여 해석하지만 이와 같은 단일운영의 최적해가 댐군 시스템의 최적해라고 볼 수 없으므로 최적화기법을 이용한 연계운영으로 보완하기도 한다.
- 최적화기법은 실무적인 접근이 어려워 홍수조절을 위한 단기간의 저수지운영에는 거의 채택되지 않는 반면, 모의운영기법은 이론이 간단하고 실무적으로 접근하기 상대적으로 용이하므로 홍수기 저수지운영 방안으로 많이 채택되고 있다.

- 모의운영기법과 같은 저수지운영 기법(Reservoir Operation Method, ROM)에는 Auto ROM, SRC ROM, Rigid ROM, Technical ROM 등이 주로 사용되고 있다.
- 하지만 모든 방법이 여러 가지 문제점을 지니고 있어서 실제 홍수조절시에는 어떤 하나의 ROM을 그대로 적용하는 것은 곤란하므로 홍수상황에 따라 여러 가지 방법을 적절히 혼합하여 조절하고 있는 실정이다.

1) Auto ROM(Automatic Reservoir Operation Method)

- Auto ROM은 홍수수문곡선의 예측과 관계없이 적용 가능하며 주로 수문이 없는 단순 여수로에 적용하는 방법이다. 만수위를 목표수위로 정해 놓고 만수위에 도달하기 전까지는 발전방류만 실시하고 여수로를 통한 방류를 하지 않다가 만수위에 도달한 후에는 여수로 수문을 완전 개방하여 여수로 방류능력 곡선(spillway discharge rating curve)에 따라 유입량 전량을 방류시켜 가급적 만수위가 유지되도록 운영한다.
- 원래 여수로 마루표고가 만수위와 동일한 소규모 저수지에 적용하도록 제안된 방법으로 소규모 저수지에 Auto ROM을 적용한 결과는 <그림 12.12>와 같다.

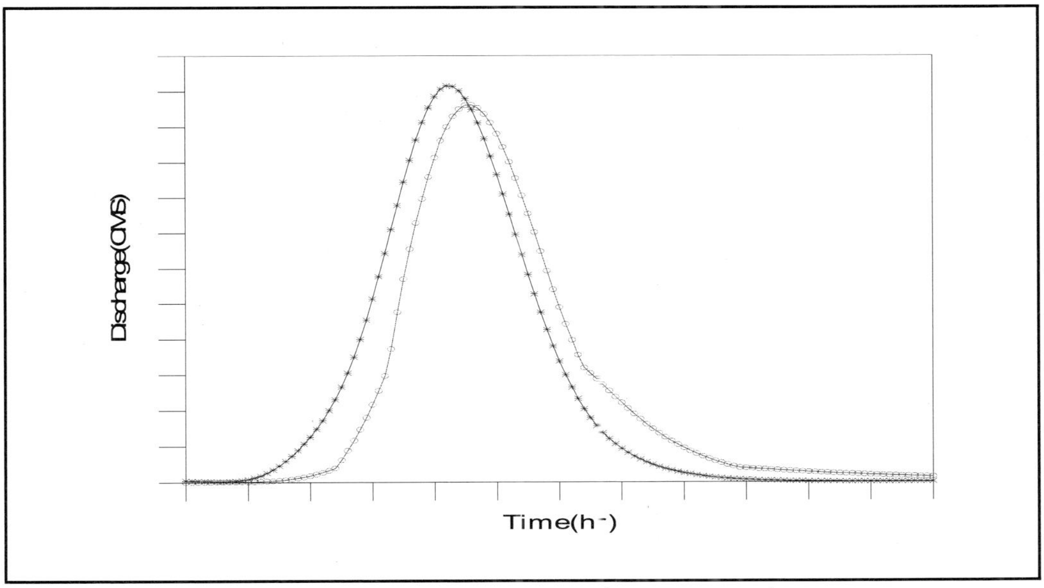

<그림 12.12> Auto ROM에 의한 홍수조절(소규모 저수지)

- 중규모 이상의 댐과 같이 여수로 마루표고가 만수위보다 낮은 경우와 다목적댐과 같이 홍수기 제한수위가 설정되어 있는 경우에는 Auto ROM은 적용하지 않는 것이 타당하다. 하지만 굳이 비교를 위하여 적용하는 경우 이와 같이 다음과 같이 약간 달리 적용하는 것을 검토하여야 한다.
  - 초기에는 계속 저류하다가 만수위에 도달한 후 일시에 여수로 수문을 완전 개방하면 만수위의 여수로 방류능력으로 갑자기 방류되어 하류에 피해를 초래하므로 이를 방지하기 위한 방안이 필요
  - 홍수수문곡선의 예측과 관계없이 적용하는 방법이어서 이전 시각과 현재 시각의 상황을 토대로 조절하게 되므로 향후의 홍수수문곡선을 종합적으로 고려할 수 없으므로, 방류시작을 홍수기 제한수위로 변경 또는 유입량이 만수위의 방류능력을 초과하는 경우 등으로 변경하는 방안을 검토
  - 또한, 방류 초기의 급격한 방류량 증가를 막기 위하여 초기 방류량을 점차 늘려 나가는 방안을 도입하는 것이 필요
- 중규모 이상 저수지에 이와 같은 검토 내용을 반영하여 Auto ROM을 적용한 결과는 <그림 12.13>과 같다.

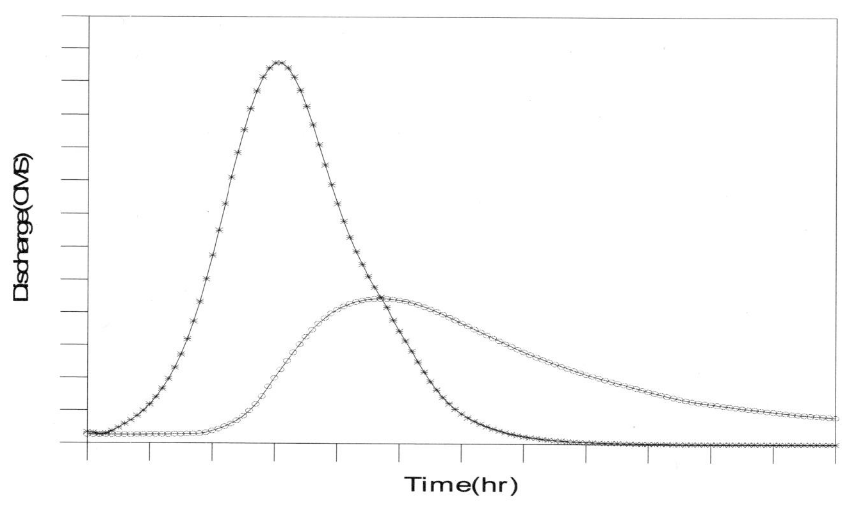

<그림 12.13> Auto ROM에 의한 홍수조절(중규모 이상 저수지)

• Auto ROM은 저수지 수위가 목표수위인 만수위보다 높아지면 완전 개방하는 방법으로 가급적 만수위를 초과하지 않도록 운영하게 된다. 따라서 다목적 저수지의 홍수조절 공간을 제대로 활용하지 못하므로 하류의 홍수피해를 증가시킬 우려가 있는 단점을 지니고 있다.

2) SRC(Spillway Rule Curve) ROM

• SRC ROM은 홍수수문곡선의 예측과 관계없이 적용하는 방법이며, Auto ROM과 비슷하나 여수로 방류능력 곡선(spillway discharge rating curve)에만 의존하여 방류하는 것이 아니라 설계홍수량 유입시 저수지 수위를 홍수위 이하로 유지하면서 저수지 수위에 의해서만 방류하여 조절할 수 있는 수문조작 방법인 SRC(Spillway Rule Curve)를 작성하고 이에 의해 방류량을 결정하는 방법이다.

• 저수지 수위에 따라 미리 결정된 방류량으로 방류하기 때문에 설계홍수량과 비슷한 홍수량이 유입시에는 적절한 홍수조절 방안이 될 수 있으나 차이가 많은 홍수량이 유입하는 경우에는 홍수진행 상황을 적절히 반영하지 못하는 단점을 지니고 있다.

<표 12.10> 충주댐의 SRC(Spillway Rule Curve)

저수지수위 (EL. m)	방 류 량 (m^3/s)	비 고	저수지수위 (EL. m)	방 류 량 (m^3/s)	비 고
126.0	0	여수로표고	141.5	1,200	
130.0	200		142.0	2,000	
135.0	200		142.5	3,000	
139.0	200		143.0	4,600	
138.0	200	제한수위	143.5	6,600	
139.0	200		144.0	9,300	
139.5	200		144.5	12,000	수문 완전개방
140.0	250		145.0	16,200	홍 수 위
140.5	400		146.0	17,700	
141.0	700	상시만수위	147.0	20,700	

- 한편, 충주댐의 <표 12.10> 및 다음과 같은 SRC 기준에 따라 100년빈도 홍수를 조절한 결과는 <그림 12.14>와 같다.
  - 홍수기 댐으로부터의 방류는 평균 발전방류를 포함하여 우선 200 m³/s로 제한하며 저수지 수위가 EL. 139.5 m에 도달할 때까지 200 m³/s로 방류
  - 저수지 수위가 EL. 139.5 m를 초과하면 부분 개방에 의하며 점차 방류량을 증가시키다가 홍수위인 EL. 145.0 m에서 0.5 m 아래인 EL. 144.5 m에 이르면 완전 개방

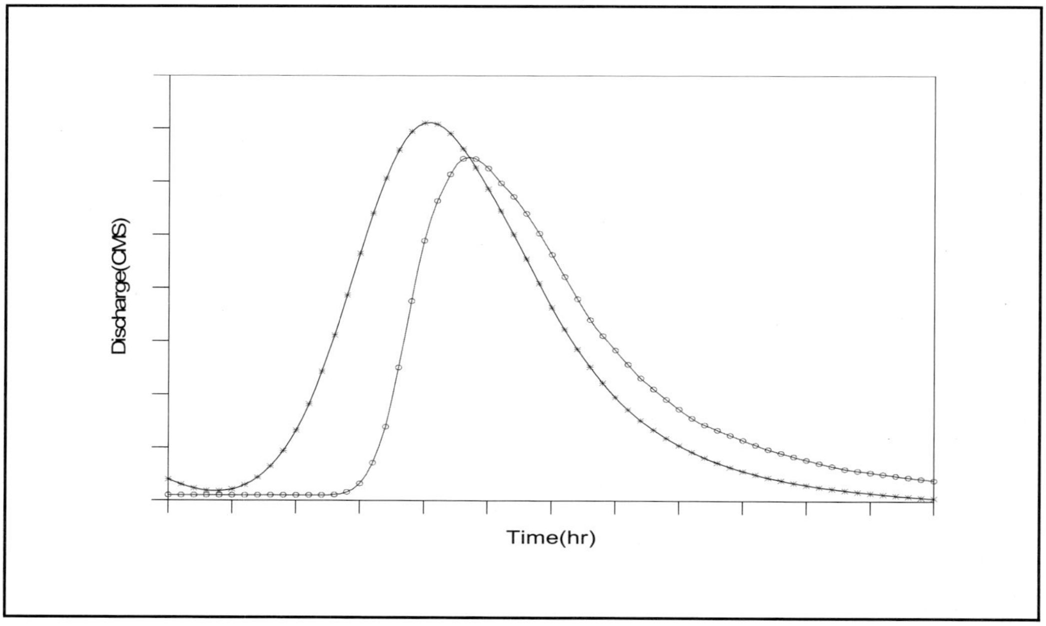

<그림 12.14> SRC ROM에 의한 홍수조절(충주댐)

3) Rigid ROM(Rigid Reservoir Operation Method)

- Rigid ROM은 예측 유입량이 첨두에 이를 때까지는 일정률로 방류하고 첨두 이후에는 일정량으로 방류하는 일종의 일정률-일정량 방식이며, 홍수기 제한수위에 도달한 후 총 방류기간중의 홍수저류 총량이 저수지의 홍수조절용량과 일치하도록 운영한다.
- 첨두 이후의 일정 방류량과 유입량이 일치할 때 저수지 수위도 동시에 목표로 하는 수위(홍수위 등)에 도달하게 되므로 홍수조절용량을 최대한 활용하는 방법이다.

- 초기 저수위가 홍수기 제한수위(제한수위가 없는 경우에는 만수위)에 도달하지 않은 경우에는 유입량과 발전방류량 중 작은 수량으로 방류하여 수위를 홍수기 제한수위까지 상승시키고 여수로 방류는 실시하지 않는다.
- 여수로 방류시작 시각 t_i의 저수지 수위인 홍수기 제한수위(RWL)와 홍수위(FWL) 사이의 저류용량이 홍수조절용량(flood control storage)이며 유입 홍수수문곡선 I(t)가 완전히 예측되면 t_p가 결정되므로 일정률(R)을 가정한 후 홍수조절용량을 유입홍수로 완전히 채우는 조건을 만족시키도록 시행착오 방법으로 일정률(R)을 결정한다.

$$R = \frac{O(t_p) - Q_G}{I(t_p) - Q_G}$$

$$V_{FC} = \left[(1-R)\int_{t_i}^{t_p} I(t)\,dt\right] + \left[\int_{t_p}^{t_e} I(t)\,dt - I(t_e)\cdot(t_e - t_p)\right]$$

여기서 R은 일정률, t_p는 첨두유입량 발생 시각, $O(t_p)$는 여수로의 첨두방류량, $I(t_p)$는 첨두유입량, Q_G은 발전방류량, V_{FC}는 홍수조절용량, t_i는 여수로 방류시작 시각, I(t)는 유입 홍수수문곡선, t_e는 일정 방류량과 유입홍수량 I(t)가 일치되는 시각이다.

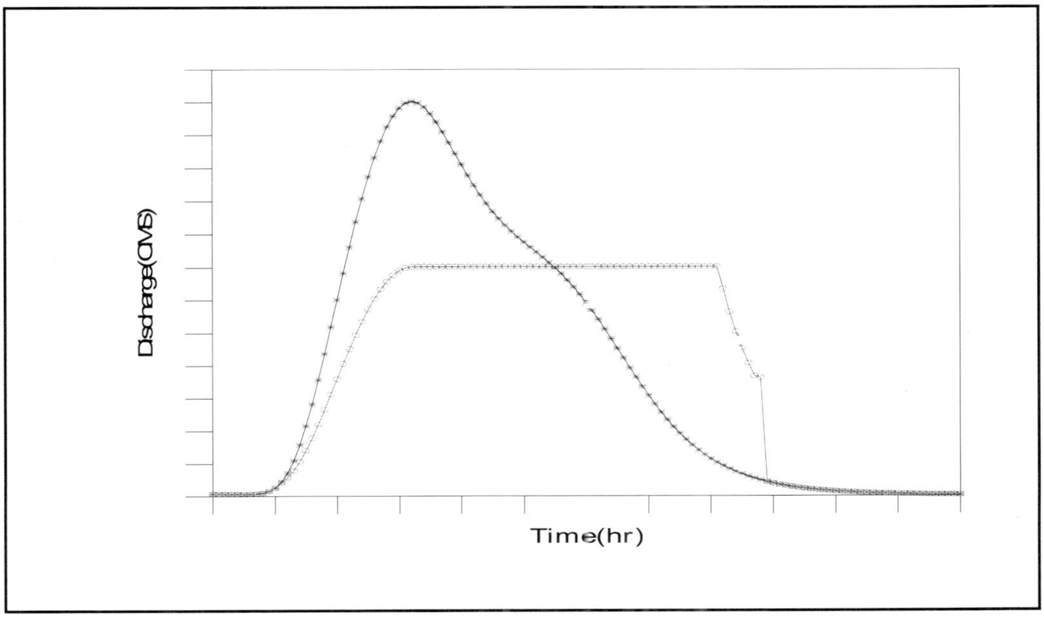

<그림 12.15> Rigid ROM에 의한 홍수조절

- 한편, 일정률은 일반적으로 유입량만 고려하여 결정하게 되지만 실제 적용시 방류 초기의 저수지 수위가 제대로 상승되지 않았거나 여수로의 규모가 적어서 일정률에 의한 방류량보다 가능 방류량이 적은 경우가 발생하면 실제 저수지 수위에 따른 여수로 가능 방류량으로 방류되도록 조정하여야 한다.
- Rigid ROM 적용시에는 표준홍수로 200년빈도 홍수 등을 설정하고 일정률을 결정한 후 다른 재현기간의 홍수에 대해서도 표준홍수에서 결정된 일정률을 적용하는 방법과 모든 홍수에 대해서 일정률을 각각 산정하여 적용하는 방법 등이 있다.
  - 표준홍수에서 결정된 일정률을 적용하는 경우에는 유입량에 따라 미리 결정된 방류량으로 방류하기 때문에 설계홍수량과 비슷한 홍수량이 유입시에는 적절한 홍수조절 방안이 될 수 있으나 차이가 많은 홍수량이 유입하는 경우에는 홍수진행 상황을 적절히 반영하지 못하는 단점을 지님
  - 일정률을 각각 산정하여 적용하는 경우에는 홍수시 전체 기간의 홍수수문곡선의 예측이 가능할 경우에만 적용 가능
- Rigid ROM은 일정률 방식의 수문조작을 실시하기 매우 어렵고 또한, 첨두가 하나인 단일 수문곡선에는 적용 가능하나 첨두가 여러 개인 복합수문곡선에는 적용하기 어려운 단점을 지니고 있다.

4) Technical ROM(Technical Reservoir Operation Method)

- Technical ROM은 홍수시 전체 기간의 홍수수문곡선의 예측이 가능할 때 적용 가능한 방법이며, 방류기간중의 홍수저류 총량이 저수지의 홍수조절 용량과 일치하도록 운영한다.
- 첨두 이후의 일정 방류량과 유입량이 일치할 때 저수지 수위도 동시에 목표로 하는 수위(홍수위 등)에 도달하게 되므로 홍수조절용량을 최대한 활용하는 방법이다.
- 초기 저수지 수위가 홍수기 제한수위(제한수위가 없는 경우에는 만수위)에 도달하지 않은 경우에는 유입량과 발전방류량 중 작은 유량으로 방류하여 수위를 홍수기 제한수위까지 상승시키고 여수로 방류는 실시하지 않는다.

- 여수로 방류시작 시각 t_i의 저수지 수위인 홍수기 제한수위(RWL)와 홍수위(FWL) 사이의 저류용량이 홍수조절용량(flood control storage)이며 유입 홍수수문곡선 I(t)가 완전히 예측되면 t_p가 결정되므로 일정 방류량(Q_{CS})을 가정한 후 홍수조절용량을 유입홍수로 완전히 채우는 조건을 만족시키도록 시행착오 방법으로 일정 방류량을 결정한다.

$$Q_{CS} = O(t_p) + Q_G$$

$$V_{FC} = \int_{t_i}^{t_e} [I(t) - Q_{CS}]\, dt$$

여기서 Q_{CS}는 일정 방류량, t_p는 첨두유입량 발생 시각, $O(t_p)$는 여수로의 첨두방류량, Q_G은 발전방류량, $I(t_p)$는 첨두유입량, V_{FC}는 홍수조절용량, t_i는 여수로 방류시작 시각, I(t)는 유입 홍수수문곡선, t_e는 일정 방류량과 유입홍수량 I(t)가 일치되는 시각이다.

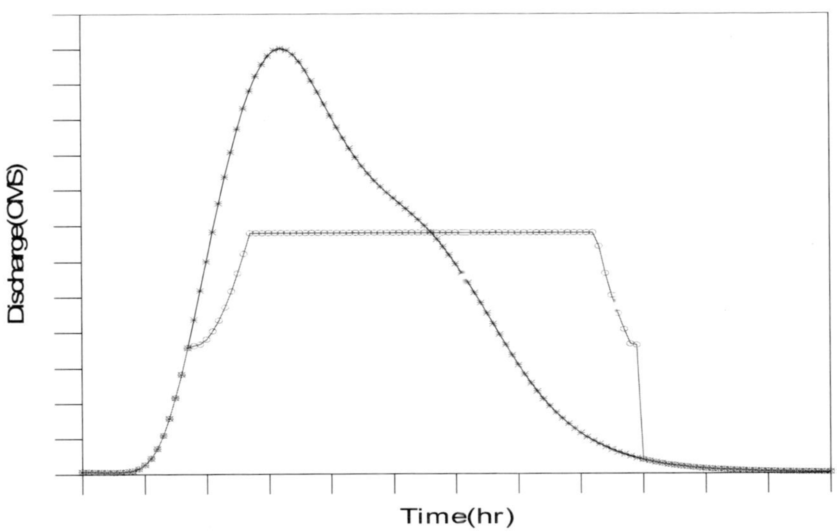

<그림 12.16> Technical ROM에 의한 홍수조절

- 한편, 일정 방류량은 일반적으로 유입량만 고려하여 결정하게 되지만, 실제 적용시 방류 초기의 저수지 수위가 제대로 상승되지 않았거나 여수로의 규모가 적어서 일정 방류량에 의한 방류량보다 가능 방류량이 적은 경우가 발생하면 실제 저수지 수위에 따른 여수로 가능 방류량으로 방류되도록 조정하여야 한다.
- Technical ROM을 제대로 적용하기 위해서는 우선적으로 예측 유입 홍수 수문곡선이 파악되어야 하므로 유출모형의 정확성이 관건이 된다. 또한, 시간적으로 변화되는 강우사상에 대한 유출모형의 적응성에 문제가 있어 많은 오차가 발생하는 단점을 지니고 있는 점 등을 충분히 감안하여 적용하여야 한다.

메 모 란

메 모 란

제13장

댐구조물 설계

13.1 여수로 계획 및 설계

13.1.1 여수로 계획

가. 여수로 위치 선정

- 여수로 위치는 콘크리트댐은 일반적으로 댐 본체에 설치하며, 필댐은 댐 본체와 떨어진 저수지 주변의 자연지반이 가장 적당하나 그렇지 못한 경우에는 여수로와 댐 본체의 안정성과 경제성 등을 고려하여 결정한다.
- 현장여건에 적합한 여수로 형식의 비교 검토를 통하여 접근수로와 조절부가 댐 중심선과 이루는 각도, 여수로와 하류하천과의 접속문제 등과 같은 지형 측면을 고려한다.
- 여수로는 원칙적으로 경암반 상부에 위치하여야 하나 암반이 아닌 지반일 경우에는 부등침하 방지, 구조물 외측의 침투 방지 등과 같은 지질 측면을 고려한다.
- 여수로의 공사비가 전체 공사비에서 차지하는 비중이 크므로 굴착량을 최소로 하고 굴착량의 전부 또는 대부분을 댐 축조에 사용할 수 있는 위치를 경제성 측면에서 고려하며 또한, 아울러 친환경적 측면을 함께 고려하여야 한다.

나. 여수로 형식 선정

여수로 형식은 수리특성에 따라 개수로형과 관수로형으로 구분되며, 유량조절시설 유무에 따라 조절형과 비조절형으로 구분된다. 이와 같은 여수로의 형식 선정시에는 수리적, 경제적으로 유리하고 구조상으로도 안전하여야 한다는 기준을 적용한다.

1) 수리특성에 따른 분류

- 개수로형 여수로에는 월류 여수로, 자유낙하 여수로, 측수로 여수로 등이 있으며, 관수로형 여수로에는 터널 또는 암거 여수로, 선굴 여수로, 사이폰 여수로 등이 있다.
- 여수로 형식 선정시에는 가급적 수리학적으로 가장 유리한 직선 개수로형 여수로를 채택하고, 관수로형 여수로를 채택하는 경우 방류능력의 여유를 충분히 고려한다.

① 월류 여수로

월류 여수로(ogee spillway)는 정부(crest)의 종단형상을 통기가 잘된 칼날모양의 예연웨어를 월류하는 수맥(nappe)의 곡선하부와 일치하도록 설계한 형식이며 가장 많이 사용되는 형식이다.

② 자유낙하 여수로

자유낙하 여수로(free overfall spillway)는 아치댐에 적합한 형식이며, 여수로의 기초가 자유낙하에 의한 침식에 저항할 수 있는 경우에만 채택되는 형식이다.

③ 측수로 여수로

측수로 여수로(side channel spillway)는 지형상 월류 여수로가 곤란하거나 월류수심이 제한되어 긴 여수로가 필요하게 되는 경우 등에 사용되는 형식으로 주로 필댐에 설치하며, 상대적으로 비효율적이고 비경제적이므로 사용빈도가 낮다.

④ 터널 또는 암거 여수로

터널 또는 암거 여수로(tunnel or conduit spillway)는 댐 주변이나 하부에 터널 또는 암거를 설치하여 홍수량을 배제하는 형식이다.

⑤ 선굴 여수로

선굴 여수로(shaft spillway)는 나팔형 여수로(morning glory spillway) 또는 낙하 유입관 여수로(drop inlet spillway)와 같은 형태이며 접안부의 경사가 급한 경우에 적합한 형식이다. 낮은 수두로 최대유량을 월류시킬 수 있는 장점을 지닌 반면, 설계수두를 초과하면 방류량의 증가가 미미하므로 이상홍수에 대비하는 보조 또는 비상여수로의 설치를 병행하여야 한다.

⑥ 사이폰 여수로

사이폰 여수로(siphon spillway)는 역U자형 개수로 여수로이며, 방류량이 저수지와 유출구의 수두차로 결정되므로 낮은 저수지 수두로도 많이 방류시킬 수 있고, 기계적인 장치없이 자동조작이 되는 장점을 지닌 반면, 얼음과 부유물을 소통시킬 수 없고, 막힘과 결빙 우려가 있고 간헐적인 중단에 의한 하류 수위의 심한 변동을 유발하는 등의 단점을 지니는 형식이다.

2) 유량조절시설 유무에 따른 분류

- 조절형 여수로는 여수로 조절부에 유량조절시설인 수문 등을 설치하여 방류량을 조절할 수 있는 형식으로 대규모 댐 등에서 채택한다. 하지만 수문조작이 적절하지 않으면 인위적인 홍수를 야기할 수 있으므로 완전한 조작 및 유지관리가 전제되어야 한다.
- 비조절형 여수로는 여수로 조절부에 유량조절시설을 설치하지 않으므로 방류량을 조절할 수 없는 형식으로 소규모 댐 등에서 채택한다.

다. 여수로 규모 결정

1) 댐과 여수로의 조합

- 댐은 저류기능을 수행하고 여수로는 방류기능을 수행하므로 설계홍수량 유입시 홍수처리 방법에 따른 댐의 규모(저류용량)와 여수로의 규모(방류능력)의 최적 조합 결정을 통하여 여수로의 규모를 결정할 수 있다.
- 일반적으로 여수로의 규모와 홍수조절방안별로 저수지추적을 통하여 여수로의 최대방류량과 댐의 최대수위를 산정하고 이를 근거로 여수로 규모와 댐 규모의 다양한 조합을 결정한 다음, 허용방류량, 배수위에 의한 상류수몰에 따른 문제 및 경제성 등을 종합적으로 검토하여 여수로 규모를 결정한다.

2) 주여수로와 보조여수로의 조합

- 주여수로와 보조여수로의 조합의 경우 주여수로의 규모를 작게하여 작은 규모의 홍수량을 감당하게 하고 이를 초과하는 홍수량은 보조여수로에서 처리하게 하여 전반적으로 경제성을 높이는 여수로 규모를 결정한다.

- 보조 여수로는 대체적으로 비조절형을 채택하나 저류용량을 증가시키기 위하여 빈지나 수문을 설치하는 조절형을 채택하는 것도 가능하다. 한편, 월류되면 붕괴되는 결괴제방(fuse plug)을 수문 대용으로 사용하기도 한다.

라. 비상여수로

- 비상여수로는 이상홍수시 또는 주여수로의 고장시 주여수로와 별도로 혹은 동시에 작동하여 댐체 월류를 방지하여 댐의 안전을 확보하기 위하여 설치한다.
- 비상여수로의 조절부 마루는 정상적인 상태에서는 비상여수로가 필요하지 않으므로 저수지 최고수위와 같거나 보다 높게 위치시키며, 비상여수로의 조절부 높이와 댐의 여유고는 이상홍수시 홍수수문곡선의 저수지추적 등에 의해 결정한다.

마. 여수로의 구성

여수로는 접근수로, 조절부, 급경사수로, 감세공 및 방수로의 5개 부분으로 구성되며, 모든 부분은 설계홍수량을 안전하게 소통시킬 수 있는 단면을 가져야 한다.

- 접근수로는 저수지에서 조절부에 이르는 수로이며 여수로 방류량의 감소를 초래하는 수두손실을 줄이고 여수로상의 흐름을 균일하게 하는 역할을 한다. 접근수로는 필댐과 같이 여수로가 댐 접안부 또는 안부에 설치되는 경우에는 필요하게 되는 반면 콘크리트댐의 월류 여수로의 경우에는 필요하지 않다.
- 조절부는 여수로의 월류부분으로 저수지로부터 방류를 제한 또는 차단하고 방류량을 조절하며, 수문의 유무에 따라 조절형과 비조절형으로 구분된다.
- 급경사수로는 여수로 조절부의 말단에서부터 감세공 시점까지의 수로이며 주로 개수로 형식을 채택한다.
- 감세공은 여수로를 통한 고유속 방류수에 의한 손상을 방지하기 위한 구조물이며, 하류수심의 크기에 따라 형식을 결정한다.
- 방수로는 감세공으로부터 하류하천에 이르는 수로이며 하류 수위상승으로 인하여 감세공의 기능이 약화되지 않도록 하여야 한다.

13.1.2 월류 여수로 설계

가. 접근수로

- 접근수로의 수심은 월류수심, 유량 등을 감안하여 결정하며, 웨어마루에서 접근수로 바닥까지의 깊이(P)는 웨어마루에서의 설계수두(H_o)의 1/5 이상이 되도록 한다.
- 또한, 접근수로의 유속인 접근유속은 여수로를 통한 홍수량의 방류가 수리학적으로 안정적으로 수행되도록 하기 위하여 4 m/s 이하로 제한된다.
- 접근수로의 평면형은 흐름에 교란이 발생하지 않도록 여수로를 향하여 완만하게 점차적으로 축소시켜야 한다.

나. 조절부

1) 웨어 종단형상

- 웨어 종단형상은 칼날모양의 예연웨어의 통기된 수맥(nappe)의 곡선하부와 형상이 일치되도록 설계하며 이는 최적유량을 얻는데 가장 이상적인 형상이 된다.
- 웨어의 종단형상은 설계수두, 웨어 상류면의 경사, 웨어의 높이 등에 따라 다르게 결정된다.

가) 설계수두

- 웨어의 종단형상을 결정하기 위해서는 먼저 설계수두(접근 속도수두를 제외한 설계수두는 H_d, 접근 속도수두를 포함한 설계수두는 H_o로 표기)를 결정하여야 한다. 한편, 설계수두는 위어마루에서의 수두가 아닌 웨어에 의한 수위저하가 발생하기 시작하는 지점에서의 수두이다.
- 설계수두는 일반적으로 200년빈도와 같이 홍수조절을 필요로 하는 홍수량 유입시 발생하는 최대수두(H_F, 홍수위의 수두에 접근 속도수두 가산)보다 낮게 설정한다.
- 이와 같이 설계수두를 최대수두보다 낮게 설정하는 이유는 대체적으로 전체 범위의 수두에 대하여 유량이 증가시키기 위함이며 이러한 과소설계가 경제적으로 유리하다.

- 미국개척국(USBR)에서는 H_F/H_o가 1.33을 초과하지 않도록 권장하고 있으며 이를 달리 표현하면 설계수두는 최고수두의 75% 이상으로 설정하도록 하는 것이다. 통상 설계수두(H_o)는 200년빈도 등의 홍수량 유입시 웨어에 의한 수위저하가 발생하기 시작되는 지점의 최대수두(H_F, 홍수위에 접근 속도수두 가산)의 75~80% 정도가 권장되고 있다.
- 한편, 설계수두를 최대수두의 75% 이하로 채택하면 공동현상(cavitation)이 발생할 우려가 높기 때문에 지양하여야 하며, 미국육군공병단(USACE)에서는 허용부압의 한계를 -5m로 제시하고 있다.

나) 웨어의 종단형상 결정

a) 미국개척국(USBR) 방법

USBR 방법에 의한 웨어 종단형상은 다음과 같은 절차로 결정한다. 한편, 이 방법은 웨어마루에서 접근수로 바닥까지의 깊이(P)가 웨어마루에서의 최대수두(H_F)의 1/2보다 작은 경우에 적용 가능하다.

① 하류부 종단형상은 웨어마루 정점에서 하류면경사와 접하는 지점까지는 다음 식으로 결정한 후 하류면경사와 접속시킨다.

$$\frac{y}{H_o} = -K\left(\frac{x}{H_o}\right)^n$$

여기서 H_o : 접근 속도수두를 포함한 설계수두

x, y : 웨어마루 정점에 원점을 둔 좌표계

K, n : 상류면경사와 접근유속에 따른 계수

- 접근 속도수두를 포함한 설계수두(H_o)는 접근 속도수두를 제외한 설계수두(H_d)와 접근 속도수두(h_a)의 합이며, 설계수두의 시작점은 웨어에 의한 수위저하가 시작되는 부분의 수위를 채택하고 속도수두는 <그림 13.1>의 왼편에 표시된 수식을 이용하여 산출
- K, n은 상류면 경사와 접근유속에 따른 계수로 <그림 13.2>에서 결정
- 하류면경사와 접하는 지점(PT)의 좌표는 상기 식의 제원이 주어진 상태에서 x/H_o에 관하여 미분하고 이를 하류면경사(음의 경사)와 같게 놓아 결정

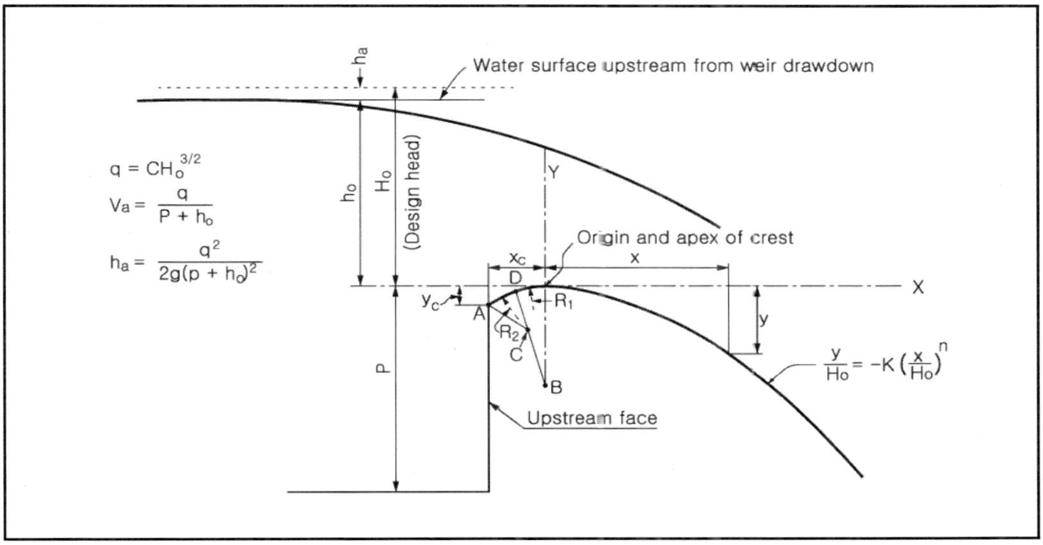

<그림 13.1> USBR 방법의 월류웨어 종단형상

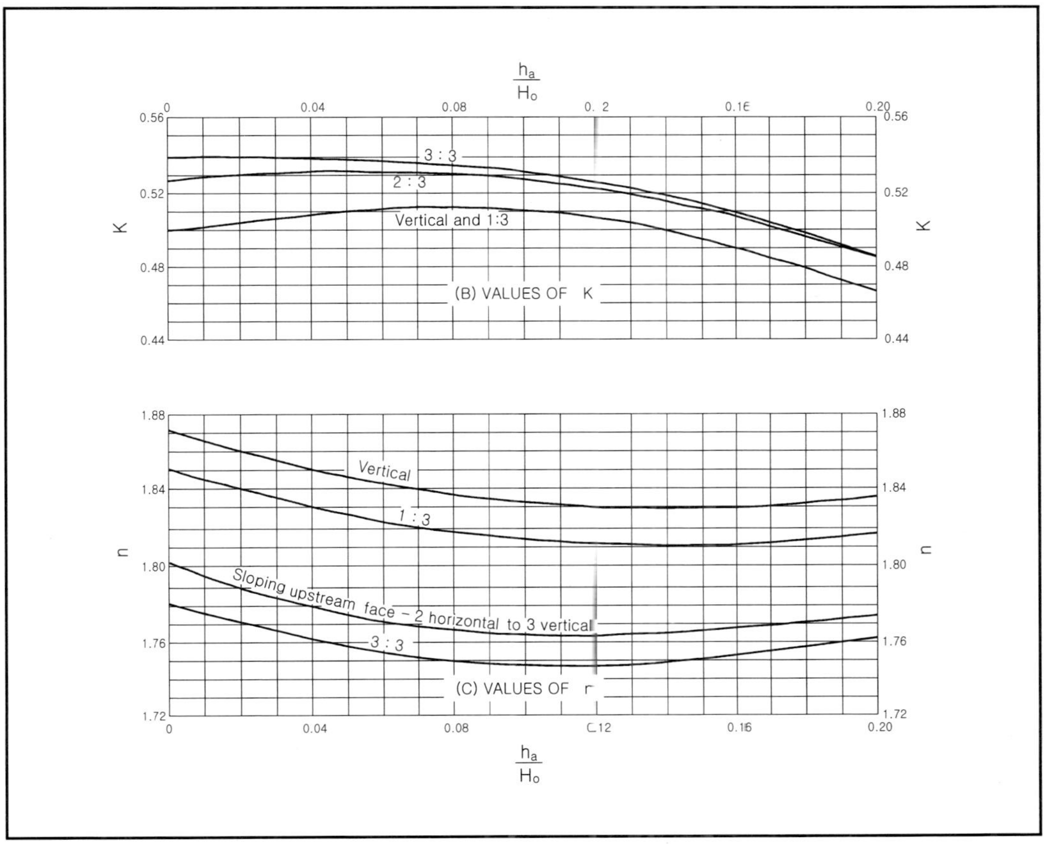

<그림 13.2> USBR 방법의 하류부 종단형상 결정에 필요한 K, n값

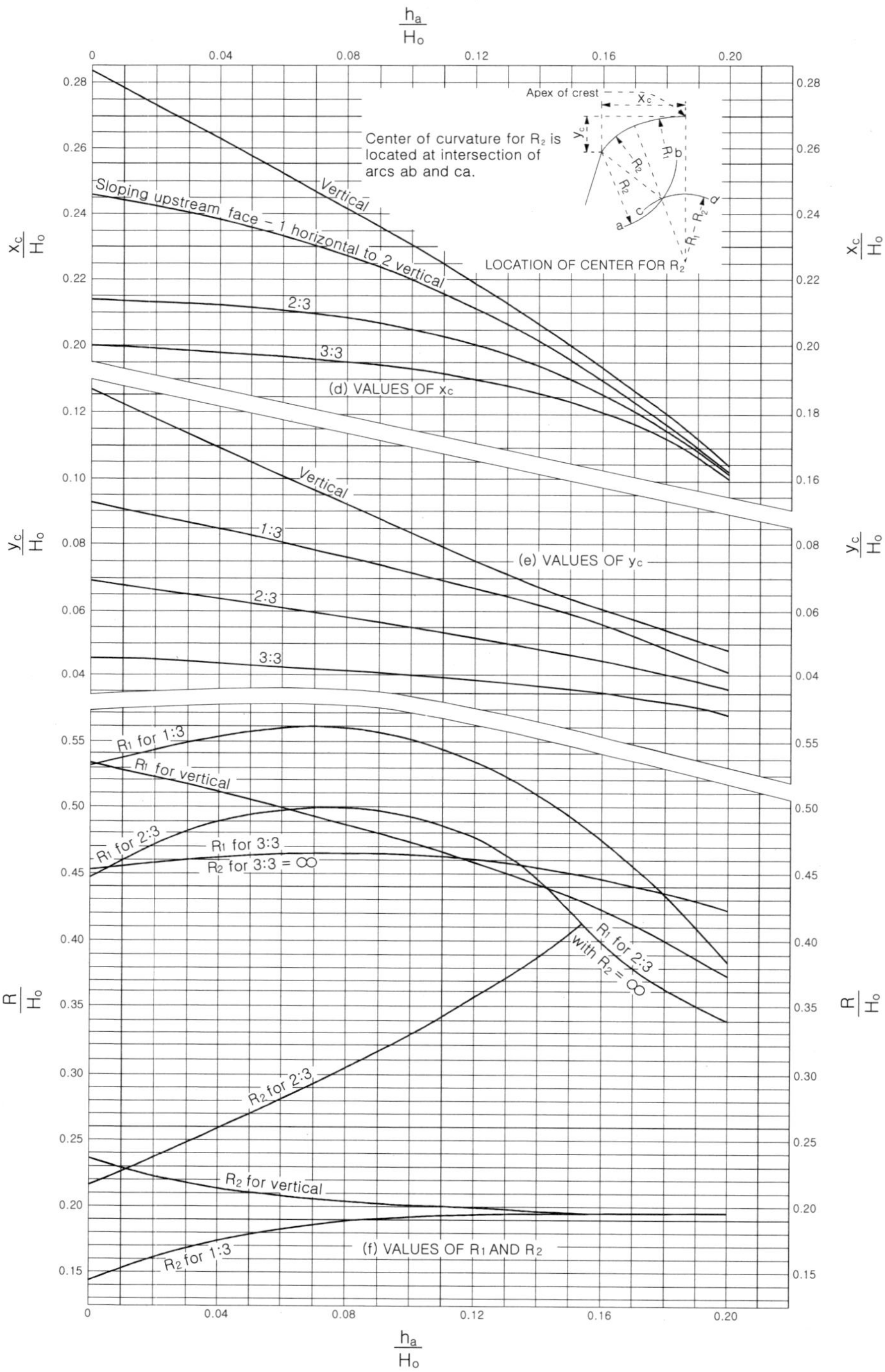

<그림 13.3> USBR 방법의 상류부 종단형상 결정에 필요한 제원 및 작도법

② 상류부 종단형상은 웨어마루 정점에서 상류면경사와 만나는 지점까지의 형상으로 다음과 같은 순서로 결정한다.

- 상류경사면과 상류부 종단형상이 만나는 점을 A 지점이라 하면, A 지점의 위치는 <그림 13.3>에서 웨어마루 정점에서 왼쪽 거리 X_c와 아래쪽 거리 Y_c를 구하여 결정
- 곡률반경 R_1과 R_2를 <그림 13.3>에서 결정하고, 웨어마루 정점에서 곡률반경 R_1만큼 연직으로 내려간 위치를 B 지점으로 결정하고, B 지점에서 곡률반경 R_1-R_2로 작도한 원호와 A 지점에서 곡률반경 R_2로 작도한 원호가 만나는 점을 C 지점으로 결정
- B 지점에서 웨어마루 정점에서 반시계방향으로 곡률반경 R_1으로 B 지점에서 C 지점을 통과하는 직선과 만날 때까지 작도하고 이 지점을 D 지점으로 결정
- C 지점에서 곡률반경 R_2로 곡률반경 R_1으로 작도한 원호의 종점인 D 지점에서 A 지점까지 작도하여 상류면경사에 접속

b) 미국 육군공병단(USACE) 수로실험소(WES) 방법

미국 육군공병단 수로실험소에서는 미국개척국의 자료를 바탕으로 몇 가지 표준형상을 개발하였으며 이것이 WES 표준여수로 형상 또는 Harrold 표준여수로 형상이다. WES 방법에 의한 웨어의 종단형상은 다음과 같은 절차로 결정한다.

① 하류부 종단형상은 웨어마루 정점에서 하류면경사와 접하는 지점까지는 다음 식으로 결정한 후 하류면경사와 접속시킨다.

$$\frac{y}{H_d} = -K\left(\frac{x}{H_d}\right)^n$$

여기서 H_d : 접근 속도수두를 제외한 설계수두

x, y : 웨어마루 정점에 원점을 둔 좌표계

K, n : 상류면경사에 따른 계수

- 설계수두는 접근 속도수두를 제외한 설계수두(H_d)이며, 설계수두의 시작점은 웨어에 의한 수위저하가 시작되는 부분의 수위를 채택

- K, n은 상류면 경사에 따른 계수로 <그림 13.4>에서 결정
- 하류면경사와 접하는 지점(PT)의 좌표는 상기 식의 제원이 주어진 상태에서 x/H_d에 관하여 미분하고 이를 하류면경사(음의 경사)와 같게 놓아 결정

② 상류부 종단형상은 웨어마루 정점에서 상류면경사와 만나는 지점까지의 형상으로 <그림 13.4>에서 결정된 제원을 이용하여 다음과 같은 순서로 결정한다.

- 웨어마루 정점에서 곡률반경 R_1으로 웨어마루 정점의 종축에서 수평거리 a만큼 상류까지 작도
- 이와 같은 곡선이 끝나는 지점에서 곡률반경 R_2로 웨어마루 정점의 종축에서 b만큼 상류까지 작도하여 상류면경사에 접속

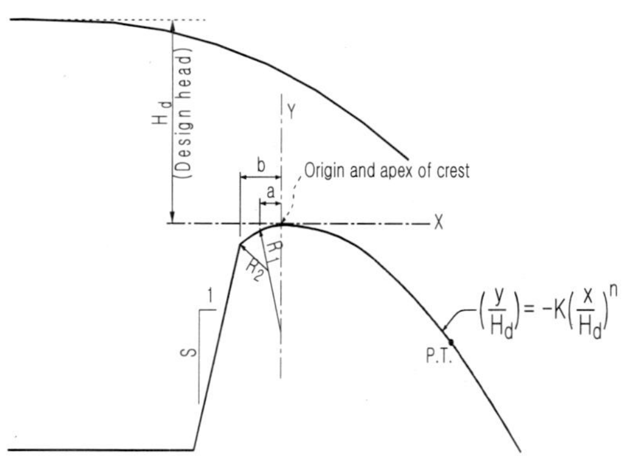

구 분	상류면경사(수직/수평)			
	3 / 0	3 / 1	3 / 2	3 / 3
a / H_d	0.175	0.139	0.115	0
b / H_d	0.282	0.237	0.214	0.199
R_1 / H_d	0.500	0.680	0.480	0.450
R_2 / H_d	0.200	0.210	0.220	-
K	0.500	0.516	0.515	0.534
n	1.850	1.836	1.810	1.776

<그림 13.4> WES 방법의 종단형상 결정에 필요한 계수

2) 웨어 유량공식

웨어 유량공식은 다음과 같이 웨어 길이와 수두 등의 함수로 표시된다.

$$Q = C L_e H_e^{3/2}$$

여기서 Q는 유량(m^3/s), C는 웨어 유량계수, L_e는 웨어 유효길이(m), H_e는 접근 속도수두를 포함하는 총수두(m)이다.

가) 유효길이 산출

교각과 교대의 단수축에 의해 웨어 유효길이는 실제보다 작으며 다음과 같이 산출한다.

$$L_e = L - 2(N \cdot K_p + K_a) H_e$$

여기서 L_e는 웨어 유효길이, L은 웨어 길이(m), N은 교각 수(수문수 -1), K_p는 교각 수축계수이며 주로 0.01을 사용(사각형 두부: 0.02, 원형 두부: 0.01, 창모양 두부: 0.0), K_a는 교대 수축계수이며 주로 0.1을 사용(사각형 교대: 0.2, 원형 교대: 0.1, 교대 곡률반경이 $0.5H_e$보다 큰 경우: 0.0)한다.

나) 유량계수 산출

웨어 유량계수는 접근수심, 상류면경사, 실제수두, 하류 잠류도 등에 따라 결정된다. 접근수로 바닥에서 웨어마루까지의 높이는 설계수두의 1/5 이상 ($P > H_o/5$) 되어야 하며, 접근유속은$P > 1.33H_o$인 조건에서만 무시할 수 있으나 통상 무시한다.

a) 연직상류면이고 설계수두인 경우의 유량계수

유량계수는 먼저 연직상류면이고 설계수두인 경우에 유량계수를 <그림 13.5>에서 산출한 후 상류면경사 및 실제수두에 따라 조정한다.

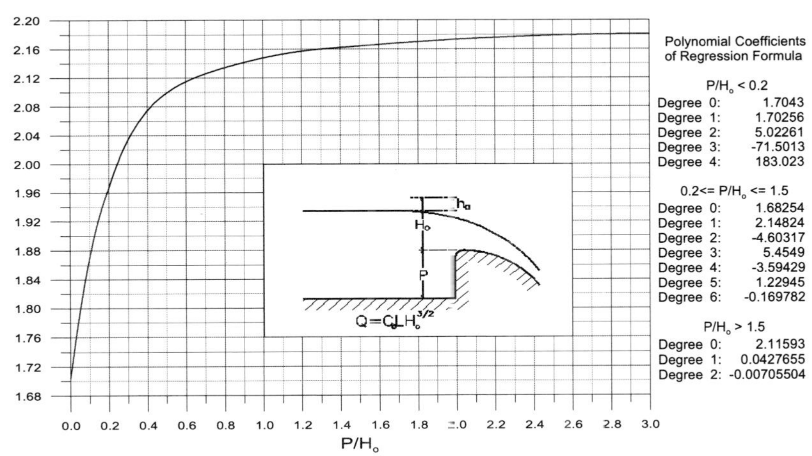

<그림 13.5> 연직상류면이고 설계수두인 경우의 유량계수

b) 상류면 경사의 영향

상이한 상류 경사면을 갖는 여수로의 유량계수는 <그림 13.6>과 같이 조정한다.

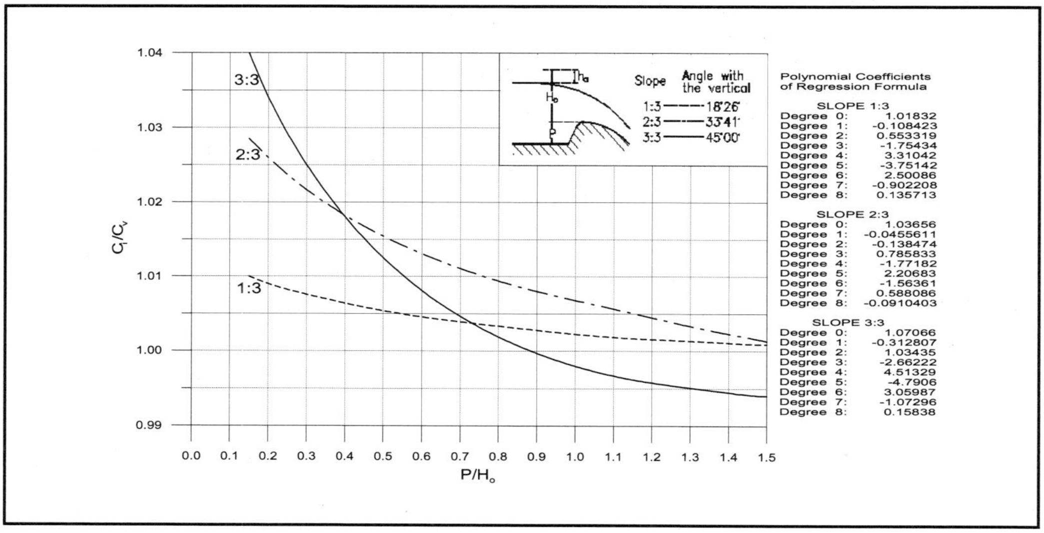

<그림 13.6> 상류면 경사에 대한 유량계수 조정

c) 설계수두와 상이한 실제수두의 영향

실제수두와 설계수두의 차이의 대한 영향은 <그림 13.7>과 같이 조정한다.

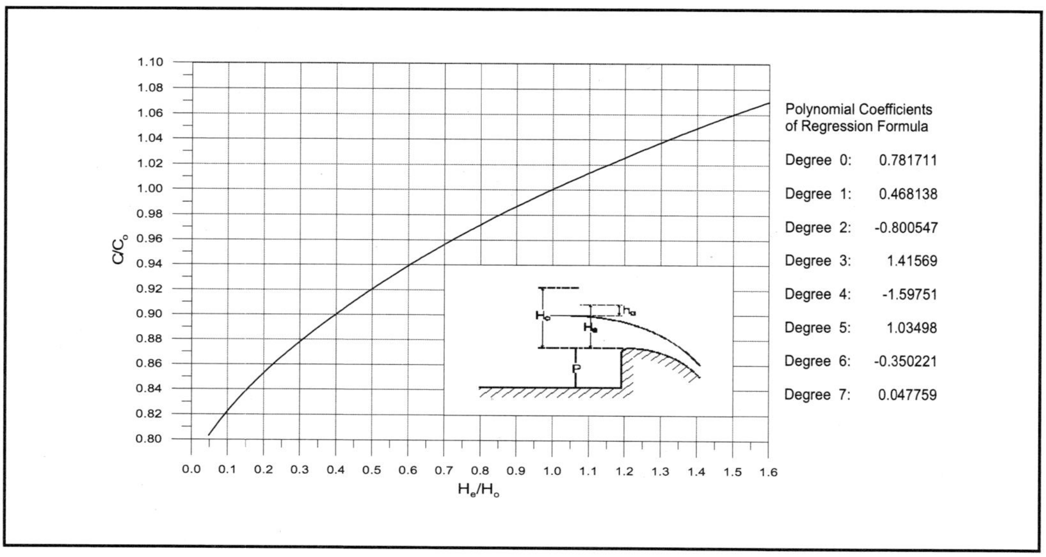

<그림 13.7> 설계수두와 상이한 실제수두에 대한 유량계수 조정

d) 잠류도 영향

- 하류 물받이 높이의 영향만 받는 경우의 잠류도는 다음과 같이 고려한다.
  - 하류 물받이의 높이를 월류수두와 연관시켜 $(h_d+d)/H_e$로 표시하고 이에 따른 유량계수의 변화는 <그림 13.8>에서 산출
  - 하류 물받이의 높이가 낮아서 $(h_d+d)/H_e>1.68$인 경우 유량계수는 하류 물받이의 영향을 받지 않음

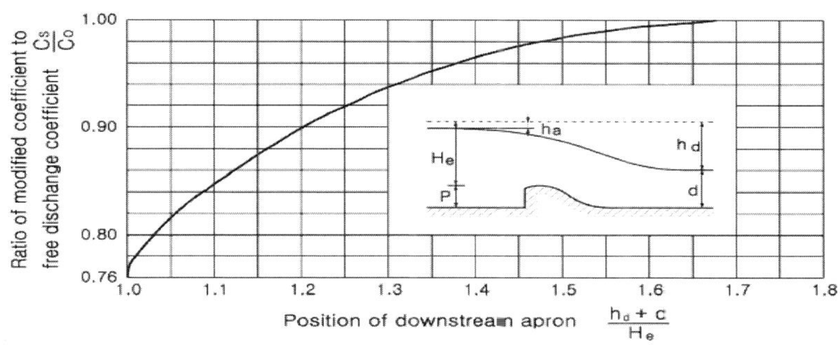

<그림 13.8> 하류 물받이 높이에 따른 유량계수 조정

- 하류 수위의 영향만 받는 경우의 잠류도는 다음과 같이 고려한다.
  - 하류 수위를 월류수두와 연관시켜 h_d/H_e로 표시하고 이에 따른 유량계수의 변화는 <그림 13.9>에서 산출
  - 하류 수위가 월류수심에 비하여 얕은 $h_d/H_e>0.7$인 경우 유량계수는 하류 수위의 영향을 받지 않음

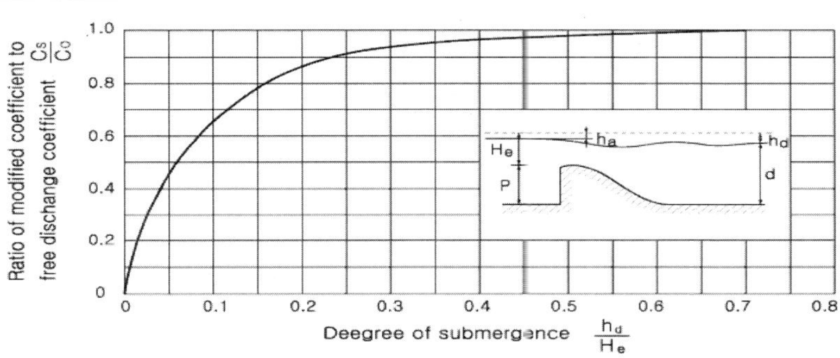

<그림 13.9> 하류 수위에 따른 유량계수 조정

- 하류 물받이 높이 및 하류 수위의 영향을 모두 받는 경우의 잠류도는 다음과 같이 고려한다.
  - 하류 물받이가 높고 하류 수위가 계획 월류수심에 비해 비교적 높은 경우($(h_d+d)/H_e<1.68$이고 $h_d/H_e<0.7$)에는 두 가지 모두 영향을 받으므로 이를 복합적으로 고려하는 것이 필요
  - 두 가지 영향의 유량계수의 변화는 <그림 13.10>의 굴곡된 점선에서 유량계수 감소율을 산출하여 조정

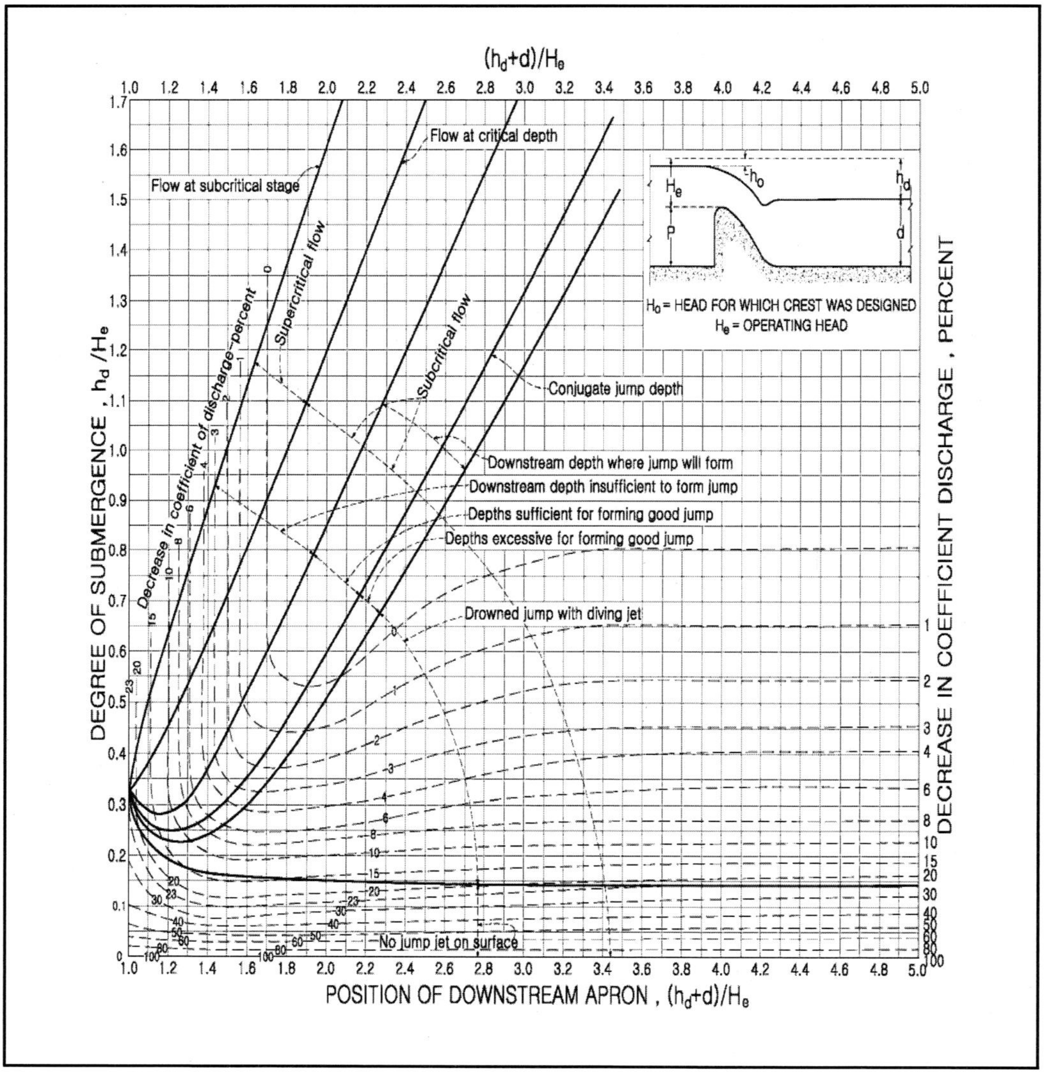

<그림 13.10> 하류 물받이 및 수위에 따른 유량계수 조정

다. 급경사수로

1) 선 형

가) 평면형

급경사수로는 충격파 방지 등을 위하여 최대한 만곡이 적은 평면형을 선정하여야 하므로 가급적 직선으로 하며, 단면형은 직사각형 단면을 원칙으로 한다.

나) 수로폭의 축소와 확대

- 수리학적으로 급경사수로의 폭은 시점부터 종점까지 일정하게 유지시켜 수로내의 유황을 안정시키고 흐름을 등류로 유지함이 가장 바람직하다.
- 총굴착량 절감 등의 시공상의 경제적인 측면을 고려하여 급경사수로의 폭을 축소 또는 확대시키는 경우가 종종 발생하며, 수로폭을 축소시키는 경우에는 점진적으로 축소하고, 확대시키는 경우에는 확대폭 각도를 적절하게 결정하여야 한다.

다) 종단곡선형 결정

- 급경사수로는 현지지형에 부합되고 또한 감세공과의 접속이 적절하게 이루어질 수 있도록 종단경사를 변화시키는 경우가 많다. 급경사수로의 경사는 상류부에서 완만하고 하류부에서 급하게 하여 반드시 볼록한 형상이 되도록 하고 급격한 종단변화를 가급적 피하여야 한다.
- 고유속 흐름을 비교적 작은 수심으로 유하시키는 경우가 많은 필댐의 급경사수로에서 부적절한 변화부가 있으면 수맥이 박리되어 부압이 발생하며 심할 경우에는 공동현상에 의해 구조물 손상되므로 변화부에 적절한 변화곡선을 삽입하여야 한다.
- 급경사수로의 종단경사 변화부의 볼록한 부분인 철형부분 곡선은 다음 식에 의해 결정한다.

$$-y = x\tan\theta + \frac{x^2}{K\left[\,4\,(d + h_v)\cos^2\theta\,\right]}$$

여기서 y는 종거(원점은 방사유로 기점으로 선택), x는 횡거, θ는 방사유로 기점에서의 수로의 경사각, K는 중력에 의한 가속도가 방사류 운동에 작용하는 비율로 수맥이 정압력을 유지하기 위해서는 1.5 이상을 적용한다.

- 급경사수로의 종단경사 변화부의 오목한 부분인 요형부분 곡선의 최소 곡률반경은 다음 식에 의해 결정하며, 곡률반경은 최소한 수심의 10배(10d) 이상이 필요하다.

$$R = 0.0312\, d\, V^2/P$$

여기서 R은 최소 곡률반경(m), d는 수심(m), V는 유속(m/s), P는 동수압(ton/m²)이다.

2) 측벽높이

- 측벽높이는 수면곡선계산에서 산출된 수심에 측벽여유고를 더하여 산정하며, 급경사수로의 어느 부분에서도 댐 본체나 여수로의 안전에 지장을 주는 월류가 발생하지 않도록 하여야 한다.
- 수면곡선계산 방법은 부등류 계산의 표준축차법을 많이 사용하여 왔으며, 급경사수로 시점을 한계수심이 발생하는 지배단면으로 간주하여 계산 시작 지점으로 채택한다.
- 하지만 고유속 흐름인 급경사수로에 부등류 계산을 적용하는 것은 부적절하며 또한, 기점홍수위를 급경사수로 시점의 한계수심으로 하는 가정도 정확한 위치결정이 곤란한 문제가 있다. 따라서 정확한 분석을 위해서는 2~3차원 흐름해석 프로그램(HiVel, Flow-3D 등)을 도입하는 것이 필요하다.
- 한편, 수면곡선계산에서 산정된 수심은 측벽고 산정에 사용되고, 유속은 수로 라이닝의 구조상의 제약 검토에 사용되며, Froude수는 수로에 발생하는 특수한 유황의 발생 여부 검토에 사용된다.
- 측벽여유고는 미국개척국(USBR)에서 제안한 다음과 같은 식으로 산정한다.

$$F_d = 0.6 + 0.037\, V\, d^{1/3}$$

여기서 F_d는 측벽여유고(m), V는 유속(m/s), d는 수심(m)이다.

3) 공기혼입장치

- 공기혼입장치(air entrainment device)는 급경사수로의 콘크리트 표면 등이 고유속 흐름에서 발생하는 공동현상(cavitation)으로 인하여 손상되는 것을 방지하기 위하여 설치하는 구조물이다.
- 급경사수로의 유속이 12~15 m/s 이상이면 공동현상이 발생하기 시작하며, 유속이 20 m/s 이상이면 수로의 표면이 원활하고 수로경계면이 흐름의 유선과 동일하더라도 공동현상에 의한 손상을 방지하기 어렵다.
- 이에 따라 대규모 댐 여수로의 급경사수로 등에는 공기혼입장치를 설치하는 것이 보편화되어 있다.
- 공기혼입장치의 작동원리는 수로표면에 불연속성을 부여하고 이를 통하여 공기를 흐름속에 주입시키면, 주입된 공기와 물의 혼합체의 압축성이 증가하여 공동의 찌그러짐의 충격력을 흡수하게 되는 것이다.
- 실제 댐에서 사용되는 공기혼입장치는 굴절형, 벽단식, 홈형 등 3가지로 구분된다.

① 굴절형(deflector type) 공기혼입장치

- 기존 여수로 손상부를 보강하는 방법으로 사용
- 높이는 0.1~1.0 m 정도이며 비교적 낮은 높이로 설치하여도 충분한 혼입을 보장
- 수로내 충격파의 발생을 촉진

② 벽단식(offset type) 공기혼입장치

- 설계단계에서 공기혼입장치를 계획할 경우 주로 채택하는 형식
- 혼입효율이 높고 충격파 또한 비교적 작음
- 작은 유량에서의 공기혼입량이 감소

③ 홈형(groove type) 공기혼입장치

- 홈의 깊이는 1.0~2.5 m 정도이며 터널수로나 수문하류에 설치하기 용이한 형식
- 공기혼입량이 작음

라. 감세공

1) 감세공의 기능

- 감세공(energy dissipator)은 여수로의 급경사수로 하류단의 고유속 방류수가 가지는 매우 큰 에너지를 감세시키기 위한 구조물이며, 제반 관련 구조물의 파괴 또는 침식을 방지하기 위하여 설치한다.
- 하류부에서 도수 전후의 수심관계가 유량변화에 선형관계가 아니어서 설계홍수량 이하의 유량에서 더욱 불리한 상태가 발생할 수도 있으므로, 설계홍수량 이하의 유량에 대해서도 검토하여야 한다.
- 감세공의 대상홍수량은 여수로 설계홍수량을 기준으로 하되, 경제적 관점에서 댐 본체에 위험을 주지 않는다면 감세공이 다소 피해를 받더라도 하류하천의 설계홍수량으로 규모를 낮출 수도 있다.

2) 감세공의 형식 선정

- 감세공의 형식은 도수후 수위와 하류하천 수위의 관계, 지형 및 지질조건, 공사비 등을 고려하여 선정하며, 수치해석이 곤란한 경우에는 수리모형실험을 실시한다. 일반적으로 도수작용에 의한 감세공 형식을 채택하나 특수한 경우에는 확산식, 버킷식 등을 채택한다.
- 방류수의 높은 에너지를 감세시키려면 일정한 수로구간 내에서 도수 발생을 완료하고 고속사류를 상류로 변화시켜서 하류하천에 유하시켜야 하며, 도수후의 수위는 원칙적으로 하류하천의 수위와 일치되도록 한다.
- 댐의 여수로에 적합한 감세공은 정수지(stilling basin) 형식, 플립 버킷(flip bucket) 형식, 잠수버킷(submerged bucket) 형식 등이 있다.

가) 정수지형 감세공

- 정수지형 감세공은 도수작용을 이용하여 감세시키는 형식으로 여수로 감세공으로 가장 많이 사용되고 있으며, 하류하천의 수위가 도수후의 수위와 거의 일치되는 경우에 채택하는 형식이다.
- 하지만 감세 방법이 수리학적으로 가장 안전하므로 정수지 바닥 굴착 또는 부댐 설치 등을 통하여 상대적인 하류수위를 조정하여 채택하는 경우도 많다.

- 정수지형 감세공에는 수평, 경사, 역경사 정수지 등이 있으나 주로 수평 정수지를 사용하며, 수평 정수지형 감세공에는 USBR-Ⅰ~Ⅳ 형식이 있다. USBR 형식의 감세공은 Froude 수와 유량에 따라 수리, 구조 측면에서 가장 적합한 형식을 채택하여야 한다.

① USBR-Ⅰ형 정수지

- 자연도수에 의해 감세시키는 자연도수형 정수지
- Froude 수가 1.7보다 적으면 특별히 정수지를 설치할 필요가 없으며, 하류수로의 길이는 도수후 수심의 4배 이상이 필요
- Froude 수가 1.7~2.5 사이인 경우는 활발한 난류를 동반하지 않으므로 배플 블록이나 엔드 실이 필요 없으며, 정수지 길이는 감세에 충분한 길이가 필요

② USBR-Ⅳ형 정수지

- Froude 수가 2.5~4.5 사이인 경우
- 낮은 수두로서 단위폭당 유량이 큰 경우에 적합하며 비교적 높이가 낮은 필댐, 낙차공 등에 사용되며, 슈트 블록, 엔드 실 등을 설치
- 정수지 수심은 계산된 도수심보다 10% 여유를 두어 깊게 계획

③ USBR-Ⅲ형 정수지

- Froude 수가 4.5 이상인 경우
- 낮은 수두, 적은 유량(V=18 m/s 이하)에 적합하며, 소규모 필댐의 감세공으로 많이 사용되며, 슈트 블록, 엔드 실 및 배플 블록 등을 설치

④ USBR-Ⅱ형 정수지

- Froude 수가 4.5 이상인 경우
- 높은 수두, 많은 유량(V=18 m/s 이상)에 적합하며, 필댐의 감세공으로 많이 사용되며, 슈트 블록과 치형실 등을 설치
- 정수지 수심은 계산된 도수심보다 5% 여유를 두어 깊게 계획

- 일반적으로 댐의 설계시 감세구간 길이의 제약이 거의 없고, 다른 형식은 시공상 어려움이 많으므로 USBR-Ⅰ형 정수지인 자연도수형 정수지를 주로 채택하고 있다.

나) 플립 버킷형 감세공

- 플립 버킷형 감세공은 급경사수로 말단에서 수맥을 공중으로 사출시켜서 하상 암반 또는 하류쪽 플런지 풀(plunge pool)에 충돌시켜 충격 및 산란에 의해서 감세시키는 형식이다. 일반적으로 급경사수로 말단부의 플립 버킷과 하류부에 설치하는 플런지 풀로 구성된다.
- 하류하천의 수위가 도수후의 수위에 비해서 현저하게 낮을 때 채택하는 형식이나 지질, 지형 등 제반 조건이 양호해야 하는 전제 조건을 지닌다. 또한, 공사비 측면에서 가장 경제적이지만 감세효과가 상대적으로 작고 감세공 하류부의 유황이 거친 단점을 지니고 있다.
- 미국개척국(USBR)에서는 사출수의 궤도 산정 방법을 다음과 같이 제시하고 있다.

$$y = x\tan\theta - \frac{x^2}{k\,[4\,(d + h_v)\cos^2\theta\,]}$$

여기서, y는 플립 버킷 말단부로부터의 수직높이(m), x는 말단부로부터 수평거리, θ는 말단부와 수평선과의 각도, d는 말단부에서의 수심(m), h_v는 말단부의 속도수두(m), k는 보정계수로 통상 공기의 저항, 흐름내부의 난류, 제트류의 분산 등을 고려하여 0.9로 가정한다.

- 플립 버킷의 곡률반경은 방류수가 원심운동을 유지할 수 있도록 충분이 커야 하며 급경사수로 종단곡선의 오목한 요형부분의 곡선과 같이 다음 식으로 결정한다. 이 때 어떠한 경우에도 최소 곡률반경은 수심의 5배(5d) 이상이어야 한다.

$$R = 0.0312\,d\,V^2/P$$

여기서 R은 최소 곡률반경(m), d는 수심(m), V는 유속(m/s), P는 동수압(ton/m²)이다.

다) 잠수 버킷형 감세공

- 잠수 버킷형 감세공은 수맥을 비탈면에 따라 수중에 관입시키고 수중에서 이를 반전시켜 하류쪽에 전동류(roller)를 생기게 하여 감세시키는 형식이다.
- 하류수심이 깊은 경우 채택되는 형식이며 기울기가 급한 하천의 경우에는 채택할 수 없다.

13.2 부대 구조물 설계

13.2.1 수 문

- 수문은 수밀성, 내구성, 개폐의 확실성 등을 보장하는 구조이어야 하며, 사고를 고려하여 2개 이상 설치하는 것을 원칙으로 한다.
- 수문에는 여러 가지 종류의 형식이 있으나 대규모 댐에는 조작이 확실하고 유지보수가 편리하며, 수밀이 확실한 점 등의 이유 때문에 인양식 수문, 테인터 수문, 전동식 수문, 드럼 수문 등이 주로 사용되고 있다.

① 인양식 수문(lift gate)

- 인양식 수문은 목재, 강재 등으로 제작하며 교각에 수직 홈을 설치하여 수문이 상하로 움직여서 개폐
- 상하 운전시 수문과 홈 사이의 마찰력이 크므로 이를 감세시키기 위하여 정수압, 권양력, 수문의 자중 등을 충분히 고려하는 것이 필요

② 테인터 수문(tainter gate)

- 테인터 수문(래디얼 수문)은 강구조로 본체를 제작하며 수압이 작용하는 수문의 전면은 원호상으로 하고 수문은 곡률의 중심에 위치한 트러니온 핀(trunnion pin)을 중심으로 회전시켜 개폐
- 반경방향으로 수문의 전면에 작용하는 정수압은 트러니온 핀에 집중되기 때문에 인양식 수문에 비해 작은 권양하중이 필요한 장점을 지님
- 대규모의 권양용 구조물이 필요하지 않고 간단하며 또한, 가장 신뢰도가 높은 장점을 가지고 있기 때문에 대규모 댐의 여수로에서 가장 널리 사용

③ 전동식 수문(rolling gate)

- 전동식 수문은 단면이 원통형으로 보통 강재로 제작하며 여수로 마루의 교각사이에 수평으로 설치하며 교각 홈에 부착된 치형레일을 따라 회전하면서 개폐
- 다른 수문에 비해 긴 경간, 깊은 수심 등에 사용할 수 있고, 강성이 크므로 외력에 안전한 장점을 지니나 공사비가 많이 소요되는 단점을 지님

④ 드럼 수문(drum gate)

- 드럼 수문은 공실(hallow chamber)의 배수 및 충수에 따라 수문을 개폐

- 구조상 비교적 대규모 공실 공간을 필요로 하기 때문에 소규모의 여수로에는 설치하기 어려우며, 수문을 반개할 경우 공동현상, 진동 등이 발생

• 수문 본체의 높이는 파랑 등에 의한 월류파괴에 대한 안전을 확보하기 위하여 서차지 수위 보다 인양식 수문은 30 cm, 테인터 수문(래디얼 수문)은 50 cm 이상 여유있게 계획하여야 한다.

• 수문의 하단표고 및 월류형 여수로에 부속구조물인 다리, 권양기 등 구조물의 하단표고는 홍수위 방류시 수문을 최대로 인양할 때의 월류수면에서 1.5 m 이상의 높이 차를 두어야 한다. 단, 월류수심이 2.5 m 이하인 경우에는 월류수면에서 1.0 m 이상의 높이 차로 충분하다.

• 한편, 테인터 수문(래디얼 수문)의 경우 홍수위 방류시 유량의 약 80 % 유량에 대한 수맥(자유월류 흐름의 최대 수맥)과 서차지 수위로 방류되는 방류수맥(오리피스 흐름의 최대 수맥)이 트러니온 핀에 부딪치지 않도록 고려하여야 한다.

13.2.2 방류관

가. 형식 선정

• 방류관(low level outlet)은 여수로의 월류마루 이하의 저류용량을 방류하는 구조물이며, 비상시 단기간에 배제시키기 위한 경우나 하류부의 하천유지유량 조절 등에 사용되며 대규모 댐에는 반드시 설치하여야 한다.

• 방류관의 형식은 유량조건, 압력조건, 제체 및 유량조절시설의 구조조건, 방수처리상의 제약, 지형조건, 유지관리상의 문제를 고려하여 선정한다. 방류관의 유황이 전구간에 걸쳐 관수로흐름인 전관수로형, 중간에 단면 확대 등으로 개수로흐름으로 바뀌는 반관수로형으로 구분할 수도 있다.

나. 구 성

① 입구수로 및 유입구 구조물

입구수로는 유입구 구조물로의 원활한 방류를 위해 설치되는 구조물이며, 유입구 구조물은 방류수로로의 유입을 원활하게 하고 흐름에 방해가 되는 이물질의 유입을 막기 위한 구조물이다.

② 유량조절장치

방류량을 조절하기 위한 장치이며, 방류량이 아주 작을 경우에는 수문 밸브나 나비형 밸브를 사용하고 많을 경우에는 수문을 사용한다. 한편, 방류관이 댐을 관통하는 관로인 경우에는 관리 보수를 위하여 접근통로를 설치하여야 한다.

③ 방류수로

방류수로(outlet channel)는 저수지와 용수로를 연결하는 수로 구조물이며, 개수로나 관수로 혹은 터널을 사용한다.

④ 종말부 구조물 및 출구수로

종말부 구조물은 방류수로와 출구수로 연결부에서 에너지를 감세시키는 구조물이며, 출구수로는 종말부 구조물을 통과하면서 감세된 흐름을 최종 방류하는 구조물이다.

13.2.3 유수전환시설

- 유수전환시설은 댐과 같이 하천을 가로막는 구조물을 축조하는 경우 공사에 지장이 없도록 하천유수를 분류시키는 구조물이다.
- 유수전환시설은 일반적으로 건설공정을 좌우할 정도로 중요하며 건설비에 차지하는 비중이 큰 경우가 많다.

가. 방식 결정

- 유수전환시설은 하천의 유수를 차단하는 가물막이와 유수를 전환시키는 가배수로로 구성되며, 가물막이에는 전면 가물막이, 부분 가물막이, 단계식 가물막이 등이 있다.
- 가배수로는 전면 가물막이의 경우 주로 가배수터널(diversion tunnel)을 사용하고, 부분 가물막이의 경우 암거 혹은 개수로를 사용하며, 단계식 가물막이 경우 제내 가배수로 또는 제체 월류 등과 같은 개수로 형태를 사용한다.
- 유수전환시설의 방식은 지형, 지질, 하상형태, 홍수량 규모, 공사 규모 등을 고려하여 경제적이고 안전한 방식을 채택하여야 하며, 댐의 경우 대부분 전면 가물막이와 가배수터널을 조합하는 방식을 채택하고 있다.

① 전면 가물막이

하천수를 가배수터널로 전환시키고 댐 지점 하류의 하천을 전면적으로 물막이하여 작업구간을 확보하고 기초굴착과 제체 축조공사를 실시하는 방식으로, 하폭이 좁은 곳에서는 댐 형식에 관계없이 적합한 방식이다. 전면적인 기초굴착이 가능한 점, 댐 본체 작업에 제약이 없는 점, 가배수터널을 댐 완공후 방류시설로 활용 가능한 점, 가물막이 마루를 공사도로로 겸용 가능한 점등과 같은 장점을 가지고 있다. 또한, 필댐의 경우 가물막이를 댐 본체의 일부로 이용할 수 있다.

② 부분 가물막이

하천의 한쪽에 가물막이를 설치하여 다른 쪽으로 하천수가 흘러가게 하고 가물막이 내부의 기초굴착 및 본 제체 공사를 시작한 다음, 축조된 제체내에서 설치된 제내 가배수로로 유수를 전환시킨 후에 나머지 절반을 가물막이하여 제체의 나머지 부분을 완성하는 방식으로, 하폭이 넓은 경우에 채택된다.

③ 단계식 가물막이

하천의 한쪽에 개수로를 설치하여 유수를 처리하고 댐 지점의 상·하류를 막고 하상부분 제체의 일부를 축조한 다음 축조된 제체내에 설치한 제내 가배수로로 유수를 전환시키고 나서 잔여 제체부를 완성하는 방식으로, 하천유량이 별로 크지 않고 하폭이 비교적 넓은 경우에 채택된다.

나. 규모 결정

- 유수전환시설은 영구구조물이 아니며 공사기간의 월류위험도를 완전히 배제할 수 없는 점 등을 감안하여 공사비와 파괴로 인한 예상피해액을 적절히 조화시킬 수 있는 최적치를 규모로 채택한다.
- 또한, 유수전환 대상홍수량의 규모는 유수전환시설 규모를 결정하는데 중요한 인자이며 이는 다음과 같은 사항을 고려하여 결정한다.
  - 유수전환시설 공사비와 이들 시설이 없을 경우의 예상피해액을 홍수규모별로 비교하여 가장 경제적인 규모를 선택하며, 건설기간, 파괴로 인한 예상피해액, 공사지연으로 인한 피해액, 파괴시 작업자와 하류 주민의 안전에 미칠 영향 등을 고려

- 유수전환시설과 같은 임시구조물의 대상홍수량 규모는 다음과 같은 위험도 해석(risk analysis) 결과를 반영하여 검토

$$R = 1 - [P(\bar{f})]^n = 1 - \left(1 - \frac{1}{T}\right)^n$$

여기서 R은 연속되는 n년동안 최소한 한번 T년빈도 홍수가 발생할 확률인 조우확률(encounter probability)인 위험도, T는 재현기간(년)이다.

- 콘크리트댐은 홍수의 월류로 인한 피해가 그다지 크지 않으므로 낮은 빈도의 규모의 홍수량인 연 1～2회 정도의 발생하는 홍수량을 선정
- 필댐은 월류에 의한 저항력이 적기 때문에 큰 피해가 예상될 경우 20～25년빈도, 소규모댐의 경우 5～10년빈도 홍수량을 선정

- 상류 가물막이 높이는 가배수로 입구부의 설계수위에 0.5 m 이상의 여유고를 더하여 결정하고, 하류 가물막이의 높이는 가배수로 출구부의 하천수위로 하되 홍수시 상·하류 가물막이의 월류가 동시에 발생하도록 결정한다.
- 한편, 상류 가물막이의 규모를 초과하는 홍수가 발생할 경우 상류 가물막이를 월류하는 흐름에 의한 댐 본체의 세굴을 감소시키기 위하여 상류 가물막이에 가배수관을 설치하여야 한다.

13.2.4 조압수조

- 관로시스템에서의 과도수리현상(hydraulic transient)은 관내의 흐름이 하나의 정상류상태에서 다른 정상류상태로 아주 짧은 시간에 변화하는 현상을 말하며, 이 시간동안에 관내 흐름은 부정류상태이다.
- 과도수리현상은 밸브에 의한 관내 흐름의 갑작스런 차단 또는 펌프의 시동·정지시 관내 흐름의 갑작스런 변화 등으로 인해 발생되며, 심할 경우 관로에 큰 피해를 끼치게 되므로 이에 대한 고려가 필요하다.

가. 수격작용의 발생과정

- 긴 관로상의 유량밸브를 갑자기 폐쇄하거나 펌프를 정지시키면 관내의 유량이 갑자기 크게 변화하게 되며 관내 물의 질량과 운동량 때문에 관벽에 큰 힘을 가하게 되어 정상적인 동수압보다 몇 배나 큰 압력으로 상승되며, 이와 같은 현상을 수격작용(water hammer)이라 한다.

- 수격작용 발생시는 과대한 압력 때문에 관로에 큰 손상을 주는 경우가 생기므로 수격작용으로 인해 예상되는 압력의 크기와 전파 등에 관한 면밀한 검토가 필요하게 된다. 이러한 수격작용의 검토 대상으로 저수지에 길이가 l 인 관로가 연결되어 있으며 말단부에 밸브가 설치되어 있는 관로를 채택하였다.
- 저수지에서 관로속으로 물이 흐르는 상태에서 말단부의 밸브를 폐쇄할 경우 수격작용이 발생하며, 이때 관내 압력파의 전파속도 C는 다음과 같이 표시된다.

$$C = \sqrt{\frac{E_c}{\rho}}, \quad \frac{1}{E_c} = \frac{1}{E_b} + \frac{dk}{E_p t}$$

여기서 E_b는 물의 체적탄성계수, E_p는 관재료의 체적탄성계수, E_c는 관벽과 물의 복합탄성계수, k는 관로의 연결형식에 따라 결정되는 상수이나 관이 양단이 고정되어 축방향으로 발생하는 응력을 무시할 경우 1.0, 관이 팽창접합부(expansion joints)를 가지면 0.875를 사용한다.

- 밸브 폐쇄로부터 측정한 시간 t에 따른 관내 흐름방향의 변화를 살펴보면 <그림 13.11>과 같고 다음과 같이 정리된다.

① $t = 0 \sim l/C$인 경우

밸브를 폐쇄하면 밸브가 위치한 단면에서 물은 정지상태에 이르게 되며 흐르던 물의 속도수두 $V_0^2/2g$은 압력수두 p/γ로 바뀌게 되어 국부적인 압력상승이 일어나 압력파(wave pressure)가 밸브로부터 저수지쪽으로 전파(<그림 13.11 (b)~(c)>)

② $t = l/C \sim 2l/C$인 경우

저수지 입구에 도달한 압력파가 약화되어 다시 밸브쪽으로 전파(<그림 13.11 (d)~(e)>)

③ $t = 2l/C \sim 3l/C$인 경우

관내 물은 저수지쪽으로 역류하기 시작하고 밸브 단면에서는 이러한 역류에 공급될 물이 없으므로 정상압력보다 낮은 부압이 발생하게 되고 이 부압은 저수지쪽으로 전파(<그림 13.11 (f)~(g)>)

④ t = $3l/C \sim 4l/C$인 경우

부압파가 다시 밸브쪽으로 전파(<그림 13.11 (h)~(i)>)

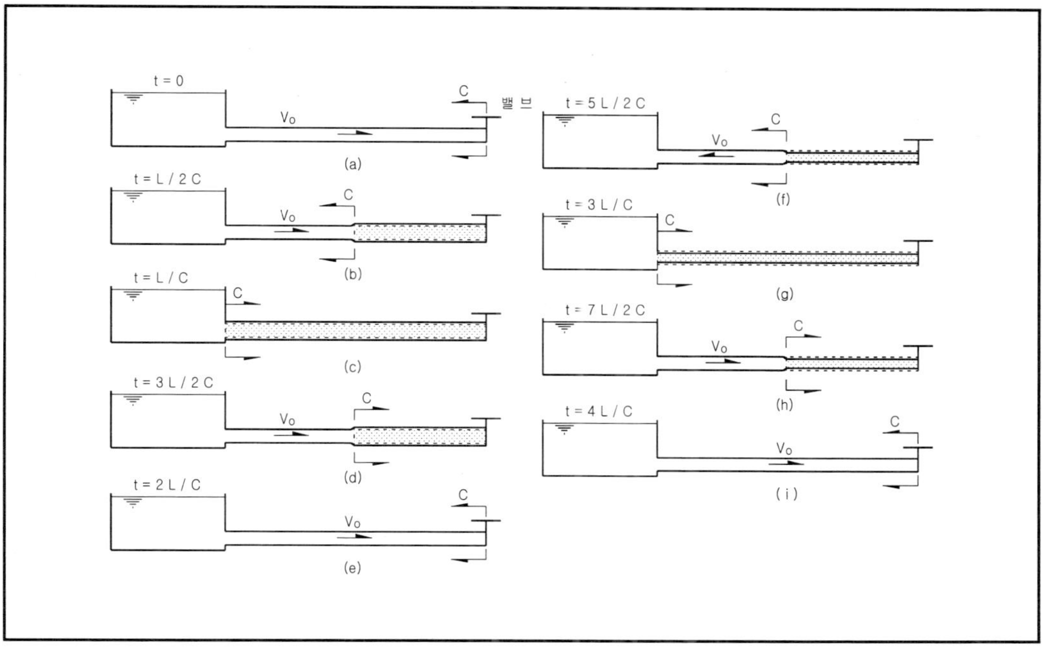

<그림 13.11> 밸브 폐쇄로 인한 관내 흐름방향의 변화

- 이와 같은 관내 압력파의 전파와 물의 흐름 방향의 변화는 물의 점성으로 인한 마찰손실을 무시하면 끝없이 반복되는 과정이지만, 실제에 있어서는 관내 흐름과 관벽 사이의 마찰에 의한 에너지 손실 때문에 수격작용은 급격히 약화된다.
- 밸브 폐쇄시간(t_c)이 폐쇄와 동시에 발생된 압력파가 저수지로 갔다가 되돌아오는 시간($2l/C$)에 비해 짧은 경우($t_c \le 2l/C$)에는 밸브 급폐쇄(rapid closure), 긴 경우($t_c > 2l/C$)에는 밸브 완폐쇄(slow closure)로 구분된다.
- 밸브 급폐쇄의 경우 최대상승 압력 Δp는 밸브를 순간적으로 폐쇄한 경우와 동일하며, 밸브 폐쇄시간(t_c)의 전체에 걸쳐 n개 시간간격으로 압력이 단계적으로 상승된다. 반면, 밸브 완폐쇄의 경우 밸브 폐쇄와 동시에 발생된 압력파가 저수지로 갔다가 되돌아 올 때까지 밸브 폐쇄가 종료되지 않아서 물이 흘러 나가므로 압력 상승이 저하된다.

나. 수격작용에 의한 최대압력

1) 밸브 급폐쇄시 증가압력

- 밸브 급폐쇄시($t_c \le 2l/C$)를 살펴보면 <그림 13.11 (c)>에서와 같이 $0 \le t \le l/C$ 동안에 관내 압력 상승에 따른 물의 체적 수축과 관벽의 팽창 등에 의해 추가적으로 관으로 흘러 들어간 물의 체적은 다음과 같다.

$$\Delta V = -V_0 A \left(\frac{l}{C}\right)$$

여기서 V_0는 관내 초기유속, A는 관의 단면적이다.

- 상기 식에 압력상승 $\Delta p = -E_b \Delta V/V$ 관계를 도입하면 다음과 같다.

$$\Delta p = -E_c \frac{\Delta V}{V} = -\frac{E_c \Delta V}{Al}$$

여기서 E_c는 복합탄성계수이며 V는 밸브 폐쇄 이전의 관내 물의 체적이다.

- 상기 식에 $\Delta V = -V_0 A (l/C)$ 관계를 대입하면 다음과 같다.

$$\Delta p = \frac{E_c V_0}{C}$$

- 밸브 단면에서 저수지쪽으로 속도 C로 압력파가 전파됨에 따라 압력파 후면의 물은 유속 V_0에서 0으로 변화하게 되며 시간 Δt 동안에 이러한 유속의 변화를 겪는 물의 질량은 $m = \rho A C \Delta t$이므로 Newton의 제 2법칙을 적용하면 다음과 같이 표시된다.

$$F = \Delta p A = m \frac{\Delta V}{\Delta t} = \rho A C \Delta t \frac{(V_0 - 0)}{\Delta t} \qquad \therefore \; C = \frac{\Delta p}{\rho V_0}$$

여기서 저수지쪽으로 압력파의 전파속도 C와 압력파의 후면의 유속 V_0는 방향이 서로 반대임에 유의하여야 한다.

- 상기 식에 $\Delta p = E_c V_0 / C$ 관계를 대입하면 다음과 같고, 각각 밸브 급폐쇄시 수격작용으로 인한 밸브부근의 최대 압력상승, 압력수두의 크기를 나타낸다.

$$\Delta p = E_c V_0 \frac{\rho V_0}{\Delta p} \qquad \therefore \; \Delta p = \sqrt{\rho E_c}\, V_0$$

$$H = \frac{\Delta p}{\gamma} = \frac{V_0}{g}\sqrt{\frac{E_c}{\rho}} = \frac{V_0}{g} C$$

2) 밸브 완폐쇄시 증가압력

밸브 완폐쇄시($t_c > 2l/C$)를 살펴보면 상승압력 Δp는 급폐쇄시보다 떨어지며 최대압력은 다음과 같은 Allievi 공식으로 산출한다.

$$\Delta p = p_0 \left(\frac{N}{2} + \sqrt{\frac{N^2}{4} + N} \right)$$

$$N = \left(\frac{\rho l V_0}{p_0 t} \right)^2$$

여기서 p_0는 관내에서의 정수압, t는 밸브 폐쇄시점부터의 시간이다.

3) 최대압력 계산

관내의 총압력은 정압력과 수격작용에 의한 추가압력의 합이므로 속도압력은 작으므로 무시하면 최대압력은 다음과 같이 표시된다.

$$p = p_0 + \Delta p$$

다. 조압수조의 종류 및 설계

- 저수지로부터 발전소 터빈으로 물을 공급하는 수압철관(steel penstock) 혹은 수압관은 대체로 상당히 길며 고낙차 때문에 수압철관내의 유속은 3 ~6 m/s 이상으로 빠른 것이 보통이다. 터빈 입구에는 소요 전기부하에 맞추어 터빈이 출력을 조절할 수 있도록 터빈 수문(turbine gate)이 설치되며 이 수문이 갑자기 폐쇄되면 긴 수압철관내의 닮은 수량에 의한 수격작용(water hammer) 때문에 수압철관에 과대한 압력이 걸리게 되므로 관의 안전이 위협받는 경우가 발생하게 된다.
- 이와 같은 수문의 급폐쇄는 송전시스템의 일시 고장 등으로 발전기의 부하가 완전히 끊어질 때 수압철관을 통해 물이 터빈에 들어오는 것을 방지하기 위해 자동조작되도록 설계되어 있다.
- 이러한 수문의 급폐쇄로 인한 관내의 과대한 압력과 수격작용을 감쇄 또는 제거하기 위하여 이와 같이 압축된 흐름을 대형 수조인 조압수조(surge tank)로 유입시켜 수조내에서 물이 진동(surging)함으로써 압력에너지가 마찰에 의해 감쇄되도록 하는 방법을 주로 사용하고 있다.

- 이와 같이 저수지와 터빈 사이에 조압수조를 설치하면 밸브폐쇄시 저수지로부터 수압철관으로 흐르는 물이 조압수조로 흘러 들어가므로 저수지와 조압수조 사이의 과대한 압력 형성이 방지된다. 조압수조는 가능하면 터빈 가까이에 설치함이 좋고 조압수조와 터빈 수문 사이의 수압철관은 수격작용에 견딜 수 있는 관으로 설계한다.
- 조압수조는 밸브 폐쇄로 인한 수압철관내의 수격파압을 흡수하여 줄뿐만 아니라, 반대로 밸브를 갑자기 열었을 때 유량의 급증으로 인하여 발생하는 부압을 감소시키기 위하여 물을 공급하여 주는 수조의 역할도 병행한다.
- 조압수조의 종류에는 단순 조압수조, 오리피스, 제수공, 차동 및 공기실 조압수조 등이 있다.

① 단순 조압수조는 상부가 개방된 연직 원통의 유입구가 제한되지 않은 수조로서 비교적 저수두에 적합하나 고수두일 때는 구조물이 커져서 공사비가 과다한 방식이다.

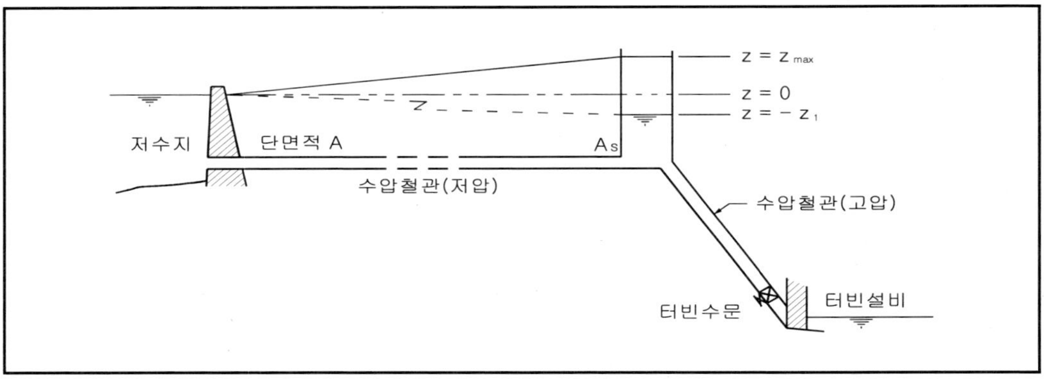

<그림 13.12> 단순 조압수조의 구성

② 오리피스 및 제수공 조압수조는 수격파의 감쇄작용을 증가시키고 초기 수면상승고를 감소시키는 방식이다(<그림 13.13 (a), (b)>).

③ 차동 조압수조는 수조내에 관경과 동일한 연직원통을 세운 것으로서 수조내의 유입량은 연직원통 유입부의 용량 또는 원통 하부 주위의 개방 정도에 따라 제한되며, 원통내의 수면 진동은 수조에서 보다 심해지나 수조에서의 진동과는 그 운동이 서로 엇갈리므로 단순 조압수조보다는 진동이 빨리 감쇄시키는 방식이다(<그림 13.13 (c)>).

④ 공기실 조압수조는 수조의 상부를 폐쇄하여 수조내의 상부에 공기가 들어 있어서 수격파압에 의한 진동을 공기의 쿠션에 의해 흡수함으로써 수조의 높이를 감소시키는 방식이다(<그림 13.13 (d)>).

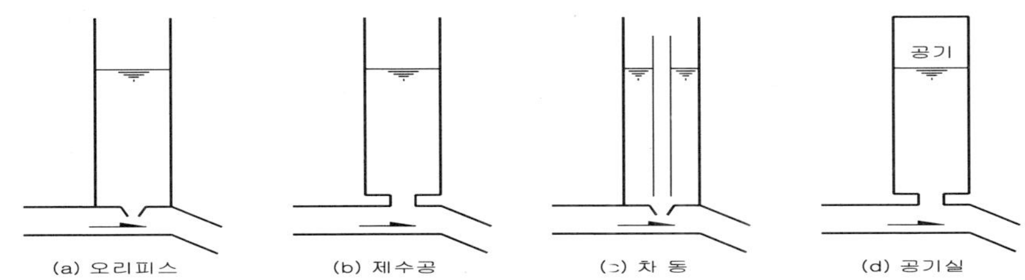

<그림 13.13> 조압수조의 종류

- 터빈 수문의 급개폐에 따른 수격작용과 부압의 발생을 감쇄시키기 위한 조압수조의 설계는 수조내 최고 진동수위와 수조의 소요 단면적을 결정하는 문제이다. 또한, 수문 개폐후의 흐름은 부정류이므로 부정류의 연속방정식과 에너지방정식을 풀므로써 완전한 해석이 가능하다.
- 이와 같이 흐름상태가 시간에 따라 변하므로 완전한 해는 시간에 따라 변하는 관내 유속과 조압수조내의 수면 위치를 구하는 것으로 2개 미분방정식의 수치적분 등에 의하는 것이 보통이다. 하지만 대단히 복잡하므로 단지 수문 폐쇄시 조압수조내 최대 수면상승고 결정 원리만 기술하였다.
- 단순 조압수조인 <그림 13.12>에서와 같이 수문이 폐쇄되는 순간까지 관내 흐름은 정상류 상태이므로 저수지에서 조압수조 사이에는 마찰손실로 인해 수조내 수면 z_1은 저수지 수면보다 낮은 위치에 있게 된다. 이때 수문이 급폐쇄되면 조압수조 수면은 급상승하게 되고 정수면 $z = 0$을 기준으로 상하로 진동하게 되며 마찰에 의해 완전히 감쇄될 때까지 계속된다.
- 이러한 상태에서의 관로와 조압수조내 부정류의 에너지방정식은 다음과 같이 표시된다.

$$z + f\frac{l}{d}\frac{V^2}{2g} + \frac{l}{g}\frac{\partial V}{\partial t} = 0 \quad \text{혹은}$$

$$-\frac{l}{g}\frac{dV}{dz}\frac{dz}{dt} = z + f\frac{l}{d}\frac{V^2}{2g}$$

여기서 z는 정수면(z = 0)을 기준으로 하여 상방향을 (+)로 하는 조압수조내 수위, f, l, d는 각각 관의 마찰손실계수, 길이 및 직경, V는 관내 평균유속이다.

- 수압철관과 조압수조의 단면적이 각각 A, A_s이면 수문폐쇄 순간의 관로와 조압수조 사이의 연속방정식은 다음과 같이 표시된다.

$$Q = AV = A_s\frac{dz}{dt}$$

- 이와 같은 식의 dz/dt = AV/A_s 관계를 $-\frac{l}{g}\frac{dV}{dz}\frac{dz}{dt} = z + f\frac{l}{d}\frac{V^2}{2g}$에 대입하면 다음과 같이 표시된다.

$$-\frac{l}{g}\frac{A}{A_s}\frac{VdV}{dz} = z + f\frac{l}{d}\frac{V^2}{2g}$$

- 이와 같은 식을 적분하여 V에 관한 일반해를 구하면 다음과 같이 표시되며, 이 식은 수문폐쇄 순간의 관내 유속(V)과 조압수조내 수면(z)간의 관계를 나타낸다.

$$V^2 = \frac{2gAd^2}{f^2A_sl}\left(1 - \frac{fA_sz}{Ad}\right) - C^{-\left(\frac{fA_s}{Ad}\right)z}$$

- 여기서, 적분상수 C는 수문폐쇄 순간의 z = z_1에서의 정상류 조건을 이용하면 결정할 수 있고 조압수조내 최대 수면상승고 z_{max}는 관내 유속 V = 0인 조건을 이용하면 결정할 수 있다.
- 또한, 이와 같은 식은 흐름에 수반되는 각종 손실과 수문폐쇄로 인한 수격파압의 영향이 전부 조압수조에 흡수되는 것으로 가정하여 얻은 해이므로 이 식으로부터 계산되는 z_{max}는 실제보다는 큰 값이 되나, 조압수조의 예비설계를 위해서는 안전측인 값을 제공하게 된다.

메 모 린

메 모 란

제14장

침사지 및 저류지 설계

14.1 방재 설계빈도 및 방재성능목표강우량

14.1.1 방재 설계빈도

- 일반적으로 방재분야의 설계빈도는 영구저류지와 같은 영구구조물은 50년빈도 이상, 침사지와 같은 임시구조물은 30년빈도 이상을 적용하는 것을 원칙으로 하고 있다.
- 이와 같은 방재 설계빈도 적용 원칙은 여건이 특수한 경우에는 상향 조정은 물론이고 다소 탄력적으로 하향 조정할 수도 있어야 한다.
- 해당 배수분구의 전체 시스템이 받쳐주지 않는 경우라면 무조건 설계빈도를 50년빈도 이상으로 결정하는 것이 아니라 20~30년빈도 정도로 하향 적용하는 것을 전향적으로 고려하여야 한다.
- 예를 들면 기존 시가지에 우수유출저감시설인 저류지를 50년빈도 이상으로 채택한 상태에서 하류의 기존 우수관거가 지장물 때문에 증설할 수 없는 하류 통수능 제약조건을 그대로 수용한 결과, 저류지의 홍수저감률이 비정상적으로 커지는 무리한 계획이 수립되는 경우가 종종 발생하고 있다.
- 이와 같은 경우 통상 상류관거 통수능 부족으로 저류지로의 유입이 원활하지 못할 가능성이 높으므로 저류지 홍수조절용량을 충분히 활용하지 못하여 제대로 기능을 수행할 수 없게되는 문제점, 저류지 운영이 계획처럼 완전하게 되지 못하는 경우 하류 침수피해 발생시 모든 책임이 저류지로 전가되는 문제점 등이 발생하게 된다.
- 따라서 무조건 획일화된 높은 설계빈도를 채택하기 보다는 배수분구 전체 시스템의 균형을 고려하는 설계빈도를 채택하는 것이 합리적인 방안이다.

14.1.2 방재성능목표강우량

1) 정의 및 개념 이해

- 방재성능목표강우량은 자연재해대책법에서는「홍수, 호우 등으로부터 재해를 예방하기 위한 방재정책 등에 적용하기 위하여 처리 가능한 시간당 강우량 및 연속강우량의 목표」라고 정의되어 있다.
- 「미래 기후변화 영향 등을 고려한 지역별 방재성능목표 설정·운영 기준(2017. 12, 행정안전부)」에서는 적용 측면에서「기존 방재시설의 성능 부족으로 내수침수가 발생되는 것으로 검토되는 지역에 대한 방재정책 수립을 위한 배수구역내 홍수유출량 산정시 적용하는 강우량」으로 정의되어 있다.
- 방재성능목표강우량은 지자체별로 30년빈도 확률강우량을 기후변화를 고려하여 5 %(또는 8 %, 10 %)를 증가시킨 후, 5 mm 단위로 올림처리하여 결정한 다음 이를 고시하도록 되어 있으며, 5년마다 타당성을 검토하도록 되어 있다.
- 방재성능목표강우량은 30년빈도를 토대로 하고 있으므로 자연재해대책법에서 규정하고 있는「재해를 예방하기 위한 방재정책 등에 적용하기 위하여 처리 가능한 시간당 강우량」은 모든 재해를 완전히 예방할 수 있는 목표 수준을 의미로 해석하는 것을 지양하고 내수재해에 국한하여 30년빈도 이상 정도의 현실적으로 달성 가능한 목표 수준으로 해석하여야 한다.
- 자연재해대책법에서 재해 예방의 목표 수준을 명확하게 제시하지 않은 관계로 방재성능목표강우량을 적용하면 모든 재해가 전혀 발생하지 않아야 한다는 잘못된 해석이 종종 언론보도 등에서 지양되도록 방재성능목표강우량의 적용 대상 및 목표 수준을 보다 명확하게 제시하여야 한다.
- 적용 대상은「내수침수가 발생하는 것으로 검토되는 지역의 방재정책 수립」에 국한되기 때문에 내수침수와 직접적으로 관련이 없는 시설인 소하천의 제방 등은 적용 대상에서 제외되어야 한다. 또한, 소하천의 설계빈도가 50년빈도 이상인 경우와 같이 시설물의 설계빈도가 방재성능목표강우량의 토대가 되는 30년빈도를 초과하는 경우에는 적용 자체가 무의미하다.
- 방재성능목표강우량의 정의와 개념을 정확하게 이해하여 목표 수준 30년빈도 이상으로 내수침수 예방 목적에만 사용하여야 한다.

2) 일본의 적용 현황 검토

- 우리나라의 방재성능목표강우량은 일본에서 적용하고 있는 내용을 토대로 도입한 것이기 때문에 먼저 일본의 적용 현황을 살펴보는 것이 필요하다.
- 일본의 일반지역 종합치수대책의 목표강우량은 시간당 약 50 mm/hr(5~10년빈도) 정도에 대응하는 것을 기준으로 하고 있으며, 「동경도 종합치수계획(2009년)」에서는 장기적(30년후)으로 75 mm/hr 강우에 침수피해가 발생하지 않도록 목표 수준을 결정하고 있다.
- 이와 같이 일반지역은 50 mm/hr, 동경도는 75 mm/hr로 지역별 중요도에 따라 목표 수준의 차이를 적용하고 있으며, 목표 수준이 50~75 mm/hr 정도로 많이 높지는 않음을 알 수 있다.
- 방재성능목표 달성을 위한 방법으로는 1차적으로 유하시설(하천, 우수관거) 확충, 2차적으로 저류시설 또는 펌프시설 확충 등과 같은 구조적 대책을 우선적으로 적용한 다음, 3차적으로는 유역대책(녹지시설, 침투시설)과 예·경보시스템 및 재해지도 등과 같은 비구조적 대책을 함께 강구하도록 되어 있다.
- 이에 따라 동경도의 경우 하천, 우수관거, 저류시설, 펌프시설 등의 확충과 같은 구조적인 대책으로 10년후에 50 mm/hr를 감당하도록 설정되어 있으며, 30년후에 구조적 대책과 비구조적 대책의 조합으로 방재성능목표강우량 75 mm/hr 달성을 목표로 설정하고 있다.

3) 도입 목적

우리나라의 방재성능목표강우량 도입 목적은 다음과 같고 주요 목적은 하나의 배수분구에서 시설물별로 설계빈도가 상이하게 되어 있는 경우 내수재해에 대한 일관성있는 설계기준 적용 및 방재성능목표 달성 등을 위한 것이다.

- 확률강우량은 소수점 1자리까지 mm 단위로 나타내는 반면, 방재성능목표강우량은 5 mm 단위로 설정되어 있으므로 쉽게 각인된다.
- 방재성능목표강우량은 5 mm 단위로 올림처리함으로써 매년 확률강우량을 계산할 때 마다 조금씩 변화되는 것에 대하여 별도의 대처가 필요하지 않게 되며 또한, 동일 배수분구에서 구간별로 설계시점이 다른 경우에도 설계강우량을 동일하게 적용 가능하다.

- 설계빈도 기준이 우수관거 5~20년, 펌프장 20년, 소하천 50년, 지방하천 100년 등으로 시설물별로 각각 다르게 설정되어 있는 배수분구 전체를 대상으로 동일한 강우조건들을 적용하여 침수가 발생되는 강우조건과 이에 해당되는 상당재현기간을 방재성능 수준으로 평가한 후, 30년빈도 이상 수준인 방재성능목표강우량을 동일하게 적용하여 배수분구 전체를 검토함으로써 방재성능목표 달성을 위한 계획 수립의 토대를 제공하는 것이 기본 목적이다.

4) 방재부문 내수재해 적용시 고려사항

방재성능목표강우량은 명분이 좋고 유용한 개념이지만 방재부문 내수재해 실무 적용에서는 다음과 같은 항목의 고려가 필요하다.

- 방재성능목표강우량의 강우지속기간이 1, 2, 3 시간에 국한되므로 임계지속기간을 10분단위 등으로 세분하여 적용할 수 없으며, 방재성능목표강우량 1, 2, 3 시간을 IDF곡선으로 처리할 경우 회귀가 자연스럽게 되지 않으며, 재현기간이 30년빈도 수준에 국한되므로 다른 재현기간에 적용할 수 없다.
- 기후변화를 고려하기 위하여 5%(또는 8%, 10%)를 증가시키는 방법은 확률강우량 산정에는 동일하게 적용하고 있지 않으므로 직접 비교 자체가 형평성이 없는 실정이며, 만약 확률강우량 산정에도 5%(또는 8%, 10%)를 증가시킨다고 하면 각종 기존 계획을 전면 재검토하여야 한다.
- 방재성능목표강우량을 30년빈도를 토대로 설정하는 과정에서 다음과 같은 요인들로 인하여 방재 설계빈도 50년빈도를 조금 상회하게 되어 설계빈도 결정에 많은 혼선을 초래하고 있다.
  - 전국평균으로 30년빈도 확률강우량은 약 70 mm 정도이고, 50년빈도 확률강우량은 30년빈도보다 약 8% 정도 증가되는 약 76 mm 정도로 분석되며, 30년빈도에서 50년빈도로의 증가률은 약 8%, 증가량은 약 6 mm 정도로 생각보다 크지않은 수준
  - 30년빈도 확률강우량에서 기후변화를 고려한 증가률은 5% 이상이고, 5 mm 단위로 올림처리하면 발생되는 증가량(0~4.9 mm 증가 가능, 평균 약 2.5 mm 정도)으로 인한 증가률은 평균 3%(0~7% 범위) 정도이므로 이들 두 가지 증가요인만 고려하더라도 약 5~8% 이상 증가되므로 50년빈도를 상회할 가능성이 높은 조건이 조성

- 기존 연구에서 1차 방재성능목표강우량 설정의 근거가 된 「기후변화를 고려한 도시방재성능목표 설정 방안 연구(2010, 소방방재청)」에는 기후변화를 고려하는 내용이 없어서 대부분 50년빈도를 하회하였으나, 2차 방재성능목표강우량 설정의 근거가 된 「미래 기후변화 영향 등을 고려한 지역별 방재성능목표 설정·운영 기준(2017. 12, 행정안전부)」에는 기후변화를 고려하는 5% 이상 증가가 추가됨으로써 50년빈도를 조금 상회하는 경우가 대부분이 되는 상황이 발생
- 확률강우량 산정시에는 60분 강우자료는 임의시간 강우량자료를 직접 수집하여 사용하는 반면 방재성능목표강우량 설정 연구에서는 고정시간 강우량자료에 임의시간 환산계수 1.136을 적용하는 방법을 적용함에 따라 발생하는 증감량을 살펴보면, 증가되는 관측소 개소수는 70%, 감소되는 관측소 개소수는 30% 정도이며, 증감량의 범위는 약 -6~12% 정도이며 평균으로 2.5% 정도 증가하는 것으로 분석
- 확률강우량 산정시에는 지점확률강우량을 산정하는 반면 방재성능목표강우량 설정 연구에서는 주변 관측소를 포함한 Thiessen 가중평균에 의한 지점평균확률강우량을 적용함에 따른 증감량도 추가적으로 발생

• 방재 설계빈도 50년빈도 이하인 30년빈도 수준 이상의 방재성능목표강우량을 내수재해에 일괄 적용함으로써 다른 부문의 빈도를 일부 상향 조정하여 동일한 기준을 적용하도록 끌어올리는 것이 목적이지만, 기후변화를 고려한 증가량 등 때문에 방재성능목표강우량이 방재 설계빈도를 초과함으로써 오히려 방재 설계빈도를 밀어올려야 하는 결과가 초래되고 있다.

• 방재 설계빈도를 방재성능목표강우량에 밀려서 80년, 100년빈도 등으로 상향시키는 방식이나 약 2~3 mm 정도 초과 때문에 일반적으로 적용하지 않는 65년빈도 등을 채택하는 방식은 일정한 설계빈도 기준의 적용에 혼선을 유발하며, 불요불급한 과다설계는 시스템의 균형을 깨뜨려서 저류지 계획시 기능수행 측면과 책임소재 측면에서 오히려 문제 야기가 우려된다.

5) 일반부문 내수재해 적용시 고려사항

최근들어 풍수해에서 내수재해의 비중이 커짐에 따라 일반부문 내수재해에도 방재성능목표강우량의 적용이 시도되고 있는 상황이며, 일반부문 내수재해 실무적용에서는 다음과 같은 항목의 고려가 필요하다.

- 방재성능목표강우량의 목표 수준을 살펴보면 일본의 일반지역은 50 mm/hr, 동경도는 75 mm/hr인 반면, 우리나라는 서울 95 mm/hr, 전남 곡성 90 mm/hr 등으로 설정되어 있다. 우리나라의 방재성능목표강우량이 일본보다 상당히 높게 설정되어 있는 부분에 대하여 여러 가지 측면에서 재검토가 필요하다.
- 우리나라의 방재성능목표강우량은 30년빈도를 토대로 하여 설정된 것이지만 증가량 때문에 50년빈도를 조금 초과하는 수준이 되고 있다. 이는 방재성능목표강우량이라는 좋은 명분으로 침수를 완전히 예방하는 목적을 달성하기 위한 목표 수준으로 잘못 해석될 수도 있으나 이는 30년빈도를 토대로 하는 태생적인 한계 때문에 적절하지 않다. 따라서 방재성능목표강우량은 일정 목표 수준까지 침수를 예방하기 위한 목적으로 설정되어야 한다.
- 일본은 일정 목표 수준 달성을 위한 목적으로 일반지역은 50 mm/hr, 동경도는 75 mm/hr로 달성 가능한 수준으로 설정한 반면, 우리나라는 서울 95 mm/hr, 전남 곡성 90 mm/hr 등으로 달성하기 곤란한 수준으로 높게 설정되어 있다.
- 또한, 일본은 지역별 중요도에 따라 아예 기준을 차등 적용하는 반면, 우리나라는 지역별 방재성능목표강우량이 수치상으로는 차이는 있지만 기준은 지역별 중요도를 고려하지 않고 동일하게 적용하고 있어서 서울과 전남 곡성의 방재성능목표강우량이 거의 동일한 수치로 설정되고 있다.
- 방재성능목표강우량은 30년빈도 확률강우량을 토대로 하고 있으며, 30년빈도조차도 달성하기가 곤란한 지자체도 많은 상황에서 각종 증가량들까지 고려한 결과 50년빈도를 조금 상회하게 되어 실제 달성하기가 곤란한 경우가 매우 많다. 따라서 지자체 여건에 부합되는 수준으로 방재성능목표강우량을 전면 재조정하여 실제 달성이 가능하도록 조치하는 것이 방재성능목표강우량 개념의 확대 적용 및 정립 측면에서 시급하게 요구된다.
- 한편, 일본의 경우 구조적 대책 수립후, 비구조적 대책을 수립하는 순서로 30년이라는 장기적인 관점에서 현실적으로 가능한 범위까지 목표를 추구하는 방식을 적용하는 반면, 우리나라의 경우 현지 여건상 가능하지도 않은 구조적 대책으로만 방재성능목표를 한번에 달성하기 위한 계획을 수립하는 방식을 적용하고 있는 부분도 재검토가 필요하다.

6) 현재 필요한 조치 및 적용 방법

- 현재와 같은 상황에서는 방재성능목표강우량이라는 명칭상 명분만을 중요시하여 실무 적용상의 많은 문제점을 간과하고 만능으로 무조건 적용을 요구하는 것은 지양되어야 한다. 또한, 내수재해에 대한 일관성있는 설계기준 적용이라는 본연의 목적에만 사용되어야 하므로 여타 다른 계획에 무분별한 적용을 요구하는 것도 지양되어야 한다.
- 방재부문 내수재해 적용시에는 현재 상태에서 방재 시설물의 설계빈도는 지금까지 방식인 50년빈도를 채택한 다음 현재 방재성능목표강우량이 다소 문제가 있다고 하더라도 이를 추가적으로 적용한 결과가 여유고 이내에서 수용 가능함을 제시하는 방식을 적용하면 무난하다.
- 일반부문 내수재해 적용시에는 방재성능목표강우량이 너무 높아서 실현할 수 없는 경우에는 기존 설계빈도 기준보다 상향조정하여 최소 30년빈도 이상 등으로 일단 대응하고 향후 방재성능목표강우량이 재설정되면 이를 토대로 재검토하는 것이 현실적인 방안이 될 수 있다.

7) 향후 개선 방안

- 방재성능목표강우량은 모든 재해를 완전히 예방할 수 있는 목표 수준을 의미하는 것이 아니라 내수재해에 국한하여 30년빈도 이상 정도의 현실적으로 달성 가능한 목표 수준으로 해석될 수 있도록 적용 대상 및 목표 수준을 자연재해대책법 등과 같은 규정 등에 명확하게 제시하여야 한다.
- 각종 증가요인으로 인하여 30년빈도를 토대로 하는 방재성능목표강우량이 50년빈도를 초과하여 발생하는 방재부문 내수재해에서 설계빈도 결정시 혼선을 유발하는 문제점과 목표 수준이 과도하여 일반부문 내수재해에서 적용하기 곤란하게 되는 문제점 등을 해결하여야 한다. 이를 위해서는 증가요인중 기후변화를 고려하는 증가량은 방재성능목표강우량을 5년마다 재검토하도록 되어 있는 점 등을 고려하여 제외하고, 5 mm 단위로 올림처리하는 것은 수치는 낮추거나 유지하고, 60분과 1시간 강우량자료의 사용에 따른 차이 발생은 60분 강우량자료를 채택하는 등의 개선이 필요하다.
- 향후 방재성능목표강우량 재설정시에는 일본의 적용 현황을 참고하여 현실적으로 달성 가능한 방재성능목표강우량으로 하향시켜 설정하여야 하며 또한, 지역 중요도를 고려하여 목표 수준을 차등 설정하는 방안까지 적용함으로써 지자체 여건에 부합되도록 설정하여야 한다.

14.2 토사유출량 산정

14.2.1 토사유출량 산정지점 결정

- 토사유출량 산정지점은 개발전·중·후의 홍수유출량 산정지점과 최대한 일치시킴과 아울러 사면특성이 유사한 지역을 하나의 소유역으로 결정, 가급적 비슷한 소유역 면적으로 분할 및 침사지의 개소수와 규모의 조합 등을 종합적으로 고려하여 결정하여야 한다.
- 재해저감 측면에서는 개발전과 개발중의 비교가 필수적이므로 토사유출량 산정지점 결정시에는 개발중의 우수처리계획을 추가로 고려하여 개발전과 개발중의 비교가 용이하도록 고려하여야 한다.

14.2.2 토사유출량 산정 방법

가. 원단위법

- 원단위법은 개발특성이 비슷한 경험자료를 이용하여 단위기간동안 단위면적에서 발생하는 토사유출량의 원단위를 제시한 것이며, 제시된 원단위에 유역면적을 곱하여 연간 토사유출량을 산정하는 매우 단순한 방법이다.
- 이 방법은 일본 소수 유역 자료를 이용하여 도출한 결과이므로 지표상태가 다양하게 고려되어 있지 않고, 유역 특성이 고려되지 않은 단순 평균값이기 때문에 신뢰성이 낮다. 따라서 원단위법을 사용하여 산정된 토사유출량은 후술되는 RUSLE 방법의 예비검토 정도에 주로 사용된다.
- 우리나라에서 사용되는 일본 골프협회에서 추천한 토사유출 원단위는 <표 14.1>과 같다.

<표 14.1> 토사유출 원단위

토 지 이 용	토사유출 원단위 (m^3/ha/year)	비 고
나지, 황폐지	200～400	
배벌지, 초지	15	배벌지: 모든 식재는 완료되었으나 아직 활착되지 않은 상태
택 벌 지	2	택벌지: 모든 식재의 활착이 어느 정도 진행된 상태
산 림	1	

- 한편, 「우수유출저감시설 설치기법 연구(Ⅲ)(2000, 행자부)」의 일본 실측자료 인용에서는 개발중 개발지역의 토사유출량 범위는 70~240 m^3/ha/year 정도이며 약 150 m^3/ha/year를 표준으로 제시하고, 개발하지 않고 존치하는 지역 또는 개발후에는 약 1.5 m^3/ha/year 정도를 제시하고 있다.
- 원단위법의 나지, 황폐지 토사유출 원단위보다 실측자료가 낮은 수치를 제시하고 있으므로, 일반적으로 개발중의 나지, 황폐지에 대한 토사유출 원단위는 제시된 기준의 하한계인 200 m^3/ha/year를 적용하면 무난하다.

나. 범용토양손실공식

- 범용토양손실공식(Universal Soil Loss Equation, USLE)은 Wischmeier & Smith(1960) 등이 농경지에서의 토양침식량을 예측하기 위하여 개발한 공식으로 다음과 같이 표현된다.

$$A = R \cdot K \cdot LS \cdot C \cdot P$$

$$A = R \cdot K \cdot LS \cdot VM$$

여기서 A : 강우침식인자 R의 해당기간중 단위면적당 토양침식량(ton/ha)
R : 강우침식인자(MJ/ha·mm/hr)
K : 토양침식인자(ton·hr/MJ/mm)
LS : 지형인자(무차원)
C : 토양피복인자(무차원)
P : 토양보전대책인자(무차원)
VM : 토양침식조절인자(무차원)

- 여기서 범용토양손실공식은 하류로 이송된 손실량이 아닌 침식량을 산정하는 공식인 점과 산정되는 침식량의 단위가 중량단위임에 유의하여야 한다.
- USLE는 표준밭(unit plot)이라고 하는 길이 72.6 ft(22.13 m)와 9 %의 경사를 가진 밭작물을 위한 나대지에서의 자료를 대규모로 수집하여 개발되었다.
- 따라서 USLE의 K는 주어진 토양으로 형성된 표준밭의 단위 R당 침식량, L은 주어진 사면길이와 표준밭의 사면길이에 대한 침식량 비, S는 주어진 사면경사와 표준밭의 사면경사에 대한 침식량 비, C는 주어진 피복 및 관리상태하에서 발생되는 침식량과 표준밭의 침식량 비, P는 주어진 토양보존대책 기법 적용시 발생하는 침식량과 표준밭의 침식량 비를 나타낸다.

- 기존 재해영향평가에서는 수정 범용토양손실공식(Revised Universal Soil Loss Equation, RUSLE)을 적용하도록 규정하고 있다. RUSLE는 기존 USLE 공식의 형태는 그대로 유지하지만 각종 인자들의 산정 방법 개선과 인자 산정시 특정한 상황을 고려할 수 있도록 수정된 공식이다. 하지만 RUSLE의 토양피복인자(C) 및 토양보전대책인자(P) 산정 등에서는 아직까지 적용하기 곤란한 부분들이 있으므로 현실적으로 가능한 부분만을 수용한 RUSLE를 적용하고 있다.
- 한편, 공식의 적용에서 토양피복인자(C) 및 토양보전대책인자(P)의 곱을 미국 교통연구단(TRB)에서 제안한 토양침식조절인자(VM)로 대체할 수 있으며 이와 같이 토양침식조절인자(VM)를 적용하는 방법이 현실적으로 보다 타당한 결과를 나타낸다.

1) 토양침식량 산정

RUSLE를 적용할 경우 강우침식인자(R)와 토양침식인자(K)는 개발전·중·후에 대하여 동일하나 일반적으로 지형인자(LS), 토양피복인자(C), 토양보전대책인자(P) 등은 개발전·중·후에 대하여 각각 산정하여야 한다.

가) 강우침식인자(R)

강우침식인자는 강우의 운동에너지에 의한 토양침식량의 정도를 나타내는 인자로서 초기에는 연평균 강우침식인자만을 적용하다가 단일호우 강우침식인자가 추가로 도입되었다.

a) 연평균 강우침식인자

- 연평균 강우침식인자는 연평균 강우량에 의한 토양침식량의 정도를 나타내는 인자로서 통상 기존 연구 결과를 사용하게 된다.
- 기존 연구로는 정필균(1983), 박정환(2000), 방재연구소(2009), 박찬원(2011) 등에 의해 꾸준히 진행되어 왔다.
- 최근 이준학(2018)은 2015년까지의 강우량자료 등을 사용하여 관측소별 연평균 강우침식인자를 <표 14.2>와 같이 산정하였으며, 이를 토대로 실무 적용이 용이하도록 시·군별 연평균 강우침식인자를 <표 14.3>과 같이 제시하였다.

<표 14.2> 관측소별 연평균 강우침식인자(R)

(단위: MJ/ha·mm/hr)

관측소 번 호	관측소명	강 우 침 식 인 자	관측소 번 호	관측소명	강 우 침 식 인 자	관측소 번 호	관측소명	강 우 침 식 인 자
90	속 초	4,003	162	통 영	5,588	244	임 실	4,500
101	춘 천	4,793	165	목 포	3,835	245	정 읍	4,861
105	강 릉	4,627	168	여 수	5,643	247	남 원	4,957
108	서 울	6,634	184	제 주	5,977	260	장 흥	6,652
112	인 천	5,198	189	서귀포	8,289	261	해 남	5,300
119	수 원	5,794	192	진 주	5,694	262	고 흥	6,865
127	충 주	4,191	201	강 화	7,119	272	영 주	4,298
129	서 산	5,188	202	양 평	6,384	273	문 경	3,648
131	청 주	4,446	203	이 천	5,297	277	영 덕	2,922
133	대 전	5,288	211	인 제	3,865	278	의 성	3,053
135	추풍령	2,916	212	홍 천	5,737	279	구 미	2,975
138	포 항	3,097	221	제 천	5,143	281	영 천	2,970
140	군 산	4,455	226	보 은	4,562	284	거 창	4,268
143	대 구	3,131	232	천 안	4,869	285	합 천	4,680
146	전 주	4,917	235	보 령	5,601	288	밀 양	4,260
152	울 산	4,285	236	부 여	5,823	289	산 청	6,339
156	광 주	5,292	238	금 산	4,337	294	거 제	9,154
159	부 산	6,595	243	부 안	4,515	295	남 해	8,795

<표 14.3> **시·군별 연평균 강우침식인자(R)**

(단위: MJ/ha·mm/hr)

시·군	강우침식인자	시·군	강우침식인자	시·군	강우침식인자	시·군	강우침식인자	시·군	강우침식인자
가평	5,545	김해	5,461	서천	4,856	오산	5,694	진천	4,840
강릉	4,569	나주	5,234	성남	5,909	옥천	4,422	창녕	4,642
강진	5,900	남양주	5,933	성주	3,705	옹진	5,769	창원	5,960
강화	6,853	남원	5,044	세종	4,908	완도	5,881	천안	4,927
거제	8,097	남해	8,001	속초	4,075	완주	4,807	철원	5,332
거창	4,461	논산	5,049	수원	5,795	용인	5,575	청도	3,977
경산	3,413	단양	4,435	순창	4,925	울릉	3,700	청송	3,221
경주	3,656	담양	5,131	순천	5,916	울산	4,296	청양	5,394
계룡	5,006	당진	5,342	시흥	5,755	울주	4,307	청주	4,575
고령	4,178	대구	3,478	신안	4,653	울진	3,405	춘천	5,020
고성(강원)	4,202	대전	5,018	아산	5,078	원주	5,055	충주	4,487
고성(경남)	6,345	동두천	5,895	안동	3,441	음성	4,876	칠곡	3,260
고양	6,208	동해	4,407	안산	5,735	의령	5,234	태백	4,025
고창	4,871	목포	3,907	안성	5,247	의성	3,242	태안	5,325
고흥	6,616	무안	4,422	안양	5,974	의왕	5,866	통영	6,162
곡성	5,275	무주	4,372	양구	4,436	의정부	6,146	파주	6,094
공주	5,138	문경	3,886	양산	4,883	이천	5,334	평창	4,673
과천	6,093	밀양	4,385	양양	4,317	익산	4,949	평택	5,427
광명	6,044	보령	5,427	양주	6,103	인제	4,207	포천	5,659
광양	6,179	보성	6,234	양평	5,881	인천	5,559	포항	3,240
광주	5,248	보은	4,462	여수	6,149	임실	4,684	하남	5,968
광주(경기)	5,791	봉화	3,789	여주	5,489	장성	5,045	하동	6,147
괴산	4,344	부산	6,255	연천	5,799	장수	4,788	함안	5,562
구례	5,448	부안	4,644	영광	4,914	장흥	6,355	함양	5,122
구리	6,163	부여	5,462	영덕	3,055	전주	4,889	함평	4,916
구미	3,176	부천	5,845	영동	3,803	정선	4,454	합천	4,766
군산	4,646	사천	6,213	영암	5,140	정읍	4,818	해남	5,163
군위	3,204	산청	5,910	영양	3,321	제주	6,628	홍성(강원)	5,122
군포	5,838	삼척	4,057	영월	4,564	제천	4,708	홍성(충남)	5,279
금산	4,466	상주	3,631	영주	4,160	증평	4,609	홍천	5,066
김제	4,743	서귀포	7,431	영천	3,131	진도	5,147	화성	5,685
김천	3,506	서산	5,256	예산	5,213	진안	4,665	화순	5,602
김포	6,265	서울	6,334	예천	3,848	진주	5,806	화천	4,990

b) 단일호우 강우침식인자

- 단일호우 강우침식인자는 단일호우에 의한 토양침식량의 정도를 나타내는 인자로서 실무에서는 통상 재현기간은 침사지 설계빈도와 동일한 30년빈도, 지속기간은 24시간을 주로 채택하고 있다.
- 일반적으로 단일호우 강우침식인자가 연평균 강우침식인자에 비해 2배 이상 산정되는 경향을 나타내고 있다.
- 단일호우 강우침식인자는 Renard(1997)가 제시한 강우운동에너지식으로 산정하며, 산정 예를 들면 <표 14.4>와 같다.

$$R = \sum E \cdot I_{30}$$

$$E = \sum e \cdot \Delta P$$

$$e = 0.29[1 - 0.72\exp(-0.05 \cdot I)]$$

여기서 R : 단일호우 강우침식인자(MJ/ha·mm/hr)

I_{30} : 설계빈도(통상 30년빈도)의 30분 강우강도(mm/hr)

E : 강우총에너지(MJ/ha)

ΔP : 강우지속기간 구분시 간격당 강우증가량(mm)

e : 강우운동에너지(MJ/ha/mm)

I : 강우강도(mm/hr)

<표 14.4> 단일호우 강우침식인자(R) 산정(예)

강우지속기간 (min)	강우강도 (mm/hr)	강우량(mm)		강우운동에너지 e(MJ/ha/mm)	강우총에너지 E(MJ/ha)
		P	ΔP		
0	0	0	-	-	-
10	198.21	33.04	33.04	0.29	9.58
20	154.42	51.47	18.43	0.29	5.34
30	132.03	66.02	14.55	0.29	4.22
40	117.65	78.43	12.41	0.29	3.60
50	107.35	89.46	11.03	0.29	3.20
60	99.48	99.48	10.02	0.29	2.91
120	73.76	147.52	48.04	0.28	13.45
240	51.67	206.68	59.16	0.27	15.97
360	39.35	236.10	29.42	0.26	7.65
480	31.77	254.16	18.06	0.25	4.52
720	24.39	292.68	38.52	0.23	8.86
1440	16.18	388.32	95.64	0.20	19.13
계					98.43
$R = \sum E \cdot I_{30}$ = 98.43 MJ/ha × 132.03 mm/hr = 12,996 MJ/ha·mm/hr					

- 한편, 단일호우 강우침식인자 산정에는 설계빈도의 30분 강우강도인 I_{30}의 비중이 큼을 알 수 있다. 하지만 우리나라의 경우 지속기간 30분의 경우 강우자료가 부족하고 부정확한 경우가 많아서 시우량 자료만으로 강우자료 빈도해석을 실시하고 있다.
- 이에 따라 시우량 자료의 빈도해석 결과를 이용하여 유도한 강우강도식으로 30분 강우강도인 I_{30}을 산정하거나, 「토양침식예측모형의 매개변수 추정방법 개선(2009.12, 국립방재교육연구원·방재연구소)」에서 실제 강우량 자료를 이용하여 분석한 결과를 토대로 관측소별 I_{30}과 I_{60}의 관계로 제시하고 있는 <표 14.5>와 같은 관계를 적용하여 산정하면 된다.

<표 14.5> 관측소별 30분 강우강도와 60분 강우강도의 관계

관측소	I_{30}/I_{60}	관측소	I_{30}/I_{60}	관측소	I_{30}/I_{60}
속 초	0.764	통 영	0.723	남 원	0.719
춘 천	0.731	목 포	0.707	순 천	0.708
강 릉	0.782	여 수	0.727	장 흥	0.717
서 울	0.730	진 주	0.734	해 남	0.708
인 천	0.719	강 화	0.721	고 흥	0.745
수 원	0.728	양 평	0.719	영 주	0.722
충 주	0.743	이 천	0.678	문 경	0.696
서 산	0.732	인 제	0.725	영 덕	0.741
청 주	0.712	홍 천	0.716	의 성	0.666
대 전	0.705	제 천	0.658	구 미	0.681
추풍령	0.700	보 은	0.698	영 천	0.703
포 항	0.733	천 안	0.687	거 창	0.753
군 산	0.716	보 령	0.733	합 천	0.718
대 구	0.727	부 여	0.700	밀 양	0.722
전 주	0.709	금 산	0.696	산 청	0.724
울 산	0.742	부 안	0.700	거 제	0.692
광 주	0.655	임 실	0.708	남 해	0.747
부 산	0.757	정 읍	0.654	평 균	0.716

나) 토양침식인자(K)

- 토양침식인자는 토양의 침식성에 따른 토양침식량의 변화를 나타내는 인자로서 입도분포, 토양의 구조 및 유기물 함량 등에 관계되며, 일반적으로 토양침식인자는 0.013~0.090 ton·hr/MJ/mm의 범위를 갖는다.
- 토양침식인자를 산출하는 방법에는 Wylie 방법, Erickson 방법, Wischmeier 방법 등이 있으며 그 중 가장 정확한 것으로 알려져 있는 Wischmeier 방법을 주로 채택하고 있다.
- Wischmeier 방법은 다음과 같은 공식 또는 <그림 14.1>을 사용하게 되며, 이 공식은 극세사와 실트 구성비가 70 % 이하인 경우에 적용 가능하다.

$$K = 0.1317\left[\frac{2.1\times10^{-4}\cdot(12-OM)\cdot M^{1.14}+3.25(S_1-2)+2.5(P_1-3)}{100}\right]$$

$$M = (MS+VFS)\cdot(100-CL)$$

여기서
- K : 토양침식인자(ton/ha/R)
- OM : 유기물 백분율(%)
- M : 입경에 있어서 주종을 이루는 토립자와 토사 전체에 대한 비율에 대한 함수
- S_1 : 토양구조지수(1~4)로 구분은 다음 그림 참조
- P_1 : 투수 지수(1~6)로 구분은 다음 그림 참조
- MS : 실트 백분율(%)
- VFS : 극세사 백분율(%)
- CL : 점토 백분율(%)

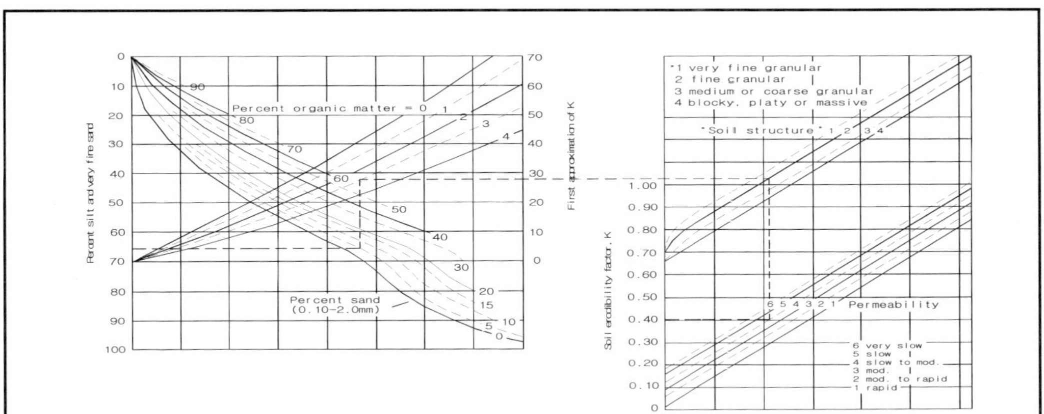

<그림 14.1> RUSLE의 K값 산정을 위한 도표

다) 지형인자(LS)

- 지형인자는 지형에 따른 토양침식량의 변화를 나타내는 인자로서 사면길이인자(L)와 사면경사인자(S)의 곱으로 구성된다.
- 사면길이인자 및 사면경사인자는 다음과 같은 공식으로 산정한다.

$$L = \left(\frac{\lambda}{22.13}\right)^m$$

$$m = \frac{\beta}{1+\beta} \quad , \quad \beta = \frac{11.16 \cdot \sin\theta}{3.0 \cdot (\sin\theta)^{0.8} + 0.56}$$

$$S = 10.8 \cdot \sin\theta + 0.03 \ , \quad \sin\theta < 0.09$$

$$= 16.8 \cdot \sin\theta - 0.50 \ , \quad \sin\theta \geq 0.09$$

여기서 λ : 평면에 투영된 사면길이(m)

m : 사면경사 길이의 멱지수

22.13 : 표준침식밭의 길이(72.6ft)

β : 세류 및 세류간 침식의 비

θ : 사면경사각(°)

라) 토양피복인자(C), 토양보전대책인자(P) 및 토양침식조절인자(VM)

- 토양피복인자(C) 및 토양보전대책인자(P)는 USLE 및 RUSLE의 인자를 결정함에 있어서 산정 기준이 적용상의 임의성이 가장 높은 부분이다.
- USLE는 주로 도표를 이용하는 방법을 사용하며, 농경지 토양침식량 산정을 위주로 기술되어 있으므로 건설현장에는 상대적으로 미약한 편이다.
- RUSLE는 지상인자, 지표인자, 지하인자 등과 같은 세부인자(subfactor)를 산정하여 곱하여 결정하는 방법을 채택하고 있으나, 이러한 세부인자 결정 시 아직까지 적용하기 곤란한 부분이 많은 실정이다.
- 이와 같이 토양피복인자(C) 및 토양보전대책인자(P)를 사용하는 방법은 정확하게 결정하기 힘든 두 가지 인자를 곱함으로써 RUSLE 공식의 신뢰도가 더욱 낮아지는 결과를 초래하고 있다.
- 이에 따라 실무에서는 미국 교통연구단(Transportation Research Board, TRB)에서 제시한 토양피복인자(C)와 토양보전대책인자(P)의 곱으로 표현되는 토양침식조절인자(VM)를 적용하는 방법을 채택하는 것이 현실적인 방안이 되고 있으며, 토양침식조절인자의 산정 기준은 <표 14.6>과 같다.

<표 14.6> 토양침식조절인자(VM) 산정 기준

Condition	VM
1. Bare soil condition	
Freshly disked to 6~8 inches	1.00
After one rain	0.89
Loose to 12 inches smooth	0.90
Loose to 12 inches rough	0.80
Compacted bulldozer scraped up and down	1.30
same except root raked	1.20
Compacted bulldozer scraped across slope	1.20
same except root raked across	0.90
Rough irregular tracked all directions	0.90
Seed and fertilize, fresh	0.64
same after six months	0.54
Seed, fertilizer, and 12 months chemical	0.38
Not tilled algae crusted	0.01
Tilled algae crusted	0.02
Compacted fill	1.24~1.71
Undisturbed except scraped	0.66~1.30
Scarified only	0.76~1.31
Sawdust 2 inches deep, disked in	0.61
2. Asphalt emulsion on bare soil	
1250 gallons/acre	0.02
1210 gallons/acre	0.01~0.019
605 gallons/acre	0.14~0.57
302 gallons/acre	0.28~0.60
151 gallons/acre	0.65~0.70
3. Dust binder	
605 gallons/acre	1.05
1210 gallons/acre	0.29~0.78
4. Other chemicals	
1000 lbs fiber glass roving with 60~150 gallons asphalt emulsion/acre	0.01~0.05
Aquatain	0.68
Aerospray 70, 10 percent cover	0.94
Curasol AE	0.30~0.48
Petroset SB	0.40~0.66
PVA	0.71~0.90
Terra-Tack	0.66
Wood fiber slurry, 1000 lb/acre fresh	0.05~0.73
Wood fiber slurry, 1400 lb/acre fresh	0.01~0.36
Wood fiber slurry, 3500 lb/acre fresh	0.009~0.10
Portland cement + Latex	
1000 lbs/acre + 8 gallons/acre	0.13
1500 lbs/acre + 12 gallons/acre	0.006
5. Seedings	
Temporary, 0 to 60 days	0.40
Temporary, after 60 days	0.05
Permanent, 0 to 60 days	0.40
Permanent, 2 to 12 months	0.05
Permanent, after 12 months	0.01
6. Brush	0.35
7. Excelsior blanket with plastic net	0.04~0.10
8. Mulch(depends on type and amount of mulch and erosion potential)	0.01~1.00

- 상기 표의 토양침식조절인자 산정 기준에 따라 적용 기준을 <표 14.7>과 같이 간략화하는 것이 보다 현실적인 적용을 가능하게 한다.

<표 14.7> 토지이용별 토양침식조절인자(VM) 적용 기준

토 지 이 용	토양침식조절인자(VM)	비 고
농 경 지	0.02	논, 밭
나 지	0.80	공 사 장
영 구 초 지	0.01	잔디조성(개발후)
산 림	0.01	자연상태
불투수 지역	0.00	시가지, 개발지
수 면	0.00	하천, 저수지

2) 유사전달률 및 단위중량을 고려한 토사유출량 산정

- RUSLE 방법에 의해 산정된 유역의 토양침식량에서 하류로 이송되어진 유역출구의 토사유출량을 산정하기 위해서는 유사전달률(sediment delivery ratio) 개념을 도입하여 유역출구의 토사유출량을 산정하여야 한다.
- 유사전달률은 미국 교통연구단(TRB)에서 유역면적과 유사전달률의 관계를 토립자의 크기에 따라 제시한 <그림 14.2>를 적용하여 산정한다.

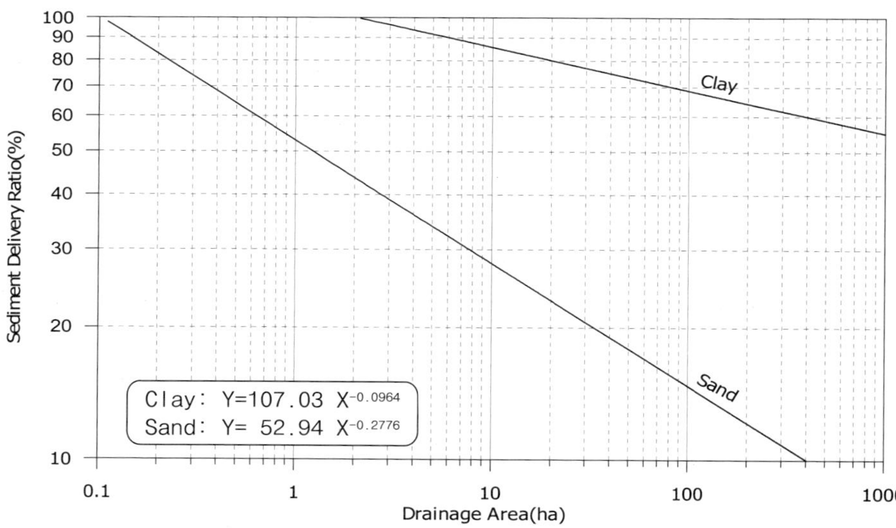

<그림 14.2> 유역면적과 토립자의 크기에 따른 유사전달률

- 동 그림을 이용하여 소유역별 Sand 곡선과 Clay 곡선에 해당하는 유사전달률을 먼저 결정한 후, 대상 지역의 입도분석 성과에 따라 유사전달률을 가중평균하여 소유역별 유사전달률을 산정한다. 한편, 동 그림에서 Silt에 대한 값이 없으므로 Silt의 유사전달률은 Clay 곡선을 준용한다.
- 토사유출량은 중량단위(ton/year)이므로 퇴적토의 단위중량을 다음과 같은 Lane & Koelzer의 경험공식을 적용하여 산정한 후, 토사유출량을 단위중량으로 나누어 체적단위(m³/year)의 토사유출량으로 환산하여야 한다.

$$\gamma_s = 0.82 \cdot (P + 2)^{0.13}$$

여기서 γ_s는 퇴적토의 단위중량(ton/m³), P는 입경 0.05 mm 이상 모래의 구성비(%)이다.

- RUSLE에 의해 산정된 토사침식량에 유사전달률을 곱하고 단위중량을 나누어 연평균 토사유출량과 단일호우 토사유출량을 산정한다.

다. 토사유출량 산정 결과의 적정성 검토

- 최종 토사유출량은 원단위법과 RUSLE의 결과를 비교한 후, 통상 RUSLE 방법의 단일호우에 의한 토사유출량을 채택한다.
- 토사유출량은 산정 과정상에서 임의성이 매우 높기 때문에 결과의 적정성을 개발면적에 국한하여 개발중 비토사유출량의 적정성과 개발전과 개발중의 비토사유출량 배율의 적정성을 검토하여야 한다.
- 개발중 개발면적에 대한 비토사유출량의 적정성은 일본의 실측자료인 개발지역의 토사유출량의 범위가 70～240 m³/ha/year 정도이고 표준이 150 m³/ha/year 정도인 점을 토대로 검토하여야 한다.
- 개발전과 개발중의 개발면적에 대한 비토사유출량 배율의 적정성은 일본의 실측자료인 개발중에는 150 m³/ha/year이고 개발전이나 개발후에는 1.5 m³/ha/year 정도여서 약 100배 정도인 점을 토대로 검토하여야 한다. 한편, 실무 측면에서 수용할 수 있는 버율의 범위는 최소 20배 이상, 최대 500배 이하가 적절하다.
- 개발면적에 국한하여 산정된 비토사유출량이나 개발전과 개발중의 비토사유출량 배율의 범위가 많이 벗어나는 경우에는 토사유출량 산정의 제반 인자를 재검토하여 조정하여야 한다.

14.3 침사지 설계

14.3.1 침사지 설계빈도 및 위치 결정 기준

- 침사지겸 저류지는 임시구조물인 경우에는 30년빈도 이상으로 결정하며, 영구구조물로 계속 활용되는 경우에는 50년빈도 이상으로 결정할 수 있다.
- 침사지겸 저류지는 개발지구를 포함하는 모든 유출구별로 내부에 설치하여야 하며 가배수로로 연결시켜야 한다. 이에 따라 침사지겸 저류지의 설치 위치 및 개소수는 배수계획에 따라 결정된다.
- 시공중 위치를 이동하는 과정에서 침사지가 없어지는 경우 등을 미연에 방지하기 위하여 개별 배수분구별로 가급적 2개소 이상을 설치하여야 하며, 위치를 이동하는 경우 다른 위치에 대체 침사지겸 저류지 조성을 완료한 후 기존 침사지겸 저류지를 폐쇄하여야 한다.

14.3.2 침사지 구성 및 방류시설 형식 선정

가. 침사지 구성

- 침사지는 일반적으로 <그림 14.3>과 같이 유입조절부(inlet control zone), 침전부(settling zone), 퇴사저류부(sediment storage zone), 유출조절부(outlet control zone) 등으로 구성된다.

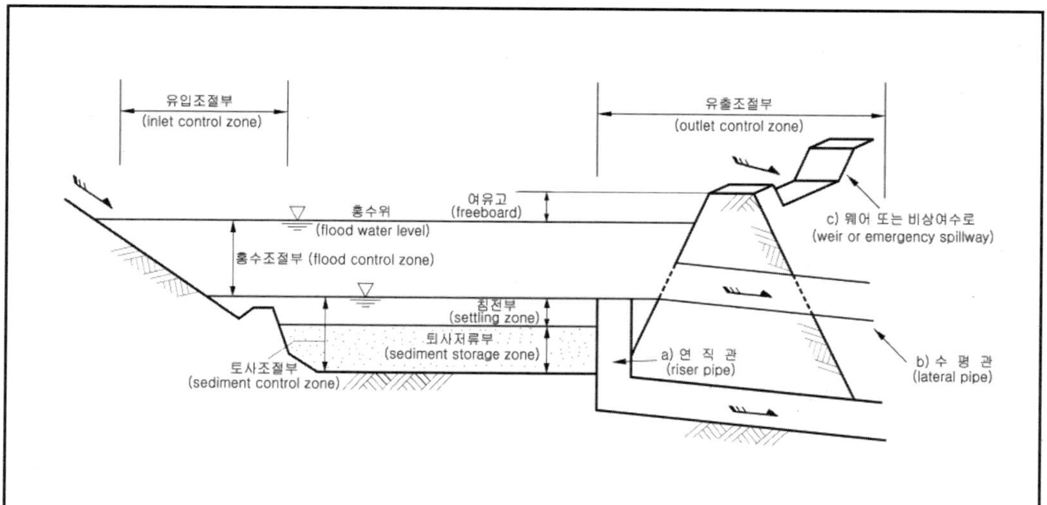

<그림 14.3> 침사지의 구성

• 재해저감 목적의 개발중 침사지는 대부분 토사유출량 저감 및 홍수유출량 저감 역할을 병행하는 침사지겸 저류지이다. 이와 같은 침사지겸 저류지의 경우 방류구에서 방류가 시작되는 위치(연직관의 경우 연직방류관 상단, 수평관의 경우 수평방류구 하단, 웨어의 경우 웨어 마루고)를 기준으로 하부는 토사조절부(sediment control zone), 상부는 홍수조절부(flood control zone)로 대별된다.

1) 유입조절부(inlet control zone)

• 유입조절부는 침사지로 유입되는 홍수량을 와류 형성이나 한쪽으로 쏠림이 없도록 골고루 배분시켜 침전효율을 높이는 역할을 하는 공간이다.

• 한편, 유입조절부 기능 증대에 필요하다고 판단되는 경우에는 유입부 앞에 가로벽(수중소단, 웨어, 배플, 실트휀스 등) 등을 설치하여 침전효율을 높인다.

2) 토사조절부(sediment control zone)

가) 침전부(settling zone)

• 침전부는 침사지로 유입된 홍수량을 가급적 잔잔하게 하여 토사가 잘 침전하게 하는 역할을 하는 공간이다.

• 침전부는 침사지 주위를 도는 회전류를 억제하기 위하여 흐름방향으로 가급적 길게 계획하며, 침전부의 수면적은 홍수량, 설계 포착대상 입경 및 설계 유사포착률 등에 의하여 결정된다.

나) 퇴사저류부(sediment storage zone)

• 퇴사저류부는 침전부 아래에 위치하며 침전된 토사를 저류하는 역할을 하는 공간이다.

• 퇴사저류부의 규모는 토사유입량과 침사지의 설계 유사포착률, 준설주기 등에 의하여 결정된다.

3) 홍수조절부(flood control zone)

• 홍수조절부는 토사조절부 위에 위치하여 홍수를 조절하는 역할을 하는 공간이다.

• 홍수조절부의 규모는 홍수수문곡선, 홍수조절량 및 유출조절부의 규모 등에 의하여 결정된다.

4) 유출조절부(outlet control zone)

- 유출조절부는 침사지 수위 및 유출량을 제어하는 역할을 하는 공간이며, 방류시설은 연직관, 수평관, 웨어 등이 있으며 이들을 이용하여 주여수로, 비상여수로를 구성한다.
- 유출조절부 구조물의 형식과 크기는 침사지 및 홍수량 설계기준에 따라 결정되며 침전부로부터 흐름의 완만한 천이가 발생되도록 하여야 한다.
- 한편, 유출조절부의 유속조절 기능의 증대가 필요하다고 판단되는 경우에는 수중 소단, 웨어, 배플, 실트 휀스 등의 별도 시설물을 설치하여야 하며 또한, 하류측으로 유송되는 부유잡물 등을 포착하여 제거하는 제진시설을 포함하여야 한다.

나. 방류시설 형식 선정

- 방류시설의 형식은 연직관, 수평관, 웨어 등이 있으며, 현장에 적합한 형식을 선정하여야 한다.
- 지금까지는 방류시설 형식 선정은 현장 실정을 제대로 고려하지 못한 결과, 처음에는 무조건 연직관을 설치하는 기준을 주로 적용하다가 이후에는 수평관으로 많이 전환되었다. 하지만 실제 현장에서는 웨어가 가장 많이 사용되고 그 다음으로 수평관이 사용되고 있으므로 계획수립시 이와 같은 현장 상황을 충분히 반영하는 것이 필요하다.
- 경사가 충분하여 침사지겸 저류지의 제방 위치에서 인위적인 굴착심도가 낮은 경우에는 연직관이나 수평관 형식을 적용할 수 있으나, 인위적인 굴착심도가 깊어서 연직관이나 수평관을 적용할 수 없는 경우나 소규모 침사지인 경우에는 웨어 형식을 대안으로 고려하여야 한다.
- 연직관의 경우 표고 측면에서 하류부로 자유방류가 가능한지를 검토하여야 하며, 수평관의 경우 자유방류가 가능한지 여부와 아울러 방류시 낙차로 인한 문제가 없는지 등을 검토하여야 한다.
- 웨어의 경우 침사지로서의 기능은 충분하게 수행할 수 있으나 상부 활용수심이 적어서 홍수조절 기능을 충분히 확보하지 못하는 경우가 대부분인 점을 감안하여야 한다.

14.3.3 토사조절부 용량 결정 방법

가. 퇴적대상 토사량

계획 침사지내로 유입하는 퇴적대상 토사의 체적은 유역으로부터의 중량단위 토양침식량에 유사전달률을 곱하고 단위중량으로 나누어 산정한다.

나. 포착 대상입경 및 개략 설계 유사포착률

- 「하수도시설기준(2005, 한국상하수도협회)」에는 우수침사지의 최소 침전입경은 0.4 mm, 재해영향평가에서는 재해측면에서 관심의 대상이 되는 중간모래 이상인 0.25 mm를 포착 대상입경으로 간주하고 있다.
- 한편, 재해영향평가 제도를 도입한 이후에 설계된 24개 침사지를 조사한 결과, 포착 대상입경은 대부분 약 0.2 mm를 적용하였으며 이들 침사지의 운영효율은 상당히 우수한 것으로 판명된 바 있다.
- 대상유역의 입도분포 곡선에서 통상 포착 대상입경을 0.1 mm, 0.2 mm 등으로 결정하고 이 보다 큰 입경은 모두 포착되고 이 보다 작은 입경은 모두 포착되지 않는다고 가정할 경우 개략 유사포착률을 각각 산정한다.
- 대상유역의 유사포착률과 침사지의 규모가 가장 합리적으로 결정될 수 있도록 포착 대상입경 및 이에 따른 개략 설계 유사포착률을 결정한다.
- 이와 같은 개략 설계 유사포착률은 입도분포를 토대로 포착 대상입경을 결정하는데 사용됨과 아울러 실제 유사포착률의 하한치를 설정하게 되며, 실제 유사포착률은 침사지 면적이 결정되면 후술되는 실제 유사포착률 계산을 통하여 재산정하게 된다.

다. 토사조절부 설계대상 홍수량 및 토립자의 침강속도

침사지의 최소 소요수면적 계산 및 실제 유사포착률 계산 등에는 토사조절부 설계대상 홍수량 및 토립자의 침강속도 등이 필요하게 된다.

1) 토사조절부 설계대상 홍수량

- 토사조절부 소요수면적 계산을 위한 침사지내 유량은 일반적으로 침사지로부터 배수되는 유량을 의미하며 이는 침사지와 방류시설 규모의 함수이다.

- 미국 교통연구단(TRB)은 유역의 총유출량을 주여수로를 통하여 침사지 밖으로 배수되는 시간으로 나눈 평균유출량을 침사지내의 유량으로 정의하였으며, Walesh는 침사지 저수지추적을 통한 첨두유출량을 침사지내 유량으로 정의하였다.
- 한국수자원학회(1998)는 총량저류 침사지의 경우는 기존 정의와 같이 침사지 평균유출량이나 첨두유출량 기준, 첨두유량저감 침사지의 경우는 첨두유출량 기준, 단순 유속저감 침사지의 경우는 보수적인 측면에서 첨두유입량 기준을 적용하는 것을 제시한 바 있다.
- 실무에서는 일반적으로 대상유역에서는 설계안전 측면에서 가장 보수적인 첨두유입량을 침사지내 유량으로 채택하게 된다.

2) 토립자의 침강속도

- 침사지내로 유입하는 토립자의 침강속도(V_s)는 입자의 크기와 형태에 따라 다르며, 대체적으로 크기가 0.1 mm 이하의 미립자에 대해서는 Stokes 법칙을 이용하여 직접 침강 속도를 구할 수 있으나, 그 이상의 입자에 대해서는 통상 실험도표를 이용하여 산출한다.
- 「하수도시설기준(2005, 한국상하수도협회)」에서 제시되고 있는 입경별 침강속도는 <표 14.8>과 같고, 동 표를 살펴보면 포착 대상입경이 0.1 mm인 경우의 침강속도는 약 0.74 cm/s(0.0074 m/s)이다.

<표 14.8> 입경별 침강속도

입 경 (mm)	침강속도 (cm/s)	비 고 (체번호)	입 경 (mm)	침강속도 (cm/s)	비 고 (체번호)	입 경 (mm)	침강속도 (cm/s)	비 고 (체번호)
2.000	20.3	10	0.250	2.7	60	0.074	0.41	200
1.000	10.0		0.200	2.1		0.060	0.25	
0.800	8.3		0.150	1.5	100	0.040	0.11	
0.600	6.3		0.100	0.74		0.020	0.028	
0.420	4.4	40	0.090	0.56		0.010	0.0069	
0.300	3.2		0.080	0.48		0.006	0.0025	

라. 최소 소요수면적

- 침사지의 토사유출량 포착을 위한 최소 소요수면적은 <그림 14.4>와 같이 유도되는 다음과 같은 Hazen 공식에 근거하여 추정하고 있다.

$$A = 1.2\frac{Q}{V_s}$$

여기서 A는 최소 소요수면적(m^2), Q는 토사조절부 설계대상 홍수량(m^3/s), V_s는 포착대상 입경의 침강속도(m/s), 1.2는 실제 침사지의 침전효율 감소를 고려하는 보정계수이다.

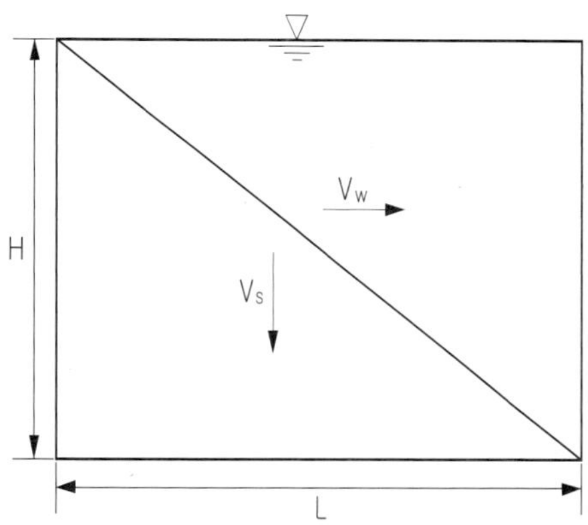

침사지 측면 모식도

저투시간(L/V_w) = 침전시간(H/V_s)으로 가정하면 $H = LV_s/V_w$이 된다.

$Q = BHV_w = BLV_s = AV_s$

$\therefore \quad A = Q/V_s$

여기서 B는 침사지의 폭, L은 침사지의 길이, H는 침사지의 높이, A는 침사지의 면적, V_w는 홍수유속, V_s는 침강속도, Q는 홍수량이다.

<그림 14.4> Hazen 공식의 유도

- 이와 같은 Hazen 공식을 살펴보면 토립자가 침사지내에서 침전되기 위해서 필요한 최소 소요수면적은 침사지 용량이나 수심 등에는 관계가 없고 단지 침사지내 유량(Q)과 토립자의 침강속도(V_s)에 의해 결정됨을 알 수 있다.
- 상기와 같이 계산되는 최소 소요수면적과 퇴적대상 토사량을 이용하여 퇴사저류부의 깊이를 산정하여 최소 소요수면적의 적절성을 고려하여야 하며, 최소 소요수면적은 기본적으로 확보하되 부족할 경우에는 적정 소요수면적으로 확대 조정하여야 한다.

마. 토사조절부 용량

- 대상유역의 설계 유사포착률은 통상 70% 미만이지만 통상 침사지 규모 결정을 위한 퇴적대상 토사량은 유사포착률을 100%로 간주하여 RUSLE로 산정된 퇴적토사량 전량을 적용한다.
- 개략적인 검토를 위하여 퇴적대상 토사량을 Hazen 공식에 의한 최소 소요수면적으로 나누어 침사지의 퇴사저류부 깊이 초기치를 산정한다.
- 이와 같이 산정되는 최소 소요수면적 및 퇴사저류부 깊이 초기치는 단지 후술되는 상세 계산에 필요한 초기치일 뿐이며 제반 여건에 부합되도록 재조정하여야 한다.
- 일반적으로 개발중 침사지는 대부분 임시구조물인 점과 사면경사 및 안전 등을 감안하여 총깊이를 가급적 3.0 m 이하로 결정하는 것이 무난하다는 제약조건 도입하고 또한, 적절한 홍수조절부 용량과의 조합 등을 모두 고려하여 소요수면적 및 퇴사저류부 깊이를 재산정하게 된다.
- 침사지의 총깊이를 3.0 m로 고정한 상태에서 침사지 소요수면적을 상향조정하면 토사조절부의 깊이는 작아지고 홍수조절부의 면적 및 깊이는 모두 커지므로 홍수조절부의 가용용량은 커지게 된다. 반대로 침사지 소요수면적을 하향조정하면 토사조절부의 깊이는 커지고 홍수조절부의 면적 및 깊이는 모두 작아지므로 홍수조절부의 가용용량은 작아지게 되는 관계를 가지게 된다.
- 한편, 침전부 깊이(퇴사저류부 상단~침전부 상단)는 EPA 등의 기준에 따라 0.3 m 이상, 토사유출부의 폭(B)과 길이(L)의 비는 포착효율 등을 고려하여 가급적 폭 1 : 길이 3 이상, 사면경사는 수직 1 : 수평 2 이상을 주로 적용하고 있다.
- 침사지 토사조절부의 상세한 규모 결정에는 토사조절부의 수면적을 가정하고 퇴적대상 토사량을 분포시켜 퇴사저류부의 깊이를 산정하고 여기에 침전부의 높이(0.3 m 이상)를 고려하여 토사조절부의 높이를 결정한 다음, 침사지의 총깊이(3.0 m)에서 토사조절부의 높이를 제외한 나머지 공간으로 홍수조절이 적절한지 여부를 검토하여 이를 만족시키는 최적 조합을 채택하는 시행착오법을 사용하게 된다.

14.3.4 홍수조절부 용량 결정 방법

가. 저수지 추적 방법

- 홍수조절부의 용량은 토사조절부의 수면적을 가정하고 이에 따른 토사조절부의 높이를 결정한 다음, 침사지의 나머지 공간을 활용한 저수지추적을 통하여 결정하게 된다.
- 이와 같은 저수지추적은 저수지로 들어오는 유입수문곡선을 저수지에서 나가는 유출수문곡선으로 전환하는 절차이며, 구체적인 추적 방법은 연속방정식을 변형한 다음과 같은 방정식을 이용하는 Puls 방법 또는 수정 Puls 방법 등을 이용하여 수행하게 된다.

$$I - O = \frac{dS}{dt}$$

$$\frac{I_1 + I_2}{2}\Delta t - \frac{O_1 + O_2}{2}\Delta t = S_2 - S_1$$

여기서 I_1, I_2 : 시간 Δt의 시점 및 종점에 있어서 유입량(m^3/s)

O_1, O_2 : 시간 Δt의 시점 및 종점에 있어서 방류량(m^3/s)

S_1, S_2 : 시간 Δt의 시점 및 종점에 있어서 저류량(m^3)

- 저수지추적에는 수위-면적-저류량 관계곡선 및 수위-방류량 관계곡선 등의 자료가 필요하며, 실제 저수지추적에서는 주로 저류량-방류량 관계곡선 형태로 사용된다.
- 수위-면적-저류량 관계곡선은 가정한 토사조절부의 소요수면적(폭 및 길이 결정 포함)과 사면경사(통상 수직 1 : 수평 2)를 적용하고 평균단면적법으로 작성한다.

나. 방류시설 구분 및 수리계산 방법

- 수위-방류량 관계곡선은 연직관, 수평관, 웨어 등과 같이 설치하는 방류시설의 종류에 따라 작성하는 방법이 달라지게 된다.
- 침사지의 규모에 따라 대규모이고 수로경사가 충분한 경우에는 효율측면에서 가장 유리한 연직관이 추천되지만, 일반적인 소규모 침사지의 경우에는 수평관이나 웨어 형태가 많이 적용되고 있다.

1) 연직관 수리계산

- 연직관의 경우 상단을 통상 가정한 토사조절부 상단에 위치시키게 되며, 이와 같은 연직관의 에너지손실을 나타내면 <그림 14.5>와 같다.
- 연직관의 흐름조건은 <그림 14.6>과 같이 웨어흐름, 오리피스흐름, 관수로흐름(자유낙하), 관수로흐름(하류통제) 등으로 구분되므로, 흐름 조건을 적절히 구분하여 수위-방류량 관계곡선을 작성하여야 한다.

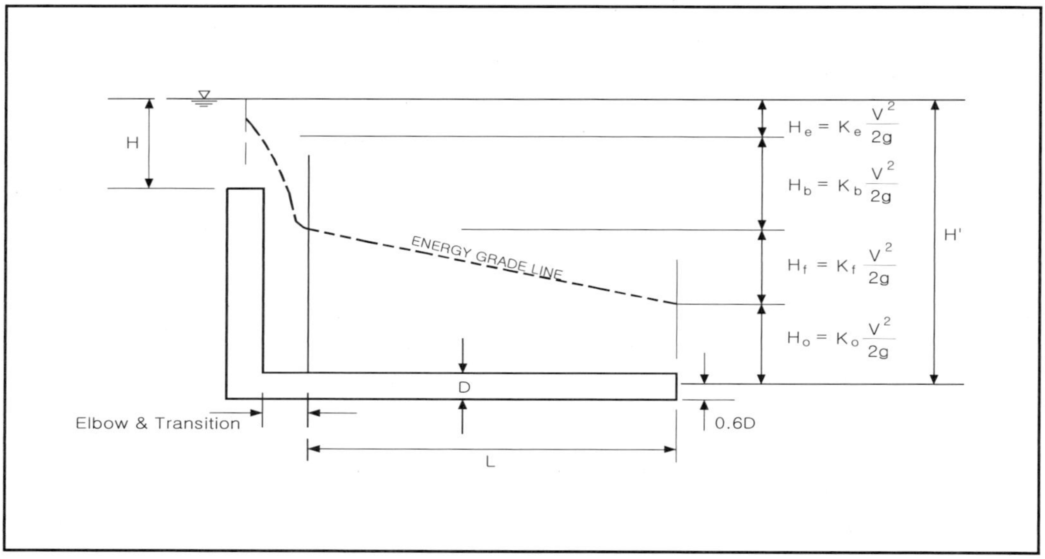

<그림 14.5> 연직관의 에너지손실

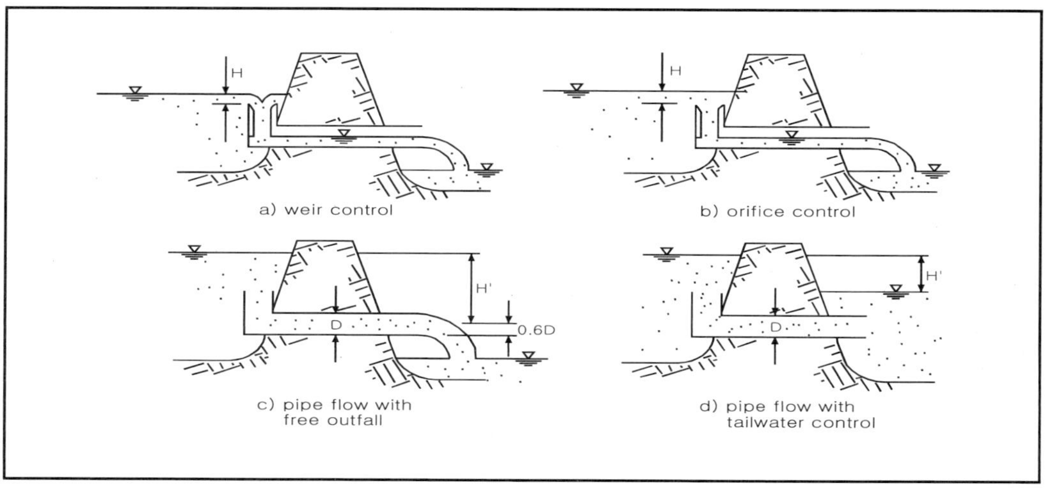

<그림 14.6> 연직관의 흐름조건 분류

- 연직관의 수위-방류량 관계곡선은 다음과 같은 웨어 공식, 오리피스 공식, 관수로 공식 등을 이용하여 <그림 14.7>과 같이 작성한 후, 수위별로 방류량 가장 작은 흐름조건을 선택하여 결정하게 된다.

$$Q = C_w L_w H^{3/2} \quad \text{: 웨어 공식}$$

$$Q = C_o A_o \sqrt{2gH} \quad \text{: 오리피스 공식}$$

$$Q = \frac{A_p \sqrt{2gH'}}{\sqrt{K_e + K_b + K_f + K_o}} \quad \text{: 관수로 공식}$$

여기서 Q : 방류량(m^3/s)
C_w : 웨어 유량계수(1.7)
L_w : 웨어길이로 연직관로의 윤변(m)
H : 저수지수위에서 연직관 상단까지 깊이로 웨어 또는 오리피스 흐름의 수두(m)
C_o : 오리피스 유량계수(0.6)
A_o : 오리피스 단면적으로 연직관로의 단면적(m^2)
g : 중력가속도(9.8 m/s^2)
H' : 저수지수위에서 수평관로의 유출부 중심선(0.6D)까지의 수두(m), 하류통제의 경우 하류부 수위까지의 수두(m)
A_p : 관수로 단면적으로 수평관로의 단면적(m^2)을 적용
K_e : 입구부 손실계수(0.5)
K_b : 만곡부 손실계수(콘크리트관 0.15, 주름관 0.5)
K_f : 마찰손실계수(원형관의 경우 $124.5n^2L/D^{4/3}$, 사각형관의 경우 $19.6n^2L/R_h^{4/3}$로 산정, n은 Manning 조도계수(콘크리트관 0.014, 주름관 0.025), L은 수평관로 길이(m), D는 수평관로의 직경(m), R_h는 동수반경(m)이다.)
K_o : 출구부 손실계수(1.0)

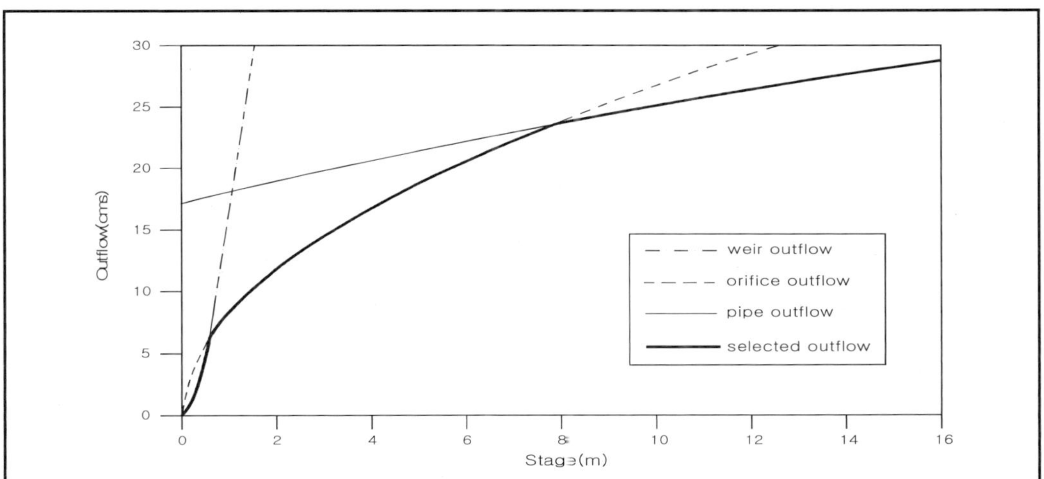

<그림 14.7> 연직관의 수위-방류량 관계곡선 작성 방법

2) 수평관 및 웨어 수리계산

- 수평관의 수위-방류량 관계곡선 작성 방법은 후술되는 저류지설계에 기술되어 있다.
- 웨어의 수위-방류량 관계곡선 작성 방법은 일반적인 웨어공식을 적용한다.

3) 침사지 최적규모 결정 방법

- 침사지 규모와 방류시설 규모는 반비례 관계를 가지며, 홍수조절 겸용 침사지의 용량 결정시에는 침사지의 용량이 최대가 되는 강우지속기간인 임계지속기간을 적용하여야 하므로 시행착오법으로 최적 조합을 채택하게 된다.
- 이를 구체적으로 살펴보면 초기 토사조절부의 규모와 여러 가지 방류시설 규모를 가정한 다음, 10분 간격의 모든 강우지속기간에 대하여 저수지추적을 실시하여 첨두방류량이 개발전 30년빈도 첨두홍수량 이하가 되도록 하는 조건과 침사지의 총깊이가 3 m를 초과하지 않는 조건을 동시에 만족하면서 침사지의 용량이 최대가 되는 임계지속기간에 해당하는 침사지 규모와 방류시설 규모를 최적규모 조합으로 채택한다.
- 검토를 통하여 홍수조절부 규모가 적절하지 못하다고 판단되는 경우에는 가정한 토사조절부의 규모를 재조정하여 모든 조건이 만족될 때까지 처음부터 재분석을 실시하는 시행착오법을 적용한다.
- 한편, 연직관이나 수평관 모두 하류수위(tailwater)의 영향을 받는 하류통제의 경우에는 하류수위를 제대로 고려하여야 하며, 필요한 경우 방류구를 웨어 형태로 변경하는 등의 조치를 하여야 한다.

4) 비상여수로 및 세굴방지공

- 연직관이나 수평관의 경우 웨어 형태의 비상여수로를 고려하여야 한다. 특히, 재해영향평가와 같이 유출량 저감 목적을 지닌 경우에는 가급적 고려하여야 한다.
- 추가적으로 방류구로부터 방류되는 부분에는 세굴의 발생이 예상되므로 감세공 또는 세굴방지공을 설치하여 세굴을 방지하도록 하여야 한다. 또한, 방류시설의 턱 높이 이하에 저류된 물은 침사지 바닥에 배수관 등을 설치하여 배수시킬 수 있도록 하여야 한다.

14.3.5 침사지 용량 결정 사례

가. 토사조절부 제원 결정

- 침사지 설계상의 많은 가정과 시행착오법을 적용하여 토사조절부의 제원을 결정하게 되며 산정 결과를 예를 들면 <표 14.9>와 같다.

<표 14.9> 토사조절부 제원 결정(예)

침사지	퇴 적 토사량 (m^3)	토사조절부 면 적 A(m^2)	토사조절부 길 이 L(m)	토사조절부 폭 B(m)	퇴사저류부 깊 이 (m)	침전부 깊 이 (m)	토사조절부 깊 이 (m)
A	602	1,400	70	20	0.50	0.30	0.80
B	2,587	4,800	120	40	0.58	0.30	0.88

- 이와 같이 토사조절부의 제원이 결정되면 앞서 설계 포착대상 입경을 0.1~0.2 mm 정도로 결정하면서 입도분포에서 개략 설계 유사포착률을 추정한 것에 대한 적정성을 검토하기 위하여 실제 유사포착률을 산정하여야 한다.
- 실제 유사포착률(trap efficiency, TE)은 토사조절부의 소요수면적, 침전대상 설계홍수량, 토립자의 침강속도, 토사조절부의 실제수면적, 토립자의 입경별 구성비 등을 토대로 다음과 같은 공식을 적용하여 산정할 수 있다. 한편, 전체 입경에 대한 유사포착률은 해당 입경별 포착률에 입경별 구성비를 곱한 가중평균으로 산정한다.

$$TE = \frac{A^*}{A} \cdot 100$$

여기서 TE는 유사포착률(%), A^*는 실제 수면적, A는 Hazen 공식에 의한 토립자의 입경별 소요수면적이며, 유사포착률이 100 % 이상인 경우에는 100 %로 처리한다.

- 상기 방법으로 침사지별로 실제 유사포착률을 산정한 결과를 예를 들면 <표 14.10>과 같고, 동 표를 살펴보면 모든 침사지의 유사포착률은 약 87.2~92.1 %로 나타나고 있으며, 이는 앞에서 채택한 개략 설계 유사포착률을 상회하게 된다.

<표 14.10> 침사지별 실제 유사포착률 산정(예)

침사지	구 분	입 경 (mm)	누 가 구성비 (%)	입경별 구성비 (%)	침 강 속 도 (cm/s)	소 요 수면적 (m^2)	포착률 (%)	입경별 포착률 (%)	비 고
A	극조사	1.0	44	56	10.000	39	100	56.0	대상홍수량 3.26 m^3/s 실제수면적 1,400 m^2
	조 사	0.5	34	10	5.200	75	100	10.0	
	중 사	0.25	24	10	2.700	145	100	10.0	
	세 사	0.125	15	9	1.100	356	100	9.0	
	극세사	0.0625	9	6	0.280	1,397	100	6.0	
	조실트	0.0312	5	4	0.062	6,310	22	0.9	
	중실트	0.0156	1	4	0.016	24,450	6	0.2	
	세실트	0.0078	0	1	0.004	97,800	1	0.0	
	소 계							92.1	유사포착률
B	극조사	1.0	44	56	10.000	432	100	56.0	대상홍수량 35.96 m^3/s 실제수면적 4,800 m^2
	조 사	0.5	34	10	5.200	830	100	10.0	
	중 사	0.25	24	10	2.700	1,598	100	10.0	
	세 사	0.125	15	9	1.100	3,923	100	9.0	
	극세사	0.0625	9	6	0.280	15,411	31	1.9	
	조실트	0.0312	5	4	0.062	69,600	7	0.3	
	중실트	0.0156	1	4	0.016	269,700	2	0.1	
	세실트	0.0078	0	1	0.004	1,078,800	0	0.0	
	소 계							87.2	유사포착률

- 한편, 침사지 설계시 퇴적토사량은 100 % 모두 포착되는 것으로 간주하여 토사조절부 용량이 충분히 확보되도록 계획하는 것이 필요하며, 이와 같이 침사지를 충분한 규모로 계획하더라도 개발전보다 토사유출량을 적게하는 것은 현실적으로 불가능한 경우가 대부분이다.
- 재해저감 차원에서 유사포착률은 최소한 50 % 이상은 확보되어야 하므로 산정된 유사포착률이 50 % 이하일 경우에는 포착 대상입경 및 침사지 규모를 조정하여 유사포착률을 상향하는 것을 검토하여야 한다.

나. 홍수조절부 제원 결정

- 침사지 설계상의 많은 가정과 시행착오법을 통하여 최종 채택된 침사지별 수위-면적-저류량 관계곡선을 예를 들면 <그림 14.8>과 같고 수위-방류량 관계곡선을 예를 들면 <표 14.11>과 같다.

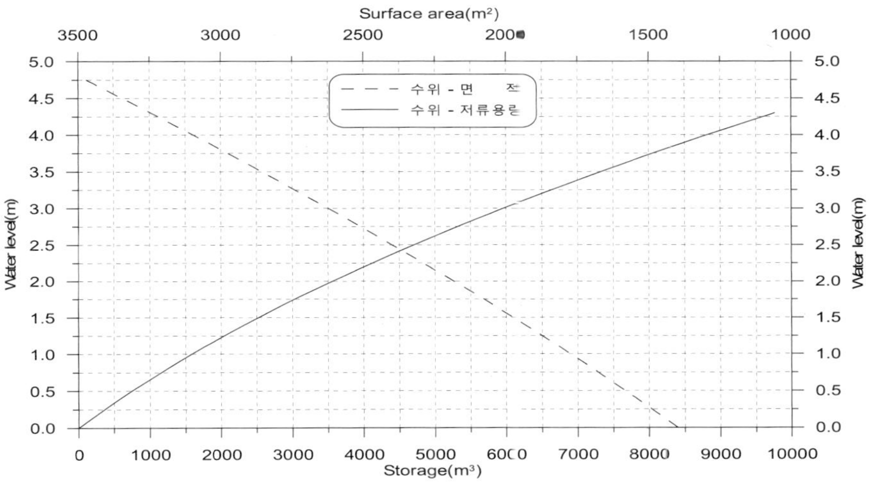

<그림 14.8> 수위-면적-저류량 관계곡선(예)

<표 14.11> 수위-방류량 관계곡선(예)

연직관 상단수두 (m)	침사지별 방류능력(m³/s)		연직관 상단수두 (m)	침사지별 방류능력(m³/s)	
	A	B		A	B
0.0	0.000	0.000	1.6	2.496	53.052
0.2	0.882	6.449	1.8	2.647	56.271
0.4	1.248	18.240	2.0	2.790	59.314
0.6	1.528	32.488	2.2	2.927	62.209
0.8	1.765	37.514	2.4	3.057	64.976
1.0	1.973	41.942	2.6	3.182	67.629
1.2	2.161	45.945	2.8	3.302	70.182
1.4	2.335	49.626	3.0	3.418	72.645

- 저수지추적은 매우 중요한 과정이기 때문에 충분한 검토를 실시하여야 하며, 저수지추적의 검토 방법은 후술되는 저류지의 내용을 참고하여야 한다.
- 저수지추적 결과 요약 및 홍수조절부의 깊이 산정 결과를 예를 들면 <표 14.12>와 같다.

<표 14.12> 저수지추적 결과 및 홍수조절부 깊이(예)

침사지	개발전 첨두홍수량 (m^3/s)	개발중 설치전 첨두홍수량 (m^3/s)	개발중 설치후 첨두방류량 (m^3/s)	홍수조절부 깊 이 (m)	비 고
A	2.99	3.26	2.48	1.58	
B	35.57	35.96	35.54	0.72	

- 이와 같은 저수지추적 결과를 살펴보면 개발중의 첨두방류량이 침사지를 설치할 경우 모두 개발전 첨두홍수량 이하로 저감됨을 알 수 있다. 하지만 추가적으로 재해영향평가 등에서는 하류부 영향검토를 실시하도록 되어 있으므로 사업지구 하류부까지 설정된 평가대상지역까지 분석하여 첨두홍수량이 저감되는 것을 확인하여야 한다.
- 침사지의 경우 일반적으로 임시구조물이므로 지금까지는 별도의 비상여수로를 설치하지 않아도 무방한 것으로 간주되어 왔다. 하지만 재해영향평가와 같이 유출량 저감 목적을 지닌 연직관이나 수평관의 경우 웨어 형태의 비상여수로를 가급적 고려하여야 한다. 특히, 침사지의 규모가 크거나 하류의 많은 피해가 예상되는 경우에는 반드시 정식 비상여수로를 설치하여야 한다.
- 침사지의 비상여수로는 월류형 여수로를 주로 채택하며, 비상여수로의 마루고는 저류지의 계획빈도의 최고수위인 계획홍수위에 일치시키고, 비상여수로의 폭은 저수지추적을 실시하여 월류수두가 저류지의 여유고를 초과하지 않는 조건이 만족되도록 결정하여야 한다.
- 침사지의 계획홍수위에서 마루고까지 여유고는 SCS(1966) 기준에 따라 침사지 길이가 200 m 이하이면 30 cm, 200~400 m이면 45 cm, 400~800 m이면 60 cm를 적용한다.

다. 침사지 제원 결정

- 상기와 같이 채택된 토사조절부 및 홍수조절부의 조합으로 결정되는 침사지 제원을 정리하는 양식을 예를 들면 <표 14.13>과 같다.

<표 14.13> 침사지 제원 결정 양식

구 분		침사지 A	침사지 B	비 고
토사조절부	바닥고(EL. m)			
	깊 이(m)			퇴사저류부에 침전부 깊이(0.3 m 이상)를 고려
	상단고(EL. m)			연직관 상단, 수평관 하단, 웨어마루고 등과 동일
	상단 길이(m)			상단 폭의 3배 이상
	상단 폭(m)			
	상단 면적(m^2)			
	용 량(m^3)			
홍수조절부	깊 이(m)			
	상단고(EL. m)			홍수위(FWL)
	용 량(m^3)			
여유고(m)				
마루부	마루고(EL. m)			
	총깊이(m)			
	총길이(m)			
	총 폭(m)			
	총면적(m^2)			
	총용량(m^3)			
사면경사				수직 : 수평
주방류부	D(mm)×련(원형)			주방류부가 수평관인 경우
	B(m)×H(m)×련(사각형)			
	입구하단표고(EL.m)			
	출구하단표고(EL.m)			
	길이(m)			
	경사(무차원)			
	첨두방류량(m^3/s)			
	최대방류유속(m/s)			

<표 14.13> 침사지 제원 결정 양식(계속)

구 분		침사지 A	침사지 B	비 고
주방류부	연직관 상단고(EL.m)			주방류부가 연직관인 경우
	연직관 직경(mm)			
	첨두방류량(m^3/s)			
	최대방류유속(m/s)			
	웨어 마루고(EL.m)			주방류부가 웨어인 경우
	웨어 길이(m)			
	월류수두(m)			
	월류수두위 여유고(m)			
	첨두월류량(m^3/s)			
비상방류부	웨어 마루고(EL.m)			비상방류부가 있고 형태가 웨어인 경우
	웨어 길이(m)			
	월류수두(m)			
	월류수두위 여유고(m)			
	첨두월류량(m^3/s)			

라. 침사지 제원 검토

- 침사지 제원에 대하여 다음과 같은 검토를 실시하고 보완이 필요한 부분은 조정하여야 한다.
  - 바닥고, 토사조절부 상단고, 홍수조절부 상단고, 마루고 등의 순서로 기술함과 아울러 용량배분 차원에서의 할당된 깊이의 적정성을 확인
  - 토사조절부의 상단 길이와 폭의 비는 3:1 이상이 되도록 결정
  - 주방류부의 최대방류유속을 검토하여 필요한 경우 유속 완화 조치 및 감세공의 설치를 고려
  - 실제 현장여건을 정확하게 반영할 수 없는 상황에서 침사지 제원을 결정하게 되는 재해영향평가 등의 경우, 현장 시공시 설계 제원을 그대로 반영할 수 없는 경우가 대부분이므로 저류지의 총깊이 등의 규모는 0.5 m 단위로 여유있게 제시하는 것이 실무적으로 유용
  - 침사지겸 저류지의 현장 적용시 위치 이동 등에 따라 제원이 변경되는 경우가 많이 발생하는 점을 고려하여 유역면적이 변경되는 경우 유역면적의 변화율을 침사지면적 변화율로만 대응하여도 무난할 정도로 깊이를 충분히 여유있게 결정

14.4 홍수유출 저감시설 일반사항

14.4.1 홍수유출 저감시설 형식 구분 및 선정 방법

- 일반적으로 홍수유출 저감시설의 형식은 저류형과 침투형으로 대별되며, 저류형 저감시설은 지구에서 유출되는 우수를 일정 시설을 통하여 조절하거나 일시적으로 저장하여 홍수가 지나간 후 방류하는 시설이며, 침투형 저감시설은 우수가 지표면을 흐르거나 우·배수로를 흐르는 과정에서 지하로 스며들게 하는 시설이다.
- 저류형 저감시설은 <그림 14.9>와 같이 유역내에 설치된 소규모 저류시설 등에 지표면 흐름상태의 유출수를 유출이 발생하는 현지에서 일시 저류시키는 지역내 저류(on-site) 방식과 여러 소유역이 합쳐진 지점 또는 유역출구에 설치된 저류지 등에 저류시키는 지역외 저류(off-site) 방식으로 구분된다.
- 지역내 저류와 지역외 저류의 구분은 전체 지구측면에서 지구내와 지구외로 직역하여 구분하는 것이 아니라, 소유역에서 바로 저류하는 방식은 지역내 저류이고 여러 소유역이 합쳐진 하류 지점이어서 상류 소유역 측면에서 지구외가 되는 방식은 지역외 저류로 구분하는 점에 유의하여야 한다.
- 지역내 저류 방식은 지역외 저류의 대표적인 방식인 저류지와는 달리 유수의 이동을 최소한으로 억제하고 비가 내린 그 지역에서 우수를 저장하는 방식으로 지하공간 저류, 건물지하 저류, 동간 저류, 주차장 저류, 공원 저류, 운동장 저류 등이 있다.

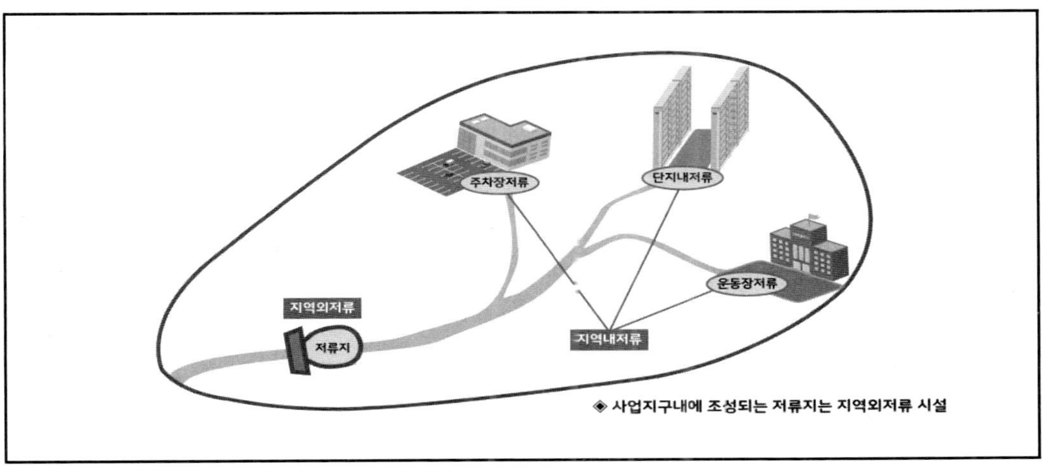

<그림 14.9> 지역내 저류, 지역외 저류 구분

- 침투형 저감시설은 기존 침투 가능한 정원, 공원, 녹지 등을 이용하여 침투율을 증가시키거나, 투수성 포장 등의 불투수면 구조개선, 유공관거 설치 등의 우수관거 구조개선 등을 통하여 침투율을 증가시키는 방법이며, 침투를 유도하는 침투통, 침투트렌치, 침투측구 등도 이에 속한다.
- 지역내 저류 및 침투형 저감시설은 유출총량 증가량의 제어 측면에서 유리하므로 지역외 저류 방식인 저류지가 첨두유출량 증가량의 저감에 초점이 맞추어져 있는 부분을 보완할 수 있는 장점을 지님과 아울러 지하수위 저하 방지, 환경측면에서도 부가적인 장점을 지니고 있다.
- 재해영향평가의 경우 과거에는 첨두홍수량 증가량만 저감시키면 되도록 규정되어 있었으므로 지역외 저류 방식인 저류지를 기본 저감시설의 형식으로 채택하고, 추가적으로 지역내 저류시설이나 침투형 저감시설을 일부 적용하여 왔다. 하지만 현재에는 유출총량 증가량도 저감시키도록 지침이 수정되었으므로 유출총량을 저감시킬수 있는 지역내 저류와 침투형 저감시설을 최대한 고려하여야 한다.
- 홍수유출량 저감목표는 지금까지 적용한 첨두홍수량 증가량 저감에 최근 명확하게 규정된 유출총량 증가량 저감이 추가됨에 따라 두 가지 저감목표를 모두 충족시켜야 한다.
- 첨두홍수량 증가량 저감은 저감대상이 분명하게 설정되어 있었으며, 저류지와 같은 저감대책을 수립하는 경우 저감효과 증명이 가능하므로 지금까지 많이 적용하고 있는 방법이다.
- 하지만 저류지에 의한 첨두홍수량 증가량 저감은 일시적으로 첨두를 저감하고 첨두시간을 지연시키지만 결국 유출총량은 모두 하류로 방류되는 형태이므로, 최악의 경우에는 하류 홍수수문곡선의 첨두와의 중첩 여건에 따라 오히려 하류의 첨두홍수량을 증가시키는 문제를 야기할 수도 있다.
- 이에 따라 유출총량 증가량을 저감하는 것이 필연적으로 대두되지만 유출총량 증가량의 저감목표가 분명하게 설정되어 있지 않은 상태이며 또한, 지역내 저류시설은 국내에 적용된 사례가 거의 없고, 침투형 저감시설은 저감량을 정량화하는 방법이 미비한 관계 등으로 인하여 유출총량 증가량의 저감효과 증명이 용이하지 못한 상황이다.

- 유출총량 증가량의 저감목표는 강우지속기간 3시간에 대한 개발후와 개발전의 유출총량 차이로 설정하는 방안을 적용하거나, 일본의 도시지역 개발에 따른 유출총량 증가량이 약 120 m³/ha(강우량으로는 12 mm)인 점 등을 참고하여 일단 설정하고 향후 개선방안을 강구하여야 한다.
- 유출총량 증가량 저감효과는 지역내 저루시설이나 침투시설 등의 저감효과를 정량화할 수 있는 기법이 현재 미비한 상태이므로 개선방안을 강구하여야 한다.

14.4.2 저류지와 유수지, 저류지와 저류조 등의 용어 구분

- 현재 저류지와 유수지의 경우 여러 문헌에서 각각 다르게 정의되어 있기 때문에 실무적으로 명확하게 정의하여 혼선을 방지하는 것이 필요하다.
- 저류지(貯留池, retention pond)는 유역의 중·상류 위치에서 홍수를 차단 저류시켜 하류지역의 홍수피해를 경감시키기 위하여 유출량을 일시적으로 저류하였다가 외수위가 낮아진 후에 방류하기 위한 시설로서 저류를 통하여 유출량을 저감하는 것이 주목적인 시설이다.
- 유수지(遊水池, detention pond)는 유역의 하류 저지대 위치에서 집중강우로 인하여 급증하는 제내지 및 저지대 유출량을 조절하고 이를 하천에 방류하기 위하여 일시적으로 저장하는 시설로서 펌프 방류를 통한 유출량 배제를 지원하는 것이 주목적인 시설이다.
- 따라서 저류를 통하여 유출량을 저감하는 것이 주목적인 경우에는 저류지, 펌프 방류를 통한 유출량 배제를 지원하는 것이 주목적인 경우에는 유수지로 구별하면 무난하다.
- 저류형 우수유출저감시설 중에서 상부가 개방된 Pond 형태는 저류지, 상부가 막힌 Tank 형태는 저류조로 구분한다.
- 지금까지 비전문가들이 저류조로 통칭하는 관행에서 탈피하여야 하며 또한, 저류지를 굴착식, 저류조를 지하식으로 표현하는 것도 저류조도 굴착하기는 마찬가지이며 의미 전달도 정확하지 않으므로 이와 같은 표현은 지양하여야 한다.
- 방재 설계에서 저류지와 유수지, 저류지와 저류조를 통칭하는 명칭을 찾는다면 저류지가 가장 무난하므로 저류지를 대표 명칭으로 사용하면 된다.

14.4.3 홍수조절 방식에 따른 저류지 분류

- 우리나라에서 주로 채택되고 있는 지역외 저류(off-site) 방식의 저감시설인 저류지의 경우 홍수조절 방식에 따라 <그림 14.10>과 같이 하도내 저류(on-line) 방식과 하도외 저류(off-line) 방식으로 구분된다.

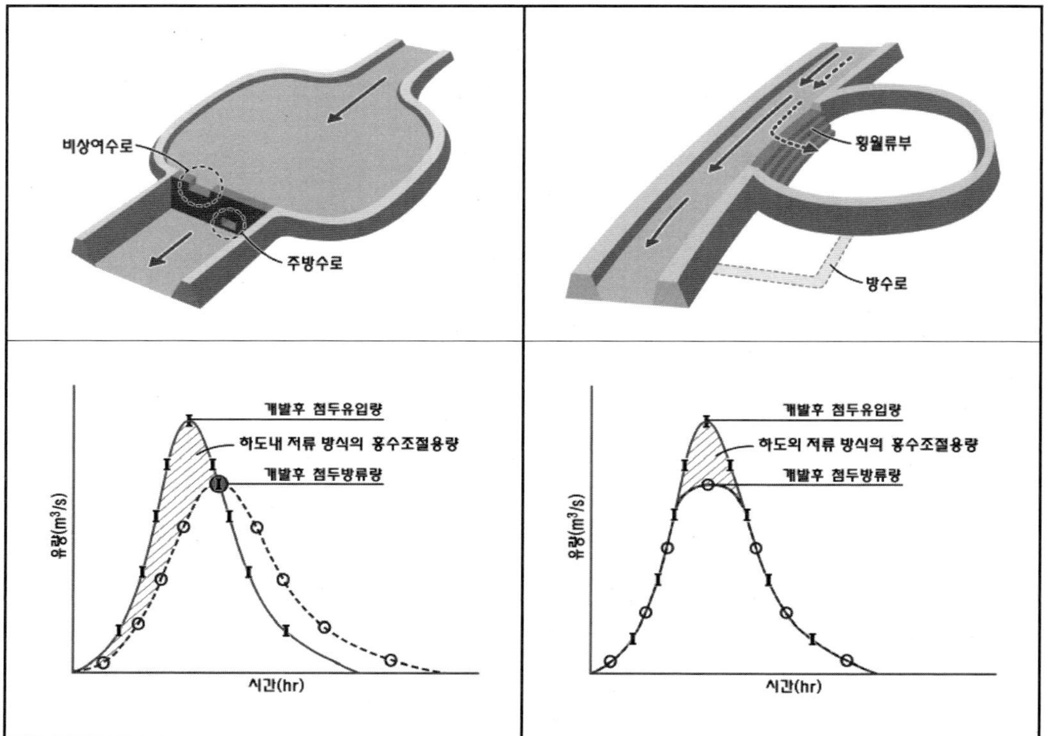

하도내 저류(on-line)	하도외 저류(off-line)

<그림 14.10> **저류지의 홍수조절 방식**

- 하도내 저류(on-line) 방식은 하천 노선상에 저류지를 설치하여 모든 규모의 하천유량 전량을 저류지로 유입시킨 후 일반적으로 비조절방식으로 자연방류시킴으로써 첨두홍수량을 감소시키고 첨두발생시간을 지연시키는 방식이다.
- 하도외 저류(off-line) 방식은 하천노선의 측면에 저류지를 설치하여 개발후 홍수량이 개발전 첨두홍수량 이하인 하천유량은 그대로 유하시키고, 개발전 첨두홍수량을 초과하는 하천유량을 횡월류웨어를 통하여 저류지로 유입시킨 후 하류부 하천의 홍수위가 저하되면 방류하는 방식이다.

• 이와 같은 하도내 저류(on-line)와 하도외 저류(off-line) 방식의 장·단점을 나타내면 <표 14.14>와 같다.

<표 14.14> 저류지 방식별 장·단점 비교

방 식	장 점	단 점
하도내 저 류 (on-line) 방 식	• 수리계산이 단순하므로 저감효과의 수리학적 안전성이 상대적으로 높음 • 유입과 배제가 동시에 이루어지므로 연속홍수시 상대적으로 안전 • 항상 저류지로 유입되므로 모든 빈도에 대하여 저감 가능하고, 토사유출 제어가 가능 • 평상시 흐름이 존재하므로 자연스럽게 친수공간이 조성 • 저류지 홍수위를 저류지 제방고에 따라 높일 수 있으므로 저류지 깊이 증대에 의한 저류용량 증대가 가능	• 상대적으로 많은 면적이 소요되므로 토지이용 측면에서 비경제적 • 사업지구면적에 비하여 상류유역 면적 비중이 큰 경우에는 저류지 규모가 지나치게 크게 결정되어 적용 곤란 • 저류지로 활용빈도가 높기 때문에 청소 등과 같은 유지관리비가 높음 • 기존 하천을 일종의 댐으로 단절함에 따른 환경적 악영향 초래 • 홍수시 하류수위가 높아서 방류가 원활하지 않을 경우 규모 증대 영향이 높음
하도외 저 류 (off-line) 방 식	• 상대적으로 적은 면적이 소요되므로 토지이용 측면에서 경제적 • 사업지구면적에 비하여 상류유역 면적 비중이 큰 경우에도 저류지 규모가 지나치게 크게 결정되지 않음 • 저류지로 활용빈도가 낮기 때문에 청소 등과 같은 유지관리비가 낮음 • 기존 하천을 그대로 유지함에 따라 환경적 악영향 초래 가능성이 낮음 • 홍수시 하류수위가 높아서 방류가 원활하지 않을 경우에도 규모 증대 영향이 없음	• 수리계산이 복잡하므로 저감효과의 수리학적 안정성이 상대적으로 낮음 • 하류하천의 수위 하강 이전에는 저류하므로 연속홍수시 저감기능 미미 • 웨어 마루고 이하는 유입되지 않으므로 마루고 결정시 추가 고려가 필요하고, 토사유출 제어가 곤란 • 평상시 흐름이 존재하지 않으므로 친수공간 조성이 곤란 • 저류지 홍수위가 월류수두의 표고를 초과하지 못하므로 저류지 깊이 증대에 의한 저류용량 증대가 곤란

• 수리학적 안정성이 높은 하도내 저류 방식을 우선적으로 채택하는 것을 원칙으로 하되 불가피한 경우에는 하도외 저류 방식을 채택하는 것이 일반적인 채택 기준이다.

- 하도내 저류 방식의 저류지 소요 면적이 하도외 저류 방식의 3배 이상이므로 저류지 면적을 줄이기 위한 목적으로 하도외 저류 방식을 채택하는 것은 지양되어야 한다.
- 개발로 인한 홍수유출량 증가량을 저감하기 위하여 하도내 저류 방식의 저류지를 채택하는 경우, 홍수유출량 증가량을 저감하기 위하여 홍수유출량 전량을 제어하다가 운영상에서 재해가 유발될 수 있는 조건이라면 전량을 제어하는 하도내 저류 방식을 채택하지 않아야 한다는 점을 중요하게 고려하여야 한다.
- 예를 들면 신규 개발지구에서 계획지반고를 자연방류가 되도록 결정한 조건에서 홍수유출량 증가량을 저감하기 위하여 채택한 하도내 저류 방식의 저류지에서 전량을 제어하다가 증가량이 문제가 아니라 전량에 의한 문제가 발생하는 것이 예상되는 경우에는 하도내 저류 방식을 채택하지 않고 대부분을 자연방류하고 첨두 일부만 저감하는 하도외 저류 방식을 채택하여야 한다.
- 또한, 신규 개발지구 급경사 지역에 하도내 저류방식의 저류지를 설치하는 것은 홍수유출량 증가량을 저감하려다가 전량에 의한 파괴로 인한 피해가 유발될 수 있으므로 지양하여야 한다.

14.4.4 저류지 설계시 신규 개발지구와 기존 도시지구 구분

- 신규 개발지구의 저류지는 개발로 인한 홍수유출량 증가량을 저감하기 위하여 재해영향평가의 일환으로 계획하는 것이며, 기존 도시지구의 저류지는 침수문제를 해결하기 위한 우수유출저감시설 설치의 일환으로 계획하는 것으로 구분된다.
- 신규 개발지구와 기존 도시지구의 저류지는 설계시 동일하게 적용하는 부분도 많지만 설치 목적이 신규 개발지구는 홍수유출량 증가량 저감, 기존 도시지구는 침수문제 해결이므로 서로 상이하며 또한, 신규 개발지구는 저류지 설치 여건의 제약이 적은 반면 기존 도시지구는 지장물 등으로 인한 제약이 많은 등의 차이가 있다.
- 이에 따라 저류지 설계 기법은 신규 개발지구를 먼저 기술한 다음 기존 도시지구를 후술하는 방식을 적용하기로 하였다.

14.5 신규 개발지구 하도내 저류(on-line) 방식 저류지 제원 결정

14.5.1 하도내 저류 방식 저류지 일반사항

가. 위치선정 일반 및 개략면적 설정 방안

- 지금까지 저류지 위치는 홍수 저감효과 산정의 편의성 등의 치수측면만을 고려한 결과 주로 사업부지 하류단으로 결정되어 왔다. 이와 같이 사업지구 하류단 출구부에 위치시킨 저류지는 토지이용 및 경관 측면 뿐만 아니라 외수위 고려 측면 등에서도 적합하지 않은 경우가 많이 발생하고 있다.
- 저류지 위치는 합리적인 토지이용계획 수립에 순응하는 방식으로 기본 개념을 전환함과 아울러 친수공간으로 다목적 활용 측면 등도 고려하여 가급적 중류부에 계획하여야 한다.
- 저류지를 공원에 설치하는 것은 법률상으로 규모가 큰 근린공원에는 가능하지만 규모가 작은 어린이공원에는 불가능한 점을 고려하여야 하며, 토지이용계획상에서 영구저류지 규모가 공원의 50 % 미만인 경우에는 공원 면적에 포함되어 녹지율이 저하되지 않지간 50 % 이상인 경우에는 별도 저류지 면적으로 지정된다. 이에 따라 녹지율 저하가 우려되는 경우 영구저류지 면적은 공원 면적의 50 % 미만으로 결정하여야 한다.
- 이와 같이 녹지율이 저하되지 않는 장점만 감안하여 사업지구 경계부에 설치되는 완충녹지에 영구저류지를 위치시킬 경우, 일반적으로 하류단에 위치하거나 하천변에 위치하게 되는 경우가 많아서 수변공간으로 다목적 활용이 되지 못하게 되며, 외수위 측면에서 적절하지 않을 수도 있다. 따라서 녹지율 저하 방지만을 목적으로 영구저류지를 무조건 완충녹지에 위치시키고자 하는 시도는 지양되어야 하며 이와 같은 개념이 토지이용계획 수립시 반영되도록 하여야 한다.
- 신규 개발지구 저류지는 사업지구내에 위치시키는 것이 원칙이며, 부득이한 경우에는 사유를 명기하고 사업지구 밖에 위치시키는 것도 가능하지만 가급적 지양하여야 한다.
- 연약지반에 저류지 위치를 결정하는 것은 지양하여야 하며, 이 경우에는 토질측면의 고려가 필요하다.

- 초기 토지이용계획 협의에서 저류지 위치 결정을 위해서는 저류지 면적도 개략적으로 제시할 수 있어야 한다. 초기 단계에서는 자연유역으로 유지되는 지역을 제외한 사업부지 개발면적의 2% 정도로 일단 설정하고 위치를 협의하여야 하며, 가급적 확장 가능성이 충분한 위치를 우선적으로 고려하도록 제안하여야 한다.

나. 배수구역별 저류지 설치가 곤란 또는 부적절한 경우 조정 방안

- 신규 개발사업의 경우 배수구역별로 홍수유출량 증가량을 저감하여야 하므로 배수구역별로 각각 저류지를 계획하는 것이 일반적인 원칙이지만 배수구역별로 저류지를 계획하는 것이 곤란하거나 부적절한 경우에는 적절한 조정 방안을 강구하여야 한다.
- 배수구역별로 무조건 저류지를 설치하는 것이 아니라 유역변경 방법을 이용하여 저류지 개소수를 감조정하는 방안을 적절하게 적용하여야 한다.

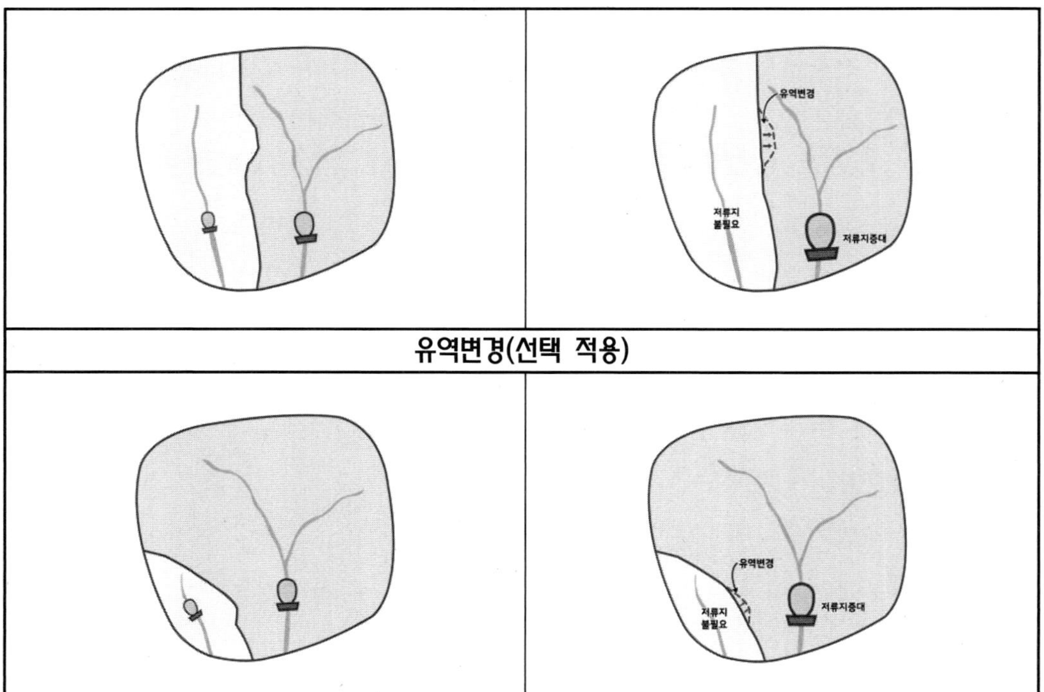

<그림 14.11> 유역변경을 통한 저류지 개소수의 감조정 방안

- 저류지 계획이 필요한 배수구역이지만 해당 배수구역에 저류지를 설치할 만한 적절한 장소가 없는 경우, 해당 배수구역의 유역면적이 소규모이어서 저류지의 규모가 매우 작게 결정되는 경우 등에는 <그림 14.11>과 같이 해당 배수구역 개발후 유역면적의 일부를 인접 배수구역으로 유역변경을 하여 해당 배수구역에는 저류지를 설치하지 않는 대신 유역변경을 넘겨받은 인접 배수구역의 저류지 용량을 추가로 증가시켜 대응하는 방식을 적용한다.
- 특히, 동 그림에서 유역면적이 작은 배수구역에 저류지를 계획하는 경우 저류지가 소규모가 되므로 저감효과는 미미한 반면 유지관리만 번거롭게 되는 결과를 초래하게 되므로 유역변경을 통하여 영구저류지의 개소수를 감조정하는 방안을 반드시 적용하여야 한다.
- 유역변경 면적 비율이 높은 경우에는 비록 저류지를 설치하더라도 설계빈도 이상의 홍수량을 완전하게 저감하지 못하게 되는 부분, 유출총량 증가량은 제대로 저감할 수 없는 부분, 저류지의 홍수조절률이 무리하게 크게 되는 부분 등으로 인하여 하류유역에 재해가 가중될 수 있는 점을 감안하여 유역변경 면적은 유역변경으로 증가되는 면적비율이 유역변경을 넘겨받는 유역의 원래 유역면적의 약 5～10% 이하가 되도록 제한하여야 한다.
- 한편, 유역변경후 유역을 넘겨주는 유역 1과 넘겨받는 유역 2 모두가 동일 하천으로 유입되며 유입되는 하천의 규모가 크고 하나의 동일 구간 또는 인접 구간에 유입되는 경우라면 2개 유역의 홍수수문곡선을 합성한 홍수수문곡선을 토대로 홍수증가량을 감소시키는 것을 고려하여야 한다. 따라서 이와 같은 유역 조건에서 유역 1은 유역면적이 50%에서 75%로 증가되고, 유역 2는 유역면적이 50%에서 25%로 감소한 경우 유역 1의 출구점에서는 유역면적이 25%나 증대된 부분의 전량을 감소시키는 것은 지나친 적용이므로 지양되어야 한다.
- 이와 같은 유역변경 방식은 사업지구의 배수구역이 여러 배수구역으로 나뉘어서 하류하천에 유입되고 하류하천의 외수위가 높아서 하도내 저류 방식의 저류지 계획이 곤란한 경우에도 적용하는 것도 가능할 수 있다.
- 배수구역별로 무조건 저류지를 설치하는 잘못된 관행이나 요구는 지양되어야 하며, 저류지의 개소수는 홍수저감효율 측면과 토지이용계획 합리화 측면 등에 부합하도록 적절하게 조정하는 것이 합리적인 방안이다.

다. 소규모 배수구역별 저류지 설치로 저류지 개소수가 과다한 경우 조정 방안

- 대규모 개발사업의 경우 사업지구내 소규모 배수구역별로 모두 저류지를 계획하면 저류지의 개소수가 지나치게 많은 경우가 발생하게 된다.
- 개별 소규모 배수구역별 홍수량 증가량이 사업지구내에 미치는 영향은 사업지구내 하천개수계획에서 홍수량 증가량까지 충분히 소통되도록 계획하여 제어할 수 있기 때문에 개별 소규모 배수구역별 소형 저류지 설치를 지양하고 종국적으로는 사업지구 하류부 하천에만 재해영향을 미치지 않도록 하면 되므로 적절한 위치에 소수의 대형 저류지를 계획하여 저류지 개소수를 감조정하는 것이 합리적인 방안이다.
- 개별 소규모 배수구역별로 모두 저류지를 설치하는 것이 아니라 소수의 대형 저류지를 계획하는 방식을 채택함으로써 합리적인 토지이용계획 수립, 친수공간 이용도 증대, 유지관리 용이 등이 모두 가능하도록 하여야 한다.
- 행정중심복합도시가 이와 같은 개념을 제대로 반영하지 못하여 개별 소규모 배수구역별로 저류지를 계획하여 저류지의 개소수가 과다하게 결정된 대표적인 사례이다. 또한, 이와 같은 대규모 국책사업의 경우에는 대형 저류지 계획뿐만 아니라 토지이용계획의 고도화 차원에서 저류지를 사업지구 밖에 설치하는 방안까지도 과감하게 고려할 수 있어야 한다.

라. 필요저류용량 차이를 고려한 저류지 위치 선정 방안

- 하도내 저류 방식의 저류지는 유입수문곡선 전량을 유입시켜서 조절하는 방식이므로 저감대상 유입수문곡선의 크기가 작을수록 신규 개발지구의 저감목표인 개발에 따른 첨두홍수량 증가량을 저감하기 위한 필요저류용량이 작아지게 된다.
- 저류지 설치 위치에 따라 <그림 14.12>와 같이 사업지구 본류 하류단에 설치하는 전체면적 제어방식과 지류 등에 설치하는 부분면적 제어방식으로 구분할 수 있다.
- 한편, 일부만 분기시켜서 저감시키는 형태의 부분면적 제어방식도 가능하며 이 방식은 하류하천의 외수위를 받는 조건에서 저류지의 필요저류용량을 줄이는 방안으로 적용 가능하다.

- 저류지 설치 위치에 따른 제어방식과 필요저류용량과의 관계를 정확하게 파악하고 적절한 제어방식을 채택하여야 한다.

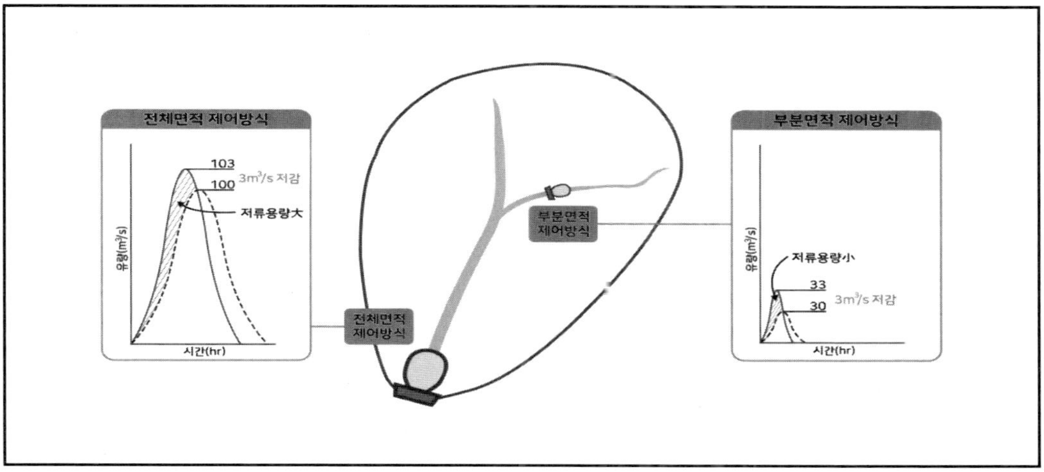

<그림 14.12> 필요저류용량 차이를 고려한 저류지 위치 선정

- 일반적으로 개발에 따른 첨두홍수량은 약 2~5 % 정도 증가하게 되므로 사업지구 하류단의 첨두홍수량이 개발전에 100 m³/s에서 3 % 증가된다고 가정하면 개발후 첨두홍수량은 103 m³/s가 된다.
- 이와 같은 조건에서 하류단 지점에 전체면적 제어방식의 저류지를 계획한다면 첨두홍수량이 103 m³/s인 규모가 큰 유입수문곡선에서 첨두홍수량이 개발전과 동일한 100 m³/s인 유출수문곡선으로 저감시키는데 필요한 저류지 규모를 저수지추적을 통하여 산정하므로 필요저류용량이 크게 산정된다.
- 반면, 개발후 첨두홍수량이 33 m³/s인 지류 지점에 부분면적 제어방식의 저류지를 계획한다면 첨두홍수량이 33 m³/s인 규모가 작은 유입수문곡선에서 개발후 하류단 지점의 첨두홍수량 증가량 3 m³/s를 감한 30 m³/s인 유출수문곡선으로 저감시키는데 필요한 저류지 규모를 산정하므로 필요저류용량이 작게 산정된다.
- 따라서 넓은 친수공간이 필요한 등의 특수한 경우가 아닌 단순 재해저감 저류지의 경우 부분면적 제어방식을 우선 채택하는 것이 유리하며, 이와 같이 산정된 필요저류용량보다 약간 여유있는 계획을 수립하여 하류부 영향검토 조건을 충분히 만족시킬 수 있도록 하여야 한다.

- 한편, 본류하천의 규모가 비교적 큰 경우 본류 하류단에 저류지를 계획한다면 저류지 규모가 매우 커지는 문제점과 아울러 상·하류 단절에 의한 환경파괴, 유사시 피해유발 정도가 큰 문제점 등을 가지고 있으므로 규모가 큰 하천의 본류 또는 지방하천 규모 이상 하천에는 재해저감 목적의 저류지를 계획하는 것을 지양하여야 한다.

마. 하류수위 영향 고려 방안

- 하류수위의 영향은 <그림 14-13>과 같이 저류지 자체 방류량에 의한 하류수로 수위상승으로 인하여 수두차가 줄어드는 하류수위 영향(tailwater effect)과 방류되는 하류하천의 수위 영향(backwater effect)을 고려하는 경우로 구분된다.
- 하류수위 영향(tailwater effect) 측면에서 살펴보면 지금까지 저류지 설계에서 대부분 하류수로의 수위상승을 고려하지 않고 저류지 수위에서 방류구까지의 수두차를 적용하여 왔다. 이와 같이 실제 수두보다 큰 수두차를 적용한 결과 방류시설의 규모를 작게 결정하게 되며 이로 인한 월류피해 발생 우려가 높으므로 개선이 필요하다.
- 하류하천의 수위 영향(backwater effect)은 제대로 하는 경우 하도내 저류방식의 저류지를 설치할 수 없게 되어 하도외 저류 방식으로 방식을 변경하거나, 위치를 변경하여야 하는 경우도 발생할 수 있으므로 하류수위 영향을 사전에 충분히 고려하여야 한다.

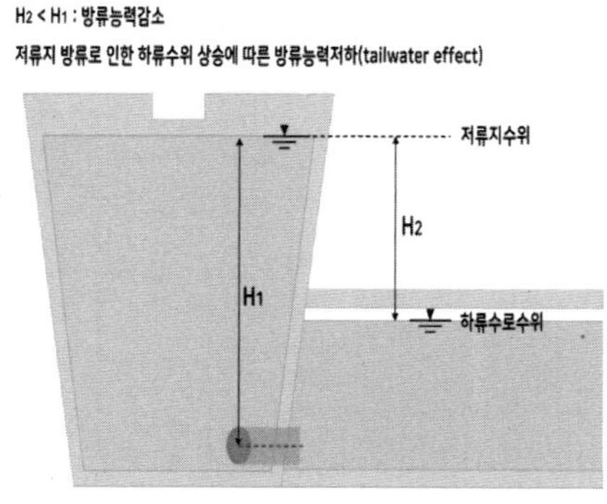

하류수위중 Tailwater 영향인 경우

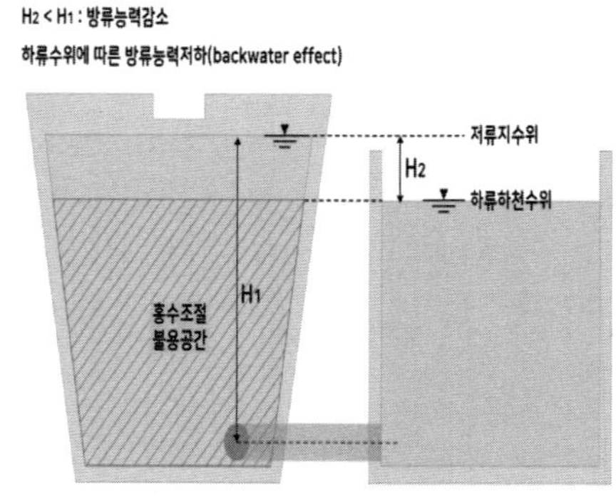

하류수위중 Backwater 영향인 경우

<그림 14.13> 하류수위 영향 고려

14.5.2 저수지추적 방법

- 저수지추적은 저수지로 유입하는 홍수수문곡선에서 저수지에서 유출되는 홍수유출수문곡선을 작성하는 절차이며, 이를 통하여 저수지의 규모를 결정하므로 저수지 제원 결정에서 가장 중요한 부분이다.
- 저수지추적을 통한 저류지 제원 결정의 주요 과정은 내용적자료를 수집하고, 방류구의 형식과 규모를 가정하고 수위-방류량 관계곡선을 작성하여 기본적인 자료를 작성한 다음, 강우지속기간별 유입수문곡선을 저수지로 유입시키고 수위-방류량 관계곡선을 적용하여 유출수문곡선을 작성하고, 이 중에서 홍수유출량 저감과 같은 저류지의 목적을 충족시키는 조건을 채택하여 저수지 제원을 결정하는 것이다.

가. 내용적자료 수집 및 수위-면적-저류량 관계곡선 작성

- 저류지 저류공간의 형상을 나타내는 내용적자료인 수위-면적-저류량 관계곡선 작성시에는 사면경사는 가급적 1:2 이상이 되도록 한다. 이와 같은 수위-면적-저류량 관계곡선은 방류구 조건과 연계하여 수위-방류량 관계곡선 작성이 활용된다.
- 깊이가 아닌 표고로 작성하여야 하며, 저수지추적에서 발산을 방지하기 위하여 예상 홍수위 표고보다 충분히 높은 표고까지 작성하여야 한다.
- 직사각형으로 간주하지 말고 지형 형상을 충분히 고려하여야 하며, 저류지 바닥이 편평한 것으로 간주하지 말고 하도가 상류에서 하류로 경사져 있는 것을 충분히 감안하여 작성하여야 한다
- 한편, 방류구 바닥표고 이하의 저류공간은 홍수조절에 사용되지 않으므로 하부굴착은 아무 의미가 없는 점을 주지하여야 한다. 왜냐하면 경관용 수심 등을 방류구 아래에 추가로 고려하여 저류용량을 증가시키더라도 저수지추적의 초기수위인 방류구 바닥표고 이하에 있는 저류용량의 증가는 저수지추적에 아무런 영향을 미치지 못하기 때문이다.

나. 수위-방류량 관계곡선 작성

- 저류지의 방류구는 수평관과 웨어 형터가 주로 사용되며, 일반적으로 수평관은 주방류구 용도로 사용되고 웨어는 비상여수로 용도로 사용되고 있다.

- 웨어는 일반 웨어공식을 사용하므로 단순하며 수평관에서도 일부 기술되고 있으므로 여기서는 별도의 기술은 하지 않고 수평관 위주로 기술한다.
- 수평관의 형상으로는 원형과 사각형이 있으며 유지관리 측면 등을 고려하여 가급적 사각형 방류구를 채택하는 것이 유리하다.
- 수평관의 수위-방류량 관계곡선은 작성법은 간략법과 정밀법이 있으며 정밀법에는 방류구가 일정길이를 가지는 방류관일 경우 암거형 방류구(culvert spillway)로 계산하고, 배수문과 같이 방류구 상·하류가 근접한 경우 오리피스(orifice)로 계산한다.
- 한편, 방류구 바닥표고는 토사의 퇴적, 평상시 유지수심 등을 고려하여 바닥에서 약 0.6 m 정도 이상 높게 위치하도록 하여야 하는 점을 수위-방류량 관계곡선 작성시 감안하여야 한다.

1) 간략법으로 자유흐름 상태의 수위-방류량 관계곡선 작성

가) 사각형 수평관

- 방류구가 높이 D인 사각형 유입구를 가진 관로 흐름의 경우 저수지수위에서 방류구 바닥까지의 수두가 1.2D 이하인 구간에서는 개수로 흐름상태이므로 웨어 공식을 적용한다.
- 이와 같은 입구부통제(inlet control)인 웨어흐름 상태에서는 한계류흐름이 입구부근에서 발생하며, 한계수심은 저수지수위의 2/3인 관계를 가지는 점을 고려한 결과에서 유량계수를 1.7로 유도하여 웨어 공식을 결정하였으므로 계산에서는 한계수심 대신 저수지수위를 적용하게 된다.
- 한편, 사각형 방류구에서 한계수심은 저수지수위의 2/3인 관계에서 만관흐름은 1.5D에서 발생하게 됨을 알 수 있다.
- 저수지수위에서 오리피스 바닥까지의 수두가 1.8D 이상인 구간에서는 오리피스 공식을 적용하고 1.2D～1.8D 구간에서는 맥동류(pulsating flow)가 발생하여 만관흐름으로 안정될 때까지는 정의하기 곤란하므로 웨어흐름과 오리피스흐름을 선형보간한다.

$$Q = C_w L_w H_w^{3/2} \qquad : \text{웨어 공식}$$

$$Q = C_o A_o \sqrt{2gH_o} \qquad : \text{오리피스 공식}$$

여기서 Q : 방류량(m^3/s)

C_w : 웨어 유량계수(1.7)

L_w : 웨어길이로 사각형 방류구의 폭(m)

H_w : 저수지수위에서 유입구 바닥까지의 수두(m)

C_o : 오리피스 유량계수(0.6)

A_o : 오리피스 단면적으로 방류구 단면적(m^2)

g : 중력가속도(9.8 m/s^2)

H_o : 저수지수위에서 유입구 중심(0.6D)까지의 수두(m)

나) 원형 수평관

- 원형 방류구의 경우 사각형 방류구와 방법은 기본적으로 동일하나 원형은 사각형과는 달리 단면형상 때문에 저수지수위에서 방류구 바닥까지의 수두가 1.2D 이하인 구간에는 개수로 흐름상태의 웨어 공식 적용시 저수지수위와 한계수심과의 관계 설정이 복잡하게 된다.
- 입구부통제(inlet control)인 웨어흐름 상태에서는 한계류흐름이 입구부근에서 발생하며 원형 방류구의 웨어흐름의 방류량은 다음과 같이 산정한다.

$$Q = K_c D_c^{5/2}$$

$$D_c = c H_w$$

$$\begin{aligned} c = {} & 0.7507282023 - 0.03739026079 \cdot (H_w/D) + 0.00378657524 \cdot (H_w/D)^2 \\ & - 0.0007707392989 \cdot (H_w/D)^3 - 0.04344649256 \cdot (H_w/D)^4 \\ & + 0.01536866645 \cdot (H_w/D)^5 \end{aligned}$$

$$K_c = 3.009110895 \cdot (D_c/D)^{-0.5406085423} \quad , \; D_c/D \le 0.85$$

$$\begin{aligned} K_c = {} & 3034666.485 - 20080746.26 \cdot (D_c/D) \quad , \; D_c/D > 0.85 \\ & + 55344050.33 \cdot (D_c/D)^2 - 81319639.66 \cdot (D_c/D)^3 \\ & + 67186068.8 \cdot (D_c/D)^4 - 29593816.23 \cdot (D_c/D)^5 \\ & + 5429422.794 \cdot (D_c/D)^6 \end{aligned}$$

여기서 D_c는 한계수심(m), c는 저수지수위에서 유입구 바닥까지의 수두(H_w) 및 직경(D)을 이용하여 한계수심(D_c)을 산정하는데 필요한 계수, K_c는 한계수심(D_c)과 직경(D)을 이용하여 방류량 $Q(m^3/s)$를 산정하는데 필요한 계수이다.

2) 간략법 적용시 하류수위 영향을 고려한 수위-방류량 관계곡선의 조정

- 방류구에 의한 방류시 수평관은 하류수위에 의한 배수위(backwater) 영향을 받게 되며 웨어는 잠류(submergence) 형태의 영향을 받게 된다.
- 모형을 이용하는 정밀법의 경우 모형내에서 이와 같은 영향을 모두 고려하기 때문에 간단하게 적용하면 되는 반면 간략법의 경우에는 별도로 고려하여야 한다.
- 한편, 하류수위 영향 고려시에는 시행착오법을 복잡하게 적용하여야 하므로 모든 강우지속기간에 대하여 적용하기가 어렵기 때문에 하류수위 영향을 고려하지 않은 상태에서 채택된 임계지속기간에 대하여만 적용하도록 제한하여야 한다.
- 본류에 저류지를 설치하는 경우 하류유량은 저류지 방류량이며 하류수위는 자체 방류량에 따라 변화하게 되며 수위-방류량 관계곡선의 조정 절차는 다음과 같다.
  - 일정간격의 유량에 대한 하류수위를 HEC-RAS 모형 등으로 산정하여 수위-유량관계곡선(rating curve)을 작성한다.
  - 방류구 유출구가 잠류되지 않았다고 가정하고 저수지수위에서 유출구 중심(0.6D)까지의 수두(m)를 이용하여 1차 방류량을 산정한다.
  - 1차 방류량으로 1차 하류수위를 산정하여 하류수위가 방류구 유출구 상단보다 위에 위치하는 것으로 나타나면 1차 방류량은 실제보다 과다 산정된 경우이므로 수두를 저수지수위에서 1차 하류수위까지의 수두(m)로 조정하여 2차 방류량을 산정한다.
  - 2차 방류량으로 2차 하류수위를 산정하여 2차 하류수위가 1차 하류수위보다 낮게 산정되면 2차 방류량은 실제보다 과소 산정된 경우이므로 수두를 저수지수위에서 2차 하류수위까지의 수두(m)로 조정하여 3차 방류량을 산정한다.
  - 이와 같은 방식으로 가정한 하류수위와 계산된 하류수위가 일치할 때까지 시행착오방법을 적용하여 저류지 수위별로 방류량을 산정한다.

- 지류에 저류지를 설치하는 경우 하류유량은 본류유량이며 하류수위는 본류유량에 따라 변화하게 되며 수위-방류량 관계곡선의 직접 조정은 곤란하므로 적절한 모형을 채택하고 여기에 주요 인자를 입력하여 저수지추적을 실시하는 방법을 적용하여야 하며 그 절차는 다음과 같다.
  - 일정간격의 유량에 대한 하류수위를 HEC-RAS 모형 등으로 산정하여 수위-유량관계곡선(rating curve)을 작성한다.
  - 저류지 직하류부의 홍수수문곡선을 수위-유량관계곡선에 적용하여 외수위 수문곡선을 작성한다. 여기서 HEC-RAS 모형과 같은 부등류 모형의 적용에서는 일반적으로 홍수량 산정 구간별 홍수량을 동일하게 적용하므로 직하류부 홍수량 산정지점의 홍수량 산정 결과를 이용하거나 직접 산정하여 적용하여야 한다.
  - 저류지 유입수문곡선을 작성하고 수위-저류량 관계곡선 및 방류구 제원 등을 결정한다.
  - 외수위를 적용하는 방법에는 ① 저류지 유입수문곡선과 외수위 수문곡선의 조합은 계산된 그대로 적용하는 방법, ② 유입수문곡선의 첨두와 외수위 수문곡선의 첨두 발생시각을 일치시키는 방법, ③ 외수위의 첨두위치를 이동시켜 가면서 저수지추적을 실시하여 첨두홍수위가 가장 높게 산정되는 조합을 채택하는 방법, ④ 외수위를 첨두외수위 하나로 고정하여 적용하는 방법 등 4가지 방법이 있다.
  - 이와 같은 외수위 조건은 ①, ②, ③, ④ 순서로 저류지의 규모가 증대되는 조건이며, 외수위가 미치는 영향이 매우 크기 때문에 사업지구의 특성에 맞는 조건을 채택하는 것이 중요하다.

3) 정밀법에 의한 수위-방류량 관계곡선 작성

- 일반적으로 방류구는 일정 길이를 가지는 일종의 암거형 방류구(culvert spillway)가 대부분이므로 정밀법에서는 암거형 여수로의 수위-방류량 관계곡선의 작성 방법을 적용하여야 한다.
- 암거형 여수로의 경우 지배단면 위치, 흐름상태, 방류구 경사, 상하류 수위 등에 따라 대략 6개의 흐름특성으로 구분되며 기존 모형인 CAP(culvert analysis program, USGS) 등을 이용하는 것이 편리하다.

- 지배단면 위치에 따른 구분에서 입구부통제(inlet control)는 사류흐름 상태로서 저수위는 방류구의 경사, 조도 및 길이에는 관계없이 방류량과 방류구의 크기에 의해 결정되며, 출구부통제(outlet control)는 상류흐름 상태로서 방류량과 방류구의 크기뿐만 아니라 경사, 조도, 길이 등에 의해 결정된다.
- 한편, 방류구가 배수문과 같이 상·하류가 근접한 경우에는 오리피스로 간주할 수 있으며, 내외 수위차에 따라 오리피스, 수중오리피스, 수중웨어, 한계류 흐름 등으로 구분하여 계산한다.

4) 모형내에서 하류영향까지 고려한 수위-유량 관계곡선 작성

- 모형내에서 하류영향까지 고려하여 수위-유량 관계곡선을 작성하고 이를 이용하여 바로 저수지추적을 실시하는 방법이 가장 편리한 방법이다.
- 따라서 모형내에서 자동 처리하는 방법이나 정밀법에 의한 직접 작성하는 방법 중에서 채택하면 무난하다.

14.5.3 저류지 제원 결정

가. 종단 및 내용적 설정

- 하류하천의 외수위, 하류수로 또는 하류관거의 하류하천 접합부 하단고, 하류수로 또는 하류관거 종단, 방류구하류단 하단고, 방류구상류단 하단고, 저류지 바닥 종단 또는 저수로 바닥 종단, 저류지로의 유입구 하단고 등의 연결을 검토하여 초기 종단을 설정한다.
- 방류구상류단 하단고는 하류수로 또는 하류관로와의 표고 연결을 고려하여 설정 가능한 최저 하단고를 제약조건으로 고려하여 결정하게 되며, 방류구상류단 하단고는 저류지바닥고 결정 등의 기준이 되는 중요한 표고이므로 제반 여건을 고려하여 신중하게 결정하여야 한다.
- 한편, 일정 상시수심의 유지가 필요한 경우에는 방류구상류단 하단고는 제약조건인 설정 가능한 최저 하단고보다 상부에 위치시키는 것도 가능하다.
- 저류지로의 유입구 수위가 저류지추적의 초기저수위의 영향을 받는 경우에는 유입구 단면 및 하단고의 조정을 고려하여야 한다.

- 저수로를 설치하는 경우 저수로의 깊이와 폭을 설정하여야 하며, 저수로하류단 바닥고는 방류구상류단 하단고와 일치시키는 것이 일반적이다.
- 이에 따라 많은 면적이 내용적 산정에 활용되는 표고는 저수로의 깊이를 제외한 저수로하류단 상단고 이상으로 결정되므로 저수로의 깊이에 따라 내용적의 감소가 많이 발생할 수 있는 점을 저수로의 깊이 결정시 신중하게 고려하여야 한다.
- 초기 저류지 지표면 면적을 설정하고 이 면적을 토대로 초기 종단검토를 통하여 결정된 바닥고까지 사면경사 1:2 이상 기준을 고려하여 사면을 조성하는 것을 가정하여 초기 내용적을 설정한다. 여기서 바닥고는 토사퇴적 등을 고려하여 방류구상류단 하단고보다 약 0.6 m 이상 낮게 설정한다.
- 내용적 설정시 저류지 바닥이 경사진 경우 바닥경사를 제대로 반영하여야 하고 사각형이 아닌 지표면 면적의 형태도 제대로 반영하여야 하며, 깊이가 아닌 표고 기준으로 작성하여야 한다.
- 종단의 적정성은 향후에도 추가적인 검토가 필요하게 되며, 내용적은 저수지추적을 실시한 후 홍수조절용량의 과부족에 따라 증감시켜서 대응하여야 한다.
- 한편, 하도내 저류 방식의 영구저류지의 경우 방류구상류단 하단고 이하의 저류공간은 홍수조절에 사용되지 못하며, 이에 따라 경관용으로 수심을 추가하는 하부굴착을 통한 용량증대는 홍수조절용량 증대 측면에서는 효과가 없게 된다.

나. 주방류구, 비상여수로 및 여유고 설정

- 하도내 저류 방식의 저류지 주방류구는 설계빈도에 해당하는 홍수유출량을 저감하여 방류하기 위한 시설이며, 홍수유출량 증가량을 저감하여야 하는 재해영향평가의 목적 달성을 위해서는 주방류구의 규모를 일반적인 치수계획과는 달리 마음대로 충분하게 크게 하지 못하고 유입구보다 오히려 축소하여야 하는 점을 고려하여 규모를 결정하여야 한다.
- 주방류구의 막힘 현상이 우려되는 경우에는 막힘 방지시설을 계획하여야 하며, 주방류구 최대유속의 설계허용유속 초과 여부를 검토하고 초과하는 경우에는 완화조치 및 감세공 설치 등을 고려하여야 한다.

- 설계빈도 이상의 유사시 충분한 방류를 위한 비상여수로 추가 설치가 필수적이며 치수안전성 확보 측면에서 비상여수로 계획이 매우 중요하다.
- 비상여수로 계획과 관련하여 재해영향평가의 영구저류지의 경우 제체의 형식에 따라 별도의 제체가 없는 굴입 저수지형과 제체가 있는 형태인 일반 저수지형으로 대별할 수 있다. 일반적으로 종단경사와 수심이 작으면서 하류부가 관로로 연결되는 경우에는 굴입 저수지형으로 조성되는 반면 종단경사와 수심이 크면서 하류부가 개거로 연결되는 경우에는 일반 저수지형으로 조성되는 경향이다.
- 비상여수로의 형태는 굴입 저수지형의 경우 주방류구 상부에 비상여수로 역할을 하는 방류관을 추가하고 이들 방류량을 하류 집수정에서 합류시키는 방식을 주로 적용하며, 일반 저수지형의 경우 월류형 여수로 또는 나팔형 여수로 방식을 주로 적용하고 있다.
- 지금까지 지침에서는 일반 저수지형을 전제로 월류형 여수로를 추가하는 방법 위주로만 기술된 바 있으나 실제 적용에서는 굴입 저수지형 저류지를 대상으로 주방류구 상부에 비상여수로 역할을 하는 방류관을 추가하는 방식이 많이 적용되고 있는 실정이다.
- 비상여수로의 방류가 발생하는 표고는 재해영향평가의 경우 홍수유출량 증가량 저감이라는 목적을 준수하기 위하여 일반적으로 저류지 설계빈도의 최고수위인 계획홍수위로 결정하며, 저수지추적을 실시하여 산정된 이상홍수위가 이상홍수위 여유고 기준을 충족시키도록 계획한다.
- 치수안전성을 확보하는 것을 목적으로 하는 비상여수로의 방류능력은 재해영향평가 저류지의 경우 설계빈도가 일반적으로 50년빈도로 상대적으로 낮고, 주방류구의 규모가 작아서 막힘 현상 발생할 수 있는 경우도 많은 점 등을 감안하여 충분한 규모가 확보되도록 하여야 한다.
- 주방류구의 막힘 현상이 우려되는 경우에는 비상여수로의 규모를 계획홍수량 전량을 충분히 방류할 수 있는 규모로 계획하여야 하며 또한, 월류에 대한 대비가 필요한 경우 제체의 피복공 시공도 고려하여야 한다.
- 월류형 여수로의 경우 필요한 웨어길이나 월류수두, 월류수두 상부의 여유고 등의 적정성을 고려하여야 하며, 시공이나 운영상의 웨어 최소길이를 추가로 고려하여야 하며, 다양한 홍수량 조건에 대응하는 것이 필요한 경우 웨어형상을 단단면이 아닌 복단면 형태도 고려하여야 한다.

- 여유고는 굴입 저수지형 저류지의 경우에는 계획홍수위에서 0.6 m 이상 확보되도록 하고 추가적으로 비상여수로 계획시 산정되는 이상홍수위에서 0.3 m 이상 확보되도록 고려하여야 하며, 홍수위의 급격한 상승이 예상되는 경우에는 여유고를 보다 충분하게 확보하여야 한다.
- 반면, 일반 저수지형과 같이 제체가 형성되는 저류지의 경우 굴입 저수지형과는 달리 제체 파괴시 막대한 피해가 발생할 수 있으므로 여유고 기준을 보다 높은 댐 관련 설계기준을 준용하여야 한다.
- 재해영향평가의 경우 비상여수로에서 방류되는 홍수량을 하류수로 또는 하류관거로 접합시키는 부분을 구체적으로 제시하여야 하며, 접합부 이후의 하류수로 또는 하류관거는 홍수유출량 증가량을 저감하기 위하여 불가피하게 축소시킨 방류부 규모 제약에서 탈피하여 최소한 저류지로의 유입구 통수능력의 동등 이상이 되도록 계획하고 비상여수로의 월류량도 고려한 단면으로 결정하여야 한다.
- 일반 저수지형 저류지에 월류형 여수로를 설치하는 경우 급경사수로에 대한 단면 결정 내용도 제시하여야 하며 하류단에는 감세공 또는 바닥다짐공을 설치하여 세굴에 대한 대책을 수립하여야 한다.

다. 저수지추적을 통한 제원 결정

1) 저수지추적

- 하도내 저류 방식 영구저류지 관련 각종 제원으로는 내용적, 상·하류 종단, 주방류구, 비상여수로 등이 있으며, 각종 조건으로는 하류수위 영향 고려 등이 있다.
- 저수지추적은 저수지로 유입하는 홍수수문곡선에서 저수지에서 유출되는 홍수유출수문곡선을 산정하는 절차이며, 각종 제원 및 조건을 적용하여 저수지추적을 실시한 후 최적 조합으로 영구저류지의 규모를 결정하는데 사용된다.
- 설계빈도의 저류지 유입홍수수문곡선, 수위-저류량 관계곡선, 주방류구 제원, 초기 저수위, 하류수위 영향이 있는 경우 외수위수문곡선 등의 주요 입력인자를 채택한 모형에 적용하고, 일단 우수관거의 제약이 없는 자유흐름(free flow) 조건으로 강우지속기간별 저수지추적을 실시한다.

- 강우지속기간별 저수지추적 결과에서 저류용량(첨두저수위, 첨두방류량)이 최대가 되는 임계지속기간 기준을 적용하여 초기 저류지 제원을 결정한 다음 최적조합을 찾아가는 과정을 통하여 최종 제원을 결정한다. 한편, 여기서 저류용량 최대기준의 임계지속기간 결정 내용을 상세하게 기술하여야 한다.
- 저류지 규모 결정의 가장 중요한 과정인 저수지추적 결과를 <그림 14.14>와 같이 제시한 후 다음 항목을 면밀히 검토하여야 한다.

① 저수지 추적 결과에서 먼저 유입수문곡선과 방류수문곡선의 형상이 자연스러운지, 차이가 적절한지 등을 검토하여야 한다.

② 저수지 수면을 수평으로 가정할 수 있는 저수지(level pool)의 비조절형 방류구를 통한 방류수문곡선의 첨두방류량은 유입수문곡선의 감수곡선상에 위치하는 지를 검토하여야 한다.

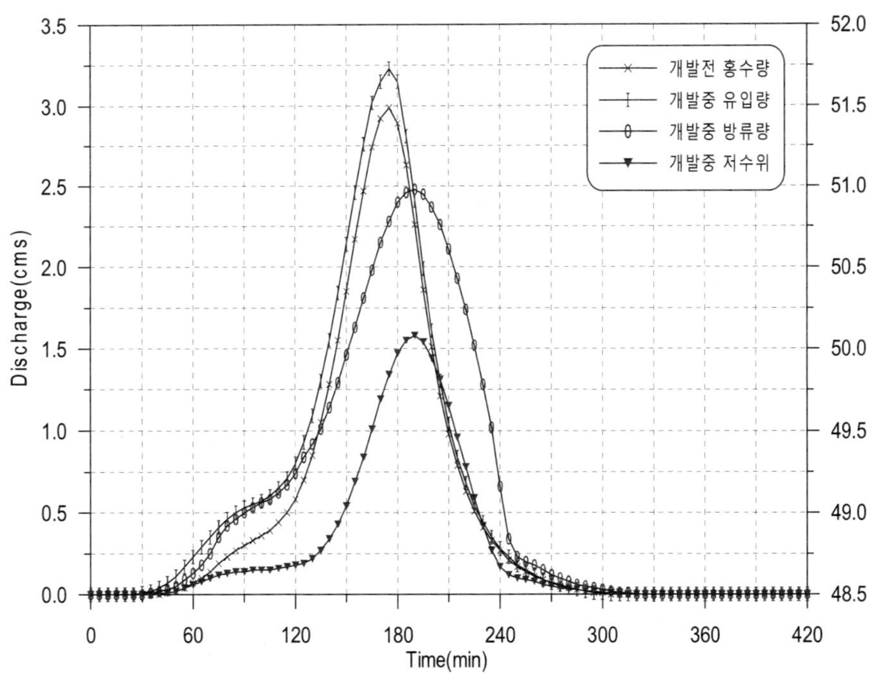

<그림 14.14> 하도내 저류(on-line) 방식 저류지 저수지추적 결과 검토

③ 첨두방류량과 첨두저수위의 발생시점은 동일한지를 검토하고, 첨두방류량 발생이전 유입량과 방류량의 총량 차이와 첨두방류량 발생이후 방류량과 유입량의 총량 차이가 동일하여야 하므로 이를 나타내고 있는 면적이 동일한지 여부를 검토하여야 한다.

④ 저수지추적의 초기저수위는 수평관의 하단고(연직관의 경우 상단고) 등으로 결정하게 되므로 저수지추적 초기부터 유입량이 발생하면 방류량이 발생되어야 한다. 따라서 방류량이 일정시간이 경과된 이후에 발생하는 것은 방류관 아래에서 저류가 되는 것이기 때문에 초기저수위를 제대로 설정하는 조정을 검토하여야 한다.

⑤ 하류수위의 영향을 고려하여야 하는 하류하천의 계획홍수위가 존재하는 경우 하류하천의 계획홍수위 이하의 저류공간은 홍수조절용량에 사용될 수 없는 저류공간이 되는 점이 초기저수위 결정에서 반영되었는지를 검토하여야 한다.

- 한편, 저수지추적의 계산시간간격도 수문곡선의 형상에 미치는 영향이 크므로 수문곡선의 형상에서 계산시간 간격이 적절한지 여부를 검토하여야 한다. 특히, 자주 발생되는 현상인 수문곡선 상승부에서 방류량이 유입량보다 커졌다가 작아졌다가 하는 형태로 진동하는 경우에는 계산시간 간격 축소 등의 대책을 강구하여 이러한 현상을 방지하여야 한다.

2) 연속 재현기간기준 및 저감효과를 고려한 조정

- 최적설계를 위해서는 설계빈도인 50년빈도 뿐만 아니라 설계빈도 이하 및 이상의 빈도에 대해서도 분석하여야 하며, 이와 같이 설계빈도는 물론 이하 빈도에 대해서도 모두 저감효과가 만족되도록 하는 연속 재현기간기준(continuous recurrence interval criterion)을 최대한 고려하여야 한다.
- 일반적으로 홍수유출 저감의 설계빈도 이외의 빈도에서 저감효과를 완벽하게 만족시키기 곤란한 경우가 많으므로 이와 같은 문제를 최소화하여야 하며, 연속 재현기간기준은 50년빈도 홍수량은 55에서 50으로 저감하지만 30년빈도 홍수량을 33에서 30으로 저감하지 못하는 경우가 발생하면 이를 해결하도록 최대한 노력한다는 개념이다.

- 연속 재현기간기준을 적용한 방류시설 최적설계 과정을 통하여 방류구의 개소수, 규모 및 모양, 높이 등의 최적 조합이 결정되게 되며, 이 과정을 생략하고 설계빈도에만 적합한 방류구를 설계할 경우 다른 조건에서 적절하지 못한 결과를 야기하게 되므로 최적설계 과정을 최대한 제대로 수행하여야 한다.
- 한편, 하류 하천 및 우수관거 등과 같은 하류 배수시설의 설계빈도가 홍수유출 저감의 설계빈도보다 낮은 경우에는 하류 배수시설의 설계빈도에서도 저감효과가 이루어지도록 계획하여야 한다. 이는 하류측 설계빈도에서도 증가량이 제대로 저감이 되어야 하는 내용이지 하류측 설계빈도 이하는 저감없이 방류하여도 된다는 우수유출저감시설 부문의 방식은 적용 불가함에 유의하여야 한다.
- 우수관거의 설계빈도가 저류지의 설계빈도 보다 낮은 경우에는 자유흐름(free flow) 조건 뿐만아니라 제약흐름(constrained flow) 조건을 추가로 분석한 다음 최적설계 및 향후 실제 운영과 관련된 검토를 수행하고 필요시 제원을 조정하여야 한다.

• 연속 재현기간기준 검토시 임계지속기간까지 고려하기는 곤란하기 때문에 이전 단계에서 결정된 임계지속기간에 대하여만 검토하여도 무방하다.

• 한편, 방재성능목표강우량에 대한 저수지추적 결과를 추가적으로 제시하고 방재성능목표강우량이 설계빈도를 초과하는 경우에는 여유고를 일부 활용하여 충분히 처리 가능함을 제시하여야 한다.

• 저감효과는 하류로 내려가면서 일부 줄어드는 경향을 나타내므로 저감효과의 검토는 영구저류지 위치에서도 검토하고, 일정구간 하류부에서의 검토를 통하여 최종 저감효과가 완벽한 것을 확인하여야 한다.

• 홍수유출량 증가량 저감 항목의 평가대상지역 설정에서 하류유역이 설정되지 않은 경우에는 사업지구 하류단에서 저감효과를 증명하는 반면, 하류유역이 설정된 경우에는 하류유역 말단부에서 저감효과를 증명하여야 한다.

• 저감효과 검토는 설계빈도는 물론 설계빈도보다 낮은 30년빈도, 20년빈도, 10년빈도 등에 대하여도 저감효과가 모두 만족되도록 하는 조건인 연속 재현기간기준을 최대한 고려하여야 하며 필요시 제원을 조정하여야 한다.

라. 하도내 저류 방식 저류지 제원 결정

- 상기와 같은 과정을 통하여 결정된 하도내 저류 방식의 저류지 제원을 정리하는 양식을 예를 들면 <표 14.15>와 같다.

<표 14.15> 하도내 저류 방식의 저류지 제원 결정 양식

구 분		저류지		비 고
		A	B	
침사부	침사부 상단고(EL. m)			방류구상류단 하단고 등에 따라 결정
	침사부 바닥고(EL. m)			침사부 상단고에서 0.6m 이상 하부에 침사용량을 고려한 결정
	침사부 면적(m²)			침사부 상단고의 표면적
	침사부 용량(m³)			침사부 상단고-침사부 바닥고 구간 저류용량
저수로	저수로하류단 하단고(EL. m)			방류구상류단 하단고 등에 따라 결정, 침사부 상단고와 동일
	저수로상류단 하단고(EL. m)			
	저수로 깊이(m)			
	저수로 하단폭(m)			
	저수로 상단폭(m)			
	저수로 길이(m)			
	저수로 평균경사(무차원)			
	저수로하류단 상단고(EL. m)			저류부 하단고와 동일
저류부	저류부 하단고(EL.m)			방류구상류단 하단고등에 따라 결정, 침사부 상단고, 저수로하단고등과 동일
	상시수위(EL.m)			별도로 설정하는 경우만 해당
	- 상시수심(m)			상시수위-침사부 바닥고
	- 상시저류용량(m³)			상시수위-침사부 바닥고 구간 저류용량
	계획홍수위(EL. m)			설계빈도(통상 50년빈도)
	- 홍수조절수심(m)			계획홍수위-방류구상류단 하단고(또는 상시수위)
	- 홍수조절용량(m³)			계획홍수위-방류구상류단 하단고(또는 상시수위) 구간 저류용량
	이상홍수위(EL. m)			설계빈도 이상(통상 100년빈도)
	계획홍수위 기준 여유고(m)			제방마루고-계획홍수위
	이상홍수위 기준 여유고(m)			제방마루고-이상홍수위
	제방마루고(EL. m)			
	총깊이(m)			제방마루고-침사부바닥고
	총저류용량(m³)			제방마루고-침사부 바닥고 구간 저류용량
	저류지 수면적(m²)			수면적에 국한
	제방폭(m)			제방 있는 경우
	저류지 총면적(m²)			제방폭면적 등 포함
	제방사면경사(수직:수평)			

<표 14.15> 하도내 저류 방식의 저류지 제원 결정 양식(계속)

구 분		저류지 A	저류지 B	비 고
주방류구	D(mm)×련			원형관
	B(m)×H(m)×련			사각형관
	방류구상류단 하단고(EL. m)			
	방류구하류단 하단고(EL. m)			
	길이(m)			
	경사(무차원)			
	첨두방류량(m^3/s)			설계빈도
	최대방류유속(m/s)			
	첨두방류량의 수위(EL .m)			하류수로 또는 하류관거
	하류하천 계획홍수위(EL .m)			
관로형비상여수로	관로 마루고(EL. m)			계획홍수위와 동일
	D(mm)×련			원형관
	B(m)×H(m)×련			사각형관
	월류량(m^3/s)			이상홍수위 기준
	이상홍수위(EL. m)			설계빈도 이상(통상 100년빈도)
	여유고(m)			이상홍수위 기준
웨어형비상여수로	웨어 마루고(EL. m)			계획홍수위와 동일
	웨어 길이(m)			
	월류수두(m)			이상홍수위 기준
	월류량(m^3/s)			이상홍수위 기준
	이상홍수위(EL. m)			설계빈도 이상(통상 100년빈도)
	여유고(m)			이상홍수위 기준
방류능력	주방류구 최대방류량(m^3/s)			이상홍수위 기준
	비상여수로 최대방류량(m^3/s)			이상홍수위 기준
	총방류능력(m^3/s)			이상홍수위 기준

주) 여기서 이상홍수위는 일반적인 경우와 같이 가능최대홍수량에 대한 첨두홍수위가 아니라 계획빈도(통상 50년빈도)를 초과하는 빈도(통상 100년빈도)에 대한 첨두홍수위를 의미

마. 하도내 저류 방식의 저류지 제원 검토를 통한 적정성 확보

- 하도내 저류 방식의 저류지 제원을 토대로 종단 검토, 용량배분 및 하류수위 영향 검토, 방류부 및 비상여수로 검토, 연속 재현기간 기준 고려 및 저감효과 검토 등을 실시하여야 한다.
- 검토 결과에서 보완이 필요한 부분은 제원을 조정하는 조치를 강구하여 최종 결정되는 제원의 적정성이 확보되도록 하여야 한다.

1) 종단 검토

- 하류하천 외수위, 하류하천 접합부 하단고, 하류수로 또는 하류관거 종단, 방류구하류단 하단고, 방류구상류단 하단고, 저류지 바닥 종단, 저류지로의 유입구 하단고 등과 같은 전반적인 종단의 적정성을 검토한다.
- 하류수로 또는 하류관거의 표고, 하류하천의 계획홍수위 등을 고려하여 결정되는 방류구상류단 하단고의 적정성을 검토한다.
- 저류지로의 유입구 수위가 저류지추적의 초기저수위의 영향을 받는 경우에는 유입구 단면 및 하단고의 적정성을 검토한다.
- 저수로하류단 바닥고는 방류구상류단 하단고와 일치시켜서 결정하였는지와 저수로 단면 고려로 내용적이 줄어드는 부분 반영의 적정성을 검토한다.

2) 용량배분 및 하류수위 영향 검토

- 침사부, 저수로, 저류부 등의 중요한 수위가 표고별로 순차적으로 기술되었는지와 용량배분에서 할당된 깊이인 홍수조절수심, 여유고, 총깊이 등의 적정성을 검토한다.
- 저류지의 방류구하류단 하단고의 하류수로 또는 하류하천과의 표고 연결의 적정성을 검토한다.
- 저류지 바닥고, 방류구상류단 하단고, 계획홍수위, 이상홍수위, 제방마루고 등의 저류지 내부의 표고와 방류구하류단 하단고, 하류수로 또는 하류관거 하단고, 계획홍수위 방류시 하류수위, 이상홍수위 방류시 하류수위, 하류수로 제방고, 하류하천의 계획홍수위 등을 도시하고 적정성을 검토한다.
- 저류지 설계빈도의 첨두방류량 방류시 하류수로의 수위 상승으로 인한 잠류영향 또는 하류하천의 계획홍수위로 인한 배수영향 등의 유무를 고려하였는지, 하류수위 영향이 저수지추적에서 반영되었는지 등을 검토한다.

- 저류지 방류구상류단 하단고 이하는 홍수조절에 사용되지 못하는 점이 고려되었는지 여부와 유입량이 발생하는 즉시 방류량이 발생하지 않는 경우에는 초기저수위를 방류구상류단 하단고로 조정하는 등의 변경을 검토한다.
- 하류하천의 계획홍수위 이하는 홍수조절용량으로 사용되지 못하는 점과 이 경우 초기저수위를 계획홍수위 이상으로 설정하여야 하는 점을 검토한다. 또한, 이와 같이 잘못 적용한 경우에는 재해유발시설이 될 수 있으므로 전면 재검토 또는 저류지 위치를 상류로 옮기는 방안 등을 검토한다.

3) 방류부 및 비상여수로 검토

- 주방류구 최대유속이 설계허용유속 상한보다 큰 경우 유속 완화 조치, 감세공 설치 등의 적정성을 검토한다.
- 주방류구 입구의 막힘 현상이 발생이 우려되는 경우 방지대책을 수립하였는지와 비상여수로의 규모를 충분히 여유있게 고려하였는지 등을 검토한다.
- 비상여수로의 형태는 굴입 저수지형의 경우 주방류구 상부에 비상여수로 역할을 하는 방류관을 추가하고 이들 방류량을 하류 집수정에서 합류시키는 방식을 주로 적용하며, 일반 저수지형의 경우 월류형 여수로 또는 나팔형 여수로 방식을 주로 적용하는 등의 내용을 토대로 비상여수로 형태 선정의 적정성을 검토한다.
- 비상여수로 마루고는 일반적으로 영구저류지 설계빈도의 최고수위인 계획홍수위로 결정하는 기준 적용 등의 적정성을 검토한다.
- 월류형 여수로 적용시 필요한 웨어길이나 월류수두, 월류수두 상부의 여유고 등의 적정성, 시공이나 운영상의 웨어 최소길이 등을 고려하였는지 검토한다.
- 다양한 홍수량 조건을 감안하는 것이 필요한 경우 웨어형상을 단단면이 아닌 복단면 형태도 고려하였는지 검토한다.
- 월류가 발생할 것으로 예상되는 경우 만일의 사태에 대비하여 제체에 피복공을 시공하는 방안을 추가로 강구하였는지 검토한다.
- 여유고는 굴입 저수지형 저류지의 경우에는 계획홍수위에서 0.6 m 이상 확보하고, 이상홍수위에서 0.3 m 이상 확보되도록 고려하였는지와 홍수위의 급격한 상승이 예상되는 경우에는 여유고를 보다 충분하게 확보하는 방안을 적용하였는지 검토한다.

- 일반 저수지형과 같이 제체가 형성되는 저류지의 경우 굴입 저수지형과는 달리 제체 파괴시 막대한 피해가 발생할 수 있으므로 여유고 기준을 보다 높은 댐 관련 설계기준을 준용하였는지 검토한다.
- 비상여수로에서 방류되는 홍수량을 하류수로 또는 하류관거로 접합시키는 부분을 구체적으로 제시하여야 하며, 접합부 이후의 하류수로 또는 하류관거는 홍수유출량 증가량을 저감하기 위하여 불가피하게 축소시킨 방류부 규모 제약에서 탈피하여 최소한 영구저류지로의 유입구 통수능력의 동등 이상이 되도록 하고 비상여수로의 월류량도 고려하였는지 검토한다.
- 일반 저수지형 저류지에 월류형 여수로를 설치하는 경우 급경사 수로에 대한 단면 결정 내용도 제시하였는지 검토한다.
- 월류형 여수로 하류단에는 감세공 또는 바닥다짐공을 설치하여 세굴에 대한 대책을 수립하였는지 검토한다.
- 하도내 저류 방식 저류지의 경우 하천도 저류지의 일부로 사용하게 되므로 저류지 소요면적 산정시 하천을 포함한 경우와 제외한 경우로 구분하여 제시하였는지와 저류지 둑마루폭의 면적을 포함하였는지 등을 검토한다.

4) 연속 재현기간기준 고려 및 저감효과 검토

- 연속 재현기간기준을 적용하기 위한 과정과 결과의 적정성을 검토한다.
- 저감효과 검토 지점을 사업지구 하류단 또는 하류유역 말단부 중에서 적절하게 선정하였는지 검토한다.
- 개발후 재현기간별 영구저류지 지점의 첨두유입량과 첨두방류량, 하류부 저감효과 검토지점의 첨두홍수량을 산정하고 이를 토대로 영구저류지 지점의 첨두방류량이 개발전 첨두홍수량 이하로 저감됨과 하류부 저감효과 검토지점의 개발후 첨두홍수량이 개발전 첨두홍수량 이하로 저감됨을 제시하였는지 검토한다.

5) 기타 검토

- 저류지 면적의 사업지구 개발면적 대비 비율은 일반적인 경우 약 2% 정도인 점을 고려하여 적정한지 검토한다.
- 제방 사면경사는 기준(1:2 이상)을 고려하였는지 여부와 사면경사가 급한 경우에는 현장 여건을 추가로 기술하였는지 검토한다.

14.6 신규 개발지구 하도외 저류(off-line) 방식 저류지 제원 결정

14.6.1 신규 개발지구 하도외 저류지 방식 추가 고려사항

하도외 저류지 방식의 경우 일반적인 내용은 하도내 저류지 방식을 상당히 많이 준용하므로 별도로 해당되는 부분을 위주로 추가 기술하였다.

가. 저류지 위치

- 하도외 저류 방식 저류지의 경우 하천의 외수위가 높아서 하도내 저류 방식의 경우 소요면적이 지나치게 크게 산정되어 적용이 불가능한 경우, 급경사지의 제체 안정이 우려되는 경우 등에 국한하여 적용하는 것이 원칙이다.
- 이에 따라 일반적으로 강변저류지의 형태가 되므로 하도외 방식의 저류지는 주로 우수관로 또는 하천 주변 위치에 계획하게 된다.
- 하류부 하천의 외수위로 인한 배수영향으로 횡월류부 수위가 높게 지속되는 경우에는 상류로 위치를 변경하는 등의 추가적인 고려가 필요하다.
- 한편 초기 협의 단계에서는 자연유역으로 유지되는 지역을 제외한 사업지구 개발면적에 대한 영구저류지 면적의 비율을 하도외 저류 방식의 경우 1 % 정도로 고려하여 위치를 협의하여야 한다.

나. 분석 방법

- 저수지추적 방법은 부등류 해석 방법과 부정류 해석 방법이 있으며, 도시유역 모형인 SWMM 모형을 적용할 경우에는 부정류 해석이 적용된다.
- 월류부 본류 하천의 홍수수문곡선을 수위-유량관계곡선으로 수위수문곡선으로 변환한 후 이와 같은 수위수문곡선으로 저수지로의 횡월류량을 계산하는 부등류 해석 방법을 적용할 경우 횡월류량 분기에 따른 본류 하천의 수위 저하를 고려하지 못하므로 횡월류량을 과다 산정하는 문제점을 지니고 있다. 이는 시행착오법을 이용하여 해결할 수는 있지만 적용성이 떨어지므로 자동으로 처리할 수 있는 부정류 모형으로 전환하여야 한다.

다. 자체유역 홍수량 고려

- 하도외 저류 방식의 저류지는 자체유역 유역을 가지게 되며, 자체유역의 홍수량은 설계빈도와 동일한 빈도로 산정한 후 저류지로 직접 유입되는 것으로 처리하여야 한다.

- 이와 같은 자체유역 홍수량은 저류지의 홍수조절용량을 잠식하게 되는 결과를 초래하므로 반드시 고려하여야 하며 또한, 가급적 최소화되도록 계획하여야 한다.

라. 횡월류 유입부 형태

- 하도외 저류(off-line) 방식 저류지의 유입부는 비홍수기에는 하류로 그대로 유하시키고, 홍수기에는 개발사업으로 인하여 증가된 홍수량 저감을 위하여 저류지로 횡유입시키기 위한 횡월류 구조물이다.
- 횡월류 유입부의 구조는 통상 웨어 형태를 채택하지만 수위가 높아져서 월류량이 과다하게 산정되는 것을 방지할 필요가 있는 경우에는 횡월류 유입부를 자유오리피스 흐름인 사각형 박스로 변경하여 대응하여야 한다.
- 조절수문의 유무에 따라 비조절형과 조절형이 있으며, 개발지구의 경우에는 일반적으로 수리학적 안정성 측면에서 비조절형을 채택하고 있다.

마. 횡월류웨어 유량계수 산정 방법

- 지금까지 많은 유량계수 산정 공식이 제시되고 있으나 실무 적용이 무난한 공식은 없는 실정이다.
- 또한, 가장 많이 사용되고 있는 다음과 같은 De Marchi 공식의 횡월류웨어 유량계수를 일반 웨어공식 형태로 산정하여 보면 1.83이며, 이는 횡월류가 아닌 직렬로 연결된 웨어의 유량계수인 1.7 보다 크게 산정되는 모순을 지니고 있으므로 대안 강구가 필요하다.

$$q = \frac{2\sqrt{2g}}{3}\mu(H-w)^{3/2}$$

여기서 q는 단위폭당 최대월류량(m³/s/m), μ는 횡월류웨어 유량계수 (0.623), H는 수심(m), w는 웨어높이(m)이다.

- 실무적으로 유용할 수 있는 횡월류웨어의 유량계수 산정 공식으로는 다음과 같은 HEC-RAS 부정류 모듈에 도입되어 있는 Hager 공식이 있다.

$$C = \frac{3}{5}C_0\sqrt{g}\left[\frac{1-W}{3-2y-W}\right]^{0.5}\left[1-(\beta+S_0)\left(\frac{3(1-y)}{y-W}\right)^{0.5}\right]$$

여기서 $W = \dfrac{h_w}{H_t + h_w}$, $y = \dfrac{H + h_w}{H_t + h_w}$

H : 웨어상의 수면높이

h_w : 지면으로부터 웨어높이

H_t : 웨어상의 에너지선 높이

S_0 : 본류하천의 평균하상경사

β : 웨어의 본류하천 수축각(rad)으로 평행할 경우는 0

C_0 : 기초유량계수로 웨어형상의 함수이며 예연웨어는 C_0 =1.0, 광정웨어는 웨어폭(b), 오지웨어는 웨어 월류부 평균곡률반경(average radius, r)을 입력하여 다음과 같이 계산

$$C_0 = 1 - \frac{2}{9\left[1 + \left(\frac{H_t}{b}\right)^4\right]} \quad , \quad C_0 = \frac{\sqrt{3}}{2}\left[1 + \frac{\frac{22}{81}\left(\frac{H_t}{r}\right)^2}{1 + \frac{1}{2}\left(\frac{H_t}{r}\right)^2}\right]$$

- HEC-RAS 모형의 부정류 모듈에서 Hager 공식의 적용시에는 웨어 표고와 웨어형상을 나타내는 인자만 간단하게 입력하면 되며 나머지는 모형내에서 자동으로 계산하여 사용하며, 월류량이 작은 초기에는 1.0 정도에서 첨두홍수량에서 1.4 정도로 증가하는 경향을 나타낸다. 또한, 저류지의 수위가 상승할 경우 잠류의 영향을 고려하여 유량계수를 하향조정하는 기능까지 포함하고 있다.
- 현재 SWMM 모형은 웨어 유량계수를 직접 입력하게 되어 있으므로 상기와 같은 부분을 추가로 고려하는 개선이 실무적인 측면에서 필요하다.

14.6.2 신규 개발지구 하도외 저류 방식 저류지 제원 결정 절차

- 횡월류웨어 단면 조합을 적절히 설정한 후, 사업지구 하류부의 첨두홍수량이 개발전 이하로 되는 조건을 만족시키며, 저류용량이 최대가 되는 강우지속기간에 해당하는 조건을 채택하여 횡월류웨어 단면을 최종 결정하고 월류총량을 기준으로 저류지의 계획저류용량을 결정함으로써 저류지 제원을 결정한다.

• 구체적인 횡월류웨어 단면 결정 및 계획저류용량 결정 절차는 <그림 14.15>와 같다.

① 횡월류웨어 단면 조합 설정

계획빈도보다 하위빈도(약 10년빈도)의 개발전 홍수량에 유입 가능하도록 마루고 범위 설정

마루고와 웨어길이를 몇 가지로 선정하여 여러 가지 횡월류웨어 단면 조합 설정

② 저수지추적 실시를 통한 초기 횡월류웨어 적정 단면 조합 선정 및 검토

단면 조합에 대하여 강우지속기간별로 저수지추적 실시하고 월류총량이 최대가 되는 임계지속기간 채택

임계지속기간의 저수지추적 결과 검토를 통하여 횡월류부 초기 적정 단면 조합 선정

③ 하류부영향 검토 만족 조건 등을 고려한 횡월류웨어 단면 및 계획저류용량 조정

임계지속기간의 하도로의 직접 유하량로 하류부영향 검토를 실시하여 충분한 저감 여부 검토

필요시 횡월류웨어 단면 확대 및 계획저류용량 증가를 실시하여 충분한 하류부 저감 확보

④ 저수지추적 재실시 및 검토를 통한 횡월류웨어 단면 및 계획저류용량 결정

조정된 횡월류웨어 단면 및 저류용량으로 저수지추적을 재실시한 후 최종 검토

최종 검토시에는 계획빈도는 물론 계획빈도 이하 재현기간도 만족시키는 연속 재현기간기준(continuous recurrence interval criterion)을 최대한 고려

횡월류웨어의 마루고, 길이 등 결정하고, 임계지속기간 월류총량에 여유를 고려하여 계획저류용량 결정

<그림 14.15> 횡월류웨어 단면 결정 및 계획저류용량 결정

14.6.3 저류지 제원 결정

가. 횡월류웨어 단면 조합 설정

1) 횡월류웨어 마루고 범위 설정

가) 횡월류부 하도의 수위-유량관계곡선 작성 및 재현기간별 홍수위 산정

- 횡월류부 하도에 대한 수위-유량관계곡선(rating curve)을 HEC-RAS 모형 등을 이용하여 작성한다.
- 수위-유량관계곡선에서 10년, 50년 등에 대한 재현기간별 홍수위를 산정한다.

나) 마루고 범위 설정

- 횡월류웨어 마루고 결정시 설계빈도인 50년빈도의 홍수량만을 저감할 경우 10년빈도 등의 하위빈도에서는 하류부에 영향을 미칠 수 있으므로, 횡월류웨어 마루고를 개발전의 10년빈도 홍수위보다 약 10 cm 정도 낮은 높이로 설정하여 10년빈도에서도 저감효과가 있도록 계획하여야 한다.
- 횡월류웨어 마루고를 낮게 설정하는 경우 월류량 증대는 최대화할 수 있지만 월류횟수가 증가되는 문제점이 발생하게 되며, 연간 월류횟수가 많을 경우 유지관리상의 문제 및 단기간의 연속 호우에 대한 대비가 불가능하게 되는 점을 감안하여 10년빈도 홍수위보다 약 10 cm 정도 낮게 설정하는 기준을 최대한 준수하여야 한다.
- 횡월류웨어 마루고 결정을 위한 홍수위는 횡월류웨어가 설치되어 있는 수위강하 상태의 수위가 아니라 횡월류웨어가 없는 상태의 홍수위를 토대로 결정하여야 한다.

2) 단면 조합 설정

- 횡월류웨어의 단면 조합은 마루고, 길이 두 가지이며, 횡월류웨어 마루고로 설정된 범위에서 마루고를 몇 가지 선정하고, 횡월류웨어 길이를 몇 가지로 선정하면 여러 가지 횡월류웨어 단면 조합을 설정할 수 있다.
- 횡월류웨어 마루고는 10년빈도 홍수위보다 약 10 cm 정도 낮은 높이 근처에서 설정하도록 하는 기준을 적용한다.

- 횡월류웨어 길이 범위 설정시에는 최소 길이의 경우 너무 작게 할 경우 와류 등으로 유입이 원활하게 되지 못하므로 일정 길이(약 3~5 m 정도) 이상을 적용하고, 최대 길이의 경우 계획빈도 50년빈도 횡월류부 직상류부 첨두홍수량에 대한 횡월류부 횡월류량의 비율인 저감률의 상한을 고려한 첨두 횡월류량의 월류가 가능하도록 결정한다.
- 지금까지 일반적으로 계획빈도인 50년빈도를 대상으로만 설계를 수행하고 다른 빈도에 대한 검토가 없는 경우가 대부분이였지만 향후 횡월류웨어 단면 조합 설정시나 결정시에는 계획빈도는 물론 이하 재현기간에도 모두 저감효과가 만족되도록 하는 연속 재현기간기준(continuous recurrence interval criterion)을 최대한 고려하여야 한다.
- 이와 같은 계획빈도보다 하위빈도 검토를 통하여 횡월류웨어 단면 조합에 대한 일부 조정이 필요한 경우도 발생할 수 있으며, 조정을 통하여 모든 재현기간에 대하여 적절하게 대응할 수 있도록 고려하여야 한다.
- 횡월류웨어는 별도의 조절시설을 설치하지 않는 비조절 방식을 적용하여 수리학적 안정성을 증대시키는 것을 원칙으로 한다.
- 횡월류웨어의 수리계산의 신뢰도가 낮은 점을 감안하여 횡월류웨어 마루고의 일부 구간을 내려서 간이 조절장치를 두는 방식으로 2단으로 구성하는 방안을 적극 검토하여야 한다. 한편, 추가되는 간이 조절장치 부분은 수리계산에서는 포함시키지 않고 여유분으로 간주하여 제외하는 것이 무난하다.
- 한편, 횡월류웨어 형식을 주로 채택하지만 수위가 높아지면 월류량이 과다하게 산정되는 것을 제어할 필요가 있는 경우에는 박스형 유입구 형식을 채택하여 자유 오리피스 흐름으로 변경되도록 하여야 한다.

나. 저류부 설정

- 저류부를 구성하는 표고의 종류에는 저류지 바닥고, 상시수위, 계획홍수위 제방마루고 등이 있다.
- 저류지 바닥고는 자연방류인 경우 하류 방류구 표고를 고려하여야 하는 반면, 강제배제인 경우 방류부와 관계없이 어느 정도 낮게 결정하는 것이 가능하다.

- 저류부의 상시수위는 필요에 따라 선택적으로 설정하며 설정시에는 수질관리 측면을 고려하여야 한다.
- 저류부의 계획홍수위는 월류부의 계획홍수위와 같거나 낮아야 하며, 굴착깊이를 최소화하기 위하여 가급적 동일하게 설정되도록 한다.
- 저류부의 제방마루고는 원칙적으로는 저류부의 계획홍수위에 여유고를 더하여 산정하게 되지만 추가적으로 하도외 저류는 특성상 수위가 월류부의 계획홍수위까지는 상승할 수 있다고 간주하여야 하므로 월류부의 계획홍수위에서 여유고를 확보하여야 한다.
- 하도외 저류 방식 저류지의 여유고는 계획홍수위에서 0.6 m 이상 확보되도록 하는 조건과 횡월류부 시설이 하천인 경우 월류부 주변 제방의 마루고, 우수관거인 경우 횡월류부 관거의 내부 상단고 이상이며 우수관거 지표면 표고까지 고려하여 제방 마루고가 설정되어야 하는 조건 등을 감안하여 여유고와 제방 마루고를 결정하여야 한다.
- 저류부의 바닥고, 상시수위, 계획홍수위, 제방마루고 등을 오른쪽에 도시한 다음 왼쪽에 월류부의 바닥고 10년빈도 홍수위, 횡월류마루고, 계획홍수위, 가능최고수위 등을 제시하고 추가로 하류부의 계획홍수위 등을 도시하여 표고의 적정성을 검토하여야 한다.
- 하도외 저류 방식의 저류지 규모가 크거나 긴 경우에는 바닥을 2단으로 구성하여 낮은 바닥부분은 저류전용 공간, 높은 바닥부분은 다목적 공간으로 구성하는 것을 고려한다.
- 하도외 저류 방식의 영구저류지의 경우 평상시 마른 상태를 유지하기 위하여 저류지 바닥경사와 바닥 배수로를 계획한다.
- 저류지 진출입을 위한 유지관리도로 설치를 계획한다.

다. 방류부 설정

- 자연방류가 가능한 경우에는 방류관으로 계획하며, 자연방류가 불가능한 경우에는 지배수펌프를 계획하여야 한다.
- 외수위로 인하여 자연방류가 불가능한 경우에는 유출부 하류에서 역류가 발생하지 않도록 자동수문(flap gate) 설치하여야 한다.

- 하도외 저류 방식의 영구저류지는 유입과 동시 또는 직후에 방류하면 홍수 저감 효과가 상실하게 된다. 이에 따라 하류부 수로 또는 하천의 수위가 하강할 때까지 방류를 지연하여야 하는 방류지연시간을 연속호우에 대비하여 24시간내에 저류량을 전량 배제하여야 하는 조건까지 고려하여 결정하여야 한다.
- 배제소요시간은 일반적으로 자연방류의 경우에는 방류시간이 6시간이 넘지 않는 조건으로 방류관의 단면을 결정하며, 강제배제의 경우에는 지배수펌프 가동시간을 동일한 기준인 6시간 이하를 적용한다.
- 이에 따라 저류지에서 방류를 지연시키는 방류지연시간은 최소 6시간에서 최대 18시간 범위로 결정되며, 기상예보와 방류부 수로 또는 하천의 수위 하강 상황 등을 고려하여 결정하여야 한다.
- 방류지연시간 동안 방류를 방지하기 위하여 별도의 수문이 필요한 경우에는 설치를 계획하여야 한다.
- 지배수 펌프 설치시 흡입수두를 확보하기 위한 집수정 계획을 포함하여야 한다.

라. 저수지 추적을 통한 횡월류웨어 초기 적정 유입구 단면 선정 및 검토

1) 초기 적정 유입구 단면 선정

- 설계빈도의 월류부 직상류 유입홍수수문곡선, 횡월류부 제원, 하류수위 영향이 있는 경우 외수위수문곡선 등의 주요 입력인자를 채택한 모형에 적용하고, 일단 우수관거의 제약이 없는 자유흐름(free flow) 조건으로 저수지 추적을 실시한 다음, 저류용량(첨두저수위, 첨두방류량)이 최대가 되는 임계지속기간 기준을 적용하여 초기 저류지 제원을 결정한 다음 최적조합을 찾아가는 과정을 통하여 최종 제원을 결정한다.
- 횡월류부의 마루고 높이와 폭의 조합으로 단면을 적절히 설정한 후, 유역출구 및 사업지구 하류부의 첨두홍수량이 개발전 이하로 되는 조건을 만족시키며, 저류용량이 최대가 되는 강우지속기간에 해당하는 월류총량을 기준으로 저류지의 저류용량을 결정하는 방식을 적용하며, 이 과정을 통하여 횡월류웨어의 초기 제원 조합이 결정된다.

- 최종 채택되는 저수지추적시 저류용량 최대 기준의 임계지속기간을 적용한 내용을 상세하게 기술하여야 한다.
- 월류총량이 최대가 되는 임계지속기간의 하도외 저류(off-line) 방식 저류지의 저류용량 산정 및 저감효과를 나타내기 위한 횡월류부 직상류 및 직하류의 홍수수문곡선을 예를 들면 <그림 14.16>과 같다.
- 동 그림을 살펴보면 하도외 저류 방식의 경우 저류지의 횡월류부 직상류 홍수수문곡선에서 저류지로 유입되지 않고 바로 하류로 유하되는 횡월류부 직하류 홍수수문곡선의 차이가 저류지의 월류총량이며 여기에 여유를 두어 계획저류용량을 산정하게 된다.
- 하도외 저류 방식을 간략하게 설명하는 경우에는 횡월류부 직상류 수문곡선에서 횡월류부 직하류로 방류하여도 되는 홍수량의 높이에서 수평으로 잘라서 그은 선의 상부 부분을 저류하는 것처럼 간주하는 경우가 있다.
- 실제 비조절식의 횡월류웨어의 경우 구조적으로 이와 같이 유입량을 수평으로 유지시킬 수가 없기 때문에 동 그림에서 보는 바와 같이 미리 유입되기 시작하여 증가하다가 첨두이후 감소하는 곡선 형태로 나타나게 되는 점을 명확하게 주지하여야 한다.

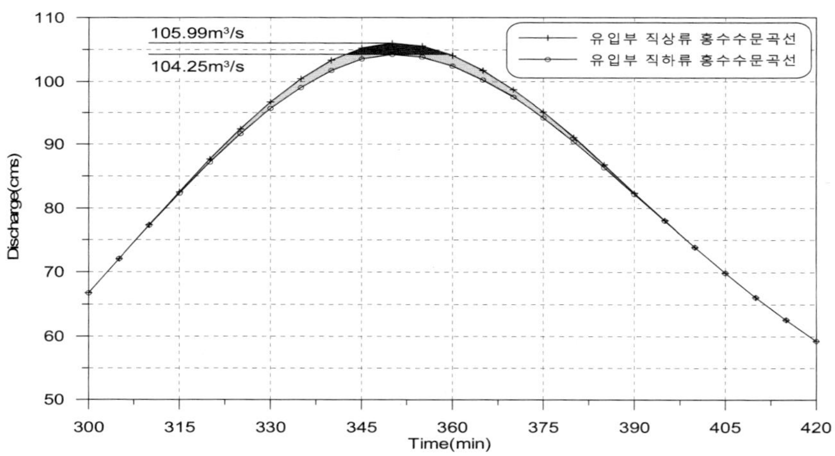

<그림 14.16> 저류지 유입부 직상류 · 직하류의 홍수수문곡선(예)

- 또한, 개략적으로 수평으로 그어서 산정한 저류용량에 비해 실제 횡월류웨어 특성을 고려한 저류용량이 상당히 크게 산정되며 그 차이가 크게 발생함에 유의하여야 한다.
- 한편, 이와 같은 이유 때문에 하도외 저류(off-line) 방식 저류지의 저류용량이 증가되는 점과 하도내 저류(on-line) 방식 저류지의 경우 사용하는 저류지면적에 저류지로 활용되는 구간의 하천면적까지 포함되는 반면 하도외 저류 방식 저류지는 하천면적을 활용하지 못하는 점 등은 하도외 저류와 하도내 저류의 저류지면적의 차이를 다소 줄어들게 하는 요인이 된다.
- 한편, 하도외 저류 방식 영구저류지의 자체유역 홍수량은 설계빈도와 동일한 빈도로 산정한 후 저류지로 직접 유입되는 것으로 처리하여야 한다. 이와 같은 자체유역 홍수량은 홍수조절용량을 잠식하므로 반드시 고려하여야 하며 분기처리 등을 통하여 가급적 최소화되도록 계획하여야 한다.

2) 저수지추적 결과 검토

- 저수지추적 결과를 검토하기 위해서는 월류부 직상류 유입수문곡선, 저류지로의 횡월류량 수문곡선, 월류부 직하류 유출수문곡선, 월류부의 수위수문곡선, 저류지의 수위수문곡선 등을 그림으로 나타내어야 한다.
- 저수지추적 결과에서 횡월류부 직하류의 홍수수문곡선의 첨두부는 직선이 아니라 곡선의 형태를 나타내는지를 검토하여야 한다. 첨두부를 직선으로 처리하는 실제 운영상에서 불가능한 방법이며 이와 같이 처리하는 경우 저류용량이 과소 산정되는 문제가 야기되그로 지양하여야 한다.
- 저류지로 유입이 시작되는 부분과 종료되는 부분이 적절한지 등을 검토한다.
- 저감률은 비조절 방식은 (첨두유입량-첨두방류량)/첨두유입량, 조절 방식은 (첨두유입량 발생시간의 유입량-방류량)/첨두유입량으로 산정, 조절률이 과다하지 않도록 설정하여야 하며 과다한 경우(30 % 이상)에는 다른 방법을 병행하여야 한다.
- 한편, 월류부 계획홍수위와 하류부 하천의 계획홍수위를 비교하여 배수영향이 발생하는 경우 하류수위 영향이 저수지추적에 반영되었는지 검토하여야 한다.

마. 연속 재현기간기준 및 저감효과 검토를 고려한 조정

- 연속 재현기간기준을 적용 및 저감효과 검토 과정에서 조정이 필요한 부분을 파악한다.
- 최적 설계를 위하여 횡월류웨어 단면 조합의 변경이나 계획저류용량 변경 등과 같은 조정을 실시한다.

바. 저수지추적 재실시를 통한 최종 횡월류웨어 단면 및 계획저류용량 결정

- 조정된 횡월류부 단면으로 저수지추적을 재실시한 후 계획저류용량을 산정한 후 적정성을 검토한다.
- 설계빈도의 횡월류부 직상류 홍수수문곡선, 조정된 횡월류부 단면 등의 입력인자를 적용하여 일단 배수분구내 우수관거의 제약이 없는 자유흐름(free flow) 조건으로 저수지추적을 실시한 다음, 저류용량이 최대가 되는 임계지속기간으로 저류지 제원을 결정한다.
- 배수분구내 우수관거의 설계빈도가 저류지의 설계빈도보다 낮은 경우에는 자유흐름(free flow) 조건뿐만 아니라 제약흐름(constrained flow) 조건을 추가로 분석한 다음 향후 실제 운영과 관련된 검토를 수행하고 필요시 최적규모의 일부 수정도 실시하여야 한다.
- 최종 채택된 저수지추적 결과에서 횡월류웨어의 마루고, 길이 등을 결정하고, 월류총량에 약간의 여유를 고려하여 계획저류용량을 결정한다.
- 한편, 하도외 저류 방식의 저류지의 면적이 일정규모 이상이거나 긴 형상인 경우 다단배치를 계획하여 1단은 1차 저류용인 저류전용 부지로 설정하고 2단은 2차 저류용인 체육시설 등을 계획하는 방식을 적용하여 다목적 활용을 도모한다.

사. 하도외 저류 방식 저류지 제원 결정

- 상기와 같은 과정을 통하여 결정된 하도외 저류 방식의 저류지 제원을 정리하는 양식을 예를 들면 <표 14.16>과 같다.

<표 14.16> 하도외 저류 방식의 저류지 제원 결정 양식

구분		저류지 A	저류지 B	비고
저류부	저류부바닥고(EL. m)			
	상시수위(EL. m)			별도로 설정하는 경우에 해당, 방류구상류단 하단고와 동일
	- 상시수심(m)			상시수위-저류부바닥고
	- 상시저류용량(m^3)			상시수위-저류부바닥고 구간 저류용량
	저류부 계획홍수위(EL. m)			설계빈도(50년빈도 이상)
	- 홍수조절수심(m)			계획홍수위-상시수위
	- 홍수조절용량(m^3)			계획홍수위-상시수위 구간 저류용량
	월류부 계획홍수위(EL. m)			저류부 계획홍수위와 동일(또는 이상)
	월류부 가능최고수위(EL. m)			월류부에 발생가능한 최고수위
	저류지 계획홍수위 기준 여유고(m)			제방마루고-저류지 계획홍수위
	월류부 계획홍수위 기준 여유고(m)			제방마루고-월류부 계획홍수위
	월류부 최고수위 기준 여유고(m)			제방마루고-월류부 최고수위
	제방마루고(EL. m)			
	총깊이(m)			제방마루고-저류부 바닥고
	총저류용량(m^3)			제방마루고-저류부 바닥고 구간 저류용량
	저류지상단 수면적(m^2)			수면적에 국한
	저류지 총면적(m^2)			제방폭면적 등 포함
	제방사면경사(수직:수평)			
	저류부 바닥경사(무차원)			바닥배수로로 배제
	바닥배수로 폭(m)			
	바닥배수로 깊이(m)			

<표 14.16> 하도외 저류 방식의 저류지 제원 결정 양식(계속)

구분			저류지 A	저류지 B	비고
월류부		월류부 수로 또는 관거 바닥고(EL. m)			
		10년빈도 홍수위(EL. m)			
		월류부 마루고(EL. m)			2단일 경우 모두 제시
		월류부 폭(m)			2단일 경우 모두 제시
		월류부 계획홍수위(EL. m)			설계빈도(통상 50년빈도)
		계획월류수두(m)			
		계획월류량(m^3/s)			
		하류하천 계획홍수위(EL. m)			배수위 영향이 있는 경우
방류부	자연방류	D(mm)×련			원형관
		B(m)×H(m)×련			사각형관
		입구부 하단고(EL. m)			
		출구부 하단고(EL. m)			
		길이(m)			
		경사(무차원)			
		최대방류유속(m/s)			
		자연방류 소요시간(hr)			홍수조절용량 전량 방류
		방류지연시간(hr)			6~18 hr 범위
		방류지연용 수문			필요한 경우만 해당
	강제배제	펌프 용량(m^3/s)			
		강제배제 소요시간(hr)			홍수조절용량 전량 방류
		역류방지 자동수문			

아. 하도외 저류 방식의 저류지 제원 검토를 통한 적정성 확보

- 하도외 저류 방식의 저류지 제원을 토대로 저류부 및 월류부 검토, 방류부 검토, 연속 재현기간기준 고려 및 저감효과 검토 등을 실시하여야 한다.
- 검토 결과에서 보완이 필요한 부분은 제원을 조정하는 조치를 강구하여 최종 결정되는 제원의 적정성이 확보되도록 하여야 한다.

1) 횡월류부 검토

- 횡월류부 마루고는 10년빈도 홍수위보다 약 10 cm 정도 낮게 설정하는 방식을 적절하게 적용하였는지 검토한다.
- 횡월류부 계획시 낮은 수위에서도 유입될 수 있도록 하는 2단 배치를 적극적으로 도입하였는지를 검토한다.
- 월류부 계획홍수위와 횡월류부 마루고의 차인 계획 월류수두가 적정한지를 검토하고 또한, 월류부폭은 횡월류가 제대로 이루어지도록 일정 길이(3~5 m 정도) 이상으로 고려하였는지 검토한다.
- 월류부 계획홍수위와 하류부하천의 계획홍수위를 비교하여 배수영향이 발생하는 경우 이와 같은 하류수위 영향이 저수지추적에서 적절하게 반영되었는지를 검토하고 또한, 필요시 하도외 저류 방식 영구저류지의 위치를 상류로 옮기는 방안 등을 추가로 검토한다.

2) 저류부 검토

- 저류부의 바닥고, 상시수위, 계획홍수위, 제방마루고 등을 오른쪽에 도시한 다음 왼쪽에 월류부의 바닥고, 10년빈도 홍수위, 횡월류부마루고, 계획홍수위, 가능최고수위 등을 도시하고 추가로 하류부 계획홍수위를 도시한 후 적정성을 검토한다.
- 저류부의 바닥고는 자연방류인 경우 하류 방류부 표고를 고려하여야 하는 반면 강제배제인 경우 방류부 표고와 관계없이 어느 정도 낮게 결정할 수 있는 점을 고려하여 적정성을 검토한다.
- 저류부의 상시수위는 필요에 따라 선택적으로 설정하게 되며, 설정시에는 수질관리 등에 문제가 없는지에 대한 검토가 선행되었는지를 검토한다.
- 저류부의 계획홍수위는 월류부의 계획홍수위와 같거나 낮아야 하며, 굴착깊이를 최소화하기 위하여 가급적 동일하게 계획하여야 하는 기준을 준수하였는지를 검토한다.
- 저류부의 제방마루고는 월류부의 계획홍수위에서 여유고 0.6 m 이상을 확보하였는지를 검토하고 또한, 월류부가 우수관거인 경우 관거의 내부상단고 이상이며 우수관거의 지표면까지 고려하여야 하며, 월류부가 하천인 경우에는 하천의 제방고로 맞추는 조건 등을 고려하였는지 검토한다.

- 하도외 저류 방식의 저류지의 경우 평상시 마른 상태를 유지하기 위하여 바닥경사와 배수로 계획의 적정성을 검토한다.
- 저류지 진출입을 위한 유지관리도로 설치의 적정성을 검토한다.
- 하도외 저류 방식 저류지의 규모가 크거나 긴 경우에는 바닥을 2단으로 구성하여 낮은 바닥부분은 저류전용 공간, 높은 바닥부분은 다목적 공간으로 구성하는 방안을 고려하였는지 검토한다.

3) 방류부 검토

- 자연방류가 가능한 경우에는 방류관, 불가능한 경우에는 지배수펌프를 계획하는 등의 방법 채택이 적절한지 검토한다.
- 배제소요시간은 자연방류의 경우에는 방류시간이 6시간이 넘지 않는 조건으로 방류관의 단면을 결정하며, 강제배제의 경우에는 지배수펌프 가동시간을 동일한 기준인 6시간 이하를 적용하였는지 검토한다.
- 저류지에서 방류를 지연시키는 방류지연시간은 최소 6시간에서 최대 18시간 범위로 결정하며, 필요시 방류지연시간 동안 방류를 방지하기 위한 별도의 수문을 설치하였는지 등을 검토한다.
- 외수위를 고려하여야 하는 경우 유출부 하류에서 역류가 발생하지 않도록 자동수문(flap gate)을 설치하였는지 검토한다.
- 지배수펌프 설치시 흡입수두를 확보하기 위한 집수정 설치 유무 및 깊이의 적정성을 검토한다.

4) 연속 재현기간기준 및 저감효과 검토

- 연속 재현기간기준을 적용하기 위한 과정과 결과의 적정성을 검토한다.
- 저감효과 검토 지점을 사업지구 하류단 또는 하류유역 말단부 중에서 적절하게 선정하였는지 검토한다.
- 개발후 재현기간별 횡월류부 지점 직상류의 첨두유입량과 직하류의 첨두유하량, 하류부 저감효과 검토지점의 첨두홍수량 등을 산정하고 이를 토대로 저류지 지점의 첨두유하량이 개발전 첨두홍수량 이하로 저감됨과 하류부 저감효과 검토 지점의 개발후 첨두홍수량이 개발전 첨두홍수량 이하로 저감됨을 제시하였는지 등을 검토한다.
- 과다한 저감은 지양하여야 하므로 첨두홍수량 저감률은 30% 이하로 결정되었는지 검토한다.

14.7 기존 도시지구 저류지 제원 결정

- 기존 도시지구에 저류지를 계획하는 경우 신규 개발지역과 동일한 부분은 그대로 적용한다. 이에 따라 기존 도시지구는 상대적으로 제약이 많아서 다르게 고려하여야 하는 내용을 위주로 추가 기술하였다.
- 한편, 기존 도시지구의 저류형 우수유출저감시설은 저감효과에 비해 공사비가 상대적으로 높은 방법이므로 우수관거 또는 배수펌프장 증설 등으로 대응하기 곤란한 경우에 채택하는 것이 원칙이다.

14.7.1 기존 도시지구 저류지 일반사항

가. 저류지 위치 결정

- 기존지구에 우수유출저감사업의 일환으로 저류지를 계획하는 경우 저류지의 위치를 신규 개발지구와 같이 자유롭게 결정할 수 있는 것이 아니라 몇몇 특정 위치로 국한되게 된다.
- 이에 따라 기존지구 저류지의 위치는 충분한 저류용량 확보가 가능한 지점, 도시지역 침수피해 저감효과가 있는 지점, 시공 및 교통처리에 문제가 없는 지점으로 선정하여야 한다.
- 유역면적이 작은 상류지역을 선정할 경우 경사가 급하고 유입되는 유량이 적어서 수두가 형성되지 못하여 저류지를 채울 수가 없는 경우가 발생하므로 상류부 설치시에는 유역면적이 충분한가에 대하여 검토하여야 한다.
- 저류지 설치 협의가 용이한지 여부를 사전에 고려하여야 하며, 후보지로 많이 선정되는 학교의 경우 사전에 충분한 협의가 필요하다.

나. 저류지 설계빈도 결정

- 저류지의 설계빈도는 일반적으로 50년빈도를 채택을 원칙으로 한다. 하지만 하류 우수관거의 통수능이 10~20년빈도 등과 같은 낮은 수준에서 개선되지 못하는 조건에서 이와 같은 50년빈도를 무리하게 적용할 경우 저류지가 부담하여야 하는 저류량이 비정상적으로 크게 산정되며, 이와 같은 경우에는 설계빈도를 적절하게 하향 조정하는 것을 검토하여야 한다.
- 기왕 1시간 최대강우량이 30년빈도를 상회하지 않는 경우 현재 방재성능목표강우량이 30년빈도인 점을 고려하여 30년빈도로 하향 조정할 수 있다.

- 설계빈도를 30년빈도로 하향 조정하더라도 여전히 저류량이 비정상적으로 크게 산정되는 문제가 개선되지 않는 경우나 향후 하류 우수관거 통수능을 개선되면 저류지의 규모가 축소되어야 하는 등의 문제를 지닌 지구에는 20년빈도까지 하향 조정하여야 한다.
- 전체 시스템이 왜곡된 상태에서 계획하는 저류지가 과도한 책임을 지게 되는 것을 감수하면서도 높은 설계빈도만 만족시키고자 하는 계획은 지양되어야 한다.
- 따라서 기존 도시지구 저류지의 설계빈도는 무조건 50년빈도로 결정하여야 한다는 고정관념에서 탈피하여 합리적인 설계빈도를 채택하는 것으로 전환하여야 한다.

다. 저감대상 홍수량 산정

- 기존 기준에서는 저감대상 홍수량은 기후변화로 인한 강우량 증가 및 불투수면적 증가로 인한 유출증가량을 1차 목표저감량으로 설정하고 우수유출저감시설과 하류 우수관거의 설계빈도 차이에 따른 우수관거 통수능 초과유량을 2차 목표저감량으로 설정하도록 제시한 바 있다.
- 이와 같은 저감대상 홍수량 산정시 1차 목표저감량인 강우량 증가로 인한 홍수량 및 불투수면적 증가로 인한 홍수량은 증가 이후의 홍수량과 증가 이전의 홍수량의 차이만큼을 우수저류시설에서 저류하여야 한다는 의미로 해석하여야 한다.
- 최근 기후변화에 의해 확률강우량이 증가할 것이라는 것을 상식적으로 당연하다고 예단하고 또한, 점진평균후 선형회귀분석한 결과에서 증가되는 그림을 제시하는 경우가 많다. 하지만 실제로는 강우지속기간별로 증가하는 경우와 감소하는 경우가 혼재하여 발생하므로 경향성 없으며, 강우지속기간별로 증감률이 다르게 산정되어 반영할 경우 혼란만 초래된다.
- 최근까지 자료를 활용한 확률강우량이 과거자료를 활용한 확률강우량보다 오히려 낮게 산정될 수 있는 현상은 확률강우량 산정 방법중 하나인 빈도계수법($x_T = \bar{x} + K_T \cdot s$)을 토대로 다음과 같이 구성 항목 검토를 실시하면 충분히 설명 가능하다.

- 평균($\overline{x}$)을 살펴보면 점진평균후 선형회귀분석하여도 강우지속기간별로 증가하는 경우와 감소하는 경우가 혼재하여 발생하므로 경향성 없음
- 재현기간에 따른 빈도계수(K_T)는 자료년수가 증가되면서 일반적으로 낮아질 가능성이 높으며, 분산(s)도 경향성이 없음

• 따라서 기후변화로 확률강우량이 증가하는 것이 상식적으로 타당하다고 예단하는 것은 통계학적인 측면에서는 명백한 오류임에 유의하여야 한다.

• 이와 같이 확률강우량은 현재 확률강우량 산정 방법으로는 증가될 수도 있고 감소될 수도 있으므로 증가량으로 바로 간주할 수가 없다. 또한, 확률강우량의 증가량을 적용함에 있어서 증가 이후의 홍수량과 증가 이전의 홍수량의 차이를 저감대상 홍수량으로 적용하여야 하는데 실제 실무에서는 대부분 단지 확률강우량을 증가시키는 개념으로 적용하고 있으므로 근본 취지가 왜곡되고 있다.

• 불투수면적의 증가량은 미미하거나 예측이 다소 곤란한 경우가 많으므로 대부분 고려되지 못하고 있다.

• 따라서 1차 목표저감량은 산정 방법이 정확하고도 현실적인 기준이 제시되기 이전에는 적용이 불가능하므로 개선 방안이 도출되기 이전에는 고려하지 않는 것이 실무적으로 타당하다.

• 이에 따라 저감대상 홍수량은 우수유출저감시설 하류부의 제약이 없는 조건에서의 첨두유출량에서 하류부 우수관거의 현실적으로 개선 가능한 규모 조건에서의 첨두유출량을 뺀 2차 목표저감량만을 대상으로 산정하는 것이 현실적인 방안이 된다.

라. 저류지 방식 선정

• 신규 개발지구의 경우 수리학적으로 안전한 하도내 저류(on-line) 방식을 우선적으로 고려하는 반면, 기존 도시지구의 경우 첨두부만의 조절로 저류지 소요면적을 줄일 수 있는 하도외 저류(off-line) 방식을 주로 채택하는 경향이다.

• 또한, 기존 도시지구에서 하도외 저류 방식을 채택하고도 비조절방식으로는 월류횟수와 월류량을 만족시키기 어려운 경우가 많아서 수문을 설치하는 조절방식이 많이 채택되고 있다.

14.7.2 저수지추적 방법

가. 하도외 저류 방식 횡월류 유입구

- 하도외 저류(off-line) 방식에서 주로 채택하고 있는 횡월류웨어를 통하여 저류지 및 저류조로 유입시키는 경우 수리안전성 측면에서는 비조절방식이 유리하지만, 하류 우수관거의 빈도가 낮아서 저감률 상향이 요구되는 상황이 많은 관계로 실무에서는 조절방식이 많이 채택되고 있다.
- 한편, 비조절방식의 경우 유입량 및 조절량을 늘리기 위하여 횡월류웨어 마루고를 지나치게 낮출 경우 월류횟수가 많아지는 문제가 발생하는 것을 사전에 고려하여야 한다. 이를 간과하여 설계 초기에는 비조절방식을 채택하였다가 유지관리 측면에서의 문제점을 늦게 발견하고서 조절방식으로 전환한 사례가 많이 발생한 점에 유의하여야 한다.

나. 최적규모 결정을 위한 조합 조건 설정

- 홍수량 산정 조건이 관거규모의 제약이나 배수위의 영향 등이 있는 제약흐름(constrained flow) 조건은 제약이 없는 자유흐름(free flow) 조건에 비해 홍수량이 낮게 산정되는 부분을 고려하여야 한다.
- 최적계획을 수립하기 위해서는 홍수량 통수측면에서 자유흐름(free flow) 조건과 제약 조건의 조합에 따른 여러 제약흐름(constrained flow) 조건들을 설정하는 것이 필요하게 된다.
- 한편, 제약조건을 고려하는 홍수량 산정 방법은 전술된 도시유역 홍수량 산정편에 상세하게 기술되어 있는 내용을 참고하여야 한다.
- 저류지 설치후에는 일반적으로 제약이 가장 많은 조건인 현상태와 관거용량 부족, 펌프용량 부족 및 외수위 영향 등이 전혀 없는 조건인 자유흐름 조건뿐만 아니라 관거증설 방안별, 펌프증설 방안별, 외수위 고려 유무 등의 조합에 따라 많은 조건 설정이 가능하다.

다. 연속 재현기간기준을 고려한 저수지추적의 재현기간 확대

- 저류지나 저류조의 설계시 일반적으로 계획빈도인 50년빈도를 대상으로만 설계를 수행하고 상대적으로 많이 발생하는 하위빈도인 10년빈도, 30년빈도 등에 대한 검토가 없는 경우가 대부분이다.

- 합리적 설계를 위해서는 계획빈도 뿐만 아니라 다른 재현기간에 대해서도 모두 저감효과가 만족되도록 하는 연속 재현기간기준(continuous recurrence interval criterion)을 적용하여야 한다.
- 이에 따라 계획빈도인 50년빈도보다 낮지만 빈번하게 발생하는 10년, 20년, 30년빈도와 계획빈도를 초과하는 100년 등에 대한 검토를 추가한다.
- 계획빈도보다 하위빈도 검토를 통하여 유입시설 조합에 대한 일부 조정이 필요한 경우도 발생할 수 있으며, 이와 같은 조정을 통하여 모든 재현기간에 대하여 적절하게 대응할 수 있도록 최대한 고려하여야 한다.

라. 임계지속기간 결정 방법

- 우수저류시설 설치후에는 하류 침수해소 지역에 침수가 발생하지 않는 조건을 만족시키면서 우수저류시설 용량이 최대가 되는 강우지속기간을 임계지속기간으로 결정한다.
- 임계지속기간을 적용한 저수지추적이 가장 중요한 과정이므로 이에 대한 내용을 보고서에 충분히 기술하는 것이 필요하다.

14.7.3 저수지추적 결과 검토

- 저류지 규모는 저수지추적을 통하여 결정되므로 저수지추적 과정 및 결과 검토를 통하여 제반 저류지 제원 결정의 적정성을 확인한다.
- 적정성 검토 항목에는 홍수조절 저감률의 적정성, 저수지추적 수문곡선의 적정성, 저류조 수위의 적정성 등을 검토하여야 한다.

가. 홍수조절 저감률의 적정성 검토

- 일반적으로 홍수조절 저감률은 (첨두유입량-첨두방류량)/첨두유입량 형태로 산정되지만 조절형인 경우에는 첨두유입량 발생시점과 첨두방류량 발생시점이 상이한 경우가 발생되며, 이러한 경우에는 (첨두유입량 발생시점의 유입량-방류량)/첨두유입량 형태에서 산정하는 것이 보다 타당하다.
- 저감률은 대략 30 % 이하로 설정하는 것이 바람직하며 50 %를 초과하는 경우에는 다른 방법을 병행하는 것을 검토하여야 한다.

- 매우 높은 저감률을 채택하면 향후 침수 등의 문제가 발생할 경우, 저류지나 저류조가 모든 책임을 져야하는 결과가 초래되므로 지양하여야 한다.
- 한편, 저감효과를 홍수추적곡선으로 나타내는 지점은 저류지나 저류조 지점뿐만 아니라 침수발생 지점까지 한꺼번에 제시하여 검토하여야 한다.

나. 저수지 추적곡선의 적정성 검토

1) On-line 방식

- 일반적으로 수위가 수평(level pool)로 간주되는 저수지의 유출수문곡선 첨두방류량은 유입수문곡선 감수곡선상에 위치하여야 한다.
- 첨두방류량과 첨두저수위 발생시점은 동일하여야 하며, 첨두방류량 발생 전후 유입량과 방류량의 차이의 총량은 동일하다.

2) Off-line 비조절방식

- 유출수문곡선은 유입수문곡선과 유사한 단일 첨두형태의 곡선을 그리는 것이 일반적인 형태이다.
- 유출수문곡선의 첨두부가 평평하게 제시하는 일반적인 접근은 실제 상황과는 다르므로 반드시 곡선형태로 제시되어야 한다.
- 저수지추적 결과를 검토하기 위해서는 ① 횡월류부 직상류 우수관거의 유입수문곡선, ② 저류조로의 횡월류수문곡선, ③ 횡월류부 직하류 우수관거 유출수문곡선, ④ 횡월류부의 수위수문곡선, ⑤ 저류조의 수위수문곡선 등을 수문곡선 형태로 동시에 나타내어야 한다.

3) Off-line 조절방식

- 수문을 개방시 갑작스런 횡월류 유입으로 저수지로의 횡유입량은 급증하는 반면 하류로 직방류량은 급감하는 형태를 나타내게 된다.
- Off-line 조절방식의 경우 저감률을 최대화하기 위한 방법이지만 너무 과다한 저감률은 지양하여야 한다.
- 저수지추적 결과 검토는 Off-line 비조절 방식과 유사하며, 첨두홍수량 발생 이후에 불필요하게 유입된 유입량이 필요저류용량 산정에 포함되는 것을 방지하기 위하여 적정한 시점에서 수문을 닫아야 한다.

다. 저류조 수위의 적정성 검토

- 저류조의 ① 바닥고, ② 홍수위, ③ 천정하단고, ④ 지반고, ⑤ 횡월류부 바닥표고, ⑥ 횡월류부 마루고, ⑦ 횡월류부 최고수위, ⑧ 횡월류부 내부 상단고 등을 그림으로 표시하여 각종 표고의 적정성을 검토하여야 한다.
- 홍수위는 횡월류부 마루고와 횡월류부 최고수위 사이에 위치하도록 고려하고 적절하지 않을 경우에는 바닥고를 수정하여 조정하여야 한다.
- 횡월류부의 최고수위는 사각형단면의 경우 관로의 계획홍수위는 높이의 90 % 이하에 위치하여야 하는 조건을 만족하는지를 검토하여야 한다.
- 횡월류부의 높이가 적정한지 여부를 검토하고 너무 낮을 경우 웨어흐름이 발생하지 않을 수도 있는 점을 고려하여야 한다.

라. 여유고와 제방 마루고

- 하도외 저류 방식 저류지의 여유고는 계획홍수위에서 0.6 m 이상 확보되도록 하는 조건과 횡월류부 시설이 하천인 경우 월류부 주변 제방의 마루고, 우수관거인 경우 횡월류부 관거의 내부 상단고 이상으로 제방 마루고가 설정되어야 하는 조건 등을 고려하여 여유고와 제방 마루고가 결정된다.
- 한편, 기존 기준에서 제시된 바 있는 저류조 여유고 1.0 m 이상 기준은 하도외 저류 방식은 계획홍수위가 횡월류부의 최고수위를 초과할 수 없고, 제방 마루고는 횡월류부 시설에 따라 결정되는 등의 특징을 가지고 있는 점을 고려한다면 크게 의미가 없으므로 0.6 m 이상만 확보하면 된다.

14.7.4 최적 조합 채택 및 저류지 제원 결정

가. 최적 조합 채택

저수지추적 결과의 적정성 검토에서 문제가 없도록 세부인자를 조정한 후 경제성 및 시공성 등을 고려하여 최적계획 조합 조건을 채택한다.

나. 저류지 제원 결정

최적계획 조합이 채택된 후 약간의 세부조정이 추가로 필요한 경우에는 추가적인 조정을 실시한 후 최종 저류지 제원을 결정한다.

14.7.5 저류조 공법 선정

- 지하에 시공하는 저류조의 시공 방법은 현장타설(RC)과 기성제품(PC)를 사용하는 방법으로 대별된다.
- 현장타설이 공사비측면에서는 유리한 반면 기성제품은 공기측면에서 유리하므로 현장 여건에 맞는 방법을 선정하되 가급적이면 현장타설을 우선적으로 채택하는 것이 합리적이다.
- 현장 여건이 충분히 고려되지 않아서 착공후 공법을 변경하거나 이와 같은 공법 변경으로 자재 업체로부터 소송에 휘말리는 경우까지 발생하고 있는 점 등을 충분히 감안하여 공법을 선정하여야 한다.

14.7.6 저류조 운영기준 제시 및 모니터링을 통한 조정

가. 운영기준 제시

- 하도외 저류 방식의 조절식 저류조의 홍수기 운영기준의 사례를 살펴보면, 대부분 횡월류부 수위기준으로만 수문을 조작하도록 제시된 경우가 대부분이며 또한, 실제 운영자가 제대로 이해하지 못하고 있는 경우가 많다.
- 하류 침수해소 대상지점인 하류 참조점의 조건(수위 및 침수현황, 외수위 조건 등)을 동시에 고려하여 수문을 조작하여야 하는 점을 고려한 운영기준을 제시하여야 한다.

나. 운영기준 조정을 위한 모니터링 실시 및 자료 DB화

- 기존 도시지구의 저류지 방식은 대부분 Off-line 방식의 저류조가 채택되고 있으나, Off-line 방식의 횡월류웨어의 경우 유량계수 산정기준의 미흡 및 저류조 수위 상승에 따른 월류량의 저하 영향 미고려 등으로 인하여 실제 운영시 설계와 다른 양상으로 전개될 가능성이 높다.
- 이에 따라 초기 운영자료를 토대로 운영기준을 다시 조정하는 것이 필요하게 되며, 횡월류부 직상류 수위, 횡월류부 수위, 횡월류부 직하류 수위, 저류조 수위, 하류 참조점 수위 등의 자료를 모니터링하고 DB화한 후 이를 토대로 향후 운영기준 조정을 실시하도록 하는 내용을 저류조 유지관리지침에 수록하여야 한다.

14.8 강변저류지 제원 결정

가. 기존 방법의 문제점 및 개선 방안

1) 저류지로의 횡월류량 분기에 따른 본류수위 저하 미고려

- 월류부 본류 하천의 수위수문곡선으로 저수지로의 횡월류량을 계산할 경우 횡월류량 분기에 따른 본류 하천의 수위 저하를 고려하지 못하므로 횡월류량을 과다 산정하는 문제점을 지니고 있다. 이는 자동으로 처리할 수 있는 모형의 도입으로 해결하는 것이 유리하다.
- 횡월류량 분기에 따른 본류 하천의 수위 저하와 홍수수문곡선의 첨두부 지속기간이 짧은 이유 등으로 인하여 저류지의 첨두홍수위는 본류 하천의 조절전 첨두홍수위까지 상승될 수 없다. 따라서 본류 하천의 조절전 첨두홍수위까지 저수지가 채워지는 것으로 간주하는 것은 활용되지 못하는 공간까지 활용되는 것으로 처리하는 오류이므로 개선이 필요하다.
- 이와 같은 문제점을 해결할 수 있는 도형이 많이 제시되고 있으며, 일반적으로 많이 사용되고 있는 모형은 HEC-RAS의 부정류 모듈이다.

2) 자체유역 홍수량의 미고려

- 하도외 저류(off-line) 방식의 저류지 중 강변저류지의 경우 대부분 자체유역을 가지게 되며 이와 같은 자체유역 홍수량은 자연배제하기 어려운 경우가 많으므로 저류지로의 유입량으로 처리하여 저류지 용량배분시 고려하여야 하지만 기존 상위계획 등에서 이를 고려하지 못하고 있다.
- 자체유역 홍수량을 저류지의 홍수조절 대상 재현기간과 동일하게 고려하여 저수지추적을 실시함으로써 저류지 용량배분에 자체유역 홍수량이 고려되도록 하여야 한다.

3) 횡월류웨어 유량계수 산정 방법 미흡

- 횡월류웨어의 유량계수를 산정할 수 있는 공식들은 매우 많이 제시되고 있으나 실무 적용성 등이 낮아서 적절한 공식이 없는 실정이다.
- 횡월류웨어의 유량계수 산정 공식중 HEC-RAS 부정류 모듈에 도입되어 있는 Hager 공식과 같이 월류부 수위에 따라서 변화되며 저류지의 수위가 상승함에 따른 잠류의 영향까지 고려할 수 있는 유량계수 산정 방법을 채택하여야 한다.

나. 강변저류지 제원 결정 방법

1) 기초 지형자료 구축

- 본류 하천의 종·횡단면 자료 및 조도계수, 저류지의 내용적 자료 등을 수집한다.
- 내용적 자료 작성시에는 본류 계획제방고를 상회하는 표고까지 충분히 고려하여야 한다.

2) 상류단 경계조건 산정

- 저류지 직상류부의 계획빈도 홍수수문곡선을 상류단 경계조건으로 산정하며, 계획빈도 이하 및 이상 홍수에 대한 추가 검토를 고려하여야 한다.
- 본류 홍수량 뿐만 아니라 자체유역 홍수량을 산정하고 본류와 동일한 재현기간의 자체유역 홍수량을 저수지 추적시 반드시 고려하여야 한다.
- 유역면적이 큰 경우 대부분 홍수수문곡선의 시간간격은 1시간으로 산정되어 있지만 정밀한 저수지 추적 결과 도출을 위해서는 5~20분 간격으로 세분하는 것이 필요하다. 하지만 이를 위하여 단위도의 지속기간을 짧게하여 홍수량을 재산정하는 것은 단위도의 기본 개념을 위배하는 것이기 때문에 지양하여야 하며, 다소 불편하더라도 산정된 홍수수문곡선을 수동으로 가공하는 작업이 필요하게 된다.

3) 하류단 경계조건 산정

- 부정류 계산의 하류단 경계조건은 수위수문곡선, 수위-유량관계곡선 등의 형태로 주로 사용되고 있다.
- 일반적으로 지류인 경우 본류까지 포함하여 본류 합류점의 수위수문곡선이 지류 하류단 경계조건으로 자동 처리되게 하거나 지류 하류단의 수위수문곡선, 수위-유량관계곡선 등을 입력하는 방법 등이 있다.
- 저류지 설치 지점이 하류단의 영향을 많이 받는 경우에는 매우 신중하게 하류단 경계조건을 산정하여야 한다.
- 하류단 경계조건 적용시에는 저류지 설치 지점의 계획홍수위가 재현되는지 여부를 검토하고 이와 같은 조건은 만족 여부를 종합적으로 고려하여 하류단 경계조건 산정 방법을 채택하여야 한다.

- 현재 우리나라 하천의 경우 부등류 계산에 의해 산정된 계획홍수위가 고시되어 있으며, 부정류 계산에 의한 계획홍수위는 기존 계획홍수위보다 낮게 산정되어 차이를 나타내게 된다.
- 이와 같이 계획홍수위가 달라지는 문제에 대하여 부등류 계산에 의한 계획홍수위가 재현되도록 하는 하류단 경계조건 등을 강제로 조정하는 방안과 계획홍수위에 미달되더라도 부정류 계산에 의한 홍수위를 적용하는 방안이 있으며 현재 계획홍수위를 재현하는 방법이 많이 사용되고 있다.
- 이들 두 가지에 방안에 대한 결정은 현실과 이론 사이의 괴리에 해당되는 문제이며, 이에 따른 영향이 매우 크므로 향후 방안 채택 기준 수립과 세부 계산 방법에 대한 내용 정립 등이 반드시 필요하다.

4) 목표저감량 설정

- 목표저감량을 유량단위(m^3/s)의 본류 홍수량 저감량 또는 용량단위(m^3)의 저류지 저류량 기준으로 설정한다.
- 하도외 저류(off-line) 방식의 저류지는 유입조절시설이 없는 조건에서 첨두홍수량의 저감이 목표인 경우에는 이에 맞는 저류지 규모를 결정하고, 저류지 규모가 결정되어 있는 경우에는 첨두저감량을 결정하는 것이 기본 원칙이지만 필요시 현장 여건에 맞도록 조정하여 적용한다.
- 본류 홍수량 저감량은 저류지 직하류 또는 하류 기준점(본류와 합류점 등)에 대하여 명확하게 설정하는 것이 필요하고, 저류지 저류량은 초기저류량(상시저류량) 및 본류의 홍수량과 동일한 재현기간의 자체유역의 홍수량을 고려하여 설정하여야 한다.

5) 횡월류웨어 마루고 및 길이 설정

- 횡월류웨어 마루고는 본류 하천의 계획홍수위 아래에 대하여 일단 개략적으로 설정하며, 활용도를 높이기 위하여 저빈도에도 유입이 가능하도록 고려하는 것이 필요하다.
- 횡월류웨어 길이는 지형 등의 여건을 고려하고, 설정된 마루고에서 목표저감량이 월류될 수 있는 정도의 길이로 우선 설정하며, 마루고와 길이는 저수지 추적을 통하여 세부 조정을 실시하게 된다.

6) 유입조절시설 설치 여부 검토

- 하도외 저류(off-line) 방식의 저류지는 운영 및 유지관리 측면을 고려하여 수문 또는 가동보와 같은 유입조절시설을 설치하지 않는 자연월류형을 우선적으로 검토한다.
- 유입조절시설을 설치하는 유입조절형은 횡월류 웨어길이의 축소가 불가피한 경우, 본류 하천 첨두부분의 저감이 중요한 경우, 저빈도에도 활용이 가능하도록 횡월류웨어 마루고를 낮추는 경우 등에 국한하여 도입한다.
- 한편, 저류지로 횡월류되었다가 바로 방류되는 신속 방류 또는 일종의 역류현상은 발생 방지에도 유입조절시설이 필요하게 된다.
- 유입조절시설은 가급적 단순한 운영 방식을 채택하여야 하며, 운영 방식을 프로그램 형태로 입력할 수 있는 HEC-RAS 모형 등이 유용하다.

가) 방류시설 규모 검토

- 방류시점은 본류 하천의 수위가 경계홍수위(계획홍수량의 50 %) 등으로 저하되는 시기에 수중방류를 통하여 방류수에 대한 영향을 저감시키는 방안과 홍수가 완전히 지나간 후 방류시키는 방안 등이 있다.
- 방류시설 규모는 저수지 추적의 전체 과정이 명확하게 표시되도록 저수지 추적에 포함하여 산정하여야 하며, 별도 분리 산정은 지양하여야 한다.

7) 계산 및 출력 시간간격 설정

- 부정류 계산의 저수지 추적 계산 시간간격은 짧게 설정하여야 하므로 1분 단위 등을 적용하지만 출력 시간간격은 5~20분 정도로 설정한다.
- 또한, 유입조절시설의 조작시간 등을 고려하여 출력 시간간격이 20분을 초과하지는 않도록 하는 것이 필요하다.

8) 저수지 추적을 통한 최적 조합 결정

- 여러 가지 횡월류웨어 마루고 및 길이의 조합에 대하여 필요시 유입조절시설의 조작 시기 등까지 고려한 저수지 추적을 실시한 후, 목표저감량(홍수저감량, 저류용량)이 충족될 때까지 횡월류웨어의 길이, 유입조절시설의 조작시기 등과 같은 인자의 조정을 실시하여 충족되는 조합을 완성하고 완성된 여러 가지 조합 중에서 최적 조합을 결정한다.

• 목표저감량 조건중 우선 저류용량 조건을 만족시키는 조합별 저수지 추적 사례를 첨두부분을 중심으로 나타내면 <그림 14.17>과 같다.

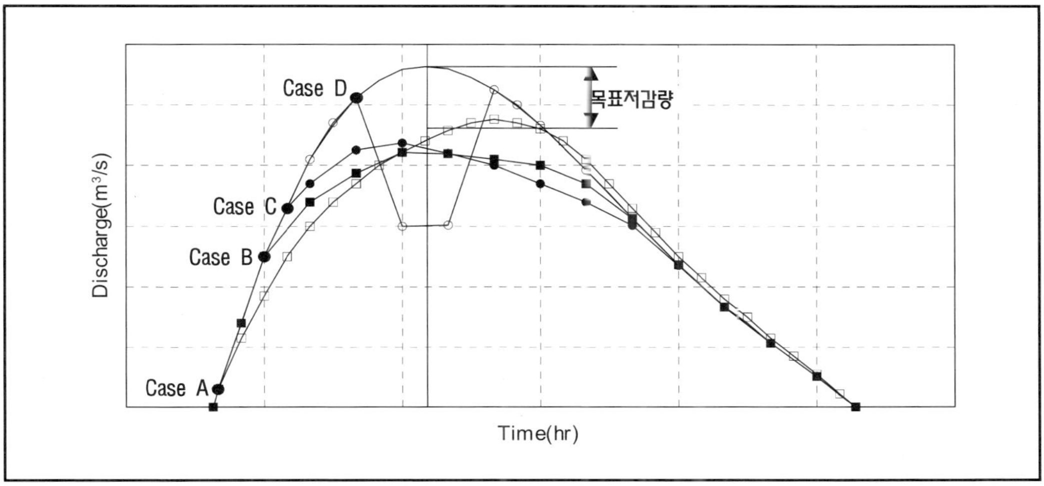

<그림 14.17> 하도외 저류(off-line) 방식의 조합별 저수지 추적 사례

• 동 그림의 조합별 저수지 추적 결과에 대한 다음과 같은 분석을 토대로 최적 조합을 채택한다.

① 조합 A는 유입조절시설을 설치하지 않은 경우로 홍수 저감량의 목표저감량 미달, 신속배제(또는 역류) 발성 등에 대한 조정이 필요하며, 마루고 증고 및 길이 증대 등의 조정후의 검토에서 길이의 대폭 증대와 유입조절시설의 설치 등이 필요한 조합이다.

② 조합 D는 본류 하천의 수위를 최대한 상승시킨 후 유입조절시설을 개방하여 첨두부분의 홍수량을 일시에 저감하여 저감량을 크게할 수 있는 조합이지만, 저감량은 첨두홍수량 발생시점에서의 조절전과 조절후의 차이가 아니라 수문곡선 전체 기간에 걸친 첨두홍수량의 차이로 산정하기 때문에 이와 같은 방식은 저감량이 증대되지 않는 무의미한 조합이다.

③ 조합 B와 C는 유입조절시설을 설치하여 횡월류웨어 마루고를 초과한 수위에서 개방하는 방안으로, 홍수 저감량의 크기, 조절후의 본류 하천의 홍수수문곡선이 부드럽게 나타나는 정도 측면에서는 조합 B가 유리하고 유입조절시설 조작의 용이 측면에서는 조합 C가 유리한 점 등을 종합적으로 감안하여 최적 조합을 채택한다.

14.9 침투형 저감시설 및 지역내 저류시설 계획

- 소규모 도시지역 개발사업에 대한 저감대책 수립시 저류지와 같은 대규모 시설을 계획하기 곤란한 경우가 대부분이므로 침투형 저감시설 및 지역내 저류시설(on-site)의 도입을 적극적으로 검토하여야 한다.
- 저류지와 같은 저류시설은 첨두홍수량은 저감시킬 수 있지만 유출총량을 감소시키는 기능은 미약하다. 반면, 침투시설은 토지의 침투능력에 따라 지하로 침투시켜 우수의 다목적 이용이 가능하게 하며, 지역내 저류시설은 첨두홍수량 증가량 저감보다는 유출총량 증가량 저감이 주목적이 된다.
- 한편, 다음과 같은 내용을 참고하여 유출총량 증가량의 저감목표를 결정할 수 있는 적절한 방안이 제시되어야 한다.

① 강우지속기간을 도시유역은 3시간 정도로 적절하게 선정하고, 개발후와 개발전의 유출총량 차이로 설정

② 일본의 도시지역 개발에 따른 유출총량 증가량이 약 120 m^3/ha(강우량으로는 12 mm)인 점 등을 감안하여 설정

14.9.1 침투형 저감시설

- 침투형 저감시설에는 침투통, 침투트렌치, 침투측구 및 투수성 포장 등이 있으며, 설치 방법은 <그림 14.18>, 침투통, 침투트렌치, 침투측구의 일반도는 <그림 14.19>, 투수성 포장의 일반도는 <그림 14.20>과 같다.
- 한편, 일반적으로 침투류에 의한 상호간섭에 의해 침투량이 저하되는 것을 방지하기 위하여 침투시설의 설치간격은 1.5 m 이상 이격시켜야 한다.

1) 침투통

원형 또는 사각형 통에 유수를 집수시켜 저면 및 측면에 충진된 쇄석을 통하여 침투시키는 시설물이다.

2) 침투트렌치

침투트렌치는 매설 유공관으로 굴착후 저면과 측면을 쇄석으로 충진하고 내부에 침투관(유공관, 다공관 등)을 설치한 후 상부도 쇄석으로 충진한 다음 우수받이와 연결시킨 시설이다.

3) 침투측구

침투측구는 일반 측구 저면 및 측면에 쇄석을 충진시켜 침투가 가능하게 하는 시설물이다.

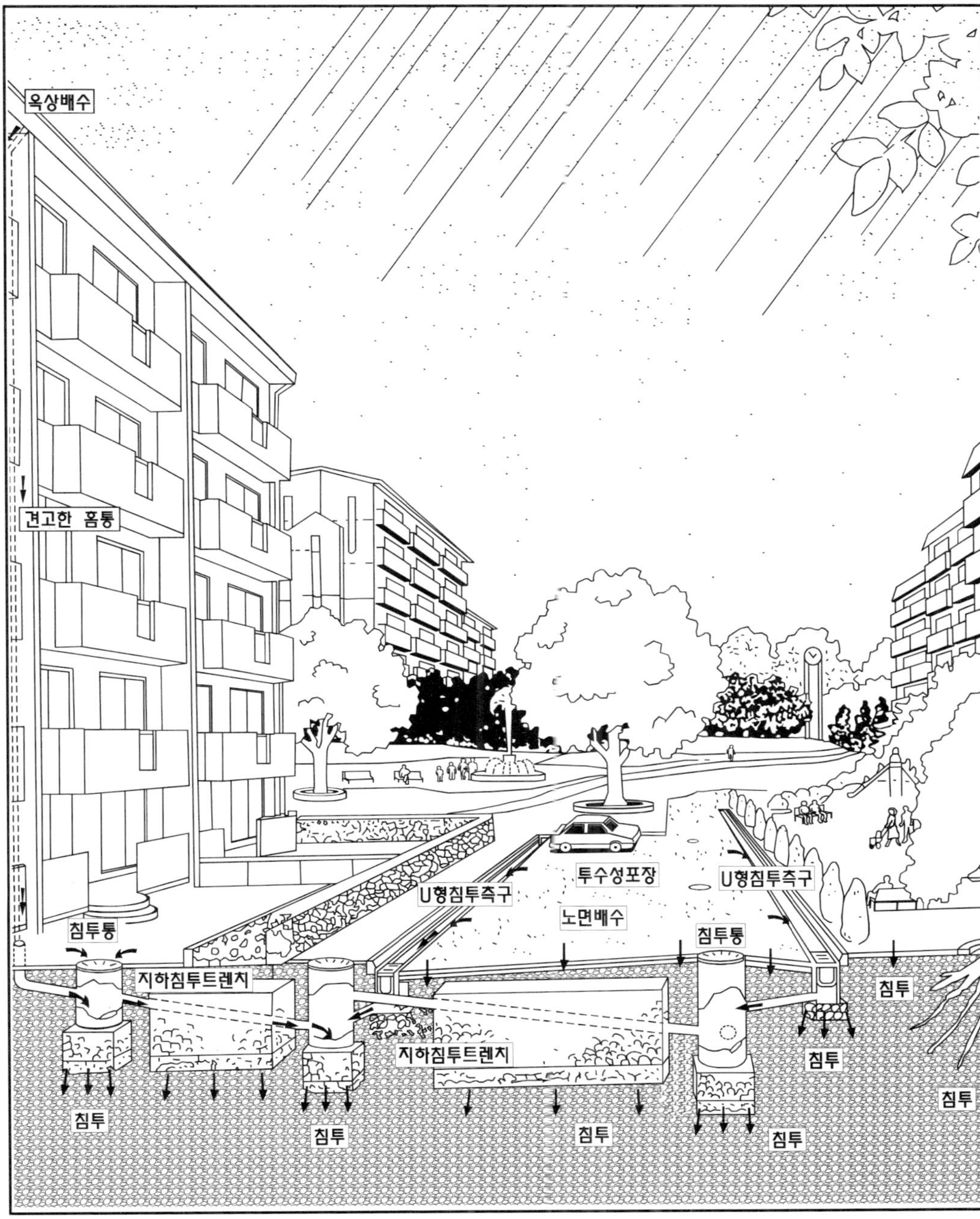

<그림 14.18> 침투형 저감시설 설치 방법

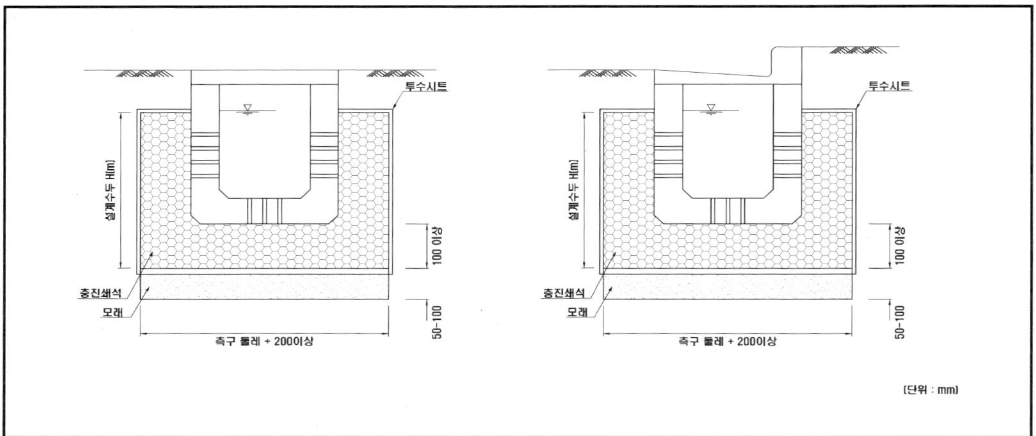

a) 침투통

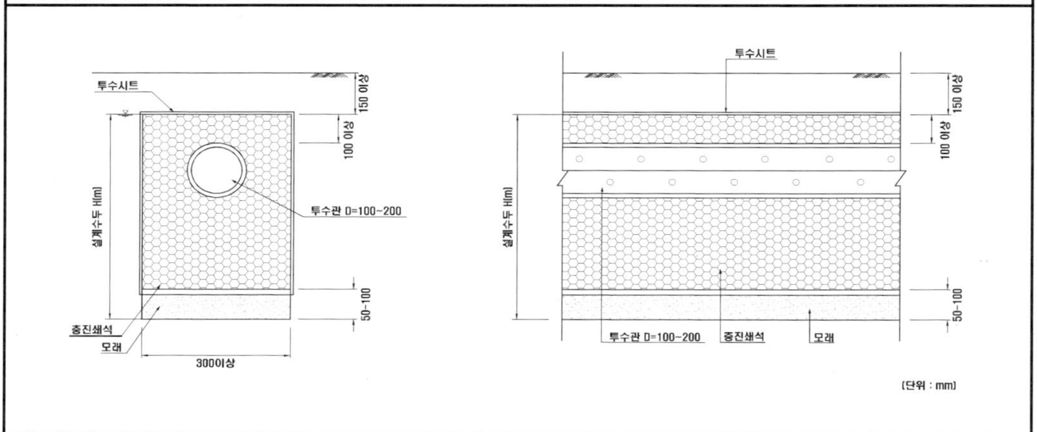

b) 침투트렌치

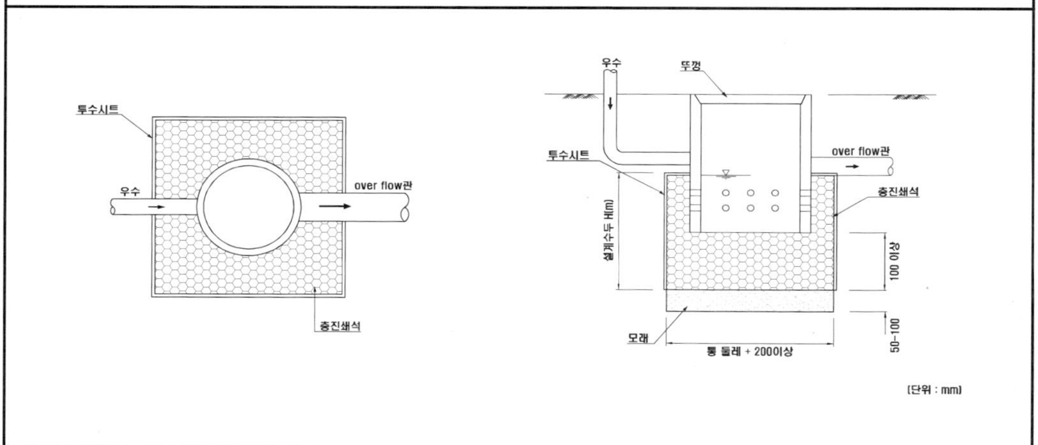

c) 침투측구

<그림 14.19> 침투통, 침투트렌치, 침투측구 일반도

4) 투수성 포장

투수성 포장은 우수가 포장재의 공극을 통해 직접 지표면 아래로 침투될 수 있는 투수성을 높이는 포장 공법으로, 투수성 보도블럭도 투수성포장의 일부에 포함된다. 한편 이와 같은 투수성 포장은 막힘 등에 의한 기능저하가 현저하기 때문에 적절한 유지관리가 필요하다.

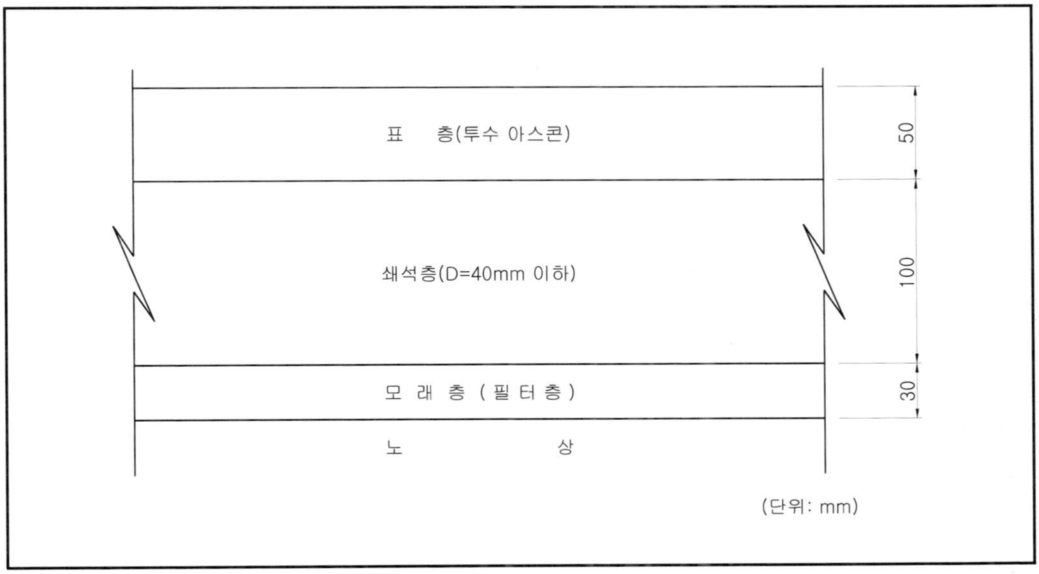

<그림 14.20> 투수성 포장 일반도

14.9.2 지역내 저류시설

지역내 저류시설은 지역외 저류시설인 저류지 등과 달리 유수의 이동을 최소한으로 억제하고 비가 내린 그 지역에서 우수를 저류하는 방식으로 지하공간 저류, 건물지하 저류, 동간 저류, 주차장 저류, 공원 저류, 운동장 저류 등이 있다.

1) 지하공간 저류

지하공간 저류는 우수저류시설을 지하에 설치한 것으로 상부를 주차장, 공원 등의 다른 용도로 이용할 수 있도록 구조화한 것이다. 경제적 이유뿐만 아니라 토사반출 등의 작업성을 고려하여 저류한계수심은 2 m 미만으로 하는 것이 바람직하다.

2) 건물지하 저류

주로 고층주택 및 큰 건물 등의 건물 지하공간을 이용하여 설치하며, 홍수가 빈번히 발생하는 지역으로 고밀도 주택가에서 사용한다. 저류한계수심은 2 m 미만으로 하여야 하며 해충발생 방지를 위하여 평상시에는 물이 고여있지 않도록 한다.

3) 동간 저류

연립주택 및 건물 사이 공간을 지역내 저류시설로 이용하는 경우에는 긴급차량의 진입, 건축물의 보호, 아동에 대한 안전대책 및 유지관리 등을 종합적으로 배려하여 저류가능 용량을 설치하여야 하며, 저류한계수심은 30 cm이다.

4) 주차장 저류

주차장 저류는 브레이크 장치가 잠기지 않도록 하고 저류된 우수로 인하여 주행에 지장을 주지 않도록 하며, 저류한계수심은 10 cm이다.

5) 공원 저류

공원·녹지 등을 저류시설로 이용하는 경우에는 공원의 기능, 이용자의 안전대책, 경관 등을 고려하여 저류장소 및 저류가능용량을 설정하며, 저류한계수심은 20~30 cm이다.

6) 운동장 저류

학교·유치원 등의 옥외운동장을 지역내 저류시설로 이용하는 경우에는 아동·유아에 대한 안정성을 배려하여 설정하도록 한다. 운동장 저류는 수심이 얕은 굴입식을 원칙으로 하며, 저류한계수심은 30 cm이다.

메 모 란

메 모 란

제15장 경제성 분석

15.1 경제성 분석 필요성 및 계획입안 원칙

15.1.1 경제성 분석 필요성

- 경제성 분석이란 자본과 자원은 한정되어 있고 필요로 하는 곳은 많을 경우 이를 효율적으로 배분하기 위한 분석이며, 수자원개발 사업은 대부분 공공사업으로 개발규모가 크고 투자비용이 많이 소요되므로 계획입안시 경제성 분석은 필수적이다.
- 특히, 자연자본이 희소한 우리나라의 경우 투자가치가 낮은 하나의 사업에 자연자본을 일단 사용한다면 투자가치가 높은 또 다른 사업을 포기하거나 중복하여 재투자되는 결과를 초래하므로 타당성에 대한 보다 과학적이고 합리적인 분석이 필요하다.

15.1.2 계획입안 원칙

1) 최적규모 결정

- 계획입안의 제 1원칙은 사업규모에 따른 순편익(net benefits)이 최대가 되는 규모를 최적규모로 채택하는 것이다. 따라서 한계비용분석(marginal analysis)에서 사업규모 변동에 따른 편익과 비용의 증분이 동일한 $\Delta B/\Delta C=1$ 조건을 만족하여야 한다는 원칙이다.
- 예를 들어 용수전용댐을 건설할 때 댐 높이를 크게할수록 용수공급에 따른 편익이 커지는 반면, 댐축조비, 수몰보상비, 유지관리비 등이 증가하게 된다. 이와 같이 댐 높이를 일정량만큼 증가시킬 때마다 추가적으로 발생하는 편익과 비용을 편익과 비용의 증분이라 하며 편익과 비용의 증분이 동일한 경우의 추가 비용이 한계비용이다.

- 편익-비용비(B/C)가 최대인 규모에서는 $\Delta B/\Delta C > 1$인 경우이며 이 때는 자원을 최대한 활용하지 않게 되므로 공공사업의 입안에서는 이러한 기준을 채택하지 않는 것이 원칙이다. 하지만 자금의 제약이 있을 경우나 개인투자에 의한 개발인 경우에는 편익-비용비(B/C)가 최대인 규모를 차선의 대안으로 채택하는 것이 가능하다.

2) 대안 평가

- 계획입안의 제2원칙은 실행 사업은 대안보다 우월해야 한다는 것이다. 따라서 개발하고자 하는 사업이나 또는 사업의 일부라도 그 사업으로 인하여 없어지거나 또는 대체될 수 있는 공공 또는 개인사업과 비교하여 우월해야 한다는 원칙이다.
- 예를 들어 다목적댐을 개발할 때 상수도 공급계획은 상수도 단일목적댐을 건설하거나 또는 지하수개발 등 다른 대안보다 유리한 경우에만 다목적사업에 포함하게 된다.
- 한편, 이와 같은 최적규모 결정과 대안 평가 등을 통하여 결정되는 최적규모는 경제적 관점에서만 본 것이며 개발에 따른 정치, 사회적 영향 등을 고려하여 최적규모를 일부 조정하는 경우도 있다.

15.2 이자율

- 자본은 자체적으로 자본을 늘릴 수 있는 수익능력이 있으므로 자본은 시간과 이자율에 따라 가치가 증가하며 따라서 이자율은 자본의 시간적 가치의 측정단위이다.
- 한편, 자본의 시간적 가치는 투자기간과 이자율에 따라 다르므로 몇 개의 대안에 대한 경제성 분석을 위해서는 동일 시점의 가치로 환산하여야 정확한 비교가 가능하다.

15.2.1 이자 종류

- 이자는 자본의 수익능력과 시간에 따른 가치의 차이를 나타내는 기준이며, 대출에 따른 위험도나 물가상승 등은 실제 적용시에 별도로 계상될 수 있다.

- 이자율을 적용함에 있어서는 크게 단리와 복리 계산법이 있으며, 이자 계산에서 기간이라 함은 전체 임차 기간을 이자율 단위기간(년, 월)으로 나눈 값이므로 이자율은 단위기간과 더불어 의미를 가지며, 통상 연단위 복리법을 사용한다.

1) 단 리

단리(simple interest)는 기간에 비례하여 이자가 증가하는 단순 계산방법으로 다음과 같이 산출한다.

$$I = Pni \quad , \quad F = P + I = P(1 + ni)$$

여기서 I는 이자(interest), P는 원금 현가(present worth), n은 이자기간, i는 이자율, F는 n 기간 후의 미래가(future worth) 또는 종가로 원리금이다.

2) 복 리

복리(compound interest)는 매 기간 단위별로 이자를 계산하여 원금과 이자의 합이 다음 기간 이자계산의 원금이 되는 계산방법으로 다음과 같이 산출한다.

$$F = P(1 + i)^n$$

15.2.2 이자계수

- 이자계산의 기본은 현재 자본의 미래가치나 미래 자본의 현재가치를 평가하는데 있으며 특별히 지정하지 않는 한 모든 계산의 이자계수는 연단위 복리법을 적용하게 된다.
- 연단위 복리법을 적용할 경우, i는 연이자율, n은 이자기간 수(년), P는 원금 현가, A는 매 단위기간 말의 균등부금 또는 상환액 현가, F는 미래가 또는 종가 등으로 정의된다.

가. 일시금 이자계수(single-payment factors)

1) 복리계수(compound-amount factor)

- 복리계수는 일시금 현가 P로부터 미래가인 종가 F를 계산하는 이자계수이며, 종가계수로도 불린다.

- 일시금 현가 P를 연이자율 i로 n년간 적립할 경우, n년후의 종가 F는 복리계수를 이용하여 다음과 같이 계산한다.

$$F = P(1 + i)^n \quad , \quad \left(\frac{F}{P}, i, n\right) = (1 + i)^n$$

- 두 번째 식을 살펴보면, 좌변 표기에서 F/P의 분모는 주어진 값, 분자는 구하고자 하는 값이며 이들의 관계는 이자율 i와 이자기간 수 n의 함수임을 의미하며, 이와 같은 표기 방법은 모든 이자계수에 동일하게 적용한다.

2) 현가계수(present-worth factor)

- 현가계수는 미래가인 종가 F로부터 일시금 원금 현가를 계산하는 이자계수이다.
- n년간 연이자율이 i일 경우 종가 F를 만들기 위한 현가 P는 현가계수를 이용하여 다음과 같이 계산한다.

$$P = \frac{F}{(1 + i)^n} \quad , \quad \left(\frac{P}{F}, i, n\right) = \frac{1}{(1 + i)^n}$$

나. 균등부금 이자계수(equal-payment-series factors)

1) 균등부금 복리계수(equal-payment-series compound-amount factor)

- 균등부금 복리계수는 n년간 매년 말에 균등부금 A를 적립할 경우의 종가 F 계산하는 이자계수이며, 연금종가계수로도 불린다.
- 이러한 경우의 종가는 다음과 같은 등비급수의 형태로 표시된다.

$$F = A + A(1+i) + A(1+i)^2 + \cdots + A(1+i)^{n-1}$$

- 상기 식의 좌변과 우변에 모두 (1+i)를 곱한 식에서 상기 식을 빼면 대부분의 항이 소거되어 다음과 같이 정리되며 여기서 종가 F와 균등부금 A의 관계인 균등부금 복리계수의 도출이 가능하다.

$$F(1+i) - F = -A + A(i+1)^n$$

- 매년 말에 균등부금 A를 연이자율 i로 n년간 적립하는 경우 종가 F는 균등부금 복리계수를 이용하여 다음과 같이 계산한다.

$$F = A\,\frac{(i + 1)^n - 1}{i} \quad , \quad \left(\frac{F}{A}, i, n\right) = \frac{(i + 1)^n - 1}{i}$$

2) 균등부금 적립계수(equal-payment-series sinking-fund factor)

- 균등부금 적립계수는 일정액의 종가 F를 상환하기 위해서는 n년간 매년 말에 얼마만한 균등부금 A를 적립하여야 하는가를 계산하는 이자계수이며, 감체기금계수(감가상각률)로도 불린다.
- 종가 F를 만들기 위해 연이자율이 i이고 n년간 매년 적립하여야 하는 경우 균등부금 A를 계산시에는 균등부금 복리계수의 역수인 균등부금 적립계수를 이용하여 다음과 같이 계산한다.

$$A = F\frac{i}{(i+1)^n - 1} \quad , \quad \left(\frac{A}{F}, i, n\right) = \frac{i}{(i+1)^n - 1}$$

3) 균등부금 자본환원계수(equal-payment-series capital recovery factor)

- 균등부금 자본환원계수는 일시금 P를 초기에 투자하고 이러한 투자액을 상환하기 위해서는 n년간 매년 말에 균등부금 A를 얼마나 적립하여야 하는가를 계산하는 이자계수이며, 통상 자본환원계수(capital recovery factor, CRF)로 불린다.
- 초기에 투자된 투자액 P의 종가 F를 얼마만한 균등부금으로 상환하였을 때 일치시킬 수 있는가 하는 경우이므로, 먼저 투자액 P에 복리계수를 곱하여 종가 F를 계산하고, 이러한 종가를 만드는데 필요한 균등부금 A는 종가 F에 균등부금 적립계수를 곱하여 계산한다.

$$F = P(1+i)^n$$

$$A = F\frac{i}{(i+1)^n - 1}$$

$$A = P(1+i)^n\frac{i}{(i+1)^n - 1} = P\frac{i(1+i)^n}{(1+i)^n - 1}$$

- 따라서 자본환원계수(CRF)는 복리계수와 균등부금 적립계수의 곱으로 다음과 같이 표시되며, 이는 또한 이자율과 균등부금 적립계수(감가상각률)의 합과 동일하다.

$$\left(\frac{A}{P}, i, n\right) = \frac{i(1+i)^n}{(1+i)^n - 1}$$

4) 균등부금 현가계수(equal-payment-series present-worth factor)

- 균등부금 현가계수는 n년간 매년 말에 균등부금 A를 적립할 경우 현가 P를 계산하는 이자계수이며, 자본환원계수와는 역수의 관계이다.
- 연이자율이 i이고 n년간 균등부금 A를 매년 적립하는 경우 현가 P는 균등부금 현가계수를 이용하여 다음과 같이 계산한다.

$$P = A\frac{(1+i)^n - 1}{i(1+i)^n} \quad , \quad \left(\frac{P}{A}, i, n\right) = \frac{(1+i)^n - 1}{i(1+i)^n}$$

다. 일정경사 현가계수(uniform gradient series present-worth factor)

- 일정경사 현가계수는 부금을 일정액만큼 연차별로 증가시키는 경우 현가를 계산하는데 사용되는 이자계수이며, 일정경사 부금계수라고도 불린다.
- 연간 변동액을 G라 하면 연차별 부금액을 1차년도 말에는 G, 2차년도 말에는 2G, …, n년도 말에는 nG로 표시되며, 이와 같이 수직막대 형태로 표시되는 연차별 부금액을 종가로 환산시 계산의 편의성을 고려하여 수평막대 형태로 간주한다.
- 이와 같이 수평막대 형태로 간주하는 것은 1차년도부터 n차년도까지 일정부금 G, 2차년도부터 n차년도까지 일정 부금 G, …, n-1차년도부터 n차년도까지 일정 부금 G를 각각 별도로 적립하는 형태 즉, 각 기간별로 구분되고 일정 부금 G인 수평막대를 쌓은 형태로 표시하는 것을 의미한다.
- 이와 같이 각 기간별로 구분된 일정 부금 G인 수평막대 각각에 균등부금 복리계수를 사용하여 종가로 환산하여 이들을 합산한 후 여기에 현가계수를 곱하여 현가 P를 계산한다.

$$P = \left[G\cdot\frac{(1+i)^n - 1}{i} + G\cdot\frac{(1+i)^{n-1} - 1}{i} +,\cdots,+ G\cdot\frac{(1+i)^1 - 1}{i}\right] \cdot\left[\frac{1}{(1+i)^n}\right]$$

$$P = G\,\frac{(1+i)^{n+1} - (1+ni+i)}{i^2(1+i)^n}$$

$$\left(\frac{P}{G}, i, n\right) = \frac{(1+i)^{n+1} - (1+ni+i)}{i^2(1+i)^n}$$

- 이와 같은 계산 방법은 수자원개발 사업에서 준공후 일정기간 공급능력이 수요를 초과하고 수요증가를 근사적으로 선형적이라고 볼 수 있을 때 이러한 계산법이 필요하게 된다.

라. 이자계수 적용시 유의사항

- 연도말이란 다음 연도초와 같은 의미이다.
- 현가 P는 1차년도 초에 발생한다.
- 종가 F는 n년 말에 발생한다.
- 부금 A는 매년 말에 발생한다.

마. 공칭이자 및 유효이자

- 공칭이자(nominal interest) 또는 명목이자는 연리로 나타내는 이자이며, 유효이자 또는 실질이자는 실제 이자계산의 기준이 되는 기간(interest periods)은 1개월, 3개월, 6개월, 년 등으로 1년 기준의 공칭이자와는 다른 개념이다.
- 따라서 유효이자를 적용할 경우 공칭이자를 적용한 경우보다 높은 결과를 도출하게 된다.

바. 물가상승과 이자계산

- 물가상승(inflation)은 복리계산의 효과를 가지게 되므로 물가 상승이 예상되는 경우에는 물가상승률을 고려하여야 정확한 경제성 분석이 가능하다.
- 이자율이 i, 물가상승률이 K인 경우 이들을 고려한 현가 P는 다음과 같이 계산한다.

$$P = \frac{F}{(1+i)(1+K)} = \frac{F}{(1+i+K+i \cdot K)}$$

- 이와 같은 식에서 $j=i+K+i \cdot K$로 놓으면 n년후의 현가 P는 다음과 같이 계산되며 이는 현가계수와 동일한 형태이다.

$$P = \frac{F}{(1+j)^n}$$

- 통상 경제성 분석은 동일 기준년도의 화폐가치와 물가기준에 따라 모든 비용과 편익을 계산하기 때문에 물가상승은 등가성에 의하여 고려하지 않는 것이 보통이다.

사. 할인율(discount rate)

- 자본의 시간에 따른 미래의 증가를 나타내는 수단으로는 이자율을 사용하지만 투자사업의 편익과 비용이 장기간에 걸쳐 발생할 때 그 편익의 흐름과 비용의 흐름을 평가하기 위해서는 모두 현재가치로 환산하게 되며, 이와 같이 미래의 편익과 비용의 흐름을 현재가치로 환산하는 수단으로 할인율을 사용한다.
- 실무적으로는 이와 같은 이자율과 할인율이 혼합되어 사용되고 있으며 본질적으로는 동일한 개념이다.
- 할인율이 낮으면 사업의 타당성이 증대되는 반면 높으면 타당성이 감소하게 되며 할인율에 따라 증감 폭이 매우 크므로 할인율은 경제성 분석에서 민감도가 높은 중요한 인자이다.
- 우리나라의 경우 수자원 관련 사업의 타당성 평가시 사용하는 할인율은 건교부장관이 협의 결정한 할인율을 적용하여야 하며 만약, 고시된 할인율이 없는 경우 현재 시중 이자율을 고려하여 결정(1994년 기존 특정다목적댐법 시행규칙) 하도록 되어 있다. 하지만 제대로 고시된 할인율도 없고 시중 이자율은 경우에 따라 상이하므로 할인율의 크기를 어느 수준으로 책정할 것인가 하는 것이 항상 어려운 문제로 대두된다.
- 공공투자의 할인율 결정 방법에는 사회적 시간선호율(social rate of time preference) 방법, 사회적 기회비용(social opportunity cost) 방법 등이 있으며, 이러한 방법들도 할인율을 명쾌하게 제시하지 못하고 있다.
- 할인율은 개발도상국의 경우는 8～10 %, 선진국에는 6 % 수준이 제시되고 있으며, 댐시설기준에는 8～10 %가 관례적으로 적용되고 있다고 기술되어 있으며, 현재까지 다목적댐 설계 등에서는 8～12 %를 적용한 바 있다.
- 한편, 「치수사업 경제성 분석 개선 방안 연구(2001, 건교부·국토연구원)」에서는 하천개수사업의 적정 할인율을 7.5 %로 제시한 바 있으나 금리인하 등을 감안하여 어느 정도 하향 적용하는 것이 합리적이다.

15.3 공공사업 경제성 분석

15.3.1 경제성 분석 절차

가. 사업의 필요성 분석(market demand analysis)

- 국방이나 치안 혹은 특별한 국가 정책적 사업 등을 제외하고는 모든 사업들이 시장 수요에 따라 사업을 확장하거나 또는 신규 사업을 계획하게 되며 따라서 수혜자가 없는 사업은 어떤 의미로는 시행이 불필요하다.
- 수요에 대한 분석 및 예측을 통해 해당 사업의 필요성을 검토하여야 한다.

나. 기술적 타당성분석(technical feasibility analysis)

- 수요 분석 및 예측 결과에 따라 전체적인 사업 투자규모가 결정되면 이를 위해 물리적 기본계획을 수립한다.
- 사업의 목표는 물론 하부구조 및 지원시설에 대한 설계배치, 설계기준, 시설공정, 공법 등 기술상황과 시장수요를 근거로 하는 각종 시설규모별 기자재의 결정 등에 대하여 종합적으로 평가 분석한다.

다. 경제적 타당성분석(economic feasibility analysis)

- 경제적 타당성분석은 사업의 시행에 따른 국민경제 및 사회 일반에 미치는 효과를 검정하는 과정이다.
- 사업으로 인하여 예견되는 모든 경제적 편익(benefits)과 사회적 비용(social costs)을 현재가치로 비교 분석함으로써 국민경제에 있어 투자의 우선순위 및 타당성을 결정하는 것으로, 사업주체의 재무수지만을 평가하는 재무적 타당성분석과는 구별된다.
- 경제적 타당성분석에는 편익-비용비(benefit/cost, B/C) 방법, 순현가(net present value, NPV) 방법, 경제적 내부수익률(economic internal rate of return, EIRR) 방법 등을 주로 사용한다.

라. 재무적 타당성분석(financial feasibility analysis)

- 재무적 타당성분석은 사업주체의 관점에서 현금흐름(cash flow), 사업수지성 및 부채 상환능력 등을 재무회계적 측면에서 평가한다.

- 따라서 경제적 타당성분석과는 달리 비용과 수익 항목에 있어서도 사업주체에서 실제로 발생한 비용과 사업주체에게 귀속되는 현금 수입만을 비교분석한다.
- 일반적으로 추정 재무분석(대차대조표, 손익계산서 등)과 동 사업으로 인해 발생할 장래의 현금 수입과 지출간의 현금흐름 상황을 현재가치로 환산하여 평가하는 재무적 내부수익률(financial internal rate of return, FIRR)을 주로 사용한다.

마. 조직 및 운영 타당성분석(organization & operational feasibility analysis)

- 조직 및 운영 타당성분석은 계량적인 경제·재무분석을 실시한 후 다음 과정으로 사업의 성공적인 운영과 발전을 위해 어떻게 할 것인가와 사업수행에 필요한 자원 및 자금을 어떻게 조달하며 운영해 나갈 것인가 등을 검토한다.
- 조직 운영 타당성 평가에 있어서는 소요인력의 확보, 교육훈련 방안 및 홍보 등 세부적인 운영관리지침까지 고려한다.

바. 민감도 분석(sensitivity analysis)

- 경제 및 재무적 타당성분석에 이미 적용하였던 주요 변수는 일반적으로 정상적인 경제활동을 전제로 결정한다. 하지만 장래의 사업집행 및 운영상태를 예측함에 있어서 예기치 못하는 사태가 발생한 경우, 경제·재무수익률의 분석 지표(B/C, NPV, IRR) 등이 어떻게 달라질 것인가를 다시 추정하여 봄으로써 만일의 사태에도 사업의 타당성 유무를 판단할 수 있다.
- 이와 같이 미래의 불확실성과 위험도를 사전에 감지하여 사업에 대한 의사결정의 수단으로 삼고자 하는 것이 민감도 분석이다.
- 따라서 사업계획에 대한 기술적, 경제적, 재무적 타당성분석을 실시한 후에는 반드시 장래의 불확실성이 사업의 분석 결과에 어떠한 영향을 미칠 것인가를 판단하기 위한 민감도 분석을 실시하여야 하며 그 결과를 다시 사업계획에 포함시켜 당초 계획을 재검토하는 것이 필요하다.

15.3.2 연간비용 및 연간편익 계산 방법

- 경제성 분석은 편익과 비용을 비교하는 방법을 기본으로 하고 있으나, 비용이나 편익의 발생은 시간적으로 서로 다르고 시간에 대한 발생 형태도 달라서 직접 비교할 수는 없으므로 등가성에 입각하여 편익과 비용의 등가액을 산출하여 비교하는 방법을 적용한다.
- 등가액의 산출은 계산의 편의성을 고려하여 하나의 시점을 채택하게 되며, 주로 사업기간초 기준 등가액(현가), 사업기간말 기준 등가액(종가) 또는 연간비용(annual cost) 및 연간편익(annual benefit)을 사용하는데 일반적으로 연간비용 및 연간편익 방법을 채택하고 있다.
- 연간비용 및 연간편익은 일련의 비용과 편익을 각각 기준년도의 현재가치로 할인하고 이를 합산한 다음, 전체 기간동안 균등하게 발생하도록 만든 연간균등액을 의미한다.
- 한편, 경제성 분석기간은 댐과 저수지의 경우에는 내구년한인 최대 100년보다 실제적 효용성이 유지될 수 있는 기간인 경제수명 기간인 50년 정도를 채택한다.

1) 연간비용 계산 방법

- 댐 공사와 같이 건설기간이 긴 경우에는 건설기간동안 투자액에 대한 건설중이자(interest during construction, IDC)를 고려하여 공공사업의 타당성 평가를 실시하여야 한다.
- 연도별 투자비를 준공년도를 기준으로 복리법에 의하여 일시금으로 계산하면 초기비용 원금에 건설중이자가 포함된 준공년도 기준의 현가 산출이 가능하다. 그러나 타당성조사 등 계획 및 검토 단계에서 수립한 공정계획과 투자계획은 변동 가능성이 크므로, 미국개척국(USBR)에서는 초기비용의 단순합계 금액이 공사기간 중간에 투입된다고 가정하고 단리법으로 건설중이자를 고려하는 방안을 채택하고 있다.
- 이와 같은 방법으로 계산한 준공년도 기준의 비용 현가(P)에 자본환원계수(capital recovery factor, CRF)를 곱하여 경제수명동안 균등액으로 환산한 값(A)을 연간 자본비라고 하며, 이는 공사비를 차입한 경우에는 원리금 균등상환액이 되며 자기자본을 투입한 경우에는 연간 감가상각비 개념이다.

- 연간비용은 비용 현가(P)에 자본환원계수(CRF)를 곱한 연간 자본비(A)에 연간 유지관리 및 교체비(OMR)를 더하여 계산한다.

2) 연간편익 계산 방법

- 사업 준공후 일정 기간 동안은 일반적으로 공급능력이 수요를 초과하게 되는 현상이 발생하며, 용수공급 전용댐인 경우에는 최적개발규모는 대체로 5~10년간 공급 초과현상(time lag)이 흔히 발생한다. 이러한 경우의 수요곡선은 <그림 15.1>과 같이 표시되며 수요 예측에 많은 불확실성이 포함되어 있으므로 통상 수요변화는 선형으로 간주한다.

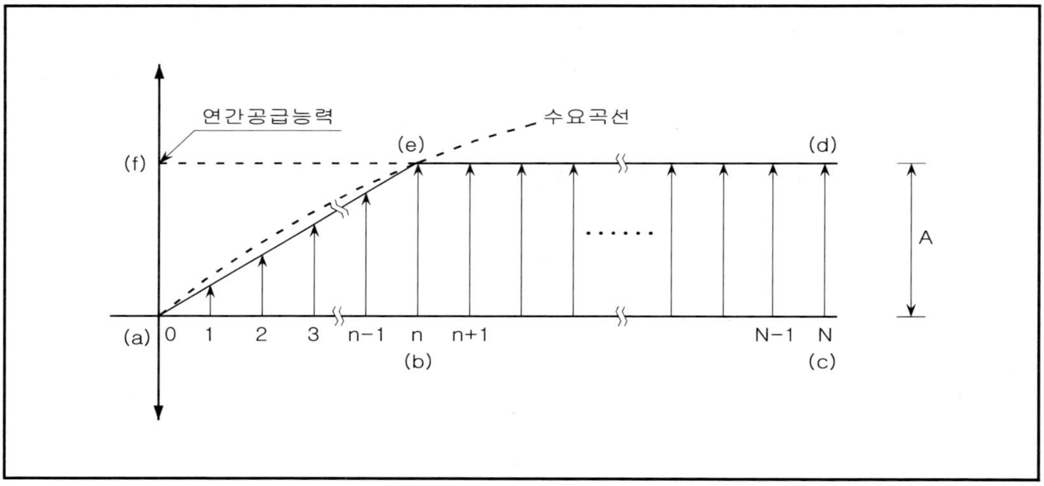

<그림 15.1> 초과공급을 고려한 연간편익의 할인

- 수요변화시 정상적인 연간편익을 구하기 위해서는 할인을 해야 하며, 실제 공급량 계산을 쉽게 할 수 있도록 편익의 도형을 원점(준공년)을 기준으로 하는 편익의 현가총액 P를 산출하기 위하여 재구성하면 다음과 같이 표시된다.

$$(acdea) = (acdfa) - (abefa) + (abea)$$

$$P = P_1 - P_2 + P_3$$

- 한편, 연간비용 및 연간편익을 산정시 비용은 연도초에 발생한 것을 해당 연도의 비용으로 하고, 편익은 연도말에 발생한 것을 해당 연도의 편익으로 하는 점에 유의하여야 한다.

- 사각형으로 표시되는 (acdfa)와 (abefa)의 현가 편익 P_1과 P_2는 각각 경제 수명 기간 N년과 공급과 수요가 일치되기까지의 기간 n년간의 균등부금 (A)을 현가로 계산하면 되며, 다음과 같이 균등부금(A)에 균등부금 현가계수를 곱하여 산출한다.

$$P_1 = A \cdot \frac{(1+i)^N - 1}{i(1+i)^N} \quad , \quad P_2 = A \cdot \frac{(1+i)^n - 1}{i(1+i)^n}$$

- 삼각형으로 표시되는 (abea)의 현가 편익 P_3는 연간 변동액 A/n을 G라 하면 연차별 부금액을 1차년도 말에는 G, 2차년도 말에는 2G, …, n년도 말에는 nG로 표시되며, 이와 같이 수직막대 형태로 표시되는 연차별 부금액을 종가로 환산시 계산의 편의성을 고려하여 수평막대 형태로 간주한다. 이와 같이 수평막대 형태로 간주하는 것은 1차년도부터 n차년도까지 일정 부금 G, 2차년도부터 n차년도까지 일정 부금 G, …, n-1차년도부터 n차년도까지 일정 부금 G를 각각 별도로 적립하는 형태 즉, 기간별로 구분되고 일정 부금 G인 수평막대를 쌓은 형태로 표시하는 것을 의미한다.
- 또한, 이와 같이 각 기간별로 구분된 일정 부금 G인 수평막대 각각에 균등부금 복리계수를 사용하여 종가로 환산하여 이들을 합산한 후 여기에 현가계수를 곱하여 현가 편익 P_3를 계산한다.

$$P_3 = G\,\frac{(1+i)^{n+1} - (1+ni+i)}{i^2(1+i)^n}$$

- 원점(준공년)을 기준으로 하는 현가총액 P는 다음과 같이 기 계산된 현가들을 합하여 계산한다.

$$P = P_1 - P_2 + P_3 = A \cdot \frac{(1+i)^N - 1}{i(1+i)^N} - A \cdot \frac{(1+i)^n - 1}{i(1+i)^n} + G\,\frac{(1+i)^{n+1} - (1+ni+i)}{i^2(1+i)^n}$$

- 연간편익은 다음과 같이 편익의 현가총액 P에 자본환원계수(CRF)를 곱하여 산출한다.

$$\text{연간편익} = P \cdot \frac{i(1+i)^N}{(1+i)^N - 1}$$

15.3.3 비용 및 편익 산정

가. 비 용(cost)

1) 사업비 또는 자본비

- 사업비(project cost)는 사업을 구상하여 설계하고 건설을 완료하여 그 기능이 발생되기까지 소요되는 모든 비용으로, 공사비와 보상비가 대부분을 차지하며 예비비, 설계감리비, 보상관리비, 세금 등의 부대비용과 건설중이자(IDC)를 포함한다.
- 자본비(capital cost)는 댐 건설사업에 소요되는 총사업비 또는 총사업비를 연간균등계수로 곱한 연간균등비용 등을 의미한다.
- 경제적 타당성분석에서는 계획사업의 집행에 따른 기반시설과 민간부문에 의해 투자된 시설이라 하더라도 사업과 직접 관계된 것이라면 모두 공사비에 포함하나 재무적 타당성분석에서는 사업주체가 투자한 비용만을 계상한다.

가) 공사비

- 댐 공사, 하천 공사 등에 필요한 직접비용으로서 과거에는 사업비의 주종을 이루었으나 요즘은 오히려 보상비가 더 큰 비중을 차지하는 추세이다.
- 공사비는 공사물량이 산출되고 공법이 선택되면 표준품셈표 등을 기준으로 계산한다.

나) 보상비

- 사업에 필요한 토지와 그 밖에 건축물, 토지 등 공사 지장물을 사들이는 비용과 영업권, 광업권 등에 대한 보상비용이다.
- 우리나라는 하천주변의 인구밀도가 높아 근래 댐 건설의 경우에는 보상비의 비중이 점차 커짐에 따라 수자원개발의 압박 요인으로 작용하고 있다.

다) 부대비용

a) 예비비

- 예비비는 공사기간 중 공사비의 물량증가와 가격상승 부분으로 나누어 계상하며, 공사비의 10% 정도의 물량증가 예비비와 과거 3~5년간의 물가상승률 정도의 가격상승 예비비 등으로 고려한다.

- 일반적으로 경제적 타당성분석에서는 모든 예비비를 사업비 계정에 포함시키나 재무적 타당성분석에서는 물량증가 예비비만 포함한다.

b) 설계감리비

설계감리비는 보통 특정 요율에 의하여 계산되므로 경제적 타탕성분석 및 재무분석에서 모두 사업비로 취급한다.

c) 보상관리비

보상관리비는 용지보상의 1% 및 이설도로 공사비의 2%를 포함한 것으로 산정한다.

d) 세금 및 기타

- 경제적 타당성분석에서는 투입자재에 브과되는 조세, 부가세 및 관세 등을 제한 세전가격의 비용개념을 사용하나, 재무적 타당성분석에서는 조세를 실제 비용으로 취급한다.
- 경제적 타당성분석에서는 각종 정부의 보조금을 사회적 투자비용으로 취급하나 재무적 타당성분석에서는 오히려 수혜자의 수익으로 간주하는 차이가 있다.

2) 유지관리비 및 교체비

가) 유지관리비(operating and maintenance cost)

- 유지관리비는 인건비, 전력비, 건축물유지비, 일상적인 수리비, 재료비, 소모품비와 감리 및 간접비용 등을 모두 포함하며 통상 과거 실적 통계치를 기준으로 산정한다.
- 공사기간이 짧은 사업계획의 경우엔 완공후부터 발생하는 것으로 계상하나, 공사기간이 긴 경우에는 공사기간중의 적정년도부터 발생하는 것으로 간주한다.

나) 교체비(replacement cost)

- 교체비는 구조물 경제수명 중에 마모 및 파손에 따라 교체하여야 하는 비용으로 통상 기계 및 전기부문의 중간 교체비용을 의미하며 경제·재무적 타당성분석에 있어서 모두 해당년도이 재투자되는 것으로 처리한다.

- 교체비는 부품별 미래가를 추정하여 연간비용으로 환산하는 것이 원칙이나, 기술 발전에 따른 비용의 저하 또는 물가상승의 불확실성 때문에 정확한 예측, 평가가 어렵기 때문에 현재의 평가기준을 관행적으로 적용하고 있다.
- 교체시기는 주요 부품의 경제수명에 가중치를 부여하여 계산한 합성 내구년한을 사용하는 것이 원칙이나, 통상 토목 및 건축부문은 50년, 기계 및 전기부문은 25년으로 간주하므로 기계 및 전기부문의 교체는 26년차에 교체하는 것으로 처리한다.

3) 공해 및 생태계에 미치는 역기능에 따른 비용 및 경제비용

- 공사기간 또는 사업 준공후에 사업으로 인하여 유발되는 역기능에 따른 비용 및 경제비용 등을 별도로 비용에 포함시켜야 한다.
- 역기능에는 환경, 생태계에 나쁜 영향을 등을 포함하며 최근에는 환경오염으로 인하여 각종 투자에 제약을 받는 경우가 많으며 이러한 공해문제에 대처하기 위한 추가 비용이 필요하다. 경제비용은 공사중 우회도로 또는 수몰로 인해 수송거리가 늘어날 경우의 수송비용 증가, 시간 손실 등을 포함한다.
- 이와 같이 경제적 타당성분석에서는 공해방지시설 설치비뿐만 아니라 예상되는 추가 비용까지 계량화하여 비용에 포함시켜야 하며, 재무적 타당성분석에서는 보통 공해방지 시설 설치비만 포함시키는 경우가 많다.

나. 편 익(benefit)

- 사업으로 발생되는 이익 또는 수입을 편익이라 하며 편익은 직접편익(direct benefit)과 간접편익(indirect benefit)으로 구분하고 또한, 계량편익(tangible benefit)과 비계량편익(intangible benefit)으로 구분한다.
- 직접편익은 사업의 효과를 바로 나타낸 것이며 간접편익은 직접편익 때문에 유발되는 2차 편익을 말하며, 직접편익은 간접편익에 비하여 사업과 상관성이 더 밀접하고 편익의 유발시간이 지체되지 않으므로 상대적으로 빠른 특성을 나타내며, 일반적으로 간접편익은 홍수조절의 경우에만 적용하고 있다.

- 계량편익은 계량이 가능하여 금액으로 평가할 수 있는 편익이며, 비계량편익은 다목적댐을 건설하여 홍수로 인한 인명피해가 감소된다거나 또는 저수량(low flow)을 증대시켜 수질 오염도가 개선되는 등의 편익과 같이 계량화하기 어려운 편익이며, 최근에는 비계량편익도 계량화하는 추세이다.
- 직접편익의 측정은 사업으로 인한 편익을 계량화하는 것으로 절대적 효과를 직접 평가하는 것은 대개 불가능하고 또한, 공정하지 못한 경우가 많으므로 직접편익 산정은 크게 최선의 대안(alternative)에 소요되는 비용을 평가하는 방법과 사업 유무(with project & without project)에 따른 효과 차이를 평가하는 방법으로 대별된다.
- 다목적댐으로 생활용수나 공업용수를 공급하는 경우에는 같은 규모의 용수공급 단일목적댐 건설 또는 지하수를 개발하여 공급하는 등 최선의 대안을 평가하여 대안의 소요비용을 생공용수 편익의 산정 기준으로 적용하는 방법 등이 대안 평가법이다.
- 농업용수 공급이나 홍수조절 계획은 사업을 시행하지 않았을 경우와 사업을 시행했을 경우의 영농 수입이나 홍수피해경감액의 차이를 편익으로 계산하는 방법 등이 사업 유무에 따른 효과 차이 평가법이다.
- 간접편익은 직접편익의 증대에 따른 사회, 경제적 확산 효과이므로 사업계획을 평가할 때마다 분석하는 것이 비현실적이므로 일반적으로 과거에 조사한 자료에 의하여 직접편익에 일정한 계수를 적용하여 간접편익을 계산하고 있다.

1) 생공용수 편익

- 생공용수 편익은 원칙적으로 사용자의 지불의사를 반영한 수요곡선을 도출하여 편익을 산정하는 직접적인 방법인 수요곡선 산정법이 바람직하나 현실 및 제도적 한계로 인하여 적용하기 곤란하므로 간접적인 방법을 주로 채택한다.
- 과거 특정다목적댐법에는 해당 다목적댐 및 관련시설의 설치에 의하여 공급되는 수량에 용수단가를 곱한 금액을 생공용수 편익으로 산정하는 것으로 규정하고, 댐시설기준에는 대체시설로 동일 수량의 용수를 공급하는데 드는 비용을 생공용수 편익으로 산정하는 대체시설비용법을 규정한 바 있다.

- 과거 특정다목적댐법에 의한 방법 적용시 우리나라의 용수단가는 물가안정을 위해 통제된 최저가격 수준이며 특히, 공업용수의 가격은 국가경쟁력 제고를 위해 생활용수보다 훨씬 낮으므로 이를 기준으로 한 생공용수 편익은 실질 편익보다 과소평가하게 된다.
- 대체시설비용법의 대체시설은 특별한 조건이 없는 한 계획지점에 용수공급 전용댐을 건설하는 것을 채택하고 있다. 이러한 적용은 최선의 대안을 기준으로 해야 한다는 기본 전제에는 어긋날 수 있으나 댐 규모 증분분석 등 방대한 작업에 있어서 동일한 비용곡선 자료를 사용할 수 있다는 편의성을 감안하여 관행적으로 적용하고 있다.
- 생공용수의 공급량인 연간 보장공급량(annual firm water supply)은 저수지 유입량이 임의로 변하므로 장기간의 저수지 모의운영에 의하여 결정한다. 통상 90～100% 보장공급량을 적용하고 있으며, 100% 보장공급량은 현실적으로 곤란하기 때문에 통상 90% 또는 95% 보장공급량을 편익계산에 적용한다.

2) 홍수조절 편익

- 홍수조절 편익은 홍수조절 기능이 없을 경우와 있을 경우의 확률피해액의 차이와 이에 관련되는 경제활동의 평가로 계산한다.
- 홍수조절 편익 산출에는 수위별 홍수피해액의 산정 등 방대한 현지조사가 필요하며, 수위 및 계절에 따른 자산피해율 결정 등 숙련된 판단이 필요하다. 또한, 일반적으로 현장조사에서 피해 대상의 누락 등 잠재피해액을 과소평가하는 경향이 많으므로 숙련된 기술자의 건전한 판단에 의해 보완하는 것이 필요하다.
- 홍수조절 편익은 직접편익, 간접편익, 토지가치 상승 편익, 경제성장 편익 등과 같은 계량편익과 비계량편익으로 구성된다.
- 현재 우리나라 실무에서는 예산의 제약이나 경험 부족 때문에 하천치수사업이나 UN등 국제기구에서 자료와 기술이 미흡한 후진국에 적용할 목적으로 제시한 간편법을 적용하는 경우가 있다. 하지만 대규모 치수사업에는 다음의 절차와 원리에 따라 편익을 계산하는 것이 타당하다.

가) 직접편익

- 댐 하류하천 연안의 현재 경제, 산업 등 여건이 앞으로 지속된다고 가정할 경우의 홍수조절 유무에 따른 연평균피해액의 차이를 기준으로 하여 홍수조절 직접편익인 연평균 홍수피해경감액을 계산한다.
- 우리나라의 경우 홍수조절의 직접편익은 다른 편익에 비하여 계산절차가 공식화되어 있으며 구체적인 내용은 후술되는 하천개수 사업의 치수경제성 분석편에 기술되어 있다.

나) 간접편익

- 홍수조절로 생산이 촉진됨에 따라 피해가 감소되고 농산물이 증산되는 등의 직접편익 이외에 시장, 수송, 가공, 유통 등과 같은 경제활동이 활발해지는 편익이 유발된다.
- 이러한 간접편익은 일반적으로 직접편익에 계수를 곱하여 계산하며, 산업구조가 발달되고 복잡할수록 이러한 계수 값을 상향조정하는 것이 필요하다. 특히, 최근 정보통신 부문의 중요성을 감안한다면 이의 서비스 부재에 따른 피해는 막대하고 해당 지역내의 여건에 따라 크게 달라질 수 있으므로 간접피해율의 적용시에는 신중을 기하여야 한다.

<표 15.1> **간접피해율**

피 해 영 역	간접피해/직접피해	비 고
공 업(전력, 용수 포함)	1.2	
도 시(상업, 주거, 공공시설)	1.5	
지 방	0.2	
도로, 철도	1.0	

다) 토지가치 상승편익

- 토지가치 상승편익은 홍수조절 사업이 완공되면 홍수범람 확률이 감소되므로 토지 가용면적이 늘어나고, 토지이용도가 높아지는데 따른 편익으로 직접편익 이외에 부가되는 편익이다.
- 토지가치 상승편익은 홍수조절로 인한 토지 용도의 변경, 토지 등급의 상승, 지가 변동 등을 고려하여 계산한다.

라) 경제성장 편익

- 홍수피해 감소에 따른 직접편익이나 간접편익, 토지가치 상승편익 등은 평가 당시의 사회, 산업, 경제 상태를 기준으로 산출한 것이나 장차 경제가 성장함에 따라 인명과 재산은 더욱 증가할 것이므로 홍수피해 잠재성이 더욱 증가되며, 이와 같이 증가되는 피해를 홍수조절로 감소시킬 수 있으므로 이를 경제성장 편익으로 계산한다.
- 경제성장 편익은 돈의 가치를 나타내는 이자개념과 중복된다는 논란이 있으나 경제 팽창속도가 빠른 개발도상국에서는 이러한 경제성장 편익을 고려하여도 무방하다.

마) 기타 편익

기타 편익에는 인명손실 감소, 일반복지 증진, 주민 안전 향상, 위생 증진, 전염병으로부터 보호 등이 있으며 타당성조사 등에서 이를 나열하여 제시하는 것이 필요하다.

3) 수력발전 편익

- 수력발전 편익은 수력발전소를 건설하거나 다목적 사업에 포함되는 수력발전의 경제적 타당성을 평가하기 위한 것으로 과거 특정다목적댐법 및 댐시설기준 등에서는 대체화력 평가법을 적용하는 것으로 규정하고 있다.
- 한편, 최근에는 수력발전 용량의 설비규모와 상시발전 또는 첨두발전에 의한 발전형식에 따라서 행정적 결정가격인 전력단가를 근거로 편익을 산정하기도 한다.
- 대체화력 평가법이란 계획하는 수력발전소 대신에 화력발전소를 대체·운영한다는 가정하에 이에 관련되는 모든 비용을 분석하여 이를 수력발전 편익의 기초로 하는 방법이다.
- 대체화력 평가법에 의한 수력발전 연간편익은 대체화력의 시설비용(고정비)을 기준으로 산정한 용량편익(kW 편익)과 대체화력의 운전비용(변동비)을 기준으로 산정한 에너지편익(kWh 편익) 및 대체화력의 공해방지비용을 기준으로 산정한 환경편익을 계산한 후, 이들 3가지 편익을 합산하여 산정하며 다음과 같은 절차를 적용한다.

① 계획 수력발전소의 운영기준에 의거 저수지조작에 의한 유효출력(kW), 연간발전량(kWh/년) 및 연평균발전량(kWh/년)을 산정

유효출력과 연간발전량은 장기간에 걸친 저수지 모의운영을 통하여 산정하는 것이 바람직하다. 하지만 중·소규모의 수력발전소는 이상 가뭄과 같은 극심한 수문상황에서는 출력의 변화가 크며 이와 같이 출력이 저수지 유입량에 크게 의존하는 경우의 유효출력 산정시에는 전력지속곡선(power duration curve)으로부터 초과확률 90～95 %에 해당하는 출력인 보장출력(dependable capacity)을 적용한다.

② 대체화력의 선정 및 규모 결정

대체시설은 연료의 공급 보장성, 수송 및 저장조건, 환경오염도 등을 고려하여 선정하여야 하며 반드시 하나의 화력발전소로 제한할 필요는 없다.

③ 대체화력발전소의 용량(kW)당 건설비 단가(원/kW) 산정

대체화력의 고정비를 기준으로 하며 건설기간중의 시설비, 이자, 제세금 및 기름 또는 LNG 등 연료 저장시설의 비용 등을 포함하여야 한다.

④ 대체화력의 연간고정비율 산정

대체화력의 건설비로부터 연간균등비용을 구하기 위하여 연간고정비율을 산정하며, 연간고정비율은 자본환원계수, 운전·보수, 제세금, 유지보수비의 비율을 포함한다.

⑤ 용량가치 조정계수(kW 조정계수) 산정

수력발전은 화력발전에 비하여 고장과 사고가 적어 기계적으로 신뢰성이 높고, 변동하는 부하에 신속하게 대응할 수 있어서 융통성이 큰 장점 등을 지니며, 이와 같은 수력발전의 장점에 따라 수력발전의 용량가치를 증가시켜 주기 위한 계수인 용량가치 조정계수는 다음과 같이 산정한다.

$$\text{용량가치 조정계수} = \frac{\text{HMA}}{\text{TMA}}\frac{1-\text{HSS}}{1-\text{TSS}}(1+\text{F})$$

여기서 HMA와 TMA는 각각 수력과 대체화력의 기계적 가용성, HSS와 TSS는 각각 수력과 대체화력의 소내소비율, F는 수력의 융통성 조정계수이다.

⑥ 용량편익 산정

용량편익은 수력발전소의 1차 변전소를 기준으로 한 유효출력에 조정된 용량편익 단가를 곱한 연간균등편익으로 다음과 같이 산정한다.

용량편익 = 유효출력(kW) × 대체화력 건설단가(원/kW)
× 연간고정비율 × 용량가치 조정계수

⑦ 에너지가치 조정계수(kWh 조정계수) 산정

수력발전소가 건설되었을 때와 대체화력발전소가 건설되었을 때의 전체 전력시스템의 운전비용의 차이는 단순히 대체화력의 연료비만이 아니고 수력과 대체화력이 계통에 투입되었을 때 다른 발전소의 이용률에 각각 다른 영향을 미치게 된다. 이러한 영향을 고려하기 위하여 도입된 에너지가치 조정계수(원/kWh)는 다음과 같이 산정한다.

$$에너지가치\ 조정계수 = \frac{PF_t - PF_h}{PF_h} \times (EC_t - EC_d)$$

여기서 PF_t는 대체화력 이용률, PF_h는 수력 이용률, EC_t는 대체화력 연료비 단가(원/kWh), EC_d는 대체화력에 의해 이용률 변동이 생기는 발전소들의 평균 연료비 단가이다.

⑧ 에너지편익 산정

에너지편익은 수력발전소의 1차 변전소를 기준으로 한 연간평균발전량에 조정된 에너지편익 단가를 곱한 연간균등편익으로 다음과 같이 산정한다.

에너지편익 = 연간평균발전량(kWh) ×
[대체화력 연료비 단가(원/kWh)
+ 에너지가치 조정계수(원/kWh)]

⑨ 환경편익 산정

대체화력의 공해방지를 위한 시설의 건설비 및 운전유지비를 산정하여 수력발전의 환경편익을 고려하여야 하므로, 배연탈황공정의 처리방법에 따른 시설투자비와 운전유지비를 이용하면 된다. 한편, 배연탈황시설의 시설투자비는 대체화력평가법의 용량편익에 운전비는 에너지편익에 각각 추가하여 고려하는 방안도 가능하다.

환경편익 = 대체화력의 시설용량(kW)
× kW당 배연탈황시설 시설비
× 배연탈황시설 연간고정비율
+ 대체화력 연평균발전량(kWh)
× kWh당 배연탈황시설 운전비

⑩ 연간편익은 용량편익과 에너지편익 및 환경편익을 더하여 산출

연간편익 = 용량편익 + 에너지편익 + 환경편익

- 발전평가에 있어서 계획된 첨두발전 시간에 생산한 에너지인 1차 에너지와 그 외의 시간에 생산된 부차적인 에너지인 2차 에너지로 구분하여 편익단가를 다르게 적용할 수 있다. 2차 에너지는 풍수기에 방류수의 에너지 생산을 말하는 것으로서 비첨두시간 발전량이므로 1차 에너지 가치의 75% 정도로 평가하는 방안을 적용하기도 한다.
- 우리나라의 경우 전력부하는 계속 커지고 포장수력은 제한적이므로 계획하는 수력발전과 대등한 규모의 화력발전에 관한 자료가 부족하여 상대적으로 시설 규모가 큰 화력발전 자료를 적용함에 따라 수력발전의 편익이 너무 작게 평가되고 있는 실정이다.
- 대체화력평가법에서는 부가적으로 대체화력의 연료가격 상승과 외화절약 측면의 고려가 필요하고, 수력발전은 에너지 자립도 향상, 국내 부존자원 개발 및 이용 등에 기여하는 부분에 대한 것도 부가적으로 고려하는 것이 필요하다.

4) 농업용수 편익

- 농업용수 직접편익은 관개로 인해 농업소득이 향상되는 것을 평가하는 것으로 농업경제분석에 바탕을 두고 농업용수 공급에 따른 순이익의 증대를 농업용수 직접편익으로 계산한다.
- 이와 같이 농업경제분석을 기초로 한 농업용수 직접편익의 계산은 매우 절차가 복잡하고 방대한 조사, 분석이 필요하므로 여기서는 다음과 같은 내용만을 기술하였다.

- 사업지구(농업용수 공급 대상지역)에 대한 현재 농업경제 상태를 조사
- 관개사업을 하지 않은 조건에서 미리 농업경제 상태를 예측
- 관개사업을 할 경우 미래 농업경제 상태를 예측

- 이와 같은 3단계의 조사, 분석을 통하여 사업유무에 따른 효과를 측정하여 농업용수 공급에 따른 수익증대 효과를 산정한다.
- 한편, 관개사업의 규모가 작거나 개략적인 평가 단계에서는 농업경제분석 대신에 대체시설에 의한 농업용수 공급비용을 편익으로 하는 경우도 있다.
- 우리나라 다목적댐의 사례를 살펴보면, 수혜 대상지역에 농업용수를 공급함에 따라 관개 대상면적 증가와 토지이용률의 증가에 따른 관개면적 증가편익과 생산량 증가편익을 계산하고 여기에 추가적으로 건설되는 양수장, 배수로 등 수리시설의 연간비용을 감하여 농업용수 직접편익으로 계산한다.

5) 기타 편익

- 이와 같은 편익 이외에 수자원의 다목적 개발에 포함될 수 있는 편익은 레크리에이션, 수질 개선, 비상용수 공급, 주운, 어류 및 야생동물 보호와 관련된 편익 등이 있다.
- 레크리에이션, 수질개선, 비상용수공급, 주운 등의 편익은 계량편익으로 인정되고 있으며 어류 및 야생동물 보호 등의 편익은 특별한 경우가 아니면 비계량편익으로 간주한다.

15.3.4 경제성 분석 방법

가. 편익-비용비 방법

- 편익-비용비(benefit-cost ratio, B/C) 방법은 사업에 투입되는 비용의 현가와 얻어지는 편익의 현가의 비를 구하여 경제성을 평가하는 방법으로 B/C가 1보다 크면 경제성이 있다고 판단한다.

$$B/C = \frac{\text{편익의 현가}}{\text{비용의 현가}} = \frac{\text{연간편익}}{\text{연간비용}}$$

- 두 가지 대안의 비용이나 편익 중 한 가지가 동일한 경우에는 B/C가 큰 대안이 최선안이 되지만 비용과 편익이 모두 상이한 경우에는 대안의 비용과 편익의 차액을 구한 후 이 차액에 대한 $\Delta B/\Delta C$가 1보다 크면 투자액이 큰 대안을 선정하고 1보다 작은 경우에는 투자액이 작은 안을 선정하는 증분 분석을 실시하여야 한다.

나. 순현가 방법

- 순현가(net present value, NPV) 방법은 대안별로 경제수명 동안 비용과 편익을 현재가치로 계산한 후 최적안을 선정하는 방법으로 현재 가장 많이 사용되는 방법이다.
- 현가편익에서 현가비용을 감한 값을 순현가(NPV)라 하며 공공투자 타당성 분석에 많이 사용하며, 내구년한이 다를 경우에는 최소공배수년을 분석한다.

다. 내부수익률 방법

- 내부수익률(internal rate of return, IRR) 방법은 대안별로 비용과 편익의 합이 0이 되는 수익률을 구하여 가장 큰 수익률을 나타내는 대안을 선정하는 방법이다.
- IRR 방법이 실무에서 비교적 많이 사용되는 것은 투자 대안의 만족도를 나타내며 또한 장래 할인율을 몰라도 되는 장점 등에 기인한다.
- 수익률이 희망수익률보다 크면 투자가치가 있다고 볼 수 있으며 실제로 수익률은 시장이자율보다 훨씬 커야 경제성이 있다.

<표 15.2> 경제성 분석 방법의 비교

방 법	장 점	단 점
편익-비용비 (B/C)	• 적용 용이 • 규모가 유사한 대안 평가시 이용	• 사업규모의 상대적 비교가 곤란 • 편익이 늦게 발생하는 사업의 경우 불리한 결과
순현가 (NPV)	• 적용 용이 • 규모가 유사한 대안 평가시 이용 • 방법별 분석 결과가 상이시 우선	• 투자사업이 클수록 크게 산정 • 자본투자 효율성이 나타나지 않음
내부수익률 (IRR)	• 투자사업 예상수익률 판단 가능 • B/C, NPV 방법 적용시 할인율이 불분명할 경우 이용	• 단기사업 수익성이 과장되기 쉬움 • 편익발생이 늦은 사업의 경우 불리한 결과 발생

15.4 다목적 사업 비용배분

15.4.1 비용배분 원칙

- 다목적 사업의 비용배분(cost allocation)이란 다목적 사업에 투입된 건설원가 중 공동시설비를 목적별 사업에게 공평하게 부담시키기 위한 원가계산 과정이다.
- 다목적댐인 경우에는 목적별로 타당성을 검토하고 또한 댐 사용권 설정예정자의 부담률을 결정하고 공동시설에 의한 다목적 사업의 비용 절감을 확인할 수 있도록 하기 위하여 목적별 비용배분을 실시한다.

15.4.2 비용배분 방법

- 과거 특정다목적법에서는 비용배분방법으로 대체타당지출법을 기준으로 하도록 규정하고 있다.
- 여러 가지 비용배분 방법은 모두 방법별로 논리적인 결함을 가지고 있으므로 댐 계획에 있어서는 대체타당지출법 이외의 방법을 하나 더 선정하여 배분하는 것이 좋으며, 추가하는 방법은 특별한 사유가 없는 한 분리비용-잔여편익법을 권장하고 있다.
- 다목적 사업의 비용배분은 다음과 같은 원칙을 고려한다.
  - 다목적 사업으로 발생되는 비용 절감액은 최소와 최대 부담 범위내에서 목적별로 공평하게 배분
  - 목적별 최소부담은 한 가지 목적만을 위한 비용인 전용시설비 또는 분리비용
  - 목적별 최대부담은 단일목적의 대체건설비 또는 단일목적의 자체편익에 의한 타당투자액 중 작은 값
  - 공동시설비는 어느 목적이든 비용 상환능력에 관계없이 배분
  - 법적 우선권, 기존 법률, 계약, 조약 등을 인정
- 다목적댐 비용배분은 다음의 순서로 실시한다.

① 저수용량의 목적별 배분

② 공동시설비와 전용시설비의 구분

③ 목적별 대체건설비 및 타당투자액 산출

④ 목적별 분리비용 산출

⑤ 비용배분

- 대체건설비는 일반적으로 동일 지점에서 목적별로 동등한 기능을 갖는 댐 건설비로 산정하며, 타당투자액은 다음과 같이 산정하며 대체건설비와 타당투자액 중 작은 것이 타당지출액이다.

$$\text{타당투자액} = \frac{\text{연간편익} - \text{연간비용}}{\text{자본환원계수}\cdot(1 + \text{건설중이자})}$$

가. 대체타당지출법(alternative justifiable expenditure method)

- 대체타당지출법은 해당 목적별 대체건설비와 타당투자액 중 적은 금액인 타당지출액에서 전용시설비를 뺀 공동시설의 투자한도의 비율로서 공동시설비를 배분하고 여기에 전용시설비를 더하여 해당 목적별 부담액을 배분하는 방법이다.
- 대체타당지출법은 비교적 합리적인 배분 방법이나, 전용시설 이외의 증분비용(저수지용량 및 댐)을 감안할 수 없기 때문에 증분 비용이 큰 사업자의 분담액이 증분비용이 적은 사업자에 전가되는 단점을 지닌다.

나. 분리비용-잔여편익법(separable cost-remaining benefits method)

- 분리비용-잔여편익법은 대체타당지출법의 전용시설비를 다음과 같이 보완한 분리비용을 도입하여 대체타당지출법의 문제점을 개선한 방법이다.

분리비용 = 총사업비 - 해당 목적의 사업을 제외한 총사업비

- 분리비용-잔여편익법은 타당지출액에서 분리비용을 뺀 잔여편익의 비율로서 공동시설비를 배분하고 여기에 분리비용을 더하여 해당 목적별 부담액을 배분하는 방법이다.

15.4.3 비용배분 적용

댐지점의 대체시설에 대한 비용 계산자료가 <표 15.3>과 같이 주어지고, 공사기간 4년, 연리 10 %, 분석기간 50년인 경우에 대한 비용배분은 다음과 같이 적용한다.

<표 15.3> 댐지점의 대체시설에 대한 비용자료

(단위: 백만원)

기능 및 목적		사업비			연간비용		
		대체 건설비	건설중 이자	계	자본비	유지관리 및 교체비	계
단일목적	1. 용수댐	*12,020*	2,404	14,424	1,455	*72*	1,527
	2. 수력발전댐	*18,000*	3,600	21,600	2,179	*108*	2,287
	3. 홍수조절댐	*9,240*	1,848	11,088	1,118	*56*	1,174
2개목적	4. 용수+발전	*18,000*	3,600	21,600	2,179	*110*	2,289
	5. 용수+홍수조절	*12,400*	2,480	14,880	1,501	*80*	1,581
	6. 발전+홍수조절	*25,730*	5,146	30,876	3,114	*120*	3,234
다목적	7. 용수+발전+홍수조절	*25,730*	5,146	30,876	3,114	*120*	3,234
분리비용	8. 용수(7-6)	0	0	0	0	0	0
	9. 발전(7-5)	13,330	2,666	15,996	1,613	40	1,653
	10. 홍수(7-4)	7,730	1,546	9,276	935	10	945
전용시설	11. 용수	0	0	0	0	0	0
	12. 발전	*6,339*	1,268	7,607	767	*100*	867
	13. 홍수조절	*1,656*	331	1,987	200	*20*	220

주) 1. 이탤릭체로 표시된 수치는 별도 계산에서 주어진 자료
2. 건설중이자는 단리법을 적용, 연간자본비는 총사업비와 자본환원계수의 곱

가. 대체타당지출법에 의한 비용배분

① 각종 연간비용(목적별 대체건설비와 유지관리 및 교체비의 합)과 연간편익 등은 기 산출된 결과를 이용한다.

② 해당 목적별 대체건설비와 타당투자액 중 적은 금액인 타당지출액을 산출한다.

③ 타당지출액에서 전용시설비를 뺀 금액을 해당 목적별 공동시설 투자한도로 산출한다.

④ 해당 목적별 공동시설 투자한도의 비율을 산출한다.

⑤ 해당 목적별 공동시설 배분액은 비용자료의 다목적 연간비용에서 전용시설비의 연간비용의 합계를 뺀 값인 공동시설 배분액의 합계에 공동시설 투자한도의 비율을 곱하여 산출한다.

⑥ 해당 목적별 부담액은 해당 목적별 전용시설비와 공동시설 배분액의 합으로 산출한다.

<표 15.4> 대체타당지출법에 의한 비용배분

(단위: 백만원)

구 분	용 수	발 전	홍수조절	계	비 고
1. 연간편익	1,880	2,805	1,534	-	별도 계산에서 주어진 자료
2. 대체건설비	1,527	2,287	1,174	-	비용자료의 단일목적 연간비용
3. 타당투자액	2,917	4,280	2,974	-	계산식을 이용하여 산출
4. 타당지출액	1,527	2,287	1,174	4,988	(2, 3) 중에서 작은 것
5. 전용시설비	0	867	220	1,087	비용자료의 전용시설 연간비용
6. 공동시설 투자한도(4-5)	1,527	1,420	954	3,901	
7. 공동시설 투자한도의 비율(%)	39.1	36.4	24.5	100.0	
8. 공동시설 배분액	839	782	526	2,147	주)에 계산 내역 상세 기술
9. 목적별 부담액(5+8)	839	1,649	746	3,234	
부담비율(%)	25.9	51.0	23.1	100.0	

주) 공동시설 배분액의 합계는 비용자료의 다목적 연간비용에서 전용시설비 연간비용의 합계를 뺀 값, 목적별 공동시설 배분액은 비용배분 7행의 비율로 배분

나. 분리비용-잔여편익법에 비용배분

① 각종 연간비용(목적별 대체건설비와 유지관리 및 교체비의 합)과 연간편익 등은 기 산출된 결과를 이용한다.

② 해당 목적별 대체건설비와 타당투자액 중 적은 금액인 타당지출액을 산출한다.

③ 타당지출액에서 분리비용을 뺀 금액을 해당 목적별 잔여편익으로 산출한다.

④ 해당 목적별 잔여편익의 비율을 산출한다.

⑤ 해당 목적별 공동시설 배분액은 비용자료의 다목적 연간비용에서 분리비용의 연간비용의 합계를 뺀 값인 공동시설 배분액의 합계에 잔여편익의 비율을 곱하여 산출한다.

⑥ 해당 목적별 부담액은 해당 목적별 분리비용과 공동시설 배분액의 합으로 산출한다.

<표 15.5> 분리비용-잔여편익법에 의한 비용배분

(단위: 백만원)

구 분	용 수	발 전	홍수조절	계	비 고
1. 연간편익	1,880	2,805	1,534	-	별도 계산에서 주어진 자료
2. 대체건설비	1,527	2,287	1,174	-	비용자료의 단일목적 연간비용
3. 타당투자액	2,917	4,280	2,974	-	계산식을 이용하여 산출
4. 타당지출액	1,527	2,287	1,174	4,988	(2, 3) 중에서 작은 것
5. 분리비용	0	1,653	945	2,598	비용자료의 분리비용 연간비용
6. 잔여편익(4-5)	1,527	634	229	2,390	
7. 잔여편익의 비율(%)	63.9	26.5	9.6	100.0	
8. 공동시설 배분액	406	169	61	636	주)에 계산 내역 상세 기술
9. 목적별 부담액(5+8)	406	1,822	1,006	3,234	
부담비율(%)	12.6	56.3	31.1	100.0	

주) 공동시설 배분액의 합계는 비용자료의 다목적 연간비용에서 분리비용 연간비용의 합계를 뺀 값, 목적별 공동시설 배분액은 비용배분 7항의 비율로 배분

15.4.4 비용배분 제도 문제점

- 우리나라 다목적댐의 적용 기준인 대체타당지출법은 전용시설 이외의 증분비용(댐 및 저수지용량)을 감안할 수 없다. 따라서 증분 비용이 큰 사업자의 분담액이 증분비용이 적은 사업자에 전가되어 형평성을 기할 수 없는 단점을 지닌다.
- 우리나라는 하천유지용수, 주운, 어업, 환경보전 등의 목적이 제도적으로 분류되지 않아 국가 또는 해당 지자체가 부담하여야 할 비용을 사업자가 부담해야 하는 모순을 가지고 있다.
- 타당투자액의 산정은 다목적 사업별 편익에서 운전유지 및 교체비를 뺀 순편익을 적정 이자율, 감가상각률, 고정자산의 잔존가치율 등을 감안한 자본환원율을 산정하여 계산하여야 하지만 우리나라는 이자율 및 감가상각률만 감안한 자본환원계수에 의하여 타당투자액을 계산하므로 적정한 타당투자액을 산정할 수 없으므로 비용배분의 형평성이 낮아진다.

15.5 하천개수사업 경제성 분석

- 하천개수사업의 경제성 분석은 치수사업에 대한 편익과 비용을 비교하여 적정 투자규모 및 투자 우선순위 등을 분석함으로써 효율적인 치수사업을 수행할 수 있는 기초를 마련하기 위한 것이다.
- 편익은 크게 직접편익과 간접편익으로 나누어지며, 직접편익은 치수사업의 효과가 미치는 수혜지역에서 수해로 인한 피해가 치수사업을 실시함으로써 감소되는데 따른 이익으로 정의되며, 간접편익은 치수사업으로 인해 증대되는 수혜지역의 각종 사회경제 활동 이익으로 정의된다. 또한, 비용은 사업비, 보상비 등을 모두 포함하는 총사업비와 유지관리비 등으로 구성된다.
- 치수경제성 분석 방법에는 일종의 원단위법인 간편법과 회귀분석법의 형태인 개선법 및 최근에 제시되고 있는 다차원법 등이 있으나 아직까지 많은 문제점이 해결되지 못하고 있는 실정이다.

15.5.1 간편법

가. 연평균 편익(연간편익) 산정

1) 조사대상 유량규모의 선정

- 조사대상 유량규모는 무피해홍수량을 최소유량으로 선정하고 예상되는 최대홍수량 또는 B/C가 1로 예상되는 경우의 홍수량을 최대유량으로 선정한 다음, 현재의 계획홍수량, 장기계획상의 대상홍수량을 포함하여 5~6개 정도의 유량규모를 선정한다.
- 통상 재현기간 20, 30, 50, 80, 100년, 30, 50, 80, 100, 150년 또는 50, 80, 100, 150, 200년 홍수량의 조합 등으로 유량규모를 선정한다.

2) 지반고 조사

- 지반고 조사는 대상구역을 원칙적으르 표고차 1 m 간격으로 구분하여 실시하여야 한다.
- 요구되는 정도에 따라 축척 1:5,000 및 1:25,000의 지형도를 이용하여 보간법에 의해 조사할 수도 있으나, 현황 및 종·횡단측량 성과를 이용하는 것이 바람직하다.

3) 범람구역 수리조사

- 범람구역 수리조사는 유량규모별 예상 범람구역을 추정하여 홍수범람구역도를 작성하는 것이다. 홍수범람구역도는 유량규모별 홍수위, 홍수범람 모의 모형 등을 이용하여 현재 홍수범람 형태를 분석하고 또한, 과거 범람실적 등도 파악하여 종합적으로 검토하여 작성한다.
- 한편, 예상 범람구역의 등지반고 지구별 침수심, 침수일수를 추정하여, 예상피해액 산정에서 필요한 자산 종류별 피해율 적용에 활용할 수 있도록 한다.

4) 범람구역 자산조사

- 범람구역 자산조사는 홍수범람구역도를 바탕으로 유량규모별 예상 범람구역내 자산 종류별 자산액을 산정하는 것이다.
- 조사대상 자산은 일반자산(가옥, 가계, 사업소 상각자산, 재고자산, 농어촌자산), 농작물, 공공토목시설, 가축 자산 등이 있다.

5) 유량규모별 예상피해액 산정

- 유량규모별 예상피해액은 범람구역 자산조사에 의한 자산 종류별 자산액에 범람구역 수리조사에 의한 자산 종류별 피해율을 곱하여 산출되는 자산 종류별 피해액을 합산하여 산정한다.
- 구체적인 예상피해액 산정 기준은 「하천개수사업의 투자효율 산정기준(1986, 건설부)」 등을 적용한다.

가) 인명 피해액

- 인명 피해액은 침수면적 10 a당 피해인수에 단위피해액을 곱하여 산정한다.
- 10 a당 피해인수는 사망자 0.001명, 부상자 0.0009명으로 적용하며, 단위피해액은 사망자는 최근 1인당 국민소득(GNP)에 잔여수명(14.0939년)을 곱하여 산정하고, 부상자는 사망자의 단위피해액의 10 %를 적용한다.

나) 농작물 피해액

- 농작물 피해액은 <표 15.6>과 같은 경작지별 침수기간별 농작물 피해율을 토대로 유량규모별 경작지별 농작물 피해율을 산정한 다음, 여기에 경작지별 농작물 생산액을 곱하여 산정한다.

<표 15.6> 경작지별 침수기간별 농작물 피해율

(단위: %)

구 분	침 수 기 간					매몰·유실
	8시간~1일	1일~2일	3일~4일	5일~7일	7일 이상	
논	14	27	47	77	95	100
밭	35	51	67	81	95	100

- 이와 같이 농작물의 종류를 경작지별로 구분하여 논작물과 밭작물로 단순화하였으며, 농작물 생산액 산정을 위한 대표 농작물로 논작물은 미곡, 밭작물은 맥류를 채택한다.
- 대표 농작물의 단위생산량은 최근 5개년 중 최대 및 최소치를 제외한 3개년의 평균값을 적용한다. 단위생산량을 도별로 살펴보면 미곡은 364~512 kg/10a, 맥류는 202~277 kg/10a 정도의 범위를 나타내고 있다.
- 농작물의 단위생산량에 농작물의 단가를 곱하여 농작물 생산액을 산정하여 적용한다.

다) 건축물, 가계 자산, 가축 자산 피해액

- 건축물, 가계 자산, 가축 자산 등의 피해액의 경우 이들 자산의 피해율을 모두 같다고 가정한다.
- 이들 피해액은 <표 15.7>과 같은 침수심별 건축물 피해율을 토대로 유량규모별 건축물 피해율을 산정한 다음, 여기에 유량규모별 자산액을 곱하여 산정한다.

<표 15.7> 침수심별 건축물 피해율

구 분	침 수 심(m)				비 고
	0.5 이하	0.5~1.5	1.5~2.5	2.5 이상	
피해형태	소 파	반 파	전 파	유 실	
피해율(%)	5.5	40.0	83.0	100.0	

라) 농경지, 공공시설물, 기타 및 간접 피해액

농경지, 공공시설물, 기타 및 간접 피해액은 유량규모별 농작물 피해액에 항목별 지역별 피해계수를 곱하여 산정한다. 한편, 농경지, 공공시설물, 기타 및 간접 피해의 지역별 피해계수는 <표 15.8>과 같다.

<표 15.8> 지역별 피해계수

(단위: %)

구 분	농경지	공공시설물	기 타	간 접	비 고
서 울	42.46	599.08	36.54	36.08	
부 산	82.17	952.06	227.70	36.08	
경 기	87.75	40.82	3.84	3.72	
강 원	201.84	214.32	17.54	1.82	
충 북	213.74	160.27	1.28	3.90	
충 남	91.59	34.67	2.55	3.72	
전 북	100.45	51.99	1.88	3.72	
전 남	58.25	48.93	17.07	3.72	
경 북	122.91	63.02	4.37	3.90	
경 남	49.78	36.70	6.80	3.72	
제 주	89.61	36.04	26.81	1.85	

6) 연평균 편익(연간편익) 산정

- 유량규모별 예상피해액에서 연평균 피해경감액을 산정하기 위해서는 유량규모별 예상피해액에 연평균 발생확률을 고려하여 산정하는 방법을 적용하고 있다.
- 어떤 계획규모의 치수사업을 실시하는 경우의 연평균 피해경감액은 현재상태를 기준으로 다음과 같은 과정을 통하여 <표 15.9>의 형태로 산정한 후, 치수사업에 따른 편익의 증가를 고려하고 제방부지로 인한 손실액을 감하여 최종 연평균 편익(연간편익)을 산출한다.

① 선정된 유량규모를 최소유량에서 최대유량 단계로 나타낸다.

② 유량규모의 빈도에 따른 초과확률인 연평균 발생확률을 다음과 같이 계산한다.

$$P = \frac{1}{T}$$

여기서 P는 연평균 발생확률, T는 유량규모의 빈도인 재현기간(년)이다.

③ 유량규모 구간별로 낮은 유량의 발생확률에서 높은 유량의 발생확률을 빼어서 구간별 연평균 발생확률을 산정한다.

④ 산정된 유량규모별 피해액을 나타낸다.

⑤ 유량규모 구간별로 낮은 유량의 예상피해액과 높은 유량의 예상피해액을 평균하여 구간별 평균 예상피해액을 산정한다.

⑥ 유량규모 구간별 연평균 발생확률에 구간별 평균 예상피해액을 곱하여 구간별 연평균 피해액을 산정한다.

⑦ 구간별 연평균 피해액을 누가하여 해당 구간의 높은 유량규모까지의 연평균 피해액의 합인 연평균 피해경감액을 산정한다.

<표 15.9> 현재상태 연평균 피해경감액 산정 방법

① 유량 규모	② 연평균 발생 확률	③ 구간 연평균 발생확률	④ 유량 규모별 피해액	⑤ 구간 평균 피해액	⑥ 연평균 피해액 (구간연평균 발생확률×구간평균피해액)	⑦ 해당 유량 규모까지의 연평균 피해경감액
Q_0	N_0	–	L_0 (=0)	–	–	–
Q_1	N_1	$N_0 - N_1$	L_1	$\frac{L_0+L_1}{2}$	$(N_0-N_1)\times\frac{L_0+L_1}{2}$	$(N_0-N_1)\times\frac{L_0+L_1}{2}$
Q_2	N_2	$N_1 - N_2$	L_2	$\frac{L_1+L_2}{2}$	$(N_1-N_2)\times\frac{L_1+L_2}{2}$	$(N_0-N_1)\times\frac{L_0+L_1}{2} + (N_1-N_2)\times\frac{L_1+L_2}{2}$
⋮	⋮	⋮	⋮	⋮	⋮	⋮
Q_m	N_m	$N_{m-1} - N_m$	L_m	$\frac{L_{m-1}+L_m}{2}$	$(N_{m-1}-N_m)\times\frac{L_{m-1}+L_m}{2}$	$(N_0-N_1)\times\frac{L_0+L_1}{2} + (N_1-N_2)\times\frac{L_1+L_2}{2} + \cdots + (N_{m-1}-N_m)\times\frac{L_{m-1}+L_m}{2}$

- 이와 같이 현재상태를 기준으로 산출된 연평균 피해경감액은 치수사업 완료후의 단위면적당 생산성의 증가 및 각종 자산의 증가 등을 고려하여 배율계수(α)를 곱하여 조정하는 것이 필요하다.
- 배율계수(α)는 특별히 세부적으로 계산이 필요한 경우를 제외하고는 일반적으로 이자율 8 %, 경제성장률 7.6 %, 내구년한 50년 등으로 적용할 경우에서 산출되는 3.72를 적용한다.
- 한편, 배율계수를 적용하는 경우에는 편익에 대한 중복 계산을 피하기 위하여 지가상승 항목은 고려하지 않는다.
- 부가적으로 치수목적으로 설치되는 제방의 제방부지로 인하여 발생하는 비용을 농작물 생산면적이 줄어드는 것으로 고려하여야 하므로, 다음과 같은 방법 등으로 산출한 연평균 비용(손실액)을 편익에서 감하는 방법을 적용하여야 한다.

$$M = \sum_{i=1}^{2} 0.6 \times A_i \times Q_i \times W_i$$

여기서 M은 제방부지로 인한 연평균 비용, i는 논작물 또는 밭작물 구분에 따라 각각 1, 2로 구분, A_i는 작물별 제방 부지면적(10 a 단위), Q_i는 작물별 단위생산량(kg/10a), W_i는 작물별 판매단가(원/kg)이다.

- 연평균 편익(연간편익)은 치수사업 완료후의 연평균 피해경감액에 제방부지로 인한 연평균 비용을 감하여 방식으로 유량규모별로 산정하게 된다.

$$B = R - M = \alpha R' - M$$

여기서 B는 연평균 편익(연간편익), R′은 현재상태의 연평균 피해경감액, α는 배율계수(3.72), R은 치수사업 완료후 연평균 피해경감액, M은 제방부지로 인한 연평균 비용이다.

- 연평균 편익(연간편익)이 유량규모별 또는 재현기간별로 산정되면 이를 도시하여 회귀분석한 후, 이와 같은 회귀분석에 따른 결과를 최종 연평균 편익(연간편익)으로 채택한다.

나. 연평균 비용(연간비용) 산정

- 유량규모별 연평균 사업비는 보상비 등을 모두 포함하는 총사업비에 다음과 같은 자본환원계수(capital recovery factor, CRF)를 곱하여 산정한다.

$$CRF = \frac{i\ (1+i)^n}{(1+i)^n - 1}$$

여기서 CRF는 자본환원계수, i는 할인율, n은 내구년한이다.

- 유량규모별 연평균 유지관리비는 통상 연평균 사업비의 0.5 %를 적용한다.
- 연평균 비용(연간비용)은 연평균 사업비와 연평균 유지관리비의 합으로 유량규모별로 산정하게 된다.

$$C = K + O$$

여기서 C는 연평균 비용(연간비용), K는 연평균 사업비, O는 연평균 유지관리비이다.

다. 치수사업 경제성 분석

- 연평균 편익(연간편익), 연평균 비용(연간비용) 등을 이용하여 다음과 같이 경제성 분석을 실시하여 치수사업의 경제효과를 분석한다.

$$B/C = \frac{R - M}{K + O} = \frac{\alpha R' - M}{K + O} \quad : \text{농촌지역}$$

$$B/C = \frac{R + E}{K + O} \quad : \text{도시, 복개지역}$$

여기서 B : 연평균 편익(연간편익)
C : 연평균 비용(연간비용)
R′ : 현재상태 연평균 피해경감액
α : 배율계수(3.72)
R : 치수사업 완료후 연평균 피해경감액
M : 제방부지로 인한 연평균 비용
K : 연평균 사업비
O : 연평균 유지관리비
E : 지가상승·토지이용·부지매각 등의 연평균 편익

- 이러한 경제성 분석을 토대로 적정 투자규모를 분석함과 아울러 여러 지구에 대하여 분석한 경우에는 사업 우선순위를 결정할 수도 있게 된다.

15.5.2 개선법

- 기존 간편법의 여러 문제점을 개선할 수 있는 방안으로는 「치수사업 경제성 분석 개선 방안 연구(2001, 건교부·국토연구원)」에서 제시한 개선법이 있다.
- 「하천정비기본계획수립 및 하천대장작성 업무처리 요령(2001, 건교부)」에서도 경제성 분석 방법으로 개선법을 적용하도록 규정하고 있다. 하지만 개선법은 대체적으로 B/C가 지나치게 높게 산정되는 경향이 있으므로 당분간 기존 방법과 병행하면서 추가적인 개선이 필요할 것으로 판단된다.

가. 간편법의 문제점 및 개선 기본방향

- 하천개수사업은 사업대상 지구가 붕괴될 경우 그 영향이 사업대상 지구뿐만 아니라 하류의 상당한 지역까지 큰 영향을 미침에도 불구하고, 편익산정의 범위를 홍수로 인한 사업대상 지구의 배후지로만 국한하고 있다. 따라서 하천개수사업의 특성을 전혀 고려하지 못하고 있으며 이는 다른 사회간접자본 시설의 경제성 분석과 상이하다.
- 이에 따라 치수사업의 경제성이 낮게 평가되어 정부의 예산 배분시에도 다른 사회간접자본 시설에 비해 우선순위가 낮게 평가됨으로써 하천개수사업에 대한 투자가 적어져서 홍수피해가 반복하여 발생되고 있다.
- 기존 편익-비용비(B/C) 방법은 방법상의 문제점을 지니고 있으므로 공공투자 타당성 분석에 보다 널리 사용되고 있는 순현가(NPV) 방법, 내부수익률(IRR) 방법 등을 병행하여 다른 사회간접자본 시설의 경제성 분석과 동일하게 적용하는 것이 필요하다.
- 농경지, 공공시설물, 기타 및 간접 피해액 산정의 지역별 피해계수가 지나치게 포괄적이어서 지역별 특성을 충분히 반영하지 못하며, 피해계수에 발생빈도 개념이 없어서 10년에 1번 피해가 발생한 지역이나 매년 홍수피해가 발생하는 지역이나 동일한 피해계수를 적용하고 있다.
- 농촌지역의 향후 자산 증가를 고려하기 위한 배율계수(α)는 구체적으로 산정할 필요가 있는 경우를 제외하고는 3.72를 적용하도록 하고 있으나, 향후 농촌지역의 자산증가가 이에 미치기 어려울 것으로 예상된다.

- 연평균 사업비에 보상비와 공사비의 전체를 포함하고 있으므로 분석기간 이후 제방의 잔존가치는 전혀 없는 것으로 간주하고 있으나 이를 추가적으로 고려하는 것이 필요하다.
- 경제성 분석은 사업의 효율성을 측정하는 기준이 되나 하천개수사업은 국민의 생명과 재산을 보호하고, 각종 산업을 지원하며, 국토환경을 보전하는 공공성이 큰 기본적인 사회간접자본 시설이기 때문에 단순히 사업의 효율성만으로 투자 우선순위를 결정하는 것은 비합리적이다.
- 기존 방법과 같이 사업지구별 경제성 분석 결과를 토대로 바로 투자 우선순위로 채택하는 것은 사업의 파급효과가 광범위한 하천개수사업의 특성을 고려하지 못할 뿐만 아니라 사업의 경제성이 낮게 평가되고 하천이나 수계 전반을 고려하지 못하게 된다.
- 따라서 하천개수사업의 경제성 분석은 하천이나 수계 단위, 최소한 시·군보다 광범위한 지역을 대상으로 사업 추진 여부를 판단하는 기준으로 활용되어야 하며, 사업지구별 투자 우선순위는 경제성 분석 결과 이외에 다른 요소들을 고려하여 종합적인 관점에서 결정하는 것이 바람직하다.
- 장기적으로는 하천개수사업의 최저 할인율은 약 3~4 %에 이를 것으로 전망되나, 다른 사회간접자본 시설과의 형평성을 고려하고 높은 할인율을 적용하는 것이 보다 보수적이라는 측면을 고려하여 7.5 %를 적용하고 향후 여건변화에 따라 단계적으로 하향 적용하도록 하고 있으며, 현재 금리인하 등을 감안한 적정 할인율을 적용하여야 한다.
- 적정 분석기간은 내구년한에 근거하여 설정하는 것이 일반적이며, 댐과 유사한 기능을 수행하는 점과 하천개수사업의 특성 등을 감안할 때 현행과 같이 50년으로 설정한다.

나. 편익 산정 개선

1) 침수면적-피해액 관계식

- 하천의 범람으로 인한 예상피해액을 산정할 때 가장 큰 영향을 미치는 요소는 강우량과 침수면적이라 할 수 있으며, 강우량과 침수면적은 일반적으로 상관관계를 가지지만 여러 가지 다른 특성들에 의해서도 영향을 받기 때문에 반드시 일치하지는 않게 된다.

- 이러한 상관관계는 도시의 규모나 지역적 특성에 따라 큰 차이를 보이기 때문에 전국 도시들을 <표 15.10>과 같이 대도시, 중소도시, 전원도시, 농촌지역, 산간지역 등의 다섯 가지 유형으로 구분한다.

<표 15.10> 도시의 유형별 구분

구 분	유형 분류 기준	비 고
대 도 시	인구 100만명 이상의 광역시급 도시	
중소도시	인구 100만명 미만의 일반 시급 도시	
전원도시	인구 증가 등으로 인해 군 전체가 시로 승격된 도시	
농촌지역	군급 도시중 인구밀도 500명/km² 이상, 임야면적 70% 미만 지역	
산간지역	농촌지역 이외의 군급 지역	

- 상관 관계를 도출하기 위해 최근 15년('94~'08)간의 「재해연보」 및 「건설교통 통계연보」상의 자료들을 이용하여 강우량, 침수면적, 인구밀도, 하천개수율 등을 변수로 하여 각종 피해액과의 관계를 검토한 결과, 침수면적만이 유효한 변수로 분석되었다.
- 침수면적과 건축물 피해액, 농경지 피해액, 공공시설물 피해액, 기타 피해액과의 관계를 도시 유형별로 회귀분석하여 다음과 같은 형태의 침수면적-피해액 관계식을 도출하였으며, 관계식의 이용에 필요한 매개변수 등은 <표 15.11>에 나타내었다.

$$D = a + b \cdot s^n$$

여기서 D는 도시유형별 피해 자산별 보정계수, a, b, n은 침수면적-피해액 관계식의 매개변수, s는 실제 침수면적(ha)을 도시유형별 평균 침수면적(ha)으로 나눈 것이다.

- 이와 같이 산정된 도시유형별 피해 자산별 보정계수에 <표 15.11>의 도시유형별 피해자산별 기준피해액과 <표 15.12>의 행정구역별 평균홍수주기의 역수인 홍수빈도율을 곱하여 자산별 피해액을 산정하게 된다.
- 한편, 인명 피해액, 이재민 피해액, 농작물 피해액의 경우 도시유형별로 일관되게 적절한 함수가 도출되지 않아 침수면적-피해액 관계식보다 원단위를 사용하여 항목별로 피해액을 산정하는 것이 바람직하다.

<표 15.11> 도시유형별 침수면적-피해액 관계식의 회귀상수 및 기준피해액

대상지역	피해 자산	회귀상수			평균 침수면적 (ha)	기준 피해액 (백만원)
		a	b	n		
대 도 시	건 축 물	0.23294	0.245	2	9.12	206.8
	농 경 지	0.09896	0.288	2		245.9
	공공시설	0.53365	0.149	2		3,668.7
	기 타	0.03835	1.741	0.5		1,476.0
중소도시	건 축 물	0.55283	0.182	2	443.90	59.5
	농 경 지	0.63246	0.150	2		220.6
	공공시설	0.85311	0.060	2		2,370.1
	기 타	0.12471	0.356	2		782.3
전원도시	건 물	0.13849	0.302	2	818.21	153.2
	농 경 지	0.00528	0.353	2		413.2
	공공시설	0.38754	0.215	2		3,541.4
	기 타	0.11562	0.310	2		1,004.3
농촌지역	건 축 물	0.01164	0.286	2	230.87	206.7
	농 경 지	0.11744	0.226	2		933.0
	공공시설	0.38670	0.157	2		5,370.3
	기 타	0.49185	0.130	2		325.1
산간지역	건 축 물	0.41041	0.271	2	105.62	234.6
	농 경 지	0.64000	0.165	2		741.1
	공공시설	0.67713	0.148	2		7,381.7
	기 타	0.27659	0.332	2		611.9

주) 기준 피해액은 재해연보(1990～1999)상의 10년 평균으로 98년도 가격기준

<표 15.12> **행정구역별 평균홍수주기**

도시명		주기	도시유형
서 울	서울시	0.70	대도시
부 산	부산시	1.03	대도시
대 구	대구시	0.47	대도시
인 천	인천시	0.94	대도시
광 주	광주시	1.80	대도시
대 전	대전시	1.33	대도시
울 산	울산시	1.49	대도시
경 기	고양시	1.53	중소도시
	과천시	0.80	중소도시
	광명시	0.67	중소도시
	광주시	1.40	대도시
	구리시	1.27	중소도시
	군포시	0.80	중소도시
	김포시	1.40	전원도시
	남양주시	1.53	전원도시
	동두천시	0.93	중소도시
	부천시	0.93	중소도시
	성남시	0.93	중소도시
	수원시	0.67	대도시
	시흥시	1.07	전원도시
	안산시	1.13	중소도시
	안성시	1.93	전원도시
	안양시	1.07	중소도시
	양주시	1.40	전원도시
	오산시	0.73	중소도시
	용인시	1.47	전원도시
	의왕시	1.07	중소도시
	의정부시	0.80	중소도시
	이천시	1.87	전원도시
	파주시	1.40	전원도시
	평택시	1.73	전원도시
	포천시	1.67	전원도시
	하남시	1.00	중소도시
	화성시	2.07	전원도시
	가평군	1.67	농촌지역
	양평군	1.60	농촌지역
	여주군	1.73	농촌지역
	연천군	1.60	농촌지역

도시명		주기	도시유형
강 원	강릉시	2.67	중소도시
	동해시	1.93	중소도시
	삼척시	2.53	중소도시
	속초시	1.53	중소도시
	원주시	1.53	중소도시
	춘천시	1.73	중소도시
	태백시	1.33	중소도시
	고성군	2.13	산간지역
	양구군	1.80	산간지역
	양양군	2.00	산간지역
	영월군	1.47	산간지역
	인제군	1.87	산간지역
	정선군	2.00	산간지역
	철원군	1.60	농촌지역
	평창군	2.07	산간지역
	홍천군	1.53	산간지역
	화천군	1.47	산간지역
	횡성군	1.40	농촌지역
경 남	거제시	2.13	전원도시
	김해시	1.80	전원도시
	마산시	1.53	중소도시
	밀양시	1.87	전원도시
	사천시	2.60	전원도시
	양산시	1.60	전원도시
	진주시	2.40	중소도시
	진해시	0.87	중소도시
	창원시	1.93	중소도시
	통영시	2.13	중소도시
	거창군	1.67	농촌지역
	고성군	1.67	농촌지역
	남해군	2.00	농촌지역
	산청군	2.00	산간지역
	의령군	1.73	농촌지역
	창녕군	2.27	농촌지역
	하동군	1.87	농촌지역
	함안군	1.73	농촌지역
	함양군	1.87	산간지역
	합천군	2.13	농촌지역
경 북	경산시	1.60	중소도시
	경주시	2.40	중소도시
	구미시	2.13	중소도시

<표 15.12> 행정구역별 평균홍수주기(계속)

도	시명	주기	도시유형	도	시명	주기	도시유형
경북	김 천 시	2.33	중소도시	전북	군 산 시	2.73	중소도시
	문 경 시	1.73	중소도시		김 제 시	2.67	전원도시
	상 주 시	2.40	전원도시		남 원 시	2.47	전원도시
	안 동 시	2.93	전원도시		익 산 시	2.60	중소도시
	영 주 시	2.47	전원도시		전 주 시	2.00	중소도시
	영 천 시	2.07	중소도시		정 읍 시	2.13	전원도시
	포 항 시	2.60	중소도시		고 창 군	2.80	농촌지역
	고 령 군	1.80	농촌지역		무 주 군	1.80	산간지역
	군 위 군	1.73	농촌지역		부 안 군	2.73	농촌지역
	봉 화 군	2.27	농촌지역		순 창 군	1.93	농촌지역
	성 주 군	2.20	농촌지역		완 주 군	2.00	농촌지역
	영 덕 군	2.07	농촌지역		임 실 군	2.07	농촌지역
	영 양 군	1.93	농촌지역		장 수 군	2.20	산간지역
	예 천 군	2.07	농촌지역		진 안 군	2.20	산간지역
	울 릉 군	1.93	농촌지역	충남	계 룡 시	1.33	전원도시
	울 진 군	2.13	농촌지역		공 주 시	2.40	중소도시
	의 성 군	2.00	농촌지역		논 산 시	1.67	중소도시
	청 도 군	1.60	농촌지역		보 령 시	2.53	전원도시
	청 송 군	1.80	농촌지역		서 산 시	1.53	전원도시
	칠 곡 군	1.60	농촌지역		아 산 시	1.93	전원도시
전남	광 양 시	2.00	전원도시		천 안 시	2.00	중소도시
	나 주 시	3.07	중소도시		금 산 군	2.33	농촌지역
	목 포 시	1.87	중소도시		당 진 군	1.67	농촌지역
	순 천 시	2.07	중소도시		부 여 군	1.93	농촌지역
	여 수 시	2.73	중소도시		서 천 군	2.33	농촌지역
	강 진 군	2.27	농촌지역		연 기 군	1.60	농촌지역
	고 흥 군	2.20	농촌지역		예 산 군	1.87	농촌지역
	곡 성 군	1.93	농촌지역		청 양 군	1.80	농촌지역
	구 례 군	1.53	농촌지역		태 안 군	1.87	농촌지역
	담 양 군	2.67	농촌지역		홍 성 군	1.93	농촌지역
	무 안 군	2.60	농촌지역	충북	제 천 시	1.60	전원도시
	보 성 군	2.33	농촌지역		청 주 시	1.93	중소도시
	신 안 군	3.07	농촌지역		충 주 시	2.07	중소도시
	영 광 군	3.00	농촌지역		괴 산 군	1.53	농촌지역
	영 암 군	2.60	농촌지역		단 양 군	1.47	농촌지역
	완 도 군	2.67	농촌지역		보 은 군	1.53	농촌지역
	장 성 군	3.07	농촌지역		영 동 군	1.33	농촌지역
	장 흥 군	2.40	농촌지역		옥 천 군	1.53	농촌지역
	진 도 군	2.33	농촌지역		음 성 군	1.93	농촌지역
	함 평 군	2.67	농촌지역		증 평 군	0.80	농촌지역
	해 남 군	2.73	농촌지역		진 천 군	2.20	농촌지역
	화 순 군	2.33	농촌지역		청 원 군	2.60	농촌지역

2) 예상피해액 산정 방법

가) 인명 피해액

- 기존 인적자원접근법에 적용되는 원단위는 과거의 자료를 토대로 하여 산정된 수치이며, 선진국에서는 점차 지불의사접근법을 적용하고 있는 추세이므로 우리나라도 이를 도입할 필요가 있다.
- 지불의사접근법으로 전환하기 위해서는 어느 정도의 시간이 소요되기 때문에 현재 단계에서는 다음과 같은 식으로 산정한다.

인명피해액 = 침수면적당 손실 인명수(명/ha)
× 손실 원단위(원/명) × 침수면적(ha)

여기서 손실 원단위는 1998년 불변가격으로 사망자는 2억5천만원/명, 부상자는 2천만원/명, 침수면적당 손실 인명수는 15년간('94~'08) 자료로부터 <표 15.13>과 같이 제시되고 있다.

<표 15.13> **침수면적당 손실 인명수**

(단위: 명/ha)

구 분	사망자	부상자	비 고
대 도 시	0.0215	0.0365	
중소도시	0.0013	0.0012	
전원도시	0.0005	0.0005	
농촌지역	0.0013	0.0011	
산간지역	0.0075	0.0024	

나) 이재민 피해액

- 지금까지 이재민 발생으로 인한 손실 피해액은 고려되지 않았으나 해당 이재민의 근로 곤란으로 인한 기회비용이 존재하므로 고려함이 바람직하다.
- 이재민 피해액은 다음과 같은 식으로 산정한다.

이재민 피해액 = 침수면적당발생이재민(명/ha) × 대피일수(일)
× 일평균국민소득(원/명·일) × 침수면적(ha)

여기서 대피일수는 10년간 재해연보를 참고하여 평균 10일, 일평균 국민소득은 2009년 현재 국민소득을 365일로 나누어 5만3천원, 침수면적당 발생 이재민은 30년간 자료로부터 <표 15.14>와 같이 제시되고 있다.

<표 15.14> 침수면적당 발생 이재민수

(단위: 명/ha)

구　　분	대 도 시	중소도시	전원도시	농촌지역	산간지역
이 재 민	3.88	0.30	0.16	0.27	0.61

다) 농작물 피해액

농작물 피해액은 등지반고별 전답별 농작물 생산액에 침수심 및 침수일수 추정 등에 따른 피해율을 곱하여 산정하는 기존 방법을 그대로 적용한다.

라) 공공시설물 피해액

- 공공시설물 피해액은 기 제시된 침수면적-피해액 관계식을 이용하여 직접 피해액의 산정이 가능하다. 하지만 추가적으로 도로·교량 등의 교통시설물 및 하천시설물과 같은 공공시설물이 피해를 입을 경우 이 시설을 이용하지 못하게 됨에 따라 간접피해(간접편익 또는 기회편익)가 발생하게 된다.
- 이와 같은 간접피해를 포함한 공공시설물 피해액은 다음과 같은 방법으로 산정한다.

공공시설물 피해액 = 침수면적—피해액 관계식에 의한 피해액
× [1 + 교통시설물의손실 기회비용률
\+ 하천시설물의 손실기회비용률]

여기서 교통시설물 손실 기회비용률=도로시설물 손실액/공공시설물 손실액×도로시설물 복구기간×연평균 도로이용편익/투입액 = 0.2×0.5년×3.1≒0.31을 적용하고 또한, 하천시설물 손실 기회비용률=하천시설물 손실액/공공시설물 손실액×하천시설물 복구기간×연평균 홍수피해액/투입액 = 0.25×0.5년×5.3≒0.66을 적용한다.

마) 건축물 피해액, 농경지 피해액, 기타 피해액

건축물 피해액, 농경지 피해액, 기타 피해액 등은 제시된 침수면적-피해액 관계식을 이용하여 계산한다.

3) 편익 산정

- 이와 같은 유량규모별 예상피해액에 홍수빈도율(회/년)을 곱하여 유량규모별 연평균 편익을 산정하게 된다.
- 한편, 행정구역별 홍수빈도율은 <표 15.12>에 행정구역별 홍수주기 형태로 제시되고 있다.

다. 비용 산정 개선

가) 잔존가치의 고려

- 하천시설물은 내구년한이 반영구적이기 때문에 경제성 분석기간 이후에도 초기 투자비 상당부분이 계속 그 기능을 유지한 채 잔존하게 된다.
- 하천시설물 종류별 잔존가치(salvage cost) 비율은 축제공 80 %, 호안공 10 %, 구조물공 0 %, 보상비 100 % 정도로 평가된다. 이에 따라 적정한 유지관리하의 사업비 기준의 하천시설물 잔존가치는 약 60 % 정도로 산정된다.
- 잔존가치는 공사기간중의 하천시설물 종류별 사업비 합계에 해당 잔존가치 비율을 곱하여 산정하며, 이를 현가화하는 과정에서는 분석 종료년도에 음의 잔존가치를 사용하여 현가화하는 방안을 적용한다.

나) 유지관리비의 적정화

- 기존 방법에서는 연평균 유지관리비를 연평균 사업비의 0.5 %로 계산하고 있으므로 낮게 산정하고 있다.
- 분석기간을 50년으로 설정하고 연평균 유지관리비를 시설의 감가상각비 개념으로 파악한다면 연평균 유지관리비는 총사업비에서 하천시설물의 잔존가치를 차감한 사업비의 약 2 % 정도가 적정한 것으로 나타나고 있다.

라. 치수경제성 분석

- 편익은 연차별 연평균 피해경감액을 기준년도로 현가화하고 이들의 합으로 편익 현가총액을 산정하고, 비용은 연차별 사업비와 유지관리비 및 잔존가치를 기준년도로 현가화하고 이들의 합으로 비용 현가총액을 산정한다.
- 한편, 기준년도는 착공년도, 준공년도 등으로 결정할 수 있으며 개선 방안에서는 편의상 착공년도를 기준년도로 채택하고 있다.
- 이와 같은 편익 현가총액 및 비용 현가총액을 이용한 경제성 분석을 실시하여 치수사업의 경제효과를 분석한다.

$$B/C = \sum_{k=1}^{n} \frac{B_k}{(1+i)^k} / \sum_{k=1}^{n} \frac{C_k}{(1+i)^k}$$

여기서 B는 편익 현가총액, C는 비용 현가총액, B_k는 착공년도로부터 k년차의 편익, C_k는 k년차의 비용, n은 분석기간으로 사업기간과 내구년한 50년의 합, i는 할인율(개선법에서는 7.5%를 제시하고 있으나 현재 적정 할인율 적용을 검토)이다.

마. 투자 우선순위 결정기준 개선

- 현재까지는 기존 방법으로 산정된 지구별 B/C를 기준으로 지구별 투자 우선순위를 결정하고 있으므로 경제성 분석과 투자 우선순위를 동일한 개념으로 사용하고 있다.
- 하지만 경제성 분석을 통하여 사업 전체에 대한 경제적 타당성이 입증되면 개별 사업지구의 투자 우선순위는 B/C 이외에도 지역적 특성과 여러 가지 여건들을 종합적으로 고려하여 결정하는 것이 바람직하다.

1) 기본 원칙

- 투자 우선순위를 결정할 때 하천개수사업의 공공적 특성을 고려하여 개수대상구간 및 지역의 효율성, 형평성, 일관성 등의 3가지 항목을 종합적으로 고려할 수 있는 방안을 강구하여야 한다.
- 공공사업의 투자 우선순위를 결정할 때 가장 중요한 요소는 사업의 효율성이며, 이러한 사업의 효율성은 B/C를 기준으로 판단한다.
- 하천개수사업은 기본적으로 모두가 최소한의 후생을 누리기 위해 필요한 필수적인 생활기반시설 사업이므로 이러한 생활기반시설의 공급에는 '사회적 최저수준(civil minimum)의 보장'이라는 원칙이 적용된다.
- 이는 효율성을 추구하는 과정에서 특정지역에 시설이 집중되어서는 안된다는 것을 의미하기 때문에 지역간·수계간에 최소한의 형평성을 보장하는 것이 필요하다.
- 현재 하천개수사업이 구간별로 추진되고 있기 때문에 특정한 구간의 사업이 완료되었다 하더라도 인접한 부분의 사업이 완료되지 못할 경우 인접지역에서 홍수피해가 발생할 수 있다.
- 이러한 문제점을 해결하기 위해서는 하천별 또는 수계별로 하천개수사업이 추진되어 사업의 시너지효과를 극대화하고, 사업의 외부효과를 없애기 위해서는 반드시 사업간 일관성을 고려하는 것이 필요하다.

2) 적용 기준

- 효율성 기준으로는 통상적으로 사용하는 B/C 방법을 선정한다.
- 형평성 기준으로는 하천개수사업은 수계 단위나 시도 단위로 이루어지기 때문에 수계별 하천개수율(%), 시도별 하천개수율(%)을 선정하고, 아울러 홍수발생의 빈도와 규모를 동시에 균형있게 고려하기 위하여 홍수피해 발생빈도(회/년), 홍수피해액(원/회) 등을 선정한다.
- 일관성 기준으로는 1:5,000 도면에서 수계 본류에 직접 유입하는 제 1지류와 기 개수된 두 개 사업지구 사이에 끼어 있는 개수지구를 일관성 판단의 기준으로 선정한다.
- 이와 같은 기준들을 이용하여 투자 우선순위를 설정하기 위해서는 각각의 기준을 적절한 방법으로 상대가치로 표현하여 하나의 지표로 작성하는 것이 필요하며, 상대가치로 표현하는 방법은 <표 15.15>와 같다.

<표 15.15> 투자 우선순위 결정시 적용 기준의 상대가치화 방법

구분		방법
효율성	비용-편익비(B/C)	대상 지구의 B/C를 전국 평균으로 나눈 값
형평성	수계의 하천개수율	대상 지구가 속해 있는 수계의 개수율을 전국 평균 개수율로 나눈 값의 역수
	시도별 하천개수율	대상 지구가 속해 있는 시도의 개수율을 전국 평균 개수율로 나눈 값의 역수
	홍수발생 빈도	대상 지구의 최근 10년간의 홍수발생 빈도를 전국 평균으로 나눈 값
	최대홍수피해액	대상 지구의 최근 10년간의 최대홍수피해액을 전국 평균으로 나눈 값
일관성	제1지류 여부, 기 개수구간 인접여부	두 개의 기준 중 하나에 해당되면 1, 해당되지 않으면 0

- 동 표를 살펴보면 효율성과 형평성 관련 지구별 세부기준들의 값은 해당 세부기준의 전국평균값으로 나누는 방법을 채택하는 반면, 일관성 관련 세부기준들의 값은 전국평균값이 없기 때문에 기준에 해당되는 지구는 1, 해당되지 않는 지구는 0으로 하는 더미 변수를 활용하는 방안을 채택하고 있다.
- 한편, 전국평균값으로 B/C는 1.3, 1999년 현재 평균 하천개수율은 70.3 %, 최근 10년간 통계로부터 홍수피해빈도는 4.5회/년, 홍수피해액은 40억원/회로 분석된 바 있다.

3) 적용 방법

- 이와 같은 방법에 따라 상대가치로 표현되는 각종 기준들을 실제로 적용하여 투자 우선순위를 결정하려면, 이들을 통합하여 하나의 통합지표를 산정하여야 하며, 통합지표 산정에는 효율성, 형평성, 일관성 등의 3개 항목에 가중치를 부여하는 방법을 적용하게 된다.
- 가중치를 고려하는 방법은 먼저 효율성과 형평성에 대한 가중치를 구분한 다음, 효율성에 대해서는 일관성에 대하여 추가적으로 고려하고 형평성에 대해서는 세부기준에 대해서 추가적으로 고려한다.
- 효율성과 형평성의 가중치 구분은 「SOC 종합투자조정계획수립 연구(1999, 국토연구원)」에서는 전문가 설문조사를 통하여 수자원분야의 효율성과 형평성에 각각 0.55와 0.45의 가중치를 부여하는 것이 바람직한 것으로 제시하였다. 하지만 하천개수사업은 이와 같은 조사 결과보다 형평성이 강조되는 사업이라는 점을 감안하여 효율성과 형평성에 대해 각각 0.50을 부여한다.
- 형평성 지표를 구성하는 수계별 하천개수율(%), 시도별 하천개수율(%), 홍수피해 빈도(회/년), 최대홍수피해액(원/회) 등 네 가지 인자들간의 비중은 다음과 같이 결정한다.
  - 수계의 하천개수율과 시도의 하천개수율은 현재 추진중인 하천개수사업의 대부분을 차지하고 있는 지방하천의 경우 재정지원이 대부분 시도를 통해 이루어지는 점을 감안하여 수계보다 시도에 상대적으로 높은 가중치를 부여한다.

- 또한, 작은 홍수피해는 자주 발생하는 사업지구와 큰 홍수피해가 간혹 발생하는 사업지구의 개수 우선순위를 명확하게 판단하기 어렵기 때문에 홍수피해 빈도와 최대 홍수피해액은 동일한 비중을 부여한다.
- 이와 같은 검토를 통하여 네 가지 인자들간의 비중은 각각 수계별 하천개수율 0.20, 시도별 하천개수율 0.30, 홍수피해 빈도 0.25, 홍수피해액 0.25 등으로 부여한다.

• 일관성 지표를 어떤 비중으로 활용할 것인가 하는 문제는 일관성 지표가 결국 하천개수지구가 전체적인 개수사업의 효과를 극대화시키는데 기여한다고 판단하여 일관성 지표가 1인 사업에 대해서는 효율성 지표의 값을 50% 증가시키는 방안을 적용한다.

• 이와 같은 방법으로 통합지표를 작성하는 방법을 구체적으로 나타내면 다음과 같다.

① 효율성의 상대가치를 대상 지구의 B/C를 전국 평균으로 나눈 값으로 산정하고, 여기에 효율성의 가중치인 0.5를 곱하여 효율성 지표를 산정한다.

② 효율성 지표에 일관성 검토에 따른 1 또는 1.5를 곱하여 효율성 및 일관성 지표를 산정한다.

③ 형평성의 4가지 인자들의 상대가치를 산정하고 해당 비중을 곱하여 합한 다음, 여기에 형평성의 가중치인 0.5를 곱하여 형평성 지표를 산정한다.

④ 효율성 및 일관성 지표와 형평성 지표와 모두 합하여 통합지표를 산정한다.

• 상기 과정을 통하여 대상 지구별로 전체 평균이 1인 통합지표를 산정하는 것이 가능하며, 이러한 지표를 이용하여 대상 지구별로 상대적인 투자 우선순위를 정하는 것이 개선법의 투자 우선순위 결정 방법이다.

• 이와 같은 개선법의 투자 우선순위 결정 방법은 기존 편익-비용비(B/C)에 의한 효율성뿐만 아니라 형평성, 일관성 등을 추가로 고려하기 때문에 합리적인 방법임을 알 수 있으며, 향후 활용도 측면에서도 양호할 것으로 판단된다.

15.5.3 다차원법

가. 개선법의 문제점 및 다차원법의 도입

1) 개선법의 문제점

- 개선법은 재해연보 등을 이용하여 도출된 도시유형별 침수면적-피해액 관계식을 이용하여 주요 항목의 피해액을 산정하는 방법으로, 침수면적만 고려하므로 침수심의 영향을 전혀 반영하지 못하는 근본적인 한계를 지니고 있다.
- 침수면적-피해액 관계식은 침수면적과 관련되는 변수항과 관련없는 상수항으로 구성되며, 침수면적이 작은 경우 상수항의 값이 중요 인자로 작용함에 따라 편익-비용비(B/C)가 크게 산정되는 것이 실무 적용상의 큰 문제점이다.
- 침수면적-피해액 관계식은 도시유형별르 크게 구분하여 적용하게 되므로 대상지구의 정확한 자산현황, 토지이용현황 및 변화하는 경제상황 등을 반영하기 곤란한 문제점을 지니고 있다.
- 홍수빈도율로 시·군별 평균홍수주기의 역수를 적용하고 있으며, 이에 따라 동일 시·군은 항상 동일 홍수빈도율을 적용하게 되므로 실제 상황을 제대로 반영하지 못하게 된다.

2) 다차원법의 도입

- 다차원법은 이와 같은 개선법의 피해액 산정상의 문제점을 보완하기 위하여 「치수사업 경제성분석 개선방법 연구(2004, 건교부)」에서 제시하고 있는 방법으로 침수심의 영향 등을 감안하여 직접 피해액 산정 방법의 일부를 개선하였다.
- 다차원법에 의한 피해액 산정 방법의 주요 과정은 <그림 15.2>와 같이 읍면동별 일반자산의 항목별 자산가치 산정, 공간정보 합성에 의한 침수편입률 산정, 침수심분포별 홍수피해액 산정 등을 통한 홍수피해액의 산정이다.
- 다차원법에 의한 피해액 산정에서 직접 피해액의 대부분 항목은 다차원법을 적용하지만, 직접 피해액 중 인명 피해액 산정 및 우선순위 결정 등은 기존 개선법의 방법을 그대로 적용한다.

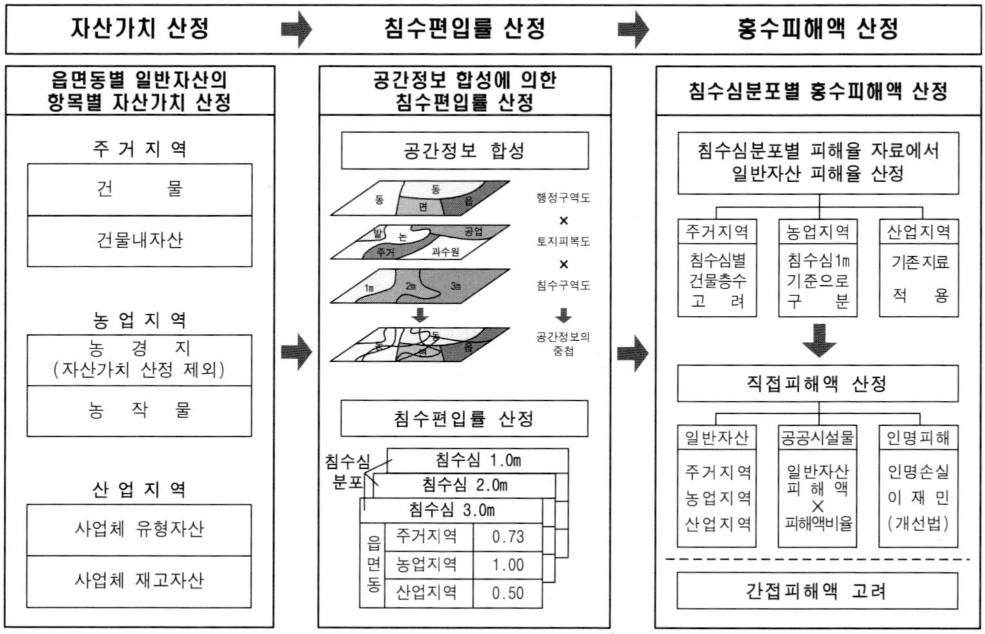

주) 1. 침수편입률은 재현기간별 침수면적에 따른 침수심분포별 읍면동별 자산항목별 침수율
2. 침수심분포는 침수심의 종적 분포가 아닌 횡적 분포를 의미함에 유의

<그림 15.2> **다차원법에 의한 피해액 산정 방법**

나. 다차원법 적용 방법

다차원법을 이용한 피해액산정 방법의 적용 절차는 다음과 같다.

- 읍면동별로 주거, 농업, 산업 등의 지역특성 구분에 따른 일반자산의 항목별 자산가치를 산정한다.
- 재현기간별 침수심분포별 침수면적인 침수구역도를 작성한 후 공간정보 합성을 통하여 침수편입률을 산정한다.
- 기존 침수심분포별 피해율자료에서 일반자산의 침수심별 피해율을 산정한다.
- 일반자산의 자산가치에 침수편입률과 침수피해율을 곱하여 일반자산 피해액을 산정한다.
- 공공시설물 피해액은 산정된 일반자산 피해액에 일정 비율을 곱하여 산정하고, 인명 피해액은 기존 개선법과 같은 방법으로 산정한다.
- 일반자산 피해액과 공공시설물 피해액, 인명 피해액을 합산하여 직접 피해액을 산정하고, 간접 피해액을 더하여 총피해액을 산정한다.

다. 다차원법에 의한 피해액 산정

1) 일반자산 자산가치 산정

- 일반자산의 항목은 지역특성 구분에 따라 주거지역, 농업지역, 산업지역 등으로 대별되며, 주거지역은 건물, 건물내자산, 농업지역은 농경지, 농작물, 산업지역은 사업체의 유형자산, 재고자산 등으로 구분된다.
- 피해액 산정을 위한 일반자산 관련 자료조사는 일반적으로 통계청 및 행정구역별 통계연보 자료 등을 주로 이용하며, 자료 수집이 용이하지 않을 경우에는 전국평균 자료를 사용한다.

가) 주거지역 자산가치 산정

a) 건 물

- 주거용 건물의 자산가치는 건축형태별로 충분한 자료수집이 가능한 경우에는 다음과 같은 방법으로 산정한다. 한편, 여기서 건물은 주거용 건물로 국한하고 있기 때문에 사업용 건물은 산업지역 자산산정에서 별도로 고려한다.

건물 자산가치(원) = 건축형태별 건축단가(원/m²)
× 건축형태별 연면적(m²)
× 분석기준년도 건설업 가격수정인자(deflator)

- 주거용 건물의 건축형태별 연면적 분포 등의 자료 수집이 곤란한 경우에는 다음과 같이 비교적 수집이 용이한 건축형태별 가구수에 건축형태별 평균연면적을 기존 자료 등으로 산정하여 곱함으로써 건축형태별 연면적을 고려하는 형태로 적용한다.

건물 자산가치(원) = 건축형태별 건축단가(원/m²)
× 건축형태별 평균연면적(m²)
× 건축형태별 가구수
× 분석기준년도 건설업 가격수정인자(deflator)

- 건축형태별 건축단가는 <표 15.16>과 같은 「건물신축단가표(2000, 한국감정원)」의 자료를 사용한다.
- 한편, 건축형태별 분포 및 구성에 대한 자료가 불충분한 경우에는 건축형태별 평균건축단가를 사용하거나 가장 높은 단가를 나타내고 있는 철근콘크리트조의 건축단가를 사용한다.

<표 15.16> **건축형태별 건축단가**

(단위: 원/m²)

구분	건축형태					비고
	단독주택	아파트	연립주택	다세대주택	영업용 건물내주택	
철근콘크리트조	722,822	566,001	566,001	722,822	537,593	
철골조	-	-	-	-	483,143	
연와석조	683,124	489,288	489,288	683,124	450,002	
목조	512,604	-	-	512,604	431,919	
목골모르터조	378,972	-	-	378,972	190,691	
토벽조	378,972	-	-	378,972	190,691	
블록조	508,428	-	-	508,428	409,187	
간이목골모르터조	378,972	-	-	378,972	190,691	

- 건축형태별 연면적 분포 자료가 있는 경우에는 직접 적용하는 반면, 없는 경우에는 시군구 자료나 <표 15.17>과 같은 전국평균 건축연면적별 가구수 구성비 자료 등을 이용하여 산정한 다음 구성비 자료와 함께 제시하고 있는 건축형태별 평균연면적을 사용한다.

<표 15.17> **전국평균 건축연면적별 가구수 구성비 및 건축형태별 평균연면적**

건축형태	구분	연면적										평균연면적(평)
		7평 미만	7~9평	9~14평	14~19평	19~29평	29~39평	39~49평	49~69평	69~99평	99평 이상	
단독주택	읍	0.0043	0.0122	0.0910	0.2299	0.4313	0.1539	0.0385	0.0277	0.0076	0.0036	24.9
	면	0.0034	0.0113	0.1045	0.2530	0.4446	0.1448	0.0211	0.0138	0.0023	0.0011	23.1
	동	0.0058	0.0122	0.0588	0.1242	0.2737	0.1603	0.1179	0.1383	0.0719	0.0370	37.9
아파트	읍	0.0003	0.0062	0.0759	0.4342	0.4115	0.0503	0.0177	0.0038	0.0001	0.0000	20.7
	면	0.0010	0.0111	0.0935	0.4726	0.3741	0.0370	0.0086	0.0019	0.0001	0.0000	19.7
	동	0.0007	0.0288	0.1233	0.3569	0.3706	0.0699	0.0409	0.0086	0.0004	0.0000	21.2
연립주택	읍	0.0029	0.0032	0.0645	0.3409	0.4862	0.0889	0.0085	0.0037	0.0012	0.0000	21.8
	면	0.0005	0.0059	0.0716	0.3006	0.4962	0.1168	0.0068	0.0016	0.0000	0.0000	22.1
	동	0.0016	0.0048	0.1413	0.3722	0.3931	0.0584	0.0128	0.0123	0.0034	0.0000	20.8
다세대주택	읍	0.0035	0.0266	0.1529	0.3549	0.4068	0.0461	0.0069	0.0021	0.0001	0.0000	19.6
	면	0.0006	0.0156	0.1096	0.3642	0.4332	0.0708	0.0040	0.0019	0.0001	0.0000	20.5
	동	0.0029	0.0095	0.2585	0.3984	0.2851	0.0342	0.0060	0.0043	0.0010	0.0000	18.2
영업용 건물내 주택	읍	0.0360	0.0399	0.1382	0.1759	0.2845	0.1704	0.0711	0.0571	0.0177	0.0093	26.6
	면	0.0246	0.0306	0.1271	0.1663	0.3085	0.1888	0.0691	0.0611	0.0153	0.0086	27.2
	동	0.0352	0.0332	0.1015	0.1201	0.2431	0.1910	0.1082	0.0976	0.0408	0.0293	32.8

- 한편, 통계연보에는 가구수가 아닌 세대수로 수록되어 있으므로 가구수는 세대수에 통계연보상의 읍면동별 세대수와 가구수의 비를 이용하여 환산한다.
- 건설업 가격수정인자(deflator)는 분석기준년도 이전의 건축단가 등을 분석기준년도의 단가로 환산하기 위한 계수이며, 통계청 자료에서 인용한 결과는 <표 15.18>과 같다.

<표 15.18> 건설업 가격수정인자(deflator)

연 도	건설업 가격수정인자	비 고	연 도	건설업 가격수정인자	비 고
2000	100.0	개정 기준년도	2003	116.8	
2001	103.4		2004	124.5	
2002	107.9		2005	128.5	

b) 건물내자산

- 건물내자산의 자산가치는 다음과 같은 식을 이용하여 산정한다.

건물내 자산가치(원) = 세대별 가정용품 평가액(원)
× 세대수
× 소비자 물가지수

- 세대별 가정용품 평가액은 <표 15.19>와 같이 도시유형별로 제시되고 있다.

<표 15.19> 도시유형별 세대별 가정용품 평가액

(단위: 원)

구 분	도시유형					비 고
	대도시	중소도시	전원도시	농촌지역	산간지역	
세대별 가정용품 평가액	27,402,902	22,329,401	17,255,900	12,182,399	7,108,898	

- 세대수는 통계연보에서 제시되고 있는 읍면동별 세대수를 사용하며, 이와 같은 자료가 없는 경우는 시군구별 세대수에 면적비를 적용하여 산정한다.
- 소비자 물가지수는 분석기준년도 이전의 물가 등을 분석기준년도의 물가로 환산하기 위한 계수이며, 통계청 자료에서 인용한 결과는 <표 15.20>과 같다.

<표 15.20> 소비자 물가지수

연 도	소 비 자 물가지수	비 고	연 도	소 비 자 물가지수	비 고
2000	100.0	개 정 기준년도	2003	110.7	
2001	104.1		2004	114.7	
2002	106.9		2005	117.8	

나) 농업지역 자산가치 산정

a) 농경지

- 농경지는 침수심 기준으로 매몰·유실 등으로 구분하여 자산자치와 관계없이 피해액을 산정하므로 별도의 자산가치 산정은 필요하지 않다.
- 피해액 산정에 필요한 경지면적 추이는 통계연보에서 읍면동별로 파악한다.

b) 농작물

- 농작물의 자산가치는 다음과 같은 방법으로 산정한다.

농작물 자산가치(원) = 농작물별 평가단가(원/ha)
× 농작물별 작부면적(ha)
× 소비자 물가지수

- 농작물별 평가단가는 통계연보에서 제시하고 있는 시군구별 10 a당 생산비를 단위변환하여 사용하고, 농작물별 작부면적은 통계연보의 시군구 자료에서 읍별동별 면적비로 산정한다.

다) 산업지역 자산가치 산정

- 산업지역의 자산가치는 다음과 같은 방법으로 유형과 재고자산으로 구분하여 산정한다.

산업지역 자산가치(원) = 사업체별 1인당 유형 및 재고자산 평가액(원/인)
× 사업체별 종사자수(인)
× 소비자 물가지수

- 유형자산과 재고자산의 평가액은 통계청의 국부통계조사보고서에 산업별로 분류되어 있는 자료를 이용하며, 종사자수는 통계연보와 통계청 자료 등을 이용하여 산정한다.

2) 침수편입률 산정

- 재현기간별로 침수면적이 결정되면 지형에 따라 침수심이 다르기 때문에 침수심의 횡적 분포가 발생하게 된다. 또한 향후 적용하게 되는 피해율 자료가 침수심별로 작성되어 있기 때문에 침수심별로 읍면동별 지역구분별(주거, 농업, 산업지역) 일반자산의 침수율을 산정하는 것이 필요하게 된다.
- 따라서 침수편입률은 재현기간별 침수면적에 따른 침수심분포별 읍면동별 자산별 침수율로 정의할 수 있다.
- 침수편입률을 산정하는 방법은 <그림 15.3>과 같이 행정구역도(읍면동)와 수치지형도(토지이용) 및 침수구역도(침수심)를 중첩시켜서 산정한다.

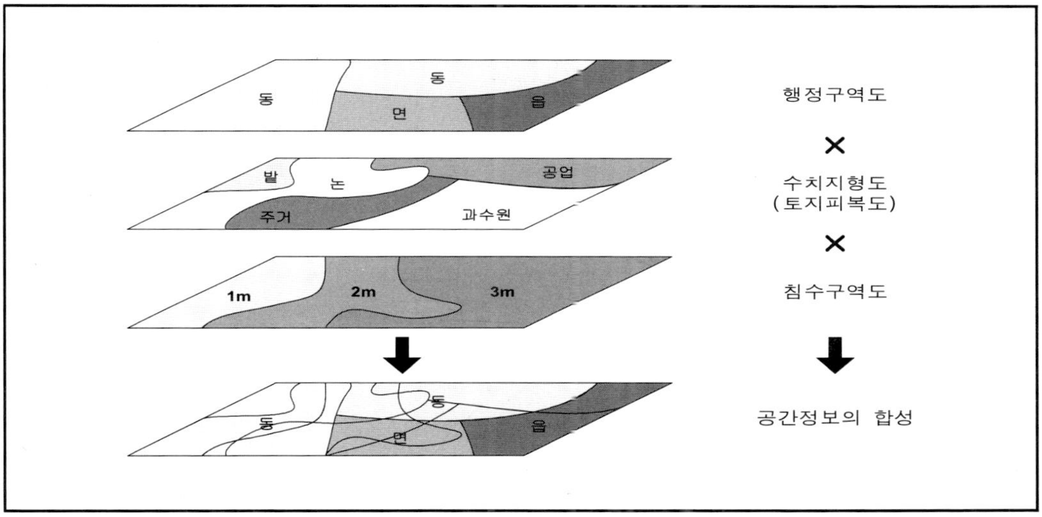

<그림 15.3> 공간정보 합성을 통한 침수편입률 산정

- 이와 같은 침수편입률 산정의 중요한 인자인 침수면적과 침수심의 산정에 필요한 지형자료와 적절한 모형 등이 미비한 점이 다차원법 적용상의 가장 큰 문제점이다.
- 현재 많이 사용되고 있는 홍수흔적도, HEC-RAS, HEC-GeoRAS 모형 등을 이용하는 방법은 침수편입률을 제대로 산정할 수 없고 주관에 많이 좌우되므로 침수편입률 산정에 신중을 기할 필요가 있다.
- 이에 따라 스위스 Beffa사의 FLUMEN(FLUvial Modeling ENgine) 등과 같은 전문 범람해석모형의 도입 또는 개발이 필요하다.

3) 직접 피해액 산정

- 직접 피해액은 일반자산 피해액과 공공시설물 피해액, 인명 피해액 등으로 구분된다.
- 일반자산 피해액은 대상지역의 일반자산 항목별 자산가치에 침수편입률과 침수피해율을 곱하여 산정한다.
- 공공시설물 등의 피해에 관해서는 공공시설물 자산으로부터의 직접적인 산정이 곤란하기 때문에 일반자산 피해액과의 비율 관계로부터 산정하고, 인명 피해액은 개선법과 동일한 방법으로 산정한다.

가) 주거지역 피해액

a) 건물 피해액 산정

- 건물 피해액은 다음과 같은 방법으로 산정한다.

건물 피해액 = 건물 자산가치(원) × 침수편입률 × 건물 침수피해율

- 건물 침수피해율은 <표 15.21>와 같고 지상시설물만 고려한 경우와 지하시설물도 고려하는 경우로 구분된다.

<표 15.21> 건물 침수피해율

(단위: %)

구 분	주택형태	침수심					비 고
		0~0.5 m	0.5~1.0 m	1.0~2.0 m	2.0~3.0 m	3.0 m 이상	
지상 시설물만 고려	단독주택	15	32	64	95	100	
	아 파 트	$15/n_1$	$32/n_1$	$64/n_1$	$95/n_1$	$100/n_1$	
	연립주택	$15/n_2$	$32/n_2$	$64/n_2$	$95/n_2$	$100/n_2$	
지하 시설물도 고려	단독주택	14.5	32.6	50.8	92.8	100	
	아 파 트	$14.5/n_1 + \alpha$	$32.6/n_1 + \alpha$	$50.8/n_1 + \alpha$	$92.8/n_1 + \alpha$	$100/n_1 + \alpha$	
	연립주택	$14.5/n_2 + 100 \cdot \beta$	$32.6/n_2 + 100 \cdot \beta$	$50.8/n_2 + 100 \cdot \beta$	$92.8/n_2 + 100 \cdot \beta$	$100/n_2 + 100 \cdot \beta$	

주) 1. n_1는 아파트 층수, n_2는 연립주택 층수
2. α는 아파트 설비시설 피해율, β는 연립주택의 지하가구 비율

b) 건물내자산 피해액

- 건물내자산 피해액은 건물내 자산가치에 침수편입률과 건물내자산 침수피해율을 곱하여 산정한다.
- 건물내자산 피해율은 <표 15.22>와 같고 여기서 침수심별 피해율은 자가, 전세 등과 같은 주거 형태와 관계없이 동일하다고 가정한다.

<표 15.22> 건물내자산 피해율

구 분	침 수 심					비 고
	0~0.5 m	0.5~1.0 m	1.0~2.0 m	2.0~3.0 m	3.0 m 이상	
피 해 율 (%)	14.5	32.6	50.8	92.8	100	

주) 아파트, 연립주택의 층수를 고려한 일본자료에서 인용

나) 농업지역 피해액

a) 농경지 피해액

- 농경지 피해액은 논과 밭의 경우 모드 침수심 1 m를 기준으로 구분하며, 침수심이 1 m 이하인 경우 농작물의 피해는 발생하지만 농경지의 피해는 발생하지 않는다고 가정하는 반면, 1 m 이상인 경우에는 농경지의 매몰 및 유실 피해가 발생하는 것으로 간주한다.
- 농경지 피해율은 <표 15.23>과 같이 0 또는 100 %로 구분하며, 피해액은 매몰, 유실면적에 매몰, 유실심도와 피해단가(원/m³)를 곱하여 산정한다. 하지만 매몰·유실에 대한 자료수집이 곤란한 경우 통상적으로 책정되는 농경지의 매몰이나 유실에 따른 피해액의 평균값을 적용한다.

<표 15.23> 농경지 피해율

구 분	침 수 심		비 고
	1 m 이하 (침 수)	1 m 이상 (매몰, 유실)	
논	0%	100%	• 매몰: 매몰면적(m²)×0.1(m)×2,940원/m³ • 유실: 유실면적(m²)×0.2(m)×5,660원/m³ • 평균: 침수면적(m²)×713원/m²
밭	0%	100%	

주) 자료: 자연재해조사 및 복구계획수립 지침(2005, 중앙재해대책본부)

b) 농작물 피해액

- 농작물 피해액은 농경지 피해액과 같이 침수심 1 m를 기준으로 구분하며, 농작물 피해율은 <표 15.24>와 같이 침수심이 1 m 이상인 경우에는 농경지의 매몰 및 유실 피해가 발생하므로 농작물 피해율을 100 %로 하며, 1 m 이하인 경우에는 침수기간별 피해율을 적용한다.
- 침수기간은 과거 침수자료를 토대로 결정하며 이와 같은 자료가 부족한 경우에는 평균기간인 3~4일을 사용한다.

<표 15.24> 농작물 피해율

(단위: %)

구 분	침수심 및 침수기간						비 고
	1 m 이하					1 m 이상	
	1일 이하	1~2일	3~4일	5~6일	7일 이상		
논	14	27	47	77	95	100	
밭	35	51	67	81	95	100	

- 한편, 비닐하우스 재배를 고려하여야 하는 경우에는 농림부고시 제 2004-41 호「재해구호 및 재해복구비용부담기준 등에 관한 규정」에 따라 시설물 피해액과 농작물 피해액 단가에 피해면적을 곱하여 피해액을 산정한다.

다) 산업지역 피해액

산업지역 피해액은 유형 및 재고자산에 <표 15.25>의 유형 및 재고자산 피해율을 각각 곱하여 산정한다.

<표 15.25> 유형 및 재고자산 피해율

(단위: %)

구 분	침 수 심					비 고
	0~0.5 m	0.5~1.0 m	1.0~2.0 m	2.0~3.0 m	3.0 m 이상	
유형자산	23.2	45.3	78.9	96.6	100	
재고자산	12.8	26.7	58.6	89.7	100	

주) 유형 및 재고자산 피해율은 일본자료에서 인용

라) 공공시설물 피해액 산정

- 공공시설물은 직접 피해액 산정이 곤란한 경우가 많으므로 일반적으로 일반자산 피해액에 공공시설물 피해액의 일반자산 피해액에 대한 비율을 곱하여 산정한다.
- 공공시설물 피해액의 일반자산에 피해액 대한 비율을 재해연보(2002, 소방방재청)를 기준으로 산정한 결과는 <표 15.26>과 같이 6.01로 나타나고 있다.

<표 15.26> 공공시설물 피해액의 일반자산 피해액에 대한 비율

공공시설물	도로교량	하천	소하천	상하수도	항만시설	어항시설	학교
피해액비율	1.38	0.87	0.58	0.18	0.02	0.01	0.03
공공시설물	철도	수리시설 방조제	사방임도	군사시설	소규모시설	기타시설	합계
피해액비율	0.23	0.54	0.28	0.42	0.69	0.80	6.01

마) 인명 피해액

인명 피해액은 인명손실 피해액과 이재민 피해액으로 구분하여 산정하며, 개선법과 동일한 방법을 적용한다.

바) 직접 피해액

직접 피해액은 대상지역의 일반자산 항목별 자산가치에 침수편입율과 침수피해율을 곱하여 산정한 일반자산 피해액과 일반자산 피해액과의 비율 관계로부터 산정한 공공시설 피해액 및 개선법과 동일한 방법으로 산정한 인명피해액의 합으로 산정한다.

직접 피해액 = 일반자산 피허액(주거지역, 농업지역, 산업지역)
+ 공공시설물 피해액(일반자산 피해액 $\times \alpha$)
+ 인명 피해억(인명손실, 이재민)

여기서 α는 공공시설물 피해액의 일반자산 피해액에 대한 비율을 나타낸다.

사) 간접 피해액

- 다차원법에서 간접 피해액은 간접 편익의 개념에서 사업체 편익, 응급대책 편익, 교통 편익, 자산이용 고도화 등의 항목으로 제시하고 있으나 산정 방법의 실무 적용이 용이하지 않다.
- 간접 피해액의 직접 피해액에 대한 비율과 관련하여 SCS에서는 5~20% 를 제시한 바 있으며, 댐시설기준(2003, 건교부)에서는 피해항목별로 1.0 ~7.5배를 제시하고 있는 등의 많은 차이를 나타내고 있으며, 현재로서는 객관적이고 합리적인 제시가 곤란한 실정이다.
- 한편, 개선법에서는 공공시설물에 한하여 공공시설물 직접 피해액에 교통 시설물의 손실 기회비용률(0.31)과 하천시설물의 손실 기회비용률(0.66)의 합인 0.97배를 적용하여 고려하도록 되어 있다.
- 따라서 간접 피해액은 상기 기준들을 충분히 감안한 후 적절한 방법을 적용하여야 할 것으로 판단된다.

15.5.4 피해액 산정 방법 적용 방안

- 피해액 산정 방법으로는 간편법, 개선법, 다차원법 등이 제시되고 있으며, 간편법의 문제점을 개선한 개선법의 문제점을 다시 개선하여 제시된 방법이 다차원법이기 때문에 이론적으로 다차원법이 가장 우수한 방법이다.
- 실무적으로 편익-비용비(B/C) 산정 결과를 검토하면 일반적으로 간편법은 지나치게 과소 산정되고 개선법은 지나치게 과대 산정되어 채택하기 곤란한 문제점을 지니는 반면 다차원법은 과소 또는 과다 산정하는 결과를 지양할 수 있는 장점을 지니고 있다.
- 하지만 다차원법의 경우 침수면적, 침수심 산정이 기술적으로 곤란한 부분이 결정적인 문제점이 되고 있다.
- 따라서 침수면적, 침수심 산정 등이 합리적으로 될 수 있는 방안을 최대한 강구한 다음 다차원법을 적용한 피해액 산정 결과를 우선적으로 채택하되, 개선법과 간편법도 함께 분석하여 비교·검토하는 과정을 통하여 채택하는 것이 현실적인 적용 방안이 될 것으로 판단된다.

메 모 란

메 모 란

참 고 문 헌

- 건설교통부 (1977). 낙동강하구조사 기술조사보고서 제1부, 산업기지개발공사
- 건설교통부 (1990). 소규모시설 설계지침 보고서
- 건설교통부 (1991a). 1991년도 수자원관리기법개발연구조사보고서
- 건설교통부 (1991b). 한강수계 유출프로그램 개선방안, 한강홍수통제소
- 건설교통부 (1992). 댐 설계를 위한 유역단위 비유사량 조사·연구
- 건설교통부 (1993a). 1993년도 수자원관리기법개발연구조사보고서 별책부록 설계홍수 추정 지침서
- 건설교통부 (1993b). 댐시설기준
- 건설교통부 (1993c). 하천시설기준
- 건설교통부 (1994a). 하천공사표준시방서
- 건설교통부 (1994b). 댐시설유지관리기준
- 건설교통부 (1995). 가뭄기록조사보고서
- 건설교통부 (1996). 수자원개발가능지점 및 광역배분계획기본조사보고서, 한국수자원공사
- 건설교통부 (1997a). 기존댐 용수공급능력조사(한강수계)보고서, 한국수자원공사
- 건설교통부 (1997b). 수자원계획의 최적화 연구(Ⅰ)(용수수요 추정시스템 개발 연구), 한국건설기술연구원, 한국수자원공사
- 건설교통부 (1997c). 수도정비기본계획보고서(제1편: 전국계획)
- 건설교통부 (1998). 산업입지 원단위 산정에 관한 연구
- 건설교통부 (1999a). 수도권수자원개발계획수립조사, 한국수자원공사
- 건설교통부 (1999b). 수자원계획의 최적화 연구(Ⅲ)(물공급 안전도 평가 및 용수수급 계획 체제 개발), 한국건설기술연구원, 한국수자원공사
- 건설교통부 (2000a). 1999년도 수자원관리기법개발연구조사보고서 제1권 한국 확률강우량도 작성
- 건설교통부 (2000b). 1999년도 수자원관리기법개발연구조사보고서 제2권 한국 가능최대강수량 추정
- 건설교통부 (2000c). 1999년도 수자원관티기법개발연구조사보고서 제2권 한국 가능최대강수량 추정 별책 제2권 지역적 설계강우의 시간적 분포
- 건설교통부 (2001). 치수사업 경제성 분석 개선 방안 연구, 국토연구원

- 건설교통부 (2004a). 치수사업 경제성분석 방법 연구(다차원 홍수피해액 산정 방법)
- 건설교통부 (2004b). 하천정비기본계획수립 및 하천대장작성 지침
- 건설교통부 (2006). 수자원장기종합계획(2006~2020)
- 국토교통부 (2016). 하천공사 설계실무 요령
- 국토해양부 (2011). 수자원장기종합계획(2011~2020)
- 권오헌 (1994). 수자원공학. 도서출판 새론
- 내무부 (1997). 재해영향평가를 위한 기초자료조사 및 평가기법 연구보고서
- 농림부 (1999). 농촌용수수요량 조사 종합보고서, 농어촌진흥공사
- 농어촌진흥공사 (1997). 영농방식 변화에 따른 필요수량 변화 연구
- 소방방재청 (2005). 자연재해위험지구 관리지침
- 송문섭, 박창순 (1989). 비모수통계학 개론. 자유아카데미
- 우효섭 (2001). 하천수리학. 청문각
- 윤용남 (1993). 수리학. 청문각
- 윤용남 (2007). 수문학. 청문각
- 윤태훈 (2007). 응용수문학. 청문각
- 이원환 (1999). 하천공학. 동명사
- 정종호, 금종호, 윤용남 (2002). "도달시간 산정 방법의 개발." 한국수자원학회 논문집, 한국수자원학회, 제 35권, 제 6호
- 정종호, 나창진, 윤용남 (2002). "한강유역의 면적감소계수 산정." 한국수자원학회 논문집, 한국수자원학회, 제 35권 제 2호
- 최석범 (1999). 실무자를 위한 수자원공학. 도서출판 창원
- 한국건설기술연구원 (1988). 댐설계기준에 대한 비교검토
- 한국건설기술연구원 (1994a). 다목적댐의 용수공급능력 평가 방법의 개선
- 한국건설기술연구원 (1994b). 미계측 유역의 홍수유출 특성에 관한 비교연구
- 한국건설기술연구원 (1997). 월유출모형의 개발
- 한국상하수도협회 (2005). 하수도시설기준
- 한국수도협회 (1998). 하수도시설기준
- 한국수자원공사 (1990). 한강 하천유지유량 조사연구보고서
- 한국수자원공사 (1993). 21세기를 바라보는 수자원전망
- 한국수자원공사 (1997). 미래 수자원 전망에 관한 연구
- 한국수자원학회 (2005a). 댐설계기준
- 한국수자원학회 (2005b). 하천설계기준·해설

- 한국수자원학회 (2009). 하천설계기준·해설
- 한국수자원학회 (2011). 댐설계기준·해설
- 한국전력공사 (1988). 수력발전소의 경제성 평가방법 연구, 한국산업경제연구원
- 행정자치부 (1999). 소하천 시설기준
- 행정자치부 (2000). 자연형 하천 공법의 재해특성에 관한 연구(II), 국립방재연구소
- 환경부 (2005). 상수도통계
- Chow, V. T. (1959). *Open Channel Hydraulics*. McGraw-Hill
- FHWA (1995). *Evaluating Scour at Bridges 4th Ed.* HEC-18
- Hoffmans, G.J.C.M., Verheij, H.J. (1997). *Scour Manual*. A.A. Balkema
- Gray, D. M. (1970). *Handbook on the Principles of Hydrology*. Water Information Center
- Hann, C. T., Barfield, B. J., Hayes, J. C. (1994). *Design Hydrology and Sedimentology for Small Catchments*. Academic Press
- Hoggan, D. H. (1997). *Computer-Assisted Floodplain Hydrology and Hydraulics 2nd Ed.* McGraw-Hill
- Hosking (1986). *The Theory of Probability Weighted Moments*. IBM
- Kite, G. W. (1978). *Frequency and Risk Analysis in Hydrology*. WRP
- Les Hamill. (1999). *Bridge Hydraulics*. E & FN SPON
- McCuen, R. H. (1989). *Hydrologic Analysis and Design*. Prentice Hall
- McCuen, R. H. (1993). *Microcomputer Applications in Statistical Hydrology*. Prentice Hall
- Ponce, V. M. (1989). *Engineering Hydrology*. Prentice Hall
- Rao, A. R., Hamed, K. H. (2000). *Flood Frequency Analysis*. CRC Press
- Singh, V. P. (1988). *Hydrologic Systems Rainfall-Runoff Modeling*. Prentice Hall
- Singh, V. P. (1995). *Computer Models of Watershed Hydrology*. WRP
- Terstriep, M. L., Stall, J. B. (1974). *ILLUDAS Manual*
- USACE (1990). *HEC-1 Manual*
- USACE (1994). *Flood Runoff Analysis*
- USACE (2001). *HEC-RAS Manual*
- USBR (1987). *Design of Small Dams 3rd Ed*
- XP Software (2006). *XP-SWMM Manual*

메 모 란

찾 아 보 기

[ㄱ]

[ㄴ]

[ㄷ]

[ㅂ]

[ㅅ]

[ㅇ]

[ㅈ]

[ㅊ]

[ㅋ]

[ㅌ]

[ㅍ]

[ㅎ]

저자 약력

정종호

• 학 력
진주고등학교 졸업
고려대학교 토목환경공학과 학사
고려대학교 토목환경공학과 공학석사
고려대학교 토목환경공학과 공학박사

• 경 력
한국농어촌공사 조사설계처 기술지원부
현대엔지니어링주식회사 수자원개발부
하존이앤씨(주) 대표이사

인하대학교, 한경대학교 겸임교수 역임
방재협회 및 방재학회 이사 역임
행안부 재해영향평가 등 심의위원

윤용남

• 학 력
부산고등학교 졸업
육군사관학교 학사
미국 University of Illinois 대학원 공학석사
미국 University of Illiinois 대학원 공학박사

• 경 력
육군사관학교 토목공학과 주임교수
고려대학교 공과대학 토목환경공학과 교수
한국건설기술연구원 원장

한국수자원학회 회장
한국방재협회 회장
수해방지대책기획단 자문단장
고려대학교 공과대학 토목환경공학과 명예교수

(제4판)수자원설계실무 정가 37,000원

저자 : 정종호 · 윤용남

발행인 : 임해진
발행처 : 도서출판 구미서관

발행 : 2003년 1월 20일 제1판
2007년 3월 11일 제2판
2020년 1월 15일 제3판
2023년 3월 3일 제4판

등록 : 1979년 6월 29일 No.9–6호
주소 : 서울시 마포구 신촌로 2길 5–15 구미 빌딩
전화 : 02–333–1101
팩스 : 02–335–2201
http://www.goomibook.com

ISBN 979–11–6257–247–4 (93530)